小窗幽记

小窗幽记 正宗

陈桥生

华夏国学经典正宗文库

丛书主编◎任俊华

华夏出版社

HUAXIA PUBLISHING HOUSE

图书在版编目（CIP）数据

小窗幽记正宗/陈桥生著. —北京：华夏出版社，2012.7
（华夏国学经典正宗文库）

ISBN 978-7-5080-7020-9

Ⅰ.①小… Ⅱ.①陈… Ⅲ.①人生哲学－中国－明代 ②小窗幽记－译文 ③小窗幽记－注释 Ⅳ.①B825

中国版本图书馆 CIP 数据核字(2012)第 109300 号

小窗幽记正宗

作　　者	陈桥生	
丛书策划	陈振宇	
责任编辑	蔡姗姗	
装帧设计	郭　艳	
出版发行	华夏出版社	
经　　销	新华书店	
印　　刷	三河市李旗庄少明印装厂	
装　　订	三河市李旗庄少明印装厂	
版　　次	2012 年 7 月北京第 1 版　　2012 年 8 月北京第 1 次印刷	
开　　本	720×1030　1/16 开	
印　　张	28	
字　　数	585 千字	
定　　价	49.80 元	

华夏出版社 网址:www.hxph.com.cn　地址：北京市东直门外香河园北里 4 号 邮编：100028
若发现本版图书有印装质量问题，请与我社营销中心联系调换。电话：（010）64663331（转）

前　　言

　　每个人的心中都有一扇窗户,需要经常打开心灵的窗户,看一看窗外的风景。让清风吹进来,让阳光洒进来,拂去疲倦与忧伤,照亮蒙尘染垢而迷茫的心。读一读这本《小窗幽记》,或许可以带给我们失去色彩的心灵几许滋润。

　　《小窗幽记》十二卷,旧题“眉公陈先生辑”,是一部融处世哲学、生活艺术、审美情趣于一身,集晚明清言小品之大成的著作。今人更把它与明代洪应明《菜根谭》、清代王永彬《围炉夜话》并称为“中国人修身养性”的三本必读书。

　　陈继儒(1558－1639),字仲醇,号眉公、麋公,松江华亭(今上海松江)人。《明史·隐逸传》称其:“年甫二十九,取儒衣冠焚弃之。隐居昆山之阳……亲亡,葬神山麓,遂筑室东佘山,杜门著述,有终焉之志。”其后五十余年间,始终不仕,却常周旋于公卿缙绅之间,享盛名于天下。他隐居的小昆山、东佘山,一时成了官绅士人的“社交俱乐部”,“四方求文者,履日满户外”,而且所到之处,吸引着大批的追星族,成了当时当之无愧的大明星。其地位几可与南朝梁陶弘景的“山中宰相”相比肩。陈继儒一生著述颇丰。《明史》称他:“工诗善文,短翰小词,皆极风致,兼能绘事。又博文强识,经史诸子、术伎稗官与二氏家言,靡不较核。或刺取琐言僻事,诠次成书,远近竞相购写。”据《陈眉公先生全集》其子陈梦莲小记,其一生应景之作和代笔之稿存留十无一二,但其身后遗稿尚达七千余页,包括《陈眉公先生全集》、《皇明书画史》、《太平清话》等共约一百二十卷。

　　然而,关于《小窗幽记》的真实作者,一直以来在学界都有争议。近年来,越来越多的研究表明,《小窗幽记》确是一本假托陈眉公之名而广泛流传的伪书,其本来的面目应该是晚明陆绍珩所编纂的《醉古堂剑扫》,其作伪者当是乾隆三十五年本的作序者陈本敬和刊刻者崔维东。入清以后,由于陆绍珩名声有限,此书已流传不广,于是二人将其参阅者——晚明头号畅销书作家兼策划家陈眉公抬了出来,并参照《小窗四纪》、《岩栖幽事》而为之命名《小窗幽记》,其原作者和书名反而无人知晓了。今天所知者惟有:陆绍珩,字湘客,松陵(苏州吴江)人,号称唐代隐逸诗人陆龟蒙之后。

　　《小窗幽记》分为醒、情、峭、灵、素、景、韵、奇、绮、豪、法、倩十二卷,计一千五百余则,是一部纂辑式的清言小品集。以“醒”为第一,意味着对世俗的超越,在“趋名者醉于朝,趋利者醉于野,豪者醉于声色车马”之时,无异于醍醐灌顶,一声棒喝,使人顿悟还原出一个本真的自我来。所以“醒”后言“情”,情可以生,可以死,令千古有情之人咨嗟向慕;所以,"醒"后能"峭",放得凡俗心下,放得丈夫心下,放得仙佛心下,不执著于一端,傲然于天地一个大写的"人";所以"醒"后获"灵",一"灵"神其间,虽一言之微而千古如新,一字之义而百世如见,虽混迹尘中,却高视物外,在精神上沟通千古。一番洗刷之后,方能悟得"素"趣,会得佳"景",品人生之"韵",显生命之"奇"。其"绮"也,能尽红妆翠袖之妙;其"豪"也,能为兴酣泼墨之举;其为"法"而超越于世"法"之外,其赏"情"而不限于一般"情"意。故罗立刚先生称,清醒之后,经此一番洗礼,真个是俗情涤尽,烦恼皆除,人生的价值,才真正显现了出来。幽窗青灯,潜移默化,灵魂得以纯净,那小窗之"幽",正是一种惊喜,更是超越后的清闲和孤独。

作为一种文体,清言小品在明清之际发展到了高峰,《小窗幽记》是其集大成者。在一片庄重古板、拖泥带水的"高文大册"中,清言小品的语录形式便显得有趣而突出。短翰而理文兼备,别有风致。叔本华《作为意志和表象的世界》书中有一段话或亦有助于我们的理解,他说:

每一个心灵优美而思想丰富的人,在他一有任何可能就争取把自己的思想传达于别人,以便由此而减轻他在尘世中必然要感到的寂寞时,也会经常用最自然的、最不兜圈子的、最简易的方式来表达自己。反过来,思想贫乏、心智混乱、怪癖成性的人就会拿些牵强附会的词句,晦涩难解的成语来装饰自己,以便用艰难而华丽的辞藻来为他自己细微渺小的、庸碌通俗的思想藏拙。这就像某个并无俊美的威仪而企图以服饰补偿这一缺点的人一样要以极不驯雅的打扮,如金银丝、羽毛、卷发、高垫的肩袖和鹤氅来遮盖他本人的猥琐丑陋。

清言小品便属于叔本华所说的"最自然的、最不兜圈子的、最简易的方式"。其优势就在于它能用极精致的语句,透露出人生片面的真理,浮泛出灵光一现的智慧。也因为是片面的真理,所以乍看之下,书中条目之间便时有矛盾冲突。如"杀得人者,方能生人;有恩者,必然有怨。若此不阴不阳,随世披靡,肉菩萨出世,于世何补? 此生何用?"(卷十 086 条)"道上红尘,江中白浪,饶他南面百城。花间明月,松下凉风,输我北窗一枕。"(卷八 008 条)前句豪气干云,快意恩仇,后句恩仇俱泯,相忘于江湖,两相比较,孰是孰非? 殊不知,人生世事,本来就不尽是和谐而完美的,愈矛盾,愈是人生。作者的意旨,或许也就是让读者在矛盾的人生中,找寻片断的准则,在冲突的人事里,学习几种应对进退之法而已。"不问古今,随口辄记",亦古亦今,所选者又不只同一类型、更不会只有一种论调,反而不妨尽量涵括各种类别,任有识之士读者诸君各取所需。

陈本敬《小窗幽记叙》中评价道:"泄天地之秘笈,撷经史之菁华,语带烟霞,韵谐金石。醒世持世,一字不落言筌;挥尘风生,直夺清谈之席;解颐语妙,常发斑管之花。所谓端庄杂流丽,尔雅兼温文,有美斯臻,无奇不备。"醒世,是要你看透人生生命;持世,就是要以此而穿透世事、不落腐俗。相较之下,文学是辅,说理才是主,善读此书者,当反复涵咏其为人处世之道。随着社会的快速发展,滚滚红尘中,欲求之心旺如炭火，往往不能把持，人们越来越多地感叹做事难，做人更难，《小窗幽记》可以为我们提供一个参照与思考。清风明月，倚枕西窗下，捧卷读来，人生烦恼，可以渐渐冰释。

《小窗幽记》博采群书，上起先秦，下迄明末，凡儒释道诸子百家，诗词歌赋以及各种体裁的文章和杂著无所不包。而其采辑之法，或原文照录，或掐头去尾，或摘其精要，或重组改造，不一而足。在肯定其集大成的价值外，亦不能不对其学术价值保持一份警醒。更其甚者，因其采撷庞杂却皆不注出处来历，不仅难免抄袭之嫌，且让后来读者常感突兀不知所云。如卷二024条："阮籍邻家少妇有美色，当垆沽酒，籍常诣饮，醉便卧其侧。隔帘闻堕钗声，而不动念者，此人不痴则慧，我幸在不痴不慧中。"采自曹臣《舌华录》："袁中郎曰：有人隔帘闻堕钗声而不动念者，此人不痴则蕙，我幸在不痴不蕙中。"如卷三006条："观人题壁，便识文章。"采自曹臣《舌华录》："欧阳文忠公尝言曰：'观人题壁，便识文章。'"如卷三008条："随口利牙，不顾天荒地老；翻肠倒肚，那管鬼哭神愁。"采自吴从先《小窗自纪》："李卓吾随口利牙，不顾天荒地老；屠纬真翻肠倒肚，哪管鬼哭神愁。"等等。都径直将作者名删去不提，从而极大地增加了今人对该书的理解难度。因其如此，在国内已出版的《小窗幽记》众多注译本中，因不明出处而随意曲解歪批者比比皆是。譬如，如果不明其出处，谁会想到"静若清夜之列宿，动若流彗之互奔"（卷三074条），写的是弈棋的情景呢？而"停之如栖鹄，挥之如惊鸿，飘缨蕤于轩幌，发晖曜于群龙"（卷三076条），是对羽扇的形象化赞誉？有鉴于此，本书在评注过程中，花费了最多的精力、尽最大的可能去搜寻注明各条的出处，以求正本清源，帮助读者朋友更好地阅读和理解。然而，限于才力及种种原因，还有很多条目无从考起，则只能有俟于来者。

本书的整理以乾隆三十五年刻本为底本，评注过程中参考了多位前贤和时贤的注本，如罗立刚校注《小窗幽记》（上海古籍出版社）、清风注译《小窗幽记》（中州古籍出版社）、卢丰《小窗幽记解读》（黄山书社）、王恺评析《小窗幽记》（江苏古籍出版社）等。此外，在网上也读到了许贵文先生有关本书的部分研究成果，亦有所采用，在此一并表示感谢。

陈桥生

二〇一一年四月

目　录

卷一　醒

食中山之酒^①，一醉千日。今之昏昏逐逐^②，无一日不醉，趋名者醉于朝，趋利者醉于野，豪者醉于声色车马。安得一服清凉散^③，人人解酲^④，集醒第一^⑤。

【译文】 饮了中山人狄希酿造的酒，可以一醉千日不醒。如今的世人迷于俗情世务，终日追逐声色名利，可说没有一日不在醉乡之中。好名的人醉于朝廷官位，好利的人醉于市井世俗，豪门贵胄则醉于妙声、美色、高车、名马。如何才能得到一服清凉散，使人人服下获得清醒呢？于是，编纂了第一卷"醒"。

【注释】 ①中山之酒：中山，春秋战国时诸侯国中山国，地处今河北定县、唐县一带。晋干宝《搜神记》卷十九："狄希，中山人也，能造千日酒，饮之千日醉。" ②昏昏：糊涂貌。《孟子·尽心下》："贤者以其昭昭使人昭昭，今以其昏昏使人昭昭。"逐逐：必须得之之貌。《周易·颐》："虎视眈眈，其欲逐逐。" ③清凉散：一种中药，服之可以使人身心清凉。 ④酲（chéng）：病酒。即酒醉后神志不清有如患病的感觉。 ⑤本书每卷前有一段序语，皆以人生某个问题统领全卷。特以"醒"字为全集之首，带有总纲性质。

【评解】 中山之酒，一醉千日。而比"千日酒"更醉人的是名利、声色和犬马。沉醉其中的"快哉"让人们更不愿醒来。佛云："有求皆苦。"得到是一种苦，得不到也是一种苦。孔子也曾说过："吾未见刚者。"谁能做到无欲而刚、清心寡欲、四大皆空？你可以用"无欲则刚"自勉勉人，但有几人愿意自己的人生平淡如一碗白开水？《红楼梦》里的"风月宝鉴"不是醉色者的解药吗？然而贾瑞偏偏丧命于此，临死还大呼："让我拿了镜子再走！"——至死都是不愿醒来的。人之处世，可怜如此。所以作者希望能以一剂清凉散，使人警醒。此篇所讲都是有关处世的态度。

001 倚高才而玩世，背后须防射影之虫^①；饰厚貌以欺人，面前恐有照胆之镜^②。

【译文】 倚仗才智高明而玩世不恭，得提防有人含沙射影从背后攻击；伪饰敦厚老实的样貌以欺人耳目，恐怕有照见肝胆的神镜当面揭穿。

【注释】 ①射影之虫：即蜮（yù），又名射工、射影。相传居水中，听到人声，以气为矢，因激水，或含沙以射人，被射中的人皮肤发疮，中影者亦病。 ②照胆之镜：《西京杂记》卷三《咸阳宫异物》载：汉高祖入秦咸阳宫，见"有方镜，广四尺，高五尺九寸，表里有明，人直来照之，影则倒见。

以手扪心而来,则见肠胃五脏,历然无碍。人有疾病在内。则掩心而照之,则知病之所在。又女子有邪心,则胆张心动。秦始皇常以照宫人,胆张心动者则杀之"。

【评解】 此条采自明·洪应明《菜根谭》。

　　俗话说,人品做到极处,无有他异,只是本然。招摇过市,不若身体力行。伪饰敦厚,不如本面示人。古人相信,冥冥之中自有业镜,为善为恶,都经不起业镜一照,所以不能有丝毫放纵。不然,当你志得意满、目空一切的时候,别人也把你当成了枪靶子、眼中钉。

002 怪小人之颠倒豪杰,不知惯颠倒方为小人;惜吾辈之受世折磨,不知惟折磨乃见吾辈。

【译文】 常常责怪小人颠倒黑白是非,陷害英雄豪杰,却不知惯于颠倒是非黑白正是小人之所以为小人;怜惜我辈深受世间挫折磨难,却不知只有在挫折磨难中方见出我辈之英雄本色。

【评解】 此条参见明·洪应明《菜根谭》:"天之机缄不测,抑而伸、伸而抑,皆是播弄英雄、颠倒豪杰处。君子只是逆来顺受,居安思危,天亦无所用其伎俩矣。"

　　小人惯于颠倒,英雄当受磨历。"不经磨难不成佛",一帆风顺,便往往平淡无奇。因为挑战小,所以才平稳顺利,平稳顺利了,机会便不会多,而大机会总是和大困难相联系。你抓住了大机会,克服了大困难,才能到达别人所不能至,成为英雄,故曰:"不畏多难,而畏无难。"

003 花繁柳密处拨得开,才是手段;风狂雨急时立得定,方见脚根。

【译文】 在优渥的环境中,能毅然拨开层层的荣华富贵,走向觉悟解脱的人生,才是高超不凡的本领;在峻急的危境中,能岿然以对狂风骤雨般的吹打,保持心境不动,才见出立场之坚定。

【评解】 此条告诫人们如何正确地面对顺境与逆境。处境太顺,过度地享受,沉迷于温柔富贵乡,被奉承,被呵护,反而容易使人迷失了自我。同样的,人生不可能没有挫折,要求丝毫没有沮丧与怨尤,或许过于苛责,但却应尽自己最大的耐力与涵养功夫,在艰难危急中为自己找准立足点。若是轻易就被击倒,从此一蹶不振,甚至自暴自弃,岂不辜负了自己这难得的人生?

004 淡泊之守,须从秾艳场中试来;镇定之操,还向纷纭境上勘过。

【译文】 淡泊宁静的操守,须得在富贵奢华、充满诱惑的场合中才能试出来;镇定自若、宠辱不惊的气节,还得在纷纷扰扰的复杂环境中考验过,才见功夫。

【评解】 此条采自明·洪应明《菜根谭》:"淡泊之守,须从秾艳场中试来;镇定之操,还向纷纭境上勘过。不然,操持未定,应用未圆,恐一临机登坛,而上品禅师又成下品俗士矣。"

　　真正的淡泊,并非超凡出世,不食人间烟火,其背后更多的是冷峻的思考,默默地耕耘,不倦的追求。守住淡泊,则是守住一份清醒,一种心态的平衡,一种空灵的境界。林清玄认为,禅"是为了醒着生活",也就是时刻保持一颗"平常心",用平静的态度包容人生一切的喜怒哀乐。

005　市恩不如报德之为厚,要誉不如逃名之为适,矫情不如直节之为真。

【译文】　卖弄恩惠,不如感恩报德的行为质朴厚道;沽名钓誉,哗众取宠,不如逃避虚名来得妥宜;故作矫情,伪装自己,不如正直坦率显得真诚。

【评解】　此条采自明·洪应明《菜根谭》:"市恩不如报德之为厚,雪忿不若忍耻之为高;要誉不如逃名之为适,矫情不若直节之为真。"

　　市恩、要誉、矫情,都是为着自身的名利,而报德、逃名、直节,则是传统的道德规范。故君子为善,必隐其情,乐在为,而不在人之知也!盛名累人,古人谓无实而享大名者,必有奇祸。作家张爱玲的祖父张佩纶就是一例。他的议兵疏写得极为出色,遂有"知兵"美名,连慈禧太后都以为他是个军事奇才。可真把他派到前线去,他不仅不能指挥战斗,反而临阵弃逃,致使福建水师全军覆没,自己也被革职戍边。

006　使人有面前之誉,不若使人无背后之毁;使人有乍交之欢,不若使人无久处之厌。

【译文】　使人有当面的赞誉,不如使人没有背后的诋毁;使人有初次交往的一时欢喜,不如使人长久相处后仍没有厌烦之感。

【评解】　此条采自明·洪应明《菜根谭》:"使人有面前之誉,不若使其无背后之毁;使人有乍交之欢,不若使其无久处之厌。"唐·韩愈《送李愿归盘谷序》:"与其有誉于前,孰若无毁于其后;与其有乐于身,孰若无忧于其心。"

　　有面前之誉,易;无背后之毁,难;有乍交之欢,易;无久处之厌,难!君不见昨日欢场上称兄道弟,今日名利前六亲不认;今日初见时浓情蜜意,明日厌弃后形同陌路?人总是在优点中相遇,在缺点中相处。所以,"君子之交,其淡如水,执象而求,咫尺千里"。真诚的交往是性情的默契,看似淡远,实则深情系之。

007　攻人之恶毋太严,要思其堪受;教人以善莫过高,当原其可从。

【译文】　批评他人的过错、缺点,不要过于严苛,要考虑他可否承受;劝教他人行善学好,不要期望过高,要推量他能否遵从。

【评解】　此条采自明·洪应明《菜根谭》:"攻人之恶毋太严,要思其堪受;教人以善毋过高,当使其可从。"《史典·愿体集》云:"攻人之恶,毋太严;教人之善,毋过高。"

可见教育的目标、内容、方法、过程和评价体系等等,任何一项都必须常念在心。无论教诲、批评,时时要设身处地为他人着想,将心比心,才不会好心办坏事。

008 不近人情,举世皆畏途;不察物情,一生俱梦境。

【译文】 为人不近人情,举世之中都是令你望而生畏的险途;不能体察事物的内在规律,一辈子都将如梦游一般,做事难有成就。

【评解】 不通人情,不晓世故,孤芳自赏,则难与人相处,自然觉得举世皆畏途;做事不切合事情的自然规律,就会处处被拘限,受挫折,到头终是一场空。所以古人说:"世事洞明皆学问,人情练达即文章。"

009 遇嘿嘿不语之士^①,切莫输心;见悻悻自好之徒^②,应须防口。

【译文】 遇到沉默寡言、城府很深的人,千万不要轻易向他表露心迹;见到动辄生气又固执己见的人,应当言语谨慎。

【注释】 ①嘿嘿(mò):闭口不说话。嘿,同"默"。 ②悻悻:生气时愤恨不平的样子。

【评解】 此条采自明·洪应明《菜根谭》:"遇沉沉不语之士,且莫输心;见悻悻自好之人,应须防口。"

沉默寡言的人,往往心思缜密,不知其深浅,如何与之深交? 高傲自大的人,往往自视甚高,言语稍有不慎,就可能引火烧身,自取其辱。

010 结缨整冠之态^①,勿以施之焦头烂额之时;绳趋尺步之规^②,勿以用之救死扶伤之日。

【译文】 系好冠带,端正帽子,谨守礼法,从容不迫的做派,不要用在情势危急的窘迫之时;行动完全按照标准,亦步亦趋的墨守成规,不要用在救死扶伤的紧急关头。

【注释】 ①结缨整冠:系好帽带,端正帽子,以示从容。《左传·哀公十五年》:"子路曰:'君子死,冠不免。'结缨而死。" ②绳趋尺步:行动合法度,指循规蹈矩。绳、尺,古代木工校曲直、量长短的工具,引申为法度。趋,快走。《宋史·朱熹传》:"方是时,士之绳趋尺步,稍以儒名者,无所容其身。"

【评解】 其实质就是儒家伦理中的"经权"关系。所谓"经",指儒家伦理的根本原则;所谓"权",指对原则的具体运用。《孟子·离娄上》:"嫂溺不援,是豺狼也。男女授受不亲,礼也;嫂溺援之以手者,权也。"《公羊传·桓公十一年》:"权者何?权者反于经,然后有善者也。权之所设,舍死亡无所设。行权有道,自贬损以行权,不害人以行权;杀人以自生,亡人以自存,君子不为也。"可见,"经"与"权"是对立统一的。朱熹也说,"经者,道之常也;权者,道之变也","虽是权,依旧不离那经,权只是经之变"。而明清之儒多批判理学家"执理无权",只知片面强调"天理"而不懂因时制宜。

011 议事者身在事外,宜悉利害之情;任事者身居事中,当忘利害之虑。

【译文】 议论事情的人,身处事外,应当详细体察事情的利害得失;担当办事的人,直接参与其中,则应抛弃一己之利害考虑,以免患得患失无法把事情办好。

【评解】 此条采自明·洪应明《菜根谭》。

陈继儒在《安得长者言》中也说:"任事者,当置身利害之外;建言者,当设身利害之中。此二语其宰相台谏之药石乎?"他说这两句话应该是给朝中宰相和台谏的药方。诚然,如果宰相(任事者)能置身利害之外,决策果断,无太多顾虑,而"言官""谏官"(议事者)能够身处事外,据理而争,政治必然清明和谐。争奈一部谏官史就是一部血泪史,敢于直言的谏官大多没有好下场。至明朝废相,罢了谏官,政治更变得不堪起来。

012 俭,美德也,过则为悭吝,为鄙啬,反伤雅道;让,懿行也,过则为足恭①,为曲谨②,多出机心③。

【译文】 节俭,是美好的德行,但过分节俭,就成了吝啬,成了浅薄庸俗,反而有损于雅正之道;谦让,是美好的行为,但过于谦让,就成了十足的恭顺,曲意的谨慎,大多是出于机巧之心。

【注释】 ①足恭:十足恭顺。《论语·公冶长》:"巧言、令色、足恭,左丘明耻之,丘亦耻之。"②曲谨:小处廉洁谨慎。意指不识大体,随波逐流,只知拘执小节。 ③机心:智巧变诈的心计。《庄子·天地》:"有机械者必有机事,有机事者必有机心,机心存于胸中则纯白不备。"

【评解】 此条采自明·洪应明《菜根谭》。

温良恭俭让,是儒家提倡的美德,但过则太假,过犹不及,过俭则啬,过让则卑,所以儒家将全部的人生经验概括为中庸。

013 藏巧于拙①,用晦而明②;寓清于浊,以屈为伸③。

【译文】 人再聪明也不宜锋芒太露,宁可装得笨拙一点;即使内心清楚明白也不宜过于表现,不妨隐晦收敛一些;志节很高也不要孤芳自赏、自命清高,而可以随和一点;做事宁可以退为进,也不要太过于冒进。

【注释】 ①藏巧于拙:语出《老子》:"大直若曲,大巧若拙。"意谓真正灵巧之人表面上似乎很笨拙。 ②用晦而明:语出《易·明夷》:"君子以莅众,用晦而明。"谓隐藏才能,不使外露。 ③以屈为伸:语出《周易·系辞下》:"尺蠖之屈,以求信(伸)也;龙蛇之蛰,以存身也。"形容人能够适应于不同的境遇。

【评解】　此条采自明·洪应明《菜根谭》:"藏巧于拙,用晦而明;寓清于浊,以屈为伸,真涉世之一壶,藏身之三窟也。"

　　《庄子·徐无鬼》中有一则故事:吴王登上猕猴聚居的山岭。猴群看见吴王打猎的队伍,惊惶地四散奔逃。但有一只猴子留下了,它从容不迫地腾身而起,抓住树枝跳来跳去。吴王用箭射它,它敏捷地接过飞速射来的利箭。吴王下令左右一齐射箭,猴子躲避不及抱树而死。吴王回身对他的朋友颜不疑说:"这只猴子夸耀它的灵巧,依恃它的便捷而蔑视于我,以致受到这样惩罚而死去! 要以此为戒啊!"古人云:"鹰立如睡,虎行似病。"这正是它们攫鸟噬人的法术。

014　彼无望德,此无示恩,穷交所以能长;望不胜奢,欲不胜餍①,利交所以必忤。

【译文】　对方不希图什么德行,自己也不表示什么恩惠,这就是贫贱之交所以能够长久的原因;期望别人的恩惠无休无止,欲望永远无法满足,这就是利益之交所以必然反目的根本。

【注释】　①餍(yàn):满足。

【评解】　以势力相交的朋友,势倾则交绝;以利益相交的朋友,利尽则交断。而贫贱之交,一无所恃,盖以道义、性情相交也,君子之交淡如水,故不易因利害关系变化而变化。只是这样的交情实在难得,诗人杜甫有诗云:"君不见管鲍贫时交,此道今人弃如土。"而今人再读杜诗,大概更有"后人复哀后人"之慨!

015　怨因德彰,故使人德我,不若德怨之两忘;仇因恩立,故使人知恩,不若恩仇之俱泯。

【译文】　怨恨因为有恩德而更加彰显,所以与其使人对我感恩戴德,不如使人将恩德与怨恨都忘掉;仇恨因为有恩惠而生成,所以与其使人知恩图报,不如使人将恩惠与仇恨都消除。

【评解】　此条采自明·洪应明《菜根谭》。

　　怨与德相对,对于一方面有德,对于另一方面就必然有怨。恩与仇亦如此。所以庄子说:"相濡以沫,不如相忘于江湖。与其誉尧而非桀也,不如两忘而化其道。"与其像现在这样用嘴里的湿气来喂对方,在死亡边缘相互呵护,还不如当初大家自由自在地在大海里互不相识来得好。患难见真情,却不如大家都免去患难,在安定的生活中各不相助。"相濡以沫",是令人感动的,"相忘于江湖",是另一种境界。

016　天薄我福,吾厚吾德以迓之;天劳我形,吾逸吾心以补之;天厄我遇,吾亨吾道以通之。

【译文】　命运要减损我的福分,我就增强我的德行来面对它;命运要劳累我的筋骨,我就安逸自己的心灵来加以弥补;命运要困窘我的际遇,我就扩充我的道义使其通达。

【评解】　此条采自明·洪应明《菜根谭》:"天薄我以福,吾厚吾德以迓之;天劳我以形,吾逸吾心以补之;天厄我以遇,吾亨吾道以通之,天且奈我何哉?"

　　一个人的品质和能力,不体现在一帆风顺的时候,关键看以什么样的姿态走出逆境。命运并不是不可以改变。因此,身处逆境不能放弃和颓废,要知道这反而是希望所在。积德行善,厚德以积福,大困难蕴涵着大机会,理性灵活地克服困难,机会就上门了,命运又将垂青于你。

017　淡泊之士,必为秾艳者所疑;检饬之人,必为放肆者所忌。

【译文】　淡泊名利的人,必然为那些追逐声名贪图奢华的人所猜疑;言行检点谨慎的人,必然为那些行为放纵的人所忌恨。

【评解】　此条采自明·洪应明《菜根谭》:"淡泊之士,必为浓艳者所疑;检饰之人多为放肆者所忌。君子处此,固不可少变其操守,亦不可太露其锋芒。"

　　因其如此,故诫示君子既不可稍微改变自己的操守,也不可过于锋芒毕露。锋芒毕露,则风险毕呈,无异于自立危墙之下。

018　事穷势蹙之人,当原其初心[①];功成行满之士,要观其末路。

【译文】　对于事业到了穷途末路处境窘迫的人,应当体察他当初的本意;对于事业圆满成功的人,则要观察其晚节如何。

【注释】　①原其初心:李渔《闲情偶寄·词曲部》:"一本戏中,有无数人名,究竟俱属陪宾;原其初心,止为一人而设……原其初心,又止为一事而设,此一人一事,即作传奇之主脑也。"

【评解】　此条采自明·洪应明《菜根谭》。

　　认识一个人,不能只看他一时成败,为之所迷惑,而应体察其行动之初的动机,以及最终之目的,是谓"盖棺定论"。白居易有诗为证:"周公恐惧流言日,王莽谦恭未篡时。若使当时身便死,一生真伪有谁知。"

019　好丑心太明,则物不契;贤愚心太明,则人不亲。须是内精明而外浑厚,使好丑两得其平,贤愚共受其益,才是生成的德量。

【译文】　分辨好坏美丑之心太明确,就无法与事物相契合;分辨人的贤愚之心太清楚,就无法与人相亲近;必须是内心精明而外表宽厚,使美丑两方都能平和,贤愚双方都能受益,才是天生的德性与气量。

【评解】　此条采自明·洪应明《菜根谭》。

　　老子说:"天下皆知美之为美,斯恶已;皆知善之为善,斯不善已。"美丑、善恶都是相对的,如果执著于自己所谓的美丑善恶,一味追求完美,以自己的标准处处苛责他人,那世上又有多少人多少事能为自己所接受呢? 如此,便是"与物不契"、"与人不亲"。内心精明而对他人宽厚大度,大巧如拙,大智若愚,贤明和愚笨的人都能接纳,各得其所,这才是君子的好生之德。

020 好辩以招尤,不若讱嘿以怡性①;广交以延誉,不若索居以自全②;厚费以多营,不若省事以守俭;逞能以受妒,不若韬精以示拙。费千金而结纳贤豪,孰若倾半瓢之粟以济饥饿;构千楹而招徕宾客,孰若茸数椽之茅以庇孤寒。

【译文】 喜欢争辩而招致指责,不如言语谨慎而怡养情性;广泛交往以博取声誉,不如孤独散处以保全自身;花费钱财而多方营求,不如省心省事固守俭朴;争强好胜而招受忌妒,不如掩藏精巧以拙示人;花费千两黄金去结交贤士豪杰,怎么比得上倒半瓢粟米去救济饥饿的人;建造千间房屋以招徕宾朋来客,怎么比得上修补几间茅屋以庇护低微贫寒之士。

【注释】 ①讱(rèn)嘿:言不易出,说话谨慎。《论语·颜渊》:"子曰:'仁者,其言也讱。'" ②索居以自全:明·钟惺《简远堂近诗序》:"索居自全,挫名用晦,虚心直躬,可以适己,可以行世,可以垂文,何必浮沉周旋而后无道哉。"

【评解】 此条前八句采自明·范立本《明心宝鉴》辑顾东桥语。顾华玉,顾璘(1476–1545)字华玉,号东桥,上元(今南京)人。明文学家,藏书家。官至南京刑部尚书。有《顾华玉集》。"费千金"四句采自明·洪应明《菜根谭》:"费千金而结纳贤豪,孰若倾半瓢之粟以济饥饿之人;构千楹而招徕宾客,孰若茸数椽之茅以庇孤寒之士。"

　　《小窗幽记》极力倡导的就是一种守拙守俭的人生态度,所以反复告诫人们不要言多以招尤,延誉以招非,厚费以招损,逞能以招折,与其锦上添花,不若解人于危困急难。这些都是常识,可事实却是,常识往往最难遵守。

021 恩不论多寡,当厄的壶浆,得死力之酬①;怨不在浅深,伤心的杯羹,召亡国之祸②。

【译文】 恩惠不论多少,给人度过困厄的一壶浆饭,可以得到对方拼死效命的报答;怨恨不在浅深,使人伤心的一杯肉羹,就足以招致亡国的灾祸。

【注释】 ①"当厄的壶浆"两句:典出《左传》"宣公二年":晋灵辄饿于翳桑,赵盾见而赐以饮食。后灵辄为晋灵公甲士,灵公欲杀赵盾,灵辄倒戈相救,赵盾得脱。 ②"伤心的杯羹"两句:典出《左传》"宣公四年":楚人献鼋于郑灵公,公子宋与子家将见,子公之食指动,以示子家曰:"他日我如此,必尝异味。"后食大夫鼋,召子公而弗与也。子公怒,染指于鼎,尝之而出。灵公怒,欲杀子公。子公与子家先谋,弑灵公。

【评解】　也许无心的一句话一个细节,你就得罪了小人,而小人是最记仇的,小人报仇,又从来是不达目的不罢休。"君子坦荡荡,小人常戚戚。"小人很少琢磨事,大多琢磨人。自古以来,大至政治事件,小至日常生活,都少不了小人兴风作浪,或暗设绊脚石,或明打"小报告",诬陷者有之,告密者有之,暗杀者有之,花样百出,防不胜防,可不慎哉!

022　仕途须赫奕①,常思林下的风味,则权势之念自轻;世途须纷华,常思泉下的光景,则利欲之心自淡。

【译文】　仕进路途自是显赫光盛,但常常想想退隐山林的风景趣味,那追逐权势的念头就自然会轻缓;尘世路途自是繁华纷杂,常常想想身死之后的情景,那贪图私利的欲望自然会消淡。

【注释】　①赫奕:光显,盛大。这里指仕途得意。

【评解】　此条采自明·洪应明《菜根谭》。

烈火烹油,鲜花着锦之盛,终将归于沉寂,化为平常。常念此心,追名逐利的心思自然就会清淡许多。心性之修炼,正当宜此。

023　居盈满者,如水之将溢未溢,切忌再加一滴;处危急者,如木之将折未折,切忌再加一搦。

【译文】　处在志得意满的情境之中,就像一杯水将要溢出还未溢出,千万不能再添加哪怕一滴水;处于情势危难急迫的状态之中,就像一根树木将要折断还未折断,千万不能再增加哪怕一点压力。

【评解】　此条采自明·洪应明《菜根谭》。

君子居安思危!满招损,谦受益;水满则溢,月盈则亏,物极必反,否极泰来,这是自然之理。所以见好要收,急流勇退,事事留个有余不尽。

024　了心自了事,犹根拔而草不生;逃世不逃名,似膻存而蚋还集。

【译文】　了断心中欲念,自然就没事了,犹如根拔除了,草就不能再生长;逃避尘世俗务,却不远离声名,就像腥膻味还在,蚊蝇自然还会集聚。

【评解】　此条采自明·洪应明《菜根谭》。

万事万物皆由心生,亦由心灭。能在心中将事情了结,便一了百了;所以无法了结者,那是心中还在恋恋不舍。放下即实地,放下即自在,要学会把该放下的事全部放下。

025　情最难久,故多情人必至寡情;性自有常,故任性人终不失性。

【译文】　感情最难保持长久,所以多情的人最终必然变得寡情;本性自有其常道,所以听凭秉性行事的人终究不会失去其自然秉性。

【评解】 痴情最苦,相思最累,几番折腾,多半已是心灰意冷,所谓情到深处情转薄,所以,爱一个人,不要恋栈他,恋栈的结果无一例外是悲剧,谁能白头偕老,谁能海枯石烂? 率性之人,看似放浪不羁,却如白云从容舒卷,如野舟无人自横,不求名利任性情,正不失"童心"天真。所以,往回走,返回我们的童心,救救我们的天真,救救我们的天趣!

026 才子安心草舍者,足登玉堂①;佳人适意蓬门者,堪贮金屋②。

【译文】 才子如果能安心居于茅草陋屋中,寒窗苦读,将来一定能最终登入华屋高堂;美人能安心于贫寒之家,相夫教子,那她就配得上华丽的居所,金屋藏娇。

【注释】 ①玉堂:玉饰的殿堂,唐宋后用作"翰林院"的雅称。 ②堪贮金屋:班固《汉武故事》中记载,汉武帝年幼时,长公主有一次问他:"阿娇好否?"武帝回答说:"若得阿娇作妇,当作金屋贮之。"

【评解】 能安心草舍、适意蓬门的才子佳人,源于内心有坚守的气节,不变的情操,能不为外欲所诱惑。有此德行,自然可登玉堂、贮金屋。

027 喜传语者,不可与语;好议事者,不可图事。

【译文】 喜欢传播流言飞语的人,不能和他言语交心;爱好夸夸其谈的人,不能和他图谋共事。

【评解】 喜传语、好议事者,缺少的就是一颗真诚之心。与之交心,只会自取其辱;与之图事,只会败事有余。

028 甘人之语,多不论其是非;激人之语,多不顾其利害。

【译文】 谄媚奉承人的话,大多是不会考虑它的是非曲直的;愤激指责人的话,大多是不会顾及它的利害得失的。

【评解】 言在儒家看来即是行动,所以儒家经典《论语》反复强调慎于言、讷于言等。即使你是满腔忠诚,依然要讲究说的策略。

029 真廉无廉名,立名者所以为贪;大巧无巧术,用术者所以为拙。

【译文】 真正的清廉是没有清廉的名声,标榜自己清廉的人正是为了贪名;真正的聪明是不用机巧和权术,玩弄机巧权术的人正见出其拙劣。

【评解】 此条采自明·洪应明《菜根谭》:"真廉无廉名,立名者正所以为贪;大巧无巧术,用术者乃所以为拙。"

　　刻意追求廉洁之声名,其实正是贪求功名。太工于心计,结果也总是适得其反,聪明反被聪明误。所谓大巧若拙,实际上就是顺着自己的本性行事。

030　为恶而畏人知,恶中犹有善念;为善而急人知,善处即是恶根。

【译文】　做了坏事而害怕被人知晓,说明他的为恶之中还存有善的念头;做了好事而急于让人知晓,那么他的行善之处也就潜藏着恶的根源。

【评解】　此条采自明·洪应明《菜根谭》。

有羞耻之心,说明还有改过自新的可能,若羞耻之心都没了,那就不可救药了。做了好事却急于宣扬,这“好事”多半只是一种伪装,只是用以麻痹他人。所以,儒家极力提倡“慎独”的道德修养方法,在最隐秘细微处更见出道德自律的可贵。

031　谭山林之乐者,未必真得山林之趣;厌名利之谭者,未必尽忘名利之情。

【译文】　大谈山林隐逸乐趣的人,不一定就真正领略到了山林隐逸的乐趣;高谈厌恶功名利禄的人,不一定真的将名利完全忘却。

【评解】　此条采自明·洪应明《菜根谭》。

世事之趣,往往得之者无言,言之者未得。明代冯梦龙《古今谭概》中记载有一则故事:宋代理学家程颢、程颐兄弟同赴一士大夫宴,席中有妓陪酒。程颐拂衣而去,程颢则尽欢而归。次日,程颐到程颢家,怒犹未消。程颢说:“昨日座中有妓,吾心中却无妓。今日斋中无妓,汝心中却有妓。”山林之乐、名利之谭,何尝不是如此。

032　从冷视热,然后知热处之奔驰无益;从冗入闲,然后觉闲中之滋味最长。

【译文】　从冷落旁观者的角度看热闹的名利之场,然后才知道整日奔波争竞于名利富贵实际上多么无益;从繁杂的尘世中解脱出来,过上悠闲的日子,然后才能品味出悠闲生活的滋味最是深长。

【评解】　此条采自明·洪应明《菜根谭》。

真正做到“从冷视热,从冗入闲”的旷达之士,在中国历史上,陶渊明可称为典型代表,其《归园田居》最能说明这种心境:“少无适欲韵,性本爱丘山;误落尘网中,一去三十年;羁鸟恋旧林,池鱼思故渊;开荒南野际,守拙归田园;方宅十余亩,草屋八九间;榆柳阴后檐,桃李罗堂前;暖暖远人村,依依墟里烟;狗吠深巷中,鸡鸣桑树颠;户庭无尘杂,虚室有余闲;久在樊笼里,复得返自然。”

033　贫士肯济人,才是性天中惠泽①;闹场能笃学,方为心地上工夫②。

【译文】　贫寒的人肯于救济他人,才称得上人的天性中的恩泽;在喧闹的场所中能专心好学,才是其心地上真正的修养功夫。

【注释】　①性天:天性。语本《礼记·中庸》:“天命之谓性。”　②心地:佛教语。《心地观经》

卷八："众生之心,犹如大地,五谷五果从大地生……以此因缘,三界惟心,心名为地。"佛教认为,三界之中,以心为主。心如滋生万物的大地,能随缘生一切诸法,故称。

【评解】 此条采自明·洪应明《菜根谭》,"笃学",原文作"学道"。

　　为人为学,真正的修行,都要在心地上做功夫,于起心动念处做功夫,佛家所谓"从根本修"是也。

034 伏久者,飞必高;开先者,谢独早。

【译文】 伏身很久而不飞之鸟,一旦飞翔,必定能飞得很高;最先开放的花朵,凋谢也必然最早。

【评解】 此条采自明·洪应明《菜根谭》:"伏久者飞必高,开先者谢独早。知此,可以免蹭蹬之忧,可以消躁急之念。"知道了这个道理,就不必为怀才不遇而耿耿于怀,亦可以消急躁求进之热望。

035 贪得者身富而心贫,知足者身贫而心富;居高者形逸而神劳,处下者形劳而神逸。

【译文】 贪得无厌的人,尽管生活富有但是精神贫乏;知足常乐的人,尽管生活贫困但是精神充实;身居高位的人,外表潇洒安逸,实则精神疲累;身处下层的人,身体劳累不堪,但精神安逸舒畅。

【评解】 此条采自明·洪应明《菜根谭》:"贪得者身富而心贫,知足者身贫而心富;居高者形逸而神劳,处下者形劳而神逸。孰得孰失,孰幻孰真,达人当自辨之!"

　　古代社会没那么多诱惑,人容易单纯、完整。现代社会虽然物质富有,快乐却反而越见稀少。当今新哥伦布的使命,已不是发现新大陆,而是发现内心那一片未被诱惑卷走的生命原野。

036 局量宽大,即住三家村里①,光景不拘;智识卑微,纵居五都市中②,神情亦促。

【译文】 器量宽大的人,即使住在偏僻的小乡村里,眼界也不会受到局限;才识卑微的人,纵然居于繁华都市,神情也会显得局促窘迫。

【注释】 ①三家村:指人烟稀少、偏僻的小村落。宋·陆游诗:"偶失万户侯,遂老三家村。"②五都市:泛指繁华的都市。明·于慎行诗:"生长五都市,结交六郡雄。"

【评解】 心之境界高下,决定着生命境界的高下。

037 惜寸阴者,乃有凌轹千古之志①;怜微才者,乃有驰驱豪杰之心②。

【译文】 珍惜寸寸光阴的人,才有超迈千古的志向;爱怜微薄小才的人,才有驾驭英雄豪杰的心胸。

【注释】　①惜寸阴:语本《淮南子·原道训》:"故圣人不贵尺之璧,而重寸之阴,时难得而易失也。"《晋书·陶侃传》:"(陶侃)常语人曰:'大禹圣人,乃惜寸阴;至众人,当惜分阴。'"凌轹(lì):欺压,驾驭。　②驰驱豪杰:宋·朱熹词《水调歌头》:"中兴主,功业就,鬓毛斑。驰驱一世豪杰,相与济时艰。"

【评解】　珍惜每一寸光阴,珍惜每一个人才,挖掘他们身上的每一点优势,给人才创造表现的机会,使"脱颖之才"能够"处囊而后见"。经天纬地的伟人,除了叱咤风云、开天辟地的阔大胸襟,同样也能在细微处见功夫,于小节处见大义。

038　天欲祸人,必先以微福骄之,要看他会受;天欲福人,必先以微祸儆之①,要看他会救。

【译文】　上天要降灾祸给一个人,必然先给他些许福分滋长其骄慢之心,就要看他是否懂得承受;上天要降福给一个人,必然先给他些许灾祸使其警醒,就要看他是否懂得补救。

【评解】　此条采自明·洪应明《菜根谭》:"天欲祸人,必先以微福骄之,所以福来不必喜,要看他会受;天欲福人,必先以微祸儆之,所以祸来不必忧,要看他会救。"
　　　人生没有永久的福分,也不可能有永久的祸运,福分降临时居安思危,遭遇挫折时努力奋起。因为"上帝在为你关上这道门的同时,会在另一个地方给你打开一扇窗"。亦如苏东坡词云:"回首向来萧瑟处,归去,也无风雨也无晴。"受福不骄,受祸不苦,便是深明祸福之道。

039　书画受俗子品题,三生浩劫①;鼎彝与市人赏鉴②,千古异冤。

【译文】　书画雅事如果让凡夫俗子来评品高下,就如同遭受了三世劫难;鼎彝祭器如果让市井商人来赏玩品鉴,就仿佛蒙受了千古奇冤。

【注释】　①俗子品题:明·蔡清《蜀阜存薬序》:"呜呼! 先生之所自得者如此。以此而见于诗,见于文,又岂区区愚生俗子所庸置其品题也哉。"三生:佛教的说法,即前生、今生、来生。②鼎彝:古代祭器,上面多刻着表彰有功人物的文字。

【评解】　在市井俗人眼中,刻有上古文字的甲骨也只是一味中药而已,传世藏书不过勉强可用作包装纸或厕纸。千古奇冤,鱼翅被当做粉丝欣赏。

040　脱颖之才,处囊而后见①;绝尘之足,历块以方知②。

【译文】　才能超凡的人,好比一把锥子,也只有放在布袋中其锋芒才会立马显现;脚不沾尘的千里马,也只有如穿越一小块土地那样迅疾地过都越国才会为人所知晓。

【注释】　①"脱颖"二句:典出《史记·平原君虞卿列传》:秦围邯郸,平原君募勇士使楚,毛遂自荐。平原君曰:"夫贤士之处世也,譬若锥之处囊中,其末立见。"以其无能而不允。毛遂曰:"臣今日请处囊中耳。使遂早得处囊中,乃脱颖而出,非特其末见而已。"后毛遂果然助其成功。

②绝尘之足:语见孔融《与曹公论盛孝章书》:"燕君市骏马之骨,非欲以骋道里,乃当以招绝足也。"《庄子·田子方》:颜渊对孔子说:"夫子奔逸绝尘,而回瞠若乎后矣!"历块:语见《汉书·王褒传》:"纵骋弛骛息如影靡,过都越国,蹶如历块。"颜师古注:"如经历一块,言其疾之甚。"

【评解】 天才也需要舞台来施展呈现,正如苏联作家尼·奥斯特洛夫斯基说过:"人的生命似洪水在奔流,不遇到岛屿、暗礁难以激起美丽的浪花。"

041 结想奢华,则所见转多冷淡;冥心清素,则所涉都厌尘氛①。

【译文】 念念不忘于奢侈豪华,则所见反而觉得更多的是冷漠无趣;宁静心境安于清淡素朴,则所经历的都会厌弃于尘俗的气氛。

【注释】 ①厌尘氛:宋·周敦颐《宿山房》:"久厌尘氛乐静元,俸微独乏买山钱;徘徊真境不能去,且寄云房一榻眠。"

【评解】 作者提倡的自然是"冥心清素",只有内心宁静素朴,才可能断绝尘俗之气,守住清风白云。

042 多情者,不可与定妍媸①;多谊者,不可与定取与。多气者,不可与定雌雄;多兴者,不可与定去住。

【译文】 感情丰富的人,不可以和他论定美丑;注重情谊的人,不可以和他论定取舍;尚气使性的人,不可以和他论定高下雌雄;随兴草率的人,不可以和他论定去留。

【注释】 ①定妍媸(chī):宋·梅尧臣《感遇》:"苟昧哲人理,寐默定妍媸。"《昭君怨》:"曾闻汉主斩画师,何由画师定妍媸?宫中多少如花女,不嫁单于君不知。"

【评解】 这句话告诉我们如何与不同性格的人打交道。很多时候,遇到在某方面执着的人,你比他还执着,事情就不好办了。

043 世人破绽处,多从周旋处见;指摘处,多从爱护处见;艰难处,多从贪恋处见。

【译文】 世人在言语行为上的过失之处,多是在与人交际酬酢中体现出来;遭受指责的地方,多是在对人过分呵护、期望中表现出来;处境艰难的地方,多是在对事物过于贪图眷恋的地方表现出来。

【评解】 越是八面玲珑四处讨好,最终可能谁都不讨好;越是极力爱护,反而可能最容易受到指责;越想拥有,可能就越难拥有。钱钟书《围城》说:"一个人的缺点正像猴子的尾巴,猴子蹲在地面的时候,尾巴是看不见的,直到它向树上爬,就把后部供大众瞻仰。"

044 凡情留不尽之意,则味深;凡兴留不尽之意,则趣多。

【译文】 大凡感情抒发不尽,留有余地,就会更显意味深长;兴致表露不尽,意犹未已,就会更显兴趣盎然。

【评解】 情不可说尽、说清、说白,兴要留一点回味,一点余音。中国的艺术讲究留白,为人处世讲究的是含蓄隽永。"泼墨之留白,便如倒茶之七分,当为己留三分余地,此为处世之道。"

045 待富贵人,不难有礼,而难有体;待贫贱人,不难有恩,而难有礼。

【译文】 对待富贵之人,有礼貌不难,而难于事事得体;对待贫贱的人,有恩惠不难,而难于处处有礼。

【评解】 此条采自明·陈继儒《安得长者言》。
　　《菜根谭》中有云:"待小人不难于严,而难于不恶;待君子不难于恭,而难于有礼。"说的都是如何与这几种人相处。古人说不卑不亢,可是如何能做到呢? 表面上说的是相处之道,其实还是个人品格修养的问题。

046 山栖是胜事,稍一萦恋,则亦市朝①;书画赏鉴是雅事,稍一贪痴,则亦商贾;诗酒是乐事,稍一徇人,则亦地狱;好客是豁达事,稍一为俗子所挠,则亦苦海。

【译文】 山林栖居是美好的事情,但如果稍稍有一点牵系爱恋,那也就和争名逐利的尘世没什么不同;书画赏鉴是高雅的事情,但稍稍有一点贪心痴迷,那也就和商人没什么两样;诗酒风流是快乐的事情,一旦有屈从顺应他人之嫌,也就如同堕于地狱般难受;热情好客是胸襟豁达之举,一旦是被俗人所扰,也就如同身陷苦海般烦恼。

【注释】 ①市朝:《战国策·秦策一》:"臣闻争名者于朝,争利者于市。今三川、周室,天下之市朝也。"

【评解】 此条采自明·洪应明《菜根谭》:"山林是胜地,一营恋便成市朝;书画是雅事,一贪痴便成商贾。盖心无染着,欲境是仙都;心有系恋,乐境成苦海矣。"
　　山居悠游,诗酒风流,本是超脱,但若一味痴迷贪恋,就与闹市无甚区别;书画赏鉴本是雅事,但若过于痴迷,则与商人无异。心静自然凉。只要心地纯真没有污染,即使身在欲境也如同在仙境一般;如果心中牵恋太多,即使处在快乐的环境中也如同在苦海中一般。

047 多读两句书,少说一句话;读得两行书,说得几句话。

【译文】 人们应该多读一些书,少说一些话;只有读了一些书,才能说好一些话。

【评解】　此条采自明·吴从先《小窗自记》:"眉公曰:'多读一句书,少说一句话。'余曰:'读得一句书,说得一句话。'"眉公,即陈继儒,他在《岩栖幽事》中说:"多读两句书,少说一句话。"

陈继儒的观点是,多读书可以明理、增智,而祸从口出,言多必失,应该少说、不说为上。吴从先的见解则有所不同:只有踏踏实实地把书读通,才能有资格说得起一句话,一个有责任感的读书人,应该为天下百姓说话,才能对得起他读的那些书。孰是孰非,读者自辨。

048　看中人^①,在大处不走作^②;看豪杰,在小处不渗漏^③。

【译文】　看中等水平的常人,要看他在大事上是不是越出轨范;看中等水平以上的英雄豪杰,要看他在小事上有没有纰漏。

【注释】　①中人:中等水平的人。《论语·雍也》:"中人以上,可以语上也;中人以下,不可以语上也。"　②不走作:不走样儿,不越出轨范。《朱子语类·读书法下》:"日间常读书,则此心不走作。"

【评解】　此条采自明·陈继儒《安得长者言》:"看中人看其大处不走作,看豪杰看其小处不渗漏。"

对一般的人不要过于苛求,只要在原则问题上合于轨范就可以了。相反,对于大人物倒要看他在小处上有无纰漏。因此,看一个人,评价一个人,不能用统一固定的标准,否则这个标准要么过严要么过宽,大而无当。

049　留七分正经,以度生;留三分痴呆,以防死。

【译文】　用七分的正经来营度生计,用三分的痴呆来明哲保身。

【评解】　此条采自明·陈继儒《安得长者言》。

用今天的话说,就是"留一半清醒留一半醉",对一些不是大是大非原则性的问题,以"三分痴呆"的难得糊涂心理来面对,便可以少些烦扰多些快乐。

050　轻财足以聚人,律己足以服人,量宽足以得人,身先足以率人。

【译文】　仗义疏财足以凝聚人心,严于律己足以令人信服,宽宏大量足以赢得人心,身先士卒足以为人表率。

【评解】　此条采自宋·李邦献《省心杂言》。李邦献,字士举,怀州(今河南沁阳)人。

"聚人"、"服人"、"得人"、"率人",归根到底是得人心,而得人心的前提是"其身正"。只有不偏爱钱财,清廉自律,才能一身正气。宽以待人,以身作则,才能赢得人心。有种理论说,伦理政治都是氏族首领的"领导艺术"的理论遗迹,后来就成了传统格言。这些都是生活中最简单的道理,但做起来却永远最难。

051　从极迷处识迷,则到处醒;将难放怀一放,则万境宽。

【译文】　在最易令人迷惑的地方识破迷惑,那么无处不是清醒的状态;将最难释怀的心事放下,那么就到处都觉境界宽广自在。

【评解】　这段话就是劝人要勇于放弃。放弃,需要勇气,更需要智慧。幸福与快乐不在于拥有多少,而在于少去计较。

052　大事难事看担当,逆境顺境看襟度,临喜临怒看涵养,群行群止看识见①。

【译文】　遇到大事难事,最能看出一个人是否有担当重任的品质;遇到逆境顺境,最能看出一个人的襟怀和气度;面对或喜或怒的事情,最能看出一个人的内在涵养;和众人同行同止时,最能看出一个人见识的高下。

【注释】　①群行群止:在与众人相处中表现出来的言行举止。

【评解】　此条采自明·吕坤《呻吟语》。

　　这里的“看”字,实际上就是考验、检验。“四看”说的是在人生路途的各种关隘,最能看出一个人的品性、胸怀、修养和境界。

053　安详是处事第一法,谦退是保身第一法,涵容是处人第一法,洒脱是养心第一法。

【译文】　安详稳重是处事第一法则,谦逊退让是保身第一法则,涵养宽容是待人第一法则,潇洒超脱是养心第一法则。

【评解】　此条采自明·吕坤《呻吟语》:“宁耐是思事第一法,安详是处事第一法,谦退是保身第一法,涵容是处人第一法,置富贵、贫贱、死生、常变于度外,是养心第一法。”

　　倘能以安详的心态,从容地看花开花落,云卷云舒,人聚人散,这便是人生最好的境界。难得糊涂一点,多多包容一点,更是人生的一种智慧。而无论是安详、谦退,还是涵容,都只是一种方法,最根本的是调适好自己的心态。心理平衡了,洒脱了,还会有什么不自在呢?

054　处事最当熟思缓处。熟思则得其情,缓处则得其当。

【译文】　处理事情最应当深思熟虑而从容处置。深思熟虑就可以知晓物情,从容处置就可以做到恰如其分。

【评解】　此条采自明·薛瑄《薛文清公从政录》。薛文清(1389－1464),名瑄,字德温,号敬轩。官至礼部右侍郎兼翰林院学士。卒谥文清。有《薛文清集》。此条官箴,即是对“三思而后行”的进一步发挥。

055 必能忍人不能忍之触忤才能,斯能为人不能为之事功。

【译文】 必须要能忍受一般人不能忍受的冒犯、忤逆,才可能成就一般人所不能成就的功业。

【评解】 此条采自明·薛瑄《薛文清公从政录》。

令长之官权责在身,忍愤制怒则更为重要。孔子说:"小不忍则乱大谋。"能忍是有德的标志之一。张良容忍了老头的蛮横要求,帮他到桥下拾鞋,才得到了稀世兵书。韩信忍胯下之辱,林则徐的"制怒"条幅,都是忍辱负重以成大事的例子。

056 轻与必滥取,易信必易疑。

【译文】 轻易地给予,必然会导致他人过度地索取;轻易地相信别人,必然也会轻易地怀疑别人。

【评解】 此条采自明·薛瑄《薛文清公从政录》。

作为官场系统中的一环,每个岗位都有系统赋予的职权,职位越高,权力越大。在军事、行政系统中,上级甚至有生杀予夺的权利,"与""取","信""疑"之间尤需慎重严谨!

057 积丘山之善,尚未为君子;贪丝毫之利,便陷于小人。

【译文】 即使积累了像山丘那么多的善德,也未必称得上君子;但是如果贪取了一丝一毫的私利,就顿时堕落成小人。

【评解】 此条采自明·宋濂所撰楹联。宋濂(1310 – 1381)明初文学家,字景濂,号潜溪。官至翰林学士。着有《宋学士文集》。此语见于赵东山《潜溪集后序》:"潜溪宋太史归田之日,铭于楹曰:'积丘山之善,尚未为君子;贪丝毫之利,便陷于小人。'呜呼!吾辈当念之哉!"

君子难为,小人易做。多少人一世清名,却因为一时糊涂贪求蝇头小利,而前功尽弃,追悔莫及。

058 智者不与命斗,不与法斗,不与理斗,不与势斗。

【译文】 明智的人不和命运争斗,不和自然之法争斗,不和自然之理争斗,不和事物发展趋势争斗。

【评解】 此条采自明·吕坤《呻吟语》。

智者相信命运,在注定的结局面前不做无谓的抗争,在大势面前不逆流而进。印度大诗人泰戈尔也说过:"我不能选择最好的,我只能选择最好的来选择我。"他选的是一种等待的态度。

059 良心在夜气清明之候①,真情在箪食豆羹之间②。故以我索人,不

如使人自反;以我攻人,不如使人自露。

【译文】 在万籁俱寂、心境平和的夜晚时分,良知善念最容易产生出来;在一箪食、一豆羹的取予上,真正的情义却很容易得到体现。所以与其让我去要求他人,不如令人自我反省;与其由我去指责批评他人,不如让对方自我暴露。

【注释】 ①夜气:此谓夜晚静思所滋生的良知善念。语见《孟子·告子上》:"梏之反复,则其夜气不足以存;夜气不足以存,则其违禽兽不远矣。"反复地搅乱,那么他夜里滋生的那点善心就不足以保存下来;夜里滋生的善心不足以保存下来,那他离禽兽就不远了。明·吴从先《小窗自纪》:"先儒谓良心在夜气清明之候。予以真学问亦不越此时。" ②箪食豆羹:少而粗疏的食物。《孟子·告子上》:"一箪食,一豆羹,得之则生,弗得则死。呼尔而与之,行道之人弗受;蹴尔而与之,乞人不屑也。"箪,盛饭食的竹器。豆,盛食物的器皿。

【评解】 这里注重的还是"自省"的力量。与其由我去启发、指责别人,不如使人自己慢慢去反思。人必须有宽仁之心,人需要有自省之心,而人的宽仁和自省都需要时间来催生。

060 侠之一字①,昔以之加义气②,今以之加挥霍,只在气魄气骨之分。

【译文】 "侠"这个字,以前是和舍生取义的品格气节联系在一起,如今则往往和一掷千金的挥霍豪气联系在一起,其关键在气魄和气骨的分别上。

【注释】 ①侠之一字:明·李贽《焚书·杂述》:"人能侠剑,剑又安能侠人?人而侠剑,直匹夫之雄耳,西楚伯王所谓'学剑不成,去,学万人敌'者是也。夫万人之敌,岂一剑之任耶!彼以剑侠称烈士者,真可谓不识侠者矣。呜呼!侠之一字,岂易言哉!自古忠臣孝子,义夫节妇,同一侠耳。" ②义气:《史记·刺客列传》太史公曰:"自曹沫至荆轲五人,此其义或成或不成,然其立意较然,不欺其志,名垂后世,岂妄也哉!"

【评解】 此条采自明·吴从先《小窗自纪》。"义气",原文作"意气"。

"侠"一词最早见于《韩非子·五蠹》篇:"侠以武犯禁。"侠士们总是以武力触犯律例。司马迁《史记》中也给了"侠"大量笔墨:"今游侠,其行虽不轨于正义,然其言必信,其行必果,己诺必诚,不爱其躯,赴士之厄困,既已存亡死生矣,而不矜其能,羞伐其德,盖亦有足多者焉。"扶危济困,舍生取义,侠士之所以为人所称颂者。而至明代中期以后,城市交游盛行,侠游成风,以至于因多游而成侠名,于是金钱之挥霍,竟取代义气,成为新的成侠之道。

061 不耕而食,不织而衣,摇唇鼓舌,妄生是非,故知无事之人好为生事。

【译文】 不耕作却有饭吃,不织布却有衣穿,整日卖弄口舌蛊惑人心,无端惹是生非,可知无所事事的人最喜欢滋生事端。

【评解】 此条采自《庄子·盗跖》:"不耕而食,不织而衣,摇唇鼓舌,擅生是非,以迷天下之主。"

　　所谓"心闲生驴事",是非太多即是闲人太多。

062　才人经世,能人取世①,晓人逢世,名人垂世,高人玩世,达人出世②。宁为随世之庸愚,勿为欺世之豪杰。

【译文】　才华横溢的人能治理世事,精明能干的人能取得成功,世事洞明的人能顺应时势,声名显赫的人能垂范后世,高人隐士消闲玩世,达生知命的人能超脱尘世。宁可做一个随世沉浮的庸下愚昧之人,也不要做一个欺世盗名的所谓英雄豪杰。

【注释】　①取世:汉·扬雄《自嘲文》:"士无常君,国无定臣,得士者富,失士者贫。矫翼厉翮,恣意所存。故士或自盛以囊,或凿坏以遁。是故邹衍以颉颃而取世资,孟轲虽连蹇犹为万乘师。"取世资,大意是取世以为资(凭借),而己为之师(依李善说)。　②达人:《左传·昭公七年》:"圣人有明德者,若不当世,其后必有达人。"孔颖达疏:"谓知能通达之人。"意即能够通明(理解甚至实践)圣人之道的人。

【评解】　此条采自明·吴从先《小窗自纪》。

　　一个人活得随性平庸并不可耻。为了扬名,反而失名,还不如老老实实做人,平平淡淡是真。

063　沾泥带水之累,病根在一恋字;随方逐圆之妙,便宜在一耐字①。

【译文】　拖泥带水的毛病,病根在一个"恋"字;随方逐圆的高妙,得益于一个"耐"字。

【注释】　①便宜:因利乘便,见机行事。

【评解】　此条采自明·吴从先《小窗自纪》。

　　这是两种不同的处世态度。遇事需当机立断,也少不了随机应变,你圆我随你圆,你方我就随你方。《菜根谭》中也说:"语云:'登山耐侧路,踏雪耐危桥。'(爬山要耐得住斜坡上的险径,走雪路要有胆量过危险的桥梁。)一耐字极有意味,如倾险之情,坎坷之世道,若不得一耐字撑持过去,几何不堕入榛莽坑堑哉?"

064　天下无不好谀之人,故谄之术不穷;世间尽是善毁之辈,故谗之路难塞。

【译文】　天底下没有不喜欢奉承的人,所以谄谀拍马之术层出不穷;人世间处处是善于诋毁别人的人,所以谗言诽谤之路难以堵塞杜绝。

【评解】　此条采自明·吴从先《小窗自纪》。

　　诗人艾青说:"猫向你献媚,它瞅着你碗里的鱼。"何况是人!每个人都可能是一座地狱,但每个人都想把别人拉入自己的地狱,让自己摆布。人的统治欲难以遏止,诋諆善毁之术便难以遏止。想要获救,首先就必须承认人性弱点存在的合理。

065 进善言,受善言,如两来船^①,则相接耳。

【译文】 提出好的建议,接纳好的建议,如果能像相向对开的两条船一样,那就能够很顺利地相互连接起来。

【注释】 ①两来船:明·冯梦龙《古今谭概·专愚部》载:"(周用斋)偶舟行,见来船过舟甚速,讶问之,仆以'两来船'对,乃笑曰:'造舟者何愚也! 倘尽造两来船,岂不快耶?'"

【评解】 此条采自明·陈继儒《安得长者言》。语本汉·刘向《说苑·卷七政理》:"齐侯问于晏子曰:'为政何患?'对曰:'患善恶之不分。'公曰:'何以察之?'对曰:'审择左右,左右善则百寮各得其所宜而善恶分。'孔子闻之曰:'此言也信矣,善言进,则不善无由入矣;不进善言,则善无由入矣。'"

两条对开而来的陌生船,更可能是擦肩而过,李白诗:"停船暂借问,或恐是同乡。"如果你肯停下船来问一句,说不定这段因缘就有了"果"。这样的几率当然并不高,真正能做到从善如流者,又能有几人?

066 清福上帝所吝,而习忙可以销福;清名上帝所忌,而得谤可以销名。

【译文】 清闲之福是上天所吝惜给予的,使自己习惯于忙碌之中,就可以消除那种不应有的清福;清白美好的声名,是上天所忌讳给予的,如果遭受别人的诽谤,就可以减损这种名声。

【评解】 此条采自明·陈继儒《安得长者言》。

清福、清名是连上帝都忌讳吝惜的,常人如何能安然享受? 安然享受了,接踵而至的就可能是灾祸。汉朝名相萧何故意强买民田以"自污",从而打消了刘邦的猜疑,得以善终。这就是所谓以退为进的人生态度了。

067 造谤者甚忙,受谤者甚闲。

【译文】 造谣毁谤的人特别繁忙,而遭受毁谤的人可以很悠闲。

【评解】 此条采自明·张大复《梅花草堂笔谈》吴因之语:"造谤者甚忙,受谤者甚闲。忙者不能造闲者之命,闲者则能定忙者之品。此亦名言。"又见于明·曹臣《舌华录》。

套用接受美学的观点,虽有谤而无人"受",再大的谤也难成其为谤。然而,不能不承认,很多时候受谤者其实并不能做到闲看云起云落,你一介意,一着急,谤便成其为谤了。

068 蒲柳之姿^①,望秋而零;松柏之质,经霜弥茂。

【译文】 蒲柳之姿优柔婀娜,惜其骨力娇弱,见秋风而早零落;松柏岁寒而不凋,历风霜而更显繁茂刚健。

【注释】　①蒲柳:蒲、柳落叶早,故以喻人之早衰。

【评解】　此条采自南朝宋·刘义庆《世说新语·言语》:"顾悦与简文同年,而发早白。简文曰:'卿何以先白?'对曰:'蒲柳之姿,望秋而落;松柏之质,经霜弥茂。'"顾悦的回答,既没有直接谈到自己未老先衰的外貌,又趁机拍了皇上简文帝的马屁,再没有比这更好的回答了。

069　人之嗜名节,嗜文章,嗜游侠,如好酒然,易动客气①,当以德消之②。

【译文】　人们嗜好名声气节,嗜好文章,嗜好游侠,就像好酒成癖一样,很容易一时激动,意气用事,应当用德行修养来消除和避免。

【注释】　①客气:宋儒以心为性的本体,因以发乎血气的生理之性为客气。朱熹、吕祖谦编选之《近思录》:"明道先生(程颢)曰:'义理与客气常相胜,只看消长分数多少,为君子小人之别。义理所得渐多,则自然知得客气消散得渐少。消尽者是大贤。'"　②以德消之:《东观汉记·梁福传》:"司部灾蝗,台召三府驱之,司空掾梁福曰:普天之下,莫非王土,不审使臣驱蝗何之,灾蝗当以德消,不闻驱逐,时号福为直掾。"

【评解】　此条采自明·陈继儒《安得长者言》。
　　嗜名节,嗜文章,嗜游侠者,恰如饮下一杯杯欲望之酒,丧失的是心中的义理,触动的是心中的"客气",或者说戾气。今天,狂躁的戾气似乎充盈着每一个胸膛。当这种戾气传染到每一个普通人的时候,有人说这个时代就等于患上了一场精神上的瘟疫!该如何去消除呢?

070　好谭闺阃①,及好讥讽者,必为鬼神所忌,非有奇祸,则必有奇穷。

【译文】　喜欢谈论妇女闺阁之事,和喜好讥讽别人的人,必然神憎鬼厌,不是遭到不测的祸患,必定遭受非同寻常的穷困。

【注释】　①闺阃(kǔn):闺房,内室。此借指闺阁之事。

【评解】　此条采自明·陈继儒《安得长者言》:"好谈闺阃,及好谈乱者,必为鬼神所怒。非有奇祸,则有奇穷。"语本《无量寿经·戒谭闺阃》:"历观自来好谈闺阃者,无不显遭惨报,王法之所不及者,神鬼得而殛之。故不有横祸,即有奇穷。"
　　清·纪晓岚《阅微草堂笔记》卷十假借狐仙之口,对这句话作了生动的阐释:会有以闺阃蜚语涉讼者,众议不一。偶与狐言及,曰:"君既通灵,必知其审。"狐艴然曰:"我辈修道人,岂干预人家琐事?夫房帏秘地,男女幽期,暧昧难明,嫌疑易起。一犬吠影,每至于百犬吠声。即使果真,何关外人之事?乃快一时之口,为人子孙数世之羞,斯已伤天地之和,召鬼神之忌矣。况杯弓蛇影,恍惚无凭,而点缀铺张,宛如目睹。使人忍之不可,辩之不能,往往致抑郁难言,含冤毕命。其怨毒之气,尤历劫难消。苟有幽灵,岂无业报?恐刀山剑树之上,不能不为是人设一座也。"

071 神人之言微,圣人之言简,贤人之言明,众人之言多,小人之言妄。

【译文】 神人的话精妙,圣人的话简约,贤人的话明了,众人的话嘈杂,小人的话荒诞。

【评解】 此条采自明·陈继儒《安得长者言》。

有人说,"圣人"最大的问题是忘记自己也是一个有人性缺点的人,在救治他人时也需要自救。或者退一步说,神人、圣贤都不会言失行错,但众人、小人却一定会说错话会走错路,因此,神的足迹让人跟随,而人的足迹则可资借鉴,后者的足迹更是价值无量。

072 士君子不能陶熔人,毕竟学问中工力未透。

【译文】 有道德学问的君子,如果不能熏陶感化他人,说明做学问的功夫火候终究还没有修行到家。

【评解】 此条采自明·陈继儒《安得长者言》。

政治家的演说,文章家的议论,初闻之,未尝不惊人,到后来,说的依然是说,文章依然是文章。学问征诸实用,本非易事,但纵不能完全做到,总要时时心向往之。

073 有一言而伤天地之和,一事而折终身之福者,切须检点。能受善言,如市人求利,寸积铢累①,自成富翁。

【译文】 有时候一句话就可能伤害天地间的正气,一件事就可能折损终生的幸福,所以必须时刻检点自己的言行。能够接纳正确的意见,就像商人追逐钱财一样,一点一滴日积月累,自然就成了富翁。

【注释】 ①寸积铢累:铢,古代重量单位,二十四铢等于旧制一两。

【评解】 此条采自明·陈继儒《安得长者言》。原书为两则。洪应明《菜根谭》:"有一念而犯鬼神之禁,一言而伤天地之和,一行而堕终身之名,一事而酿子孙之祸者,最宜切戒。"

要成为人生的"富翁",必须从一言、一事、一念、一行处用功,检点反省,日积月累。人生是永远的旅行,连死也不是终点。

074 金帛多,只是博得垂死时子孙眼泪少,不知其它,知有争而已;金帛少,只是博得垂死时子孙眼泪多,亦不知其它,知有哀而已。

【译文】 积聚的钱财多,只是博得临死时子孙们的眼泪少一些,因为他们不会想着去做其他的事情,只知道有很多钱财等着要去分争罢了;积聚的钱财少,只是博得临死时子孙们的眼泪多一些,因为他们不会想着去做其他的事情,只知道哀伤罢了。

【评解】 此条采自明·陈继儒《安得长者言》:"金帛多,只是博得垂死时子孙眼泪少,不知其它,知有争而已;金帛少,只是博得垂死时子孙眼泪多,亦不知其它,知有亲而已。"

曾国藩提出过一个治家良方:"仕宦之家,不蓄积银钱,使子弟自觉一无可恃,一日不勤,则将有饥寒之患,则子弟渐渐勤劳,知谋所以自立矣。"巴金老人在《爱尔克灯光》中感慨:祖父用空空两手造就一份家业,到临死还周到地为子孙安排了舒适的生活。他叮嘱后人保留着他修建的房屋和他辛苦地搜集起来的书画。但子孙们回答他还是同样的两个字:分和卖。翻开历史,古时之帝王将相的万贯家财,显赫权势又能维持几代? 真正能造福子孙的只能是一个修身立德的榜样,一门良好的家风,一身清白的名誉。

075 景不和①,无以破昏蒙之气;地不和,无以壮光华之色。

【译文】 春日不晴和,就不足以破除天地昏蒙之气;地势不谐和,就不足以壮观其光彩华丽之声色。

【评解】 此条采自唐·符载《中和节陪何大夫会宴序》:"夫景不和,无以破昏蒙之气;地不雄,无以壮光华之会。"

《礼记·中庸》:"中也者,天下之大本也。和也者,天下之达道也。致中和,天地位焉,万物育焉。"世间万物,都要讲究和谐共处,顺和天下。

076 一念之善,吉神随之;一念之恶,厉鬼随之。知此可以役使鬼神。

【译文】 心存一丝善念,就会有吉祥之神跟随佑助;心存一丝恶念,凶恶之鬼就会跟随为祸。明白此理,人就可以役使吉神厉鬼了。

【评解】 此条采自明·陈继儒《安得长者言》。《太上感应篇》:"夫心起于善,善虽未为,而吉神已随之。或心起于恶,恶虽未为,而凶神已随之。"

《格林童话》《水晶鞋》中,人品恶劣的母女三人,最终为自己的所作所为感到愧疚,所以她们还在可教育之列,而教育她们的方式应该是宽恕。如果做了王后的灰姑娘不是宽恕,而是利用手中的权力惩罚报复她们,那就证明灰姑娘自己的人性在从弱者成为强者之后,也由善变恶,受恶驱使了。善恶之念便是如此相互转化,所以要自我救赎,防止人性的缺陷堕落为人性的恶,要让自己生长在善的情怀中。

077 出一个丧元气进士①,不若出一个积阴德平民②。

【译文】 培养一个丧失道即失去本善之性的进士,还不如培养一个善积阴德即暗中施德于人的平民。

【注释】 ①元气:指人的精神,精气。 ②积阴德:《淮南子·人间训》:"有阴德者必有阳报,有阴行者必有昭名。"

【评解】 此条采自明·陈继儒《安得长者言》。清·吴国对在《先君遗稿跋言》中记载,吴沛(吴敬梓高祖父)经常对他们兄弟几人进行教育:"若辈姿好不一,能读书固善,不然做一积阴德平民,胜做一丧元气进士。"

078 眉睫才交①,梦里便不能张主;眼光落地②,泉下又安得分明?

【译文】 刚刚闭眼睡着,进入梦境,就不能够自作主张;一旦精神涣散,两眼一落,黄泉之下又哪能分辨明白?

【注释】 ①眉睫才交:指刚刚睡着。 ②眼光落地:指人死去。宋·洪迈《夷坚支志甲·巴东太守》:"盖将亡时精神消散,所谓眼光落地者此欤?"

【评解】 此条采自明·屠隆《娑罗馆清言》:"眉睫才交,梦里便不能主张;眼光落地,死去又安得分明? 故学道之法无多,只在一心不乱。"

　　清代学者章学诚说:"学必求其心得,业必贵其专精。"无论为人学道,都必须执着于专精,才能有所成就。否则,譬如睡着时、死去后,此心已散乱,又哪里还有好恶之分、是非之辨?

079 佛只是个了,仙也是个了,圣人了了不知了。不知了了是了了,若知了了便不了。

【译文】 佛只是个了悟,仙也只是个了悟,圣人明明白白却不知道了悟。不知道得太明白就是明白,若知道得太明白就是不明白。

【评解】 有个很出名的禅宗公案。说一人问禅师:"我在一个瓶子里养了一只鹅,这只鹅越长越大,如何才能不打破瓶子而又让这只鹅安然无恙地从瓶子里出来?"禅师听后叫了一声提问者的名字,提问的人一答应,禅师就说:"出来也!"老是琢磨鹅怎么出来,其实自己就是那只钻在瓶子里的鹅。所以,慧能听了神秀的偈子:"身是菩提树,心如明镜台,时时勤拂拭,莫使染尘埃。"只给出了一句简单的评价:"美则美矣,了则未了。"神秀为求佛法,将自己的身心都陷在了求的过程之中,也就与瓶中之鹅无异。"本来无一物,何处惹尘埃",只有连放下的念头也排除掉,生于世间而不着于世,也就是"不知了了",才是真正的"了了"。

080 万事不如杯在手,一年几见月当空?

【译文】 万事都似过眼云烟,唯有举起手中酒杯,仰望当空皓月;一年三百六十五日,当中能见到几回明月当头?

【评解】 此条采自明·朱存理《中秋》诗。

　　冯梦龙《古今谭概》:"荜门老儒朱野航(朱存理)颇攻诗。馆于王氏,与主人晚酌罢,主人入内。适月上,朱得句云:'万事不如杯在手,一年几见月当头。'喜极发狂,大叫叩扉,呼主人起。举家皇骇,疑是火盗。及出问,始知,乃取酒更酌。"

明·董其昌《画禅室随笔》引录此句论画曰:"'万事不如杯在手,一年几见月当头。'文征仲尝写此诗意"。

清·孔尚任《桃花扇》"选优"段:"场上正中悬一匾,书'熏风殿',两旁悬联,书'万事不如杯在手,百年几见月当头'。款书'东阁大学士臣王铎奉敕书'。"

清·梁章钜《巧对录》卷七引缪艮《涂说》云:"古有'万事不如杯在手,一年几见月当头'之对,偶有质钱赴博局者,提贯而言曰:'万事不如钱在手。'旁有应声者曰:'一年几见赎当头。'闻者绝倒。"

两句诗格意并不见有多高明,不知何以传诵。或许因为当时多沿台阁旧体,故见一本色之语,遽觉耳目一新,而不知实非其至也。

081　忧疑杯底弓蛇①,双眉且展;得失梦中蕉鹿②,两脚空忙③。

【译文】　因为忧虑疑惑,看见酒杯中映照出的如蛇的弓影,便误以为是酒里有蛇,一旦明白真相又舒展双眉了。得失无常犹如梦中用蕉叶覆盖的鹿一样,执意寻求,便两脚空忙。

【注释】　①杯底弓蛇:典出汉·应劭《风俗通义·怪神》:"予之祖父彬为汲令,以夏至日诣见主簿杜宣,赐酒。时北壁上有县(悬)赤弩,照于杯中,形如蛇,宣畏恶之,然不敢不饮。其日便得胸腹痛切,妨损饮食,大用羸露,攻治万端不为愈。后彬因事过至宣家窥视,问其变故,云畏此蛇,蛇入腹中。彬还听事,思维良久,顾见弩影,必是也。因使门下……载宣于故处,设酒,杯中故复有蛇,因谓宣,此壁上弩影耳,非有他怪。宣遂解,甚怿夷,由是廖平。"　②梦中蕉鹿:典出《列子·周穆王》:"郑人有薪于野者,遇骇鹿,御而击之,毙之,恐人见之也,遽而藏诸隍中,覆之以蕉,不胜之喜。俄而遗其所藏之处,遂以为梦焉。"喻人世变幻莫测。　③两脚空忙:明代乔应甲联集《半九亭集》:"竹摇明月影差池,双清可对;雁叫中秋声断续,两脚空忙。"

【评解】　利害得失总是放不下,便难免庸人自扰。

082　名茶美酒,自有真味,好事者投香物佐之,反以为佳。此与高人韵士误堕尘网中何异?

【译文】　名茶与美酒,自有其天然纯正之味。好事者却往其中加入香料以增益其味,反而认为很好。这和那些识高风雅之士误堕尘俗之网中又有什么区别?

【评解】　清茶一碗,美酒一杯,正如粉黛不施,如若茶中着料,反累本色。人之"本心",亦犹如是。

083　花棚石磴,小坐微醺,歌欲独,尤欲细,茗欲频,尤欲苦。

【译文】　在芳香四溢的花棚之下,石凳小憩清风徐徐,不免有微微陶醉的感觉。此时放歌,声音应清新婉转;一盏清茶在手,频频举杯,那苦涩回甘的滋味绵绵不绝。

【评解】 明月清风之下,花间石磴小坐,三两好友,或酒饮微醺,或清歌品茗,古人的逸兴雅致,真是令人羡慕!如今之世,还有多少这样的雅兴,还有多少这样的挚友,又哪里去找这样的花月清静地?

084 善嘿即是能语,用晦即是处明①,混俗即是藏身,安心即是适境。

【译文】 善于保守沉默就是能于言语,韬晦隐迹就是处事明白,混迹世俗就是最好的藏身,心安之处就是适合的境地。

【注释】 ①"用晦"句:《易·明夷》:"利艰贞,晦其明也。"疏:"既处明夷之世,外晦其明,恐陷于邪道,故利在艰固其贞,不失其正。"

【评解】 老子《道德经》中说:"言者不如知者默",有智慧的人,必定是沉默寡言的。唐朝大诗人白居易就写了一首诗批判之:"言者不如知者默,此语吾闻于老君;若道老君是知者,缘何自著五千文。"老子既然如此说,那他本身自然是智慧很高了,可是他为什么自己还是写了五千字的《道德经》呢?

085 虽无泉石膏肓,烟霞痼疾①,要识山中宰相②,天际真人③。

【译文】 虽然没有沉醉山林泉石成癖,如病入膏肓,但也并不妨碍理解隐居山中的高人、远在天际的世外真人。

【注释】 ①泉石膏肓,烟霞痼疾:《新唐书·隐逸传》:田游岩隐居箕山许由祠旁,高宗往,问:"先生此佳否?"答:"臣所谓泉石膏肓,烟霞痼疾者。" ②山中宰相:《南史·隐逸传》:南朝梁·陶弘景隐居于句曲山(即茅山,在江苏省西南部),"国家每有吉凶征讨大事,无不前以咨询。月中常有数信,时人谓为山中宰相。" ③天际真人:《世说新语·容止》:"或以方谢仁祖不乃重者。桓大司马曰:'诸君莫轻道,仁祖企脚北窗下弹琵琶,故自有天际真人想。'"真人,道家谓修真得道的人。明王世贞《弇洲山人书画跋·淳化阁帖十跋》:"大令书,神情散朗,姿态超逸,有御风餐霞之气,令人作天际真人想。"

【评解】 陶渊明北窗下自谓羲皇上人,与谢尚(仁祖)北窗下自有天际真人想,堪称同调,体现出晋人任真自得的审美情趣。不过,其外在表现也有不同,谢尚弹琵琶以助之,渊明则独卧而已;即其内在感受,谢尚为他人所观,渊明则自我体验。观此可知,渊明乃独立而自足者。

086 气收自觉怒平,神敛自觉言简,容人自觉味和,守静自觉天宁。

【译文】 收敛怒气自然觉得心平气和,凝神静气自然言辞简洁,宽容别人自然觉得旨趣平和,守静如一自然觉得天地宁谧。

【评解】 收气、敛神、守静,古人修身炼心功夫;容人则是处世待人之法。收气须谙进退之道,敛神须消矫饰之意,守静须耐寂寞之苦,容人须去求全之心。

087 处事不可不斩截,存心不可不宽舒,持己不可不严明,与人不可不和气。

【译文】 处事不可以不果敢决断,心地不能不宽容舒展,对待自己不可以不严格,与人相处不可以不和气。

【评解】 对待客体、他人和对待主体、自己的要求,是迥然相异的,这也是儒家反求诸己的内省价值观的必然要求。

088 居不必无恶邻,会不必无损友①,惟在自持者两得之。

【译文】 所居之处不一定非要没有恶邻居,交往也不一定非要避开坏朋友,能够自我把握的人也能够从恶邻和坏朋友中吸取有益的东西。

【注释】 ①损友:语出《论语·季氏》:"孔子曰:'益者三友,损者三友。友直,友谅,友多闻,益矣。友便辟,友善柔,友便佞,损矣。'"即指所交朋友中那些谄媚奉承的人,当面恭维背后毁谤的人,夸夸其谈的人。

【评解】 中国自古以来就讲究"居必择地,行必依贤"。《左传·昭公三年》中有一名言:"非宅是卜,惟邻是卜。"说的是不必选择好的住处,而要选择好的邻居。所以又有"千金买邻,八百置舍"的古训,强调择邻重于买宅。

　　友邻的好坏固然是重要的,然而,人毕竟不是生活在真空之中,而是活在社会关系中,因此,"善自持",提高自己的辨别力、免疫力,才是更为重要的人生经验。能与人融洽相处者,是快乐的,大度的,与人为善的。子曰:"见贤思齐焉,见不贤而内自省焉。"

089 要知自家是君子小人,只须五更头检点思想的是甚么便得①。

【译文】 要想知道自己是君子还是小人,只须在凌晨五更时分仔细地检点反省,看自己内心深处到底想的是什么便可得知。

【注释】 ①五更头:夜将尽天将明之时。

【评解】 反求诸己,三省吾身,是君子修身养性好习惯。我等有否常常反省自己,早晨睁开第一眼时,心里盘算的到底是什么?是焦躁?是平淡?抑或是迷茫?

090 以理听言,则中有主①;以道窒欲,则心自清。

【译文】 遵从事理来判断他人的言论,心中就会自有主张;用道德修养来杜绝杂念欲望,那么心境自然清明。

【注释】 ①中有主:《朱子语类·程子之书二》:问:"程子谓'有主则虚',又谓'有主则实'。"曰:"有主于中,外邪不能入,便是虚;有主于中,理义甚实,便是实。"

【评解】 《西游记》中,孙悟空西行上路一开始所杀的那六个贼,就是我们的欲望的象征和代表:眼看喜、耳听怒、舌尝思、鼻嗅爱、身本忧、意见欲。要消灭此六贼,必须把心猿牢拴,正心诚意,也就是以理、以道正心,如此才能摒弃那些不合理的言行欲求,心灵渐趋于安宁。这是宋明理学的基本观点。

091　先淡后浓,先疏后亲,先远后近,交友道也。

【译文】　感情由平淡而趋于浓烈,关系由疏远而趋于亲热,交往由疏远而趋于亲近,这是结交朋友的自然之道。

【评解】　侯嬴对待信陵君就是这样的典型。可惜现实中我们看到了太多反其道而行者。所以,古人说,"先择而后交",就可以减少许多后悔,"先交而后择"则往往形成更多的仇隙。

092　苦恼世上,意气须温;嗜欲场中,肝肠欲冷。

【译文】　在充满苦痛和烦恼的世间,不可心灰意冷;在充满嗜好和欲望的场所,内心要保持冷淡。

【评解】　此条采自明·屠隆《续娑罗馆清言》。

　　以温和的态度对待世间烦恼,其实就是要保持一颗平常心。不为追名逐利所累,便可以笑看云起云飞,花开花落。

093　形骸非亲①,何况形骸外之长物②;大地亦幻,何况大地内之微尘③。

【译文】　人的肉身躯体也是幻而不实的东西,不值得亲爱,何况肉身之外的多余之物;连大地也是虚幻不实的,何况是大地之内如同尘埃一般的人呢?

【注释】　①形骸:人的躯体,躯壳。语本《庄子·天地》:"汝方将忘汝神气,堕汝形骸,而庶几乎?"　②长(zhàng)物:多余的东西。语本《世说新语·德行》:"王恭从会稽还,王大看之。见其坐六尺簟,因语恭:'卿东来,故应有此物,可以一领及我。'恭无言。大去后,即举所坐者送之。既无余席,便坐荐上。后大闻之甚惊,曰:'吾本谓卿多,故求耳。'对曰:'丈人不悉恭,恭作人无长物。'"　③微尘:佛教语,指极细小的物质,这里指人。色体的极小者称为极尘,七倍极尘谓之"微尘"。常用以指极细小的物质。也喻指卑微不足道者。

【评解】　此条采自明·屠隆《续娑罗馆清言》。

　　身体都幻不可亲,那些生不带来死不带去的东西,何曾真正属于你? 不过只是幻相,又有何值得执着不放呢?

094　人当溷扰①,则心中之境界何堪;人遇清宁②,则眼前之气象自别。

【译文】　当人处在各种混乱困扰之中,可想内心会是怎样无法承受的境界,而一旦遇到清明宁静的时候,眼前的情景自然就有所不同了。

【注释】　①溷(hùn)扰:烦扰,混乱搅扰。溷,混乱。　②清宁:清明宁静。语本《老子》:"昔之得一者,天得一以清,地得一以宁。"

【评解】 此条采自明·屠隆《续娑罗馆清言》:"人当溷扰,则心中之境界何堪;稍尔清宁,则眼前之气象自别。"

只要稍微地宁静下来,眼前的一切便会是完全不同的情形,不要因为外界而自坏阵脚,乱了自己生活的节奏。风雨过后,天地为之一清,回想当日辗转煎熬的日子,那份来之不易的收获显得如此珍贵。

095 寂而常惺,寂寂之境不扰;惺而常寂,惺惺之念不驰。

【译文】 孤寂之时常常保持清醒,那么寂静的境界就不会受到烦扰;清醒之时常常保持寂静,则心念不会因驰骋得太远而难以收束。

【评解】 此条采自明·屠隆《续娑罗馆清言》:"昏散者,凡夫之病根;惺寂者,对症之良药。寂而常惺,寂寂之境不扰;惺而常寂,惺惺之念不驰。"

"寂寂"不是死寂,而有一份清醒在,万念退避,而本心觉醒。"难得糊涂"不是真糊涂,而是参透世情后的清醒,是一种藏巧露拙,是一种大度气量。只是,往往真清醒的少,真糊涂的多。

096 童子智少,愈少而愈完;成人智多,愈多而愈散。

【译文】 儿童的智慧少,但越少越接近于天然本真的状态;成人的智慧多,但越多越为俗务所累而散乱。

【评解】 此条采自明·屠隆《续娑罗馆清言》。

最灿烂的天真必然只在孩童之间。庄子说,日凿一窍,七日而混沌死。好好的一个人硬生生地被凿得变了模样,既回复不了其本真,也有违开凿者的原意。老子说:"为学日益,为道日损。"知识累积多了,便成为一种负担,损人心智。一部《儒林外史》,就是"成人智多"的荒诞史。可是,我们却一直惯用成人之智改造童子之智,是不是很荒诞?

097 无事便思有闲杂念头否,有事便思有粗浮意气否。得意便思有骄矜辞色否,失意便思有怨望情怀否。时时检点,得到从多入少,从有入无,才是学问的真消息。

【译文】 没事的时候就想想心中有闲杂的念头没有,有事的时候就想想心中有粗俗浮躁的情绪没有。得意的时候就想想自己有骄傲自满的言辞和神色没有,失意的时候就想想自己有怨恨不满的心情没有。这样时常逐一检点,不良的欲念从多到少,从有到无,这才是人生学问的真功夫。

【评解】 此条采自明·洪应明《菜根谭》。

反躬自省,是一个艰难的日积月累的过程。明代思想家王阳明提倡"省察克治",就是要通过自我检查,克服不符合道德要求的思想和行为,只要有一丝欲念萌生,立即克治,毫不容留,"省察克治之功则无时而可间,如去盗贼,须有个扫除廓清之意。"看人家这份决断,想不佩服都难。

098　笔之用以月计,墨之用以岁计,砚之用以世计。笔最锐,墨次之,砚钝者也。岂非钝者寿,而锐者夭耶? 笔最动,墨次之,砚静者也。岂非静者寿而动者夭乎? 于是得养生焉。以钝为体,以静为用^①,唯其然,是以能永年。

【译文】　毛笔的使用寿命以月计算,墨的使用寿命以年计算,方砚的使用寿命以世代来计算。毛笔最锐利,墨次之,砚最钝,难道不是钝的东西长寿而锐利的东西早夭吗? 笔最勤于运动,墨次之,砚则静止不动,难道不是静止的东西长寿而运动的东西早夭吗? 于是从中悟得养生之道:就是以钝为根本,以静为作用,只有这样,才能永享天年。

【注释】　①以钝为体,以静为用:"体"、"用"是中国古代哲学中的一对范畴。"体"是根本的、内在的,指本质;"用"是"体"的外在表现,指现象。

【评解】　此条采自北宋·唐庚《古砚铭存》:"砚与笔墨出处相近,独寿夭不相近也。笔之寿以日计,墨之寿以月计,砚之寿以世计。其为体也,笔最锐,墨次之,砚钝者也。岂非钝者寿而锐者夭乎? 其为用也,笔最动,墨次之,砚静者也。岂非静者寿而动者夭乎? 吾于是得养生焉。"阴与阳,钝与静,为传统的生命存养之方。

099　贫贱之人,一无所有,及临命终时,脱一厌字;富贵之人,无所不有,及临命终时,带一恋字。脱一厌字,如释重负;带一恋字,如担枷锁。

【译文】　贫贱之人,一无所有,到临终的时候,只是摆脱了对人世的厌倦失望;富贵之人,应有尽有,到临终的时候,依然带着无限不舍的牵恋。摆脱了厌倦失望,就会如释重负般轻松;带着眷恋不舍,便如担着枷锁般沉重。

【评解】　此条采自南宋·倪文节《经鉏堂杂志》。倪文节,即倪思,字正甫。官至礼部尚书,卒谥文节。

一无所有,便可以走得风轻云淡;无所不有,终难免一步一回头。抛却名缰利锁,才可能领略"挥一挥双手,不带走一片云彩"的美好境界。

100　透得名利关,方是小休歇^①;透得生死关,方是大休歇。

【译文】　参透名利关,心灵可以获得宁静;参透生死关,心灵可以获得彻底的解脱。

【注释】　①"透得名利关"句:南宋·罗大经《鹤林玉露·能言鹦鹉》:"上蔡先生云:'透得名利关,方是小歇处。'今之士大夫何足道,直能言之鹦鹉也。"

【评解】　此条采自明·洪应明《菜根谭》:"透得名利关,方是小休歇;透得生死关,方是大休歇。打透生死关,生来也罢,死去也罢;参透名利场,得了也好,失了也好。"

名利看破,不是人生至境;生死勘透,才是入禅坐定。只是又有几人能真勘破?即使真看破,又有几人能淡然处之无牵无挂,尽享生命之妙趣?

101 人欲求道,须于功名上闹一闹方心死,此是真实语。

【译文】 人要想达到看破红尘的境界,必须先到功名利禄场上去闯荡一番,折腾一番,才会死心,这是真实话。

【评解】 此条采自明·陈继儒《太平清话》:"《都公谭纂》述者语:'人欲求道,须在功名上闹一闹方死心。'"《都公谭纂》,明·都穆撰。都穆(1458－1525),明金石学家、藏书家。

曾经沧海难为水,只有功成名就之后,才有足够的资格去谈淡泊名利。

102 病至,然后知无病之快;事来,然后知无事之乐。故御病不如却病,完事不如省事。

【译文】 病来了,然后才知道没病时的快乐;事来了,然后才知道没事时的快乐。所以治疗疾病不如当初去预防疾病,解决事情不如当初省去事情。

【评解】 人总是在失去时才倍感其珍贵,才会有醍醐灌顶般的人生顿悟。

103 讳贫者死于贫,胜心使之也;讳病者死于病,畏心蔽之也;讳愚者死于愚,痴心覆之也。

【译文】 讳言贫穷的人最终还是死于贫穷,这是好胜之心使然;讳言疾病的人最终还是死于疾病,这是畏惧之心蒙蔽的结果;讳言愚蠢的人最终还是死于愚蠢,这是痴迷之心遮覆的结果。

【评解】 最忌讳最害怕的事情,往往也是最容易到来最无可奈何的。红颜暗老,英雄迟暮,能奈其何?只能以平常心处之。一味遮掩粉饰,亦无异于掩耳盗铃。

104 古之人,如陈玉石于市肆,瑕瑜不掩①;今之人,如货古玩于时贾,真伪难知。

【译文】 古代的人,就像市井店铺中陈设的玉石一样,缺点和优点都一目了然;今天的人,就像向当代商人购买古玩一样,真品和赝品难于完全识别。

【注释】 ①瑕瑜不掩:语本《礼记·聘义》:"夫昔者,君子比德于玉焉。温润而泽,仁也……瑕不掩瑜,瑜不掩瑕,忠也。"

【评解】 因为心地质朴,所以不刻意掩饰;因为巧于心思,所以往往虚伪矫饰。

105 士大夫损德处,多由立名心太急。

【译文】 士大夫道德缺失的地方,大多因为树立声名之心过于急切。

【评解】 北齐·颜之推《颜氏家训·名实》:"上士忘名,中士立名,下士窃名。"真正的士,上等的士,是将名利彻底忘怀。林语堂在《苏东坡传》里说:"神圣的目标向来是危险的。一旦目标神圣化,实行的手段必然日渐卑鄙。"

106 多躁者,必无沉潜之识;多畏者,必无卓越之见;多欲者,必无慷慨之节;多言者,必无笃实之心;多勇者①,必无文学之雅。

【译文】 过于浮躁的人,必定没有深刻沉稳的识见;畏首畏尾的人,必定没有卓越的见解;欲望太多的人,必定没有慷慨乐施的节操;言语过多的人,必定没有淳厚朴实之心;勇悍多力的人,必定没有文质彬彬的温文尔雅。

【注释】 ①多勇者:《吕氏春秋·慎行论》:"凡人伦,以十际为安者也,释十际则与麋鹿虎狼无以异,多勇者则为制耳矣。"舍弃这些人伦界限,人和麋鹿虎狼就没什么区别了,勇悍多力的人就会辖制别人了。

【评解】 心灵就像一座小阁楼,乱七八糟的东西堆多了,好东西就放不进去,放进去也会被淹没。

107 剖去胸中荆棘①,以便人我往来,是天下第一快活世界。

【译文】 抛却心中的芥蒂和嫌隙,以便别人和自己交往,这是天底下最令人快活的境界。

【注释】 ①胸中荆棘:心中的芥蒂,嫌隙。唐·孟郊《择友》诗:"虽笑未必和,虽哭未必戚,面结口头交,肚里生荆棘。"宋·洪咨夔《理菖蒲》:"朝删石上青之黄,暮摘镜里黑之苍。胸中多少冗荆棘,不蓻不芸过寸日。君不见颜子一克已,曾参三省身,每日低头矻矻自点检,何曾浪把外物劳精神。嗟乎我犹未免为乡人。"

【评解】 猜忌、嫉妒、隔阂以及自私,都是身体里长出的荆棘。人们常常躲在荆棘的后面,却希望别人能敞开胸怀;打开一扇窗户窥视着别人的家园,却抱怨对方包裹得密不透风。辛弃疾《即事》诗:"百忧常与事俱来,莫把胸中荆棘栽。但只熙熙闲过日,人间无处不春台。"四季常春该是最快活的世界了。当然,能披荆斩棘地跨越过去,也是快活的世界。就像《诗经》里的痴情人:"翘翘错薪,言刈其楚(荆棘)。之子于归,言秣其马。汉之广矣,不可泳思。江之永矣,不可方思。"

108 古来大圣大贤,寸针相对①;世上闲言闲语,一笔勾销。

【译文】 对古往今来的圣贤之士,一丝一毫都要对照学习;对世上的闲言闲语,则应该一笔勾销毫不介怀。

【注释】 ①寸针相对:一丝一毫地对照、效法。

【评解】 记忆太多的闲言闲语,人生只会越来越沉重、悲观。即便回忆的是幸福,也不过是个沉重的包袱。忘掉这些,才能减轻我们的心理重负,净化我们的思想意识,把我们从记忆的苦海中解脱出来,轻松地做人和享受生活。

109 挥洒以怡情,与其应酬,何如兀坐;书礼以达情,与其工巧,何若直陈;棋局以适情,与其竞胜,何若促膝;笑谭以诒情,与其谑浪,何若狂歌。

【译文】 挥毫洒墨是为了怡养情性,与其不情愿地应答酬和,不如独自静坐;知书达理是为了传达情意,与其工于心计、巧于表演,不如直陈其意;弈棋对局是为了尽兴适情,与其争赢斗胜,一较高下,不如促膝相对,彼此切磋;言谈欢笑是为了使心情愉悦,与其相互调笑戏谑,不如自我纵情啸歌。

【评解】 这里让我们看到了一个直性、真性之人。可惜,太多的人却往往忙于应酬,巧言令色,争强好胜,而忘记了直抒胸臆的顺情自然,忘记了促膝相谈的相知坦诚。

110 拙之一字,免了无千罪过;闲之一字,讨了无万便宜。

【译文】 "拙"这一个字,可以避免无数的罪过;"闲"这一个字,可以讨得无数的便宜。

【评解】 此语出自宋·魏国公韩琦后园"昼锦堂碑"楹联。此碑前柱上有明·董其昌所书对联曰:"拙之一字免了无千罪过;闲之一字讨了无万便宜。"为行书巨作。联语作者已不可考。韩琦(1008－1075),相州(今河南安阳)人。字雅圭,先经略西夏,后治相州,仁宗时封魏国公,后罢相,出镇长安,辞而请守相。当时,魏公为相,欧阳修在翰林,二人至交。荣君之恩,魏公在后园建"昼锦堂",欧阳公为之作《昼锦堂记》。此文简洁明畅,说理透彻。魏公主张富贵不归故乡,一定要归,力戒夸威夸富、炫耀乡里。如衣锦夜行,谁知之者。昼锦之说,本此意。

据说,清代中期,山西襄汾南高大财主刘家的少爷要与师庄大财主尉家的姑娘成亲。尉家富有不说,而且文风极盛。相传扬州八怪之一的郑板桥就是尉家的好友。给尉家留下了不少墨宝,其中一方郑板桥亲笔书丹的行书石刻最为珍贵。金石镌刻"布衣暖,菜根香,诗书滋味长"十一个大字。为了能给姑娘找一个门当户对、志趣相投的人家,尉家让媒人回话刘家,"本家有一石价值百万,要陪嫁给女儿,如刘家有相配金石,才是天定良缘"。刘家差人仔细打探,方知尉家要给姑娘陪嫁的金石,是清代大书法家郑板桥的真迹刻石。为了能与尉家有相配金石,刘家不惜输财佐力,立即派人北上京城,南下苏杭,终于觅得明代署名书画家董其昌的行书真迹《昼锦堂记》。刘家即请人勒石镌刻,建亭竖立。碑前四根方形石柱对称竖立,柱上镌刻楹联两副,即"当为天下必不可少之人,莫作天下必不可常之事";"拙之一字免了无千罪过,闲之一字讨了无万便宜"。

111 斑竹半帘①,惟我道心清似水②;黄粱一梦③,任他世事冷如冰。欲

住世出世,须知机息机。

【译文】 帘栊半卷映入斑竹翠影,只有我的悟道之心清凉如水;黄粱美梦富贵成空,任他世事炎凉如冰。要想身居尘世而常怀出世之心,就必须知晓机巧功利,而又熄灭机巧功利之心。

【注释】 ①斑竹:又称湘妃竹,神话传说舜南巡不返,葬于苍梧,舜妃娥皇、女英思帝不已,泪下沾竹,竹悉成斑。事见晋张华《博物志》。 ②道心:《荀子·解蔽》:"道心之微。"《古文尚书·大禹谟》:"人心惟危,道心惟微,惟精惟一,允执厥中。"宋儒称此为"十六字心传"。宋程颐认为"人心,私欲,故危殆;道心,天理,故精微。灭私欲则天理明矣。"朱熹说道心、人心"只是一个心,知觉从耳目之欲上去,便是人心;知觉从义理上去,便是道心。"唐·韦应物《寓居沣上精舍,寄于、张二舍人》:"道心淡泊对流水,生事萧疏空掩门。时忆故交那得见,晓排闾阖奉明恩。" ③黄粱一梦:典出唐·沈既济《枕中记》:卢生在邯郸遇道士吕翁,生自叹穷困,翁探囊中枕授之曰:"枕此当令子荣适如意。"时主人正蒸黄粱,生梦如枕中,享尽富贵荣华。及醒,黄粱尚未熟,怪曰:"岂其梦寐耶?"翁笑曰:"人世之事亦犹是矣。"

【评解】 "知机"二字浅白易明,不论做官做人做事做生意,都要知机,不知机便撞板,变为盲头乌蝇。"息"者,停也、止也,古人云海人有机心,鸥鸟舞而不下,即是妄有机心。做人有机心,不怀善意,连鸥鸟都怕了他,更何况人。存一份淡泊在心头,山林市朝,任由行走。

112 书画为柔翰①,故开卷张册贵于从容;文酒为欢场,故对酒论文忌于寂寞。

【译文】 书法绘画是用毛笔进行的风雅之事,所以铺开卷轴、打开册页欣赏时贵于从容不迫;赋诗饮酒是一种欢乐的场面,所以对酒论文切忌气氛过于寂寞。

【注释】 ①柔翰:指毛笔。晋左思《咏史诗》:"弱冠弄柔翰,卓荦观群书。"

【评解】 明·屠本畯《演读书十六观》:"《太平清话》云:'书画为柔翰,故开卷张册,从容为上。陶弘景借人书,随误治定。米襄阳借书画,亲为临摹,题跋、印记、装潢往往乱真,后并以真伪本同送归之。'陈仲醇(陈继儒)曰:'虽游戏翰墨,雅有隐德。'读书者观此。"亦见于陈继儒《岩栖幽事》。

同是一副笔墨,"品高者,一点一画,自有清刚雅正之气;品下者,虽激昂顿挫,俨然可观,而纵横刚暴,未免流露诸外"。对不同的欣赏对象,要有不同的欣赏心态,才能相互契合相互生发。

113 荣利造化,特以戏人;一毫着意,便属桎梏。

【译文】 荣华、利禄、福气、运气,这些都是上苍特意安排戏弄人的;只要稍微有所留恋或刻意追求,这些就变成束缚人的枷锁了。

【评解】 不为名利所拘累,一切顺其自然,便可以放下包袱轻松自在。

114　士人不当以世事分读书，当以读书通世事。

【译文】　读书人不应当被世间之事分心挤占了读书的时间，而应当通过读书来通晓世间之事。

【评解】　明·张岱《快园道古》："陈眉公曰：'小儿辈不当以世事分读书，当令以读书通世事。'"

世事洞明皆学问，人情练达即文章。读书即是知世，知世亦是读书。

115　天下之事，利害常相半；有全利，而无小害者，惟书。

【译文】　天下的事情，利和害常常是各有其半的；只有益处而没有一点小害的事情，就惟有读书了。

【评解】　孟子曰："尽信书，则不如无书。"书也并非有全利而无一害，其可教人，亦可毁人。

116　意在笔先①，向庖羲细参易画②；慧生牙后③，恍颜氏冷坐书斋④。

【译文】　意念往往形成于动笔之前，所以从前伏羲氏潜心参悟天地之象后而画成八卦之图；常常在言语脱口而出之后，人们才会思维言语的对错，仿佛是颜回孤独地默思于书斋之中。

【注释】　①意在笔先：晋·王羲之《题卫夫人笔阵图后》："夫欲书者，先干研墨，凝神静思，预想字形大小，偃仰平直振动，令筋脉相连，意在笔前，然后作字。"　②庖羲：即伏羲。古代传说中的三皇之一。相传其始画八卦，又教民渔猎，取牺牲以供庖厨，因称庖羲。亦作"伏犠"。　③慧生牙后：《世说新语·文学》："殷中军(浩)云：'(韩)康伯未得我牙后慧。'"　④颜氏：指颜回。《论语·雍也》："子曰：'贤哉回也！一箪食，一瓢饮，在陋巷，人不堪其忧，回也不改其乐。'"

【评解】　此条采自明·李鼎《偶谭》。

117　明识红楼为无冢之邱垄，迷来认作舍身岩①；真知舞衣为暗动之兵戈，快去暂同试剑石②。

【译文】　明明知道青楼妓馆是看不见坟冢的墓地，可是痴迷来时却认作是可以舍身求欢的场所；真正知晓舞女衣袖飘摇就是暗中挥舞的兵刃，为追求片刻欢愉却依然不惜把自己当做试剑石。

【注释】　①舍身岩：即舍身崖，在泰山，旧时有信佛男女妄称，投身崖下可以摆脱诸罪。　②试剑石：传说之地有多处。镇江北固山有孙权试剑石。广西桂林伏波崖，悬石如柱，去地一寸，相传马援曾试剑于此。

【评解】　英雄难过美人关，每个贪官的背后都有一个或几个女人，前仆后继，从来如此。苏格拉底早就说：人应该认识自己的欲望。可事实上，人却总是成为欲望的傀儡。

118 调性之法,须当似养花天①;居才之法,切莫如妒花雨。

【译文】 调养性情的方法,必须要像微云轻雨的养花天一样;养护人才的方法,千万不要像那妒花雨一样摧残无情。

【注释】 ①养花天:五代·郑文宝《送曹纬刘鼎二秀才》诗:"小舟闻笛夜,微雨养花天。"明·杨慎《丹铅总录·时序·养花天》:"《花木谱》云:越中牡丹开时,赏者不问疏亲,谓之看花局。泽国此月多有轻阴微雨,谓之养花天。"

【评解】 无论是调养自己的性情,还是养护人才,都必须顺合自然法则。

119 事忌脱空,人怕落套①。

【译文】 做事最忌讳没有着落,做人最害怕落入俗套。

【注释】 ①落套:明·冯梦龙《醒世恒言·独孤生归途闹梦》:"这叫做铁怕落炉,人怕落套。"

【评解】 林语堂说:"愚可耐,俗不可耐。痛可忍,痒不可忍。"但世俗偏偏又逃避不得,不得不"落套",于是就要熬,人生只有受得世俗煎熬,熬至滴水成珠,熬出人生之春。

120 烟云堆里,浪荡子逐日称仙;歌舞丛中,淫欲身几时得度。

【译文】 在烟霞山林中隐逸,那些放浪形骸的人整日过着神仙般的生活;沉醉于歌舞声色中,淫欲无度的人何时才能得到超度和解脱?

【评解】 都说上帝担心人们沉醉于寂静安宁的生活,会不思进取,才制造出撒旦来激活人的热情。可是,太阳是孤独的,月亮也是孤独的,它们无须魔鬼的刺激却照样天天放射光明。只有魔鬼才喜欢吵吵闹闹。

121 山穷鸟道①,纵藏花谷少流莺;路曲羊肠,虽覆柳阴难放马②。

【译文】 连险峻狭窄的山路也穷尽了,那么这里纵使藏着开满山花的峡谷,也很少会有流莺飞过;山路崎岖如羊肠回转,那么这里即使柳荫浓密也难以放马。

【注释】 ①鸟道:指险峻狭窄的山路。李白《蜀道难》:"西当太白有鸟道,可以横绝峨眉巅。"
②虽覆柳荫难放马:汉代名将周亚夫,治军严整,驻地周围遍植柳树,所以习称柳营。五代时晋王李克用赠大将周德威对联曰:"柳营春试马,虎帐夜谈兵。"

【评解】 没有流莺粉蝶翻飞,深谷里依旧花开花谢;没有人群马匹歇凉,险途上依旧柳荫浓密,万物遵循着自身的客观规律。

122 能于热地思冷,则一世不受凄凉;能于淡处求浓,则终身不落枯槁。

【译文】 能在富贵荣华之际想到贫寒孤寂之时,那么一辈子都不会遭受凄凉之苦;能在平淡之处求得浓烈之思,那么终身都不会落得精神枯竭的下场。

【评解】 居安能思危,饱时能思饥,就不会再受贫寒凄凉之苦;于平平淡淡中,能寻得真趣,那么处处便是生机。所以时时要调适好自己的身心。

123 会心之语,当以不解解之①;无稽之言②,是在不听听耳。

【译文】 彼此心领神会的话,应当不用言语点破便可以理解的;毫无根据的虚妄之言,任它在耳边流过便是了。

【注释】 ①不解解之:李渔《闲情偶寄》:"予谓务头二字,既然不得其解,只当以不解解之。"纪晓岚有言曰:"知不可解者,以不解解之。" ②无稽之言:《尚书·大禹谟》:"无稽之言勿听,弗询之谋勿庸。"《荀子·正名》:"无稽之言,不见之行,不闻之谋,君子慎之。"

【评解】 "眼波才动被人猜,惟有心上人儿知。"会心之语,会心之人,心有灵犀一点通。无稽之言,无心之人,便如疾风刮过山谷,呼啸而去但山谷里什么也没留下,那还需为此而费神劳心吗? 居心如月之倒映水中,空寂而不留迹,也就不会再有烦扰缠身。

124 佳思忽来,书能下酒①;侠情一往,云可赠人②。

【译文】 美好的思绪忽然涌来,书也能成为下酒之物;豪放的情怀一旦触发,白云也可摘下赠人。

【注释】 ①书能下酒:用苏舜钦读汉书典。宋·龚明之《中吴纪闻》卷二:"(苏)子美豪放,饮酒无算,在妇翁杜正献家,每夕读书以一斗为率。正献深以为疑,使子弟密察之。闻读《汉书·张子房传》,至'良与客狙击秦皇帝,误中副车,'遽抚案曰:'惜乎! 击之不中。'遂满饮一大白。又读至'良曰:始臣起下邳,与上会于留,此天以臣授陛下,'又抚案曰:'君臣相遇,其难如此!'复举一大白。正献闻之大笑,曰:'有如此下物,一斗诚不为多也。'" ②云可赠人:语本南朝梁·陶弘景诗《诏问山中何所有赋诗以答》:"山中何所有? 岭山多白云。只可自怡悦,不堪持寄君。"此系反用。

【评解】 世情赠人以物,侠情赠人以意。兴酣以往,书能下酒,云可赠人。"江南无所有,聊寄一枝春",新鲜梅枝,带着湿润江南的一枝春天,可以一驿一驿风尘仆仆地送到思念的朋友手中。以云赠人,千里随君而往,抬头便见,岂不更见情意的深致? 只要情义在,何物不可赠人,无论赠人何物,都是浪漫满怀。

125 蔼然可亲,乃自溢之冲和①,装不出温柔软款;翘然难下②,乃生成之倨傲,假不得逊顺从容。

【译文】 一个人的和蔼可亲,乃是自然流露出来的淡泊平和,不是装出来的温柔诚挚的样子;一个人的盛气凌人,乃是天生的傲慢不恭,是借不来谦逊从容的。

【注释】 ①冲和:《老子》曰:"万物负阴而抱阳,冲气以为和。" ②翘然难下:昂首挺胸盛气凌人。

【评解】 或和蔼可亲,或盛气凌人,都是天性的流露,装不出也借不来,所谓江山易改禀性难移。

126 风流得意,则才鬼独胜顽仙①;孽债为烦,则芳魂毒于虐祟②。

【译文】 论到风流倜傥,能得风雅浪漫的情趣之处,有才气的鬼要胜过冥顽不灵的仙人;但就情债之为孽障而言,美丽的女子却比凶恶的神鬼还要狠毒。

【注释】 ①才鬼独胜顽仙:陶弘景《与梁武帝论书启》:"每以为得作才鬼,以当胜于顽仙。"

【评解】 古人说"红颜祸水",今天有科学家同样表示,城市男性之所以会得各种各样的特有男性病,其根本罪过在于这些国家的女性穿着打扮与举止行为都非常轻佻。而且还找出了所谓证据确凿的科学依据:这与男子睾丸激素的多少成正比。女性越迷人,男性睾丸激素分泌的就越多,情况也就变得越糟糕。这究竟是科学的进步还是堕落呢?

127 极难处,是书生落魄;最可怜,是浪子白头。

【译文】 最困难的遭际,是一介书生落魄不第、穷困潦倒;最可怜的境地,是浪荡子弟虚掷青春、头已斑白。

【评解】 书生且落魄,就更是百无一用,举步维艰;浪子已白头,欲回首已无可能,悔之不及。

128 世路如冥,青天障蚩尤之雾①;人情若梦,白日蔽巫女之云②。

【译文】 世路晦暗不明,好似蚩尤所作的雾障遮蔽了青天;人情如同梦幻,犹如巫山神女化作的云彩飘忽不定。

【注释】 ①蚩尤之雾:蚩尤,传说中古九黎族部落酋长,有兄弟八十一人,并兽身人语,铜头铁额,食沙石子,造立兵仗刀戟大弩,威震天下,诛杀无道,不慈仁。黄帝率兵讨之,战于涿鹿之野,蚩尤造雾作障,弥漫天地,士兵莫知南北。黄帝造指南车以指方向,终于战胜杀之。 ②巫女之云:典出宋玉《高唐赋·序》:"昔者楚襄王与宋玉游于云梦之台,望高唐之观。其上独有云气,崪兮直上,忽兮改容,须臾之间,变化无穷。王问玉曰:'此何气也?'玉对曰:'所谓朝云者也。'王曰:'何谓朝云?'玉曰:'昔者先王尝游高唐,怠而昼寝,梦见一妇人曰:妾巫山之女也,为高唐之客。闻君游高唐,愿荐枕席。王因幸之。去而辞曰:妾在巫山之阳,高丘之阻,旦为朝云,暮为行雨。朝朝暮暮,阳台之下。'"

【评解】 李白说:"大道如青天,独我不得出。"固是悲愤之语。然世路崎岖,人情反复,亦是常事,惟有豁达心态,勇敢以对。

129 密交定有夙缘,非以鸡犬盟也;中断知其缘尽,宁关葛菲间之①。

【译文】 朋友密切交往,必定是彼此前世的因缘所定,而不是靠鸡犬之盟来缔结的;一旦交往中断,可知彼此缘分已尽,又哪里是因为别人的谗言所离间呢?

【注释】　①萋菲:即"萋斐"。《诗经·小雅·巷伯》:"萋兮斐兮,成是贝锦;彼谮人者,亦已大甚!"色彩缤纷的五彩丝,织成一张贝纹锦;嚼舌头的害人精,坏事做绝太过分! 比喻谗人集作己过,以成于罪,犹女工之集采色,以成锦文。后因以萋斐喻指谗言。

【评解】　真正的友谊,不是靠鸡犬之盟缔结,也不因谗言离间而中断。缘来则聚,缘尽则散,一切随缘。

130　堤防不筑,尚难支移壑之虞;操存不严①,岂能塞横流之性②。

【译文】　不修筑堤坝,尚且难以应付一条河流改道的祸患;一个人如果操守不严,怎么能堵塞得住放纵恣肆的欲望呢?

【注释】　①操存:语出《孟子·告子上》:"孔子曰:'操则存,舍则亡;出入无时,莫知其乡,惟心之谓与!'"亦指操守,心志。　②横流之性:《朱子语类》卷五十五:"且如楚子侵中国,得齐桓公与之做头抵拦,遏住他,使之不得侵。齐桓公死,又得晋文公拦遏住,如横流泛滥,硬做堤防。不然,中国为潢浸必矣。此等义,何难晓?"

【评解】　英国历史学家泰勒说:"文明史就是人类的欲望和人用来控制它的禁制之间长期斗争的历史。"

131　发端无绪,归结还自支离;入门一差,进步终成恍惚。

【译文】　如果开端没有头绪,终究还会支离破碎;入门时一旦出现差错,再往前走最终也是难以捉摸。

【评解】　良好的开端是成功的一半。

132　打诨随时之妙法,休嫌终日昏昏;精明当事之祸机,却恨一生了了。藏不得是拙,露不得是丑。

【译文】　插科打诨是顺从时世的妙法,不要嫌它终日浑浑噩噩;好逞精明是为人处世的祸根,到头来只是悔恨枉自聪明一生。不能隐藏的是"拙",不能显露的是"丑"。

【评解】　讨巧卖乖、假装糊涂常常成了自我保护、顺应时世的掩饰。无所事事不就是浑浑噩噩,过分精明反而往往埋下祸根。在我们的传统文化中,到处都是这样的机巧聪明。

133　形同隽石,致胜冷云①,决非凡士;语学娇莺,态摹媚柳,定是弄臣。

【译文】　形体俊朗如同美石,意态情趣萧疏闲淡胜似冬日的寒云,这样的人绝不是平庸之辈;说话学着娇恰恰的黄莺儿,举止模仿柔媚的柳枝,这样的人一定是善于玩弄权术的小人。

【注释】　①冷云:常用以状写梅花。宋·葛立方《多丽·赏梅》词:"冷云收,小园一段瑶芳。

乍春来、未回穷腊,几枝开犯严霜。"清·冒辟疆《影梅庵忆语·卷一》:"漏下四鼓,风而忽作,必欲驾小舟去。余牵衣订再晤,答云:'光福梅花如冷云万顷,子越旦偕我游否? 则有半月淹也。'"

【评解】 隽石、冷云,往往可敬有余而可亲不足,所以徐悲鸿有言道:"人不可有傲气,但不可无傲骨。"娇莺、媚柳,是弄臣的形象写照,他们遵循的哲学则是:"人不可有媚气,但不可无媚骨。"弄臣总是最善于随风摇曳随时而变的。

134 开口辄生雌黄月旦之言①,吾恐微言将绝②;捉笔便惊缤纷绮丽之饰,当是妙处不传③。

【译文】 一开口便信口雌黄随意议论品评人物,我担心精微的言论将会断绝;一提笔便是令人惊奇的缤纷绮丽的修饰,当是精妙之处没有流传下来。

【注释】 ①雌黄:矿物名。古人以黄纸书字,有误则以雌黄涂之,因称改易文字为雌黄。月旦:即"月旦评",谓品评人物。《后汉书·许劭传》:"初,劭与(从兄)靖俱有高名,好共核论乡党人物,每月辄更其品题,故汝南俗有月旦评焉。"《梁书·任昉传》记刘孝标《广绝交论》:"近世有乐安任昉……雌黄出其唇吻,朱紫由其月旦。" ②微言将绝:语出《世说新语·赏誉》:"卫伯玉为尚书令,见乐广与中朝名士谈议,奇之曰:'自昔诸人没已来,常恐微言将绝,今乃复闻斯言于君矣。'" ③妙处不传:语出《世说新语·文学》:"司马太傅问谢车骑:'惠子其书五车,何以无一言入玄?'谢曰:'故当是其妙处不传。'"

【评解】 此条当下流行的版本中均作"开口辄生雌黄月旦之言,吾恐微言将绝,捉笔便惊。"明显为误漏,以讹传讹。

微言将绝、妙旨不传,也成了人类文明进化的副产品之一。

135 风波肆险,以虚舟震撼①,浪静风恬;矛盾相残,以柔指解分②,兵销戈倒。

【译文】 在风波险恶之中,如果能以道家所谓虚舟之心从容应对,则风波再大亦吾心浪静风恬;在刻意攻讦彼此相残的时候,而能以柔性手段排解纠纷,则可以化干戈为玉帛。

【注释】 ①虚舟:无人驾驭的船只。原是道家语。《庄子·山木》:"方舟而济于河,有虚船来触舟,虽有惼心之人不怒……人能虚己以游世,其孰能害之!" ②柔指解分:晋·刘琨诗曰:"何意百炼钢,化为绕指柔。"

【评解】 谢灵运《游赤石进帆海》诗中说:"溟涨无端倪,虚舟有超越。"就眼前帆海无边的波涛起兴,惟有胸怀空旷如虚舟,方能顺利度过人生的苦海。常怀虚静之心、柔软之心,则再大的风险也可以轻松化解。

136 豪杰向简淡中求,神仙从忠孝上起。

【译文】 英雄豪杰要向简朴淡泊的生活中去寻求,道人神仙也要从忠孝节义开始修炼。

【评解】 不忠不孝,却要侈谈像神仙般普济众人,岂非舍近求远,自欺欺人?一个人,无论其身份地位,无论其理想信仰,只要有一颗向善行孝之心,就堪称神仙了!

137 人不得道,生死老病四字关,谁能透过?独美人名将老病之状,尤为可怜。

【译文】 人如果对社会人生不能彻悟,那么生死老病四大关口,谁又能参透越过?只有美人、名将迟暮老病时的情状,尤其令人怜惜。

【评解】 于平常人,不过是生也平常,死也平常。最可叹那红颜化为白发,英雄空嗟暮年,境遇有霄壤之别,伤怀感慨便更深一层。是以,如西施随范蠡驾扁舟不知所终,如北宋名将姚平仲一逃三千里,入青城山石穴以居,或许是最理想的选择了。

138 日月如惊丸,可谓浮生矣①,惟静卧是小延年;人事如飞尘,可谓劳攘矣,惟静坐是小自在。

【译文】 光阴飞逝如弹丸惊走,人生可谓如水面泡沫之暂起,变化俄然,只有静卧才是延年益寿之方;世间人事如飞扬的微尘,纷纷扰扰,忙忙碌碌,只有静坐才是自由自在之法。

【注释】 ①浮生:语本《庄子·刻意》:"其生若浮,其死若休。不思虑,不豫谋。"

【评解】 日月如惊丸,人事如飞尘,欲得延年自在,修身养性,惟有潜心守静。

139 平生不作皱眉事,天下应无切齿人。

【译文】 一生不做令人皱眉心恨的事,天下就不会有对自己切齿痛恨的人。

【评解】 此条采自北宋·邵雍《诏三下答乡人不起之意》诗:"平生不作皱眉事,天下应无切齿人。断送落花安用雨,装添旧物岂须春!幸逢尧舜为真主,且放巢由作外臣。六十病夫宜揣分,监司无用苦开陈。"说明他不愿意涉足政事,以免自寻烦恼,只求平平安安生活下去。邵雍(1011－1077),字尧夫,卒谥康节,宋明理学创始人之一。

140 暗室之一灯①,苦海之三老②,截疑网之宝剑③,抉盲眼之金针。

【译文】 千年暗室里的一盏明灯,无边苦海中的度人长老,就好似截断猜疑之网的宝剑,拨开盲人之眼的金针。

【注释】 ①暗室之一灯:语出隋·智顗《四教义》:"譬如千年暗室,若不置一灯,其室方将永暗。若置一灯,则故暗皆明,新暗不生。" ②苦海:佛教谓尘世为苦海。三老:川江峡中称舵工为三老,这里指摆渡世人脱离苦海的舵工。杜甫《拨闷》诗:"长年三老遥怜汝,橹棹开头捷有神。"仇兆鳌注:"蔡注:'峡中以篙师为长年,舵工为三老。'邵注:'三老橹船者,长年开头者。'"

宋陆游《入蜀记》:"问何谓长年三老,云梢工是也。"　③疑网:佛教语。谓众多疑虑,使人如陷罗网而不得解脱。《法苑珠林》卷九七:"佛言菩萨布施,远离四恶:一破戒、二疑网、三邪见、四悭悋。"

【评解】　一灯能除千年暗。一盏知识之灯,则能照彻整个人生。人曰:"故释氏之典一通,孔子之言立悟,无二理也。"学佛然后知儒,和其它,如灯光之普照。

141　攻取之情化,鱼鸟亦来相亲;悖戾之气销,世途不见可畏。

【译文】　进攻、索取之机心化解了,鱼鸟亦会来与人亲近;悖逆、乖戾的脾气消解了,人世的路途也都不足畏了。

【评解】　攻取之情、悖戾之气充盈于心底,于个人,于社会都是一场精神的瘟疫。消除心中的戾气,心境便为之澄明,天地亦为之宽阔。

142　吉人安祥①,即梦寐神魂,无非和气;凶人狠戾,即声音笑语,浑是杀机。

【译文】　心地善良的人和蔼慈祥,即使是梦中神情也会是一团和气;而性情凶暴的人残忍狠毒,就连言谈笑语时也是潜藏着杀气。

【注释】　①吉人:汉·扬雄《法言·问明》:"吉人凶其吉,凶人吉其凶。"

【评解】　江山易改,禀性难移。一个人是善是恶,可以从他的言谈举止中察觉,即使在梦中也显出各自的心性。所谓"善人和气一团,恶人杀气腾腾",伪装得一时,也不可能伪装永久。

143　天下无难处之事,只要两个如之何①;天下无难处之人,只要三个必自反②。

【译文】　天下没有难以处理的事情,只要遇事多想想这样做怎么样;天下没有难与相处的人,只要在交往中时时能够反躬自省。

【注释】　①两个如之何:《史记·项羽本纪》载,刘邦先项羽进入咸阳。项羽大怒,发兵来攻刘邦,形势危急,刘邦问计于张良,先曰:"为之奈何?"(怎么办才好呢?)再曰:"且为之奈何。"于是有了张良的建议请项伯从中说情,而后又有了脱险鸿门宴,最终转危为安。　②三个必自反:语出《论语·学而》:"曾子曰:'吾日三省吾身:为人谋而不忠乎? 与朋友交而不信乎? 传不习乎?"意谓从各个方面反躬自问。

【评解】　多求教于他人,问几个"如之何",常反省于自我,多几番"必自反",便是成功者之所以成功的原因。

144　能脱俗便是奇,不合污便是清。处巧若拙,处明若晦,处动若静。

【译文】　能够超凡脱俗就是不寻常的,不与人同流合污就是清白的。处事巧妙看起来却似乎愚拙,处事明白看起来却似乎糊涂,处于动荡之中看起来却似乎平静无事。

【评解】 洁身自好,自然可以脱俗;只要不与人同流合污,又哪来的不清净呢? 保持清白高雅的境界,原本是很自然而无须造作之事,所谓"清水出芙蓉,天然去雕饰"。可惜人们却常常聪明反被聪明误。

145 参玄借以见性,谈道借以修真。

【译文】 参玄借以发现人的本性,谈道借以修身养性。

【评解】 林语堂说过,如果中国的思想、人的精神面貌全部像儒家的话,中华民族的文明可能延续不了至少三千年那么久。因为它太刚,知其不可为而为之,就容易断。所以林语堂又说,很幸运,中国人的另一半是属于道家的,因为道家辅助了儒家的阳刚,见性修真,它凸显了阴柔的一面。

146 世人皆醒时作浊事,安得睡时有清身;若欲睡时得清身,须于醒时有清意。

【译文】 世人都是在清醒的时候做了糊涂事,那怎么能在沉睡的时候保持自身的清白? 要想沉睡时保持自身的清白,就必须在清醒时始终想到保持清白。

【评解】 "人人尽说清闲好,谁肯逢闲闲此身? 不是逢闲闲不得,清闲岂是等闲人。"庄周晓梦迷蝴蝶,只因他胸中无事,逍遥洒落,故有此梦。世上多少瞌睡汉,怎不见第二人梦迷蝴蝶? 可见梦睡中也分个闲忙在,一入了名利关,连睡梦也不得安稳。

147 好读书非求身后之名,但异见异闻,心之所愿,是以孜孜搜讨,欲罢不能,岂为声名劳七尺也。

【译文】 爱好读书不是为了求取身后的声名,只是为了获得异见异闻,这是出自内心的愿望,所以孜孜不倦地搜求研讨,欲罢不能,怎么能为了所谓的声名而劳累自己的七尺之躯呢?

【评解】 读书本是一种自由享受,但当其负载了"学而优则仕"的文化选择后,就很难获得自由与愉悦了。总是竖着耳朵听着外部世界风吹草动的小鹿和小兔,虽然身在大旷野,但没有自由。

148 一间屋,六尺地,虽没庄严,却也精致;蒲作团,衣作被,日里可坐,夜间可睡;灯一盏,香一炷,石磬数声,木鱼几击;龛常关,门常闭,好人放来,恶人回避;发不除,荤不忌,道人心肠,儒者服制;不贪名,不图利,了清静缘,作解脱计;无挂碍,无拘系,闲便入来,忙便出去;省闲非①,省闲

气②,也不游方,也不避世,在家出家,在世出世;佛何人,佛何处,此即上乘,此即三昧。日复日,岁复岁,毕我这生,任他后裔。

【译文】　一间房屋,六尺地方,虽不庄严,却也精致;蒲草做团,衣服当被,白日可坐,夜间可睡;灯点一盏,香焚一炷,石磬响几声,木鱼击几下;佛龛常常关着,柴门常常掩着,好人放进来,恶人则回避;不用削发出家,不忌荤腥之物,有道人的心肠,却是儒者的服饰礼制;不贪虚名,不图荣利,不要所谓的佛门清净之缘,却无时不作解脱之想;没有烦恼牵挂,没有拘泥束缚,清闲时就进门来,忙碌时就出门;省却无端滋生的是非,免得为无关紧要的事情生气,也不用云游四方,也不用逃避尘世,做一个在家的出家人,住世的出世者;佛是什么人,佛又在什么地方? 这就达到了上乘的境界,这就获得了佛家之三昧。日复一日,年复一年,如此这般度完此生,管他后世会怎么样。

【注释】　①闲非:本无是非而兴起的是非事。元无名氏《举案齐眉》第三折:“我待和他计较来,与这厮争甚么闲是闲非。”　②闲气:为无关紧要的事情而生气。宋苏轼《东坡志林》卷十二:“桃符仰视艾人而骂曰:‘汝何等草芥,辄居我上!’艾人俯而应曰:‘汝已半截入土,犹争高下乎?’桃符怒,往复纷然不已。门神解之曰:‘吾辈不肖,方傍人门户,何暇争闲气耶!’”

【评解】　此条采自南宋·林洪《清净斋铭》。林洪,南宋晚期泉州晋江人,擅诗文,对园林、饮食也颇有研究,著有《山家清事》一卷、《山家清供》二卷。

　　无欲,则无挂碍拘系;无求,则华屋茅舍何异? 处世为人执得起放得下,自得而自足,才有如此旷怀逸致。五柳先生陶渊明堪为典范:“闲静少言,不慕荣得。好读书,不求甚解;每有会意,便欣然忘食。性嗜酒,家贫不能常得。亲旧知其如此,或置酒而招之。造饮辄尽,期在必醉。既醉而退,曾不吝情去留。环堵萧然,不蔽风日。”

149　草色花香,游人赏其真趣;桃开梅谢,达士悟其无常。

【译文】　草色青青,花香扑鼻,游览的人观赏其自然的情趣;桃花开放,梅花凋谢,豁达而有悟性的人从中体悟到生命的变化无常。

【评解】　此条采自明·屠隆《娑罗馆清言》:“坐禅而不明心,取骨头为功课,马祖戒于磨砖。谈经而不见性,钻故纸作生涯,达摩所以面壁。草色花香,游人赏其有趣;桃开梅谢,达士悟其无常。”

　　禅宗八祖马祖道一受七祖怀让“磨砖作镜”的点化,得入求佛正途;达摩祖师在洛阳少室山面壁十年坐禅静修。佛教高僧在修道的过程中特别重视“开悟”的作用。生命的意义潜隐在万事万物中,惟有豁达而悟性高的人,才会去探索宇宙和人生的真谛,从而感悟出“顺应天理”的行为准则。

150　招客留宾,为欢可喜,未断尘世之扳援①;浇花种树,嗜好虽清,亦

是道人之魔障②。

【译文】 招待客人,留下宾朋,欢乐融洽,固然可喜,却也是未能断绝与尘世的依附牵挂;浇花灌园,种植草木,嗜好虽然清雅,却也是修道之人的障碍。

【注释】 ①扳援:攀附,依附。 ②魔障:佛教语。指修身的障碍。

【评解】 此条采自明·屠隆《婆罗馆清言》。"扳援"原作"攀缘"。

浇花种树、友朋晏笑,都是极其快乐之事,但一旦形成"嗜好",便有了依恋,成了魔障。宋代诗人林逋隐居西湖,常驾小舟遍游诸寺,每逢客至,叫门童子纵鹤放飞,林逋见鹤必棹舟归来。"梅妻鹤子"的他,固是潇洒,但对宾客对梅鹤的执着,似乎仍嫌病态,反而成了修道上的障碍。

151 人常想病时,则尘心便减;人常想死时,则道念自生。

【译文】 一个人常常想到生病时的苦痛,那么世俗之心自然就会淡漠;一个人常常想到死亡时的情形,那么修道的念头就自然产生了。

【评解】 此条采自明·屠隆《续婆罗馆清言》:"常想病时,则尘心渐灭;常防死日,则道念自生。风流得意之事,一过辄生悲凉;清真寂寞之乡,愈久转增意味。"

这段话告诉人们要常常躬身反省。常常想一想病时、死时的情景,可以冷却心头的名利之欲。苦苦追求的名利富贵,不过都是过眼烟云,到头终不得不放手,那还有什么不能翻然悔悟的呢?

152 入道场而随喜,则修行之念勃兴;登丘墓而徘徊,则名利之心顿尽。

【译文】 如果进入诵经讲法的场所而心生欢喜,那么出家修行的念头就会强烈地生发出来;登上荒丘坟墓与心徘徊,那么争名夺利的心思就会立即消除。

【评解】 此条采自明·屠隆《续婆罗馆清言》:"入道场而随喜,则修行之念勃兴;发丘墓而徘徊,则名利之心顿尽。故一念不清,宜以佛性而淘洗;六根未净,可取戒香而熏蒸。"

一旦顿悟到人生的最终结局不过只是一抔黄土,还会如此拼命地去追逐功名富贵身外之物吗?人必死,席必散,色必空,最后都要化作灰烬与尘埃。但明知如此,却还是日劳心拙地追逐物色、财色、女色,追求永恒的盛宴,幻想长生不老,这便是《红楼梦》为人们传达出的大荒诞。梦醒,就是对这一大荒谬的大彻大悟。

153 铄金玷玉①,从来不乏乎谗人;洗垢索瘢②,尤好求多于佳士。止作秋风过耳③,何妨尺雾障天④。

【译文】 散布谣言,毁谤他人,世上从来就不乏进谗言的人;洗垢索瘢,吹毛求疵,尤其对德才兼备者过多苛求。对这些,就只当是秋风从耳边吹过一样,不必担忧一点点雾气能遮蔽了青天。

【注释】　①铄金玷玉：铄金，即"众口铄金"，谓众人的言论能够熔化金属。比喻毁谤为害之烈。《国语·周语下》："故谚曰：'众心成城，众口铄金。'"《史记·张仪传》："众口铄金，积毁销骨。"　②洗垢索瘢：洗掉污垢，寻找瘢痕，喻吹毛求疵，过分挑剔缺点或毛病。　③秋风过耳：语出汉·赵晔《吴越春秋·吴王寿梦传》："富贵之于我，如秋风之过耳。"比喻与自己无关，毫不在意。　④尺雾障天：宋·司马光《资治通鉴》卷一百九十八：唐太宗手诏曰："志冲欲以匹夫解位天子，朕若有罪，是其直也；若其无罪，是其狂也。譬如尺雾障天，不亏于大；寸云点日，何损于明！"

【评解】　此条采自明·屠隆《娑罗馆清言》："铄金玷玉，从来不乏彼谗人；沉垢索瘢，尤好求多于佳士。止作疾风过耳，何妨微云点空。"

　　谗言总是无孔不入。若以平常心看待，就当它是秋风过耳，过一阵儿就完了；相信尽雾不可能障天，寸云不可能遮日，也就不会再耿耿于怀了。

154　真放肆不在饮酒高歌，假矜持偏于大庭卖弄；看明世事透，自然不重功名；认得当下真，是以常寻乐地。

【译文】　真正的豪放不羁，并不一定要用饮酒高歌来表现，只有假装矜持正经的人，才偏好在大庭广众之下卖弄；把世事看得透彻明白，自然不会把功名看得太重；认清了眼下的真实，就能常常寻找到使自己快乐的境地。

【评解】　贪求太多，所以往往有太多刻意与矜持，太多讨好与卖弄。真潇洒并不在行为的招摇高调，只是真情的流露，"顺性"而已。

155　富贵功名、荣枯得丧，人间惊见白头；风花雪月、诗酒琴书，世外喜逢青眼①。

【译文】　富贵功名，荣枯得失，可怜人世间多少人为此而苦熬白了头；风花雪月，诗酒琴书，可喜尘世外竟得逢遇如此良朋知己。

【注释】　①青眼：喻指知己好友。《晋书·阮籍传》："籍又能为青白眼，见礼俗之士，以白眼对之。及嵇喜来吊，籍作白眼，喜不怿而退。喜弟康闻之。乃赍酒挟琴造焉，籍大悦，乃见青眼。"宋·黄庭坚《登快阁》："朱弦已为佳人绝，青眼聊因美酒横。"

【评解】　正所谓有人辞官归故里，有人漏夜赶科场。

156　欲不除，似蛾扑灯，焚身乃止①；贪无了，如猩嗜酒②，鞭血方休。

【译文】　欲望如果不消除，就好像飞蛾扑向灯火，直到焚身而死才得停止；贪心如果没有止境，就好似无力抵挡诱惑的嗜酒的猩猩，直到身体被鞭打出血才可能放下酒杯。

【注释】　①似蛾扑灯，焚身乃止：《梁书·到溉传》："（高祖）因赐溉连珠曰：'研磨墨以腾文，笔飞毫以书信。如飞蛾之赴火，岂焚身之可吝。必毫年其已及，可假之于少荛。'"　②如猩嗜酒：唐·李肇《唐国史补》卷下记载：猩猩者好酒与屐，人有取之者，置二物以诱之。猩猩始见，大骂猎人不仁是在诱捕,于是绝走远去。可骂完后,终究抵挡不住酒香的诱惑,领头的便提议:"少尝一点,谨慎一点,别喝多了。"众猩猩早已按捺不住,先是尝小杯,后又端大碗,边喝边骂猎人,越喝越馋,俄顷俱醉,因遂获之。明·刘元卿《贤奕编·警喻》中亦有此寓言。

【评解】 自古以来,贪财者身败,贪权者权丢,贪名者名裂,贪色者家散。猩猩可谓聪明,明知诱捕而终免不了一死,都是贪心惹的祸。所以"祸莫大于不知足,咎莫大于欲得。故知足之足,常足矣",这也就是《老子》教我们为人的最高的智慧。

157 涉江湖者,然后知波涛之汹涌;登山岳者,然后知蹊径之崎岖。

【译文】 涉渡过江湖的人,然后才知道波涛的汹涌;攀登过山岳的人,然后才知道山路的崎岖。

【评解】 幸福或悲伤,凄凉或辉煌,惟有亲身体验,才知个中滋味。英国思想家卡莱尔说:未曾哭过长夜的人,不足以语人生。

158 人生待足何时足,未老得闲始是闲。

【译文】 人生一世如果总是希望等待满足,那么何时才能有满足的时候呢? 只有在还没老的时候就得享清闲,才是真正的清闲。

【评解】 此语出自宋·余俦诗句。宋·吴芾《仆平日闻有"此生待足何时足,未老得闲方是闲"之句,每叹服之,恨不知作者姓名。一日与鲁漕话次,方闻此诗乃福唐余俦所作,鲁继录全诗,及余君所梦始末见示,读之使人益起怀归之兴,因成小诗,以记其事》诗曰:"寒士叨尘分已逾,不为归计待何如。暮年光景那能久,浮世荣华总是虚。此去真须甘淡泊,个中元自有乘除。因公拈起余君话,愈使衰翁忆故庐。"幸福在当下,闲足也在当下。

159 谈空反被空迷①,耽静多为静缚。

【译文】 一味谈论所谓空的境界,反而容易被空所迷惑;如果耽溺于虚静之境,往往会被虚静之境所束缚。

【注释】 ①空:道家谓虚静之性为空。《文选·贾谊〈鵩鸟赋〉》:"澹乎若深泉之静,泛乎若不系之舟。不以生故自宝兮,养空而浮。"李善注引郑玄曰:"道家养空,虚若浮舟也。"

【评解】 佛曰:万法皆空。是教人们不要沉迷于万物之中,使身心不得自在。但有人却谈"空"而又恋"空",其实恋取世事和恋空并无分别,同样是执着而不放弃,"空"的念头没有除去,仍是不"空"。静也不是教人躲到安静的地方,不听不想,那样等于用一个静字将自己束缚住。真正的静是心静而非形静,是在最忙碌的时候,仍能保持一种静的心境,不被外物所牵。

160 旧无陶令酒巾①,新撇张颠书草②,何妨与世昏昏,只问吾心了了。

【译文】　从前我没有陶渊明酒巾漉酒的放达不拘,如今也不必学张旭醉后的泼墨狂草,不妨就随波逐流,看似浑浑噩噩,只要自己的内心真正清楚明白即可。

【注释】　①陶令:即陶渊明,曾为彭泽县令,世称"陶令"。酒巾:典出陶渊明用头上葛巾漉酒之事。《宋书·隐逸传·陶潜》:"郡将候潜,值其酒熟,取头上葛巾漉酒,毕,还复着之。"　②张颠:即唐代书法家张旭。《新唐书·文艺列传》:"(张旭)每大醉,呼叫奔走,乃下笔,或以头濡墨而书,既醒自视,以为神,不可复得也。世呼张颠。"

【评解】　不必故为旷达,若有圣贤之心,何妨貌似盗跖,只要自己的内心是清楚明白的,那又何妨与世昏昏。

161　以书史为园林,以歌咏为鼓吹,以理义为膏粱,以著述为文绣,以诵读为菑畬①,以记问为居积,以前言往行为师友,以忠信笃敬为修持,以作善降祥为因果,以乐天知命为西方。

【译文】　把经史书籍当做园林,把歌唱吟咏当做鼓吹乐器进行演奏,把思想义理当做美味佳肴,把著书立说当做华美的衣服,把诵读诗书当做劳动耕耘,把记忆请教当做囤积储备,把前代圣贤的言行当做良师益友,把忠诚信用、笃实恭敬当做修身处世之本,把多行善事、给人带来吉祥当做因果报应,把乐于天命、知足常乐当做西方极乐世界。

【注释】　①菑畬(zīyú):指垦荒、耕耘。《尔雅》:"田一岁曰菑,二岁曰新田,三岁曰畬。"《易·无妄》:"不耕获,不菑畬,则利有攸往。"

【评解】　此条采自明·陈继儒《岩栖幽事》:"陆平翁《燕居日课》云:'以书史为园林,以歌咏为鼓吹,以理义为膏粱,以著述为文绣,以诵读为菑畬,以记问为居积,以前言往行为师友,以忠信笃敬为修持,以作善降祥为因果,以乐天知命为西方。'"描述的是其山居生活中每天修行的功课。

162　云烟影里见真身,始悟形骸为桎梏;禽鸟声中闻自性,方知情识是戈矛。

【译文】　在浮云烟雾的影中看到人的真身本原,才领悟到人的躯体、躯壳正是束缚自己的枷锁;在禽兽飞鸟的自由鸣叫中体味出其天然的本性,才知道人的感情、识见其实都是残损人性的戈矛兵器。

【评解】　此条采自明·洪应明《菜根谭》。云烟般不羁的生命,怎堪为红尘紫陌、肉身爱憎所牵缚?人生"真意",就在天之涯、山之巅,在水之吟唱、花之红颜、鸟之鸣啾中。本于真心,任性而动,与自然之一花一鸟相共鸣,才能吟唱出自然生命的本色之歌。

163　事理因人言而悟者,有悟还有迷,总不如自悟之了了;意兴从外境

而得者,有得还有失,总不如自得之休休。

【译文】 如果事物的道理要借助别人的话才能领悟,那么虽有所领悟,也还是会有疑惑之处,总不如靠自己领悟来得透彻明白;如果意趣兴致是从外界得来的,那么虽有所得,也还是会有所失,总不如靠自己内心体味得来的安闲自在。

【评解】 此条采自明·洪应明《菜根谭》。纸上得来终觉浅,只有自己亲身经历、内心体味得到了,才能透彻明白,安闲自在。

164 白日欺人,难逃清夜之愧赧①;红颜失志,空遗皓首之悲伤。

【译文】 青天白日自欺欺人,难以逃脱夜深人静之时自己内心的愧疚与脸红;年纪轻轻就失去志向,到白头年老之时也只能徒自悲伤。

【注释】 ①愧赧(nǎn):因羞惭而脸红。

【评解】 此条采自明·洪应明《菜根谭》。小则暗夜里的羞愧,终至老大时的徒悲伤,可见少壮时的真诚努力不可懈怠。

165 定云止水中,有鸢飞鱼跃的景象①;风狂雨骤处,有波恬浪静的风光。

【译文】 静止的云中,平静的水里,也有鹰击长空、鱼跃水中的景象;狂风骤雨的地方,仍然会有风平浪静、波澜不兴的风光。

【注释】 ①鸢飞鱼跃:谓万物各得其所。语出《诗·大雅·旱麓》:"鸢飞戾天,鱼跃于渊"。孔颖达疏:"其上则鸢鸟得飞至于天以游翔,其下则鱼皆跳跃于渊中而喜乐,是道被飞潜,万物得所,化之明察故也。"明·王世贞《艺苑卮言》卷八:"李于鳞守顺德时,有胡提学者过之。其人,蜀人也。于鳞往访,方掇茶次,漫问之曰:'杨升庵健饭否?'胡忽云:'升庵锦心绣肠,不若陈白沙鸢飞鱼跃也。'于鳞拂衣去,口咄咄不绝。"

【评解】 此条采自明·洪应明《菜根谭》:"学者动静殊操、喧寂异趣,还是锻炼未熟,心神混淆故耳。须是保存涵养,定云止水中,有鸢飞鱼跃的景象;风狂雨骤处,有波恬浪静的风光,才见处一化齐之妙。"

　　有足够涵养的人,自有一份从容与淡定,即使在风平浪静中,他也能看到鸢飞鱼跃的勃勃生机,狂风暴雨中他也能领略到一番恬静安然。

166 平地坦途,车岂无蹶;巨浪洪涛,舟亦可渡。料无事必有事,恐有事必无事。

【译文】 在平坦笔直的大道上,车子难道就肯定不会倾覆吗?即使巨浪滔天、洪水汹涌,小船也是有机会渡过江河的。料定平安无事的反而会因麻痹大意而出事,时时担心出事的反而因谨小慎微而平安无事。

【评解】　晚唐诗人杜荀鹤《泾溪》诗曰:"泾溪石险人兢慎,终岁不闻倾覆人。却是平流无石处,时时闻说有沉沦。"未雨需绸缪,凡事预则立。预测不周料定无事必有事,谋划周密有事也会平安无事。

167　富贵之家,常有穷亲戚来往,便是忠厚。

【译文】　富贵的人家,如果常常有穷亲戚来往,就堪称是忠厚之家。

【评解】　"苟富贵,毋相忘",这是陈胜当年说过的话。但据《史记》记载,陈胜称王后,家乡父老去找他,因为在殿上叫了小名,他恼羞成怒,甚至杀害了共过患难的父老兄弟。据说,毛泽东读《史记》至此,即在旁边批有"一误"字样。

168　朝市山林俱有事,今人忙处古人闲。

【译文】　官场、市井以及山林之中都有事情忙碌,然而,今人奔忙的地方却正是古人安闲之处。

【评解】　此条采自明·陈白沙《次韵罗明仲先生见寄》:"白头一枕小庐山,偶寄孤松十竹间。朝市山林俱有事,今人忙处古人闲。"陈白沙(1428-1500),本名陈献章,字公甫,号石斋,别号碧玉老人,玉台居士等,明代思想家、教育家、书法家、诗人。今广东江门市郊白沙村有陈白沙祠,始建于明万历十二年(1584)。

　　明·顾宪成《泾皋藏稿·景素于先生亿语序》释此诗曰:"白沙陈子之诗曰:'朝市山林俱有事,今人忙处古人闲。'旨哉乎! 其言之也。虽然古人自有忙者存,特其所谓忙非今人所谓忙耳。今人所谓忙,出则竞名,处则竞利,为一身计也。古人所谓忙,出则行道,处则明道,为天下万世计也。是故以一身计言,谓今人忙处古人闲可也。以天下万世计言,谓令人闲处古人忙可也。"

169　人生有书可读,有暇得读,有资能读,又涵养之如不识字人,是谓善读书者。享世间清福,未有过于此也。

【译文】　人生在世,若能有书可读,又有闲暇得以读书,又有钱财可供读书,而且富有涵养犹如不识字的人,这样才可以称得上是善于读书的人。能享世间清闲之福的,恐怕没有超过这样的人。

【评解】　生命需要氛围。能生活在大自然的氛围之中,生活在读书的氛围之中,自然是让人羡慕的。而能享读书清闲之福者,都缘胸次无求,放怀虚极,故能撒手归山,淡然闲居,妙用自足。

170　世上人事无穷,越干越做不了;我辈光阴有限,越闲越见清高。

【译文】　世间的人事无穷无尽,越做就越是做不完;我辈时间有限,越是悠闲越显得清高。

【评解】　需要有人际温暖,但不需要沉重的人际关系。太沉重便成了牢狱。简化人际关系,才是对有限光阴的善待,才能深化情感和精神生活。直面真理,发自内心说话,这是清高天真;考虑人际关系与利害关系说话,便是圆滑世故。

171　两刃相迎俱伤,两强相敌俱败。

【译文】　双方以兵刃相互迎击,结果都将受到损伤,两个强手相互为敌,最终都将遭致败亡。

【评解】　对抗只能"两败",合作才能"双赢"。成全他人也是成就自己。一山未必不容二虎,卧榻之侧须容他人酣睡,是人类社会的进步。

172　我不害人,人不我害;人之害我,由我害人。

【译文】　我不伤害别人,别人也不会伤害我;如果别人伤害我,那是因为我伤害了别人。

【评解】　害人之心不可有,防人之心不可无。

173　商贾不可与言义,彼溺于利;农工不可与言学,彼偏于业;俗儒不可与言道,彼谬于词。

【译文】　对商人不可以和他谈论道义,因为他们沉湎于财利之中;对农民、工匠不可以和他谈论学问,因为他们偏爱自己的本业;对浅陋迂腐的儒生不可以和他谈论事理,因为他们常常错误地拘泥于词句。

【评解】　中国传统,万般皆下品,唯有读书高,看不起做买卖的、搞技术的。于是有所谓泛儒主义,儒商、儒将、儒医,贴上一个标签,马上显得有了品位,有了道德。
　　孔子罕言利,孟子极端抨击利,儒家认为义与利二者是绝对排斥的。董仲舒主张用礼义来遏制人欲。但司马迁却颂扬货殖,他不但言利,而且鼓励人人发财致富,认为人欲是创造物质财富的动力,还进一步提出了"素封论"的理论,揭露侈谈仁义之上的虚伪性。到了班固,却批判司马迁"述货殖则崇势利而羞贱贫",赞扬颜渊"箪食瓢饮"的陋巷生活。义利之争,其来有自。

174　博览广见识,寡交少是非。

【译文】　博览群书可以增广见识,少与人交往可以避免无端的是非。

【评解】　寡交少是非,君子之交淡如水的古训,似乎都是在告诫人们要远离沉重复杂的人际纠葛,存一份若即若离。

175　明霞可爱,瞬眼而辄空;流水堪听,过耳而不恋。人能以明霞视美色,则业障自轻;人能以流水听弦歌,则性灵何害?

【译文】　明丽的云霞如此可爱,但是转眼之间就消失了;潺潺的流水如此动听,但是听过之后就不可留恋。一个人如果能够像观看明丽云霞那样看待美人的姿色,那么因贪恋美色而起的罪孽自然就会减轻;一个人如果能够以聆听流水的心态来聆听琴瑟歌唱,那么对于我们的性情心灵又会有什么危害呢?

【评解】　此条采自明·屠隆《娑罗馆清言》。

　　人性的本真应当是一颗进取的心,而不是贪婪的心。就像天边绚丽的云霞,你欣赏到了就够了,又岂能想着占为己有? 美色、弦歌当前,好好地欣赏便可以了,倘若贪念一生,祸亦至焉。所以道家主张断绝外界的贪欲,保持内在的宁静恬淡;佛家亦倡导六根清净、息心净念。

176　休怨我不如人,不如我者常众;休夸我能胜人,胜于我者更多。

【译文】　不要埋怨自己不如别人,其实不如自己的人还很多;不要夸耀自己能胜过别人,其实胜过自己的人还很多。

【评解】　所谓山外有山,天外有天,人外有人。不卑亦不亢,需要的只是固守自己的本心本色。

177　人心好胜,我以胜应必败;人情好谦,我以谦处反胜。

【译文】　人人都有争强好胜之心,如果自己也以好胜之心应对对方,就必定会失败;人人都喜欢对方谦和,如果自己能以谦和的态度对待别人,就必定会取胜。

【评解】　这段话倡导的也是"谦德"。"谦德"深入人心,成为中华民族最为显著的民族性格之一。先圣们无不谆谆教诲着人们,要努力修养成为有而不居、满而不盈、实而不骄的谦谦君子。

178　人言天不禁人富贵,而禁人清闲,人自不闲耳。若能随遇而安,不图将来,不追既往,不蔽目前,何不清闲之有?

【译文】　人们都说上天不禁止人富贵,但却禁止人清闲,其实是人们自己不想清闲罢了。如果能够随遇而安,既不图谋将来如何,也不追究过去如何,又不为眼前的境遇所蒙蔽,哪有不得清闲的呢?

【评解】　清闲只是一种心境。谋事在人,成事在天,积极追求而不强求;不绝望,不追悔,不迷茫,保持清闲之心态,随遇而安,对万事万物也就可以通达乐观了。

179　暗室贞邪谁见,忽而万口喧传;自心善恶炳然,凛于四王考校①。

【译文】　以为暗室中的忠贞奸邪没有谁看见,可是忽然间就会万口喧哗竞传;如果自己内心的善恶之分清楚明白,那就比四王考因问罪更威严有效。

【注释】　①四王:指佛教里的四大天王,执掌刑罚戒律。分别居于须弥山的四陲,各护一方,也称护世四天王:西方广目天王、东方持国天王、北方多闻天王、南方增长天王。

【评解】 此语意在劝诫人们要做善事,如果做恶事,无论再隐秘,终究都会败露,受到惩罚。

180 寒山诗云①:"有人来骂我,分明了了知。虽然不应对,却是得便宜。"②此言宜深玩味。

【译文】 寒山子有诗写道:"有人来辱骂我,我分明听得清清楚楚。虽然我不予应对,其实却是得到了便宜。"此话宜当细细玩味之。

【注释】 ①寒山:唐大历中诗僧,姓名、籍贯、生卒年均不详。因长期隐居于台州始丰(今浙江天台)西之寒岩,故称寒山子。今存诗三百余首,语多白话,类佛家偈颂,后人辑为《寒山子集》,收入《全唐诗》806卷。 ②全诗为:"忆得二十年,徐步国清归。国清寺中人,尽道寒山痴。痴人何用疑,疑不解寻思。我尚自不识,是伊争得知。低头不用问,问得复何为。有人来骂我,分明了了知。虽然不应对,却是得便宜。"

【评解】 别人骂了你,可促使你反省,有则改之,无则加勉。如果是错骂了你,那便是他的错,你又何必劳神去理会伤心呢? 总之,"不应对"便可免却无穷烦恼。

181 恩爱,吾之仇也;富贵,身之累也。

【译文】 恩爱情感,是我修身养性的仇敌;富贵荣华,则是肉身的累赘。

【评解】 能时时告诫自己要懂得"放下",少一些贪恋,不致为外物所牵累就好。

182 冯谖之铗①,弹老无鱼;荆轲之筑②,击来有泪。

【译文】 冯谖的长剑,如今即使弹到老怕也不会有鱼吃了,因为无人再赏识;而荆轲和高渐离那样的击筑悲歌,至今听起来依然会令人垂泪涕泣。

【注释】 ①冯谖(xuān)之铗(jiá):《战国策·齐策四》:"齐人有冯谖者,贫乏不能自存,使人属孟尝君,愿寄食门下……居有顷,倚柱弹其剑,歌曰:'长铗归来乎! 食无鱼。'左右以告,孟尝君曰:'食之,比门下之客。'居有顷,复弹其铗,而歌曰:'长铗归来乎! 出无车……长铗归来乎! 无以为家。'"孟尝君皆与之。后来他倾心为孟尝君出谋划策,终使孟尝君复位。 ②荆轲之筑:荆轲,战国时人,曾为燕太子丹刺杀秦王,未成功,被杀。《史记·刺客列传》载:临别,好友"高渐离击筑,荆轲和而歌于市中,相乐也,已而相泣,旁若无人者",又"至易水之上,既祖,取道,高渐离击筑,荆轲和而歌、为变微之声,士皆垂泪涕泣"。筑:弦乐器,形如琴,十三弦。

【评解】 此条采自明·吴从先《小窗自纪》:"雅俗共倾,莫如音乐。琵琶叹于远道,箜篌引于渡河,羌笛弄于梅花,鹅笙鸣于彩凤。不动催花之羯鼓,则开拂云之素琴;不调哀响之银筝,则御繁丝之宝瑟。磬以云韶制曲,箫以天籁着闻,无不入耳会心,因激生感。今也冯谖之铗,弹老无鱼;荆轲之筑,击来有泪。岂独声韵之变,抑也听者易情。"

真正能够激动人心的,莫过于音乐。比起冯谖的弹铗而求,荆轲的击筑悲歌无疑更感人肺腑,动人心魂。

183　以患难心居安乐,以贫贱心居富贵,则无往不泰矣;以渊谷视康庄,以疾病视强健,则无往不安矣。

【译文】　身处安乐之境,怀有患难之心,身居富贵之时怀有贫贱之心,那么无论到哪里都会安宁顺遂的;行走于康庄大道仍然能够如临深渊般谨慎小心,身体强健时仍然能够像患病时那样注重起居饮食,那么无论到哪里都会平安无事的。

【评解】　此条采自明·吕坤《呻吟语》:“以患难时心居安乐,以贫贱时心居富贵,以屈居时心居广大,则无往而不泰然。以渊谷视康庄,以疾病视强健,以不测视无事,则无往而不安稳。”
　　居安思危,战战兢兢,如履薄冰,才可能常立于不败之地。

184　有誉于前,不若无毁于后;有乐于身,不若无忧于心。

【译文】　与其当面有人赞美,不如使背后没有人毁谤;与其图身体一时的快感,不如心中无忧无虑。

【评解】　只有经受得住“有誉于前”、“有乐于身”的一时诱惑,才可能享有“无毁于后”、“无忧于心”的长久快乐。可参见本卷一006条:“使人有面前之誉,不若使人无背后之毁;使人有乍交之欢,不若使人无久处之厌。”

185　富时不俭贫时悔,潜时不学用时悔,醉后狂言醒时悔,安不将息病时悔①。

【译文】　富足之时不节俭,等到贫困时便要后悔;平时不努力学习,等到要用的时候方知后悔;酒醉后胡言乱语,酒醒之时便会后悔;安康时不注意调养,等到生病了就要后悔。

【注释】　①将息:调养,调理。

【评解】　世上最不可能有卖的就是后悔药了。

186　寒灰内半星之活火,浊流中一线之清泉。

【译文】　寒冷的灰烬中也可能残存半点未灭的火种,浑浊的水流中也可能还有一线清净的泉流。

【评解】　寒灰中还有半星之火,鄙俗之人中也有清正之士,绝境中其实总能看到生机和希望。

187　攻玉于石①,石尽而玉出;淘金于沙,沙尽而金露②。

【译文】 在玉石上雕琢加工,多余的石头磨尽了,宝玉也就显现出来了;从沙石中淘取金子,沙石淘尽了,金子也就显露出来了。

【注释】 ①攻玉于石:典出《诗经·小雅·鹤鸣》:"它山之石,可以攻玉。"郑玄笺:"它山喻异国。"后用作成语"他山之石,可以攻玉"。攻:雕琢,加工。 ②"淘金于沙"句:唐·刘禹锡《浪淘沙九首》之八:"莫道谗言如浪深,莫言迁客似沙沉。千淘万漉虽辛苦,吹尽狂沙始到金。"

【评解】 不经雕琢,难以成才;不经磨难,不能显出英雄本色。

188 乍交不可倾倒,倾倒则交不终;久与不可隐匿,隐匿则心必崄①。

【译文】 初次交往不可急于畅所欲言,急于畅所欲言,则交往往往不能善终;相处久了就不能有所隐瞒,一旦有所隐瞒,那么其居心必然险恶。

【注释】 ①崄:通"险",指居心叵测。

【评解】 这里说的是交友之道。对乍交之人不可倾心,对久交之友则不可隐瞒。

189 丹之所藏者赤,墨之所藏者黑。

【译文】 储藏丹砂的东西日久就会变红,储藏墨的东西日久便会变黑。

【评解】 此条采自《孔子家语·六本》。晋·傅玄《傅鹑觚集·太子少傅箴》:"故近朱者赤,近墨者黑;声和则响清,形正则影直。"

190 懒可卧,不可风;静可坐,不可思;闷可对,不可独;劳可酒,不可食;醉可睡,不可淫。

【译文】 慵懒的时候可以躺下呆着,不可以奔走;清静的时候可以安坐,不可以多思;苦闷的时候可以与人倾诉,不可以独处;劳累的时候可以饮酒,不可以饱食;醉酒的时候可以睡觉,不可以淫乐。

【评解】 古人重自然养生之道,这里总结出的就是一套日常生活准则或曰良好的行为习惯,值得我们借鉴。

191 书生薄命原同妾,丞相怜才不论官。

【译文】 书生命运多舛,本来就如同姬妾一般,可丞相爱惜人才,却并不论其官职高低。

【评解】 此条采自明·王稚登《答袁相公问病二首》其一:"斜风斜雨竹房寒,云里蓬莱枕上看。愁过一春容鬓改,吟成五字带围宽。书生薄命元同妾,丞相怜才不论官。泣向青天怀烈士,古来惟有报恩难。"王稚登,字百谷,少有文名,善书法。吴中文坛领袖文征明逝世后,王稚登因诗文声华煊赫主掌吴门文坛三十余年。著有《王百谷集》、《弈史》等。

　　明·吴从先《小窗自纪》:"王百谷云:'书生命薄还同妾,宰相怜才不为官。'何仙郎云:'憔悴似怜春恨妾,凄凉还泣夜啼乌。'予曰:'命薄千金空买赋,才高只眼冷窥人。'意偶相合,而生致各从所安。"

192 少年灵慧,知抱凤根;今生冥顽,可卜来世。

【译文】 少年机敏聪明,可知是带有前世因缘所修的慧根;今生愚顽无知,可以预测来世也不会聪敏。

【评解】 前世、今生、来世,佛家宣扬的就是三世因果说不尽,苍天不亏善心人。

193 拨开世上尘氛,胸中自无火炎冰兢^①;消却心中鄙吝,眼前时有月到风来。

【译文】 拨开世间尘俗的氛围,胸中自然没有火一样的煎熬或冰冻般的折磨;消除了心中卑鄙庸俗的念头,眼前便会时有月白风清般的净爽。

【注释】 ①冰兢:恐惧,谨慎。《诗·小雅·小宛》:"战战兢兢,如履薄冰。"

【评解】 此条采自明·洪应明《菜根谭》。就看能不能"拨开",能不能"消却"。人情冷暖,世态炎凉,人生的苦难如此深重,只有超然物外,以通达、乐观、旷达的心态面对人生,才能享受到月白风清的美好。

194 尘缘割断^①,烦恼从何处安身;世虑潜消,清虚向此中立脚。

【译文】 那些污染人心、滋生嗜欲的根缘一旦割断,一切烦恼又向何处安身?那些对世间的种种顾虑杂念一旦彻底消除,清净虚无就会在心中立足。

【注释】 ①尘缘:佛教指色、声、香、味、触、法六尘为尘缘。

【评解】 尘缘割断,世虑潜消,那是佛、道之化境。也惟有超脱于尘世,才能摒弃烦恼,心往清虚。

195 市争利,朝争名,盖棺日何物可殉蒿里^①;春赏花,秋赏月,荷锸时此身常醉蓬莱^②。

【译文】 市井之上争利,朝廷之上争名,可是人死盖棺之日又有哪一件可以殉葬到墓中?春天里赏赏花,秋天里赏赏月,那么到了临死之时才会感觉到原来自己竟犹如常常身处于蓬莱仙境之中。

【注释】 ①蒿里:指死人所葬之地。《汉书·广陵厉王刘胥传》:"蒿里召兮郭门阅,死不得取代庸,身自逝。"颜师古注:"蒿里,死人里。" ②荷锸(chā):《晋书·刘伶传》:"(刘伶)常乘鹿车,携一壶酒,使人荷锸而随之,谓曰:'死便埋我!'其遗形骸如此。"蓬莱:古代传说中的神山,泛指仙境。

【评解】 "耕耘自己的果园吧!"伏尔泰如是说。晋代的陶渊明也正是在他的屋前屋后找到了无尽的资源,菜畦陇亩,苗圃田舍,仅仅是为了稻粱谋吗?于最平凡处发现了永恒的美,于茅棚沟渠里流出神奇的情韵,简单的生活不简单。

196 驷马难追^①,吾欲三缄其口^②;隙驹易过^③,人当寸惜乎阴。

【译文】 一言既出,驷马难追,因此我要慎而又慎,不可轻易开口;白驹过隙,时光易逝,因此人们应当珍惜寸寸光阴。

【注释】 ①驷马难追:即所谓"大丈夫一言既出,驷马难追"。《论语·颜渊》:"夫子之说君子也,驷不及舌。"相传为春秋末年郑国名家思想家邓析所作《邓析子·转辞篇》:"一声而非,驷马勿追;一言而急,驷马不及,故恶言不出口,苟语不留耳。此谓君子也。" ②三缄其口:语本汉·刘向《说苑·敬慎》:"孔子之周,观于太庙,右陛之前,有金人焉,三缄其口而铭其背曰:'古之慎言人也,戒之哉!戒之哉!无多言,多言多败;无多事,多事多患。'" ③隙驹:喻光阴易逝。《庄子·知北游》:"人生天地之间,若白驹之过郤,忽然而已。"郤,同"隙"。

【评解】 驷马难追,故说话尤需谨慎;光阴易逝,故寸寸皆需珍惜。

197 万分廉洁,止是小善;一点贪污,便为大恶。

【译文】 一万分的廉洁,也只能算是小小的善行;但只要有一点点的贪污,便是莫大的罪恶。

【评解】 此条采自宋·真德秀《西山政训》:"律己以廉,凡名士大夫者,万分廉洁,止是小善,一点贪污便是大恶不廉之吏。"真德秀(1178-1235)南宋大臣、学者。字景元,号西山。著有《西山文集》。

晋司马炎居官三字诀:曰清,曰慎,曰勤。后人视此为为官从政之第一箴言。三字之中,自以清为第一要义。"官如不清,虽有他美,不得谓之好官。然廉而不慎,必多疏略;廉而不勤,必多废弛,仍不得谓之好官。"

198 炫奇之疾,医以平易;英发之疾,医以深沉;阔大之疾,医以充实。

【译文】 喜欢标新立异的毛病,要用平易冲和之法来医治;才智过于锋芒毕露的毛病,要用深沉稳重之法来医治;好大喜功、华而不实的毛病,要用充实求真之法来医治。

【评解】 此条采自明·吕坤《呻吟语》。

《论语》中公西华问孔子,子路也问你"闻斯行诸?"(听到你讲的道理就应该实践吗?)答曰"有父兄在"。不可;冉有也问你"闻斯行诸?"却答曰可矣。孔子说:"求(冉有)也退,故进之;由(子路)也兼人,故退之。"对症下药,才能药到病除;因材施教,才能教有所成。

199 才舒放即当收敛,才言语便思简默。

【译文】 刚刚舒展放松、无拘无束的时候,就应当想到要开始收敛自己;刚刚开口说话的时候,就应当想到要多保持简静沉默。

【评解】　告诫人们言行举止要时刻保持小心谨慎。

200　贫不足羞,可羞是贫而无志;贱不足恶,可恶是贱而无能;老不足叹,可叹是老而虚生;死不足悲,可悲是死而无补。

【译文】　贫穷不值得羞愧,可羞愧的是贫穷而没有志气;卑贱不值得厌恶,可厌恶的是位卑而没有才能;年老不值得哀叹,值得哀叹的是到老了才发觉虚度此生;死不值得悲哀,可悲哀的是活到死却依然于世无所补益。

【评解】　此条采自明·吕坤《呻吟语》。

既然死已确定,那么生就该面对将死必死而选择而思索而奋斗;既然形体化为灰烬已确定,那么未成灰烬之前就该尽情燃烧尽情创造;既然最后要永远沉睡在坟堆里,那么此时就该站着醒着坦然地歌哭。这也是海德格尔《存在与时间》的精义所在。

201　身要严重,意要闲定,色要温雅,气要和平,语要简徐,心要光明,量要阔大,志要果毅,机要缜密,事要妥当。

【译文】　身体要保持严肃庄重,精神要安闲镇定,容色要温文尔雅,意气要和蔼平静,言语要简明舒缓,心地要光明磊落,度量要宽阔宏大,意志要果敢坚毅,谋划要谨慎周密,处事要妥善得当。

【评解】　此条采自明·吕坤《呻吟语》。

这是古代儒家关乎自我修养、为人处世的一整套要求规范。

202　富贵家宜学宽,聪明人宜学厚。

【译文】　富贵人家应当学会宽容,聪明的人应当学会厚道。

【评解】　此条采自古训:"富贵人宜学宽,聪明人宜学厚。富贵人不肯学宽必招横祸,聪明人不肯学厚必夭天年。"

203　休委罪于气化①,一切责之人事;休过望于世间,一切求之我身。

【译文】　不要把罪责都推诿于所谓的气数、命运,一切都应该从自身之所为中去寻求原因;不要过多地寄望于社会,一切都应当从自身的努力中去求得。

【注释】　①气化:指阴阳之气的变化,喻世事变迁。清·王夫之《尚书引义·太甲二》:"气化者,化生也。"这里指所谓气数、命运。

【评解】　信天不如信人,怨人不如求己。接受生活,就是要接受生命自然的全部幸与不幸。不承认苦难挫折是生命自然的一角,就会恨世界,恨自己。灵魂的船长并非上天,并非他人,唯有自己的心灵才是穿越黑暗森林的向导。

204　世人白昼作寐语①,苟能寐中作白昼语,可谓常惺惺矣。

【译文】 世间人常见的是大白天却说梦话,如果能在睡梦中说清醒话,就可以称作是始终保持清醒了。

【注释】 ①寐语:梦话;说梦话。宋·梅尧臣《和元之述梦见寄》诗:"始知端正心,寐语尚不诳。"

【评解】 此条采自明·李贽《焚书·答耿中丞论读书》:"世人白昼寐语,公独于寐中作白昼语,可谓常惺惺矣。"

处在如梦的世间,也一样不会被世俗所迷,不颠倒是非,这种人便可谓"常惺惺"了。可已为亡国之君的李后主,犹是只有在梦里还能得到片刻的欢愉,一旦清醒,情何以堪!

205 观世态之极幻,则浮云转有常情;咀世味之昏空,则流水翻多浓旨。

【译文】 观尽了世间种种情态的急剧变化,就会感觉到天上的浮云反倒比人情世态的剧变更有常情可循;体味了世间人情滋味的苦涩空虚,就会感觉到流水反而更具有浓郁的美味。

【评解】 比起人情世态的反复不定,千变万化的浮云反而更见其变化的常情;比起人世间的尔虞我诈苦涩虚空,看似无情的潺潺的流水,反而更能使人品味出深厚的意趣。白居易《太行路》诗曰:"行路难,不在水,不在山,只在人情反复间!"

206 大凡聪明之人,极是误事,何以故?惟其聪明生意见,意见一生,便不忍舍割。往往溺于爱河欲海者,皆极聪明之人。

【译文】 一般说来,聪明的人最是容易误事。为什么呢?惟其聪明,所以容易产生见解与主张,见解、主张一旦产生,就固执而不忍割舍。往往沉溺于爱河欲海的人,都是非常聪明的人。

【评解】 武侠小说《射雕英雄传》里,黄蓉生性聪明伶俐,不消多少工夫便学到洪七公的"逍遥游",但却无法像生性愚钝的郭靖那样学到老顽童周伯通的独门奇技左右手互搏。苏东坡亦有诗云:"世人皆盼己聪明,我被聪明误一生。但愿我儿愚且鲁,无灾无难到公卿。"

207 是非不到钓鱼处,荣辱常随骑马人。

【译文】 世间是非从来不会到那些与世无争的隐士钓鱼之处,荣辱得失常常伴随的只是那些为官从政的骑马人。

【评解】 此条采自北宋·李颀《古今诗话》:"宣和时,酒店壁间有诗云:'是非不到钓鱼处,荣辱常随骑马人。'"又见于陈继儒《岩栖幽事》。明·董说《西游记补》第十三回亦录有此二句。

是非荣辱只因心中常有欲求,若心中无求,则何处有是非荣辱?

208　名心未化,对妻孥亦自矜庄^①;隐衷释然,即梦寐皆成清楚。

【译文】　如果功名之心不能化解,就是对妻子儿女也会装出一副矜持庄重貌;一旦内心隐秘的欲念消除了,即使在睡梦之中内心都会是清楚明白的。

【注释】　①妻孥(nú):妻子和儿女。

【评解】　戈尔丁在他的《蝇王》里警告人类:世界正在失去伟大的孩提王国,如果失去这一王国,那是真正的沉沦。因此,必须丢掉包装自己的外壳,一个被无数人羡慕的外壳:桂冠、名号和地位,于是,像脱壳的蝴蝶飞向自由的天空。没有包装的生活才是生活。

209　观苏季子以贫穷得志^①,则负郭二顷田,误人实多;观苏季子以功名杀身,则武安六国印,害人亦不浅。

【译文】　从苏秦因为贫穷而实现了自己的志向看,那么靠近城郭的二顷田地,确实会束缚人们的志向;从苏秦因为功名利禄而招致杀身之祸看,那么武安君的封号和六国相印,也确实害人不浅。

【注释】　①苏季子:苏秦,字季子。洛阳人,战国时著名纵横家。曾游说六国合纵抗秦,佩六国相印,为纵约长。过故乡,周显王郊劳之。其嫂前倨而后恭,苏秦喟然叹曰:“此一人之身,富贵则亲戚畏惧之,贫贱则轻易之,况众人乎! 且使我有洛阳负郭田二顷,吾岂能佩六国相印乎?”于是散千金以赐宗族朋友。被封武安君。后纵约为张仪所破,苏秦入齐为客卿,被齐大夫刺死。(见《史记·苏秦列传》)

【评解】　唐朝的张嘉贞,身为“中书令”高官,却从不买田园。有人劝他买田园,他回答:“近年来许多士大夫都争相购置广大的土地和房宅,准备将来作为不肖子孙的酒色费用,我不会这么做的!”后来,他的儿子张延赏和孙子张宏靖也都相继做到宰相的高官,时称“张家三相”。张嘉贞不为子孙购置田产,而子孙相继做宰相,正可以说是善于建立田产!

210　名利场中,难容伶俐;生死路上,正要胡涂。

【译文】　名利场中,容不得聪明伶俐;人生路上,正需要一些糊涂。

【评解】　聪明伶俐之人,对自己的聪明应有警惕。缺少警惕,聪明就会变成心机、心术。王熙凤虽然聪明,却滥用自己的聪明,结果是聪明与性命同归于尽。

211　一杯酒留万世名,不如生前一杯酒^①,身行乐耳,遑恤其它;百年人做千年调^②,至今谁是百年人,一棺戢身^③,万事都已。

【译文】　假如因为一杯酒而留下万世名声,还不如生前一杯酒,独自行乐好了,何须顾虑其他的事情呢? 想要做个百年人,还想做千年的谋划,可至今谁是长命百岁的人呢? 最终一口棺材收戢了躯壳,万事便都结束了。

【注释】 ①"一杯酒"两句:典出《世说新语·任诞》:"张季鹰纵任不拘,时人号为东步兵。或谓之曰:'卿乃可纵适一时,独不为身后名耶?'答曰:'使我有身后名,不如即时一杯酒!'" ②百年人做千年调:唐·王梵志《世无百年人》:"世无百年人,强作千年调。打铁作门限,鬼见拍手笑。"原谓打铁作门限以求坚固,后即用"铁门限"比喻人们为自己作长久打算。宋·范成大《重九日行营寿藏之地》诗曰:"纵有千年铁门槛,终须一个土馒头。"宋·曹组《相思会》词:"人无百年人,刚作千年调。待把门关铁铸,鬼见失笑。多愁早老,惹尽闲烦恼。我醒也,枉劳心,漫计较。粗衣淡饭,赢取暖和饱。住个宅儿,只要不大不小。常教洁净,不种闲花草。据见定、乐平生,便是神仙了。" ③戢(jí):收藏。

【评解】 不求万世流传所谓的清名,只求积极面对此生,把握光阴,珍惜生命,及时行乐。歌德有名言说:我不断前行着,并非去争取不败的纪录,只是去证明不倦的信念。

212 郊野非葬人之处,楼台是为丘墓;边塞非杀人之场,歌舞是为刀兵。试观罗绮纷纷,何异旌旗密密;听管弦冗冗,何异松柏萧萧。葬王侯之骨,能消几处楼台;落壮士之头,经得几番歌舞。达者统为一观,愚人指为两地。

【译文】 荒郊野岭不是埋葬人的地方,楼台亭阁才是生命的坟墓;边关要塞不是生死搏杀的战场,轻歌曼舞才是杀人的刀枪。试看楼台亭阁上达官贵人们遍身罗绮,裙袖飘飘,和战场上的旌旗猎猎有什么不同?试听歌舞欢乐场中管弦繁密的弹奏,和丘墓间松柏的萧萧之声又有什么两样?要埋葬王公贵人的尸骨,能需要几处楼台?要斩落壮士英雄的头颅,又消得几番歌舞?通达的人将这两处场所联系成一体看待,愚钝的人则指认为两地。

【评解】 不是荒郊野岭、边关要塞,而是亭台楼阁、轻歌曼舞,才是销金窟风流冢,实在是极富辩证法的警世之言。

213 节义傲青云,文章高白雪,若不以德性陶镕之,终为血气之私,技能之末。

【译文】 即使节义可以傲视青天白云,文章可以高过阳春白雪,如果不用德性加以陶冶,那么所谓的节义终究会成为逞一时血气之勇的私心,所谓的文章也只能沦为末流的技能。

【评解】 此条采自明·洪应明《菜根谭》。
　　所谓"德性",就是指人对自身内在品质的追求。一个人不论如何清高或有学问,如没有高尚的品德来配合,没有一种为社会公众献身的志意,而只限于一己之私,一隅之见,那么这种清高和学问就只能沦为"血气之私,技能之末",就成了微不足道的孤高和雕虫小技。

214 我有功于人不可念,而过则不可不念;人有恩于我不可忘,而怨则不可不忘。

【译文】　我对别人有过帮助功劳,不可念念不忘,但如果对别人犯下了过错,那就不可一刻忘记;别人对我有过恩惠,不可一刻忘记,而别人对我有怨恨,那就不可不忘记。

【评解】　此条采自明·洪应明《菜根谭》。

古代的教育偏重于人与人的关系、人与自然万物的关系的处理。这里告诉人们如何正确处理自己的功过、他人的恩怨。记住自己曾经的过错,记住他人的点滴恩德,忘掉自己对别人的帮助,忘掉他人对自己的仇怨,心境与天地自将一身祥和。

215 径路窄处,留一步与人行;滋味浓的,减三分让人嗜。此是涉世一极安乐法。

【译文】　道路狭窄的地方,须留一步与别人行走;滋味浓厚的食物,须减三分让别人品尝。这是待人接物得到快乐的一种最好的方法。

【评解】　此条采自明·洪应明《菜根谭》。

这是让步的智慧,是时时处处为他人着想的艺术。与人方便,就是与自己方便;为他人着想,就是为自己留后路。

216 己情不可纵,当用逆之法制之,其道在一忍字;人情不可拂,当用顺之法制之,其道在一恕字。

【译文】　对自己的情感不可放纵,当用相反的办法加以抑制,其方法在于一个"忍"字;对别人的情意不可违背,当用因势利导的办法加以调节,其方法在于一个"恕"字。

【评解】　此条采自明·洪应明《菜根谭》:"己之情欲不可纵,当用逆之之法以制之,其道只在一忍字;人之情欲不可拂,当用顺之之法以调之,其道只在一恕字。今人皆恕以适己而忍以制人,毋乃不可乎!"。语本宋·袁采《袁氏世范》。袁采(?—1195)字君载,信安(浙江衢州)人。隆兴元年(1163)进士第三,官至监登闻鼓院。

严于律己,宽以待人,如果反过来把"恕"字用在自己身上,"忍"字则留给了他人,那就是一种自私。仅仅按照自己的主观意志来处理人际关系,就是道德上的"自我中心"。所以朱熹说,设身处地为他人着想,是一辈子的大学问。

217 昨日之非不可留,留之则根烬复萌,而尘情终累乎理趣;今日之是不可执,执之则渣滓未化,而理趣反转为欲根。

【译文】　昨日的过错不可残留,一旦残留就会像树根燃烧之后又重新发芽一样,从而使尘俗之情最终拖累和妨碍义理和情趣;今日的正确也不可固执,一旦固执就会像渣滓没有化解一样,从而使理义和情趣反而转化为欲望的根源。

【评解】 此条采自明·洪应明《菜根谭》。

昨日之非终究已经过去,今日之是亦未必不会是明日之非,总之,一旦执着便埋下了祸根。商代盘庚所作《盘铭》说:"苟日新,日日新,又日新。"保持此心态,才可以不断更新自己。

218 文章不疗山水癖,身心每被野云羁。

【译文】 再好的文章也无法医治游赏山水的癖好,身心总是牵挂向往着那无拘无束的野外的云霞。

【评解】 南朝宋画家宗炳"老疾俱至"时,便把山水画挂在墙上,谓之"卧游"。身心每羁于山水闲云间,便是内心最大的宁静与自由。

卷二 情

　　语云,当为情死,不当为情怨。明乎情者,原可死而不可怨者也。虽然,既云情矣,此身已为情有,又何忍死耶?然不死终不透彻耳。韩翊之柳①,崔护之花②,汉宫之流叶③,蜀女之飘梧④,令后世有情之人咨嗟想慕,托之语言,寄之歌咏,而奴无昆仑⑤,客无黄衫⑥,知己无押衙⑦,同志无虞侯⑧,则虽盟在海棠,终是陌路萧郎耳⑨。集情第二。

【译文】　俗话说:应当为情而死,不应当因情生怨。真正明白所谓爱情的人,原本是可以为情而死,而不可以因情而产生怨恨的。虽然这样,但既然说到爱情,那么此身已属于爱情所有,又怎么忍心去死呢?然而,不为情而死,又终究无法体现爱情的深刻和彻底。像韩翊之柳,崔护之花,汉宫之流叶,蜀女之飘梧,这些爱情故事都让后世有情之人唏嘘感叹憧憬倾慕,或寄托于言语传说流传下来,或寄托于诗词歌咏加以抒发。然而,既没有能飞檐走壁的昆仑奴,也没有行侠仗义的黄衫客,没有押衙古生那样的知己,也没有虞侯许俊那样的同道,那么即使指海棠海誓山盟,终究免不了成为陌路萧郎的命运。于是,编纂了第二卷"情"。

【注释】　①韩翊之柳:韩翊:字君平,唐代著名诗人,"大历十才子"之一。《太平广记》卷四百八十五载唐代许尧佐《柳氏传》关于韩翊与柳氏的美丽爱情故事。韩翊爱妾柳氏在战乱中被番将沙咤利劫走,韩作词寄柳:"章台柳,章台柳,昔日青青今在否?纵使长条似旧垂,也应攀折他人手。"柳则回复曰:"杨柳枝,芳菲节,所恨年年赠离别。一叶随风忽报秋,纵使君来岂堪折?"后虞侯许俊从沙咤利家中将柳氏抢回,韩柳终得团聚。　②崔护之花:唐·孟棨《本事诗》记载崔护《题都城南庄》诗背后凄美故事:崔护举进士下第,于清明日独游城南庄,口渴至一户人家求水喝,开门女子貌美情深。及来年清明,忽思之,径往寻之,但见门户紧锁,因题诗于左扉:"去年今日此门中,人面桃花相映红。人面不知何处去,桃花依旧笑春风。"后数日复往寻之,该女子因归见诗而病,绝食数日而死。崔护大为感恸,女子须臾开目,半日复活矣。其父大喜,以女归之。　③汉宫之流叶:唐·范摅《云溪友议》载唐宣宗时中书舍人卢渥的故事:"卢渥舍人应举之岁,偶临御沟,见红叶上诗云:'流水何太急,深宫尽日闲。殷勤谢红叶,好去到人间。'后宣宗放宫女,卢渥得以和其中一人成亲,而此人正是'红叶题诗'者。"　④蜀女之飘梧:前蜀·金利用《玉溪编事》记载,蜀尚书侯继图一日于成都大慈寺赏景,忽一梧桐叶飘落而下,上有题诗一首:"拭翠敛蛾眉,郁郁心中事。搦管下庭除,书成相思字。此字不书石,此字不书纸。书在桐叶上,愿逐秋风起。天下有心人,尽解相思死。天下负心人,不识相思字。有心与负心,不知落何地。"后侯继图与一位任姓小姐结婚,此诗正为该小姐所作。　⑤奴无昆仑:唐传奇《昆仑奴》记载,崔生与红绡一见钟情,他的家仆昆仑奴摩勒夜间背着崔生越过高墙与红绡见面,后背着二人越过高墙回家。 ⑥客无黄衫:唐传奇《霍小玉传》记载,李益与霍小玉有盟约,后李益负约,侠士黄衫客把李益架至霍小玉家。 ⑦知己无押衙:唐传奇《无双传》记王仙客热恋一位名叫无双的女子而无法得到,一位姓古的押衙用法术成就了这桩姻缘。押衙:武官名。 ⑧虞侯:即上文"韩翃之柳"中的虞侯。 ⑨陌路萧郎:萧郎,即萧史。汉·刘向《列仙传·萧史》载:萧史者,秦穆公时人也。善吹箫,能致孔雀白鹤于庭。穆公有女,字弄玉,好之。公遂以女妻焉……公为作凤台,夫妇止其上。一夕吹箫引凤凰,与妻共升天而去。唐·范摅《云溪友议》载秀才崔郊与其姑母的婢女相互爱慕,但其姑母将此女卖给了一位显贵。一日两人邂逅,崔作诗《赠去婢》:"公子王孙逐后尘,绿珠垂泪滴罗巾。侯门一入深如海,从此萧郎是路人。"

【评解】 "问世间情为何物?直教生死相许!"古往今来,多少人为情而生,为情而死!汤显祖《牡丹亭》题词中言:"如杜丽娘者,乃可谓之有情人耳。情不知所起,一往而深。生者可以死,死可以生。生而不可以死,死而不可复生者,皆非情之至也。"为情可以死,中外文学莫不如是,为情竟可以死而复生,惟频见于中华之传统文学。作者反复抒咏的是,可以爱得一往情深,生生死死,爱得惊天地泣鬼神,切不可因爱生怨,因爱生恨。古代写怨妇诗的大多只是男人,所谓的"怨妇"也只是他们自己,渴望被重用却摆出一幅清高的样子,真的不用他,又满是失意的愤恨幽怨。为什么不能痛快地死,或者淡泊地隐,而偏爱牢骚满腹作妾妇之怨?

001 家胜阳台①,为欢非梦;人惭萧史②,相偶成仙。轻扇初开,忻看笑靥;长眉始画③,愁对离妆。广摄金屏,莫令愁拥;恒开锦幔,速望人归④。镜台新去,应余落粉;熏炉未徙,定有余烟。泪滴芳衾,锦花长湿;愁随玉轸,琴鹤恒惊⑤。锦水丹鳞,素书稀远⑥;玉山青鸟⑦,仙使难通。彩笔试操⑧,香笺遂满;行云可托,梦想还劳。九重千日,讵想倡家;单枕一宵,便如浪子⑨。当令照影双来,一鸾羞镜⑩;勿使推窗独坐,嫦娥笑人。

【译文】 家中胜过高阳台,夫妻欢会并非梦境;才情或不及萧史,夫妻恩爱却胜似神仙。轻盈的团扇初次移开,欣喜地看到美人的笑脸;可修长的眉毛刚开始描画,却要独自愁对离别的梳妆。多一些走出房门外,不要让忧愁终日相拥;打开锦绣帐幔,盼望在外的人儿早些归来。梳妆的镜台刚刚撤去,应该还有散落的香粉残留;焚香的熏炉还没有移开,一定还有余烟袅袅。思念的泪水滴落在衾被上,衾被上的锦花一直湿润;满腹的愁绪流注于琴弦,琴弦上的仙鹤也要时常为之惊乍。即使是锦水里的丹鳞,也无法时时传递素书;玉山上的青鸟,也难以顺利通达书信。试着拿起五色彩笔,香笺写满犹觉纸短情长;托付给飘向远方的云彩,连睡梦中也不能停止思念。远隔九重之外,离别千日之久,怎不让人里日思夜想?孤枕难眠夜夜如此,形单影只如同无家可归的浪子。本来应当让镜子时时照见双宿双飞,而羞于行单影吊;不要让你独坐窗下伤神,徒惹月中的嫦娥取笑。

【注释】 ①阳台:即高阳台,宋玉《高唐赋》谓是巫山神女居所。楚怀王梦与巫山神女欢会事,已见卷一128条注。　②萧史:用萧史弄玉典。　③长眉始画:用张敞画眉典。张敞,汉河东平阳人,字子高。宣帝时为太中大夫、京兆尹。尝为其妻画眉,时长安有"张京兆眉妩"之说,传为夫妻和美佳话。见崔豹《古今注》。　④"广摄金屏"四句:反用南朝梁·何逊《和萧咨议岑离闺怨》:"晓河没高栋,斜月半空庭。窗中度落叶,帘外隔飞萤。含情下翠帐,掩涕闭金屏。昔期今未返,春寒复青。思君无转易,何异北辰星?"金屏,屏风的美称,此指门。　⑤愁随玉轸,琴鹤恒惊:晋·陶渊明《拟古九首》其五:"知我故来意,取琴为我弹。上弦惊别鹤,下弦操孤鸾。"玉轸:琴轴,指代筝。　⑥锦水丹鳞,素书稀远:汉·司马相如《报卓文君书》:"五味虽甘,宁先稻黍?五色有灿,而不掩韦布。惟此绿衣,将执子之釜。'锦水有鸳,汉宫有木。'诵子嘉吟,而回予故步。当不令负丹青感白头也。"汉乐府《饮马长城窟行》:"客从远方来,遗我双鲤鱼。呼儿烹鲤鱼,中有尺素书。"　⑦玉山青鸟:玉山,神话传说为西王母所居,见《山海经·西山经》。青鸟,西王母的信使,见《汉武故事》。　⑧彩笔:典出《南史·江淹传》:"尝宿守冶亭,梦一丈夫,自称郭璞谓淹曰:'吾有笔在卿处多年。可以见还。'淹乃探怀中,得五色彩笔以授之;尔后为诗,绝无美句,时人谓之才尽。"　⑨"九重千日"四句:《古诗十九首》"青青河畔草":"昔为倡家女,今为荡子妇。荡子行不归,空床难独守。"　⑩照影双来,一鸾羞镜:典出南朝宋·范泰《鸾鸟诗序》:"昔罽宾王结罝峻祁之山,获一鸾鸟,王甚爱之,欲其鸣而不致也。乃饰以金樊,飨以珍羞。对之愈戚,三年不鸣。夫人曰:'闻鸟见其类而后鸣,何不悬镜以映之?'王从言。鸾睹影感契,慨焉悲鸣,哀响中霄,一奋而绝。"又见于南朝宋·刘敬叔《异苑》。

【评解】　此条采自南朝陈·伏知道《为王宽与妇义安主书》:"昔鱼岭逢车,芝田息驾,虽见妖淫,终成挥忽。遂使家胜阳台,为欢非梦;人惭萧史,相偶成仙。轻扇初开,欣看笑靥;长眉始画,愁对离妆。犹闻徙佩,顾长廊之未尽;尚分行幰,冀迥陌之难回。广摄金屏,莫令愁拥;恒开锦幔,速望人归。镜台新去,应馀落粉;熏炉未徙,定有余烟。泪滴芳衾,锦花长湿;愁随玉轸,琴鹤恒惊。已觉锦水丹鳞,素书稀远;玉山青鸟,仙使难通。彩笔试操,香笺遂满;行云可讬,梦想还劳。九重千日,讵想倡家;单枕一宵,便如荡子。当令照影双来,一鸾羞镜,勿使窥窗独坐,嫦娥笑人。"全文一百八十九个字,却写尽了对美满的家庭生活的渴盼和离别后无穷无尽的思念。

　　这封书信是伏知道代王宽致信与妻子义安公主。轻盈的团扇初次打开,修长的眉毛开始描画,通过一系列追忆新婚的画面,道出了夫妻恩爱。其后则以细腻缠绵的笔调表达出深长的离别相思之情。"九重千日"四句以明其用情专注。尾句则表达了对美满家庭生活的渴盼,出现了一幅"照影双来"的幸福画面。

002　几条杨柳①,沾来多少啼痕;三叠阳关②,唱彻古今离恨。

【译文】　几枝饯别的杨柳,沾惹了多少啼哭的泪痕;三叠阳关的曲调,唱尽了古今多少离情别恨。

【注释】　①杨柳:《三辅黄图》:"灞桥在长安东,跨水作桥,汉人送客至此桥,折柳送别。"　②三叠阳关:古曲名,又名渭城曲,原为王维《送元二使安西》诗:"渭城朝雨浥轻尘,客舍青青柳色新。劝君更尽一杯酒,西出阳关无故人。"后为人谱入乐府,以为送别之曲,至"阳关"句,反复歌之,谓之"阳关三叠"。

【评解】 咸阳古道边就那几条垂柳,袅袅娜娜,却不知送走了多少人儿,也不知被多少人儿所折赠。"年年柳色,霸陵伤别。"可恨杨柳年年绿,任凭人间悲欢离合!既如此,又何必执着?

003 世无花月美人,不愿生此世界。

【译文】 世上如果没有风花雪月、香草美人,那就没有人愿意生活在此世界上。

【评解】 此条采自晋代乌程人吴遐语。清·张潮《幽梦影》:"昔人云:'若无花月美人,不愿生此世界。'予益一语云:'若无翰墨棋酒,不必定作人身。'"

鲜花、明月、美人,是人之生命特别是精神的依存之物,可见,在人们的性灵深处,对美好事物的热恋多么强烈。清代龚自珍说:"得黄金三百万,交尽美人名士。"就连爱因斯坦也要用美女去解释他高深的相对论。

004 荀令君至人家①,坐处留香三日。

【译文】 荀令君来到人家里,所坐之处余留的香味三日不绝。

【注释】 ①荀令君:三国魏荀彧(yù),字文若,颍川望族。汉献帝拜为侍中、尚书令,故后世多称之为"荀令君"。

【评解】 《艺文类聚》卷七十《服饰部下·香炉》载:"《襄阳记》曰:'刘季和性爱香,尝上厕还,过香炉上。'主簿张坦曰:'人名公作俗人,不虚也。'季和曰:'荀令君至人家,坐处三日香,为我如何令君,而恶我爱好也。'坦曰:'古有好妇人,患而捧心嚬眉,见者皆以为好,其邻丑妇法之,见者走。公便欲使下官遁走耶?'季和大笑,以是知坦。"

俗曰:"授人香草,手自留香;送人玫瑰,心自芬芳。"好名声亦如万世留香。

005 罄南山之竹,写意无穷;决东海之波,流情不尽①。愁如云而长聚,泪若水以难干。

【译文】 用尽终南山的竹子,也无法写尽心中的情意;决开东海的波涛,也流不完此情绵绵。愁如行云一样,长聚而不散;泪若流水一般,长流而难干。

【注释】 ①"罄南山之竹"四句:唐·祖君彦《为李密檄洛州文》数隋炀帝十罪,曰:"罄南山之竹,书罪无穷;决东海之波,流恶难尽。"唐·皮日休《移元征君书》:"罄南山之竹,不足以书足下之功。"

【评解】 问尘中何物最苦?——情泪二字而已!

006 弄绿绮之琴,焉得文君之听①;濡彩毫之笔,难描京兆之眉②。

【译文】 即使拨弄弹奏绿绮这样的名琴,又哪里去得到卓文君那样的红颜知己的欣赏呢？即使蘸湿了手中画眉的彩笔，也难以描画出张敞为妻子所绘的那种眉睫。

【注释】 ①"弄绿绮之琴"二句：绿绮之琴，古琴名，为司马相如所有。西晋·傅玄《琴赋序》："齐桓公有鸣琴曰号钟，楚庄有鸣琴曰绕梁，中世司马相如有绿绮，蔡邕有焦尾，皆名器也。"《史记·司马相如死传》："（相如）弄琴，文君窃从户窥之，心悦而好之，恐不得当也。既罢，相如乃使人重赐文君侍者通殷勤。文君夜亡奔相如。" ②"濡彩毫之笔"二句：用张敞为妻画眉典，已见卷二 001 条注。

【评解】 知音难遇，情人难求。若非知音，纵有绿绮之琴，弹来又与谁听？若无情郎如张敞，纵有其画眉之彩笔，也只能空自嗟叹。明月偏照孤影，花开寂寞无主，徒增伤悲而已。

007 瞻云望月，无非凄怆之声；弄柳拈花，尽是销魂之处。

【译文】 仰望天上的浮云明月，听到的无不是凄惨悲凉的声音；摆弄手中赠别的柳枝花朵，感受到的全都是黯然销魂的离别之情。

【评解】 王国维说"一切景语皆情语"，"以我观物，而物莫不著我之色彩"。

008 悲火常烧心曲，愁云频压眉尖。

【译文】 悲伤常像火一样在心头燃烧，忧愁像云一般频压眉梢。

【评解】 李清照《一剪梅》词曰："此情无计可消除，才下眉头，却上心头。"

009 五更三四点①，点点生愁；一日十二时，时时寄恨。

【译文】 五更三四点的鼓点，听来一声声催人生愁；一天十二时辰，时时刻刻都寄寓着哀伤离恨。

【注释】 ①五更：古人把夜晚分成五个时段，用鼓打更报时，所以叫做五更、五鼓，或称五夜。五更即凌晨 3～5 时。

【评解】 此条采自(明)《国色天香》第十卷《钟情丽集》。书中有一女子瑜娘给她的情人辜生(辂)写了一封情书，说："一日十二时，时时怅望；五更三四点，点点生愁。坐如尸，立如斋，形同枯木；瞻在前，忽在后，目若紫芝。簪折瓶沉，月下已幸向日约；香消玉减，镜中无复旧时容。密约成虚，怕过旧时游处；欢娱陈迹，难期后会何时。"

思念中，一遍一遍地数落往昔相聚的点点滴滴，翻寻着记忆中的音容笑语；思念中，千次万次地仰问鸿雁、春风与明月。无限相思，怎诉尽缠绵意？极言对情人离愁别恨之深，之切。

010 燕约莺期①，变作鸾悲凤泣；蜂媒蝶使②，翻成绿惨红愁③。

【译文】 燕、莺约会幽期，结果却变成鸾鸟凤凰的悲鸣哀泣；蜂、蝶为媒作使，反而使得红花绿叶变得惨淡凄愁。

【注释】 ①燕约莺期:宋·张盘《绮罗香》词:"都负了、燕约莺期,更闲却、柳烟花雨。"宋·张炎《绮罗香》词:"随款步、花密藏春,听私语、柳疏嫌月。今休问,燕约莺期,梦游空趁蝶。" ②蜂媒蝶使:花间飞舞的蜂蝶。比喻为男女双方居间撮合或传递书信的人。宋·周邦彦《六丑·蔷薇谢后作》词:"多情为谁追惜,但蜂媒蝶使,时叩窗隔。" ③绿惨红愁:元·刘庭信《水仙子·相思》:"绕雕栏倚画楼,怕春归绿惨红愁。"

【评解】 祈愿"有情人终成眷属",正表明天下有情人常常难成眷属,棒打鸳鸯,爱别离苦,虽苦犹爱!

011 花柳深藏淑女居,何殊三千弱水①;雨云不入襄王梦,空忆十二巫山②。

【译文】 幽静而美好的女子深藏在花丛柳荫的深处,就好像蓬莱之外三千里的弱水,有谁能渡?行云布雨的神女,不来襄王的梦里,只能徒自空想着那巫山十二奇峰。

【注释】 ①三千弱水:旧题东方朔《十洲记》:"凤麟洲在西海之中央……洲四面有弱水绕之,鸿毛不浮,不可越也。"《西游记》第二十二回中有诗描述流沙河的险要:"八百流沙界,三千弱水深,鹅毛飘不起,芦花定底沉。"喻邈远不可渡越。 ②"雨云"二句:用楚怀王巫山神女典,见卷一128条注。十二巫山,巫山群峰连绵,其尤著名者有十二峰,元人刘埙《隐居通议·十二峰名》据《蜀江图》始确记各峰之名。

【评解】 淑女于花柳深藏,香闺独处,对有情人而言,又何异于蓬莱仙居?或许只有梦中飞越。可偏偏"雨云不入襄王梦,神女不下巫峰来",便是梦也不得。纵有神女入梦,梦醒时分,又何以堪?

012 枕边梦去心亦去,醒后梦还心不还。

【译文】 心随着枕边的梦境到达情人身边,醒来之后梦境已逝,心却留在情人身边不肯归来。

【评解】 "打起黄莺儿,莫叫枝上啼。啼时惊妾梦,不得到辽西。"黄莺儿惊醒了这位少妇的好梦,使她在梦中难以到达辽西他所相思的人儿身边,所以她才会把见不到自己心上的人儿的痛苦发泄到黄莺儿身上。可即使梦中相随,醒来终究还是一场梦,仍是孤寂一人。"可怜无定河边骨,犹是春闺梦里人。"梦已醒,魂儿却丢在了那边,所谓"梦还心不还",更增添了相思的力度。

013 万里关河,鸿雁来时悲信断;满腔愁绪,子规啼处忆人归①。

【译文】 相隔万水千山,每当鸿雁飞回时,都触发人们悲伤于音信的断绝;满腔离情别绪,每当杜鹃啼鸣时,都不禁让人憧憬着离人的归来。

【注释】　①子规:又名杜鹃,布谷鸟的别称。传说为周朝末年蜀地君主望帝死后魂所化,暮春啼哭,至于口中流血,其啼声似在劝人"不如归去"。

【评解】　心已疲,情已累,不如归去,不如归去。只是心归何处? 情归何处?

014　千叠云山千叠愁①,一天明月一天恨。

【译文】　云雾缠绕着山峦重重叠叠,离愁也似这般叠叠重重;明月天天东升西沉,空添月下人儿一天天的别恨绵绵。

【注释】　①千叠云山千叠愁:宋·辛弃疾《念奴娇·书东流村壁》:"旧恨春江流不断,新恨云山千叠。"

【评解】　唐朝王昌龄诗曰:"我寄愁心与明月,随风直到夜郎西。"这是唐人的气象。

015　豆蔻不消心上恨①,丁香空结雨中愁②。

【译文】　豆蔻年华的少女难消心中的幽恨,空将心中的幽怨系结在雨中绽放的丁香花上。

【注释】　①豆蔻(kòu):又名含胎花,言尚小如妊身,喻少女。唐杜牧《赠别》诗曰:"娉娉袅袅十三余,豆蔻梢头二月初。"　②丁香空结雨中愁:南唐·李璟《摊破浣溪沙》:"手卷真珠上玉钩,依前春恨锁重楼。风里落花谁是主,思悠悠。青鸟不传云外信,丁香空结雨中愁。回首渌波三峡暮,接天流。"丁香,又名鸡舌香,其果实由两片状如鸡舌的子叶合抱,犹如同心结。李商隐《代赠》诗曰:"芭蕉不展丁香结,同向春风各自愁。"丁香结,喻指心中郁结的忧愁。

【评解】　据称辛弃疾妻子以药名回诗赠辛弃疾:"槟榔一去,已历不能下,岂不当归也。谁使君子,寄奴缠绕他枝,令故园芍药花无主矣。妻叩视天南星,下视忍冬藤,盼来了白芨书,茹不尽黄连苦。豆蔻不消心中恨,丁香空结雨中愁。人生三七过,看风吹西河柳,盼将军益母。"用了十余种中药名,表达的是情意绵绵的思夫之情。

016　月色悬空,皎皎明明,偏自照人孤另;蛩声泣露①,啾啾唧唧,都来助我愁思。

【译文】　明月当空,皎洁的光辉偏偏照着我的孤零与落寞;蟋蟀在露水中悲泣,啾啾唧唧的鸣叫,都在增添我的愁绪和思情。

【注释】　①蛩(qióng):蟋蟀。白居易诗:"西窗独暗坐,满耳新蛩声。"

【评解】　最堪恨明月长向别时圆,更况有四壁虫声唧唧,如助人之叹息。

017　慈悲筏济人出相思海,恩爱梯接人下离恨天①。

【译文】　以慈悲为竹筏,可以渡人出相思的苦海;以恩爱为云梯,可以接人下离恨的九天。

【注释】 ①离恨天:佛经称须弥山正中有一天,四方各有八天,共三十三天,最高者是离恨天。所谓"三十三天离恨天最高,四百四病相思病最苦"。徐枕亚《玉梨魂》:"离恨天耶,相思地耶,茫茫一块土,生离于此。死别于此。"《红楼梦》第九十八回回目:"苦绛珠魂归离恨天,病神瑛泪洒相思地。"

【评解】 放下恶念,以慈悲为怀;放下怨恨,以恩爱为谐,有此大胸怀,人皆可以脱相思海、离恨天。

018 费长房缩不尽相思地①,女娲氏补不完离恨天②。

【译文】 费长房的缩地鞭,也无法缩尽情人间相互思念的距离;女娲氏的五彩石,也补不完情人破碎的恨海情天。

【注释】 ①费长房:东汉汝南人,曾为市掾。《神仙传》:"费长房学术于壶公,公问其所欲,曰:'欲观尽世界。'公与之缩地鞭,欲至其处,缩之即在目前。"又见于《后汉书·方术列传下》。②女娲氏:女娲,神话古帝名,或谓伏羲之妹,或谓伏羲之妇。《淮南子·览冥》记上古之时天崩地裂,女娲氏乃炼五彩石以补天,断鳌足以立四极,天地才得安好。

【评解】 纵有缩地之术,又岂能为天下男女之心尽缩相思之距?纵有补天之力,这情天恨海又到底补得补不得?故患相思病中的胡适有诗云:"也想不相思,可免相思苦,几次细思量,情愿相思苦。"

019 孤灯夜雨,空把青年误。楼外青山无数,隔不断新愁来路。

【译文】 夜雨中独守孤灯,叹息青春韶华空度。楼外虽有青山无数,却阻隔不住无穷新生的愁绪排闼而至。

【评解】 清初小说《孤山再梦》第六回中《簇御林》词曰:"孤灯夜雨,空把青年误。楼外青山无数,隔不断新愁来路。乐事于今已半虚,阳台有欢梦难做。叹楚楚蜉蝣,飘飘蝴蝶,也算春风一度。"《孤山再梦》,作者未题真实姓名,只题"渭滨笠夫编次、姑苏游客校集",四卷六回,内容叙江南姑苏书生钱雨林和同乡守财奴的女儿万宵娘恋爱故事。钱与万相识后,由于意外的干扰,万宵娘一病身亡,钱雨林被迫离乡,后来钱中举得官,万还魂复生,二人结为夫妻。小说作者自序曰:"余旅荆邸,有客自姑苏来,语及钱生事,梦耶真耶? 真耶梦耶? 编次成帙,名曰《孤山再梦》。"此词为书中宵娘思念雨林而作,雨林赞其:"虽朱淑贞、李易安,何以过之?"

020 黄叶无风自落,秋云不雨长阴。天若有情天亦老①,摇摇幽恨难禁。惆怅旧欢如梦,觉来无处追寻。

【译文】 枯黄的树叶没有风也要独自飘落,秋天的云即使不下雨也总是阴沉。天如果有感情,也会为情所困日渐衰老,深藏于内心的彷徨幽怨,实在让人无法禁受。

惆怅地追忆起旧日的欢乐,一幕幕仿如梦中,只是梦醒之后,一切再无处可追寻。

【注释】 ①天若有情天亦老:语出唐·李贺《金铜仙人辞汉歌》:"茂陵刘郎秋风客,夜闻马嘶晓无迹。画栏桂树悬秋香,三十六宫土花碧。魏官牵车指千里,东关酸风射眸子。空将汉月出宫门,忆君清泪如铅水。衰兰送客咸阳道,天若有情天亦老。携盘独出月荒凉,渭城已远波声小。"

【评解】 此条采自宋·孙洙《何满子·秋怨》词:"怅望浮生急景,凄凉宝瑟余音。楚客多情偏怨别,碧山远水登临。目送连天衰草,夜阑几处疏砧。黄叶无风自落,秋云不雨常阴。天若有情天亦老,摇摇幽恨难禁。惆怅旧欢如梦,觉来无处追寻。"

孙洙,字巨源,广陵人,举进士,元丰中,官翰林学士。此章为悲秋词中佳作,清·舒梦兰《白香词谱笺》选此为《何满子》词谱的范例。

"黄叶"二句可谓千古佳句,以两种自然景物的变化,状写出秋天的悲怆之情,"自"字,更写出了悲伤的不由自主。"摇摇",忧愁彷徨无法抑制。末句呼应首句"浮生急景",一生的悲欢离合仿佛梦幻的片段若隐若现,"觉来"后的空荡,将"惆怅"表现得淋漓尽致。

021 蛾眉未赎,谩劳桐叶寄相思①;潮信难通②,空向桃花寻往迹③。

【译文】 美人尚未赎身,即使桐叶题诗以寄相思也属徒劳;音信难以通达,想再往那桃源深处寻访旧日的行迹只能是一场空。

【注释】 ①谩(màn)劳:徒劳。桐叶寄相思:即红叶题诗事,见本卷总论条注。 ②潮信:以海潮的涨落有信,喻男女盟誓不渝。唐·李益《江南曲》诗:"嫁得瞿塘贾,朝朝误妾期。早知潮有信,嫁与弄潮儿。" ③空向桃花寻往迹:典出南朝宋·刘义庆《幽明录》。天台人刘晨、阮肇入山采药,误入桃源,遇二仙女,被邀居半年,归后发现子孙已过七代。俟再寻往迹,已不可得。

【评解】 一场幽梦一场空,虽曰"谩劳"、"空向",却依然引得千古痴心人不尽地相思与追寻,做着同样的美梦。

022 野花艳目,不必牡丹;村酒酣人,何须绿蚁①。

【译文】 野花也自艳丽夺目,不必非要赏牡丹国色;乡村米酒同样醉人,何必非要饮绿蚁般的美酒。

【注释】 ①绿蚁:新酿的酒未滤清时,酒面浮起酒渣,色微绿,细如蚁,故称"绿蚁"。白居易《问刘十九》:"绿蚁新醅酒,红泥小火炉。晚来天欲雪,能饮一杯无?"

【评解】 此条采自明·杨慎《书品》"张禺山戏语"条,曰:"张禺山晚年好纵笔作草书,不师法帖而殊自珍诧。尝自书一纸寄余,且戏书其后曰:'野花艳目,不必牡丹;村酒酣人,何须蚁绿。'太白诗云:'越女濯素足,行人解金装。渐近自然,何必金莲玉弓乎?'亦可谓善谑矣。"晚明张岱《快园道古》卷四"言语部"亦录此。

张禺山,即张含,字愈光,永昌卫人,明正德丁卯举人。其学出于李梦阳,又与杨慎为同学契友,故诗文皆慎所评定。著有《禺山文集》·一卷、《诗集》·四卷,并传于世。

023 琴罢辄举酒,酒罢辄吟诗。三友递相引,循环无已时。

【译文】　弹罢琴就举杯饮酒,饮罢酒就吟诵诗歌,这三位好友交替相邀,循环往复,无有尽时。

【评解】　此条采自白居易《北窗三友》:"今日北窗下,自问何所为。欣然得三友,三友者为谁。琴罢辄举酒,酒罢辄吟诗。三友递相引,循环无已时。一弹惬中心,一咏畅四肢。犹恐中有间,以酒弥缝之。岂独吾拙好,古人多若斯。嗜诗有渊明,嗜琴有启期。嗜酒有伯伦,三人皆吾师。或乏儋石储,或穿带索衣。弦歌复觞咏,乐道知所归。三师去已远,高风不可追。三友游甚熟,无日不相随。左掷白玉卮,右拂黄金徽。兴酣不叠纸,走笔操狂词。谁能持此词,为我谢亲知。纵未以为是,岂以我为非。"

《论语·季氏》曰:"益者三友,损者三友。友直、友谅、友多闻,益矣;友便辟、友善柔、友便佞,损矣。"唐·元结《丐论》以云山、松竹、琴酒为三友;白居易以琴、酒、诗为三友;苏轼题诗文与可画,以梅、竹、石为三友;明·冯应京《月令广义》以松、竹、梅为三友。

024 阮籍邻家少妇有美色[1],当垆沽酒,籍常诣饮,醉便卧其侧。隔帘闻堕钗声,而不动念者,此人不痴则慧,我幸在不痴不慧中。

【译文】　阮籍邻居家的少妇长得很漂亮,当垆卖酒时,阮籍常去那里饮酒,酒醉了就躺在少妇的身旁。隔着帘子听到隔壁女子解下耳环玉钗的声音,而心中不起邪念,这样的人不是情痴者就是极聪慧的人。我幸而既不是情痴者也不是极聪慧的人。

【注释】　[1]阮籍:字嗣宗,"竹林七贤"名士之一。《世说新语·任诞》:"阮公邻家妇有美色,当垆沽酒。阮与王安丰常从妇饮酒,阮醉,便眠其妇侧。夫始殊疑之,伺察,终无他意。"

【评解】　此条采自明·曹臣《舌华录》:"袁中郎曰:有人隔帘闻堕钗声而不动念者,此人不痴则慧,我幸在不痴不慧中。"

酒后不乱性,似乎比坐怀不乱的柳下惠还高一筹,不过若以常情论,以"我幸在不痴不慧中"言论观,实在不可大意。无论男女,一变心终归靠不住。京剧《红梅阁》说宋朝奸相贾似道宠爱歌姬李慧娘,一日同游西湖,慧娘见岸上裴姓少年英俊,赞曰:"美哉少年!"贾似道游罢回府杀慧娘,又把裴生囚于红梅阁中,不料慧娘一往情深,鬼魂还是回府救出那个美哉少年!正所谓"人生自是有情痴,此恨不关风与月"。

025　桃叶题情①,柳丝牵恨。胡天胡帝②,登徒于焉怡目③;为云为雨,宋玉因而荡心④。

【译文】　桃叶题诗寄托别情,柳枝相赠牵惹离恨。貌若天神,登徒子于此赏心悦目;朝云暮雨,宋玉因此而心旌动摇。

【注释】　①桃叶题情:南朝乐府民歌《吴声歌曲》中有《桃叶歌》,相传为王献之送其爱妾桃叶而作,词曰:"桃叶复桃叶,渡江不用楫。但渡无所苦,我自迎接汝。"唐·刘禹锡《堤上行》诗:"江北江南望烟波,入夜行人相应歌。桃叶传情竹枝怨,水流无限月明多。"　②胡天胡帝:《诗经·墉风·君子偕老》:"胡然而天也,胡然而帝也。"形容卫夫人服饰容貌美若天神。　③登徒:登徒子。宋玉《登徒子好色赋》中称:"其妻蓬头挛耳,齞唇历齿,旁行踽偻,又疥且痔。登徒子悦之,使有五子。"后遂成好色之徒的代称。　④"为云为雨"二句:典出宋玉《高唐赋》,已见卷一128条注。

【评解】　宋·周亮《次石庵冬日感怀韵》:"胡天胡帝心如醉,疑雨疑云梦正浓。"迷醉于情色,也便空惹无限愁恨。

026　轻泉刀若土壤①,居然翠袖之朱家②;重然诺如丘山③,不忝红妆之季布④。

【译文】　轻视钱财犹如粪土,居然可称为一个女流之朱家;重视然诺如丘山之不可移,不愧为一个红妆的季布。

【注释】　①泉刀:泉与刀为古代钱币名,泛指钱财。　②朱家:秦末汉初鲁人,好任侠。《史记·游侠列传》称其:"家无余财,衣不完采,食不重味,乘不过牝牛。专趋人之急,甚己之私。"　③丘山:《荀子·议兵篇》:"圜居而方止,则若盘石然。"《韩诗外传》卷三演之曰:"圜居则若丘山之不可移也,方居则若盘石之不可拔也"。　④季布:秦末汉初楚人,为项羽将,多次困窘刘邦。刘邦既败项羽,以千金重赏求其头。朱家说于灌婴使刘邦赦之,并拜为郎中。季布为人以任侠有名,重然诺,时人谓"得黄金百斤,不如得季布一诺"。

【评解】　此为明末著名诗人王稚登赞马湘兰之词。马湘兰,字守真,"秦淮八艳"之一。据称其相貌平常,但性格开朗,能说会道,琴棋书画无所不通,尤以善画兰花著称。马湘兰时时挥金以赠少年,在所不惜,故金陵民间有俗语曰"二姑娘倒贴",即是指马湘兰。此后的秦淮名妓,大多有返赠银两给相好的,如李香君、柳如是、寇白门、卞玉京等。

马湘兰与王稚登有深厚友谊,但终未结秦晋之好。万历三十二年(1604),王稚登七十大寿,马湘兰"买楼船,载小丫十五",专程从金陵赶到苏州置酒祝寿,"燕饮累月,歌舞达旦",成为当时姑苏佳话。湘兰从苏州归来,便一病不起,逝年57岁。

027　蝴蝶长悬孤枕梦,凤凰不上断弦鸣。

【译文】 双宿双飞的蝴蝶,总是在孤枕独眠的睡梦中出现;争奈凤凰和鸣却不可能在断残的琴弦上奏响。

【评解】 蝴蝶双飞,凤求凰兮,谁人心中无此梦?怎奈人世常是孤枕眠,一弦一柱空诉愿。

028 吴妖小玉飞作烟①,越艳西施化为土②。

【译文】 吴王妖艳的女儿小玉已化作飞烟而去,越国绝代风华的西施也已化作一抔黄土。

【注释】 ①小玉:晋·干宝《搜神记》卷十六载:春秋时吴王夫差的小女名为紫玉,爱慕书生韩重,吴王不许,小玉气绝而死。韩重游学归来,闻讯往墓哀吊。紫玉形现,赠以明珠,并作一歌以酬。吴王夫人见女,抱之,则如烟而没。 ②西施:春秋时越国人,又称西子。越国为吴所败,越王勾践命范蠡求得美女西施,献于吴求和。吴王为西施美色所迷,勾践则卧薪尝胆,终至灭吴复国,西施归范蠡,泛五湖而去。

【评解】 此条采自白居易《霓裳羽衣歌》。此诗为白居易唱和元稹的"霓裳羽衣"诗而作,但元稹的这首诗已失传。霓裳羽衣舞是唐朝最著名的宫廷舞之一。"千歌百舞不可数,就中最爱霓裳舞",白居易的这首诗是迄今为止我们所能看到的对此舞及曲子最详尽的描述,也是研究唐朝宫廷舞及音乐相当珍贵的资料。

　　白居易在诗中转引元稹看法:"君言此舞难得人,须是倾城可怜女。吴妖小玉飞作烟,越艳西施化为土。娇花巧笑久寂寥,娃馆苎萝空处所。"认为此舞须得倾国倾城的深情女子方可表演,可叹紫玉、西施般的美女却都已化作尘土飞烟。然而,白居易辩称:"若求国色始翻传,但恐人间废此舞。妍媸优劣宁相远?大都只在人抬举。李娟张态君莫嫌,亦拟随宜且教取。"不要嫌弃李娟、张态等人,她们也都值得你好好栽培。

029 妙唱非关舌,多情岂在腰。

【译文】 美妙动人的歌唱并非仅与巧舌相关,风情万种的妖娆又怎可能全关乎细腰?

【评解】 美妙的歌唱,需要巧舌,更需要心的吟唱;妖娆的风情,需要转腰曼舞,更需要别具的风流妩媚。唐·杜荀鹤《春宫怨》:"早被婵娟误,欲妆临镜慵。承恩不在貌,教妾若为容。"这位宫女的幽怨,是明知故问还是终于醒悟呢?多情岂在腰,承恩从来不在貌。

030 孤鸿翱翔以不去,浮云黯霜而荏苒①。

【译文】 孤雁在空中翱翔,徘徊而不忍离去;浮云昏暗密集,推移沉重缓慢。

【注释】 ①(霜)(duì):云密集的样子。

【评解】 孤鸿不去只因情索,浮云荏苒只因愁结。同样的意境,在新月派诗人刘梦苇的笔下,则开拓出另一番境界:"我的心好似一只孤鸿,翱翔在凄凉的人间!心呵!你努力地翱翔罢,不妨高也不妨遥远;翱翔到北冰洋,翱翔到碧云边——你若爱幽静,清凉,到夜月荡漾的海面;你若爱热烈,光亮,到骄阳燃烧的中天……"

031 楚王宫里[①],无不推其细腰;卫国佳人[②],俱言讶其纤手。

【译文】 楚灵王的宫里,也无人不推崇其细腰之美;而卫国的美女,都惊讶于其纤纤素手。

【注释】 ①楚王:《墨子·兼爱》中记:"昔者楚灵王好细要,灵王之臣,皆以一饭为节,胁息然后带,扶墙然后起。"《韩非子·二柄》:"楚灵王好细腰,而国中多饿人。" ②卫国佳人:《诗经·卫风·硕人》赞卫庄公夫人姜氏之美:"手如柔荑,肤如凝脂,领如蝤蛴,齿如瓠犀,螓首蛾眉,巧笑倩兮,美目盼兮。"

【评解】 此条采自南朝陈·徐陵《玉台新咏序》。

《玉台新咏序》一开始就以极富香艳气的辞藻来精心刻画所谓"倾国倾城,无双无对"的"丽人"。此条四句便是对丽人细腰、纤手的描写。

《玉台新咏》编撰的目的之一就是供后宫佳丽阅读,徐陵作为御用文臣,自然要对六宫眷属的美丽和才情大唱赞歌。著名批评史家罗根泽《中国文学批评史》中有一段有趣的评价:"不错,玉台新咏十卷全是艳歌,但大半是'丑男'之作,出于'丽人'者很少。而大主选徐陵先生却全系在'丽人'之下……从心理上言,则是徐陵的一种企向:'艳歌'出于'丽人',才更香艳;'丽人'而'倾城倾国,无对无双',才更美满。"

032 传鼓瑟于杨家[①],得吹箫于秦女[②]。

【译文】 雅善鼓瑟,传自于汉代的杨恽之妇;又能吹箫,得之于秦穆公的女儿弄玉。

【注释】 ①杨家:指西汉杨恽家。杨恽《报孙会宗书》:"家本秦也,能为秦声;妇赵女也,雅善鼓瑟。" ②秦女:指秦穆公女弄玉。已见卷二001条注。

【评解】 此条采自徐陵《玉台新咏序》。夸赞丽人能箫善瑟,技艺非凡,本自杨、秦之家,显现她们"阅诗敦礼"的风度。

033 春草碧色,春水渌波。送君南浦[①],伤如之何。

【译文】 春草染成青翠的颜色,春水泛起碧绿的微波。送郎君送到南浦,令人如此哀愁情多!

【注释】 ①南浦:屈原《九歌·河伯》:"子交手兮东行,送美人兮南浦。"浦,水流分支的地方,此泛指送别之地。白居易《南浦别》:"南浦凄凄别,西风袅袅秋。一看肠一断,好去莫回头。"

【评解】　此条采自江淹《别赋》。后世为伤别离之名言。明·杨慎《升庵诗话》评此四句:"取诸目前,不雕琢而自工,可谓天然之句。"

　　从《楚辞》到江淹,"南浦"便渐渐和"灞桥"、"长亭"一样,成为送别地点的代称,而不断渗透进文人们的离情别绪。一写到浦口,便总是用"南浦",似乎东浦、西浦、北浦都不够味了,一提到南浦则美人分手,一提到南浦便黯然销魂。

034　玉树以珊瑚作枝,珠帘以玳瑁为柙①。

【译文】　珠宝装饰的玉树以珊瑚作为枝条,珍珠缀饰的帘子以玳瑁作为帘柙。

【注释】　①珊瑚:珊瑚虫分泌的石灰质骨骼,形状类似树枝,古代视为珍贵的装饰品。玳瑁:海中似龟的动物,其贝壳有褐、黄交错的花纹,可做装饰品。柙(xiá):帘额,置于帘的上端以镇帘。《汉武故事》载,汉武帝造神屋,庭前立玉树,以珊瑚为枝,又穿白珠为帘,玳瑁做帘柙。

【评解】　此条采自徐陵《玉台新咏序》。铺写丽人所居住宫殿之壮丽与金屋之豪华。

035　东邻巧笑①**,来侍寝于更衣**②**;西子微矉**③**,将横陈于甲帐**④。

【译文】　东邻美女笑起来是多么漂亮,如今都像当年卫子夫那样侍帝更衣得幸;西施眉头微皱看起来是多么令人怜惜,如今都位列后妃、玉体横陈于甲帐之中。

【注释】　①东邻:代美女。司马相如《美人赋》:"臣之东邻有一女子,云发丰艳,娥眉皓齿……恒翘翘而西顾,欲留臣而共止。"　②侍寝于更衣:《汉书·外戚传》载,卫子夫因侍汉武帝更衣于轩中而得幸。　③西子微矉:《庄子·天运》云,西施有心病,常捧心而矉,人皆以为美。　④甲帐:最华贵的帷帐。《汉武故事》载,武帝杂错珠玉珍宝以为甲帐,其次一等为乙帐。

【评解】　此条采自徐陵《玉台新咏序》。夸赞后宫佳丽之婉约风流。

036　骋纤腰于结风①**,奏新声于度曲。妆鸣蝉之薄鬓**②**,照堕马之垂鬟**③**。金星与婺女争华**④**,麝月共嫦娥竞爽**⑤**。惊鸾冶袖,时飘韩掾之香**⑥**;飞燕长裾,宜结陈王之佩**⑦**。轻身无力,怯南阳之捣衣**⑧**;生长深宫,笑扶风之织锦**⑨。

【译文】　和着结风古曲的旋律舞动着纤纤细腰,依照编定的曲谱演奏新的歌曲。装扮出缥缈如蝉翼般的薄薄的鬓角,镜中映照的是侧边堕马样的环形发髻。脸上的金星靥妆可以和天上的女宿星争显光华,麝月靥妆则可以和月亮里的嫦娥一争高低。体态轻盈袖舞飘飘,阵阵散发如韩寿身上偷染的奇香;赵飞燕舞动的长长的裙裾,应当系结上陈王相邀美人的玉佩。身轻无力,似乎难以承受庾信捣衣诗中那般浓浓的思乡之情;生长深宫,又怎能体味到窦滔夫妇织锦回文图诗凄婉的思念之情。

【注释】　①结风:前秦王嘉《拾遗记》载,赵飞燕身轻,风至则欲随风飘去,汉武帝"以翠缨结飞燕之裙"。结风又为舞曲名,见傅毅《舞赋序》,此处语含双关。　②鸣蝉之薄鬓:指蝉鬓,一种女子发式。《中华古今注》载,始制于魏文帝宫人莫琼树,望之缥缈如蝉翼。　③堕马之垂鬟:指堕马髻,一种女子发式,始于东汉梁冀妻孙寿。鬟:环形的发髻。《后汉书·梁冀传》载:"寿色美而善为妖态,作愁眉、啼妆、堕马髻、折腰步、龋齿笑,风俗通曰:'愁眉者,细而曲折。啼妆者,薄拭目下若啼处。堕马髻者,侧在一边。折腰步者,足不任体。龋齿笑者,若齿痛不忻忻。始自冀家所为,京师翕然皆仿效之。'"　④金星:面靥妆的一种。婺(wù)女:星名,即二十八宿之女宿。　⑤麝月:面靥妆的一种。嫦娥:神话传说中羿的妻子,因偷吃不死之药,飞升入月宫。⑥韩掾:即晋代韩寿,为贾充属官。貌甚俊美,贾充爱而与之私通。充女用皇帝给其父的西域奇香,一着人衣,经月不息,韩寿沾此香气,被贾充发觉,遂嫁女与寿。欧阳修《望江南》:"身似何郎全傅粉,心如韩寿爱偷香。"　⑦陈王:指曹植,曾被封为陈王。其《洛神赋》云:"愿诚素之先达兮,解玉佩以要之。"　⑧南阳之捣衣:庾信,南阳新野人,有《夜听捣衣诗》叙乡关之思。其中有句云:"秋夜捣衣声,飞度长门城。今夜长门月,应如昼日明。"　⑨扶风之织锦:前秦窦滔,陕西扶风人,曾任秦州刺史,与陈留县令第三女苏蕙结为夫妻,后窦被流放西去,苏氏思之,织锦为回文旋图诗以赠滔。宛转循环以读之,词甚凄婉,凡八百四十字,文多不录。事见《晋书·列女传》。

【评解】　此条杂采自徐陵《玉台新咏序》,而多有删易。主要叙写丽人的体态装扮及其寂寞难耐的心态。

037　青牛帐里①,余曲既终;朱鸟窗前②,新妆已竟。

【译文】　青牛帐里,余音袅袅,演奏的乐曲刚刚终了;朱鸟窗前,新的一天的装扮也已经收拾好了。

【注释】　①青牛帐:青牛古为三煞神之一,帐画青牛有避邪作用。　②朱鸟窗:南窗。晋·张华《博物志》载西王母降临九华殿,东方朔从西南厢朱雀牖中偷窥西王母。唐·李峤《谢腊日赐腊脂口脂表》:"青牛帐里,未辍炉香;朱鸟窗前,新调铅粉。"

【评解】　此条采自徐陵《玉台新咏序》。叙说宫中妇女阅读欣赏此书之前,静心欣赏新曲,又好好地妆扮一新,见其虔诚之情状。

038　山河绵邈,粉黛若新。椒华承彩,竟虚待月之帘;夸骨埋香,谁作双鸾之雾①。

【译文】　山河常在,连绵悠远,如施粉黛,日日常新。昔日美人居住的是装饰华美的宫室,夜晚卷起珠帘以待月,如今已经虚无一人了;美女的香骨已经长埋地下,如今谁还能像当年的西施、郑旦常常共坐窗前对镜盛妆,宛如薄雾中的鸾鸟双双。

【注释】　①"椒华承彩"四句:晋王嘉《拾遗记》卷三载,西施、郑旦送到吴国,"吴处以椒华之房,贯细珠为帘幌,朝下以蔽景,夕卷以待月。二人当轩并坐,理镜靓妆于珠幌之内,窥窥者莫不动心惊魄,谓之神人。吴王妖惑忘政"。椒华:即椒花、椒房。汉皇后所居宫殿,以椒和泥涂壁,取温、香、多子之义,后泛指后妃居住的宫室。夸骨:《淮南子·修务训》:"曼颊皓齿,形夸骨佳,不待脂粉芳泽而性可说者,西施、阳文也"。夸:柔软、美好。双鸾:即灵岩之双鸾峰。亦暗指西施、郑旦二人,语含双关。

【评解】 此条采自明·袁宏道《灵岩记》:"嗟乎,山河绵邈,粉黛若新。椒华沉彩,竟虚待月之帘;夸骨埋香,谁作双鸾之雾? 既已化为灰尘,白杨青草矣。百世之后,幽人逸士独伤心寂寞之香趺,断肠虚无之画履,矧夬看花长洲之苑,拥翠白玉之床者,其情景当何如哉!"此文为袁宏道游历灵岩山春秋吴国遗址,览石上西施履迹及吴王与西施泛舟之所而发思古之幽情,兴昔时亡国之叹语。美女娇娃,江山霸业,都已化为烟尘,白杨青草,惟有眼前缭绕的烟雾日日如斯。甚矣哉! 色之迷于人。

039 蜀纸麝煤添笔媚①,越瓯犀液发茶香②。风飘乱点更筹转③,拍送繁弦曲破长④。

【译文】 蜀纸麝墨增添了无穷笔兴,越窑的瓷碗和桂花的水助发出茶叶的清香。风吹过处计时的更筹转得飞快,和着急促的旋律,歌舞的人们已经尽兴到了深夜。

【注释】 ①蜀纸:蜀地产的信笺,负盛名。《唐书·经籍志》载:唐玄宗开元时,西京长安和东京洛阳各编纂有经、史、子、集四库书一套,"皆以益州麻纸编写"。唐代女诗人薛涛曾制作一种红色小笺,用来写诗填词,赠送友人,因其清新雅致而备受赞誉,被称为"薛涛笺",开启了蜀笺广为流传之风。唐·李贺《湖中曲》:"蜀纸封巾报云鬟,晚漏壶中水淋尽。"叶葱奇注引《国史补》:"纸则有蜀之麻面、屑末、滑石、金花、长麻、鱼子十色笺。"宋·周邦彦《塞翁吟》词:"有蜀纸,堪凭寄恨,等今夜,洒血书词,蓟烛亲封。"翦伯赞《中国史纲要》中载:"江浙所制纸质厚色白,蜀纸质细而重。"麝煤:即麝墨。 ②越瓯:即越瓷,指茶具。唐·顾况对茶具的选择是:"舒铁如金之鼎,越泥似玉之瓯。"(《茶赋》);唐·郑谷《送吏部曹郎中免官南归》:"筐重藏吴画,茶新换越瓯。"来了新茶就换越碗,可见越瓯的珍贵。茶圣陆羽更评越瓷为茶具第一。犀液:即初放的桂花,经咸卤腌制而成,用来点茶,使茶香得以透发。 ③更筹:古时夜间报更用的计时的竹签。南朝梁·庾肩吾《奉和春夜应令》诗:"烧香知夜漏,刻烛验更筹。"宋·欧阳澈《小重山》:"无眠久,通夕数更筹。" ④曲破:唐宋乐舞名。大曲的第三段称"破",单演唱此段称"曲破"。节奏紧促,有歌有舞。宋代甚为流行。《宋史·乐志》载太宗亲制"曲破"二十九曲,又"琵琶独弹曲破"十五曲。

【评解】 此条采自唐·韩偓《横塘》诗:"秋寒洒背入帘霜,烛胫灯清照洞房。蜀纸麝煤添笔媚,越瓯犀液发茶香。风飘乱点更筹转,拍送繁弦曲破长。散客出门斜月在,两眉愁思问横塘。"蜀纸、麝煤、越瓯、犀液,这些珍贵之物点出了宴乐的欢愉,以至不觉间便已是夜深分手之时,难舍离别之伤忧弥漫其中。

040 教移兰烛频羞影①,自试香汤更怕深。初似洗花难抑按,终忧沃雪不胜任②。岂知侍女帘帷外,剩取君王几饼金③。

【译文】 教人把蜡烛移开,频频羞对自己的身影,试着沐浴浸泡好香料的热水,又害怕往热水深处探手。沐浴之初好似点点雨露垂挂娇花之上难以抑按,最终则令人担忧像沸水浇雪一样,白嫩如雪的肌肤会不胜热水。哪里知道侍女们就站在帘帏之外,听任君王偷窥而赚取了君王多少金饼!

【注释】 ①兰烛:也称"香烛",是对蜡烛的美称。 ②沃雪:用热水浇在雪上,此处是比喻洗浴的女子肌肤白嫩如雪,怕不胜热水。 ③"岂知侍女"二句:典出汉·伶玄《赵飞燕外传》。"昭仪(即赵飞燕妹妹赵合德)夜入浴兰室,肤体光发占灯烛,帝从帏中窃望之,侍儿以白昭仪。昭仪览巾,使彻烛。他日,帝约赐侍儿黄金,使无得言。私婢不豫约中,出帏值帝,即入白昭仪。昭仪遽隐辟。自是帝从兰室帏中窥昭仪,多袖金,逢侍儿私婢,辄牵止赐之。侍儿贪帝金,一出一入不绝。帝使夜从帑益至百余金。"宋·沈括《梦溪笔谈》卷二十一"寿州八公山侧"条亦云:"《赵飞燕外传》:'帝窥赵昭仪浴,多袖金饼以赐侍儿私婢。'"

【评解】 此条采自韩偓《咏浴》诗后三联,其首联为"再整鱼犀拢翠簪;解衣先觉冷森森"。此诗说的是汉成帝偷窥赵合德洗浴的故事,而以女人的羞怯心理为全诗焦点,读来忍俊不禁。

身为皇帝却宁愿选择怀揣"小费"悄悄地去偷窥自己的女人洗澡,一方面说明赵合德确实有着无法阻挡的女性魅力;另一方面,她把直接的展示变为含蓄的媚惑,套牢了一颗正常男人的心。据说,赵飞燕听说此事后也如法炮制,等到沐浴的时候,特意把汉成帝请来观看,可是皇帝丈夫却看得意兴阑珊。距离产生美,朦胧更产生美,怅然若失之际才会留下欲罢不能的想象空间,赵飞燕比起她的孪生妹妹可是差远了。清代洪升在描写唐明皇和杨贵妃爱情故事的戏剧《长生殿》中就专门安排了"窥浴"一折,写得柔情缱绻,蜜意徘徊,极是动人。

较之于汉成帝的偷窥,他的后世子孙可是恣肆大胆了太多。晋代文人王嘉《拾遗记》中描写,东汉灵帝在上林苑里建造了一座"裸游馆",让年轻美丽的宫女们一起裸浴。他命人把"西域所献茵墀香,煮以为汤,宫人以之浴浣毕,使以余汁入渠,号'流香渠'"。

韩偓是晚唐写色情诗的好手,不少诗词专写男女恋情、闺情直至床笫交欢。宋代严羽《沧浪诗话》说:"香奁体,韩偓之诗,皆裾裙脂粉之语,有《香奁集》。"《香奁集》可谓古代诗人别集中第一部爱情诗专集。

041 静中楼阁深春雨,远处帘栊半夜灯。

【译文】 静谧的楼阁笼罩在深春的夜雨之中,遥望良久,已经是半夜时分,帘栊里还依稀透出光亮。

【评解】 此条采自韩偓《倚醉》诗:"倚醉无端寻旧约,却怜惆怅转难胜。静中楼阁深春雨,远处帘栊半夜灯。抱柱立时风细细,绕廊行处思腾腾。分明窗下闻裁剪,敲遍阑干唤不应。"首联写在某个春夜里,乘着醉意偷偷地来到旧日相知的女性(也许是妓女)的窗前;颔联眺望那女子的住所(妓馆)的远景;颈联写悄然来到她廊下时的心境;尾联写他敲遍栏杆频频向对方的房间送暗号……令人感到是在展开一个故事。小说《金瓶梅》第八十回回首即引此诗。

此条上句写清冷,下句写温馨,极具象征意味。清·丁绍仪《听秋声馆词话》评韩偓词:"韩致尧(韩偓字)遭唐末造,力不能挥戈挽日,一腔忠愤,无所于泄,不得已托之闺房儿女。世徒以香奁目之,盖未深究厥旨耳。余最爱其'碧阑干外绣帘垂。猩色屏风画折枝。八尺龙须方锦褥,已凉天气未寒时'一绝,与'静中楼阁深春雨,远处帘栊半夜灯'句,言外别具深情。"

042 绿屏无睡秋分簟①,红叶伤心月午楼②。

【译文】 秋分时节,躺在绿树下竹席上,因思念伊人辗转反侧难以入眠;已是月上中天,欲红叶题诗相赠而不得,也只有独自伤心在楼头。

【注释】 ①绿屏:指绿树,或绿树墙。晋·左思《魏都赋》:"厦(夏)屋一揆,华屏齐荣。"李善注引《尔雅·释宫》:"屏谓之树。"《淮南子·时则》:"授车以级,皆正设于屏外。"高诱注:"屏,树垣也。"簟:竹席。 ②红叶:枫、槭、黄栌等树的叶子秋天都变成红色,统称红叶。唐代有"红叶题诗"的佳话,后以红叶作为传情的媒介。宋·欧阳澈《小重山》词径引此句:"红叶伤心月午楼。袭人风细细,远烟浮。暂腾醉眼不禁秋。追旧事,拍塞一怀秋。心绪两悠悠。东阳消瘦损,甚风流。拟凭仙枕梦中游。无眠久,通夕数更筹。"

【评解】 此条采自韩偓《拥鼻》诗:"拥鼻悲吟一向愁,寒更转尽未回头。绿屏无睡秋分簟,红叶伤心月午楼。却要因循添逸兴,若为趋竟怆离忧。殷勤凭仗官渠水,为到西溪动钓舟。"这是一首感时怀人之作,抒写与其心爱之人的离情别绪。

043 但觉夜深花有露,不知人静月当楼。何郎烛暗谁能咏①,韩寿香熏亦任偷②。

【译文】 独立楼头,夜深露重,花上不时滴下露水,而明月毫不理会人的心事,偏偏当楼洒照。想当初,自己也和韩寿一样的男子纵情相爱,而今一旦离别,谁还能像何郎那样为自己作烛暗之咏呢?

【注释】 ①何郎:南朝梁·何逊《临行与故游夜别》诗曰:"夜雨滴空阶,晓灯暗离室。"二句造语精工,体物细贴,而不露斧凿痕迹。深夜与老友默默对坐,淅沥之雨声可辨;天已破晓,室内之灯光转显暗淡,由夜至晓,终不忍言离。后因把"何郎烛暗"用作伤离别之典故。何逊,字仲言,东海郯(今山东郯城)人,官至尚书水部郎,故称"何水部"。何逊虽以诗名,而其诗作却不多。梁元帝萧绎说:"诗多而能者沈约,少而能者谢朓、何逊。"其诗作中酬答、伤别的内容最多,写得也最好。 ②"韩寿香熏"句:用韩寿与贾女私通典,已见卷二036条注。

【评解】 此条采自韩偓《闺情》诗:"轻风滴砾动帘钩,宿酒犹酲懒卸头。但觉夜深花有露,不知人静月当楼。何郎烛暗谁能咏,韩寿香销亦任偷。敲折玉钗歌转咽,一声声作两眉愁。"这首诗描写一位女子"宿酒初醒"后,在月下楼头徘徊的情景,表现其孤独、迷惘而又矛盾的内心,不胜幽怨凄切。

夜深人静,女子还在楼上独自徘徊,其心事重重,可想而知。"何郎"二句是倒装,运用两个典故暗中示意,含蓄地点出了她的心事。巧用倒装句突出了"何郎烛暗谁能咏"的别绪离愁,加强了全篇的悲愁情绪。最后她只有敲折玉钗,一声声唱起离别的歌曲,歌声将内心的悲苦泄露无遗,一"咽"一"愁",悲苦之情,沁入骨髓。

　　文史学家施蛰存则以为这首诗其实别有寄托:"'懒卸头'即不想改装,'宿酒初醒'是指在长安时的政治生活,犹如酒醉一场。"(见《唐诗百话》)

044　阆苑有书多附鹤①,女床无树不栖鸾②。星沉海底当窗见③,雨过河源隔座看④。

【译文】　居住于阆风之苑,多借仙鹤来传书送信;女床之山上,没有树不栖宿着鸾鸟双双。长夜将晓之际,当窗可见;雨过天清之时,隔座可看。

【注释】　①阆苑:传说中仙人所居之地。《集仙录》说西王母所居宫阙在"昆仑之圃,阆风之苑,有城千里,玉楼十二"。附鹤:清朱鹤龄《李义山诗笺注》引道源注云:"仙家以鹤传书,白云传信。"　②女床:《山海经·西山经》:"女床之山,有鸟焉,其状如翟(即野鸡),五彩文,名曰鸾鸟。"　③星沉海底:指长夜将晓。　④雨过河源:据宋代周密《癸辛杂识》引《荆楚岁时记》载,汉代张骞为寻河(黄河)源,曾乘槎(木筏)直至天河,遇到织女和牵牛。又宋玉《高唐赋序》写巫山神女与楚怀王梦中相会,有"旦为朝云,暮为行雨"之句。兼用上述两个典故,写仙女的佳期幽会事。河源:即黄河之源,此处指天河(银河)。

【评解】　此条采自唐·李商隐《碧城三首》(其一):"碧城十二曲阑干,犀辟尘埃玉辟寒。阆苑有书多附鹤,女床无树不栖鸾。星沉海底当窗见,雨过河源隔座看。若是晓珠明又定,一生长对水精盘。"此首以仙女喻入道的公主,从居处、服饰、日常生活等方面,写她们身虽入道,而尘心不断,情欲未除。

　　"阆苑"二句,程梦星称其写"处其中者,意在定情,传书附鹤,居然畅遂,是树栖鸾,是则名为仙家,未离尘垢"(《重订李义山诗集笺注》)。"星沉"二句表面写仙女所见之景,实则紧接"传书",暗写其由暮至朝的幽会,因为仙女住在天上,所以星沉雨过,当窗可见,隔座能看,如在目前。

045　风阶拾叶,山人茶灶劳薪;月径聚花,素士吟坛绮席。

【译文】　扫拾台阶上随风吹落的枯叶,可以作为山人隐士煮茶的柴薪;月光映照下的小径花开满地,正适合文人雅士作为吟诗聚会的绮席。

【评解】　风有风情,月有月径,正宜发人诗兴。不问花为何物,不问秋为何时,只觉一首好诗,令人心境清明。

046　当场笑语,尽如形骸外之好人;背地风波,谁是意气中之烈士。

【译文】　当面欢声笑语,个个都像是放浪形骸、超凡脱俗的好人;背地里风波迭起,又有哪一个是意气相投、仗义执言的刚烈之士?

【评解】　"有钱难买背后好。"巧言令色、花言巧语、妖言惑众、混淆视听者大有人在,他们"欲进则明其美,隐其恶;欲退则明其过,匿其美",有多少人会在背后,在你遭受不公毁谤之时,为你仗义执言?

047 山翠扑帘,卷不起青葱一片;树阴流径,扫不开芳影几层。

【译文】 满山的翠色扑帘而来,但无论如何竹帘也卷不起哪怕是一小片青葱;浓浓的树阴流满小径,但无论如何扫帚也扫不去哪怕是几层的树阴芳影。

【评解】 青山之翠扑面而来,树阴之浓拂扫不开,是驱不开的春色喜人。但同样写花色光影的"卷不起"、"扫不开",也可以是赶不走的恼人。唐·张若虚《春江花月夜》形容月光撩人为:"玉户帘中卷不去,捣衣砧上拂还来";宋·谢枋得(一说苏轼)《花影》则是讽喻朝廷小人如花影般难以清除:"重重叠叠上瑶台,几度呼童扫不开。刚被太阳收拾去,又教明月送将来。"

048 珠帘蔽月,翻窥窈窕之花;绮幔藏云,恐碍扶疏之柳①。

【译文】 珠帘遮蔽了月光,反而得以窥见庭院中的花朵更显婀娜多姿;绮丽的帐幔藏蔽了云彩,害怕它妨碍婆娑起舞的垂柳。

【注释】 ①扶疏:枝叶繁茂纷披貌。

【评解】 帘中望月,雾里看花,才见诗中意境。

049 幽堂昼深,清风忽来好伴;虚窗夜朗,明月不减故人。

【译文】 幽静的厅堂,使白天显得更加漫长,忽然吹来一阵清风,仿佛是知已的伴侣来到身旁;推开虚掩的窗子,看到夜色晴朗,明月当空,就像老朋友一样情意绵长。

【评解】 真正的文人是懂得享受孤独的。在他们的内心,天地万物都是富有情感的。李白说:"举杯邀明月,对影成三人。"王维说:"明月松间照,清泉石上流。"人生的舞台上,并不总是有舞伴的,舞伴走了,不妨就地取材以清风明月为伴,远离悲伤、愤懑,把孤独变得可爱。

050 多恨赋花,风瓣乱侵笔墨;含情问柳,雨丝牵惹衣裾。

【译文】 心怀无限怅恨来赋花吟诗,笔底下但见风儿吹得花瓣乱飞景象;含着绵绵离恨去问柳送别,衣裙也仿佛为细细飘洒的雨丝牵扯濡湿。

【评解】 花无情,柳无意,只是多情人。有情,万物因而动人。

051 亭前杨柳,送尽到处游人①;山下蘼芜②,知是何时归路。

【译文】 长亭前杨柳依依,送尽四面八方的游人;山下蘼芜鲜嫩,可知道他们何日是归程?

【注释】 ①送尽到处游人:宋·欧阳修《雨中花》词:"千古都门行路,能使离歌声苦。送尽行人,花残春晚,又到君东去。醉藉落花吹暖絮,多少曲堤芳树。且携手留连,良辰美景,留作相思处。" ②蘼(mí)芜:一种香草,叶子风干可做香料。古人相信蘼芜可使妇人多子。《玉台新咏》收《古诗》曰:"上山采蘼芜,下山逢故夫。长跪问故夫,新人复何如? 新人虽言好,未若故人姝。颜色类相似,手爪不相如。新人从门入,故人从阁去。新人工织缣,故人工织素。织缣日一匹,织素五丈余,将缣来比素,新人不如故。"叙述一位弃妇采蘼芜路上与故夫偶遇时的对话,甚为感人。这里取其逢故友之意。

【评解】 世间最有柳堪恨,送尽行人更送春。春去秋来,送尽行人的柳树,只留下满树的牵挂。君问归期未有期,何时才能踏上回家的路?

052 天涯浩渺,风飘四海之魂;尘士流离,灰染半生之劫①。

【译文】 天涯浩渺无际,离开故土的旅人就像随风飘散的游魂;尘土中奔波流离,风尘仆仆已度过了半生的劫难。

【注释】 ①劫灰:劫火的余灰。佛家言天地的形成到毁灭谓之一劫。李贺诗曰:"羲和敲日玻璃声,劫灰飞尽古今平。"

【评解】 夕阳西下,断肠人在天涯。漂泊在外的游子,可曾听到那一声声"不如归去"的呼唤?

053 蝶憩香风,尚多芳梦;鸟沾红雨①,不任娇啼。

【译文】 当蝴蝶在散发着芳香的春风中憩息时,大多还在做着芬芳的美梦;可是当鸟儿的羽毛沾上纷纷飞落的花瓣时,已经禁不住幽怨而凄切地娇啼了。

【注释】 ①红雨:花瓣飞落,犹如红雨。唐·李贺《将进酒》:"况是青春日将暮,桃花乱落如红雨。"

【评解】 蝶憩香风,青春无限,繁花似锦,心神已醉。充满对青春的无限渴求,在融融暖意中享受造物主营造的柔情蜜意,是多么令人流连忘返! 然而,花落不堪看,遮不去万千情愁,似乎连鸟儿也禁不住那轻轻一片花瓣上所承载的整个春夏的重量。抑或是花落了,鸟儿也将南徙,无根漂泊,不知命将如何,是以看到这花谢飞零,便也伤感起来了罢。该来的总会来,不管究竟是否"不任",鸟的啼叫也会变得哀怨。没有不谢的花,也没有不逝的年华岁月。

054 幽情化而石立①,怨风结而冢青②;千古空闺之感,顿令薄幸惊魂。

【译文】 满腔的幽怨化为望夫石而立,愁云怨雾郁结成冢上草青。千古以来独守空闺的怨恨与感叹,顿时令那些薄情负心的男子魄动魂惊。

【注释】 ①幽情化而石立:南朝宋·刘义庆《幽明录》:"武昌北山有望夫石,状若人立。古传曰:昔有贞妇,其夫从役,远赴国难,其妇携弱子饯送此,立望夫而化石,因以名焉。" ②怨风结而冢青:汉王昭君出塞和亲,琵琶诉哀怨,死后"葬黑河岸,朝暮有愁云怨雾覆冢上"。唐·杜甫《咏怀古迹》之三:"一去紫台连朔漠,独留青冢向黄昏。"仇兆鳌注:"《归州图经》:边地多白草,昭君冢独青。"故名青冢。

【评解】 望断天涯,望成块石,固令人惊。然而,望到海枯石烂,良人终不得归,望又何益?空辜负,一生心碎。昭君出使匈奴,方为元帝所省识,扼腕叹息,可多少未和番的后宫佳丽,不是依然像当初的昭君一样,日日思君不见君,终生不得见帝王之面?惊起却回头,有恨无人省,欲说冢青,又岂止少数!

055 一片秋山①,能疗病容;半声春鸟,偏唤愁人。

【译文】 一片宜人的秋光山色,能治旅途之病容愁心;半声春鸟的鸣叫,偏能把旅人从愁怨中唤醒。

【注释】 ①秋山:唐·韦应物《淮上喜会梁州故人》:"江汉曾为客,相逢每醉还。浮云一别后,流水十年间。欢笑情如旧,萧疏鬓已斑。何因不归去?淮上有秋山。"

【评解】 美感的享有,就在于心性的契合。人入秋山,见天高气爽,心若秋水澄清;偶尔半声的春鸟啼鸣,也让人惊喜春天的到来,而一扫心底的阴霾。与传统的伤春悲秋相较,正自有一片风华景象。

056 李太白酒圣①,蔡文姬书仙②,置之一时,绝妙佳偶。

【译文】 唐代诗人李太白是酒圣,汉代才女蔡文姬是书仙,把两人放在同一个时代,可以说是一对绝妙的佳偶。

【注释】 ①李太白:李白,唐代大诗人,纵酒能诗。杜甫《酒中八仙歌》谓:"李白斗酒诗百篇,长安市上酒家眠。天子呼来不上船,自称臣是酒中仙。" ②蔡文姬:蔡琰,字文姬,东汉学者、书法家蔡邕女,博学能文善书,兼通音律。有《悲愤诗》、《胡笳十八拍》等作品。

【评解】 此条采自明·吴从先《小窗自纪》。

如果这样搭配,历史将会出现多少奇观!不必斥之为虚妄,它展现的是人的可爱的一面,也是对历史的一种深沉哲思。

057 华堂今日绮筵开,谁唤分司御史来①。忽发狂言惊满座,两行红粉一时回②。

【译文】 华丽的厅堂之上今日正举行盛大的宴席,不知是谁把分管的监察御史请了来。突然他发出一句狂言顿时震惊了满堂宾客,连前来歌舞助兴的两行美女都一时回头观看。

【注释】 ①分司御史:分管的监察御史,此为诗人杜牧自称。《新唐书·百官志三》:"监察御史十五人,正八品下。掌分察百僚,巡按州县,狱讼、军戎、祭祀、营作、太府出纳皆莅焉;知朝堂左右厢及百司纲目。"品秩不高而权限甚广,颇为百官忌惮。宋·陈师道《木兰花减字》词即化用此句:"娉娉袅袅,红落东风青子小。妙舞逶迤,拍误周郎却未知。花前月底,谁唤分司狂御史。欲语还休,唤不回头莫着羞。"又见金·元好问《南乡子》词:"一雨浣年芳。燕燕莺莺满洛阳。梨雪渐空桃李过,风光。恰到风流睡海棠。何处最难忘。杨柳高楼近苑墙。唤取分司狂御史,何妨。暂醉佳人。" ②红粉:美女。宋·欧阳修《浣溪沙》词化用此句:"翠袖娇鬟舞石州,两行红粉一时羞。新声难逐管弦愁。白发主人年未老,清时贤相望偏优。一尊风月为公留。"

【评解】 此条采自唐·杜牧《兵部尚书席上作》。晚唐孟棨《本事诗·高逸第三》记此诗本事云:杜为御史,分务洛阳,时李司徒罢镇闲居,声伎豪华,为当时第一。洛中名士,咸谒见之。李乃大开筵席,当时朝客高流,无不臻赴。以杜持宪,不敢邀置。杜遣座客达意,愿与斯会。李不得已,驰书。方对花独酌,亦已酣畅,闻命遽来。时会中已饮酒,女奴百余人,皆绝艺殊色。杜独坐南行,瞪目注视,引满三卮,问李云:"闻有紫云者,孰是?"李指示之。杜凝睇良久,曰:"名不虚得,宜以见惠。"李俯而笑,诸妓亦皆回首破颜。杜又自饮三爵,朗吟而起曰:"华堂今日绮筵开,谁唤分司御史来? 忽发狂言惊满座,两行红粉一时回。"意气闲逸,傍若无人。

李大人虽则是"罢镇闲居",可华堂绮筵,气派依然大着呢。"谁唤分司御史来?"是谁唤我来的,没人唤,是我自己要来的,妙趣横生,把诗人的豪迈轻狂气概表露无遗。尤其是一句"听说李大人有个美妓名叫紫云的,是哪个?""名不虚传啊,就送给我吧!"似喜犹嗔,旁若无人之狂可以想见。满座皆惊之余,李愿会否满足他的要求呢? 想来是没有问题的。可杜牧此言能当真吗? 恐怕也只是图个嘴上痛快。一者杜牧虽说才子风流,但何至于夺李大人所爱。二者虽说他对李愿有看法,但也不一定去得罪此人。"狂言非偶发",实乃一吐胸中之块垒也。

058 缘之所寄,一往而深①。故人恩重,来燕子于雕梁②;逸士情深,托凫雏于春水。好梦难通,吹散巫山云气③;仙缘未合,空探游女珠光④。

【译文】 缘分所寄托者,一往而情深。老主人恩情深重,燕子从雕梁画栋的富贵之家也会飞回来;隐逸之士情深义重,将幼小的野鸭托付于春水之中。相反,如果缘分未到,好梦难以实现,巫山上缭绕的云雨之气终会被吹散;仙缘尚未投合,要探看游女的珠光,只能是一场空。

【注释】 ①"缘之所寄"二句:明·汤显祖《牡丹亭》题词云:"如丽娘者,乃可谓之有情人耳。情不知所起,一往而深。生者可以死,死可以生。" ②"故人恩重"二句:杜甫《燕子来舟中作》诗:"湖南为客动经春,燕子衔泥两度新。旧入故园常识主,如今社日远看人。可怜处处巢君室,何异飘飘托此身。暂语船樯还起去,穿花落水益沾巾!" ③"好梦难通"二句:用楚怀王巫山云雨典,见卷一128条注。 ④"仙缘未合"二句:游女,传说中汉水的一位女神。《文选·南都赋》:"耕父扬光于清泠之渊,游女弄珠于汉皋之曲。"李善注引《韩诗外传》曰:"郑交甫将南适楚,遵彼汉皋台下,乃遇二女,佩两珠,大如荆鸡之卵。"又《文选·江赋》:"感交甫之丧佩,愍神使之婴罗。"李善注引《韩诗内传》曰:"郑交甫遵彼汉皋台下,遇二女,与言曰:愿请子之佩。二女与交甫,交甫受而怀之,超然而去,十步循探之,即亡矣。回顾二女,亦即亡矣。"

【评解】 "缘"字若在,凡事总有个连接。"缘"字若无,万事都是个"休"字。

059 桃花水泛①,晓妆宫里腻胭脂②;杨柳风多③,堕马结中摇翡翠④。

【译文】　桃花水面泛起了一层脂膏,是早晨梳妆的宫女倒弃的带有胭脂的洗脸水;走起路来如弱柳扶风难自持,原来是宫女们堕马结中的翡翠摇曳。

【注释】　①桃花水:亦作"桃华水",即春汛。《汉书·沟洫志》:"来春桃华水盛,必羡溢,有填淤反壤之害。"颜师古注:"《月令》:'仲春之月,始雨水,桃始华。'盖桃方华时,既有雨水,川谷冰泮,众流猥集,波澜盛长,故谓之桃华水耳。"《韩诗外传》曰:"三月桃花水之时,郑国之俗,三月上巳之溱、洧两水之上,执兰招魂,祓除不祥也。"这里暗含宫女艳若桃花之意。　②晓妆宫里腻胭脂:唐·杜牧《阿房宫赋》曰:"明星荧荧,开妆镜也;绿云扰扰,梳晓鬟也;渭流涨腻,弃脂水也;烟余雾横,焚椒兰也。"　③杨柳风:本指春风,这里暗喻宫女如弱柳扶风之体态。唐·温庭筠《舞衣曲》:"芙蓉力弱应难定,杨柳风多不自持。"　④堕马结:指堕马髻,古代妇女的一种发式,已见卷二036条注。

【评解】　桃花水泛,杨柳风多,读之依然可以闻听到那千年的脂粉香浓、环佩声声。只是桃花水中的胭脂为谁而腻?堕马结中的翡翠,又为谁摇曳?

060　对妆则色殊,比兰则香越。泛明彩于宵波,飞澄华于晓月。

【译文】　对比于美人之妆,其色更为艳美;与兰花相比,其香更加芳浓。其光彩鉴照夕阳下的水波,与晓月相互辉映。

【评解】　此条采自南朝宋·鲍照《芙蓉赋》。根据《宋书·符瑞志》记载,临川王刘义庆、始兴王刘浚都曾向朝廷报告发现"连理芙蓉"、"二莲合华",即花开并蒂,这是表示当朝君王圣明的祥瑞之兆。鲍照此赋的写作动机和场合也类似,主要从祥瑞的角度来看芙蓉,借以歌颂刘宋君王。此条极写莲花之花容月貌、倾国倾城。

061　纷弱叶而凝照,竞新藻而抽英。

【译文】　纷细的树叶在日光下熠熠生辉,新的枝叶竞相生长而绽开了小花。

【评解】　此条采自南朝齐·谢朓《高松赋奉竟陵王教作》:"阅品物于幽记,访丛育于秘经,巡氾林之弥望,识斯松之最灵。提于岩以羣茂,临于水而宗生,岂榆柳之比性,指冥椿而等龄。若夫修干垂荫,乔柯飞颖,望肃肃而既间,即微微而方静,怀风阴而送声,当月露而留影,既芊眠于广隰,亦迢递于孤岭,集九仙之羽仪,栖五凤之光景。固总木之为选,贯山川而自永。尔乃青春爱谢,云物含明,江皋绿草,暖然已平,纷弱叶而凝照,竞新藻而抽英,陵翠山其如蒻,施悬罗而共轻……"

062　手巾还欲燥,愁眉即使开。逆想行人至,迎前含笑来。

【译文】　泪水打湿的手巾终于可以烘干了,紧锁的愁眉也可以展开了。设想着外出的游子回来了,自己迎上前去,他也笑盈盈地向自己走来。

【评解】　此条采自北周·庾信《荡子赋》:"荡子辛苦逐征行,直守长城千里。陇水恒冰合,关山唯月明。况复空床起怨,倡妇生离,纱窗独掩,罗帐长垂,新筝不弄,长笛羞吹。常年桂苑,昔日兰闺,罗敷总发,弄玉初笄,新歌《子夜》,旧舞《前溪》。别后关情无复情,奁前明镜不须明。合欢无信寄,回文织未成。游尘满床不用拂,细草横阶随意生。前日汉使着章台,闻道夫婿定应回。手巾还欲燥,愁眉即剩开。逆想行人至,迎前含笑来。"

闻听久出的游子就要回来了,禁不住开始设想见面时的情景。也许她已经设想过千百遍,但这一回终于变得真切起来。"迎前含笑来",因思成幻,体贴模拟,自然传神。忆归期,数归期,至于她切切盼夫归家的心愿,究竟能否实现,则只能留给读者去想象了。

063 逶迤洞房,半入宵梦。窈窕闲馆,方增客愁。

【译文】 曲折绵延的闺房里,佳人听着捣衣声似睡非睡渐入夜梦;空寂的馆舍里,羁旅他乡的游子听着捣衣声则倍添客愁。

【评解】 此条采自唐·魏璀《捣练赋》:"细腰杵兮木一枝,女郎砧兮石五彩;闻后响而已续,听前声而犹在。夜如何其?秋未半。于是拽鲁缟,攘皓腕;始于摇扬,终于凌乱。四振五振,惊飞雁之两行;六举七举,遏彩云而一断。隐高阁而如动,度遥城而如散。夜有露兮秋有风,杵有声兮衣有缝。佳人听兮意何穷,步逍遥于凉景。畅容与于晴空,黄金钗兮碧云发;白素巾兮青女月,佳人听兮良示歇。擘长虹而乍开,凌倒景而将越。是时也,余响未毕,微影方流。逶迤洞房,半入宵梦;窈窕闲馆,方增客愁。李都尉以胡笳动泣,向子期以邻笛增忧。古人独感于听,今者况兼乎秋;属南昌旧福,东鲁前邱。升黄绶之堂,论文谢贾;入素王之庙,捧瑟齐由。愿君无按龙泉色,谁道明珠不可投?"魏璀,唐天宝间进士。

此赋描写秋夜捣衣时的情景。如泣如诉的捣衣声声,回荡在凄凄的月夜,回荡在千古诗文的意境中,丝丝牵扯着游子思妇心中无限的愁念。

064 悬媚子于搔头①,拭钗梁于粉絮②。

【译文】 在玉簪上悬挂上媚子,用粉扑擦拭钗梁。

【注释】 ①媚子:一种首饰。搔头:簪的别称。 ②粉絮:倪璠注:"粉絮,即俗粉扑,用绵为之也。言钗梁用粉扑拭之,其色光明也。"钗梁,钗架。

【评解】 此条采自庾信《镜赋》:"天河渐没,日轮将起。燕噪吴王,乌惊御史。玉花簪上,金莲帐里。始折屏风,新开户扇。朝光晃眼,早风吹面。临杆下而牵衫,就箱边而着钏。宿鬟尚卷,残妆已薄。无复唇朱,才余眉萼,靥上星稀,黄中月落。镜台银带,本出魏宫,能横却月,巧挂回风,龙垂匣外,凤倚花中。镜乃照胆照心,难逢难值。镂五色之盘龙,刻千年之古字。山鸡看而独舞,海鸟见而孤鸣。临水则池中月出,照日则壁上菱生。暂设妆奁,还抽镜屉。竞学生情,争怜今世。鬓齐故略,眉平犹剃。飞花砖子,次第须安。朱开锦踏,黛难油檀,脂和甲煎,泽渍香兰。量鬓鬟之长短,度安花之相去,悬媚子于搔头,拭钗梁于粉絮。梳头新罢照着衣,还从妆处取将归。暂看弦系,悬知撷缦。衫正身长,裙斜假襻。真成个镜特相宜,不能片时藏匣里,暂出园中也自随。"

作品从陪宿吴王的御史娘起床写起,然后集中刻画她面对铜镜化妆时的种种动作和神态,由隔夜的残妆到化妆的每一个细微之处,都描摹得非常详尽。描红画黛、佩饰傅粉是女性尤其是贵族女性的日常功课。

065 临风弄笛,栏杆上桂影一轮;扫雪烹茶,篱落边梅花数点。

【译文】 临风吹笛,凭栏而望,一轮明月冉冉升上;扫雪烹茶,数点梅花,篱笆边雪中笑放。

【评解】 山居,可临风弄笛,扫雪烹茶,卷帘看鹤;可听松声、涧声、山禽声、雨滴阶声、雪洒窗声;可与梅同瘦,与竹同清,与柳同眠,与桃李同笑。此乃潜藏于人们心底的韵致的艺术人生。

066 银烛轻弹,红妆笑倚,人堪惜,情更堪惜;困雨花心,垂阴柳耳①,客堪怜,春亦堪怜。

【译文】 轻轻拨亮银色的蜡烛,身着红妆的美人含笑依偎身旁,此情此景,人值得怜惜,情更值得怜惜。绵绵春雨困扰着花蕊,垂阴杨柳长出了新芽,此情此景,羁客值得怜惜,春光亦值得怜惜。

【注释】 ①"困雨花心"二句:元·张可久小令《游龙源寺》曰:"问行人何处龙源? 古路萦幡,细水蜿蜒。柳耳垂阴,花心困雨,树顶摩天。借居士蒲团坐禅,对幽人松麈谈玄。诗债留连,百巧黄鹏,一曲新蝉。"柳耳:生于柳树上的新芽。韩愈《独钓》诗之二:"雨多添柳耳,水长减蒲芽。"

【评解】 无论如何困雨,只要有红妆笑倚,银烛轻弹,那便是再风雅不过的事了。

067 肝胆谁怜,形影自为管鲍①;唇齿相济,天涯孰是穷交。兴言及此,辄欲再广绝交之论②,重作署门之句③。

【译文】 肝胆相照有谁怜,形影相吊的贫贱之交自有管仲和鲍叔牙;说是唇齿相依,普天之下谁人是穷中至交? 一时兴至言及于此,就想再次伸张绝交之论,重新写上署门之句。

【注释】 ①管鲍:指春秋时代齐国名相管仲和鲍叔牙,二人交情甚厚。管仲家贫有老母,鲍叔牙能于二人贾利中由管仲多取而不以为贪,并向齐桓公推荐管仲,助其成就霸业。管仲曾言:"生我者父母,知我者鲍子也。"杜甫《贫交行》:"君不见管鲍贫时交,此道今人弃如土。" ②广绝交之论:与友人断绝往来之意。古人绝交之论,著名者有东汉朱穆《绝交论》、晋嵇康《与山巨源绝交书》、南朝梁刘峻《广绝交论》等。 ③署门之句:典出《史记·汲郑列传》:"始翟公为廷尉,宾客阗门;及废,门外可设雀罗。翟公复为廷尉,宾客欲往,翟公乃大署其门曰:'一死一生,乃知交情。一贫一富,乃知交态。一贵一贱,交情乃见。'"

【评解】 位高权重之际，宾客盈门，车如流水马如龙，个个对你拍胸脯。一旦官去权失，宾客尽散，门前冷落车马稀，人人对你拍屁股。古往今来，大抵如此，又何须耿耿于怀，再广绝交之论，欲作署门之句？

068 燕市之醉泣[①]，楚帐之悲歌[②]，歧路之涕零[③]，穷途之恸哭[④]。每一退念及此，虽在千载以后，亦感慨而兴嗟。

【译文】 荆轲与高渐离在燕市醉酒而相泣，项羽在四面楚歌的军帐中慷慨悲歌，杨朱面对歧路而涕泪，阮籍驾车至穷途而恸哭，每一次想到这些，虽然已经远隔千年之后，也不免要感慨万千而兴叹不已。

【注释】 ①燕市之醉泣：事见《史记·刺客列传》："荆轲嗜酒，日与狗屠及高渐离饮于燕市，酒酣以往，高渐离击筑，荆轲和而歌于市中，相乐也，已而相泣，旁若无人。" ②楚帐之悲歌：事见《史记·项羽本纪》："项王军壁垓下，兵少食尽，汉军及诸侯兵围之数重。夜闻汉军四面皆楚歌，项王乃大惊曰：'汉皆已得楚乎？是何楚人之多也！'项王则夜起，饮帐中。有美人名虞，常幸从；骏马名骓，常骑之。于是项王乃悲歌忼慨，自为诗曰：'力拔山兮气盖世，时不利兮骓不逝。骓不逝兮可奈何，虞兮虞兮奈若何！'歌数阕，美人和之。项王泣数行下，左右皆泣，莫能仰视。" ③歧路之涕零：《文选·谢玄晖拜中军记室辞隋王笺》李善注引《淮南子》曰："杨子见歧路而哭之，为其可以南，可以北。" ④穷途之恸哭：事见《世说新语·栖逸》"阮步兵啸闻数百步"注引《魏氏春秋》："阮籍常率意独驾，不由径路，车迹所穷，辄痛哭而返。"

【评解】 "阮籍哭穷途"，是无路可走，绝望而哭。可选择的多了，也让人苦不堪言。像"杨朱泣歧路"，是人生的十字路口或三岔路口的迷茫。错走半步，觉悟后就可能已经差之千里。杜甫有"茫然阮籍途，更洒杨朱泣"之句；雷琯有"朝为杨朱泣，暮作阮籍哭"之句；王勃则有"阮籍猖狂，岂效穷途之哭"、"无为在歧路，儿女共沾巾"之句。

069 陌上繁华，两岸春风轻柳絮；闺中寂寞，一窗夜雨瘦梨花。芳草归迟，青骢别易[①]，多情成恋，薄命何嗟；要亦人各有心，非关女德善怨[②]。

【译文】 乡间小路上繁花盛开，春风吹起两岸柳絮轻飏；闺中少妇寂寞难耐，静听窗外一夜风雨打落梨花无数。心上的人儿迟迟不归，马上的夫婿轻易别离，情意绵绵而成眷恋，薄命如斯嗟叹何益？主要还是彼此各有心思，并不是女子的品性多愁善怨。

【注释】 ①青骢：毛色青白相杂的骏马。 ②女德：指妇德。旧指妇女应具备的品德。《左传·僖公二十四年》："臣闻之曰：报者倦矣，施者未厌，狄固贪婪，王又启之。女德无极，妇怨无终，狄必为患，王又弗听。"

【评解】 此条语句多化用唐·崔颢《代闺人答轻薄少年》诗："妾家近隔凤凰池，粉壁纱窗杨柳垂。本期汉代金吾婿，误嫁长安游侠儿。儿家夫婿多轻薄，借客探丸重然诺。平明挟弹入新丰，日晚挥鞭出长乐。青丝白马冶游园，能使行人驻马看。自矜陌上繁华盛,不念闺中花鸟阑。花间陌上春将晚,走马鬪鸡犹未返。三时出望无消息,一去那知行近远。桃李花开覆井栏,朱楼落日卷帘看。愁来欲奏相思曲,抱得秦筝不忍弹。"

柳絮随风,梨花带雨,是命运的自况。无心如情郎,则芳草归迟青骢易别,多情若己,亦只能哀叹薄命如斯,多情却被无情恼。

070　山水花月之际,看美人更觉多韵。非美人借韵于山水花月也,山水花月直借美人生韵耳。

【译文】　在山水花月之间,去看美人,会更觉其别具一段风流韵致。不是美人借助于山水花月而增添了风韵,是山水花月借助于美人的风姿才生出妩媚的韵态。

【评解】　此条采自明·吴从先《小窗自纪》:"客曰:'山水花月之际看美人,更觉多韵。是美人借韵于山水花月也。'余曰:'山水花月,直借美人生韵耳。'"

是美人借韵于山水花月,还是山水花月借韵于美人,还需要分清主次吗?能分清主次吗?正有如"照花前后镜,花面交相映"。

071　深花枝,浅花枝,深浅花枝相间时,花枝难似伊。巫山高,巫山低,暮雨潇潇郎不归,空房独守时。

【译文】　深色的花枝,浅色的花枝,深浅花枝相互交错时多么亲密,可这花枝很难像你呀。巫山高也罢,巫山低也罢,傍晚的雨潇潇不歇,心上的人儿却不见归来,独守空房的寂寞是多么难耐呀!

【评解】　据明·杨慎《升庵诗话补遗》载,此为杭州名妓吴二娘所作《长相思》词。考此条上半阕采自宋·欧阳修《长相思》:"深花枝,浅花枝,深浅花枝相并时,花枝难似伊。玉如肌,柳如眉,爱着鹅黄金缕衣,啼妆更为谁。"而下半阕采自唐·白居易《长相思》:"深画眉,浅画眉,蝉鬓鬌鬌云满衣,阳台行雨回。巫山高,巫山低,暮雨潇潇郎不归,空房独守时。"

虽然苦等情郎不归,寂寞独守空房,却依然出之以"花枝难似伊",而非伊难似花枝,这便是怨而不怒、温柔敦厚吧。

072　青娥皓齿别吴倡,梅粉妆成半额黄①。罗屏绣幔围寒玉,帐里吹笙学凤凰②。

【译文】　美丽的青春少女明眸皓齿,告别了歌舞生涯,描梅花于额头涂成半额的黄色。罗屏绣幔围着她的冰肌玉骨,在绣帐里学着萧史弄玉吹笙招引凤凰。

【注释】　①梅粉妆:即梅花妆。古时女子妆式,描梅花状于额上为饰。《太平广记》引《宋书》:"武帝女寿阳公主日卧于含章檐下,梅花落公主额上,成五出之华,拂之不去,皇后留之。自后为梅花妆,后人多效之。"唐·李商隐《无题》诗之一:"寿阳公主嫁时妆,八字宫眉捧额黄。"　②吹笙学凤凰：用萧史弄玉典，见卷二001条注。

【评解】　此条采自宋·司马才仲《洛春谣》诗："洛阳碧水扬春风，铜驼陌上桃花红。高楼迭柳绿相向，绡帐金銮香雾浓。龙裘公子五陵客，拳毛赤兔双蹄白。金钩宝玦逐飞香，醉入花丛恼花魄。青娥皓齿别吴娟，梅粉妆成半额黄。罗屏绣幕围寒玉，帐里吹笙学凤凰。细绿围红晓烟湿，车马骈骈云栉栉。琼蕊杯深琥珀浓，鸳鸯枕镂珊瑚涩。吹龙笛，歌白纻，兰席淋漓日将暮。君不见灞陵岸上杨柳枝，青青送别伤南浦。"

司马才仲是司马光侄孙，出身显赫，行事豪阔，对这类王公世家的主题落笔得心应手、游刃有余。杨慎《升庵诗话》对《洛春谣》的评价很高，以为有"长吉义山（李贺、李商隐）之遗意"。

073　初弹如珠后如缕，一声两声落花雨。诉尽平生云水心，尽是春花秋月语。

【译文】　刚刚演奏时琴声如珠泻玉盘，须臾曲转婉，絮絮话呢喃，不绝如缕，似一声两声雨滴花间。琴声诉尽了平生坎坷曲折的心情，却都是出之以春花秋月一般的寄情之语。

【评解】　此条采自南宋道士·白玉蟾《琵琶行》诗："……江州司马一断肠，灯前老泪如雨滂。老妇低眉娇滴滴，琵琶掩面罗衣香。初弹如珠后如缕，一声两声落花雨。诉尽平生云雨心，尽是春花秋月语。罗衣揾泪向人啼，妾是秦楼浪子妻。流落烟尘归未得，青楼昔在洛阳西。今嫁商人岂妾意，一曲萧骚夜无寐……"全诗语句多化自唐白居易《琵琶行》诗句。

白玉蟾（1194—?），本名葛长庚，字如晦，又字白叟，号海琼子，又号海南翁、琼山道人、武夷散人、神霄散史。祖籍福建闽清，生于琼州（今海南琼山）。少年即谙九经，能诗赋，且长于书画。幼举童子科，因"任侠杀人，亡命之武夷"。及长，游方外，师事陈楠，学内丹，并相从浪游各地。陈楠死后，又游历于罗浮、武夷、龙虎、天台诸山。时而蓬头赤足，时而青巾野服，"或狂走，或兀坐，或镇日酣睡，或长夜独立，或哭或笑，状如疯颠"。嘉定十五年（1222）四月，赴临安（今浙江杭州）伏阙上书，"沮不得达，因醉执逮京尹，一宿乃释"。此后隐居著述。其著作甚多，生前有《玉隆集》《上清集》《武夷集》行世。后由弟子纂辑为《海琼玉蟾先生文集》等。白玉蟾为金丹派南宗五祖之一，是内丹理论家。其内丹学说的中心为"精、气、神"说："人身只有三般物，精神与气常保全。其精不是交感精，乃是玉皇口中涎。其气即非呼吸气，乃知却是太素烟。其神即非思虑神，可与元始相比肩……岂知此精此神气，根于父母未生前。三者未尝相返离，结为一块大无边。"他主张性命双修，先命后性。其理论多融佛家与理学思想。

074　春娇满眼睡红绡①，掠削云鬟旋装束。飞上九天歌一声，二十五郎吹管逐②。

【译文】　睡在红绡帐里的念奴还是满眼娇柔慵懒之态,(听到传唤)忙用手掠一掠发鬟马上开始梳妆打扮。歌喉一展响彻云霄,二十五郎吹着笛随和着她的歌唱。

【注释】　①红绡(xiāo):指红绡帐。《红楼梦》第七十八回"岂道红绡帐里,公子情深"。　②二十五郎:邠王李承宁,善吹笛,排行二十五,故称。

【评解】　此条采自唐·元稹《连昌宫词》。这四句诗写高力士奉唐玄宗旨意派人传呼念奴唱歌的情形。诗人自注云:"念奴,天宝中名娼,善歌。每岁楼下酺宴,累日之后,万众喧隘。严安之、韦黄裳辈辟易不能禁,众乐为之罢奏。明皇遣高力士大呼于楼上曰:'欲遣念奴唱歌,邠二十五郎吹小管逐,看人能听否!'未尝不悄然奉诏。其为当时所重也如此。然而明皇不欲夺侠游之盛,未尝置在宫禁;或岁幸汤泉,时巡东洛,有司潜遣从行而已。"

075　琵琶新曲,无待石崇①;箜篌杂引,非因曹植②。

【译文】　她创作了"琵琶新曲",没有等待石崇来谱写;又创作了"箜篌杂引",也不是因袭于曹植的《箜篌引》。

【注释】　①石崇:西晋巨富,字季伦,渤海人,曾任散骑常侍、荆州刺史等职。于洛阳置金谷园,奢靡无度。所作《王明君词》,咏昭君和亲事。序曰:"昔公主嫁乌孙,令琵琶马上作乐,以慰其道路之思。其送明君,亦必尔也,其造新曲,多哀怨之声。"宋·郭茂倩《乐府诗集》解题曰:"汉人怜其(昭君)远嫁,为作此歌,晋石崇妓绿珠善舞,以此曲教之,而自制新歌。"宋、梁之后的文人拟作特多,可见此曲影响深远。　②"箜篌"二句:指三国时曹植作有乐府《箜篌引》:"置酒高殿上,亲友从我游。中厨办丰膳,烹羊宰肥牛。秦筝何慷慨,齐瑟和且柔。阳阿奏奇舞,京洛出名讴。乐饮过三爵,缓带倾庶羞。主称千金寿,宾奉万年酬。久要不可忘,薄终义所尤。谦谦君子德,磬折欲何求?惊风飘白日,光景驰西流。盛时不可再,百年忽我遒。生在华屋处,零落归山丘。先民谁不死?知命亦何忧!"此诗主题为游宴诗。"始言丰膳乐饮,盛宾主之献酬,中言欢极而悲,嗟盛时之不再,终言归于知命而无忧也。"

【评解】　此条采自南朝陈·徐陵《玉台新咏序》。所谓琵琶新曲、箜篌杂引,丽人自己就能创作,可见丽人之歌舞创作才能亦非同一般。

076　休文腰瘦①,羞惊罗带之频宽;贾女容销②,懒照蛾眉之常锁。

【译文】　沈约的腰身消瘦了,又惊又羞于腰间的罗带频频变宽;贾女的容颜消瘦了,已经懒于照镜子去看自己常常紧锁眉头的模样。

【注释】　①休文腰瘦:沈约,字休文,南朝梁人,常多病。其《与徐勉书》云:"百日数旬,革带常应移孔;以手握臂,率计月小半分。"元·鲜于枢《念奴娇·八咏楼》:"风景不殊,溪山信美,处处堪行乐,休文何事?年年多病如削"。　②贾女:西晋贾充小女。其相爱韩寿而怏怏成病事,已见卷二036条注。

【评解】　《西厢记》里说:"我则道这玉天仙离了碧霄,原来是可意种来清醮。小子多愁多病身,怎当他倾国倾城貌。"《红楼梦》第二十三回"西厢记妙词通戏语 牡丹亭艳曲警芳心"中写贾宝玉、林黛玉偷看《西厢记》后,宝玉笑道:"我就是个'多愁多病身',你就是那'倾国倾城貌'。"言为戏语,实非戏语。在中国古代诗文传统中,男子大抵都是多愁多病身,而女子则都是倾国倾城貌,共同演绎出一场场形销骨立、缠绵悱恻的爱情悲剧。

077　琉璃砚匣,终日随身;翡翠笔床,无时离手。清文满箧,非惟芍药之花①;新制连篇,宁止蒲萄之树②。

【译文】　琉璃做的砚盒,终日随身携带;翡翠做的笔架,无时不在手中。清丽的美文满箱,并不只是颂美芍药之花;新作接连不断,其滋味又何止于如葡萄之新鲜奇异?

【注释】　①芍药之花:晋·傅统妻辛萧有《芍药花颂》:"晔晔芍药,植此前庭。晨润甘露,昼晞阳灵。曾不逾时,茬苒繁茂。绿叶青葱,应期秀吐。细蕊攒挺,素华菲敷。光譬朝日,色艳芙蕖。媛人是采,以厕金翠。发彼妖容,增此婉媚。惟昔风人,抗兹荣华。聊忘兴思,染翰作歌。"　②蒲萄之树:《太平广记》卷四百一十一引《酉阳杂俎》曰:"庾信谓魏使尉瑾曰:'我在邺,遂大得蒲萄,奇有滋味。'"这里说丽人的文章较葡萄更为"奇有滋味"。

【评解】　此条采自南朝陈·徐陵《玉台新咏序》。言丽人创作既多,题材亦广。

078　西蜀豪家①,托情穷于鲁殿②;东储甲观③,流咏止于洞箫④。

【译文】　西蜀富豪之家,托物寄情只在于《鲁灵光殿赋》;东储甲观之中,吟诵歌咏只限于《洞箫赋》。

【注释】　①西蜀豪家:指三国时蜀国大臣刘琰。《三国志》载,蜀刘琰,鲁国人也。先主在豫州,辟为从事,以其宗姓,有风流,善言论,厚亲待之。建兴中,琰失志恍惚。十二年正月,琰妻胡氏入贺太后,太后令特留胡氏,经月乃出。胡氏有美色,琰疑其与后主有私,呼卒五百,挝胡氏,至于以履捆面,而后弃遣。胡具以告琰,琰坐下狱。有司议曰:"卒非挝妻之人,面非受履之地。"琰竟弃市。自此,大臣妻母朝庆遂绝。　②鲁殿:代指东汉王延寿所作《鲁灵光殿赋》。刘琰曾为车骑将军,生活豪侈,有侍婢数十,既能歌唱,"又悉教诵读《鲁灵光殿赋》"。　③东储:东宫储君,即太子。甲观:汉代太子宫中观名。　④洞箫:此指王褒《洞箫赋》。《汉书·王褒传》载汉元帝为太子时,"喜褒所为《甘泉》及《洞箫赋》,令后宫贵人及左右皆诵读之"。

【评解】　此条采自南朝陈·徐陵《玉台新咏序》。西蜀豪家、东储甲观,吟诵之作不过如"鲁殿"、"洞箫"等,单调而乏味,《玉台新咏》之书所选录则远胜于这些辞赋,趣味盎然足以令宫中诸姬爱不释手。

079　醉把杯酒,可以吞江南吴越之清风;拂剑长啸,可以吸燕赵秦陇之劲气。

【译文】　醉意把酒,可以吞吐江南吴越的清风;拂剑长啸,可以吸纳燕赵秦陇的劲气。

【评解】　此条采自宋·马存《赠盖邦式序》。

该文对"司马迁之文章不在书"作了具体发挥,认为《史记》的艺术经验得之于山水人文的影响:"南浮长淮,溯大江,见狂澜惊波,阴风怒号,逆走而横击,故其文奔放而浩漫;望云梦、洞庭之波,彭蠡之渚,混含太虚,呼吸万壑而不见介量,故其文渟滀而渊深;见九嶷之芊绵,巫山之嵯峨,阳台朝云,苍梧暮烟,态度无定,靡曼绰约,春妆如浓,秋饰如洗,故其文妍媚而蔚纡;泛沅渡湘,吊大夫之魂,悼妃子之恨,竹上犹斑斑,而不知鱼腹之骨肉无恙者乎,故其文感愤而伤激;北过大梁之墟,观楚汉之战场,想见项羽之喑呜,高帝之谩骂,龙跳虎跃,千军万马,大弓长戟,交集而齐呼,故其文雄勇猛健,使人心悸而胆栗;世家龙门,念神禹之巍功,西使巴蜀,出剑阁之鸟道,上有摩云之崖,不见斧凿之痕,故其文崭绝峻拔而不可攀跻;讲业齐、鲁之都,观夫子之遗风,乡射邹、峄,仿佛乎汶阳、诛泗之上,故其文典重温雅,有似正人君子之容貌。"最后,他得出结论:"凡夫天地之间、万物之变,可惊可愕,可以娱心,使人忧,使人悲者,子长尽取而为文章,是以变化出没,万物象拱,四时而无穷。""醉把杯酒,可以吞江南吴越之清风;拂剑长啸,可以吸燕赵秦陇之劲气,然后归而治文着书,子畏子长乎? 子长畏子乎? 不然断编败册,朝吟而暮诵之,吾不知所得矣。"

080　林花翻洒,乍飘飏于兰皋;山禽啭响,时弄声于乔木。

【译文】　林花翻飞飘洒,忽然间飘扬到长满兰草的岸边;山禽鸣啼婉转,时时弄声于乔木之上。

【评解】　此条采自南朝陈·顾野王《虎丘山序》:"……于时风清邃谷,景丽修峦,兰佩堪纫,胡绳可索。林花翻洒,乍飘扬于兰皋;山禽啭响,时弄声于乔木。班草班荆,坐蟠石之上;濯缨濯足,就沧浪之水。倾缥瓷而酌旨酒,翦绿叶而赋新诗。肃尔若与三迳齐踪,镪然似共九成偕韵,盛矣哉!"序文描述虎丘的山水之美,虎丘的文会盛极一时,并进而探讨了有关山水诗的创作。

顾野王(519－581),字希冯,吴郡吴县光福人。任梁太学博士时,奉命编撰字书,"总会众篇,校雠群篇",搜罗考证汉魏齐梁以来古今年内文字形体、训诂的异同,编撰成"一家之制"的《玉篇》30 卷,当时他年方 25 岁。此书为继东汉许慎《说文解字》后又一部重要字典,也是我国现存最早的楷书字典。

081　长将姊妹丛中避,多爱湖山僻处行。

【译文】　经常与姊妹们在花树丛中游戏,偏爱在山水僻静之处行走。

【评解】　流连于山水美人中,文人或许就该如此放浪风流。

082　未知枕上曾逢女,可认眉尖与画郎①。

【译文】　不知道曾在枕上相逢的你,可否还记得画眉的情郎为你所画眉尖的样子?

【注释】　①眉尖与画郎:用张敞为妻画眉典,已见卷二001条注。

【评解】　枕上曾逢的风流与夫妻画眉的恩爱同出,读来可谓诙谐有趣。

083　苹风未冷催鸯别,沉檀合子留双结。千缕愁丝只数围,一片香痕才半节。

【译文】　苹风未冷已催鸳鸯离别,沉檀木盒留下同心双结。千缕愁丝使得腰身仅剩数围,一片香痕只留得一肢半节。

【评解】　通过拟人化的写法,将秋天苹草的萧疏喻为因愁而消瘦,愁从何起?鸳鸯离别,同心空结。心爱的人儿离去,眼前所见萧瑟的秋景,也便是自己形销骨立的形象外化。

084　那忍重看娃鬓绿,终期一遇客衫黄①。

【译文】　哪里忍心对镜频照青春美丽的容貌和那秀美的头发,只是希望能得到黄衫客那样的侠义之士将那负心的人儿带回来。

【注释】　①"那忍重看"两句:唐传奇《霍小玉传》记载,李益与霍小玉有盟约,后李益负约,侠士黄衫客把李益架至霍小玉家相见。

【评解】　爱情不是绑回来的。有缘无情,相遇又能如何?也只能徒叹一声"我为女子,薄命如斯;君是丈夫,负心若此"。

085　金钱赐侍儿,暗嘱教休语①。

【译文】　赏赐金钱给侍儿,暗暗叮嘱她不要声张。

【注释】　①"金钱"二句:用汉成帝多袖金饼以赐侍儿私婢故事,已见卷二040条注。

【评解】　用今天的说法,这叫做"封口费"。

086　薄雾几层推月出,好山无数渡江来。轮将秋动虫先觉,换得更深鸟越催。

【译文】　薄薄的几层云雾,似乎在推着月亮渐渐出来,对岸的好山无数便仿佛纷纷渡江而来进入自己的眼帘。春秋代序,小虫最先知觉到行将进入秋天,夜半更深之际,鸟儿的啼叫越发像是在催促着秋天的到来。

【评解】　秋月无边,好山无数,然而,虫鸟凄凄切切,如助人之叹息,叹息时光流逝岁月催人。宋·欧阳修有《秋声赋》曰:"星月皎洁,明河在天,四无人声,声在树间。"而感于声者则在人。

087 花飞帘外凭笺讯,雨到窗前滴梦寒。

【译文】 花飞帘外,权作是寄托情意的花笺;雨落窗前,点点滴入寒凉的梦间。

【评解】 华丽中淡淡的心情,让人不忍看却又一看再看,不忍想却又一想再想。

088 樯标远汉①,昔时鲁氏之戈②;帆影塞沙,此夜姜家之被③。

【译文】 军中帅旗远离汉土,从前有鲁阳氏援戈而挥力挽狂澜;如帆旌旗塞满寒沙之地,今夜有姜家的被子可以共同取暖御寒。

【注释】 ①樯标:与后句的"帆影"指船上的桅杆,代指军中的旌旗。"樯标远汉"、"帆影寒沙"互文见义。 ②鲁氏之戈:《淮南子·冥览训》:"鲁阳公与韩构难,战酣日暮,援戈而挥之,日为之反三舍(一舍三十里)。" ③姜家之被:典出《后汉书·姜肱传》:"姜肱字伯淮,彭城广戚人也。家世名族。肱与二弟仲海、季江,俱以孝行着闻。其友爱天至,常共卧起。及各娶妻,兄弟相恋,不能别寝,以系嗣当立,乃递往就室。"

【评解】 长年累月远离故土,征战边疆,金戈铁马,唯盼能精诚努力早日凯旋。所幸有将帅力挽狂澜,袍泽情深如手足,这一天想来不会远了。

089 填愁不满吴娃井①,剪纸空题蜀女祠②。

【译文】 再多的怨愁也填不满吴娃井,剪纸赋诗也只能空题于蜀女祠。

【注释】 ①吴娃井:即吴王井。明·袁宏道《灵岩记》曰:"灵岩一名砚石,《越绝书》云:'吴人于砚石山作馆娃宫',即其处也。山腰有吴王井。"清·蔡元放《东周列国志》第八十一回记载:"又有井,名吴王井,井泉清碧,西施或照泉而妆,夫差立于旁,亲为理发。"宋·杨备《吴王井》咏曰:"石甃遗踪傍古台,一泓寒影鉴光开。何人照面金钗落,曾见越溪红粉来。" ②"剪纸"句:用"蜀女之飘梧"典,已见本卷总论条注。

【评解】 美女娇娃的芳踪遗韵,留给后人的是无穷的想象与嗟叹!嗟叹复嗟叹,后人哀后人,也只能是浇胸中块垒而已。

090 良缘易合,红叶亦可为媒①;知己难投,白璧未能获主②。

【译文】 良缘易于投合,红叶一片亦可为媒;知己终难投缘,抱怀白璧美玉也未能获得赏识。

【注释】 ①"良缘"二句:用红叶题诗典。唐代红叶题诗、结成良缘的故事较多,情节略同而人事各异。宋·刘斧《青琐高议·流红记》载:僖宗时,宫女韩氏以红叶题诗,自御沟流出,为于佑所得。佑亦题一叶,投沟上流,亦为韩氏所得。后丞相韩泳为之作伐,礼既成,泳谓之曰:"子二人可谢媒。"韩氏应曰:"一联诗句随流水,二载幽思满素怀;今日却成鸾凤友,方知红叶是良媒。"泳大笑。明西湖渔隐主人《欢喜冤家》第十回:"明月尚有盈亏,江河岂无清浊。姜女初配范郎,藉柳杨而作证。韩氏始嫁于佑,凭红叶以为媒。" ②"知己"二句:典出《韩非子·和氏篇》:"楚人和氏得玉璞楚山中,奉而献之厉王。厉王使玉人相之,玉人曰:'石也。'王以和为诳,而刖其左足。及厉王薨,武王即位,和又奉其璞而献之武王;武王使玉人相之,又曰:'石也。'王又以和为诳,而刖其右足。武王薨,文王即位,和乃抱其璞而哭于楚山之下,三日三夜,泪尽而继之以血。王闻之,使人问其故,曰:'天下之刖者多矣,子奚哭之悲也?'和曰:'非悲刖也,悲夫宝玉而题之以石,贞士而名之以诳,此吾所以悲也。'王乃使玉人理其璞,而得宝焉,遂命曰和氏之璧。"

【评解】 情缘易合,知己难投,可见人生得一知己之艰难。高山流水慰知音,伯牙钟子期的故事,千古传颂,中华民族从一开始就确立了高尚人际关系与友情的最高标准。卞和泣玉荆山下,亦是为千古而下有才之士哭一回知音之难遇,掬一把同情之泪。

091 填平湘岸都栽竹,截住巫山不放云[①]。

【译文】 填平湘水两岸都栽上湘妃竹,截住巫山上的云雨不让其飘走。

【注释】 ①"填平湘岸"二句:分别用舜妃娥皇女英泪下斑竹典和楚怀王巫山欢会典。分见卷一 111、卷一 128 条注。

【评解】 真情到处反成痴,情话往往即痴语,越痴越见其情真意切。填平湘江之水,截断巫山之云,痴痴一语,道出心中幽幽恋情。湘水终难填,巫山云难留,不过空留下万千愁结罢了。

092 鸭为怜香死,鸳因泥睡痴。

【译文】 野鸭因为双双怜香惜玉般被人错当成鸳鸯而打杀,鸳鸯则因为享受野鸭睡于泥沙中的自由而遭人暗算。

【评解】 鸭乎人乎? 终究都只为一个"痴"字。宋·梅尧臣则有《打鸭》诗反其意而用:"莫打鸭,打鸭惊鸳鸯。鸳鸯新自南池落,不比孤洲老秃鸭。秃鸭尚欲远飞去,何况鸳鸯羽翼长。"

093 红印山痕春色微,珊瑚枕上见花飞[①]。烟鬟缭乱香云湿[②],疑向襄王梦里归[③]。

【译文】 春色熹微,霞光透进美人的闺房,依稀可见珊瑚山枕上花影摇动。美人的鬟发已经缭乱,头发也被香汗浸湿,仿佛是从楚襄王的高唐梦中刚刚醒来。

【注释】 ①珊瑚枕:唐人《长门怨》云:"宫殿沉沉月欲分,昭阳更漏不堪闻。珊瑚枕上千行泪,不是思君是恨君。" ②香云:比喻青年妇女的头发。唐赵鸾鸾《云鬟》:"扰扰香云湿未干,鸦领蝉翼腻光寒。侧边斜插黄金凤,妆罢夫君带笑看。"宋柳永《尾犯》词:"记得当初,翦香云为约。"
③襄王梦里:用宋玉《高唐赋》巫山云雨典,见卷一 128 条注。

【评解】 一句"疑向襄王梦里归",写尽男欢女爱之缠绵。

094 零乱如珠为点妆①,素辉乘月湿衣裳。只愁天酒倾如斗②,醉却环姿傍玉床③。

【译文】 月光透过枝叶,如珠泻玉盘洒向一地零乱,像是给美人点额梳妆,乘月而行,不知不觉间露水打湿了衣裳。只恐甘露如斗酒自天而倾打湿全身,恰如贵妃醉酒之后慵傍玉床。

【注释】 ①点妆:点额,梳妆。唐白居易《简简吟》:"十一把镜学点妆,十二抽针能绣裳。" ②天酒:甘露。古人附会为仙酒。汉·东方朔《神异经》:"西北海外有人……但日饮天酒五斗。"张华注:"天酒,甘露也。"唐·岑参《严相公京兆府中棠树降甘露》诗:"为君下天酒,曲蘗将用时。"《云笈七签》卷一一二:"君山有天酒,饮之升天。" ③环姿傍玉床:或用杨玉环醉酒典。贵妃于月光下苦等皇上不至,心情沮丧,遂独自饮酒以致酩酊大醉。

【评解】 为何乘月独行久久徘徊?为何露湿衣裳依然不归?或许贵妃月下苦等不至正可以为我们提供答案。她该也是在等待心上的人儿吧,夜深露重,她还要等到什么时候?她能等到吗?

095 有魂落红叶,无骨锁青鬟。

【译文】 有心之人可以将情意寄托于飘落的红叶之上,无心之人则只能空锁自己的青春。

【评解】 有情之人,落叶可以为媒,鸟儿可以传情。无情之人,则只能任由青丝斑白红颜老去。

096 书题蜀纸愁难浣,雨歇巴山话亦陈①。

【译文】 用蜀地纸笺来抒写情怀,也终难一洗心中的愁绪;巴山的夜雨已经停歇,反复叙说的情语都变得陈旧了。

【注释】 ①"雨歇"句:李商隐《夜雨寄北》诗:"君问归期未有期,巴山夜雨涨秋池。何当共剪西窗烛,却话巴山夜雨时。"

【评解】 题不尽的愁绪,说不完的情话,人心就在这半是哀怨半是热望中温暖着。

097 盈盈相隔愁追随①,谁为解语来香帷②。

【译文】 风姿绰约的美人相隔有多遥远,心中的愁绪便追随多远,谁是解语花,能来到香帐之中陪伴我呢?

【注释】 ①盈盈:美好貌,多指美人的风仪。《古诗十九首》:"盈盈楼上女,皎皎当窗牖。" ②解语:解语花,古人常用以喻指美人。《开元天宝遗事》:"明皇秋八月,太液池有千叶白莲数枝盛开,帝与贵戚宴赏焉。左右皆叹羡久之,帝指贵妃于左右曰:'争如我解语花!'"

【评解】 欲为解语,殊非易得。贵妃果真能解明皇之语?明皇又岂解贵妃之语?

098 斜看两鬟垂，俨似行云嫁。

【译文】 侧看女子头上两朵环形的发鬟松垂，俨然似天上的行云嫁接。

【评解】 行云"嫁"上了女子的云鬟，女子则嫁给了行云般飘荡不定的伊人。本应高高盘起的云鬟，如今却无力低垂，一个惘然悲愀的怨妇形象如在眼前。

099 欲与梅花斗宝妆，先开娇艳逼寒香。只愁冰骨藏珠屋，不似红衣待玉郎。

【译文】 要与梅花争夺妆饰之美，先开出娇艳的花朵与苦寒的梅香较量。只忧愁这身冰肌玉骨无奈藏于珠屋之中，不似那梅花如着红衣亭亭玉立等待着自己的心上人儿。

【评解】 冰肌玉骨般的白玉兰花欲与红梅竞艳，一样的经霜傲放，一样的寒香逼人，却终输却"红衣"的一段妩媚。借花喻人，谁是那冰骨藏珠屋的白玉兰？谁又是那红衣待玉郎的红梅花儿开？

100 从教弄酒春衫浣①，别有风流上眼波。

【译文】 纵然是酒污罗衫，也别有一番风流在美目顾盼中流转。

【注释】 ①浣（wò）：玷污。

【评解】 此条采自宋·李元膺《十忆诗》其三："绿蚁频摧未厌多，帕罗香软衬金荷。从教弄酒春衫浣，别有风流上眼波。"《十忆诗》历述佳人的行、坐、饮、歌、书、博、颦、笑、眠、妆之美态，此首为忆饮之作。李元膺，东平（今属山东）人，南京教官。生平未详，约宋哲宗、徽宗时人。

今人董桥论治学曰："著书立说之境界有三：先是宛转回头，几许初恋之情怀；继而云鬟缭乱，别有风流上眼波；后来孤灯夜雨，相对尽在不言中。初恋文笔娇嫩如悄悄话；情到浓时不免出语浮浪；最温馨是沏茶剪烛之后剩下来的淡淡心事，只说得三分！"

101 听风声以兴思，闻鹤唳以动怀。企庄生之逍遥①，慕尚子之清旷②。

【译文】 听山中清风就兴发遐想，闻野鹤啼叫而触动情怀。企求能像庄子那样自在逍遥，羡慕能像尚长那样清雅旷达。

【注释】 ①庄生：庄周（约前369－前286），战国宋蒙人，曾为漆园吏，相传楚威王闻其名，厚币迎之，许相位，辞不就。所著《庄子》开篇即为《逍遥游》，述精神绝对自由之境。 ②尚子：即尚长。《后汉书·逸民传》作"向长"。东汉朝歌（今河南淇县）人。大司空王邑欲荐之于王莽，尚长固辞，潜隐于家。建武中，办完男女嫁娶事说，从此"当如我死矣"。于是与同好禽庆游五岳名山，竟不知所终。故旧时称子女婚嫁自立为"向平愿了"。

【评解】 此条采自北齐·祖鸿勋《与阳休之书》。此文是祖鸿勋辞官归里后写给阳休之的信，叙述其陶冶山水、自在逍遥的隐居生活。

祖鸿勋，涿郡范阳人也。仆射、临淮王彧表荐其文学，除奉朝请。人曰："临淮举卿，竟不相谢，恐非其宜。"鸿勋曰："为国举才，临淮之务，祖鸿勋何事从而识之。"或闻而喜曰："吾得其人矣。"位至高阳太守。在官清素，妻子不免寒馁。时议高之。

102 灯结细花成穗落，泪题愁字带痕红。

【译文】 蜡烛灯芯结出细细的灯花，就像是成串的麦穗落下；是在替人垂泪吧，一条条带红的泪痕，仿佛是在题写着愁字。

【评解】 灯结穗花，泪满啼痕，越来越深的夜无眠也只能留给自己去慢慢品尝。杜牧诗云："蜡烛有心还惜别，替人垂泪到天明。"蜡烛垂泪，正反衬出离人欲哭无泪之伤心。无法排遣的闺怨，生命的光华在泪流中慢慢枯萎。

103 无端饮却相思水，不信相思想杀人。

【译文】 无缘无故地饮下这杯相思水，不相信真会教人想念至死。

【评解】 是的，无端。人生的一切都是无端所造成。无端地认识那个人，无端地思量那个人，无端地饮下相思酒，又无端地自苦不已。李商隐《锦瑟》诗曰："锦瑟无端五十弦，一弦一柱思华年。"一切都是无端的。偏偏当初不信，如今终于尝遍苦果。这种相思之水似酒非酒，饮之无解，才饮一滴，便要纠缠一生。而年少好奇，只道当时是平常，一口饮尽。如今识得，惟有泪流，千般情苦，何以言说。

104 渔舟唱晚，响穷彭蠡之滨①；雁阵惊寒，声断衡阳之浦②。

【译文】 夜幕下，渔船上传来歌唱，响彻鄱阳湖畔；大雁为秋寒所惊，衡阳江岸都闻之断肠。

【注释】 ①彭蠡：鄱阳湖的古称。　②声断衡阳：湖南衡阳有回雁峰，雁于冬寒时南飞至此，遇春而回。

【评解】 此条采自唐·王勃《滕王阁序》。身临高耸入云的滕王阁，眼前是秋水共长天一色，落霞与孤鹜齐飞，凭借听觉联想，用虚实手法传达远方的景观，使读者开阔眼界，视通万里。实写虚写，相互谐调，相互映衬，极尽铺叙写景之能事。

105 爽籁发而清风生①，纤歌凝而白云过。

【译文】 抑扬顿挫的箫管声，犹如阵阵清风吹拂而来；纤细柔情的歌声回荡，流动的白云也要驻足倾听。

【注释】 ①爽：参差不齐。

【评解】 此条采自唐·王勃《滕王阁序》。清风为之而起,白云为之驻足,遥襟俯畅,逸兴遄飞,诗酒歌管之欢可谓盛矣。

106 杏子轻衫初脱暖,梨花深院自多风。

【译文】 天气转暖,杏花凋谢仿佛是杏子脱去了披在身上的薄薄衣衫;深院无风,依然梨花满地,仿佛是她们自己飘落成风。

【注释】 ①轻衫初脱:杏树早春开花,先花后叶,花色粉白,如纱似雾,随着杏花凋谢,青杏(杏子)高挂枝头,便仿佛是脱去了轻衫。

【评解】 此条采自明·唐寅《和沈石田落花诗》三十首:"春来赫赫去匆匆,刺眼繁华转眼空;杏子单衫初脱暖,梨花深院自多风。烧灯坐尽千金夜,对酒空思一点红;倘是东君问鱼雁,心情说在雨声中。"通篇不着一个愁字、怨字,但心境的烦闷无聊、因时光飞逝而产生的莫名焦虑,却表现得独到深刻,是对落花的留恋,更是对生命的哀婉。

唐寅(1470-1523),字伯虎,一字子畏,号六如居士、桃花庵主等,据传于明宪宗成化六年庚寅年寅月寅日寅时生,故名唐寅。吴县(今江苏苏州)人。诗文擅名,与祝允明、文征明、徐祯卿并称"江南四才子"。画名更着,与沈周、文征明、仇英并称"吴门四家"。

沈石田,即沈周。弘治十七年(1504)春,七十八岁的沈周赋《落花》诗十首;自此以后,其弟子、友人纷起倡和。一时间,吟咏落花,令吴门诗坛热闹非常。最终,堪称吴门文苑领军人物的沈周、唐寅皆写成七律三十首,数量之多,非他人可比;在此项文事中,无疑最为引人注目。

卷三　峭

今天下皆妇人矣！封疆缩其地，而中庭之歌舞犹喧；战血枯其人，而满座之貂蝉自若①。我辈书生，既无诛乱讨贼之柄，而一片报国之忱，惟于寸楮尺字间见之②，使天下之须眉而妇人者，亦耸然有起色。集峭第三。

【译文】 如今的天下，一个个都作妇人状！眼看着国土被侵占而日益缩小，庙堂之上却依然歌舞升平喧闹不休；多少勇士血洒疆场为国捐躯，而满朝文武百官却依然若无其事一般。而我们这些书生，既没有平息叛乱、讨伐贼寇的权柄，也就只有将一片报国的热忱，寄托于笔端、表露于文字之间，以求使那些枉为七尺须眉而言行举止却如妇人一样的人们，也能读之耸然而惊振作奋起。于是，编纂了第三卷"峭"。

【注释】 ①貂蝉：古代王公显官冠上之饰物。此借指达官显贵。 ②楮（chǔ）：纸的代称。

【评解】 "今天下皆妇人矣！"还有比这更沉痛的激愤吗？边疆外敌入侵，战血枯人，朝廷则依然歌舞喧然，"商女不知亡国恨，隔江犹唱后庭花"，这是典型的亡国之音，亡国之兆。又岂是骂一声妇人不如能轻饶得了！历史的殷鉴总是血泪斑斑，警钟声犹在耳，后来的人们又开始走在前人的覆辙上。后人哀之而不鉴之，不仅可耻，更是可悲！想那花木兰、梁红玉、穆桂英，替父替夫驰骋疆场，那是何等的气概！一个弱女子花蕊夫人，竟愤而写下"十四万人齐解甲，更无一个是男儿"的诗句，这是怎样的一个女性！这胆气足为天下男儿羞！作者收集在这里的片言只语，是否能令人耸然而起？

001 忠孝吾家之宝，经史吾家之田。

【译文】 忠、孝是我家的传家之宝，经、史是我的养家之田。

【评解】 宋代杜孟曾任户部尚书，因不满朝中蔡京专权，幡然回到家乡，他对子孙说："忠孝吾家之宝，经史吾家之田。"当时人称宝田杜氏，因此氏人以"宝田"为堂号，以"忠孝世泽、经史家声"为堂联。清代曾国藩也称，孝友之家是造福后代子孙的最好家庭。

002 闲到白头真是拙，醉逢青眼不知狂①。

【译文】　蹉跎之间已经满头白发，我真是拙劣啊；然而，酒醉之中却得到你的青眼垂爱，哪里知道你本是狂者呢？

【注释】　①醉逢青眼：用阮籍为青白眼之事。已见卷一155条注。

【评解】　此条采自明·谢榛《闲居张伊嗣见过》诗："邺都形胜带衡漳，风土相依即故乡。闲到白头真是拙，醉逢青眼不知狂。城云无色日将暮，篱菊多花天有霜。世故莫谈心自远，随君好去卧沙庄。"

　　阮籍为狂者，而嵇康逢其青眼，遂不知籍为狂人也。浑浑噩噩之中，获得被世人目为"狂者"的人的垂青，所以完全没有知觉到对方是狂人，进而根本不知道何者为"狂"——泯灭了世俗的概念，完全沉浸在"相知"的快乐境界中。

003　兴之所到，不妨呕出惊人；心故不然，也须随场作戏。

【译文】　有时兴之所至，不妨大放厥词，语出惊人；即使心中不以为然，有时也不能不逢场作戏一番。

【评解】　处世之法因人因时而异。释氏言："竿木随身，逢场作戏"，遇到适当的场合就用随带竿木，蒙上巾幔搭成台，当众演出。随场作戏也可以是十分认真的，也值得你珍惜。那个真实欺骗你的人，也许当时他是真的。

004　放得俗人心下，方可为丈夫。放得丈夫心下，方名为仙佛。放得仙佛心下，方名为得道。

【译文】　能放得下世俗之心，方能成为真正的大丈夫；能放得下大丈夫之心，方能称为仙佛；能放得下成仙成佛之心，方能彻悟宇宙的真相。

【评解】　此条采自明·曹臣《舌华录》，谓为陈眉公语。

　　俗人—丈夫—仙佛—得道，这是修炼心性的几个层次。冯友兰先生也将人生境界分为四个层次：自然境界，功利境界，道德境界，天地境界。

　　要修炼心性，就是要"放得下"。世俗之心放得下，才能成为建功立业的大丈夫；视功名利禄为过眼云烟，那么仙佛就在心中了；连成仙成佛的心也放下，那就真正悟出了宇宙的真相，可谓得道矣。只是，"放下"两字说来容易，做来却难。有了功名、爱情，有了怨恨、妒忌，你能说放下就放下吗？

005　吟诗劣于讲学①，骂座恶于足恭②。两而揆之，宁为薄行狂夫，不作厚颜君子。

【译文】　吟诗作赋似乎不如讲学，但却直抒胸臆；谩骂同座似乎比毕恭毕敬更令人厌恶，但心口如一。两相比较，宁可做行为轻薄的狂夫，也不作厚颜无耻、口是心非的君子。

【注释】　①讲学：这里指讲授宋儒之学。明·李贽《答耿司寇》文抨击明儒："自朝至暮，自有知识以至今日,均之耕田而求食,买地而求种,架屋而求安,读书而求科第,居官而求尊显,博求风水以求福荫子孙,种种日用,皆为自己身家计虑,无一厘为人谋者。及乎开口谈学,便说尔为自己,我为他人;尔为自私,我欲利他;我怜东家之饥矣,又思西家之寒难可忍也……以此而观,所讲者未必公之所行,所行者又公之所不讲,其与言顾行、行顾言何异乎!" ②"骂座"句:用汉代灌夫骂座典。《史记·魏其武安侯列传》:灌夫为人刚直使酒,不好面谀。与丞相武安侯田蚡有隙,某年夏,丞相取燕王女为夫人,有太后诏,召列侯宗室皆往贺。酒宴上,灌夫"起行酒,至武安(即田蚡),武安膝席曰:'不能满觞。'夫怒,因嘻笑曰:'将军贵人也,属之!'时武安不肯。行酒次至临汝侯(灌贤),临汝侯方与程不识耳语,又不避席。夫无所发怒,乃骂临汝侯曰:'生平毁程不识不直一钱,今日长者为寿,乃效女儿呫嗫耳语!'武安谓灌夫曰:'程李俱东西宫卫尉,今众辱程将军,仲孺独不为李将军地乎?'灌夫曰:'今日斩头陷匈,何知程李乎!'……武安乃麾骑缚夫置传舍,召长史曰:'今日召宗室,有诏。'劾灌夫骂坐不敬,系居室"。足恭:过度谦敬,以取媚于人。

【评解】　此条采自明·曹臣《舌华录》:"闵文休狂放嗜酒,素不喜与道学场。人有强之者,则曰:"吟诗劣于讲学,骂座恶于足恭。两而揆之,宁为薄行狂夫,不作厚颜君子。"

有人说,流氓比伪君子可爱,因为流氓有时还流露点真性情。司马迁批评灌夫骂座"无术而不逊",不逊尚有真性情在,也算坦荡,而貌似谦逊、毕恭毕敬的有学之人是否就是真君子则很难说。显而易见的史实是,自宋儒之后厚颜君子却是越来越多。"存天理,灭人欲",虚伪的道学习气弥漫在所谓君子之间,真性情则成了洪水猛兽。好在总算有人喊出了"宁为薄行狂夫,不作厚颜君子"的振聋发聩之语,道德的牢笼困之太甚,自由本真的天性便要不可抑制地突破,哪怕成为薄行狂夫。

006　观人题壁,便识文章。

【译文】　观看他人的题壁之作,便可以认识其文章。

【评解】　此条采自明·曹臣《舌华录》:"欧阳文忠公尝言曰:'观人题壁,便识文章。'"欧阳文忠公,即欧阳修,字永叔,自号醉翁,晚年号六一居士,吉安永丰(今属江西)人,宋文学家,谥文忠,故称。

诗题于壁,今人谓之涂鸦,于古则为诗文流播的重要方式。尤其唐宋之时,更成为诗人惯用写作方式。如王绩"经过酒肆,动经数日,往往题壁作诗,多为好事者讽咏。"(《旧唐书·王绩传》)"眼前有景道不得,崔颢题诗在上头。"诗人题壁不仅是为了让作品流播于世,题诗本身就是富有诗情雅趣的生活方式。当无数的诗歌不是像现在这样默默地躺在书卷里,而是墨气淋漓、琳琅满目地遍布于河山大地时,事实上已经构筑起一个巨大的艺术气场,徜徉其间激扬文字,自然等闲识得天下文,难怪唐宋时人的生活会是如此诗意浪漫。

007　宁为真士夫,不为假道学。宁为兰摧玉折,不作萧敷艾荣①。

【译文】　宁愿做一个真正的读书人,而不做一个伪装有道德学问的人。宁可像兰草一般被摧折,美玉一般被粉碎,也不要像萧艾这样的野草而长得繁茂。

【注释】　①萧敷艾荣:萧、艾,两种恶草名;敷、荣,开花。《离骚》曰:"人好恶其不同兮,惟此党人其独异。户服艾以盈要兮,谓幽兰其不可佩。"又曰:"何昔日之芳草,今直为此萧艾也。"

【评解】　此条前二句选自明·曹臣《舌华录》:"邵文庄云:'宁为真士夫,不为假道学。'"邵文庄(1460 - 1527),明邵宝,字国宝,号二泉,无锡人。曾为江西提学副使,修白鹿书院学舍以处学者,谥文庄,学者称二泉先生。宝为李东阳门人,故诗文皆宗法东阳;文典重和雅,诗清和澹泊,尤能抒写性灵。著有《容春堂集》等。

　　此条后二句采自南朝宋·刘义庆《世说新语·言语》:"毛伯成既负其才气,常称:'宁为兰摧玉折,不作萧敷艾荣。'"

008　随口利牙,不顾天荒地老;翻肠倒肚,那管鬼哭神愁。

【译文】　信笔写来,直抒胸臆,不管他天荒地老;翻肠倒肚,率性为文,哪管他鬼哭神愁。

【评解】　此条采自明·吴从先《小窗自纪》:"李卓吾随口利牙,不顾天荒地老;屠纬真翻肠倒肚,哪管鬼哭神愁。"李卓吾,名贽,明末思想家,著有《焚书》,尖锐揭露道学家的虚伪和自私,因而受人攻击迫害。终以"敢倡乱道,惑世诬民"的罪名被下狱而死。屠纬真,屠隆,字纬真,明代戏曲家、文学家,为官清正,关心民瘼。作《荒政考》,极写百姓灾伤困厄之苦。

　　率性为人,性灵为文,摆脱了古文格套,信笔而书,发前人之所未发,尖锐犀利,不同凡响。吴从先此语,流露出对李贽、屠隆的深深钦佩之情。

009　身世浮名,余以梦蝶视之①,断不受肉眼相看。

【译文】　人世间的浮名,我当做庄周梦蝶去看待,绝不用世俗的眼光看待它。

【注释】　①梦蝶:典出《庄子·齐物论》:"昔者庄周梦为蝴蝶,栩栩然蝴蝶也。自喻适志与,不知周也。俄然觉,则蘧蘧然周也。不知周之梦为蝴蝶与,蝴蝶之梦为周与?"

【评解】　人生如梦,而生命中之浮名浮利,不啻梦中之梦,一睁眼全部化为乌有。只是,谁能视生命如浮云无所留恋? 谁又能似浮云四海为家? 而谁又能阻止生命像浮云一般消逝? 云本无心而出岫,本要走却偏留。"以梦蝶视之",何人又有此等云水之彻悟?

010　达人撒手悬崖①,俗子沉身苦海②。

【译文】　通达事理的人,能够在极端危险的境地撒手离去;而凡夫俗子则深陷苦海之中无法自拔。

【注释】　①达人:通达事理的人。汉·贾谊《鵩鸟赋》:"小智自私兮,贱彼贵我;达人大观兮,物无不可。"撒手悬崖,即悬崖撒手、悬崖勒马。元·耶律楚材《太阳十六题·背舍》诗:"人亡家破更何依,退步悬崖撒手时。"　③苦海:佛教喻苦难烦恼的世间。《法华经·寿量品》:"我见诸众生没在苦海。"

【评解】　此条采自明·李鼎《偶谭》:"笙歌正浓处,便自拂衣长往,羡达人撒手悬崖;更漏已残时,犹然夜行不休,笑俗士沉身若海。"

"吴歌楚舞欢未毕,青山欲衔半边日","缓歌慢舞凝丝竹,尽日君王看不足",笙歌正浓处的吴王、唐明皇,何曾思及拂衣长往,撒手悬崖?结果便是亡国之悲。凡夫俗子不能勒马悬崖、见好就收,结果也只能是自沉于苦海无边。

011　销骨口中①,生出莲花九品②;铄金舌上③,容他鹦鹉千言。

【译文】　谗言累积足以销人骨骼的口中,可以舌灿莲花九品;谗言可畏足以令金石销熔的舌上,任由他像鹦鹉学舌,千言不绝。

【注释】　①销骨口中:众口毁谤可以销人骨骼,喻谗言毁人。《史记·张仪列传》:"积羽沉舟,群轻折轴,众口铄金,积毁销骨。"　②莲花九品:佛教语,指极乐佛境。佛教净土宗认为,修行完满者死后可入西方极乐世界,身坐莲花台座,因各人生前修行深浅不同,所坐莲台有九种不同,九品为最高一等。　③铄金舌上:《国语·周语下》:"众心成城,众口铄金。"

【评解】　众口可以铄金,积毁可以销骨,能做的也只能是"容他鹦鹉千言",容人之所难容,让"鹦鹉"们去说吧。

012　少言语以当贵,多著述以当富,载清名以当车,咀英华以当肉。

【译文】　把少言寡语当做高贵,把多著书立说当做富有,把一路留下清高的声名当做行车走马,把品读好的文章当做美味佳肴。

【评解】　书中自有黄金屋,让心灵之车载上一世清名与天下英华,那便是最好的既富且贵。所以古人说:"安莫安于知足,危莫危于多言,贵莫贵于无求。"

013　竹外窥鸟,树外窥山,峰外窥云,难道我有意无意;鹤来窥人,月来窥酒,雪来窥书,却看他有情无情。

【译文】　在竹林之外看鸟,在树林之外看山,在峰峦之外看云,很难说清我到底是有意还是无意。仙鹤出来看人,明月前来看我饮酒,大雪飘来观我看书,却要看它是有情还是无情。

【评解】　上联说的我看物,下联说的物看我,情致婉约且妙趣横生。想象说这话的人,该也是风雅可爱而又有着几分顽皮吧?否则,他又如何把那没有生命的月和云,都变得如此机警伶俐,让我们仿佛看见它偷看人饮酒看书的活泼与慧诘?

014　体裁如何,出月隐山;情景如何,落日映屿;气魄如何,收露敛色;议论如何,回飙拂渚。

【译文】　人的体裁如何,如月亮升起山岭渐渐隐去;风韵如何,如落日余晖映照在小岛之上;气魄如何,如日光下露水蒸发光色收敛;言谈如何,如回旋的风拂过水中的小洲。

【评解】　此条语本南朝宋·谢灵运《江妃赋》:"姿非定容,服无常度。两宜欢嚬,俱适华素。于时升(一作"出")月隐山,落日映屿。收霞敛色,回飙拂渚。每驰情于晨暮,翙良遇之莫叙。"乃是描写传说中江妃的风姿、仪态和韵致。以自然景物形容人之气骨风格,是魏晋清谈品评人物之遗风。

015　有大通必有大塞,无奇遇必无奇穷。

【译文】　事情极其顺利,则必定也会遇到大的障碍;一生中没有奇特的际遇,必定没有极端的困厄。

【评解】　老子曰:"反者道之动,弱者道之用。天下万物生于有,有生于无。"向着相反的方向变化,是"道"的运动趋势,处于柔弱的状态,是"道"的运用或功用,所以要顺应而不是改变。

016　雾满杨溪,玄豹山间偕日月①;云飞翰苑②,紫龙天外借风雷。

【译文】　雾雨弥漫着杨溪,有玄豹潜隐于山间偕日月而行;彩云飞过了翰苑,如紫龙激荡着天外的风雷而来。

【注释】　①"雾满"二句,用南山雾豹典。汉·刘向《列女传·贤明传·陶答子妻》:"答子治陶三年,名誉不兴,家富三倍。……居五年,从车百乘归休,宗人击牛而贺之。其妻独抱儿而泣。姑怒曰:'何其不祥也!'妇曰:'妾闻南山有玄豹,雾雨七日而不下食者,何也? 欲以泽其毛而成文章也,故藏而远害。……今夫子治陶,家富国贫,君不敬,民不戴,败亡之征见矣! 愿与少子俱脱。'……处期年,答子之家果以盗诛。"南朝齐·谢朓《之宣城出新林浦向板桥》:"虽无玄豹姿,终隐南山雾。"虽不能像玄豹那样深藏远祸,但此去亦与隐于南山雾雨无异。　②翰苑:即翰林院,为文翰荟萃之所。

【评解】　如南山雾豹般潜隐山间,携日月之精华,激天外之风雷,为文当可惊神泣鬼。

017　西山霁雪①,东岳含烟,驾凤桥以高飞,登雁塔而远眺②。

【译文】　西山雪后放晴,东岳烟雾迷蒙,沿着凤凰飞天的通道高飞空中,登上雁塔极目远眺。

【注释】　①霁(jì):雨雪停止,天放晴。　②雁塔:即西安大雁塔,初名慈恩塔。唐高宗永徽三年(652)玄奘法师为供奉从印度带回的佛像、舍利和梵文经典,在慈恩寺的西塔院建起一座高180尺的五层砖塔,武则天时加为七层。塔名得名有三说,一说是菩萨化身为雁,一说是佛祖苦修未被落雁摇动心智,一说是玄奘西行取经大漠遇风沙迷失方向随雁行而得水源感激而以大雁为塔名以纪念之。称之为大雁塔是有别于唐睿宗李旦于其父高宗死后献福而建的荐福寺的小雁塔。唐代中宗神龙年始,读书人进士及第后,有天子赐宴杏园,聚会饮酒曲江池,题名慈恩塔等风俗,即"曲江流饮"和"雁塔题名"。

【评解】 所谓"名题雁塔,天地间第一流人第一等事也"。凤桥高飞,雁塔远眺,白居易27岁中进士,留下"慈恩塔下题名处,十七人中最少年"的诗句,凌云之志得意之态可见。

018 一失脚为千古恨,再回头是百年人。

【译文】 一着不慎便可能遗恨终生,再回首反省,却已是百年之身难以挽回了。

【评解】 此条采自明·唐伯虎《废弃》诗句。唐伯虎29岁时中南京乡试第一名解元,声名鹊起,"冒东南文士之上"。30岁入京参加会试,受江阴富人徐经科场舞弊案的连累下狱,处境凄惨,声名扫地,"海内遂以寅为不齿之士,握拳张胆,若赴仇敌,知与不知,毕指而唾,辱亦甚矣"(唐寅《与文征明书》)。所谓科场案,乃是江阴人徐经以钱财贿赂会试主考程敏政的家僮,得到试题,请唐寅完成而科场舞弊,事情败露后,牵扯到唐寅,经审理后唐寅被贬为边远小吏,他耻不就任,返回家乡苏州,遂有此"一失脚成千古恨,再回头是百年人"之叹。

019 居轩冕之中①,要有山林的气味;处林泉之下,常怀廊庙的经纶②。

【译文】 享有高官厚禄的人,要有隐居山林淡泊名利的志趣;而隐居山林清泉的人,要常常怀抱治国安邦的才智。

【注释】 ①轩冕:古制大夫以上的官吏,凡当出门时都要穿礼服坐马车,马车就是轩,礼服就是冕。《管子立政》:"生则有轩冕、服位、谷禄、田宅之分,死则有棺椁、绞衾、圹垄之度。" ②廊庙:代指朝廷。《后汉书·申屠刚传》:"廊庙之计,既不豫定,动军发众,又不深料。"李贤注:"廊,殿下屋也;庙,太庙也。国事必先谋于廊庙之所也。"经纶:比喻筹划治理国家大事。《中庸》曰:"唯天下至诚,为能经纶天下之大经。"即胸中要有供采用的谋略。朱熹注曰:"经者,理其绪而分之,纶者,比其类而合之。"南朝梁吴均《与朱元思书》:"经纶世务者,窥谷忘反。"

【评解】 此条采自明·洪应明《菜根谭》:"居轩冕之中,不可无山林的气味;处林泉之下,须要怀廊庙的经论。"

在富春江钓鱼的不只严子陵,在庐山脚下耕田的也不只陶渊明,躬耕垄亩的又何止诸葛孔明?可一代一代的人们为什么偏偏赞美他们呢?就因为他们"常怀廊庙的经纶",有救世济民的胸怀与才智。倘若丧失了这一退隐的前提,他们也就不过只是一介农夫罢了。

020 学者有段兢业的心思,又要有段潇洒的趣味。

【译文】 做学问的人,要抱有细密谨慎专心求学的心思,又要有潇洒脱俗不受拘束的情怀趣味。

【评解】 此条采自明·洪应明《菜根谭》:"学者有段兢业的心思,又要有段潇洒的趣味。若一味敛束清苦,是有秋杀无春生,何以发育万物?"

"有段潇洒的趣味",就是能体会到人生的真趣味,这是学问的旨归所在,否则就只能是一个老学究、假道学。

021　平民种德施惠,是无位之公卿;仕夫贪财好货,乃有爵的乞丐。

【译文】　平民百姓而能广积德行,多施恩惠,就是没有爵位的公卿;官员士大夫如果贪财图利,不知满足,就是有爵位的乞丐。

【评解】　此条采自明·洪应明《菜根谭》:"平民肯种德施惠,便是无位的卿相;士夫徒贪权市宠,竟成有爵的乞人。"

人的品格不是由地位决定,而是由行为决定的。元曲里有一首《醉太平·讥贪小利者》:"夺泥燕口,削铁针头,刮金佛面细搜求,无中觅有。鹌鹑嗉里寻豌豆,鸳鸯腿上劈精肉,蚊子腹内刳脂油。亏老先生下手!"精彩地描摹出"贪"字的今古奇观。

022　烦恼场空,身住清凉世界①;营求念绝,心归自在乾坤。

【译文】　将世界上一切烦恼看破,此身便可以安住于没有烦恼的清凉世界之中;钻营求取的念头断绝了,此心就可以回归于自由自在的天地间。

【注释】　①清凉世界:佛家以身心俱无烦恼的去处为清净世界。

【评解】　心本来就是自由自在的,只因种种烦恼、欲求,才将其层层缠绕束缚住了。"安禅何必需山水,灭却心头火亦凉。"将烦恼看空,欲求断绝,便可使内心恢复自由自在。

023　觑破兴衰究竟①,人我得失冰消;阅尽寂寞繁华,豪杰心肠灰冷。

【译文】　看破了人世兴衰的根本所在,那么人我彼此之别、患得患失之心就会如冰雪一般消融;看穿了冷清寂寞和奢侈繁华的情景,便可使定要成为英雄豪杰的心肠如灰烬一般冷却。

【注释】　①觑(qù):看,偷窥。

【评解】　人在年轻时,大凡什么事都想着去争,一番兴衰变幻过后,终于明白得失本是相对的,所有的繁华也最终归于寂寞,人生看得平淡了,心也变得平静,变得自在愉快了。

024　名衲谈禅,必执经升座,便减三分禅理。

【译文】　高僧讲习禅法,必定手执经卷,高坐禅座,其实这已经有违禅的本义,所谓禅理也就减了三分。

【评解】　无规矩不成方圆。可一旦形成了固定的规矩,也往往成为思想的束缚。

禅境无处不在，无处不可谈，不必定在执经升座后。

025 穷通之境未遭，主持之局已定；老病之势未催，生死之关先破。求之今人，谁堪语此？

【译文】 困厄与通达的境遇还没有经过，就已经确立了自我主宰生命的局面；年老多病的折磨还未及承受，生死的道理就预先看破了。以此来衡量当今世人，有谁能够做到这些呢？

【评解】 提出过"存在就是被感知"的十八世纪英国哲学家贝克莱，他说幸福有三种办法：一是有希望；二是有事做；三是有人爱。可见希望的重要性。当一个人怀有希望，怀有远大理想时，便可以达到"穷通之境未遭，主持之局已定"的境界。眼前的种种苦难得失又算得了什么呢？

026 一纸八行①，不遇寒温之句；鱼腹雁足②，空有往来之烦。是以嵇康不作③，严光口传④，豫章掷之水中⑤，陈泰挂之壁上⑥。

【译文】 一纸八行的信笺，不过只是几句问寒问暖的话罢了；鱼腹雁足传达的书信，也只是徒自增添了往来的烦恼。所以嵇康说不喜欢写书信，严光也只用口授，殷洪乔掷函于水中，陈泰则挂之于壁上。

【注释】 ①一纸八行：旧时信笺，因多一页八行，故称一纸八行笺。 ②鱼腹雁足：书信。古时有借鱼腹雁足传书之说，故称。鱼腹传书，见汉蔡邕《饮马长城窟行》："客从远方来，遗我双鲤鱼。呼儿烹鲤鱼，中有尺素书。"雁足，典出《汉书·苏武传》。苏武出使匈奴，被拘不屈，徙居北海上牧羝。后胡汉和亲，汉求武等，匈奴诡言已死。武帝司使常惠夜见汉使，教其诡言帝射于上林，得北来雁，雁足系帛书，言苏武等在某泽中。使者如惠语以责单于，单于因谢汉使，武得归。 ③嵇康不作：嵇康《与山巨源绝交书》中说自己不愿屈己事人，"有必不堪者七，甚不可者二"。其第四"不堪"即云："素不便书，又不喜作书，而人间多事，堆案盈机，不相酬答，则犯教伤义，欲自勉强，则不能久"。 ④严光口传：据《后汉书·严光传》，严光与光武帝曾同游学，后光武即帝位，求之草泽。"司徒侯霸与光素旧，遣使奉书……光不答，乃投札与之，口授曰：'君房足下：位至鼎足，甚善。怀仁辅义天下悦，阿谀顺旨要领绝。'" ⑤豫章掷之水中：典出《世说新语·任诞》："殷洪乔作豫章郡，临去，都下人因附百许函书。既至石头，悉掷水中，因祝曰：'沉者自沉，浮者自浮，殷洪乔不能作致书邮！'" ⑥陈泰挂之壁上：《三国志·魏书·陈泰传》："泰为并州刺史，使持节，护匈奴中郎将，京邑贵人多寄宝货，因泰市奴婢，泰皆挂之壁，不发其封，及征为尚书，悉以还之。"

【评解】 满纸寒温，往来相烦，常常却是为了不情之请、非分之求，那最好的结果，自然是让它们或沉浮于水，或挂之于壁。今天，人情的交往请托更如家常便饭，只是我们还能时时想起这些耿介之为吗？

027 枝头秋叶，将落犹然恋树；檐前野鸟，除死方得离笼。人之处世，可怜如此。

【译文】　枝头的秋叶，临将坠落时依然眷恋着树枝不忍离去；屋檐前关着的野鸟，除非死去才能得以脱离管锁他的牢笼。人生在世，正如这秋叶与野鸟般可怜。

【评解】　历朝历代的帝王后宫中，不知有多少如花似玉的女子，像笼中之鸟般被禁锢在寂寞的深院中，空自消耗着如花岁月，默默地衰老枯萎而无人问津。她们虽然一直想着叶落归根，但是却始终无法实现，就像笼中鸟一样，只有死去时才能够离开那个"不得见人的去处"（《红楼梦》中贾元春语）。

028　士人有百折不回之真心，才有万变不穷之妙用。

【译文】　读书人要有百般挫折不回头的坚贞之心，遇到世事千变万化，才能应付自如，妙用无穷。

【评解】　此条采自明·洪应明《菜根谭》。

忙忙碌碌的结果，往往只是碌碌无为；目标太多的结果，往往却是失去目标。不能锁定一个目标百折不回，就不可能期望成功。日本人把这叫做"滚石不生苔"。

029　立业建功，事事要从实地着脚，若少慕声闻，便成伪果；讲道修德，念念要从虚处立基，若稍计功效，便落尘情。

【译文】　创立事业建功树绩，事事要脚踏实地，如果稍微有些羡慕声誉之心，便会使自己的成果变得虚伪不实。讲解道义修养德行，每个心念都要从虚处下工夫，如果稍微有些计较功利得失之念，就落入了尘世俗情。

【评解】　此条采自明·洪应明《菜根谭》。

无论是建功立业，还是道德修养，过分看重得失，追求名利，反而很难得成正果，而最终堕入世俗的窠臼。少一点功利，多一点脚踏实地，人生的境界才会变得开阔。

030　执拗者福轻，而圆融之人其禄必厚；操切者寿夭，而宽厚之士其年必长；故君子不言命，养性即所以立命；亦不言天，尽人自可以回天。

【译文】　性格固执的人福分微薄，而性格灵活通融的人其禄命一定丰厚；做事急躁严厉的人寿命夭短，而性情宽容敦厚的人其享年必定长久。所以通达事理的君子不谈论命运之事，只要修养心性便足以安身立命；也不谈论天意，而是充分发挥人的能力以改变天意。

【评解】　性格决定命运，一个人的福分禄命，往往与他的性情直接相关。性格太倔太执拗的人，就不可能常常保持心情的通达愉悦。相反，为人处世能左右逢源游刃有余，人生必定会顺利，心情自然也愉快。所以，与其相信"死生有命，富贵在天"，不如好好地修养调适自己的心性。

031　才智英敏者,宜以学问摄其躁;气节激昂者,当以德性融其偏。

【译文】　才华和智慧敏捷出众的人,应该用学问来收摄其浮躁之气;志气和节操过于激烈高亢的人,应当修养德性来融合其个性偏激的地方。

【评解】　才华出众之人,往往自以为是,遇事不多加权衡思考,结果一着不慎满盘皆输,这样的人,就要去其浮躁;气节偏于慷慨激昂的人,对事情的看法过于激烈分明,过于理想化,就要去其偏激。这也就是前面卷一中所言:"炫奇之疾,医以平易;英发之疾,医以深沉;阔大之疾,医以充实。"

032　苍蝇附骥①,捷则捷矣,难辞处后之羞;茑萝依松②,高则高矣,未免仰攀之耻。所以君子宁以风霜自挟,毋为鱼鸟亲人③。

【译文】　苍蝇叮附在马尾巴上,速度固然是快了,但却难辞粘在马屁股后面的羞愧;茑萝缠绕着松树生长,固然可以爬得很高,但也免不了攀附依赖的耻辱。所以,君子宁愿挟风霜傲骨自我砥砺,也不要像那鱼鸟一般自来亲人博取欢心。

【注释】　①附骥:即"附骥尾"。喻依附于先辈或名人之后。《史记·伯夷列传》:"伯夷、叔齐虽贤,得夫子而名益彰;颜渊虽笃学,附骥尾而行益显。岩穴之士,趣舍有时若此,类名湮灭而不称,悲夫!"唐司马贞《索隐》按曰:"苍蝇附骥尾而致千里,以譬颜回因孔子而名彰也。"　②茑萝依松:茑萝,一种一年生蔓草,常围绕松柏生长。《诗·小雅·甫田之什·頍弁》:"茑与女萝,施于松上。未见君子,忧心恗恗。既见君子,庶几有臧。"　③鱼鸟亲人:语本南朝宋·刘义庆《世说新语·言语》:"简文入华林园,顾谓左右曰:'会心处不必在远,翳然林水便自有濠濮间想也,觉鸟兽禽鱼自来亲人。'"宋黄庭坚《濂溪诗》:"怀连城兮佩明月,鱼鸟亲人兮野老同社而争席。白云蒙头兮与南山为伍,非夫人攘臂兮谁余敢侮。"

【评解】　此条采自明·洪应明《菜根谭》。

陈寅恪撰写的王国维纪念碑铭词曰:"士之读书治学,盖将以脱心志于俗谛之桎梏,真理因得以发扬。思想而不自由,毋宁死耳。斯古今仁圣同殉之精义,夫岂庸鄙之敢望。先生以一死见其独立自由之意志,非所论于一人之恩怨,一姓之兴亡。呜呼!树兹石于讲舍,系哀思而不忘。表哲人之奇节,诉真宰之茫茫。来世不可知者也,先生之著述,或有时而不彰。先生之学说,或有时而可商。惟此独立之精神,自由之思想,历千万祀,与天壤而同久,共三光而永光。""独立之精神,自由之思想",就是为千古知识分子立下的高格高标。

033　伺察以为明者,常因明而生暗,故君子以恬养智;奋迅以求速者,多因速而致迟,故君子以重持轻。

【译文】　通过暗中观察来达到明了事情的,常常因为这样的所谓明了而产生偏听偏信,所以君子都以恬淡平和来修养智慧;焦躁冒进而急于求成者,往往欲速而不达,所以君子都能做到举重若轻。

【评解】 此条采自明·洪应明《菜根谭》。

智者难于当愚时而不能愚。"大聪明的人,小事必朦胧;大懵懂的人,小事必伺察。盖伺察乃懵懂之根,而朦胧正聪明之窟也。"多一分宽容,便可以少一些自以为是,少一些对琐屑小事的萦怀,自然也就少去了无穷的烦恼。

034 有面前之誉易,无背后之毁难;有乍交之欢易,无久处之厌难。

【评解】 同见卷一006条。

035 宇宙内事,要力担当,又要善摆脱。不担当,则无经世之事业;不摆脱,则无出世之襟期。

【译文】 天下的事,既要能勇于担当,又要善于解脱牵绊。不能担当,则无法成就经邦济世的事业;不能摆脱羁绊,则没有超凡脱俗的胸怀。

【评解】 此条采自明·洪应明《菜根谭》。

既要勇于担当道德事业,又要善于摆脱尘俗羁绊,这就是既要承担又要摆脱的辩证哲理。正如托尔斯泰晚年的"出走",有"出走"才有大关怀。美国作家爱默生也说:"我爱人类,但不爱人群。"

036 待人而留有余不尽之恩,可以维系无厌之人心;御事而留有余不尽之智,可以堤防不测之事变。

【译文】 对待他人要留一些多余而不竭尽的恩惠,这样才可以维系永远不会满足的人心。处理事情要保留多余而不会竭尽的智慧,这样才可以预防无法预测的变故。

【评解】 此条采自明·洪应明《菜根谭》:"待人而留有余不尽之恩礼,则可以维系无厌之人心;御事而留有余不尽之才智,则可以堤防不测之事变。"

给别人留空间也就是给自己空间。所谓"留余",就是提醒人们"财不可露尽,权不可使尽,福不可享尽"。

037 无事如有事时提防,可以弭意外之变;有事如无事时镇定,可以销局中之危。

【译文】 在平安无事时,要像随时都会发生事情一般,有所提防,这样才能消弭意外发生的变故。当事变发生时,要像没有事情发生一样,保持镇定,这样才能化险为夷,消除眼前的危险。

【评解】 此条采自明·洪应明《菜根谭》:"无事常如有事时提防,才可以弭意外之变;有事常如无事时镇定,方可以消局中之危。"

祸福相倚,正反相成,无事可能变有事,有事可能变无事,世上本没有绝对的事情。未雨绸缪,防患未然,就能够在自己希望的境界中获得安宁与成功。而一旦遇到事情,如果有"任凭风浪起,稳坐钓鱼船"的风度,也可以转化为无事。

038 爱是万缘之根,当知割舍;识是众欲之本,要力扫除。

【译文】 爱恋是万千尘缘的根源,应当知道割爱舍弃;意识是众多欲望的本源,需要努力打扫清除。

【评解】 此条采自明·洪应明《菜根谭》。

　　爱和识本是积极的情感,但如果不能节制,也可能招惹各种灾祸,成为纵欲的根本。所谓"割舍"、"扫除",就是要节制。世间事有舍才有得,善于放弃才能得到更多。痛苦是因为舍不得,幸福是因为舍得;忧愁是因为舍不得,快乐是因为舍得!

039 舌存常见齿亡,刚强终不胜柔弱①;户朽未闻枢蠹,偏执岂及乎圆融②?

【译文】 舌头还在,往往牙齿都已掉光了,可见刚强终究敌不过柔弱;门板已经腐朽,却不见门轴被虫子所蛀蚀,可见偏执哪里比得圆融?

【注释】 ①"舌存"二句:典出汉·刘向《说苑·敬慎》:"老子曰:夫舌之存也,岂非以其柔耶?齿之亡也,岂非以其刚耶?" ②"户朽"二句:典出《吕氏春秋·尽数》:"流水不腐,户枢不蠹,动也。"

【评解】 此条采自明·洪应明《菜根谭》。

　　老子曰:"天下莫柔弱于水,而攻坚强者莫之能胜,以其无以易之。弱之胜强,柔之胜刚,天下莫不知,莫能行。"遍天下再没有什么东西比水更柔弱了,而攻坚克强却没有什么东西可以胜过水。弱胜过强,柔胜过刚,遍天下没有人不知道,但是谁能实行？柔,并非柔弱不堪,而是示柔而制其刚;弱,并非怯懦不振,而是示弱而制其强。圆融胜偏执,也是同样的道理。

040 荣宠旁边辱等待,不必扬扬;困穷背后福跟随,何须戚戚?

【译文】 荣华与恩宠的旁边就有耻辱在等待着,没有必要洋洋得意;困厄与贫穷的资金就有幸福相随,又何必忧愁悲戚?

【评解】 此条采自明·洪应明《菜根谭》。

　　人生没有永远的恩宠,也没有永远的失意。悲喜忧乐,其实都在丰富和造就着人生,是人生点点滴滴的宝贵财富。我们诅咒苦难,但同时欣赏生命在苦难的打击中迸发出来的坚韧的光芒,欣赏因苦难而赢得的生命的深度。

041 看破有尽身躯,万境之尘缘自息;悟入无怀境界,一轮之心月独明①。

【译文】　看破了生命有限的道理,那么各种各样尘俗杂念自然止息;觉悟达到了心无牵挂的超然境界,那么心间就如一轮明月高照一般分外清明。

【注释】　①心月:语本《菩提心论》:"照见本心,湛然清净,犹如满月,光遍虚空,无所分别。"

【评解】　此条采自明·洪应明《菜根谭》。

　　舍却和了断不是件容易的事情,但是弘一法师做到了。"长亭外,古道边,芳草碧连天。晚风拂柳笛声残,夕阳山外山。天之涯,地之角,知交半零落。一瓢浊酒尽余欢,今宵别梦寒。"他用一曲《送别》,轻轻关上了那扇门,曾经为他而沸沸扬扬的尘世被远远地隔开了,他送别的是谁? 是爱人? 是亲人? 是世界? 都不是,他送别的只是他自己。舍去尘缘,摒弃亲情,出家为僧,其妻子领着孩子长跪三天而不得见。他做到了,他走向了彼岸,没有回头,没有看自己一眼。是尘世死了,而不是他死了。

042　霜天闻鹤唳,雪夜听鸡鸣,得乾坤清纯之气;晴空看鸟飞,活水观鱼戏,识宇宙活泼之机。

【译文】　深秋时节闻鹤鸣,飞雪之夜听鸡叫,获得的是天地间清静幽雅的气韵;晴空万里看鸟儿翔飞,活水潺潺观鱼儿嬉戏,识得的是宇宙间活泼泼的生机。

【评解】　此条采自明·洪应明《菜根谭》。

　　天籁之音来自于清冷的霜雪之夜,生动的灵机源自于高远广阔的天地,在喧嚣的当下,时时能如此听一听、看一看,体悟天地宇宙之精髓,无异于心灵的体操。

043　斜阳树下,闲随老衲清谈;深雪堂中,戏与骚人白战①。

【译文】　夕阳斜照,与老和尚对坐树下悠闲地清谈;下着大雪的日子里,与诗人墨客在厅堂中戏作禁体诗取乐。

【注释】　①白战:欧阳修在颍州做太守时,与客会饮赋雪诗,禁用玉、梨、梅、絮、鹤、鹅、银、舞、白等字。后苏轼继欧阳忠公做太守,逢雨雪,亦邀客赋诗,禁用体物语。"禁体诗"即指赋诗时,预定不准犯某某等字之诗。因诗家以体物为工巧,废而不用,视同禁例,有如徒手相搏,不持寸铁。后遂以禁体诗为白战。

【评解】　夕阳草树,没有了留恋与执著,便不悟而悟了。雪舞飘飘,诗兴纷飞,只剩下了清雅与闲淡,能不让人倾心? 生活的闲适与快乐在于自己寻找,自己感悟。

044　山月江烟,铁笛数声,便成清赏;天风海涛,扁舟一叶,大是奇观。

【译文】　山月朦胧,江烟弥漫,远处传来数声铁笛,着实是清心之赏。天风怒号,海涛汹涌,一叶扁舟出没其中,也实在是一大奇观。

【评解】　坐听笛声悠扬,可以为清心之赏;但观风涛一叶,可以叹壮观之色,随时而动,随兴而起,潇洒率性。

045　秋风闭户,夜雨挑灯,卧读《离骚》泪下;霁日寻芳,春宵载酒,闲歌《乐府》神怡。

【译文】　秋风萧瑟,门户紧闭,夜雨淅沥,油灯轻挑,卧床而读《离骚》,不禁潸然泪下;晴日之中,寻芳赏花,春夜无事,载酒而行,悠闲地唱着乐府古调,不禁心旷神怡。

【评解】　或秋夜挑灯,或春宵载酒,本就有着不同的心境。此时,或读《离骚》,或歌《乐府》,自然体味出别样的滋味情怀。书中滋味便是人生滋味。

046　云水中载酒,松篁里煎茶,岂必銮坡侍宴①;山林下著书,花鸟间得句,何须凤沼挥毫②。

【译文】　在云水间载酒玩赏,在松竹间汲水煎茶,难道一定要在翰林院侍奉皇帝宴饮才痛快吗?于山林幽静之地著书,于花鸟嬉戏间得句,何须一定要在禁苑的中书省那样的地方去挥毫呢?

【注释】　①銮坡:唐德宗时,曾移学士院于金銮殿旁的金銮坡上,后世遂以銮坡为翰林院别称。　②凤沼:即凤凰池。禁苑中池沼。魏晋南北朝时设中书省于禁苑,掌管机要,接近皇帝,故称中书省为"凤凰池"、"凤沼"。故荀勖由中书监升任尚书令,人有贺之者,勖曰:"夺我凤凰池,诸君贺我耶?"(见《晋书》本传)

【评解】　落魄失意于禁苑,便不妨茶酒逍遥、著书得句于山林,或许无奈,但也未尝不是一种智慧,一种随遇而安的自然洒脱。

047　人生不好古,象鼎牺尊变为瓦缶①;世道不怜才,凤毛麟角化作灰尘。

【译文】　人生在世如果不雅好古玩,即使珍贵如象鼎牺尊,也会视若瓦泥器缶;世道人心如果不爱怜人才,即使宝贵如凤毛麟角,也会视若尘灰湮灭。

【注释】　①象鼎牺尊:代指珍贵古玩。象鼎,以象纹饰鼎。牺尊,古代酒器。作牺牛形,也有于尊腹刻画牛形者。《诗·鲁颂·駉之什·閟宫》:"白牡骍刚。牺尊将将。"宋·周端臣《送牛首炉与人》:"千载墙间偶得存,传从鼻祖到云孙。土痕蚀处形摹薄,苔色侵来款识昏。制样想应规象鼎,验图只合配牺尊。赠君博古斋中去,书传闲时细讨论。"

【评解】　有象鼎为瓦缶者,有瓦缶而为象鼎者;有不知而无意毁之者,有明知而故意毁之者,这样的例子实在是数不胜数。天妒英才,红颜薄命,也是几率极大之事。生命有多宝贵,就会有多脆弱。

048　要做男子,须负刚肠;欲学古人,当坚苦志。

【译文】　要做个真正的男子汉,必须有一副刚毅不阿的心肠。想要学习优秀的古人,应当坚定吃苦耐劳的志向。

【评解】 何谓刚肠？就是一种铁骨铮铮,豪气冲天,志向远大,正直刚强的心志。所以"宁为玉碎,不求瓦全","天将降大任于斯人也,必先苦其心志,劳共筋骨,饿其体肤"。

049 风尘善病,伏枕处一片青山;岁月长吟,操觚时千篇《白雪》①。

【译文】 仆仆风尘自然容易染病,然而一旦伏枕养神,便会浮现出满目青山令人欣喜;漫长岁月的吟诵自然艰苦,然而一旦操笔为文,便能信手拈来成就千篇《白雪》美文。

【注释】 ①操觚(gū):谓写作。觚,古代书写所用木板。《白雪》,用宋玉《对楚王问》"阳春白雪"典,指高雅之艺术。

【评解】 不经受风尘之苦,便不会有伏枕处一片青山的欣喜;不经过长吟锤炼,操笔时又哪里有成就佳构美文的随意潇洒?

050 亲兄弟折箸①,璧合翻作瓜分;士大夫爱钱,书香化为铜臭。

【译文】 亲如手足的兄弟如果不团结,就像完好的一块美玉被切瓜一般分割开来;一个读书人如果贪爱钱财,那么浓郁的书香顿时便化作满纸铜臭。

【注释】 ①折箸:折箸分食,分家另居的意思。

【评解】 有一个故事说,有个老人临终时,儿子想分家产,老人要他们分别折一根和数根筷子,让他们明白一根筷子容易折断,多根却不容易折断的道理。原为璧合而后瓜分,实在令人伤感,更莫说有煮豆燃萁的残酷无情。

书本身无所谓香气,只是书中所讲的道理能使读书人心志馨香;钱本身也无所谓臭味,但钱使人忘却了做人的准则就变得丑陋恶心,这便是真正的臭味。

051 心为形役①,尘世马牛;身被名牵,樊笼鸡鹜。

【译文】 心灵若为形骸所役使,则如同尘世中的马牛一般苦累;身心若被声名所牵绊,则如同笼中关着的鸡鸭一般受局限。

【注释】 ①心为形役:晋·陶渊明《归去来兮辞并序》:"既自以心为形役,奚惆怅而独悲。"

【评解】 人追求功名利禄,本无可非议,可一旦孜孜以求,功名利禄便开始毒害人。所以陶渊明《归园田居》其一说:"少无适俗韵,性本爱丘山。误落尘网中,一去三十年。羁鸟恋旧林,池鱼思故渊……久在樊笼里,复得返自然。"当初不得不违逆本性,奔波于官场。回头想想,那是误入歧途,误入了束缚人性而又肮脏无聊的世俗之网。终于可以脱离这"樊笼"了,最令人愉快的,倒不在于这悠闲,而在于从此可以按照自己的意愿生活,过上顺适本性、无所扭曲的生活。

052 懒见俗人,权辞托病;怕逢尘事,诡迹逃禅①。

【译文】 懒得会见那些世俗之人,那就权且以病相推脱;不愿遇到那些尘世无聊之事,那就隐秘行迹,逃脱世事,皈依禅法。

【注释】 ①逃禅:指遁世而参禅。

【评解】 但世无"桃花源",很多时终究是逃不得也。丰子恺先生说,以入世的精神做事,以出世的精神做人。所谓出世,就是要以淡泊名利的精神,孜孜不倦地从事事业,重在追求理想和志趣,不斤斤计较于尘俗之事的纠缠。

053 人不通古今,襟裾马牛①;士不晓廉耻,衣冠狗彘。

【译文】 一个人如果不能通古晓今,就无异于穿着衣服的马牛;读书人如果不知廉耻,就无异于穿衣戴帽的狗猪。

【注释】 ①"人不通"二句:语出唐·韩愈《符读书城南》(符,韩愈之子)诗:"人不通古今,马牛而襟裾。"襟裾:襟是衣襟,裾是衣服的前后幅下垂的部分。泛指衣服。

【评解】 元·汪元亨《朝天子·归隐》曲:"功名辞凤阙,浮生寄蚁穴,醉入黄鸡社。取之无禁用无竭,江上风山间月。基业隋唐,干戈吴越,付渔樵闲话说。酒杯中影蛇,枕头上梦蝶,二十载花开谢。繁华景已休,功名事莫求,算富贵难消受。匡庐挂在屋西头,终日看云出岫。瓜地深锄,茅庵新构,醉翁意不在酒。厌襟裾马牛,笑衣冠沐猴,拂破我归山袖。"厌天下可厌之人,笑天下可笑之人,拂破我归山之袖,其遗世独立之心,令千古而下之人为之汗颜。

054 道院吹笙,松风袅袅;空门洗钵①,花雨纷纷②。

【译文】 道院中吹笙,惹得院外松风袅袅回应;佛门中讲法,忽见鲜花飘落如雨纷纷。

【注释】 ①"空门"二句:用《续高僧传》记法云故事。法云宣讲《法华经》,忽感天花满空而下,延于堂内,升空不坠。空门:即佛门,禅宗初祖至五祖间,师徒传授,以衣钵为信。此以洗钵指传经授法。宋·释智愚《花雨亭》:"昔人曾此谈空有,花雨纷纷绕座寒。堪笑空生无伎俩,不曾开口被人瞒。"

【评解】 落寞是音乐的一种独特、神秘的美感。真正能体会音乐之美的人,大概都清楚"在语言停住的地方,开始了音乐"这句话有着何等高远的道理。道院吹笙,空门洗钵,面对气氛无限的音乐,有限的你我则在它绝美得无法形容的声音里矛盾、哀伤、甜蜜、泫然。因而难免落寞;落寞,但却是幸福的,高逸的。

055 囊无阿堵①,岂便求人;盘有水晶②,犹堪留客。

【译文】 口袋里没有钱,怎么开口求人? 盘中尚有虾米,或可留以待客。

【注释】 ①阿堵:六朝口语,犹言这个,阿堵物即钱。《世说新语·规箴》:"王夷甫雅尚玄远,常嫉其妇贪浊,口未尝言钱字。妇欲试之,令婢以钱绕床不得行。夷甫晨起,见钱阂行,呼婢曰:

'举却阿堵物!'"　②水晶:水晶人,虾的别称。北宋·陶谷《清异录·水晶人》:"二三友来访,买得蟹虾具馔,语及唐士人逆风至长须国娶虾女事,座客谢兼仲曰:'虾女婿岂不好?白角衫里个水晶人。'满座无不大笑。"

【评解】　宋·刘克庄《三和二首》:"家有宁馨堪跨灶,囊无阿堵可通神。"家里有像千里马一样的孩子("宁馨跨灶"后成为贺人生子的美称),但囊中却无钱可通神。有钱可以通神,无钱不便求人,自古而然。

056　种两顷负郭田①,量晴校雨;寻几个知心友,弄月嘲风。

【译文】　在城郊种两顷田地,计量着晴雨节候的变化。交几个知心朋友,在明月清风之下吟诗作赋。

【注释】　①两顷负郭田:典出《史记·苏秦列传》,已见卷一209条注。此泛指田园。

【评解】　这份悠然并非随便或荒怠,而应是一种不执著、轻松的心情,以这份心情交朋友,量晴校雨,弄月嘲风,何许惬意。

057　着屐登山,翠微中独逢老衲;乘桴浮海①,雪浪里群傍闲鸥。

【译文】　穿着木屐登山,在青翠的山色中遇见了独自行走的老和尚;乘着木筏漂海,在雪白的浪花里有成群的海鸥为伴。

【注释】　①桴(fú):小筏。《论语·公冶长》:"子曰:'道不行,乘桴浮于海。'"

【评解】　漱石枕流,栖霞伴月,安贫乐道抱朴守素,宛如人间散仙。古代文人多半是在政治上时运不济的,属于他们的便往往只能乘桴浮海,放浪形骸。"人生在世不称意,明朝散发弄扁舟","小舟从此逝,江海寄余生",这是一个封建王国的悲哀,但却成就了另一种凄楚而磅礴的忧患于天下。

058　才士不妨泛驾①,辕下驹吾弗愿也②;诤臣岂合模棱③,殿上虎君无尤焉④。

【译文】　才智之士不妨不受拘束,做一个车辕下受人驱使的马驹,实在不是我心所愿的。诤谏之臣怎能说一些模棱两可的话呢?像刘安世那样的殿上虎是皇帝所不会怪罪责备的。

【注释】　①泛驾:不受驾驭。《汉书·武帝纪》:"夫泛驾之马,跅弛之士,亦在御之而已。"　②辕下驹:车辕下不惯驾车之幼马,喻观望畏缩不敢动作之人。《史记·魏其武安侯列传》:"上怒内史曰:'公平生数言魏其、武安长短,今日廷论,局趣效辕下驹,吾并斩若属矣。'"张守节《正义》引应劭曰:"驹马加着辕。局趣,纤小之貌。"　③模棱:典出《旧唐书·苏味道传》:"味道善敷奏,多识台阁故事。然而前后居相位数载,竟不能有所发明,但脂韦其间,苟度取容而已。尝谓人曰:'处事不欲断明白,若有错误,必贻咎谴,但模棱以持两端可矣。'时人由是号为'苏模棱'。"　④殿上虎:宋谏议大夫刘安世的绰号。《宋史·刘安世传》:"其面折朝廷,或帝盛怒,则执简却立,伺怒稍解,复前抗辞。旁侍者远观,蓄缩悚汗,目之曰'殿上虎'。"后用以称颂敢于抗争的谏官。

【评解】 才士挥洒才情于天地,诤臣敢犯龙颜而直言,要么做一个直言敢谏的臣子,要么干脆做一个云游四海无拘无束的隐士。正如黄永玉题沈从文墓碑文:"一个战士要不战死沙场,便是回到故乡。"

059 荷钱榆荚①,飞来都作青蚨②;柔玉温香,观想可成白骨。

【译文】 一切金钱,得到后都应看作青蚨,飞来还复飞去;一切温柔香软的女子,想来都不过是白骨一堆。

【注释】 ①荷钱榆荚:代指钱。荷钱,初生的小荷叶,圆小如钱。榆荚,榆树的果实连缀成串,形似铜钱,俗称榆钱。 ②青蚨(fú):昆虫名。晋·干宝《搜神记》:"南方有虫……又名青蚨,形似蝉而稍大,味辛美,可食。生子必依草叶,大如蚕子,取其子,母即飞来,不以远近,虽潜取其子,母必知处。以母血涂钱八十一文,以子血涂钱八十一文。每市物,或先用母钱,或先用子钱,皆复飞归。轮转无已。故淮南子术以之还钱。"

【评解】 "无酒不成礼义,无色路断人稀,无财不成社会,无气反被人欺。"酒色钱财,都是人见人爱的。关键是如何对待它们,如何让它对我们的人生有利,而不会让财色迷人心窍。

060 旅馆题蕉,一路留来魂梦谱;客途惊雁,半天寄落别离书。

【译文】 每每在旅馆中题诗于蕉叶之上,一路下来,留下了多少魂牵梦萦的诗谱;客行途中惊起一行行飞雁,半空中飘落下远方寄来的满纸别情离恨的书信。

【评解】 日行日远,满腹的离情别绪,也只能题写在一路的蕉叶之上,寄托在空中飞去飞来的大雁上。因思成幻,惊飞的大雁仿佛带来了远方的书信,事实上,带来的却只是漫天的愁绪。

061 歌儿带烟霞之致,舞女具丘壑之资,生成世外风姿,不惯尘中物色。

【译文】 歌唱的小童带着云烟霞霭的韵致,舞蹈的少女拥有林泉山壑的资质。她们生来就具备世外超凡的风姿,不习惯于尘世中的风物景象。

【评解】 秦观《虞美人》词曰:"碧桃天上和露栽,不是凡花数。乱山深处水萦回,借问一枝如玉为谁开?"这生成世外风姿的歌儿舞女,又是一枝如玉为谁开?

062 今古文章,只在苏东坡鼻端定优劣①;一时人品,却从阮嗣宗眼内别雌黄②。

【译文】 古今的文章,只要苏东坡用鼻端一嗅,便可定出优劣高下;一时的人品,还要从阮籍的青白眼中分出好坏高低来。

【注释】　①"今古文章"二句:黄庭坚元祐三年(1088)省试锁院时曾对东坡的文章鉴别力下过一赞语,谓"其它在间伎俩,诸君或胜东坡,至于评论文章,东坡鼻端一嗅,可定优劣"。此语传出后,"诸生皆以为然"。　②"一时人品"二句:用阮籍(字嗣宗)作青白眼故事,已见卷一155条注。

【评解】　清代蒲松龄《聊斋志异》中有《司文郎》篇。篇中有一鬼乃瞽僧,依据焚烧文章发出的气味来判断优劣:闻大家之文,则以心受之;闻妙文,则以脾受之;拙,则格格而不能下,强受之以膈;劣,则"刺于鼻而棘于腹,膀胱所不能容,直自下部出矣"。瞽僧言:"仆虽盲于目,而不盲于鼻,帘中人并鼻盲矣。"衡之于今世,有多少人实亦"并鼻盲"矣!今天下之文,若皆邀瞽僧、东坡强闻之,恐非刺鼻棘心,必七窍出,魂魄散耳!

063　魑魅满前,笑着阮家无鬼论^①;炎嚣阅世,愁披刘氏北风图^②。气夺山川,色结烟霞。

【译文】　眼前尽是鬼魅,却依然笑着写下了阮瞻的《无鬼论》;经历着喧嚣纷乱的尘世,不禁满怀忧愁地披览刘褒的《北风图》。其气势盖过了连绵的山川,墨色纠结了烟霞的郁气。

【注释】　①"魑魅满前"二句:阮家,指阮瞻,"竹林七贤"之一阮咸子,性清虚寡欲,自得于怀,善弹琴。《晋书·阮瞻传》载:"瞻素执无鬼论,物莫能难,每自谓此理足可以辨正幽明。忽有一客通名诣瞻,寒温毕,聊谈名理。客甚有才辩,瞻与之言良久,及鬼神之事,反复甚苦。客遂屈,乃作色曰:'鬼神,古今圣贤所共传,君何得独言无?即仆便是鬼。'于是变为异形,须臾消灭。瞻默然,意色太恶。岁余,病卒。"　②"炎嚣阅世"二句:刘氏,指东汉画家刘褒,曾画《云汉图》,人见之觉热;又画《北风图》,人见之觉凉。

【评解】　与阮瞻辩论的那个客人,因为说不过他,最终现出鬼形,以示"事实胜于雄辩"。然而,喧嚣尘世的人们,为欲望而奔走,有如将一颗心置于热火沸汤之中,即使见了刘褒令人萧飒寒冷的《北风图》,也未必能浇熄心头的烈焰,让自己得到一些清凉。人,尚不如鬼乎?

064　诗思在灞陵桥上^①,微吟处林岫便已浩然^②;野趣在镜湖曲边^③,独往时山川自相映发^④。

【译文】　作诗的思绪在灞陵桥上,轻声吟诵,山岚丛林便充满了诗情画意;山野的幽趣在镜湖水畔,独自漫行,便感到山水交映令人陶醉。

【注释】　①"诗思"句:宋·孙光宪《北梦琐言》记,唐朝相国郑綮善诗,人问:"相国近有新诗否?"郑回答:"诗思在灞桥风雪中驴子上,此处何以得之?"明·程羽文《诗本事·诗思》:"孟浩然诗思在灞桥风雪中驴子背上。"灞陵桥,即灞桥。据《三辅黄图·桥》:"霸桥,在长安东(陕西省西安市东,古称霸陵,汉文帝葬于此,故称),跨水作桥。汉人送客至此桥,折柳赠别。"　②"微吟"句:语本《世说新语·言语》:"道壹道人好整饰音辞,从都下还东山,经吴中。已而会雪下,未甚寒。诸道人问在道所经。壹公曰:'风霜固所不论,乃先集其惨淡。郊邑正自飘瞥,林岫便已皓然。'" ③"野趣"句:用唐朝诗人贺知章晚年归隐镜湖故事。《新唐书·贺知章传》:"天宝初,(贺知章)病,梦游帝居,数日寤,乃请为道士还乡里,诏许之。以宅为千秋观而居,又求周宫湖数顷为放生池,有诏赐镜湖剡川一曲。"镜湖:又名鉴湖,在今浙江绍兴境内。 ④"独往"句:语本《世说新语·言语》:"王子敬云:'从山阴道上行,山川自相映发,使人应接不暇。若秋冬之际,尤难为怀。'"

【评解】 此条采自明·李鼎《偶谭》。

诗情雅兴不在于富贵显达,而在于超尘脱俗。很多场景,只要文人们一站立一凭眺,无限的遐思就要奔涌而来。灞陵就是这样一个地方。

065 至音不合众听,故伯牙绝弦①;至宝不同众好,故卞和泣玉②。

【译文】 最高雅的音乐很难为众人所理解接受,所以伯牙折断琴弦,终生不复鼓琴。最珍贵的宝物很难为众人所认知喜爱,所以卞和只有自己抱着璞玉哭于荆山之下。

【注释】 ①伯牙绝弦:据《吕氏春秋·本味》记,伯牙为春秋时善弹琴者。伯牙鼓琴,钟子期听之。方鼓琴而志在太山,钟子期曰:'善哉乎鼓琴,巍巍乎若太山。'少选之间,而志在流水,钟子期又曰:'善哉乎鼓琴,汤汤乎若流水。'钟子期死,伯牙破琴绝弦,终身不复鼓琴,以为世无足复为鼓琴者。 ②卞和泣玉:卞和,春秋时楚人。和氏璧事,已见卷二090条注。

【评解】 此条采自东汉·陈元《上疏难范升奏左氏不宜立博士》(《后汉书》卷三十六《郑范陈贾张列传》)。时议欲立《左氏传》博士,范升奏以为《左氏》浅末,不宜立,故陈元以此相驳难。

伯牙、卞和的故事,读来荡气回肠,耐人寻味。高山流水慰知音,中华民族从一开始就确立了高尚人际关系与友情的最高标准。卞和泣玉荆山下,亦是为千古而下有才之士哭一回知音之难遇,掬一把同情之泪。

066 看文字,须如猛将用兵,直是鏖战一阵;亦如酷吏治狱,直是推勘到底,决不恕他。

【译文】 评读字里行间,要像勇猛的战将打仗用兵一样,简直就是鏖战一阵;也要像严酷的官吏审理案件一样,必须追查到底,决不轻易放过他。

【评解】 此条采自南宋·朱熹《朱子语类》卷十·学四·读书法上:"看文字,须是如猛将用兵,直是鏖战一阵;如酷吏治狱,直是推勘到底,决是不恕他,方得。看文字,正如酷吏之用法深刻,都没人情,直要做到底。若只恁地等闲看过了,有甚滋味!大凡文字有未晓处,须下死工夫,直要见得道理是自家底,方住。"

古人往往拿用兵打仗、打官司治狱的方法来比拟为文治学。东晋著名女书法家卫铄,著有《笔阵图》,文中说"笔阵出入斩斫图",将书法比为战阵,作书如同作战。《笔阵图》的中心在说明用笔的方法,亦即"将军"(管)和"士卒"(笔)在"笔阵"中"出入斩斫"的方法。

《论语·公冶长》:"子曰:吾未见能见其过而内自讼者也。"把打官司的原则推广运用到修身方面来,提出了"自讼"之法。他说的修身也可能包括治学。元朝诗人吴莱说:"今之学者,非特可以经义治狱,乃亦可以狱法治经。"现代学者胡适在《治学方法》中,曾提到中国过去"所用的考证、考据,这些名词,都是法律上的名词,中国的考据学的方法,都是过去读书人做了小官,在判决官司的时候得来的"。因此,他更明白地建议做考据的人:"我们要养成方法的自觉,最好是如临师保,如临父母,假设对方有律师在打击我,否认我所提出的一切证据。"

067 名山乏侣,不解壁上芒鞋;好景无诗,虚携囊中锦字①。

【译文】 名山胜水,如果没有知心的旅伴同游,那也就不必解下挂在壁上的草鞋去出游了。良辰美景,却不能写出好诗来,就算是带着锦囊也是枉然。

【注释】 ①囊中锦字:典出唐·李商隐《李贺小传》:"恒从小奚奴,骑蹇驴,背一古破锦囊,遇有所得,即书投囊中。"

【评解】 名山胜水怎能无伴独游,良辰美景岂得无诗相配,好花须得好月,好事总要成双,这是人们永远的美好愿望。只可惜,不如意者常在,良辰美景奈何天,赏心乐事谁家院? 空登临,栏杆拍遍,常常已是物是人非。

068 辽水无极①,雁山参云②;闺中风暖,陌上草熏③。

【译文】 辽河水宽阔无边,雁门山高耸入云;闺房中暖暖的风儿吹过,田间小道上的草儿散发出醉人的清香。

【注释】 ①辽水:即今辽河,在辽宁省。 ②雁山:指今山西北部雁门山。辽水、雁山都喻指从军出征的北方边塞。 ③陌上:指家乡的田野小道。熏:散发香气。

【评解】 此条采自南朝·江淹《别赋》:"或乃边郡未和,负羽从军。辽水无极,雁山参云。闺中风暖,陌上草熏。日出天而耀景,露下地而腾文。镜朱尘之照烂,袭青气之烟煴。攀桃李兮不忍别,送爱子兮沾罗裙。"

此条写从军卫国的离别情境。"辽水"两句写北边山水,在阻远隔绝中显得阔大;"闺中"两句渲染家乡和乐、风光绚烂,充满温情,避免正面描写离别忧愁,更不触及慷慨赴死的爱国壮心,而委婉显出从军保卫家乡和乐生活的意义。

069 秋露如珠,秋月如珪①,明月白露,光阴往来。与子之别,思心徘徊。

【译文】 秋天露水如同珍珠,秋天的月亮如同美玉,晶莹的露珠映照着皎洁的月光,时序光阴往来不辍。自从与心爱的人儿离别,我心便总是为思恋之情徘徊交织。

【注释】 ①珪:同"圭",为帝王诸侯所执的长形玉版,上圆或尖,下方,表示信符。故以"珪月"代指未圆的秋月。

【评解】 此条亦采自江淹《别赋》:"下有芍药之诗,佳人之歌,桑中卫女,上宫陈娥。春草碧色,送君南浦,伤如之何! 至乃秋露如珠,秋月如珪;明月白露,光阴往来。与子之别,思心徘徊。"

此条写情恋男女的离别情境。离别中的热恋男女,对时间的流逝最为敏感。"春草碧色,春水渌波",不仅是自然景色的描写,同时也将男女青年谈情说爱一见倾心的欢乐蕴含其间或诱导出来,而分别后的秋露秋月,又最宜于曲折有致地表达彼此天各一方,空对良辰美景的深憾长恨。

070 声应气求之夫①,决不在于寻行数墨之士②;风行水上之文③,决不在于一字一句之奇。

【译文】 同声相应,同气相求的朋友,决不会存在于那些只会背诵文句而不明义理之士中;如风行水上,自然天成的好文章,决不在乎于一字一句的奇特。

【注释】 ①声应气求:指志趣相投。《易·干》:"同声相应,同气相求。" ②寻行数墨之士:只会背诵文句,而不明义理之士。宋·释道原《景德传灯录》:"口内诵经千卷,体上问经不识。不解佛法圆通,徒劳寻行数墨。"朱熹《易》诗:"须知三绝韦编者,不是寻行数墨人。" ③风行水上:《周易·涣》:"象曰:风行水上,涣。"宋释惠洪《石门文字禅》:"风行水上,涣然成文,非有意于为文也。"

【评解】 此条采自明·李贽《焚书》卷三《杂说》:"且吾闻之:追风逐电之足,决不在于牝牡骊黄之间;声应气求之夫,决不在于寻行数墨之士;风行水上之文,决不在于一字一句之奇。"

从《涣》卦的"风行水上"四个字中,后世文论家领悟出了臻于自然之境的创造法则。宋代苏洵十分推崇"涣"之道,以为心与物自然相感而成文章,正如"风行水上"乃成"天下之至文"(《仲兄字文甫说》)。明末李贽,对当时弥及文坛的复古主义和剽窃模拟的风气极为不满,强烈抨击"假人言假言,而事假事、文假文",极力提倡"化工"之"至文",亦即纯真"自然"之作。"牝牡骊黄"是外在之形,"寻行数墨"是模拟之举,"一字一句"是刻镂之奇,均与"自然"之旨大相径庭。清·顾炎武说:"昔人之论谓:'风行水上,自然成文。'若不出于自然,而有意于繁简,则失之矣。"(《日知录》)

071 借他人之酒杯,浇自己之块垒①。

【译文】 借他人的酒杯,来冲浇排遣自己心中积郁的愁闷。

【注释】 ①块垒:由土块垒成的土堆,借喻心中积郁的愁闷。南朝宋·刘义庆《世说新语·任诞》:"阮籍,胸中垒块,故须酒浇之。"

【评解】　搜索古今诗文,你会发现很多典故都是被反复引用的,此所谓古今同情,也有寻找知音之感,无非都是借他人之酒杯浇自己心中之块垒。有人说,中国人很喜欢读《水浒传》,原因就在于书中的好汉们动辄喜欢高喊"杀了那个狗官",这足以借他人之酒杯浇一浇自己心中之块垒了。可其实,也有人统计过,好汉们杀掉的"狗官",那是远远少于他们所杀掉的平民的。在劫法场一节,李逵的大板斧一路抡下去,掉脑袋的又有几个官员?大多数还不是平民。

072　春至不知湖水深,日暮忘却巴陵道①。

【译文】　春天到了,春水漾波,他却并不知道湖水已经变深了;黄昏到来,暮色苍茫,他已经忘记了来时的巴陵水道。

【注释】　①巴陵:古有巴陵郡、巴陵县,在今湖南岳阳。

【评解】　此条采自唐·贾至《君山》诗:"湘中老人读黄老,手援紫蘦坐碧草。春至不知湖水深,日暮忘却巴陵道。""蘦"就是藤。诗中将"湘中老人"退处青山碧水间过着忘怀尘世生活的自由自在的神态描写得极为生动。贾至,字幼邻,洛阳人。父子继美,帝常称之,肃宗擢为中书舍人。坐小法,贬岳州司马。宝应初,召复故官。

　　唐代郑还古《博异志》中有篇《吕乡筠》,小说写乐善好施的洞庭湖商人吕乡筠,性喜吹笛。在一个仲春的月夜,他泊舟于洞庭君山侧畔,边饮酒边吹笛自娱。忽有一容止异常的老父驾渔舟而来,乡筠遂邀他登舟共饮。老父自称也善于吹笛,乡筠便下拜请教,并请他吹奏一曲。老父自怀中掏出大小不等的三支笛,说那最大的一支是对诸天上帝、元君或上元夫人吹的,若在人间吹奏会使得"天消地坼,日月无光,五星失次,山岳崩圮";其次那支是对诸洞仙人、诸真洞及西王母吹的,若在人间吹奏会引起"飞沙走石,翔鸟坠地,走兽脑裂,五星内错,稚幼振死";只有最小的状如细笔管的那支,是他与朋友吹着玩的,可以试着吹吹,但也不知是否能终曲。说毕,他举笛吹奏起来。才三声,"湖上风动,波涛沉潏,鱼鳖跳喷";五六声,"君山上鸟兽叫噪,月色昏昧"。乡筠及其他船上的人都吓得脸上失色,浑身战栗。老父止笛不吹,满饮数杯后运棹而去,渐渐消失在波光水色之中,乃吟曰:"湘中老人读黄老,手援紫蘦坐翠草。春至不知湖水深,日暮忘却巴陵道。"据宋人赵令畤在《侯鲭录》中记载,宋代大诗人苏东坡对这首诗极其欣赏,他不知道它是唐朝贾至的作品,以为此诗"必太白、子建"之鬼魂所作。评价确实是很高了。

073　奇曲雅乐,所以禁淫也;锦绣黼黻①,所以御寒也,缛则太过。是以檀卿刺郑声②,周人伤北里③。

【译文】　美妙而高雅的乐曲,本来是用来禁绝淫声之乐的;锦绣的礼服以及上面所绣的华美花饰,本来只是用来抵御寒冷的。然而如果太繁琐华丽就超越了限度。所以檀弓抨击淫靡的郑声乐曲,周人则批评商纣王的北里舞曲。

【注释】 ①黼黻(fǔfú)：礼服上所绣的华美花纹，多指帝王和高官所穿之服。《淮南子·说林训》："黼黻之美，在于杼轴。"高诱注："白与黑为黼，青与赤为黻，皆文衣也。"　②檀卿：即鲁人檀弓，善于礼。《礼记》中即有《檀弓》篇。郑声：郑国的音乐，儒家有"郑声淫"之刺。　③北里：古舞曲名。《史记·殷本纪》记商纣王荒淫，"妲己之言是从，于是使师涓作新淫声，北里之舞，靡靡之乐"。

【评解】 此条采自假托宋玉所作《笛赋》。该赋描写音乐以讽谏君王。

礼乐教化，是儒家政治思想的基本原则。孔子说："安上治民，莫善于礼；移风易俗，莫善于乐。"礼乐教化被历代儒家奉为修身、齐家、治国、平天下的必由之道，因此也是统治者的当务之急。《汉书·礼乐志》说："《六经》之道同归，礼乐之用为急。"在儒家看来，礼乐具备，教化大行，则民治国安；礼乐崩坏，教化不兴，则民乱国危。何谓"礼乐"？简言之，礼是行为仪式或规范，乐即是音乐，是诗、乐、舞的总称。但儒家所谓乐，并非是泛指所有的音乐，而是特指"雅乐"，即《礼记·乐记》所谓的"德音"。儒家言"礼乐"，都是指具有正统道德意义的行为仪式与音乐。

074　静若清夜之列宿①，动若流彗之互奔。

【译文】 （棋子）不动时就像清夜中的众星宿次第排列，一旦动起来则如流星般交互奔竞。

【注释】 ①列宿：众星宿。

【评解】 此条采自晋·蔡洪《围棋赋》。

围棋是中华民族高度智慧的结晶，相传已有近四千年的历史。据史料记载，它在西汉时已传入古印度，并在唐朝以前传至朝鲜和日本。围棋寓意精深，变化万千，动与静，攻与守，先与后，奇与正，虚与实等等，莫不最充分地体现中华文化的精髓与神韵。有人说，如果中国没有四大发明，世界其他国家早晚也会把他们发明出来，但是如果中国不发明围棋，那世界上就永远不会有围棋。

075　振骏气以摆雷①，飞雄光以倒电。

【译文】 振荡起宏大的气势，足可以摆脱风雷；飞驰着雄伟的光华，足可以压倒闪电。

【注释】 ①骏气：宏大的气势。

【评解】 此条采自南齐·张融《海赋》。写波涛之汹涌，文辞优美，气势宏大。

张融《海赋》与晋人木华《海赋》并为名作。作《海赋》，即意在超过木华。不过，钱钟书《管锥篇》中以为，木华《海赋》，远在郭璞《江赋》之上，即张融《海赋》亦无其伟丽。

076　停之如栖鹄，挥之如惊鸿，飘缨葳于轩幌①，发晖曜于群龙。

【译文】　停下来的时候就像是鹊鸟暂栖，挥动起来又仿佛鸿雁惊飞，垂于车帘上的饰物仿若飘扬起来，图案中的群龙也熠熠生辉。

【注释】　①缨蕤(ruí)：用线或绳等做的装饰品。轩：古代一种有围棚或帷幕的车。幌，帐幔，帘帷。

【评解】　此条采自晋·张载《羽扇赋》。写羽扇而绮丽其美，恣肆其用。诗人对羽扇的形象化赞誉。

077 　始缘甍而冒栋①，终开帘而入隙。初便娟于墀庑②，末萦盈于帷席③。

【译文】　初期雪沿着屋脊慢慢覆盖了屋子，终于吹开了窗帘从缝隙中飘进来。起初在台阶和堂前回旋飞舞，终于连帷席上也飘满了雪花。

【注释】　①甍(méng)：屋脊。冒：覆盖。　②便(pián)娟：回旋飞舞貌。墀庑(chíwǔ)：墀指台阶或台阶上的空地。庑，堂下。　③萦盈：雪委回之貌。

【评解】　此条采自南朝宋·谢惠连《雪赋》。此段为：全赋中最精彩的段落，写雪花由"开帘而入隙"变为"万顷同缟"，"千岩俱白"的整个过程，最终呈现出一幅银装素裹的晶莹世界。缘、冒、开、入，一连串的动词，拟雪于人，便娟、萦盈，两个形容词，更状其优美可爱。

　　谢惠连，南朝宋文学家。谢灵运族弟。他10岁能作文，深得谢灵运的赏识，见其新文，常感慨"张华重生，不能易也"。据说谢灵运《登池上楼》中的名句"池塘生春草"，就是在梦中见到谢惠连而写出来的。谢惠连行止轻薄不检，与谢灵运卒于同年，死时年仅27岁(唐代著名诗人王勃死时也是27岁)。读其《雪赋》，在感叹于其写景状之清新婉丽外，也能深深地体味出其中蕴藏的沦肌浃髓的寒意与悲苦，有如此彻心彻骨的绝望，难怪要难免于早年夭折。

078 　云气荫于丛蓍①，金精养于秋菊②。落叶半床，狂花满屋。

【译文】　青云荫覆着丛生的蓍草，金精生养于秋天的菊花之中。落叶纷飞飘了半床，狂花乱舞飞满小园。

【注释】　①"云气"二句：《史记·龟策列传》："蓍生满百茎者，其下必有神龟守之，其上常有青云覆之。"蓍(shī)：卜筮用的草。《玉函方》："甘菊，九月上寅日采，名曰金精。"　②金精：九月上寅日所采的甘菊。

【评解】　此条采自庾信《小园赋》："一寸二寸之鱼，三竿两竿之竹，云气荫于丛蓍，金精养于秋菊。枣酸梨酢，桃榹李薁。落叶半床，狂花满屋。名为野人之家，是谓愚公之谷。"写理想中的小园景物，其中有池鱼、修竹，花草丛生，果树繁多，以至落叶狂花，纷飞乱舞，如野人之家，愚公之谷。

　　庾信于梁元帝承圣三年(454)奉命使北，未终使命，西魏大军进犯江陵，江陵陷落后,元帝遇害,十万臣民被掠至长安。庾信羁留长安,被迫仕于西魏、北周。从此,他在北朝渡过了人生最后的二十六年。虽位望通显,但对于屈仕魏、周,他常感面惭耳热,为臣不忠,为子不孝。一方面怀着仕北的惭耻,一方面又对其愿隐居而不可得,表示极大的遗憾,故写《小园赋》以寄慨,以乡关之思,发为哀怨之辞。

079 雨送添砚之水,竹供扫榻之风①。

【译文】 下雨送来了往砚台里添加的水,竹林吹来了打扫床榻的风。

【注释】 ①扫榻:打扫床榻,表示欢迎客人。

【评解】 此条采自南宋道教学者白玉蟾《懒翁斋赋》:"翁居斋中,惟娴所适,雨送添砚之水,竹供扫榻之风,云展遮山之帘,草铺坐石之褥。"

《懒翁斋赋》乃白玉蟾为苏森作,云"眉山苏森老于懒,以懒翁名其斋"。据学者考证,苏森为苏辙玄孙,苏诩之子。

080 血三年而藏碧①,魂一变而成红②。

【译文】 忠臣的鲜血藏之三年而化为碧玉,望帝的魂魄一变而成为杜鹃啼血。

【注释】 ①血三年而藏碧:《庄子·外物》:"人主莫不欲其臣之忠,而忠未必信。故伍员流于江,苌弘死于蜀,藏其血三年化而为碧。"成语"碧血化珠"、"碧血丹心"即由此而来。苌弘(前575－前492),字叙,古资中县(今四川资阳市雁江区)人。在晋国的"六卿之乱"中,苌弘因帮助范氏和中行氏,赵简子派晋大夫叔向对周王施反间计而将其杀害。 ②魂一变而成红:一般注解皆引晋·常璩《华阳国志·蜀志》载,战国时蜀王杜宇称帝,号望帝,为蜀除水患有功,后禅位,退隐西山,死后魂化为杜鹃,暮春时悲鸣至嘴角流血犹不止。然依此故事,化鸟、啼红之因果关系难以成立。袁珂先生编著《中国神话传说词典》"杜宇"条中对此有另一番解释,较为可信:《全上古三代秦汉三国六朝文·全汉文》辑《蜀王本纪》:"后有一男子,名曰杜宇,从天堕止朱提;一女子名利,从江源井中出,为杜宇妻。乃自立为蜀王,号曰望帝,治汶山下邑曰郫……"按《蜀志》云:望帝化为杜鹃鸟,"至春则啼,闻者凄恻"中似有一段隐情未能道出。《说郛》(百二十卷本)卷六辑《太平寰宇记》云:"望帝自逃之后,欲复位不得,死化为鹃。"略透出此中消息。盖望帝化鹃,皆缘"欲复位不得",非以鳖灵"功高"而"禅位"也。杜宇神话,民间亦有流传,面目与古籍记载颇异,略云:岷江上游有恶龙,常发洪水为害人民。龙妹乃赴下游决嘉定之山以泄洪水,恶龙闭之五虎仙铁笼中。有猎者名杜宇,为民求治水法,遇仙翁赠以竹杖,并嘱其往救龙妹。杜宇持竹杖与恶龙战,大败之,又于五虎山下救出龙妹。龙妹助杜宇平治洪水,遂为杜宇妻。杜宇亦受人民拥戴为王。杜宇有贼臣,昔日之猎友也,常羡杜宇既得艳妻,又登高位,心欲害之。一日猎山中,遇恶龙,遂与密谋,诡称恶龙欲与杜宇夫妻和,乃诱杜宇至山中而困之。贼臣遂篡杜宇位,并逼龙妹为妻。龙妹不从,亦困之。杜宇被囚不得出,遂死山中。其魂化鸟,返故宫,绕其妻而飞,曰:"归汶阳!归汶阳!"汶阳者,汶水之阳,即《蜀王本纪》所谓"望帝治汶山下邑曰郫"。其妻龙妹闻其声,亦悲恸而死,魂亦化鸟,与夫偕去。

【评解】 苌弘化碧,望帝啼鹃,乃是表现无限冤屈的两个最有名的典故。元代关汉卿戏曲《窦娥冤》中,窦娥临刑前发下了三桩誓愿:"不是我窦娥罚下这等无头愿,委实的冤情不浅。若没些儿灵圣与世人传,也不见得湛湛青天。我不要半星热血红尘洒,都只在八尺旗枪素练悬。等他四下里皆瞧见,这就是咱苌弘化碧,望帝啼鹃。"

081　举黄花而乘月艳,笼黛叶而卷云娇①。

【译文】　秋天的黄花在月光下显得格外明艳,月色笼罩的墨绿叶子轻拂着淡云飘逸,显得格外娇柔。

【注释】　①黛叶:墨绿之叶。

【评解】　此条采自唐·王勃《七夕赋》:"于是光清地岊,气敛天标;霜凝碧宙,水莹丹霄。跃麟轩于雾术,褰羽斾于星桥,征赤螭而架渚,漾青翰而乘湖,停翠棱兮卷霜毂,引鸳杼兮割冰绡,举黄花而乘月艳,笼黛叶而卷云娇。抚今情而恨促,指来绪而伤遥。"

七夕,民间传说为天上牛郎织女二星相会之日,故又称"星期"。"仵灵匹于星期,眷神姿于月夕。"王勃在这篇赋文中把星期与月夕相提并论,点出了一年四季中与亲情、爱情相关的最美好、也最凄楚动人的两个夜晚。

082　垂纶帘外①,疑钩势之重悬②;透影窗中,若镜光之开照。

【译文】　在帘外池塘中垂钓,钩势重悬,疑是鱼儿咬钩了。月光下的湖面,宛若一面巨大的镜子,反射出的光亮透进窗户映照着高楼。

【注释】　①纶(lún):钓鱼用的丝线。　②重悬:指鱼咬钩。

【评解】　此条采自唐·郑遥《明月照高楼赋》。月光如水水如天,波光云影共徘徊的澄明之境中,更况有鱼儿咬钩之开心,描绘出明月照耀下的高楼的一份恬静。郑遥,生平不详。

083　叠轻蕊而矜暖,布重泥而诩湿;迹似连珠,形如聚粒。

【译文】　叠放着一层又一层轻细的花蕊,仿佛是在向人夸耀这会是一个多么温暖的窝巢;衔来湿泥涂抹在筑好的巢外,其精细程度令人惊奇。衔来衔去仿佛是在贯连珍珠,筑起的巢穴形状就像是聚集在一起的颗粒。

【评解】　此条采自唐·樊晦《燕巢赋》:"凤凰集于梧桐,鹪鹩巢于枳棘,俱顺时以适理,尽摄生以自得。岂如雕梁祺燕,葺高巢以安息;既开眺户,逐仙羽以长生。或在玉筐,驯主人而含识,质有禀于元造,妙无方兮何极。颔颃金屋,差池翠宫,衔泥绕栋,度势巡空。怜绮窗之华影,爱罗幌之春风,得地相贺,分飞就功。广狭殊轨,规模不同,散彩彬斑,攒文溱。叠轻蕊而矜暖,布重泥而诩湿,迹似连珠,形如聚粒。雾光分晓,出虚窦以双飞;微阴合暝,舞低檐而并入。我室既真,虚白自生,逼之不惧,抚之不惊。故鸟鹊可循而窥也,黾鳞协瑞于太平;余所以触物而作兴,惟燕雀之一鸣。"樊晦,天宝时擢书判拔萃科。此条写燕子衔枝衔泥筑巢的过程与巢穴的形状构造。

084 霁光分晓①,出虚窦以双飞②;微阴合暝,舞低檐而并入。

【译文】 雨后拂晓时分,燕子就从虚开的巢中双双飞出;夜幕即将降临,又在低檐下飞舞并排归巢。

【注释】 ①分晓,拂晓。 ②窦:洞。

【评解】 此条亦采自樊晦《燕巢赋》,见上条。写筑好巢后燕子早出晚归,双宿双飞的快乐适意。

085 任他极有见识,看得假认不得真;随你极有聪明,卖得巧藏不得拙。

【译文】 无论他多么有见识,也往往只看到假象,而看不到真相;随你多么机敏聪明,也许可以卖一份乖巧,却藏不住己身之拙。

【评解】 上句似乎在劝世人,下句则嘲笑聪明人。何谓见识、聪明?许多自以为有见识、聪明的人,反而往往克服不了自己的妄想和欲望,遇事走极端,结果聪明反被聪明误。能认识到世相的虚幻、自身的愚拙,才是真聪明。

086 伤心之事,即懦夫亦动怒发;快心之举,虽愁人亦开笑颜。

【译文】 遇到伤害人心的事,即使懦弱的人也会怒发冲冠;遇到大快人心的事,即使愁眉苦脸的人也会笑颜大开。

【评解】 不敢生气的是懦夫,不去生气的才是智者。

087 论官府不如论帝王,以佐史臣之不逮;谈闺阃不如谈艳丽,以补风人之见遗。

【译文】 讨论官府之事不如讨论帝王之事,以补充修史之人的不足;谈论闺阁之事不如谈论才子佳人的艳事,以补充采风的诗人的遗漏。

【评解】 抽象的整体的描述,不如诚恳具体的研究之能见物更见其人。

088 是技皆可成名天下,唯无技之人最苦;片技即足自立天下,唯多技之人最劳。

【译文】 只要有专门的技艺,都可以成名于天下,只有那些没有一技之长的人活得最苦;只要专精于一门技艺,就足以自立于天下,只有那些精通多门技艺的人活得最为劳累。

【评解】 人无一技傍身,色身难养,性命亦忧。可多技之人又常叹劳累不堪。人需有"技"养身,更需以"心"养"技",养身重要,养心尤为重要。

089　傲骨、侠骨、媚骨，即枯骨可致千金①；冷语、隽语、韵语，即片语亦重九鼎②。

【译文】　不管是傲骨，侠骨，或是媚骨，哪怕是枯骨也可以价值千金；无论是冷语，隽语，或者韵语，即使是只言片语也可以重似九鼎。

【注释】　①枯骨可致千金：用《战国策·燕策一》"千金市骨"典：古之君王，有以千金求千里马者，三年不能得。涓人言于君曰："请求之。"君遣之，三月得千里马。马已死，买其首五百金，反以报君。君大怒曰："所求者生马，安事死马而捐五百金？"涓人对曰："死马且市之五百金，况生马乎？天下必以王为能市马，马今至矣！"于是，不能期年，千里之马至者三。　②片语亦重九鼎：典出《史记·平原君虞卿列传》。秦昭王十五年，秦围赵都邯郸，赵使平原君赴楚求救。毛遂自荐同往，晓楚王以利害，终至同意发兵救赵。平原君因赞毛遂："毛先生一至楚而使赵重于九鼎大吕。"即今一言九鼎之意。

【评解】　此条采自明·吴从先《小窗自纪》。

如《小窗幽记》者，庶可当此语。"芥子须弥，予正欲小中见大。"小品虽小，但精炼含蓄，言简意丰，可小中见大，微中见著，以少胜多，以轻压重。片言居要，宜"敛长才为短劲"，敛奇于简，敛锐于简，敛巧于简，敛广于简。虽"简"，但"当如一泓之水，涓涓而味饶大海"，又岂可轻视之？

090　议生草莽无轻重，论到家庭无是非。

【译文】　议论如果出自于民间草莽，便显得无足轻重；争议如果及于家庭事务，便没有什么对错是非了。

【评解】　"白发渔樵江楮上，惯看秋月春风，一壶浊酒喜相逢。古今多少事，都付笑谈中！"这才是草莽、家庭中的正常生活状态。

091　圣贤不白之衷，托之日月；天地不平之气，托之风雷。

【译文】　圣贤无法表露的心迹，就托付于日月共鉴；天地间因不平而生的怒气，就表现在风啸雷鸣之中。

【评解】　此条采自明·吴从先《小窗自纪》。

刘勰《文心雕龙·序志》："夫有肖貌天地，禀性五才，拟耳目于日月，方声气乎风雷，其超出万物，亦已灵矣。形同草木之脆，名逾金石之坚，是以君子处世，树德建言，岂好辩哉，不得已也。"古人认为，文是道的体现，是和天地并生的，因为天地也是道的体现。日月叠璧为天文，山川焕绮为地文，用语言文字来表达的文章就是"人文"，所以《文心雕龙》开篇第一句话便是："文之为德也大矣，与天地并生者何哉？"曹丕《典论·论文》说："文章经国之大业，不朽之盛事。"

092　风流易荡①，佯狂近颠②。

【译文】 风流不羁容易变得放荡,自放于礼法之外,佯装狂放亦难免弄假成真几近疯癫。

【注释】 ①荡:《论语·阳货》:"古之狂也肆,今之狂也荡。"孔颖达疏曰:"荡,无所据。"刘宝楠《论语正义》:"据,即据于德之据,无所据,则自放于礼法之外。" ②佯狂:假装狂放。《史记·龟策列传》:"箕子恐死,被发佯狂。"

【评解】 所以南朝梁萧纲说:"立身先须谨慎,为文且须放荡。"现代作家郁达夫《钓台题壁》诗曰:"不是尊前爱惜身,佯狂难免假成真。曾因酒醉鞭名马,生怕情多累美人。劫数东南天作孽,鸡鸣风雨海扬尘。悲歌痛哭终何补,义士纷纷说帝秦。"此诗写于1931年的上海,原题为"旧友二三,相逢海上,席间偶谈时事,嗒然若失,为之衔杯不饮者久之,或问昔年走马章台,痛饮狂歌意气今安在耶,因而有作"。首联写朋友聚会所以不像过去那样嗜酒若命,开怀豪饮,不是怕伤了身体,而是怕平时佯狂面世的心态成了真的了。因为诗人深感以前走马章台,诗酒风流的生活已成过去,内心深为自责,渴望以国家兴亡为己任。

093 书载茂先三十乘①,便可移家;囊无子美一文钱②,尽堪结客。

【译文】 像张华那样藏书装满三十辆车子,就可以搬家了;像杜甫那样囊中羞涩身无分文,却仍可以热情地结交朋友。

【注释】 ①书载茂先三十乘:张华(232－300),字茂先,晋范阳方城人。博闻强识,当时推为第一,着有《博物志》。《晋书》本传记其:"雅爱书籍,身死之日,家无余财,唯有文史溢于机箧。尝徙居,载书三十乘。" ②囊无子美一文钱:杜甫,字子美,原籍湖北襄阳,生于河南巩县。晚年生活贫困,有《空囊》诗自咏:"囊空恐羞涩,留得一钱看。"但杜甫认为,贫贱方能见真交,其《贫交行》诗曰:"君不见管鲍贫时交,此道今人弃如土。"晚年作《客至》诗曰:"盘飧市远无兼味,尊酒家贫只旧醅。肯与邻翁相对饮,隔篱呼取尽余杯。"没有美味好酒,却越喝酒意越浓,越喝兴致越高。

【评解】 古代文人是书堆成的,现代文人很多却是钱堆成的。

094 有作用者,器宇定是不凡;有受用者,才情决然不露。

【译文】 有才能有作为的人,胸怀度量一定非同平凡;懂得受用的人,内心的才情一定不轻易表露。

【评解】 此条采自明·郑瑄《昨非庵日纂》。郑瑄,字汉奉,号昨非庵居士,闽县(今福州)下渡人。"昨非庵"是郑瑄官署中的书室,郑瑄《自序》说:"使余而知昨之非也。"时时警示自己。此书是他的读书笔记,从历代正史、诗文集、野史、杂记等书中分门别类采集而成的,"此书皆记古人格言懿行"。"有受用者",亦作"有智慧者"。

095 松枝自是幽人笔①,竹叶常浮野客杯②。

【译文】　松枝自然是幽人隐士手中的笔,竹叶也总是飘浮在山人野客的杯中。

【注释】　①幽人笔:旧署唐·冯贽编《云仙杂记》载:中唐时,诗人司空图隐居于中条山,他砍削松枝作为笔杆,旁人感到很奇怪。他回答说:"幽人笔,正当如是。"　②"竹叶"句:唐·则天皇后《游九龙潭》:"山窗游玉女,洞户对琼峰。岩顶翔双凤,潭心倒九龙。酒中浮竹叶,杯上写芙蓉。故验家山赏,惟有风入松。"

【评解】　汲汲于名利之人,注重的多是使自己衣食住行豪奢丰足,心便自然而然世俗化了。反之,处于清雅淡泊的境界,倒有着无穷的趣味。这是中国文人的艺术趣味。古人说,有天欲,有人欲。松枝竹叶,吟风弄月,或即为天欲,幽人野客之欲。

096　且与少年饮美酒,往来射猎西山头①。

【译文】　姑且与少年痛饮美酒,然后往来于西山打猎。

【注释】　①西山:即邯郸西北的马服山。

【评解】　此条采自唐·高适《邯郸少年行》:"邯郸城南游侠子,自矜生长邯郸里。千场纵博家仍富,几度报仇身不死。宅中歌笑日纷纷,门外车马常如云。未知肝胆向谁是,令人却忆平原君。君不见今人交态薄,黄金用尽还疏索。以兹感叹辞旧游,更于时事无所求。且与少年饮美酒,往来射猎西山头。"

　　诗写游侠子之报国宏图无从实现,遂表现出睥睨尘世、刚直耿介的性情节操。此结尾二句看似旷达,与世"无求",实则正话反说,充满慷慨之情,愤懑之气。

097　瑶草与芳兰而并茂①,苍松齐古柏以增龄。

【译文】　瑶草芳兰尽一时之茂,苍松古柏齐万年之寿。

【注释】　①瑶草:传说中的香草,泛指珍美的草。

【评解】　祝寿之词。赞人们生儿孙如瑶草芳兰繁茂,自己则如苍松古柏延年增寿。

098　好山当户天呈画①,古寺为邻僧报钟。

【译文】　美好的山景正对门前,这是大自然呈现出的一幅天然图画;与古老的佛寺为邻,每天都可以听到僧人敲钟报时。

【注释】　①好山当户:宋张纲《归乡》:"好山当户碧云晚,明月满溪寒苇秋。"

【评解】　韦应物有诗云:"怪来诗思清人骨,门对寒流雪满山。"(《休暇日访王侍御不遇》)怪不得你的诗思那般"清人骨",原来是你住着这样的清幽之地。清冷的小溪,满山的白雪,好山当户,古寺为邻,每天身处这样一种环境中,人连同他的诗怎会不带上清净、清爽的精气神呢?

099　群鸿戏海,野鹤游天。

【译文】 如群群鸿雁嬉戏于海面,队队野鹤遨游于天际。

【评解】 南朝梁·袁昂《评书》:"钟繇书,如云鹤游天,群鸿戏海,行间茂密,实亦难过耶。"梁武帝萧衍《古今书人优劣评》喻:"钟繇书如云鹄游天,群鸿戏海,行间茂密,实亦难过。"可知此语为时人对钟繇书法的定评,状其自然生动之势。

钟繇(151-230),字符常,三国魏颍川(今河南许昌)人。因为做过太傅,世称"钟太傅"。其书法博采众长,兼善各体,尤精小楷,开创了由隶书到楷书的新貌。和晋代王羲之并称"钟王"。钟的真迹,早已失传,宋代以来法帖中所刻的小楷《宣示表》,《荐季直表》等都是晋唐人临摹本,其中《荐季直表》在清代被刻入《三希堂》,列诸篇之首。

《荐季直表》,楷书,书时钟繇已七十高龄。此表内容为推荐旧臣关内侯季直的表奏。此帖笔画、结字都极其自然,章法错落。梁武帝等所说钟繇书法"云鹤游天","群鸿戏海"以及"行间茂密"等,于此帖表现最为鲜明。其布局空灵,结体疏朗、宽博,体势横扁,尚有隶意,天趣盎然,妙不可言。

卷四 灵

　　天下有一言之微而千古如新、一字之义而百世如见者,安可泯灭之? 故风雷雨露,天之灵;山川名物,地之灵;语言文字,人之灵。罨三才之用①,无非一灵以神其间,而又何可泯灭之? 集灵第四。

【译文】　天下有像一句话那样微不足道而流传千古新鲜如初,一个字的意义而流传百世依然如亲见一样真实,这些怎么可以任它泯灭呢? 所以风雷雨露是天的灵气,山川名物是地的灵气,语言文字是人的灵气。仔细观察天、地、人三才的作用所呈现出的各种现象,无非是一个灵气在其间发挥了神奇的作用,这些又怎么可以任它泯灭呢? 于是,编纂了第四卷“灵”。

【注释】　①罨(yì):侦伺,观察。

【评解】　天地因为有了灵气才变得生机勃发,四季因为有了灵气才显得异彩纷呈,而这一切,终归都是因为人之存在,人之心领神会。春华秋实,夏雨冬雷,在文人骚客的眼里,便如那平仄起伏的音韵旋律、诗行里的情节蕴藉而风流。文字是人类心灵感悟的纪录,是“不朽之盛事”。古人曰:“登高能赋,方为大夫。”有感于此,作者搜罗了那些钟灵毓秀的“一言之微”、“一字之义”,而成此编,令千古而下的人们得以领略字里行间那一脉灵性的流动。

001　投刺空劳①,原非生计;曳裾自屈②,岂是交游?

【译文】　到处拿着自己的名刺去投递求见,终究只会空自奔忙,这原本就不是谋生之道;拉着衣襟屈膝卑躬奔走于王侯权贵之门,哪里是正常的结交朋友之道呢?

【注释】　①投刺:刺,名帖,书姓名以自白,故曰刺。凡求见之礼,先投刺以自达。《梁书·诸葛璩传》载江祀荐璩书:“璩安贫守道,悦礼敦诗,未尝投刺邦宰,曳裾府寺。如其简退,可以扬清厉俗。请辟为议曹从事。”清·陈康祺《郎潜纪闻》卷五:“明季士大夫投刺率称某某拜,开国犹然,近人多易以‘顿首’二字。”　②曳裾:“曳裾王门”的省称,指奔走于王侯权贵之门。裾,外衣的大襟。《汉书·邹阳传》:“饰固陋之心,则何王之门不可曳长裾乎?”

【评解】　名片在古代被叫做“谒”、“名刺”、“刺”、“柬”、“名帖”、“门状”等,主要用于政界官场上的交往,也有少数用于私人之间的交际。关于名片的最早记载见于《史记·郦生陆贾列传》,写郦生踵军门上谒刘邦。东汉祢衡因为耻于干谒,揣在怀里的名帖据称被磨得看不清字。自明以来,官场则盛行一种只投刺,不见面的应酬之风,即只将名片投递给对方而并不真与接受名片的官员见面,这是编织关系网的一种手段。如明人陆容《菽园杂记》记录了这种官场风气:"东西长安街朝官居住最多,至此者不问识与不识,望门投刺,有不下马或不至其门,令人送名帖者。"逢年过节时,更是"望门投刺"兴盛的时候,明朝文征明在《拜年》诗云:"不求见面惟通谒,名纸朝来满数庐。我亦随人投数纸,世情嫌简不嫌虚。"

002 事遇快意处当转,言遇快意处当住。

【译文】 做事到了舒心快意处就应当想着转向避开,说话到了舒心快意处就应当想着暂且打住。

【评解】 当行则行,当住则住,这是人生节奏的把握。人逢得意之时,最应该时刻想着的就是不能忘形。急流勇退,需要勇气,需要智慧。

003 俭为贤德,不可着意求贤;贫是美称,只是难居其美。

【译文】 节俭是贤良的美德,但是,不可因为人们称赞节俭,就刻意追求这种声名。安贫往往为人所赞美,只是很少有人能安居贫穷。

【评解】 节俭就是不浪费。"一丝一缕,恒念物力惟艰;一粥一饭,当思来之不易。"节俭就是以最经济的方式达到最大的效益。所以,真正的节俭应该是,不当花的钱一分不花,但当花的钱则毫不吝啬,正如有人自奉节俭,但在遇到需要他去帮助别人的时候,却能慷慨解囊,这才称得上贤德之俭。

安贫乐道是古代士大夫追求的最高的精神境界。颜渊"一箪食,一瓢饮,居陋巷而不改其乐"。陶渊明诗曰:"先师有遗训,忧道不忧贫"。以现代的观念看,乐道未必一定就要安贫,安贫也未必就有道,但是,人们不能不时时反躬自省的是,在物质生活水平提升的同时,人的心灵世界是否也随之进步呢?

004 志要高华,趣要淡泊。

【译文】 一个人的志向要高迈深远,但生活情趣要淡泊宁静。

【评解】 此条采自明·吴从先《小窗自纪》:"志要豪华,趣要淡泊。"

高远的志向是人生奋斗的强大动力,淡泊宁静的生活情趣是实现志向的精神条件,两者相辅相成。志当存高远,趣向淡泊行。诸葛亮在《诫子书》中也给世人留下了这样的名言:"非淡泊无以明志,非宁静无以致远。"

005 眼里无点灰尘,方可读书千卷;胸中没些渣滓,才能处世一番。

【译文】 眼里没有一点点成见偏见,才可以读书千卷而不厌倦;胸中没有那些偏执芥蒂,才能够处世圆融而不隔阂。

【评解】 读书不可先入为主,否则永远只看到自己所赞同的,不赞同的则视若无睹。处世更不可先入为主,否则又如何去容忍那些不如己意之人与事?

006 眉上几分愁,且去观棋酌酒;心中多少乐,只来种竹浇花。

【译文】 如果眉梢带着几分愁容,那就姑且去观人对棋或者酌酒对饮;如果心中有几许欢乐,也只可以去种竹浇花。

【评解】 观人围棋,便明白眼睛不可死盯在几颗小棋子上,那么眉上区区几分愁,又何必太在意?自可在观棋酌酒中慢慢稀释消散。倘若心中有了几许快乐,却不可到处人前张扬,且去家中种竹浇花,让焦躁的心慢慢地平复净化。这样的淡泊安定、畅达平稳,大概就是文人隐士们向往的与世无争的生活常态吧。

007 茅屋竹窗,贫中之趣,何须脚到李侯门①;草帖画谱,闲里所需,直凭心游扬子宅②。

【译文】 茅屋竹窗,是清贫生活中的意趣,何必一定要攀附于李膺那样的龙门;草书法帖画谱,是闲居生活中所需要的,只需凭心游于寂寂寥寥的扬雄的门宅。

【注释】 ①李侯:指东汉李膺(110-169),颍川襄城人,字符礼,初举孝廉,桓帝时累官至司隶校尉。《后汉书》本传曰:"是时朝廷日乱,纲纪颓弛,膺独持风裁,以声名自高。士有被其容接者,名为登龙门。" ②扬子:指西汉扬雄(前53-18),蜀郡成都人,字子云。《汉书》本传记其"家素贫,嗜酒,人希至其门。"曾闭门着《太玄》、《法言》,左思《咏史》便说:"寂寂扬子宅,门无卿相舆"。卢照邻《长安古意》:"寂寂寥寥扬子居,年年岁岁一床书。"杜牧《川守大夫刘公早岁寓居敦行里肆有题壁十韵辄献此诗》:"昔为扬子宅,今是李膺门。"

【评解】 《次答王敬助》诗曰:"富贵功名只如此,何须多梦过侯门?"贫中自有贫中乐,闲中自有闲中趣,随遇而安,却又胸怀宇宙天地,斗室自然蓬荜生辉。罗曼·罗兰说过,真正的伟大是孤独。

008 好香用以熏德,好纸用以垂世,好笔用以生花①,好墨用以焕彩,好茶用以涤烦,好酒用以消忧。

【译文】 好香用来熏陶美好的德性,好纸用来流传千古不朽的文字,好笔用来书写生花般的美文,好墨用来描绘流光溢彩的图画,好茶用来涤除心中的烦恼,好酒用来消解心头的愁忧。

【注释】 ①好笔用以生花:旧署唐·冯贽编《云仙杂记》卷十:"李太白少梦笔头生花,后天才赡逸,名闻天下。"

【评解】 好东西也只有到了适合它的人手中,才能够得到好的效果。一切都在一个缘字,也在一个巧字上。《第六才子书西厢记》中宣称:"既好读书,又好友生,则必好于好香、好茶、好酒、好药。好香、好茶、好酒、好药者,读书之暇,随意消息,用以渲导沉滞,发越清明,鼓荡中和,补助荣华之必资也。"古来读书,焚香是一道必有的风景,不仅仅是营造了室内温馨之氛围,传递一种圣洁的情怀,且兼有提神醒脑之功用。

009 声色娱情,何若净几明窗,一坐息顷①;利荣驰念,何若名山胜景,一登临时。

【译文】 纵情于声色,还不如在洁净的书桌和明亮的窗前休息一会儿,让自己得到宁静的快乐。为荣华富贵而意念纷驰,哪里比得上登临名山,欣赏胜景来得真实呢?

【注释】 ①息顷:顷刻,一会儿。

【评解】 时时让自己在净几明窗前坐下来静一静,在登山临水中放下来想一想,也许你会发现,纵情声色,荣华富贵,生命中有许多追求并非真的必要,只是一味地去追求,反倒忘了当初的梦想与真实的心。

010 竹篱茅舍,石屋花轩;松柏群吟,藤萝翳景①;流水绕户,飞泉挂檐;烟霞欲栖,林壑将暝。中处野叟山翁四五,予以闲身作此中主人,坐沉红日,看遍青山,消我情肠,任他冷眼。

【译文】 竹子编的篱笆茅草盖的房,石砌的墙壁布满了鲜花;松柏伴着风声吟唱,藤萝遮蔽了日月的影光;清清的流水绕屋而流,山上的飞瀑仿佛就直挂在屋檐;烟雾云霞仿佛要在这里栖息,山林丘壑也即将要被夜色笼罩。在这幽静的山居之中,有野老山翁四五人,而我以悠闲之身充当主人,坐待红日落山,赏遍青山美景,排解内心的情愁,又哪管他人的冷眼!

【注释】 ①翳(yì):遮蔽,掩盖。

【评解】 中国古代的文人,从小苦读圣贤之书,然后一朝金榜题名,进入了官场,却发现圣人之书其实只是用来读的,书本上的世界与现实世界完全是两重天,然而,此时回头却已无望,生命都走完了一多半,只能一条道走到黑,在官场倾轧的游戏中沉浮。当然,自古也有大智慧之人,深谙官场之险,毅然辞官卸任,自我放逐,打点行装,退隐山水,寻一处清净所在,竹篱茅舍,石屋花轩,不再过问世间俗事,看流水绕户,飞泉挂檐,"采菊东篱下,悠然见南山",安享晚年。"竹篱茅舍风光好,道院僧堂终不如。"如此闲雅舒适的心灵,令人向往并神迷几许。

011 问妇索酿,瓮有新篘①;呼童煮茶,门临好客。

【译文】 问妇人索要酒喝,瓮中正好有新酿出的美酒;叫童子煮水烹茶,因为就将有嘉宾临门。

【注释】 ①新篘:新酿出的酒。

【评解】　此条采自明·屠隆《娑罗馆清言》："红润凝脂,花上才过微雨;翠匀浅黛,柳边乍拂轻风。问妇索酿,瓮有新篘;呼童煮茶,门临好客。先生此时,情兴何如!"

　　又是向妇人讨酒,又是呼童子煮茶,其殷勤兴奋之状,令人会心而笑。不禁好奇,是什么"好客"临门竟让主人如此期待? 又一想,只要知道有好客临门即可,又何必追问,就像王子猷雪夜访友,乘兴而去,兴尽而返便可。

012　花前解佩,湖上停桡,弄月放歌,采莲高醉;晴云微裒,渔笛沧浪,华句一垂①,江山共峙。

【译文】　花前解下了玉佩,湖上停下了船桨,月下长啸高歌,江上采莲令人如此陶醉;晴天白云微风裒裒,渔笛悠扬江水渺渺,美丽的鱼钩一垂,惟觉江水与青山静静对峙。

【注释】　①华句(gōu):华美的鱼钩。句,通"勾"。

【评解】　花前解佩,鱼钩暂放,喧嚣绚丽之尘世,一瞬间都烟消云散,惟有"江上数峰青"。如此清雅心境,令人思之悠悠。

013　胸中有灵丹一粒,方能点化俗情,摆脱世故。

【译文】　胸中有一颗灵明的心,才能够点化世俗之情,摆脱世故之心。

【评解】　灵丹者,天真之心也。只是我们于浑然不觉中使灵丹蒙尘,云遮日月罢了。复归于赤子之心,复归于混沌之态,方可使灵丹重焕光华。

014　独坐丹房,萧然无事,烹茶一壶,烧香一炷,看达摩面壁图①。垂帘少顷,不觉心静神清,气柔息定,蒙蒙然如混沌境界,意者揖达摩与之乘槎而见麻姑也②。

【译文】　独自打坐于炼丹房中,萧萧然无所事事,乃烹茶一壶,烧香一炷,看达摩始祖面壁习禅图。(然后学着他的样子)微微地闭目垂帘,不一会儿,心中渐渐沉静下来,意识稍稍泯去,气息柔和而平稳,迷蒙之中仿佛进入了一种无思无虑的混沌境界。这时,只见达摩祖师乘着木筏而来,把我接引上船,然后一同渡水去拜见了那饱经了沧海桑田变换的麻姑女仙。

【注释】　①达摩:菩提达摩的省称。天竺高僧,本名菩提多罗。南朝梁普通元年(520)到中国,梁武帝萧衍迎至建康。后渡江至北魏,止于嵩山少林寺,面壁九年而化,传法于慧可。后人尊之为中国禅宗初祖。　②乘槎:晋·张华《博物志》载,一人住海边,见每年八月有木筏顺流而至,遂乘之,竟入天河,见牛郎织女。麻姑:神话传说中的女仙,《太平广记》载,麻姑自云:"接待以来,已见东海三为桑田,向到蓬莱,水又浅于往昔会时略半也,岂将复还为陵陆乎?"

【评解】　在纷乱的社会生活中感到不安,便想着朝更深入的心灵境界走去,通过反观内照,来审视自己的心灵。只要认识了自己心灵的本来面目,也就可以悟道成佛了,这也正是中国禅宗的要旨。正如静止的水才可能看到清澈的水底,人也只有在心静神清之时,才能摆脱尘世的喧扰,直抵内心深处,仿佛随同达摩祖师一起见到了惯看沧海桑田变换的麻姑女仙,此时,又哪里还有什么烦恼与执着?

015 无端妖冶,终成泉下骷髅;有分功名,自是梦中蝴蝶①。

【译文】 艳丽妖媚的美人,终将成为九泉之下的白骨。功名纵然有分,无非是梦中之蝶,醒来尽成虚幻。

【注释】 ①梦中蝴蝶:用庄周梦蝶典。

【评解】 若无可悦可厌之心,美本不为美,丑亦不为丑。对美的执着,不过是自己执着不放,因而产生痛苦。美和丑都是暂时的幻相,也是自己心中的幻相。昨日她还是一个女婴,今日里转化为美人,来日里同样也要化为骷髅。就像《西游记》中的白骨精一样,一变为美妇人,再变为老太太,三变为老公公,最终还是现出了原形——一堆白骨。

在古代,读书人最大的心愿,就是求取功名利禄;十载寒窗的代价,便是一举成名。现代人何尝不然? 其实,一切功利,皆是浮云;既是浮云,无不可抛,皆如梦中之蝶,随物迁化,有什么好执着的呢?

016 累月独处,一室萧条,取云霞为伴侣,引青松为心知。或稚子老翁,闲中来过,浊酒一壶,蹲鸱一盂①,相共开笑口,所谈浮生闲话,绝不及市朝。客去关门,了无报谢,如是毕余生足矣。

【译文】 长年累月独自居处,满屋子的寂寞冷清,惟取云霞作为伴侣,引青松作为知己。偶尔有老翁带着幼童闲中无事过访,便取一壶浊酒,一盘大芋招待,把酒对饮,笑逐颜开。所谈的都是平生的家常闲话,绝不涉及名利俗事。客人离去只需轻掩柴门,根本不用道些感激的客套话语,如此度过我的一生,也就心满意足了。

【注释】 ①蹲鸱(chī):大芋。因其状如蹲伏之鸱,故称。冯梦龙《古今谭概》载曰:"张九龄一日送芋萧炅,书称'蹲鸱'。萧答曰:'损芋拜嘉,唯蹲鸱未至。然寒家多怪,亦不愿见此恶鸟也。'九龄以书示客,满座大笑。"

【评解】 云霞青松作我伴,浊酒一壶言语欢,这样的意境不是也很宁静悠然,像清澈的溪流一样富于诗意吗? 人生最大的烦恼,不在自己拥有的太少,而在自己向往的太多。生命本身就是一场体验,只经历,不占有。所以日本作家金子由纪子著有《不持有的生活》。"不持有"不仅是提倡绿色环保、节俭,更是精神压力的释放与解脱、内省、灵修、心灵成长和达到各方面的平衡。

017 半坞白云耕不尽,一潭明月钓无痕。

【译文】 耕不尽那半个山坞的白云，钓不尽那一泓清潭的明月。

【评解】 此条化自北宋诗人管师复的名句："满坞白云耕不破，一潭明月钓无痕。"管师复，浙江龙泉人。陈襄门人。襄讲学仙居，令为都讲。为人仁勇好义，工诗。神宗欲官之，不受。学者称卧龙先生。有《白云集》。

据《龙泉县志》记载，有关这两句诗还有一段传说：北宋年间，管师复隐居于白云岩。朝廷闻听此事，派人前往恭请。管师复坚拒不出，来人不解问曰："卿所得何如？"答道："满坞白云耕不破，一潭明月钓无痕。"两句道出了其隐居之所的无限美妙的意境。清雅、空灵，饱含着隐者之趣，隐者之乐，让人咀嚼玩味不尽，堪称千古名句。

018 茅檐外，忽闻犬吠鸡鸣，恍似云中世界；竹窗下，惟有蝉吟鹊噪，方知静里乾坤。

【译文】 茅檐屋外，忽然听见几声狗吠鸡鸣，让人感觉好像到了远离尘世的云中世界；竹窗之下，惟有听到蝉鸣鹊噪，才能体会到宁静中别有一番超凡脱俗的天地。

【评解】 "蝉噪林逾静，鸟鸣山更幽。"面对大自然活泼泼的生机，更能让人明白生命中沉静的真正意义。只有内心感觉到了宁静，才能真正领悟到静的神韵。

019 如今休去便休去，若觅了时无了时。若能行乐，即今便好快活。身上无病，心上无事，春鸟是笙歌，春花是粉黛。闲得一刻，即为一刻之乐，何必情欲乃为乐耶？

【译文】 如果现在就能够休歇，那就应该及时休歇；如果刻意寻觅了结，反而永无了结之时。如果能够及时行乐，那么现今便是大好快活。身体没有病痛，内心无事相扰，那么春鸟的鸣叫听起来就像是美妙的音乐，春花灿烂就仿佛是盛装的美女。能得到一刻清闲，就去享受一刻清闲的快乐，何必一定要在情欲中追求刺激快乐呢？

【评解】 身上无病，心上无事，那便是最大的快乐与闲静。享受眼前的快乐与闲静，则无处不是乐境，无处不是闲境，春鸟便是笙歌，春花便是美人，又何以要一味地在追逐欲望中享乐，在享乐中追逐更大的欲望？

020 开眼便觉天地阔，挝鼓非狂①；林卧不知寒暑更，上床空算②。

【译文】 睁眼看世界，便会觉得天地广阔，即使像祢衡那样裸身击鼓骂曹，也难称得上狂放。隐居于山林，不知寒暑变更，即使像陈登那样久不与许汜言且使之卧下床的忌讳，也只能是空自筹算。

【注释】 ①挝(zhuā)鼓非狂：用东汉祢衡裸身击鼓骂曹操典。祢衡(173－198)，字正平。少有才辩，气刚傲物。以孔融荐为曹操鼓吏，曹操使衣鼓吏服辱之。祢衡于曹操面前裸身更衣，后又至曹营骂之。曹操含愤遣之,终为黄祖所杀。事见《后汉书·文苑列传》。　②上床空算:典出《三国志·魏书·陈登传》:许汜拜访陈登,陈登久不与言,自上大床卧,使之卧下床。许汜将陈登待之不客的事告诉刘备,刘备非但没有责怪陈登,反而说:"君有国士之名,今天下大乱,帝主失所,望君忧国忘家,有救世之意,而君求田问舍,言无可采,是元龙(陈登字)所讳也,何缘当与君语?如小人,欲卧百尺楼上,卧君于地,何但上下床之间邪?"此谓功名入世之心乃为"空算"。

【评解】　祢衡、陈登之举,终究只是狂狷之为。激烈、愤懑、不近人情,难说是大丈夫、真隐者的选择,所以说这不是真丈夫的狂放,也不是真隐者应有的忌讳。

021　惟俭可以助廉,惟恕可以成德。

【译文】　只有节俭可以使人廉洁奉公,只有宽恕可以使人养成美好的品德。

【评解】　此条采自《宋史》卷三百一十四《范仲淹传》附其子范纯仁传:"纯仁性夷易宽简,不以声色加人……每戒子弟曰:'人虽至愚,责人则明;虽有聪明,恕己则昏。苟能以责人之心责己,恕己之心恕人,不患不至圣贤地位也。'"又曰:"弟纯粹在关陕,纯仁虑其于西夏有立功意。与之书曰:'大辂与柴车争逐,明珠与瓦砾相触,君子与小人斗力,中国与外邦校胜负,非唯不可胜,兼亦不足胜,不唯不足胜,虽胜亦非也。'亲族有请教者,纯仁曰:'惟俭可以助廉,惟恕可以成德。'其人书于坐隅。"

清人高拱京对于俭的作用有一段精彩评论:"俭有四益:人之贪淫,未有不生于奢侈者,俭则不至于贪,何从而淫,是俭可以养德,一益也。人之福禄,只有此数,暴殄糜费,必至短促,撙节爱养,自能长久,是俭可以养寿,二益也。醉浓饱鲜,昏人神志,菜羹蔬会,肠胃清虚,是俭可以养神,三益也。奢者妄取苟存,志气卑辱,一从俭约,则于人无求,于己无愧,是俭可以养气,四益也。"(《高氏塾铎》)恕,就是将心比心,推己及人,设身处地为他人着想。《论语·雍也》曰:"己欲立而立人。"《论语·卫灵公》曰:"己所不欲,勿施于人。"自己希望达到、实现的也希望别人达到、实现;自己所厌恶的也不施于他人。"如福寿康宁,人之所欲;死亡贫苦,人之所恶。所欲者必以同于人,所恶者不以加于人。"(朱熹《朱子语类》卷四十二)这就是恕。"恕则无人我之私,故能进于德。"(清·石成金《传家宝》三集卷二《群珠》)

022　山泽未必有异士,异士未必在山泽。

【译文】　山林川泽中未必就有奇异之士,奇异之士也未必都在山林川泽之中。

【评解】　刻意表现为自命清高,标新立异的人,往往都是可疑的。当栖居山泽成为很多人的"终南捷径",真正的隐士就要不屑与之为伍了。

023　业净六根成慧眼[①],身无一物到茅庵。

【译文】　六根罪业一旦清净,人即具有了观照世间万物的慧眼;身无一物拖累,看破红尘便如同住在茅草庵里修行一样。

【注释】 ①六根:佛教以眼为视根,耳为听根,鼻为嗅根,舌为味根,身为触根,意为虑根,合称"六根",乃联系尘世、遮掩佛性之业障。慧眼:佛教以肉眼、天眼、慧眼、法眼、佛眼为五眼,慧眼和法眼能见事物实相,肉眼和天眼仅见幻相,佛眼则为如来之眼,无所不见。

【评解】 心不能做到百分百剔除杂质,不能做到身无一物,"万物皆有佛性"的"佛性"就做不了你的主宰。按照佛家的说法,我们每个人都和佛菩萨一样,具备无上智慧,只不过被世俗的杂质遮蔽住了,即六根不能清净。一旦觉悟,人便可成佛。

024 人生莫如闲,太闲反生恶业;人生莫如清,太清反类俗情。

【译文】 人生没有比清闲更重要的了,但太闲了反而生出罪恶之业障;人生没有比清高更重要的了,但太清高了反而变得俗气矫情。

【评解】 此条采自明·曹臣《舌华录》,谓此为陈继儒语。

过度的清闲,容易迷失自我,让人走进梦魇;过分的清高,反给人以虚伪之嫌。坏就坏在一个"太"字上。

025 "不是一番寒彻骨,怎得梅花扑鼻香①。"念头稍缓时,便宜庄诵一遍②。

【译文】 "不是一番寒彻骨,怎得梅花扑鼻香。"每当精神稍有松懈时,就应该认真地吟诵一遍这两句诗。

【注释】 ①"不是"二句:语出唐·黄檗禅师(希运)所作《上堂开示颂》:"尘劳迥脱事非常,紧把绳头做一场。不是一番寒彻骨,怎得梅花扑鼻香。" ②庄诵:严肃地吟诵。

【评解】 此条采自明·曹臣《舌华录》。

宝剑锋从磨砺出,梅花香自苦寒来。不经过刻苦的锻炼努力,也就不可能取得成功。正如登山,没有攀登时的艰辛,哪有登顶后的快意?岂容有稍许懈怠!

026 梦以昨日为前身,可以今夕为来世。

【译文】 睡梦中把昨日当成是自己的前身,那么也可以把今夕当做自己的来世。

【评解】 此条采自明·曹臣《舌华录》:"熊际华曰:'梦以昨日为前身,可以今夕为来世。'"

欲知前世因,今生受者是;欲知后世果,今生作者是。梦是无界的,可以在三世间自由畅游。梦,使三个世界相通,无数不可想,或想了很久的事情,都在梦里因缘际会,游离于今生与前世。美国诗人惠特曼有句名句:一刹那间,历史上的昨天、今天和明天其实是一天。人的一生,在整个宇宙来说,不过是很简短的瞬间,而文学之中那种永恒的美,阅尽人间的美,无论是何年代,都是连贯的。千年时空的变化无非在服饰上,住房家具上,但中国人的文化传统骨子里不会变。

027 读史要耐讹字,正如登山耐仄路,踏雪耐危桥,闲居耐俗汉,看花耐恶酒,此方得力。

【译文】 阅读史书要忍受得了错字,就像登山要能忍耐山间狭窄的小路,踏雪赏景要忍耐得了危险的小桥,闲居之中要忍耐得了俗汉的打扰,赏花之时要忍耐得了劣酒,只有这样才能得到其中的真正乐趣。

【评解】 此条采自陈继儒《安得长者言》、《岩栖幽事》。

说是忍耐,其实也正是读书进步的得力之举,是生活的趣味之所在。即以史书而论,若不能硬着头皮去钻研考究一番,要把史书读下去都几乎是不可能的,还谈什么享受书中乐趣?

028 世外交情,惟山而已。须有大观眼①,济胜具②,久住缘③,方许与之莫逆。

【译文】 尘世之外的交情,只有青山而已。但须有观世事的慧眼,登山临水的好身具,长久居住的缘分,才能与青山结成莫逆之交。

【注释】 ①大观眼:即站在超越人间的宇宙极境来观看人间的种种生态世相的慧眼。 ②济胜具:指能攀越胜境、登山临水的好身体。《世说新语·栖逸》:"许掾好游山水,而体便登陟,时人云:'许非徒有胜情,实有济胜之具。'" ③久住缘:亦佛家语,即久住之缘。

【评解】 "大观眼"是精神条件,"济胜具"是物质条件,外加一份缘分,三者齐备,才能成就与青山的莫逆之情。"相看两不厌,惟有敬亭山"(李白《敬亭山》)、"我见青山多妩媚,料青山,见我应如是"(辛弃疾《贺新郎》),与青山互通款曲,对青山的赞许,又何尝不是自勉自励。

029 九山散樵,(浪)迹俗间,徜徉自肆,遇佳山水处,盘礴箕踞①。四顾无人,则划然长啸,声振林木。有客造榻与语,对曰:"余方游华胥②,接羲皇③,未暇理君语。"客去留,萧然不以为意。

【译文】 九山散樵,浪迹世间,四处游荡,逍遥自在,遇到山水美妙的地方,就很随意地叉开腿坐下。看四下无人,便高声长啸,声音震动林中的树木。有客人来拜访他,坐在床边和他说话,他回答说:"我正在神游华胥氏之国,与上古伏羲氏交谈,没空来理会你的话。"客人或走或留,他都闲散平淡,完全不在意。

【注释】 ①盘礴:不拘形迹,旷放自适。箕踞:两脚张开,两膝微曲地坐着,形状像箕。这是一种轻慢傲视对方的姿态。 ②华胥:指梦境。《列子·黄帝》:"(黄帝)昼寝,而梦游于华胥氏之国。华胥氏之国在弇州之西,台州之北,不知斯齐国几千万里。盖非舟车足力之所及,神游而已。其国无帅长,自然而已;其民无嗜欲,自然而已……黄帝既寤,怡然自得。" ③羲皇:即伏羲氏。

【评解】 此条采自明·陆树声《九山散樵传》(又见于明·曹臣《舌华录》):"九山散樵者,不着姓氏,家九山中,出入不避城市。樵尝仕内,已倦游谢去,曰:'使余处兰台石室中,与诸君猎异搜奇,则余不能;若一丘一壑,余方从事,孰余争者?'因浪迹俗间,徜徉自肆,遇山水佳处,盘礴箕踞,四顾无人,则划然长啸,声振林谷。时或命小车,御野服,执麈尾,挟册,从一二苍头,出游近郊,入佛庐精舍,徘徊忘去。对山翁野老,隐流禅侣,班荆偶坐,谈尘外事,商略四时树艺樵采服食之故。性嗜茶,着《茶类》七条,所至携茶灶,拾堕薪,汲泉煮茗,与文友相过从,以诗笔自娱。兴剧则放歌《伐木》、《伐檀》诗二章;倦则偃息樵窝中。客至,造榻与语,辄谢曰:'余方游华胥,接羲皇,未暇理君语。'客去留萧然不以为意,其放怀自适若此……"

　　九山散樵在原文中,是陆树声的自号。陆树声(1509－1605),本姓林,字与吉,号平泉,松江华亭(今上海松江)人,官至礼部尚书,卒谥文定。万历元年(1579)忤权臣,遂请病归。授学乡里,学问终老。善诗文,工书法。著有《陆文定公书》等。拟晋·陶渊明《五柳先生传》作《九山散樵传》以自况。

030 择池纳凉,不若先除热恼;执鞭求富[1],何如急遣穷愁。

【译文】 去选择池塘边的树阴纳凉,不如先消除心中的焦灼苦恼;选择做市场的守门卒以求取财富,怎么比得上排遣因穷困而产生的愁绪为当务之急。

【注释】 [1]执鞭求富:语出《论语·述而》:"富而可求也,虽执鞭之士,吾亦为之。如不可求,从吾所好。"执鞭之士,根据《周礼》,有两种人拿着皮鞭,一种是古代天子以及诸侯出入之时,有二至八人拿着皮鞭使行路之人让道;一种是市场的守门人,手执皮鞭维持秩序。

【评解】 再好的纳凉地,也不如心静自然凉有效;再怎样钻营财富,也不如从根本上排遣心中的穷愁之感来得彻底。

031 万壑疏风清两耳,闻世语,急须敲玉磬三声[1];九天凉月净初心,诵其经,胜似撞金钟百下。

【译文】 万壑千山中,萧疏之风轻拂,清净着自己的两耳,乍闻尘世嚣音,此时急须敲玉磬数声,让自己的心神清宁;九天之上清凉的月光溶溶,净化着一片纯洁的初心,此时诵读佛经,直胜过敲金钟百下。

【注释】 [1]玉磬(qìng):佛寺中召集僧众所用的法器的美称。

【评解】 此条采自明·李鼎《偶谭》。
　　佛既在尘世之外,亦在尘世之中;既可求世外之佛,亦不可不求心中之佛。

032 无事而忧,对景不乐,即自家亦不知是何缘故,这便是一座活地狱,更说甚么铜床铁柱,剑树刀山也[1]。

【译文】 悠闲无事却烦恼不休,美景当前却闷闷不乐,连自己都不知道究竟是何原因，这便如同活在一座活地狱中，哪里还须像传说中的睡热铜床、抱热铁柱，以及上刀山剑树那样的地狱景象。

【注释】 ①铜床铁柱，剑树刀山：佛教描绘的地狱中的残酷的刑具。

【评解】 此条采自明·袁宏道《致李子髯》："髯公近日作诗否？若不作诗，何以过活这寂寞日子也？人情必有所寄，然后能乐，故有以弈为寄，有以色为寄，有以技为寄，有以文为寄。古之达人，高人一层，只是他情有所寄，不肯浮泛，虚度光景。每见无寄之人，终日忙忙，如有所失，无事而忧，对景不乐，即自家亦不知是何缘故，这便是一座活地狱，更说甚么铁床铜柱，刀山剑树也，可怜，可怜！大抵世上无难为的事，只胡乱做将去，自有水到渠成日子，如子髯之才，天下事何不可为，只怕慎重太过，不肯拼着便做。勉之哉，毋负知己相成之意可也。"

世上本无所谓地狱，但人心中却自设有地狱。没有寄托的人，终日忙忙，若有所失，无事而忧，对景不乐，活着便是熬日子。

033 烦恼之场，何种不有，以法眼照之[①]，奚啻蝎蹈空花[②]。

【译文】 在人世间这座烦恼之场，什么样的烦恼没有呢，但若以佛家的法眼观之，则一切烦恼何异于一只毒蝎子折腾着虚幻的花。

【注释】 ①法眼：佛家认为的五眼之一。五眼即肉眼、天眼、慧眼、法眼、佛眼。 ②奚啻(chì)：何异于。

【评解】 倘若花是虚幻的，蝎子再毒，又如何谈得上什么伤害呢？正如佛祖参悟到人有心才有烦恼，无心何来烦恼呢？一切烦恼正如蝎子趴在虚幻的花上，庸人自扰而已。

034 上高山，入深林，穷回溪，幽泉怪石，无远不到。到则披草而坐，倾壶而醉；醉则更相枕以卧，卧而梦，意有所极，梦亦同趣[①]。

【译文】 登上高高的山丘，进入深密的树林，沿着曲折的小溪一直走到尽头，幽深的泉流怪奇的岩石，无论多远的地方都到了。到达目的地后就拨开草丛席地而坐，倾尽壶中的美酒畅饮至醉；酒醉之后更相互以身为枕纵横而卧，卧而至于酣梦，心中所能想到的，梦中也一同领略到了。

【注释】 ①趣：同"趋"，去。

【评解】 此条采自唐·柳宗元《始得西山宴游记》。此文为柳宗元贬永州（今属湖南）司马后所作《永州八记》的首篇。清人浦起龙《古文眉诠》卷五十三中评曰："'始得'有惊喜意，得而宴游，且有快足意，此扼题眼法也。"因山水之游，得游中三昧，才有贬放永州抑郁中的情感解脱与人格升华。

"上高山"五句，具体而概括地写出了自己的游踪。"到则披草"数句，就

"游""宴"二字展开,接字钩句,续续相生,极其精练。正是在这看似乐而忘忧之中,带着随缘任化的色彩,为下文"始得西山",终于发现了怪特之西山的奇妙作铺垫。

035 闭门阅佛书,开门接佳客,出门寻山水,此人生三乐。

【译文】 关起门来念诵佛经,打开门来迎接嘉宾,走出门去寻访山水,正是人生三大乐趣。

【评解】 纷嚣扰攘中,欲念佛书已是不易,开门所迎也未必尽是知心之人,寻觅名山胜水亦是日见其难,人生的乐趣越发显出难得。能做的,也许只能是先守住自己心中的那一方净土,那一片精神高地。

036 客散门扃①,风微日落,碧月皎皎当空,花阴徐徐满地;近檐鸟宿,远寺钟鸣,茶铛初熟,酒瓮乍开;不成八韵新诗,毕竟一团俗气。

【译文】 客人散去,关上门户,微风轻吹,日光落尽,一轮皎洁的明月高高地悬挂在碧蓝的天空,映照着庭院中的树木花丛,徐徐撒下满地的斑驳光影。近处的屋檐下鸟儿栖宿,远处的寺院中佛钟悠扬,茶炉中的香茗刚刚煮好,新酿的美酒刚刚打开。此情此景,如果不能吟就八韵新诗,毕竟只是一团俗气。

【注释】 ①扃(jiōng):从外面关门的门闩。此指关门。

【评解】 客人散去,总不免落寞,好在还有新茶新酒,又有如此良辰美景,尚足可以吟就八韵新诗,不致有太多的遗憾。

037 不作风波于世上,自无冰炭到胸中。

【译文】 不对世间欲望作无止境的追求,自然就不会有追求时热烈如炭的感觉,也不会有受挫时寒冷如冰的感觉。

【评解】 此条采自宋·邵雍《安乐窝中自贻》诗:"物如善得终为美,事到巧图安有公? 不作风波于世上,自无冰炭到胸中。灾殃秋叶霜前坠,富贵春华雨后红。造化分明人莫会,枯荣消得几何功?"欲望和失望往往是成正比的,控制自己的欲望,才不会有太多的失落失望。

038 秋月当天,纤云都净,露坐空阔去处,清光冷浸,此身如在水晶宫里,令人心胆澄澈。

【译文】 秋月皎皎,当空洒照,天空一丝云彩都没有,露坐在空旷的地方,清冷的月光浸透全身,仿佛坐在水晶宫中,令人心胆澄澈通明。

【评解】 一天一地的月光,清冷银白,无声落寞,直使人心骨俱冷,体气欲仙。

039 遗子黄金满籝①,不如教子一经。

【译文】 遗留给子孙满筐的黄金,不如教给他们一部经书。

【注释】 ①籝(yíng):箱笼一类的竹器。

【评解】 此条采自《汉书·韦贤传》:"故邹鲁谚曰:'遗子黄金满籝,不如一经。'"宋·张景修亦云:"黄金满籝富有余,一经教子金不如。"

040 凡醉各有所宜,醉花宜昼,袭其光也;醉雪宜夜,清其思也;醉得意宜唱,宣其和也;醉将离宜击钵,壮其神也;醉文人宜谨节奏,畏其侮也;醉俊人宜益觥盂加旗帜,助其烈也;醉楼宜暑,资其清也;醉水宜秋,泛其爽也。此皆审其宜,考其景,反此则失饮矣。

【译文】 醉酒都有着各自不同的适宜时间、地点和方法。赏花醉酒适宜在白天,这样可以欣赏花的绚丽光彩;赏雪醉酒适宜在夜晚,这样可以清醒自己的心思;得意时醉酒适宜歌唱,这样可以通过宣泄达到内心的平和;送别时醉酒适宜敲击钵盘,这样可以壮其行色;文人的醉酒适宜谨慎而注意节奏,这样可以避免招致侮辱;英雄的醉酒适宜增加杯盏和旗帜,多请人陪酒,这样可以助其热烈的气氛;登楼醉酒适宜于暑热之天,可以借助其清凉之风;临水醉酒适宜于秋天,可以享受其天高气爽。这些都是根据各种实际情况,考虑到其情其景而提出来的,违反这些原则,就会失去饮酒的趣味。

【评解】 此条采自唐·皇甫松《醉乡日月记》。皇甫松,生卒年不详,松一作嵩,字子奇,自号檀乐子,睦州新安(今浙江淳安)人。

林语堂说:"好饮之人所重者不过情趣而已。"文人之钟情于酒,实是陶醉于酒中之情趣。情趣是很个人化的东西,它直接与一个人的心性及其修养有关,二者直接表现在个人对生活的感觉上,感觉好了就是情趣。因此,对于不同的季节,不同的心情,应选择不同的场所,不同的喝法。凡醉有所宜,陶渊明的醉菊,李太白的醉月,白居易的醉舟,欧阳修的醉亭,苏东坡的醉天,郑板桥的醉竹,各有各的所醉,这便是"酒中真趣"。如果不分时空对象,只会猛灌,体验不到美的境界,那只不过一具酒囊饭袋而已。

清代李渔在《闲情偶寄》中,于饮酒又有"五贵五好"之说,其论最是实用,一并录于此:"宴集之事,其可贵者有五:饮量无论宽窄,贵在能好;饮伴不论多寡,贵在健谈;饮具无论丰啬,贵在可继;饮政无论宽猛,贵在可行;饮候无论短长,贵在能止。备此五贵,始可言饮酒之乐;不则曲蘗宾客,皆凿性斧身之具也。予生平有五好,又有五不好,事则相反,乃其势又可并行而不悖。五好五不好维何?不好酒而好客,不好食而好谈,不好长夜之欢,而好与明月相随而不忍别,不好为苛刻之令,而好受罚者欲辩无词,不好使酒骂坐之人,而好其于酒后尽露肝膈。坐此五好五不好,是以饮量不胜蕉叶,而日与酒人为徒。近日又增一种癖好,癖恶:癖好音乐,每听而忘归;而又癖恶座客多言,与竹肉之音相乱。饮酒之乐,备乎五贵,五好之中,此皆为宴集宾朋而设。若夫家庭小饮与燕闲独酌,其为乐也,全在天机逗露之中,行迹消忘之内。有饮宴之实事,无酬酢之虚文。睹儿女笑啼,认作斑斓之舞;听妻孥劝戒,若闻金缕之歌。苟能作如是观,则虽朝朝岁旦,夜夜元宵可也。又何必座客常满,樽酒不空,日籍豪举以为乐哉?"

041 竹风一阵,飘扬茶灶疏烟;梅月半湾,掩映书窗残雪。

【译文】 一阵清风吹过竹林,茶灶飘起的疏烟在风中摇曳。皎洁的月光映照着半湾山村,书窗外孤傲的梅花在残存的冰雪中绽放,彼此相映成趣。

【评解】 此条采自明·屠隆《娑罗馆清言》:"竹风一阵,飘扬茶灶疏烟;梅月半湾,掩映书窗残雪。真使人心骨俱冷,体气欲仙。"

竹风吹拂,疏烟摇曳,给人以缥缈神秘之感;月光残雪,寒梅傲放,给人以冰清玉洁之感,置身其中,不免飘飘欲仙。古人善于在扫室、焚香、烹茗、读史等日常生活中发掘诗情画意,在不拘限形式下赋以生趣,从而使人生精神境界得以升华。

042 厨冷分山翠,楼空入水烟。

【译文】 远处孤零零的一座酒家,仿佛将满山浓浓的翠色分了开来;高悬半空的酒楼升起缕缕炊烟,映入山谷中潺潺的溪水之中。

【评解】 此条采自明·屠隆《冥寥子游》:"诸君复还就坐,一人曰:今日之游不可无作。一人应曰:良是。有一人则先成一诗曰:疏烟醉杨柳,微雨沐桃花。不畏清尊尽,前溪是酒家。一人曰:厨冷分山翠,楼空入水烟。青阳君不醉,风雨送残年。一人曰:戏问怀春女,轻风吹绣襦。不嗔亦不答,只自采蘼芜。"此联针对前一人"前溪是酒家"而发,戏谑地表达出酒家的可望而不可即。

043 闲疏滞叶通邻水,拟典荒居作小山①。

【译文】 闲暇之时就疏通阻滞水流的树叶,以使邻近的溪水能通行无阻;打算把这座荒废的住宅典当出去,用来刊行我的诗文著作。

【注释】 ①典:抵押。小山:《汉语大词典》:"小山:文体名。汉王逸《〈楚辞·招隐士〉解题》:'昔淮南王安博雅好古,招怀天下俊伟之士,自八公之徒,咸慕其德而归其仁。各竭才智,著作篇章,分造辞赋,以类相从,故或称小山,或称大山,其义犹《诗》有小雅、大雅也。'"这里代指诗文著作。

【评解】 此条采自明·袁宏道诗《柳浪馆二首》:"遍将蓝沉浸春颜,风柳□□九尺鬟。鹤过几回沉影去,僧来时复带云还。闲疏滞叶通邻水,拟典荒居作小山。欲住维摩容得不,湖亭才得两三间。"柳浪馆是辞官归家的袁宏道所居之别墅,在公安城南。后来为了让毕生的诗文著作刊行于世,袁宏道几乎变卖了别墅柳浪馆的全部田地房产。真乃一语成谶乎?

044 聪明而修洁,上帝固录清虚;文墨而贪残,冥官不爱词赋。

【译文】 聪明能干而又操行高洁,死后上帝自然会把他录用到天宫清虚之府;只会诗词歌赋却贪婪残忍,那么阴间的判官也不会喜爱。

【评解】 此条采自明·屠隆《娑罗馆清言》:"聪明而修洁,上帝固录清虚;文采而贪残,冥官不爱词赋。"

古人的人才观向来重视"才"与"德"的统一,赞扬德才兼备,反对无德的所谓"才子"。

045 破除烦恼,二更山寺木鱼声①;见彻性灵,一点云堂优钵影②。

【译文】 聆听二更时山中寺庙的木鱼声,烦恼为之消失。看到佛堂里的青莲花,本性和智慧都有了透彻的领悟。

【注释】 ①木鱼:寺庙中和尚敲击的法器,据称鱼的眼睛昼夜睁着,所以用木头刻成鱼的形状借以警醒人们。 ②云堂:禅房。优钵:梵语,意译为莲花。莲花相传由火焰化来,传说佛教中的地藏王菩萨,由于他的心底无限光明与无量的慈悲,经常在地狱中挽救众生。当他走过地狱燃烧的烈火时,每一朵火焰都化成最美丽的红莲花来承受他的双足。

【评解】 夜深人静的木鱼声可以警醒人们放弃心灵的纠葛,放弃迷失的自我,充实宽广慈悲的胸怀。众生皆可以成佛,只要他们能彻悟生命的真相。佛堂中的莲花仿佛让我们看到自己的本性原来是清净无染的,能证悟到这样一种清净智慧,才算彻底洞见了自己的本性。

046 兴来醉倒落花前,天地即为衾枕;机息坐忘盘石上①,古今尽属蜉蝣②。

【译文】 兴致来了,就在落花前醉倒,天空当做盖被,大地当做枕席;名利机心止息了,盘石上坐忘躯体和智慧,领悟到古往今来不过须臾瞬间。

【注释】 ①机息:机心止息,犹忘机,没有巧诈的心思,与世无争。坐忘:道家谓物我两忘、与道合一的精神境界。《庄子·大宗师》:"堕肢体,黜聪明,离形去知,同于大通,此谓坐忘。"郭象注:"夫坐忘者,奚所不忘哉!既忘其迹,又忘其所以迹者,内不觉其一身,外不识有天地,然后旷然与变化为体而无不通也。" ②蜉蝣(fú yóu):虫名,幼虫生活在水中,成虫褐绿色,有四翅,生存期极短。《诗·曹风·蜉蝣》:"蜉蝣之羽,衣裳楚楚。"毛传曰:"蜉蝣,渠略也,朝生夕死。"常借以形容人生之短暂。

【评解】 此条内容从时空两方面表达了追求精神解脱,与自然融为一体的物我两忘的真觉体验。刘伶《酒德颂》中也描述了这样一位"大人先生",面对贵介公子、搢绅处士的争相攻击也满不在乎,"幕天席地,纵意所如……无思无虑,其乐陶陶",最后连贵介公子们都被感化。

047 老树着花,更觉生机郁勃;秋禽弄舌,转令幽兴萧疏。

【译文】 老枯的树木开出新花,令人更觉生机勃发;秋天的禽鸟鼓舌叫鸣,反而令人幽趣大减。

【评解】 宋代梅尧臣诗曰:"野凫眠岸有闲意,老树着花无丑枝。"(《东溪》)虽是老树,但着花之中,默默展露的是强劲的生命力;而秋天的禽鸟,再怎样巧舌叫鸣,终究只是强弩之末,更添人意兴阑珊。

048 完得心上之本来①,方可言了心;尽得世间之常道②,才堪论出世。

【译文】 有一个完整的属于自己的内心世界,才能说了解自己;领悟了人世间的常识规律,才有资格谈论出世的哲理。

【注释】 ①本来:指人本有的心性。唐·寒山《诗》曰:"万机俱泯迹,方识本来人。" ②常道:一定的法则、规律。《荀子·天论》:"天有常道矣,地有常数矣。"

【评解】 此条采自明·洪应明《菜根谭》。

执着于物而不得超脱,这便是不解世间常道的缘故。"完得"、"尽得"的过程,便是人生不断了悟、提升的过程。

049 雪后寻梅,霜前访菊,雨际护兰,风外听竹,固野客之闲情,实文人之深趣。

【译文】 大雪之后寻赏梅花,霜露之前观赏菊花,大雨之际护理兰花,风吹过处倾听竹叶之声,这些本来就是山人野客的闲情逸致,实在也是文人墨客的深远之趣。

【评解】 古人将自然万物引为同类,因此与万物的交往便是一件很慎重的事情,必须既得其时,也得其地,这是对自己的尊重,也是对万物的尊重。

050 结一草堂,南洞庭月,北峨眉雪,东泰岱松,西潇湘竹,中具晋高僧支法八尺沉香床①,浴罢温泉,投床酣睡,以此避暑,讵不乐乎?

【译文】 搭盖一间草堂,南临湖水,有洞庭月色,北依青山,有峨眉雪景,东边栽种的是泰山的松树,西边栽种的是潇湘的竹子,房中置放的是晋高僧支法八尺沉香之床,洗罢温泉浴,倒床酣睡,如此避暑,岂不是很快乐吗?

【注释】 ①支法:一说即支提,佛家语,即塔。《法苑珠林》卷十:"有舍利者名塔,无舍利者名支提。"一说指人名,当指晋高僧支法虔。《中国人名大辞典》载:"支法虔:晋僧。与支遁同学。精究入神,先遁亡,遁叹曰:'昔匠石废斤于郢人,牙生辍弦于钟子,宝契既潜,发言莫赏,中心蕴结,余其亡矣。'"八尺沉香床:《太上感应篇》有故事称,时江西有人名厉辅国,有个八尺长的沉香床,夏季睡卧,清凉无汗气,蝇、蚊子皆不近。还有一个铜鼎,重不过二斤,十二时相都具备,每到了那个时刻,烟就从那个口喷出来,渐成花鸟形状。

【评解】　古人纳凉避暑,尽享天地自然之趣。今日家家空调常开,而门窗紧闭,哪里还有"冰肌玉骨,自清凉无汗,水殿风来暗香满"的意境?

051　人有一字不识,而多诗意;一偈不参,而多禅意;一勺不濡,而多酒意;一石不晓,而多画意。淡宕故也。

【译文】　有的人不认识一个字,却富有诗意;一句佛偈都不能参悟,却很有禅意;一滴酒也不沾,却充满酒意;一块石头也不用心玩赏,却满眼画意。这些都是因为淡定而无拘束的缘故。

【评解】　此条亦见明·张岱《快园道古》卷四言语部:陈眉公曰:"人有一字不识而多诗意,一偈不参而多禅意,一勺不濡而多酒意,一石不晓而多画意,淡宕故也。"

诗意并不在字,禅意并不在偈,酒趣并不在酒,画意并不在石,在于每个人的心中。作家冯骥才说"人为了看见自己的内心才画画"。太多的理性,太多的用心,则束缚了人性真情的流露,即使满腹平平仄仄,也毫无诗意;即使在菩提树下,也毫无禅意。恬淡闲适,无为而为,本身却是满怀意趣!

052　以看世人青白眼转而看书^①,则圣贤之真见识;以议论人雌黄口转而论史^②,则左、狐之真是非^③。

【译文】　用看世人的青白眼,转而去看书,就会发现圣贤们的真知灼见;用议论人的雌黄口,转而去评论历史,就会具有像史官左丘明、董狐那样秉笔直书的是非观。

【注释】　①青白眼,用阮籍作青白眼典,已见卷一155条注。　②雌黄口:妄加评论。《文选》南朝梁·刘孝标《广绝交论》"雌黄出其唇吻"李善注引《晋阳秋》:"王衍字夷甫,能言,于意有不安者,辄更易之,时号口中雌黄。"　③左狐:即左丘明、董狐,皆为春秋时著名史官。左丘明,鲁国人,双目失明,相传着有《左氏春秋》。董狐,晋国人,世袭太史之职,亦称"史狐",秉性耿直,刚正不阿,以讲真话而著名。孔子评论曰:"董狐,古之良史也,书法不隐。"

【评解】　此条采自明·吴从先《小窗自纪》:"以看世之青白眼,转而看书,则圣贤之真见识;以论人之雌黄口,转而论史,则左、狐之真是非。"

历史不应该只是古董和摆设,历史是活的。"以看世人青白眼"、"以议论人雌黄口",就是要把书本读活,把历史读活。事实上,中国传统的历史观始终将历史视为活的,"以史鉴今",是可以为今天服务的,不像西方所谓的历史科学观以追求历史真相为主要任务,将历史视为解剖台上的死东西。

053　事到全美处,怨我者不能开指摘之端;行到至污处,爱我者不能施掩护之法。

【译文】　如果事情做到完美无瑕,即使怨恨我的人也不能找到指摘的地方;如果行为极端肮脏可恶,即使喜爱我的人也无法采取掩护的手段。

【评解】 不怕人不敬己,就怕己身不正。如果自己做事做人都能尽臻完美,又何惧他人的嫉妒陷害。无论面对的是爱我者还是怨我者,最终都要靠自己的实际行动和个人品德来自证。

054 必出世者,方能入世,不则世缘易堕;必入世者,方能出世,不则空趣难持。

【译文】 一定要有出世的胸怀,才能入世,否则,在尘世中便易受种种利诱纠缠而堕落;一定要有入世的深刻体验,才能真正出世,否则,就难以长久地保持空灵的境界。

【评解】 这段话是想调和出世和入世这对几乎不可调和的矛盾。在出世,入世问题上,长久以来有许多争议,许多人把出世法称"真谛",把入世法称"俗谛",从而使出世、入世有了高下先后之别。事实上,出世、人世的关系就像是水车与水流的关系。水车是靠下半部分置于水中靠水流驱动的,如果把水车全部浸入水中,或是完全离开水面,都是无法运转的。如果一个人完全入世,纵身江湖,难免不会被尘世欲望的潮流冲走。倘若全然出世,自命清高,不与世间往来,则人生必是漂泊无根。以出世之心做入世之事,庶几可矣。

055 调性之法,急则佩韦,缓则佩弦①;谐情之法,水则从舟,陆则从车。

【译文】 调适天性的办法,性子急的人就在身上佩带柔软的熟皮用来提醒自己不要过于急躁,性子慢的人就在身上佩带弓弦用来提醒自己要积极处事。调谐情趣的方法,遇到水路则乘舟,上到陆地则行车,顺其自然就好了。

【注释】 ①韦:柔韧的熟牛皮。弦:弓弦,有刚急之意。《韩非子 观行篇》:"西门豹之性急,故佩韦以自缓;董安于之性缓,故佩弦以自急。"

【评解】 此条选自明·吴从先《小窗自纪》:"问调性之法,曰急则佩韦,缓则佩弦;问谐情之法,曰水则从舟,陆则从车。"

　　调性当以平衡之法,谐情则应顺其自然。行到水穷处,坐看云起时,便可以有美妙之情趣。

056 才人之行多放,当以正敛之;正人之行多板,当以趣通之。

【译文】 有才气的人,行为大多狂放而不拘行迹,应当以端庄正直来引导使之收敛;言行中规中矩的人,行为大多刻板而不知变通,应当以趣味使其融通一些。

【评解】 选人求德才兼备,用人固宜"以正敛放,以趣通板",如此,可以更充分地发挥每一个人的潜能,又可使天才、怪才、平常之才,各逞其能而互补相生。

057 人有不及，可以情恕；非意相干，可以理遣。佩此两言，足以游世。

【译文】 人有做不到或不足之处，可以从情理上原谅他；如果不是大是大非的原则问题，可以用玄理来排遣内心。铭记这两句话，就足以在人世间立足了。

【评解】 此条前四句采自晋·臧荣绪《晋书》："卫玠，字叔宝，好言玄理，拜太子洗马。常以人有不及，可以情恕；非意相干，可以理遣，故终身不见喜愠之容。"

《庄子·山木》："方舟而济于河，有虚船来触舟，虽有惼心之人不怒；有一人在其上，则呼张歙之；一呼而不闻，再呼而不闻，于是三呼邪，则必以恶声随之。向也不怒而今也怒，向也虚而今也实。人能虚己以游世，其孰能害之！"为什么前面撞船了我不怒，现在却这么愤怒呢？因为前面船上没有人，后面这条船上有人。这就是我们为人处世的微妙之处。"虚己"，就是要把自己放下，没有机巧，没有心计，与人坦诚相对，就可使我与世人相处很好，也使世人和我相处很好。"虚己游世"，正是我们修养、修行的重要原则。

058 冬起欲迟，夏起欲早，春睡欲足，午睡欲少。

【译文】 冬天起床要晚些，夏天起床要早些，春天睡眠要足够，午间睡眠时间要短些。

【评解】 古人总结出来的养生之道。诸葛亮未出山之时，口里念叨的就是"大梦谁先觉，平生我自知；草堂春睡足，窗外日迟迟。"孟浩然诗曰："春眠不觉晓，处处闻啼鸟。"可惜今天的人，已不分春夏与秋冬，更无从保证早晚与多少。

059 无事当学白乐天之嗒然[①]，有客宜仿李建勋之击磬[②]。

【译文】 没事的时候不妨像白居易那样闲适淡泊，有客来访，当仿效李建勋击磬洗耳。

【注释】 ①白乐天：白居易，字乐天，号香山居士。其诗《隐几赠客》："宦情本淡薄，年貌又老丑。紫绶与金章，于予亦何有。有时独隐几，嗒然无所偶。卧枕一卷书，起尝一杯酒。书将引昏睡，酒用扶衰朽。客到忽已醒，脱巾坐搔首。疏顽倚老病，容恕惭交友。忽思庄生言，亦拟鞭其后。"嗒(tà)然：沮丧，无精打采的样子。 ②李建勋(? —952)：唐末五代广陵人，字致尧。宋·文莹《玉壶清话》载："(李建勋)尝畜一玉磬，尺余，以沉香节安柄，叩之，声极清越。客有谈及猥俗之语者，则击玉磬数声于耳。客或问之，对曰：'聊代洗耳。'"

【评解】 没有宦事烦扰，没有猥俗之客，说是洗耳，实是洗心，追求的是一份清雅闲淡的生活。

060 郊居，诛茅结屋，云霞栖梁栋之间，竹树在汀洲之外；与二三之同调，望衡对宇[①]，联接巷陌，风天雪夜，买酒相呼；此时觉曲生气味[②]，十倍市饮。

【译文】　在郊野外,诛割茅草,盖搭起一间茅屋,云霞仿佛就栖息缭绕于梁栋之间,竹树掩映在水中的小洲之外。与二三知己好友,门庭相对,道路相接,风雪之夜,买来好酒,呼朋引类,此时但觉酒中风味,十倍于市肆之饮。

【注释】　①望衡对宇:衡,用横木做门,引申为门。宇,屋檐下,引申为屋。形容门庭相对,住处接近。北魏·郦道元《水经注·沔水》:"司马德操宅洲之阳,望衡对宇,欢情自接。"　②曲生:酒的别称。唐·郑綮《开天传信记》载:唐代道士叶法善会朝客数十人于玄真观,思壶饮。忽一人傲睨而入,自云曲秀才,与诸人论难,词锋甚健。法善疑之,密以小剑击之,遂坠阶下,视之乃盈瓶浓酝。饮之味甚佳,因揖其瓶曰:"曲生风味,不可忘也。"后人因以曲生、曲秀才代称酒。

【评解】　风天雪夜,呼邻唤友,款款对酌,驱寒解闷,难忘曲生风味,更难忘温暖之友情真醇如酒。此中风味,自非市饮所能比。

061　万事皆易满足,惟读书终身无尽,人何不以不知足一念加之书? 又云:读书如服药,药多力自行。

【译文】　人间万事都容易满足,只有读书求知毕生没有止境,人们为什么不把"永不知足"的念头用在读书学习上? 又有人说:读书就像是服药,服药多了,药力自然就能够发挥了。

【评解】　此条前半段采自明·吴从先《小窗自纪》:"万事皆易满足,惟读书终身无尽,人何不以不知足一念加之书?"
　　读书让我们的生活变得明亮,读书让我们终身受益。这里把读书比作服药,而在更多爱书人笔下,书往往都被比作女子,成了活色生香之物。唐朝诗人皮日休把书比作绝色的西子:"惟书有色,艳于西子;惟文有华,秀于百卉。"(《目箴》)当代作家董桥在其《藏书家的心事》中更戏称:"字典之类的参考书是妻子,常在身边为宜,但翻了一辈子未必可以烂熟。诗词小说只当是可以迷死人的艳遇,事后追忆起来总是甜的。又长又深的学术著作是半老的女人,非打点十二分精神不足以深解;有的当然还有点风韵,最要命是后头还有一大串注文,不肯罢休! 至于政治评论、时事杂文等集子,都是现买现卖,不外是青楼上的姑娘,亲热一下也就完了,明天再看就不是那么回事了。"

062　醉后辄作草书十数行,便觉酒气拂拂,从十指出也。

【译文】　酒醉之后,就乘兴挥毫作草书十余行,顿时感到酒气升腾,从十指间逸出。

【评解】　此条采自宋·苏轼《跋草书后》:"仆醉后,乘兴辄作草书十数行,觉酒气拂拂,从十指间出也。"为苏东坡草书《大江东去》一词题跋。
　　如果不是醉中挥毫,又哪里有这种醋畅淋漓浑成一体之感? 唐·许瑶《题怀素上人草书》:"醉来信手两三行,醒后却书书不得。"似觉从十指逸出,或许醉后挥毫竟可以解酒,也未可知。

063 书引藤为架,人将薜作衣①。

【译文】 引来藤条作书架,拿来薜荔作衣裳。

【注释】 ①薜(bì):指薜荔。薜荔衣原指鬼神衣服,后常用指隐者的衣服。

【评解】 此条采自唐·上官婉儿《游长宁公主流杯池二十五首》之十一。"暂尔游山第,淹留惜未归。霞窗明月满,洞户白云飞。书引藤为架,人将薜作衣。此真攀玩所,临睨赏光辉。"以藤萝为书架,以薜荔制衣裳,野趣十足。

　　明·吴从先《小窗自纪》:"骆宾王诗云:'书引藤为架,人将薜作衣。'如此境界,可以读而忘老。"将此条误植于骆宾王。骆宾王《夏日游德州赠高四》有句:"野衣裁薜叶,山酒酌藤花。"与此诗句意相近。

064 从江干溪畔箕踞石上,听水声浩浩潺潺,粼粼泠泠,恰似一部天然之乐韵,疑有湘灵在水中鼓瑟也①。

【译文】 在江边或溪岸的石上盘着双腿而坐,聆听着水声,时而声势浩大,时而低如耳语;有时声音清澈,有时却沉默寂静,就好像一首大自然的乐曲一般,不禁令人怀疑,是否有湘水的女神,在水中弹奏她的锦瑟。

【注释】 ①湘灵:传说中的湘水之神。《楚辞·远游》:"使湘灵鼓瑟兮,令海若舞冯夷。"

【评解】 谁才懂得聆听湘水神灵的鼓瑟之声? 大概只有那些驻足溪岸的有心之人吧。人心若耽于尘事杂务,自然无法听出大自然之天然神韵。惟有将心归于自然,内心宁静到极致的人,才能充分享受到天地自然间的无穷快乐。

065 鸿中叠石,未论高下,但有木阴水气,便自超绝。

【译文】 被洪水冲刷过的叠石,无论其上下高低,只要有树阴水气萦绕,便自然超凡绝伦。

【评解】 未论高下,便自超绝,皆因树阴水汽氤氲赋予之灵气。

066 段由夫携瑟就松风涧响之间①,曰三者皆自然之声,正合类聚。高卧闲窗,绿阴清昼,天地何其寥廓也。

【译文】 段由夫携带琴瑟,来到松风呼啸、涧水潺潺的地方弹奏,他说:琴声、松风、涧水三者都是自然天籁之声,正符合物以类聚的原则。悠闲地高卧于窗下,绿树成荫,白天也显得清凉,使人感觉天地是多么的广阔!

【注释】 ①段由夫:魏晋著名琴人。

【评解】 此条内容由两段文字捏合改易而成。一出自冯贽《云仙杂记》:"段由夫携琴就松风涧响之间,曰:'三者皆自然之声,正合类聚。'"一出自明·吴与弼《日录》:"高卧闲窗,绿阴清昼,天地何其阔远矣!"两者表现的都是对自然、闲适、清朗之美的崇尚,心也寥廓,天地也寥廓。

067 少学琴书,偶爱清净,开卷有得,便欣然忘食。见树木交映,时鸟变声,亦复欢然有喜。常言:五六月,卧北窗下,遇凉风暂至,自谓羲皇上人①。

【译文】 年少时学习弹琴读书,偶尔喜欢悠闲清净,每当读书有了点滴心得,就会高兴得忘了吃饭。见树木交错辉映,郁郁葱葱,因随季节变化,也有着不同的鸟鸣声,婉转动听,也不禁令人欣喜。常言道:五六月中,卧睡于北边的书窗下,遇到习习凉风吹来,沁人肺腑,自以为可以比得上无忧无虑的远古真淳之人。

【注释】 ①羲皇上人:伏羲氏以前之人,指远古真淳之人。

【评解】 此条采自晋·陶渊明《与子俨等疏》。

该文自叙平生,感叹家庭贫困,疾患缠身,不为妻子理解。劝勉诸子安贫乐道,和睦相处。此"少学琴书"一段令人向往。方宗诚《陶诗真诠》曰:"'开卷有得'二句,与古为徒也。'见树木交映,时鸟变声,亦复欢然有喜',与天为徒也。'自谓羲皇上人',渊明平生自期待者如此。"

068 空山听雨,是人生如意事。听雨必于空山破寺中,寒雨围炉,可以烧败叶,烹鲜笋。

【译文】 在幽静的深山之中倾听雨声,是人生的快意之事。倾听雨声,一定要在幽静深山里破败的寺庙之中,在寒冷的雨天,围炉对坐,可以焚烧枯败的落叶,烹煮新鲜的竹笋。

【评解】 虽是空山破寺,终究有炉可围,有笋可烹,或可称人生如意事。而同是听雨,同是寺院,在词人蒋捷的笔下却有着全然不同的况味。"少年听雨歌楼上,红烛昏罗帐。壮年听雨客舟中,江阔云低,断雁叫西风。而今听雨僧庐下,鬓已星星也。悲欢离合总无情,一任阶前点滴到天明。"(《虞美人·听雨》)僧庐之冷寂,鬓发之斑白,展示晚年历尽离乱后的憔悴而又枯槁的身心。"悲欢离合总无情",无限怅触,不尽悲慨。"一任阶前点滴到天明",似乎已心如止水,波澜不起,但彻夜听雨本身,就已说明了一切,万千思绪,欲说还休。

069 鸟啼花落,欣然有会于心。遣小奴,有甚者挈瘿樽①,酤白酒,醑一梨花瓷盏②,急取诗卷,快读一过以咽之,萧然不知其在尘埃间也。

【译文】 听见鸟啼,看见花落,不禁欣然有所感悟。于是派遣小童拿着瘿木制的酒樽,买来白酒,用画有梨花的瓷盏斟上,一口喝干,急忙取出诗卷,把它当做下酒菜一样快读一遍,萧然闲适中,几乎不知道自己此身还在尘世之中了。

【注释】 ①瘿(yīng)樽:瘿木制的杯子。 ②釂(jiào):喝尽。

【评解】 此条采自明·高濂《遵生八笺·起居安乐笺》转引杨万里语。宋·魏庆之《诗人玉屑》记杨万里跋欧阳伯威诗云:"鸟啼花落,欣然会心处,酌大白,咽伯威诗,欲驭风骑气也。"

所谓美酒一饮题花落,清爽快意在天堂。或品饮、或阅读,借花落鸟啼,自然抒发情感,寻求知己,达到与大自然和谐共鸣的境界。清代郝懿行《蜂衙小记》序曰:"昔人遇鸟啼花落,欣然有会于心;余萧斋岑寂,闲涉物情,偶然会意,率尔操觚,不堪持赠,聊以自娱,作《蜂衙小记》十五则。"

070 闭门即是深山,读书随处净土。

【译文】 关起门来就是幽静的深山,用心读书随处都是清净的世界。

【评解】 此条采自明·曹臣《舌华录》,谓为陈继儒语。

这是享受读书的最高境界。面对尘世的喧闹和繁杂,哪里才是我们灵魂的栖息地?读书,才可以让我们诗意地栖居。然而,如今这道门要"闭"上却似乎越来越难。

071 千岩竞秀,万壑争流,草木蒙笼其上,若云兴霞蔚。

【译文】 无数的峰峦争奇竞秀,万千的溪壑蜿蜒奔流,山上树木参天,花草掩映,郁郁葱葱,朦胧中就像是云雾升腾、彩霞飘忽,绚丽至极。

【评解】 此条采自《世说新语·言语》:"顾长康(恺之)从会稽还,人问山川之美,顾云:'千岩竞秀,万壑争流,草木蒙笼其上,若云兴霞蔚。'"

此条与下条都是对会稽山水的自由观赏和尽情叹美。在东晋清谈名士的眼中,自然美是自然之道的外化与显现,所以在对山水自然的感受观赏中,他们获得的不仅是无比愉悦的审美感受,亦同时领会到与天地同体的无穷乐趣,表现出感受生命和鉴赏自然以至与自然融合为一体的高超悟性。虽是只言片语,却很美,很自然,境界也高。

072 从山阴道上行①,山川自相映发,使人应接不暇;若秋冬之际,犹难为怀。

【译文】 行走于山阴道上,但见山川胜景相互映发,使人目不暇接。如果秋冬之际在此山道上行,更是令人难以忘怀。

【注释】 ①山阴:县名,晋时属会稽郡,治所在今浙江绍兴,东晋时北方南迁士族多居于此。

【评解】 此条采自《世说新语·言语》:"王子敬(献之):'从山阴道上行,山川自相映发,使人应接不暇;若秋冬之际,犹难为怀。'"

西晋永嘉南渡后,原来世居北方的士族,一下子来到了杏花春雨的江南,面对草长莺飞,明山媚水,即使秋冬之际也不凋零肃杀,怎能不心旌摇荡,无法忘怀?

073 欲见圣人气象,须于自己胸中洁净时观之。

【译文】 想要领略圣人的胸襟气度,必须在自己内心没有任何杂念的时候去观察,去用心领悟。

【评解】 此条可参见《朱子语类》卷第二十九:"要看圣贤气象则甚?且如看子路气象,见其轻财重义如此,则其胸中鄙吝消了几多。看颜子气象,见其'无伐善,无施劳'如此,则其胸中好施之心消了几多。此二事,谁人胸中无。虽颜子亦只愿无,则其胸中亦尚有之。圣人气象虽非常人之所可能,然其如天底气象,亦须知常以是涵养于胸中。"

圣人气象实质就是一种人格修养。朱熹认为,作为圣人道统传人的学者,必须具备一种"圣贤气象",也就是在治学修身中应养成的一种精神气质。倘若斤斤于利害,乃是贱儒陋儒之所务,只会显露出俗态、丑态,离圣贤气象远矣。

074 执笔惟凭于手熟,为文每事于口占①。

【译文】 写字只是靠的手熟,作文往往也是出口成章。

【注释】 ①口占:不用起草而随口成文。

【评解】 此条采自明·吴应箕辑《读书止观录》:"虞集常自谓曰:'执笔唯凭于手熟,为文每事于口占。'读书者当观此。"写字作文,靠的也是熟能生巧。所谓书读千遍其义自见,熟读唐诗三百首,不会作诗也会吟诗也。

075 箕踞于斑竹林中,徙倚于青矶石上,所有道笈梵书,或校雠四五字,或参讽一两章。茶不甚精,壶亦不燥;香不甚良,灰亦不死。短琴无曲而有弦,长讴无腔而有音。激气发于林樾①,好风逆之水涯。若非羲皇以上,定亦嵇阮之间②。

【译文】 又开双腿坐在斑竹林中,流连徘徊于青矶石上,翻开所有的道教、佛教的经书,或校正四五个字,或解读参悟一两个章节。所品的茶不是非常精致,壶也不一定很热;所焚的香算不上很好,但一直都点着,香灰也不冷。短琴不成曲调而随意弹拨着琴弦,高声歌唱不成腔调而只是拉长着声音。林荫之中,激荡着自身的豪气,溪水岸边,回荡着和煦的微风。即使比不上远古时伏羲氏以前,也一定可以和嵇康、阮籍等相媲美了。

【注释】 ①林樾(yuè):林木合成的树阴。 ②嵇阮:嵇康和阮籍,魏晋时"竹林七贤"中人物,时值魏晋易代,他们不满现实,倨傲啸歌,不为名教所拘。此以二人泛指隐逸之士。

【评解】 此条采自明·陈继儒《岩栖幽事》。

无可无不可,粗朴中自成情调。仅求四五字,只需一两章,率性随意,名士归隐,讲求生活的雅致,追求人生的品味,力求生活的情调。

076 闻人善则疑之,闻人恶则信之,此满腔杀机也。

【译文】 听说别人行善就表示怀疑,听到别人作恶就深信不疑,这样的人满肚子充满杀机。

【评解】 此条采自明·曹臣《舌华录》,谓为陈继儒语。

宁信恶而不信善,原来竟是老祖宗那里就害起的病,远远还断不了病根。

077 士君子尽心利济①,使海内少他不得,则天亦自然少他不得,即此便是立命。

【译文】 一个有学问有道德的君子,只要尽自己的心意去利物济人,使一国之内少不得他,那么,上天自然也就离不开他,这便是为自己的生命建立了存在的意义和价值。

【注释】 ①利济:利物济人。

【评解】 此条采自陈继儒《安得长者言》。

《中庸》说:"成己仁也,成物智也。"己之仁不可以徒成,必须成全他人,利济众物而后,己之仁方可以成。"伊尹思匹夫匹妇不获其所,若己推而纳诸沟中。"如果义之所在,虽杀身成仁亦所不避。不论价值观如何多元,不论今天的物质生活如何丰富,一个人,一个企业,其"尽心利济"的责任感都不能丢。

078 读书不独变气质,且能养精神,盖理义收摄故也。

【译文】 读书不仅可以改变一个人的气质,而且能涵养其精神,这是因为书中理义可以收摄人的心志,涤除杂念。

【评解】 读书的目的,就是要通过心灵的内在滋养,外化为人以及行为活动的积极变化。读书的过程,就是一个自我满足和自我提高的过程,是一种修炼身心、怡养性情的良方益法。

079 周旋人事后,当诵一部清静经;吊丧问疾后,当念一通扯淡歌。

【译文】 周旋社交、往来应酬后,应当诵读一部清静经;吊唁死者、探问病人后,应当念一通扯淡歌。

【评解】 念清静经,为的是让俗谛扰攘的心重新归于安宁;念扯淡歌,为的是让抑郁忧伤的心重新恢复平静。收拾心情,继续自己的生活。

080 卧石不嫌于斜,立石不嫌于细,倚石不嫌于薄,盆石不嫌于巧,山石不嫌于拙。

【译文】　平卧的石头不嫌它倾斜,竖立的石头不嫌它细小,依靠着的石头不嫌它太薄,盆中的石头不嫌它小巧,山中的石头不嫌它粗拙。

【评解】　文人爱石,充分表现其艺术趣味。宋代米芾见奇石则端整衣冠而拜,是一个极端的例子;南宋初年,杜绾《云林石谱》三卷,是我国第一部论石专着,详究一百十数种石之产地、石质、形状、色彩;再如李渔认为山石之美在"透、漏、瘦",其实也在藉石反映人格,例如他说贫士之家好石心有余力不足,也不必要造假山,只一拳石即可安置风情,于其旁坐卧,以慰泉石膏肓之癖。这种审美观正如清代恽南田所说:"妙在一水一石",一水一石也有千崖万壑之趣。

081　雨过生凉,境闲情适,邻家笛韵与晴云断雨逐,听之声声入肺肠。

【译文】　大雨过后,使人顿生凉意,情境闲适,邻家传出的笛韵悠扬,与天空的晴云断雨相互竞逐,听之声声入耳入心。

【评解】　笛韵悠悠,带着雨后的清新。心绪似乎也跟随着笛声,与晴云断雨奔逐竞飞,如此闲适,如此寥廓!

082　不惜费,必至于空乏而求人;不受享,无怪乎守财而遗诮①。

【译文】　如果不节省花费,就必定会落到贫困潦倒、乞人施舍的地步;如果因吝啬不舍得享受,最终因为死守钱财而贻人笑柄也就不足为怪了。

【注释】　①遗诮(qiào):惹人讥笑。

【评解】　一分钱可以困死英雄汉,但空守着万贯家财,也终究为钱所奴役。古诗曰:"愚者爱惜费,但为后世嗤。"直以一杯冷水,浇财奴之背。金钱观其实也就是人生观。奢靡无度,吝啬守财,都不是享受。钱财与享受,与人生境界,常常无法划等号。

083　园亭若无一段山林景况,只以壮丽相炫,便觉俗气扑人。

【译文】　园榭亭台中,如果没有一点山林自然的况味,只是以雄奇壮丽相炫耀,就会让人觉得俗气扑面而来。

【评解】　穿池种树,少寄情赏,招集文士,尽游玩之适,方为园林之趣。

084　餐霞吸露①,聊驻红颜;弄月嘲风,闲销白日。

【译文】　以云霞为餐食,以甘露为饮液,以此来留驻青春艳丽的颜容;弄赏月色,抚笑清风,在悠闲中度过一天又一天的时光。

【注释】　①餐霞吸露:吸食霞露以求长生,是道教修炼之术。明·冯梦龙《醒世恒言》第十三卷:"若非阆苑瀛洲客,便是餐霞吸露人。"清·李百川《绿野仙踪》第十六回:"先生以呼息导引为第一,餐霞吸露次之;我辈以承受日精月华为第一,雨露滋润次之,至言呼息导引,不过顺天地气运,自为转移可也。大概年愈久,则道益深,所行正直无邪,即可与天地同寿。"

【评解】 古代隐士为了既定的价值选择,"天地闭,贤人隐"、"无恒产而有恒心",相当多数人都过着岩居穴处、绝交息游、孤苦困塞的生活。以这样的精神状态,虽身居于山林丘壑之间,又能有多少悦山乐水之情怀呢? 真要想做到弄月嘲风闲销永日,光是餐霞吸露肯定是不可能的,必然要有相对宽裕的物质条件为前提。

085 清之品有五:睹标致,发厌俗之心,见精洁,动出尘之想,名曰清兴;知蓄书史,能亲笔砚,布景物有趣,种花木有方,名曰清致;纸裹中窥钱,瓦瓶中藏粟,困顿于荒野,摈弃乎血属,名曰清苦;指幽僻之耽,夸以为高,好言动之异,标以为放,名曰清狂;博极今古,适情泉石,文韵带烟霞,行事绝尘俗,名曰清奇。

【译文】 "清"这种境界有五种类型:看见标致、美丽的东西,便生发出厌弃世俗之心,看见精致洁净的东西,便触动离开尘世的想法,这就叫做"清兴"。知道收藏经史百家之书,能够时时亲近笔砚文章,布置景物颇见情趣,种植花木大有办法,这就叫做"清致"。从废纸包裹中寻觅钱币,在瓦罐小瓶中贮藏粮食,困顿于荒野之中,为血缘亲属所抛弃,这就叫做"清苦"。把耽溺于幽僻之境自视为清高,言语行动标新立异标榜为狂放,这就叫做"清狂"。博通古今,怡情于山林泉石,文词染烟霞之韵,行事超凡脱俗,这就叫做"清奇"。

【评解】 清,无秾艳之色,无馥郁之香,却宜于静心涤俗。清苦、清狂,憔悴枯寂或不足取,清兴、清致、清奇,则令人神清气爽。

086 对棋不若观棋,观棋不若弹瑟,弹瑟不若听琴。古云:"但识琴中趣,何劳弦上音①。"斯言信然。

【译文】 与人对棋不如观看别人下棋,观看别人下棋不如自己弹瑟,自己弹瑟又不如听别人弹琴。古人说:"只要能领会琴中的情趣,何必亲自弹拨琴弦奏出音乐呢?"这话说得的确很对。

【注释】 ①"但识"两句:语出《晋书·陶潜传》:"(潜)性不解音,而蓄无弦琴一张,弦徽不具,每朋酒之会,则抚而和之,曰:'但识琴中趣,何劳弦上声'。"

【评解】 李白《赠临洺县令皓弟》诗曰:"陶令去彭泽,茫然太古心。大音自成曲,但奏无弦琴。"大音希声,大象无形,只要能识得琴中之趣,又何必一定要自己弹奏,又何必在乎有弦没弦有声没声呢?

087 弈秋往矣①,伯牙往矣,千百世之下,止存遗谱,似不能尽有益于

人。唯诗文字画，足为传世之珍，垂名不朽。总之身后名，不若生前酒耳②。

【译文】　善下棋的弈秋早已故去，善弹琴的伯牙也已故去，千百年后的今天，只遗留下其残存的棋谱和乐谱，似乎也不能完全对世人有用了。只有诗文字画，足以称得上传世珍宝，留下不朽的声名。总而言之，身后的威名，是比不上生前的一杯酒的。

【注释】　①弈秋：相传为古时善弈之人。《孟子·告子上》："弈秋，通国之善弈者也。"　②"总之"二句：语出《晋书·张翰传》：张翰常纵酒豪饮，以醉态傲世，曾曰："使我有身后名，不如即时一杯酒。"

【评解】　这则内容对弈秋、伯牙的故事给予质疑。伯牙钟子期的故事，从一开始就为我们确立了交友之道的最高标准，但故事本身实在却是可疑的。流传千年的也许只是一个虚幻的梦，所以还不如诗文字画和即时的一杯酒来得实在感人。

088　君子虽不过信人，君子断不过疑人。

【译文】　君子不会过分听信别人，但也决不会过分怀疑别人。

【评解】　听其言而信其行，不若听其言而观其行。过分轻信也便容易过分犹疑，都不为智者所取。

089　人只把不如我者较量，则自知足。

【译文】　一个人只要将自己和不如自己的人比较，就自然容易知足常乐了。

【评解】　不要用别人的成功来折磨自己，"比下有余"未必就是消极的不思进取。尤其当人处于失意之时，这便是对自身的一次重新定位。

090　折胶铄石①，虽累变于岁时；热恼清凉，原只在于心境。所以佛国都无寒暑，仙都长似三春。

【译文】　暑去秋至，虽然是由于岁时气候的变化，但是灼热烦恼与清静凉爽，原本只关乎人的心境。所以佛国没有寒暑的变化，仙居之处长年好似春天。

【注释】　①折胶：代指凉秋。胶为制弓材料之一，喜燥恶湿，至秋季则劲而可折，故以折胶喻秋天弓弩可用，利于作战。《汉书》卷四九《晁错传》："欲立威者，始于折胶。"注引苏林："秋气至，胶可折，弓弩可用，匈奴常以为候而出军。"后因以折胶代秋天。铄石：指炎热的夏天。《淮南子·诠言》："大热铄石流金，火弗为益其烈。"苏轼《磨衲赞》："折胶堕指，此衲不寒；铄石流金，此衲不热。"

【评解】　"暑热由天造，清凉靠心觉"，最大的热和恼，不是暑热造成的身体的感受，更多的时候是在于自己的心态是否不急不躁、是否安然、是否平和。弘一法师李叔同曾有一首《清凉歌》,以凉月、清风、圣水的三个不同层次,诠释"心静自然凉,无风也清爽"的真我心境:"清凉月,月到天心,光明殊皎洁。今唱清凉歌,心地光明一笑呵!清凉风,凉风解愠,暑气已无踪。今唱清凉歌,热恼消除万物和!清凉水,清水一渠,涤荡诸污秽。今唱清凉歌,身心无垢乐如何?"

091 鸟栖高枝,弹射难加;鱼潜深渊,网钓不及;士隐岩穴,祸患焉至。

【译文】 鸟栖在高高的树枝上,弹弓就难以射得到它;鱼潜于深深的水底,渔网钓钩都难以捕获到它;士大夫隐居于岩穴中,祸害哪里能降临到他身上呢?

【评解】 这便是惹不起躲得起的意思。然而,有时祸患欲至,是岩穴之处也避不住的。刘伯温功成名就之后,毅然选择急流勇退,回家隐居。然而,嫉妒、猜疑、祸患却接踵而至,从没有放过他,直到他一病不起。祸患至否,不在隐之地,而在隐之心。"大隐隐于朝,中隐隐于市,小隐隐于野。"很多隐于朝者,不是也得享天年吗?

092 于射而得揖让①,于棋而得征诛②,于忙而得伊周③,于闲而得巢许④,于醉而得瞿昙⑤,于病而得老庄,于饮食衣服、出作入息而得孔子。

【译文】 从射礼中学习揖让礼仪,从弈棋中学习征讨诛伐之术,从繁忙中理解伊尹、周公,从闲适中理解巢父、许由,从酒醉中理解佛家的戒律,从病患中理解老庄的哲学,从饮食衣服、出入作息中理解孔子的学说。

【注释】 ①射:射礼。古代贵族男子重武习射,常举行射礼。射礼有四种:将祭择士为大射;诸侯来朝或诸侯相朝而射为宾射;宴饮之射为燕射;卿大夫举士后所行之射为乡射。大射在郊,宾射在朝,燕射在寝,乡射在州序。《仪礼》有《乡射篇》,《礼记》有《射义篇》。 ②征诛:讨伐。《荀子·乐论》:"故乐者,出所以征诛也,入所以揖让也。" ③伊周:商代伊尹和周朝周公旦。分别辅佐商汤、周成王建国,并摄政。 ④巢许:巢父和许由,传说为尧时隐士,尧曾以天下相让,不受。 ⑤瞿昙:梵语音译。也作乔达摩。佛教创始人释迦牟尼,姓瞿昙,字悉达多。后以瞿昙为佛之代称。

【评解】 先贤们的学说,一般都和当时的社会生活和政治生活密切结合,像孔子的礼(包括各种仪节)、乐(音乐)、射(射箭)、御(驾车)等等。所以《论语》起首开篇说的便是"学而时习之",学了以后,还要按一定的时间去实习、演习它。因此,于身边的日常生活中,领悟先贤的理义学说,正是我们的优良文化传统。

093 前人云:"昼短苦夜长,何不秉烛游①?"不当草草看过。

【译文】 前人说过:"苦于白昼太短夜晚太长,何不干脆手持烛火而游,把夜晚的时光也用来行乐?"这两句诗不应当草草看过。

【注释】 ①"昼短"两句:诗见《古诗十九首》:"生年不满百,常怀千岁忧。昼短苦夜长,何不秉烛游? 为乐当及时,何能待来兹。愚者爱惜费,但为后世嗤。仙人王子乔,难可与等期。"

【评解】　这首诗表面看抒写的是及时行乐的思想,然而人生的价值终究不在于及时满足一己的纵情享乐,细味之,这种态度,大抵是对于汉末社会动荡不安、人生毫无出路的痛苦的无力抗议。

094　优人代古人语①,代古人笑,代古人愤,今文人为文似之。优人登台肖古人,下台还优人,今文人为文又似之。假令古人见今文人,当何如愤,何如笑,何如语?

【译文】　演戏的人模仿古人说话,模仿古人发笑,模仿古人悲愤,今天的文人写文章与此相似。演戏的人登上舞台就打扮得像古人,走下舞台则还是演戏的人,今天的文人写文章也与此相似。假若让古人见到今天的文人,不知道他们会如何生气,如何发笑,如何评说呢?

【注释】　①优人:以乐舞、戏谑、曲艺为业的人。

【评解】　为文作诗,既要模仿,又要创新。明代的前后七子古文运动,主张“文必秦汉,诗必唐宋”。然而,写文章一味模仿前人,与戏子模仿古人的一颦一笑又有何异? 缺乏创新的模仿,这样的文学又有什么生命力? 作者的言下之意,对当时的文人文学提出了尖锐的批评,假令古人见今文人,那一定是会摇头叹息的。

095　看书只要理路通透,不可拘泥旧说,更不可附会新说。

【译文】　看书贵在能将书中的道理思路贯通透彻,不可受旧有学说的限制而不知变通,更不可附会标新立异的所谓新说。

【评解】　读书应该抱有怀疑和批判的态度。孟子说,尽信书不如无书。宋代的赵普,“昔以其(《论语》)半辅太祖定天下,今欲以其半辅陛下致太平”。半部《论语》治天下,靠的当然就是理路通透。

096　简傲不可谓高,谄谀不可谓谦,刻薄不可谓严明,阘茸不可谓宽大①。

【译文】　恃才傲物不能叫清高,阿谀奉承不能叫谦虚,刻薄寡恩不能叫严明,庸碌低劣不能叫做心胸宽大。

【注释】　①阘(tà)茸:庸碌低劣。

【评解】　许多德性表面看容易被人混淆,实质却有着根本的区别。前者重外表,后者重内涵,前者为假意,后者为真心。万事往往就在一念之别,稍稍偏倚,境界便大不一样。

097　作诗能把眼前光景,胸中情趣,一笔写出,便是作手,不必说唐说宋。

【译文】　作诗能把眼前所见的光景,以及胸中蕴含的情趣,一笔写出,淋漓尽致,便是作诗之妙手,不必拘泥于唐宋体制。

【评解】　明代的文坛推行"文必秦汉,诗必唐宋",作者反复对这样的文学观提出了批评。

098　少年休笑老年颠,及到老时颠一般,只怕不到颠时老,老年何暇笑少年。

【译文】　年轻人不要嘲笑老年人糊涂,等你老了的时候也是一样糊涂,只怕还不到糊涂的时候已经老态龙钟了,哪里还有闲暇来嘲笑年轻人?

【评解】　少年贵有老成识,老年须有少年怀。

099　饥寒困苦,福将至已;饱饫宴游,祸将生焉①。

【译文】　能忍受饥寒交迫、艰难困苦,福气也就将要到来了。耽溺于饱食终日、安逸游乐,祸患也便将要降临了。

【注释】　①饱饫(yù):吃饱。

【评解】　生于忧患,死于安乐。

100　打透生死关,生来也罢,死来也罢;参破名利场,得了也好,失了也好。

【译文】　如果超越了生死的界限,管它生来也好,死来也好。如果看透了名利场中的实质,管它是得了也好,失去了也好。

【评解】　看破了生死、得失,也就无所谓生与死、得与失。庄子认为,死和生是必然的,就像昼夜交替永恒如此。他说,大自然用了一个肉躯装载我,用生存让我劳苦倦息,用衰老让我得到安逸,用死亡让我得到静静的休息。所以,把我的生命看作乐事,正是把死亡看作乐事的原因所在。这就是大彻大悟。

101　混迹尘中,高视物外;陶情杯酒,寄兴篇咏;藏名一时,尚友千古。

【译文】　在尘世凡俗中苟且生活,眼光却超出世间的物累;在酒杯中得到了无比的乐趣,却在诗篇歌咏中寄托了自己的意兴;暂且隐匿自己一时的声名,为的是在精神上能与古代圣贤为友。

【评解】　此身混迹苟且于世间,精神却已飞越千古;尽兴陶情于杯酒,情兴则寄之于篇咏;暂时消极避世,为的是名垂千秋。达则兼济天下,穷则独善其身,这是古代士大夫共同标榜的理想信念。

102　痴矣狂客,酷好宾朋;贤哉细君①,无违夫子。醉人盈座,簪裾半

尽。酒家食客满堂,瓶瓮不离米肆。灯火荧荧,且耽夜酌;爨烟寂寂^②,安问晨炊。生来不解攒眉^③,老去弥堪鼓腹^④。

【译文】　我这个狂放不羁的人是如此痴于性情,特别喜好结交友朋;妻子多么贤惠,从来都不违背丈夫的意愿。满座都是醉倒了的人,头饰衣衫多半都已不整。酒家常常食客满堂,装米的瓶瓮一刻不停地从米肆买米。微弱的灯光下,只顾继续沉湎于夜饮吧,哪管它灶间没有一点炊烟,明天的早饭有没有着落。生来就不知道发愁的滋味,老来更应该饱食终日无所事事。

【注释】　①细君:古时诸侯的妻称小君,也称细君。后为妻子的通称。　②爨(cuàn):烧火做饭。　③攒眉:皱眉,表示不愉快。　④鼓腹:鼓起肚子,谓饱食。语出《庄子·马蹄》:"夫赫胥氏之时,民居不知所为,行不知所之,含哺而熙,鼓腹而游。"

【评解】　此条采自明·屠隆《娑罗馆清言》。

纵情哀乐,放浪形骸,描写的是一个宴集的场景。说是不识愁滋味,只知饱食终日无所事事,其实却正恐有一肚皮的不合时宜。

103　皮囊速坏^①,神识常存,杀万命以养皮囊,罪辛归于神识。佛性无边,经书有限,穷万卷以求佛性,得不属于经书。

【译文】　人的肉身很快就会腐烂,但是精神意识却能长久保存。宰杀万命以养活臭皮囊,罪孽却最终归于神识。佛性是无边无际的,经书典籍却是有限的,读遍万卷以求佛性,会发现求得的佛性其实并不属于经书。

【注释】　①皮囊:佛家指人的躯体为臭皮囊。

【评解】　此条采自明·屠隆《续娑罗馆清言》。

研读佛经,乃是要通过文字,去证取清净的佛性。可文字只是指引我们认证实相的手指,而非实相的本体。换言之,必须善于透过表象看到事情的本质。

104　人胜我无害,彼无蓄怨之心;我胜人非福,恐有不测之祸。

【译文】　别人胜过我,没有什么害处,因为别人就不会在内心积下对我的怨恨;我胜过别人,不一定是好事,恐怕就会带来难以预测的灾祸。

【评解】　此条采自林逋《省心录》。

步步占先者,必有人以挤之;事事争胜者,必有人以挫之。太多的古训反复告诫人们,切忌过分张扬,要夹着尾巴做人。

105　书屋前,列曲槛栽花,凿方池浸月,引活水养鱼;小窗下,焚清香读书,设净几鼓琴,卷疏帘看鹤,登高楼饮酒。

【译文】　在书屋之前,筑起曲折的围栏栽种花卉,开凿一方池塘鉴照月光,引来流动的泉水入池养鱼。在书窗之下,燃起清香读书,摆设干净的桌几鼓琴,卷起疏帘看仙鹤起舞,登上高楼饮酒赋诗。

【评解】 古人读书是清雅事,也是奢侈事。

106 人人爱睡,知其味者甚鲜;睡则双眼一合,百事俱忘,肢体皆适,尘劳尽消,即黄粱南柯①,特余事已耳。静修诗云:"书外论交睡最贤②。"旨哉言也。

【译文】 人人都喜爱睡觉,但知道其妙味意蕴的却很少。睡觉的时候,两眼一合,所有的事情都忘在脑后,四肢和身体都舒坦适意,疲惫劳累尽行消散,至于做一个黄粱、南柯那样的梦,还是其余的事。静修先生诗云:"书外论交睡最贤。"妙论啊。

【注释】 ①黄粱南柯:黄粱梦,典出唐·沈既济《枕中记》:卢生有功名心,邯郸旅舍老翁授枕,卢生于梦中享尽荣华富贵,及醒,翁煮黄粱尚未熟。南柯,典出唐李公佐《南柯记》:淳于芬梦至槐安国,娶其公主,为南柯太守,尽享荣华富贵。后因出师不利,公主亦死,受国王疑忌,被遣归,遂梦醒。查之,其庭槐树下有蚁穴,即槐安国。南柯,即树之南枝。 ②静修:元代思想家刘因(1249–1293),字梦吉,号静修,保定容城人。至元十九年(1282),被荐入朝,授承德郎,右赞善大夫,但不到一年便借故辞归。至元二十八年(1291)又被诏,坚辞不就,隐逸山林授徒而终。其《冬日》诗云:"砂瓶豆粥木床烟,中有幽人意漫然。元晦居山岂怀土,仲尼微服即知天。闲中作计饱为上,书外论交睡最贤。小子应门当拜客,病夫便静乞相怜。"

【评解】 刘因以"静修"为号放弃了"兼济天下"的实践,走上追求圣贤境界的道路。隐居时写下了76首意境深远、清新淡雅的和陶诗。但以"静修"为号、写和陶诗真能达到心境的超然,摆脱内心的困扰吗? 真能在饱睡中消忘儒家文人的理想吗? 只怕未必。

107 过分求福,适以速祸;安分远祸,将自得福。

【译文】 过分地求福,往往适得其反,使祸患更快降临;安守本分,保持应有的品德,才能远祸而得福。

【评解】 福是随缘。它只是生命的一种感受,一种人生的体验。正如白居易《咏拙》诗云:"以此自安分,虽穷每欣欣。"它不是让你去企盼没有的东西,只是让你珍惜自己的拥有。

108 倚势而凌人者,势败而人凌;恃财而侮人者,财散而人侮。此循环之道。我争者,人必争,虽极力争之,未必得;我让者,人必让,虽极力让之,未必失。

【译文】 倚仗权势欺凌别人,一旦权势失去,就将被人欺凌。凭借财富侮辱他人,一旦财富散尽,就将遭人侮辱。这是事物循环发展的必然规律。我要争取的,别人一定也要争取,即使我极力去争取,也未必能够得到;我谦让的,别人也一定会谦让,即使我极力谦让,也未必就会失去。

【评解】 水在火上可以煮成食物,这是水火相济发挥功用的一面;但是水火还有相灭的一面,水决则火灭,火炎则水涸。这是《易·既济》卦的大意。它告诉人们,在事业成功之后应该怎样防微杜渐、保持久盛不衰的原则。合久必分,分久必合,知天下分合节律之大道,方能不争而自得。

109 贫不能享客而好结客,老不能徇世而好经世[①],穷不能买书而好读奇书。

【译文】 贫穷得不能款待客人,但却喜欢结交朋友;年老了还是不能随顺世俗,而是喜好经时济世;穷困得无法买书,但却喜好阅读奇书。

【注释】 ①徇世:随顺世俗。

【评解】 此条采自明·陈继儒序张大复《梅花草堂笔谈》:"元长贫而不能享客而好客,不能买书而好读异书,老不能徇世而好经世,盖古者狷侠之流。读其书可以知其人也。"

张大复(1554-1630),字符长,又字星期,一作心其,号寒山子,又号病居士。江苏昆山人。壮岁曾游历名山大川。初患青光眼,凭微弱的视力坚持写作、教书。原本家底殷实,因治疗眼疾而典卖祖传字画、良田,但越来越重,至40岁失明。除了短时间在朋友的衙署里担任幕僚,主要以口述的方式让人记录整理,记下自己设馆、作幕、出游的见闻,包括著名人物的言行、家乡风土人情、灾荒与兵寇、水利沿革以及昆曲的兴起与发展等。此外,他还完成了《嘘云轩文字》、《昆山人物传》、《昆山名宦传》、《张氏先世纪略》以及传奇30种等。

困顿地生活在晚明时期的张大复,向往精神自适的生活,追求生活情趣,是一个彻头彻尾的理想主义者。他觉得,最理想的人生是:"一卷书,一尘尾,一壶茶,一盆果,一重裘,一单绮,一奚奴,一骏马,一溪云,一潭水,一庭花,一林雪,一曲房,一竹榻,一枕梦,一爱妾,一片石,一轮月,逍遥三十年,然后一芒鞋,一斗笠,一竹杖,一破衲,到处名山,随缘福地,也不枉了眼耳鼻舌身意随我一场也。"事实上,他的理想无一不停留在纸上。与他交往较多的汤显祖,在一封信札中也说:"读张元长先世事略,天下有真文章矣。"

周作人《中国新文学的源流》一书出版后,二十岁刚出头的钱钟书撰写了书评,他对书中忽略了张大复的《梅花草堂笔谈》深表遗憾,认为张大复可与张岱媲美。

110 沧海日,赤城霞[②],峨眉雪,巫峡云,洞庭月,潇湘雨,彭蠡烟,广陵涛[②],庐山瀑布,合宇宙奇观,绘吾斋壁。少陵诗,摩诘画,左传文,马迁

史,薛涛笺③,右军帖,南华经④,相如赋,屈子离骚,收古今绝艺,置我山窗。

【译文】 东海的日出,赤城的云霞,峨眉的积雪,巫峡的云气,洞庭的湖月,潇湘的江雨,鄱阳的烟波,广陵的潮涌,庐山的飞瀑,合成宇宙间的美景奇观,描绘在我的书斋墙壁上。杜甫的诗,王维的画,《左传》的文章,司马迁的《史记》,薛涛的诗笺,王羲之的法帖,庄子的《南华经》,司马相如的大赋,屈原的《离骚》,收集了古往今来超绝一流的艺术珍品,都放置在我的书窗之下。

【注释】 ①赤城:山名,为浙江天台山南门,土色皆赤,状似云霞。 ②广陵涛:盛于汉代到六朝,消失于公元766到799年唐代的大历年间。当年潮涌上溯至广陵城(今扬州)南曲江江段时,因水道曲折,又受江心沙洲的牵绊,形成怒涛奔涌之势,故称广陵涛。与山东青州涌潮、钱塘潮合为我国历史上最著名的三处涌潮。清·费饧璜《广陵涛辩》云:"春秋时,潮盛于山东,汉及六朝盛于广陵。唐、宋以后,潮盛于浙江,盖地气自北而南,有真知其然者。" ③薛涛笺:薛涛和当时著名诗人元稹、白居易、张籍、王建、刘禹锡、杜牧、张祜等人都有唱酬交往。居成都郊外浣花溪上,自造桃红色的小彩笺,用以写诗。后人仿制,称为"薛涛笺",又名"浣花笺"、"松花笺"、"红笺"。薛涛,唐代女诗人,字洪度。长安(今陕西西安)人。姿容美艳,性敏慧,8岁能诗,洞晓音律,多才艺,声名倾动一时。德宗贞元(785-804)中,韦皋任剑南西川节度使,召令赋诗侑酒,遂入乐籍。后袁滋、刘□、高崇文、武元衡、李夷简、王播、段文昌、杜元颖、郭钊、李德裕相继镇蜀,她都以歌伎而兼清客的身份出入幕府。韦皋曾拟奏请朝廷授以秘书省校书郎的官衔,格于旧例,未能实现,但人们往往称之为"女校书"。后世称歌伎为"校书"就是从她开始的。 ④南华经:即《庄子》。

【评解】 此条采自明代诗人李东阳(1447-1516)《题书斋联》。联曰:

沧海日,赤城霞,峨嵋雪,巫峡云,洞庭月,彭蠡烟,潇湘雨,广陵潮,匡庐瀑布,合宇宙奇观,绘吾斋壁;

青莲诗,摩诘画,右军书,左氏传,南华经,马迁史,薛涛笺,相如赋,屈子离骚,收古今绝艺,置我山窗。

上联赞江山胜迹乃宇宙奇观,下联颂传统文化为古今绝艺。以连环对的形式作成,气势恢宏,波澜壮阔,被誉为是奇联绝对,联中绝唱。

111 偶饭淮阴①,定万古英雄之眼,自有一段真趣,纷扰不宁者,何能得此;醉题便殿②,生千秋风雅之光,自有一番奇特,踽踽牖下者③,岂易获诸?

【译文】 偶然给淮阴侯韩信施饭时,慧眼已识万古英雄的命运,其中自有一段真趣,心绪烦扰不宁、见识短浅的人怎么能达到呢? 李白酒醉后在便殿上题写新词,生发出千秋风流儒雅的光彩,其中自有一番奇特,庸碌无为、局促于书窗下的人难道容易获得吗?

【注释】 ①偶饭淮阴:用韩信受食于漂母的故事,事见《史记·淮阴侯列传》:韩信少时无赖,无生计,"钓于城下,诸母漂,有一母见信饥,饭信,竟漂数十日。信喜,谓漂母曰:'吾必有以重报母。'"后韩信从刘邦征战,得封王侯,召漂母,赐以千金。 ②醉题便殿:事见《开元天宝遗事》:"李白于便殿对明皇撰诏诰,时十月大寒,笔冻莫能书字。帝敕宫嫔十人,侍于李白左右,令各执牙笔呵之,遂取而书其诏,其受圣眷如此。" ③跼蹐(jújí):即踞蹐,弓背弯腰小心行走的样子。此指庸碌无为。

【评解】 看似"偶饭"、"醉题",实则有慧眼识英雄的见识在,有腹有诗书气自华的风雅自信在。

112 清闲无事,坐卧随心,虽粗衣淡饭,但觉一尘不染;忧患缠身,繁扰奔忙,虽锦衣厚味,只觉万状愁苦。

【译文】 清静悠闲无所事事,或坐或卧随心所欲,如此即使是粗衣淡饭,但却不为尘俗所扰;忧虑祸患缠身,繁忙困扰奔竞,如此即使穿着锦绣衣服,享受着美味佳肴,也只会觉得无限愁苦。

【评解】 两种生活两般心境。相较之下,看似简单的生活却更有滋味。老子说过"不贵难得之货",就是不要整天以一种狂热的心态来追求这些世人所追捧的东西。明代董其昌曾说:"故人情到富贵之地,必求珠宝锦绣、粉白黛绿、丝管羽毛、娇歌艳舞、嘉馐珍馔、异香奇臭,焚膏继晷,穷日夜之精神,耽乐无节,不复知有他好。"是啊,除了这些浮光艳影之外,真的就没有赏心悦目之事了吗?

113 我如为善,虽一介寒士,有人服其德;我如为恶,虽位极人臣,有人议其过。

【译文】 我如果做善事,即使只是一个贫寒的读书人,也会有人敬佩我的德行;我如果做恶事,即使是地位显赫贵为人臣,也会有人指责我的过错。

【评解】 惟贤惟德,能服于人。故勿以恶小而为之,勿以善小而不为。

114 读理义书,学法帖字,澄心静坐,益友清谈,小酌半醺,浇花种竹,听琴玩鹤,焚香煮茶,泛舟观山,寓意弈棋。虽有他乐,吾不易矣。

【译文】 诵读理义之书,临摹法帖练字,澄心静虑而坐,与知心朋友清谈,浅斟低酌饮至半醉,浇浇花草,栽种几竿竹子,听人弹弹琴,赏赏鹤舞,点燃清香,烹煮好茶,荡着小舟去观看两岸山色,专心致志地下棋。即使有别的乐趣,我也不愿交换了。

【评解】 此条采自宋·倪思《经鉏堂杂志·齐斋十乐》:"读义理书,学法帖字,澄心静坐,益友清谈,小酌半醺,浇花种竹,听琴玩鹤,焚香煎茶,登城观山,寓意弈棋。"

宋代后期程朱理学盛行于天下,不管是求功名还是隐居山野,读"理义"书,自然是放在首位的。因而书斋的首乐就是"读理义书",其后临帖、静思、闲谈、小酌、花草、琴鹤、品茗、郊游、对弈等乐趣,能做到这些,可以说是读书人的理想境界了!

115 成名每在穷苦日,败事多因得志时。

【译文】 成就功名往往是在身处困境的穷苦之日,而事情失败则多是因为志得意满之时。

【评解】 穷苦之时,矢志一心,往往便能发挥无穷的潜能,成功也便水到渠成。可人一旦成功,拥有金钱地位名利后,便往往要无谓地消耗精力与时间,才华慢慢在俗务中销蚀,可不就种下了失败之祸根?

116 宠辱不惊,肝木自宁[①];动静以敬,心火自定;饮食有节,脾土不泄;调息寡言,肺金自全;怡神寡欲,肾水自足。

【译文】 宠辱不惊则肝宁,处世行事以诚敬为本则心定,饮食有节制则脾不病,调养气息沉静寡言则保肺,心情愉悦清心寡欲则肾水充足。

【注释】 ①肝木:古代医学以五脏与五行相对应,肝属木,心属火,脾属土,肺属金,肾属水,故称。

【评解】 莫因物喜,莫因己悲。平安才是福,知足才有乐。调养身体五脏,根本在调养性情。

117 让利精于取利,逃名巧于邀名。

【译文】 将利益让给他人,比和他人争夺利益更为明智;逃避名声比求取名声更为聪明。

【评解】 每个人都想获得较多的利益,结果便可能因此而结下怨恨,或是丧失自己做人的原则。声名使一个人成为众人注目的焦点,但是,众人的眼光也像一条条无形的绳索,将一个人牢牢地绑缚住,为声名所累,也就失去了自己自由自在的生活。

118 彩笔描空,笔不落色,而空亦不受染;利刀割水,刀不损锷[①],而水亦不留痕。

【译文】 用彩色的笔在空中描画,画笔不着颜色,而空中也没有染上颜色;用锋利的刀斩割流水,刀刃不会受损,而流水也不会留下斩割的痕迹。

【注释】 ①锷:刀剑的刃。

【评解】 此条采自明·洪应明《菜根谭》:"彩笔描空,笔不落色,而空亦不受染;利刀割水,刀不损锷,而水亦不留痕。得此意以持身涉世,感与应俱适,心与境两忘矣。"

　　风来疏竹,风过而竹不留声;雁渡寒潭,雁渡而潭不留影。君子事来而心始现,事去而心随空。人情世态,倏忽万端,昨日之非不可留,今日之是不可执,身是波上舟,沿洄安得住? 此心恰似那不系之舟,一任去留,无往而不适,何等云淡风清,自由自在?

119 唾面自干①,娄师德不失为雅量;睚眦必报,郭象玄未免为祸胎②。

【译文】　别人把唾沫吐到自己脸上也不擦拭,任其自干,娄师德不失为宽宏大量;像瞪一下眼睛那样极小的怨仇也要报复,因此郭汜就难免要成为祸患的根苗。

【注释】　①唾面自干:逆来顺受,忍辱不与人较之意。语出《尚书·大传》:"骂女毋叹,唾女毋干。"事见《新唐书·娄师德传》:"其弟守代州,辞之官,教之耐事。弟曰:'有人唾面,洁之乃已。'师德曰:'未也,洁之,是违其怒,正使自干耳。'"　②郭象玄:汉末董卓部将郭汜,字象玄。事见《后汉书·赵典传》:"今与郭汜争睚眦之隙,以成千钧之雠。"

【评解】　宽容来自厚道,没有厚道,哪里会有宽容? 待人历来有宽厚、宽容、宽仁与苛求、刻薄、苛刻之别。古人多主张"责己以严,待人以宽"、"各自责,则天清地宁;各相责,则天翻地覆。"积极倡导宽厚而非刻薄的生活哲学。

120　天下可爱的人,都是可怜人;天下可恶的人,都是可惜人。

【译文】　天下值得去爱的人,往往都是十分可怜的;而那些人人厌恶的人,又常常让人觉得十分惋惜。

【评解】　可爱的人,往往不愿用卑劣的手段去实现自己的愿望,不愿同流合污去追逐不义,因此很容易受到伤害,所以境况有时很窘迫,甚至很可怜。可恶的人,他们丧失了人性中美好的一面,就像不能感受到和煦的阳光,嗅闻到花朵的芳香,听闻到开怀的笑声一样,这岂不是让人为之可惜吗?

121　事业文章随身销毁,而精神万古如新;功名富贵逐世转移,而气节千载一日。

【译文】　事业和文章都会随着人的死亡而消失,但人的精神却可以亘古不变;功名利禄和富贵荣华,都会随着时代的变迁而转移,只有高尚的气节却能千年不朽。

【评解】　此条采自明·洪应明《菜根谭》:"事业文章随身销毁,而精神万古如新;功名富贵逐世转移,而气节千载一时。君子信不以彼易此也。"
　　《左传·襄公二十四年》记载穆叔与宣子讨论什么是古人所说的"死而不朽"。穆叔认为,显赫的家世不能称为不朽。"大上有立德,其次有立功,其次有立言。虽久不废,此之谓不朽。"其中"立德"又是相对而言最可能通过自身努力而实现"不朽"的方式,所以,君子不可以追求一时的功名事业而不去树立永恒的精神气节。

122 读书到快目处,起一切沉沦之色;说话到洞心处,破一切暧昧之私。

【译文】 读书读到兴味盎然处,就能一扫满脸消沉之色;说话到了无话不谈的地步,就能破除一切内心深处的暧昧私念。

【评解】 德国作家让·保罗·理治特曾经说过:"从艺术女神居住的巴拿斯山峰上所看到的风光要比坐在王位上所看到的宏伟壮阔得多。"

123 谐臣媚子[①],极天下聪颖之人;秉正嫉邪,作世间忠直之气。

【译文】 以乐舞作谐戏的艺人和妖媚的美人,都是极尽天下聪明乖巧之人。坚持正义、嫉恶如仇的人,才能成就人世间的忠良正直之风气。

【注释】 ①谐臣:俳优,古代以乐舞作谐戏的艺人。《新唐书·元结传》:"谐臣顐官,怡愉天颜。"清·叶名沣《桥西杂记·黄忠端公书<孝经>册》:"如此,则素相素臣,皆无复七世观德之事,谐臣媚子,久据有明德启免之长矣。" 媚子:所爱之人。

【评解】 小人极尽天下聪颖乖巧之能事,故人常言,小人万不可得罪。然而不能嫉恶如仇,坚持正义,又如何养成人世间忠正耿直的风气?

124 隐逸林中无荣辱,道义路上无炎凉。

【译文】 退隐林泉与世隔绝的人,对于红尘俗世的是是非非完全忘怀;讲求仁义道德的人,对于世态人情没有厚此薄彼炎凉冷暖之分。

【评解】 此条采自明·洪应明《菜根谭》:"隐逸林中无荣辱,道义路上泯炎凉。"

在天下的熙熙攘攘中,终日为荣辱是非充斥纠缠,又怎么能享受到恬淡安逸的人生美景?只有"跳出三界外,不在五行中",才能摆脱世态的炎凉冷暖,只有不计荣辱的隐士和嫉恶如仇的正义之士,才能俯看人生。

125 名心未化,对妻孥亦自矜庄;隐衷释然,即梦寐会成清楚。

【评解】 同见卷一 208

126 闻谤而怒者,谗之囮[①];见誉而喜者,佞之媒。

【译文】 听到诽谤的言语就发怒的人,进谗言的人就有机可乘;听到赞誉恭维的话就沾沾自喜的人,谄媚的人就乘机而入。

【注释】 ①囮(é):鸟媒,经训练引诱他鸟以利捕捉者。

【评解】 此条采自隋·王通《中说·魏相》:"文中子曰:'闻谤而怒者,谗之由也;见誉而喜者,佞之媒也。绝由去媒,谗佞远矣。'"

用"囮","媒"二字形象地表达了闻谤则怒、见誉则喜的人与谗者、佞者的媒介关系。王通又曰:"我未见得诽而喜,闻誉而惧者。"可见,要具有闻谤不怒、见誉不喜的修养,何其艰难!

127 摊烛作画,正如隔帘看月,隔水看花,意在远近之间,亦文章法也。

【译文】 夜晚摆上蜡烛作画,正像隔着竹帘看月,隔着河水赏花,朦朦胧胧,若远若近,这也是写文章的妙法。

【评解】 此条采自明·董其昌《容台别集》卷四《画旨》。

阐述作画为文若即若离的理论。钱钟书《谈艺录》"论若即若离"条曰:十九世纪法国诗人魏尔兰以面纱后之美目喻诗境之似往已回,如幽非藏。景物当前,薄障间之,若即而离,似近而远,每增佳趣。明·谢榛《四溟山人全集》卷二十三《诗家直说》:"凡作诗不宜逼真,如朝行远望青山,佳色隐然可爱,妙在含胡,方见作手。"古罗马诗人马提雅尔尝观赏"葡萄在玻璃帡幪中,有蔽障而不为所隐匿,犹纱縠内妇体掩映,澄水下石子历历可数"。

128 藏锦于心,藏绣于口;藏珠玉于咳唾①,藏珍奇于笔墨;得时则藏于册府②,不得则藏于名山。

【译文】 把构思之巧藏于心中,把措词之丽藏于口中。把珠玉言语藏于咳唾之中,把珍奇言语藏于笔墨之中。能够得到世人的认同,就书写出来,藏在国家的册府史馆,不能得到认同,就把它藏之于名山石室中流传后世。

【注释】 ①咳唾:比喻人的言论。《庄子·渔父》:"窃待于下风,幸闻咳唾之音以卒相丘也。"咳唾成珠,比喻言语珍贵。 ②册府:帝王藏书之所。

【评解】 古之圣贤学者感时不遇,会无奈地把平生所学"藏之名山"以期将来"传之其人",自司马迁以来莫不如此。

129 读一篇轩快之书,宛见山青水白;听几句透彻之语,如看岳立川行。

【译文】 读一篇令人畅快的文章,就如同看见青山白水般美妙。听几句精辟透彻的言语,就如同看到山岳林立、川流不息般怡情。

【评解】 读书,让自己物质世界中为心灵保留一份守望的空间。书读多了,识得亦多了,也许记不住的还更多,心中有些失望那一览过的东西不见踪影,然而,有时于胸襟、谈吐里的那份从容,那份不经意,心窃然而喜,它们并没有消失殆尽,如山青水白,如岳立川行,始终潜在着。欸乃一声山水绿,这也是读书之境界。

130 读书如竹外溪流,洒然而往;咏诗如苹末风起,勃焉而扬。

【译文】 读书就像竹林外的小溪流水,连绵不断地潇洒流去;吟诗就像初起于青苹之末的微风,突然勃发飞扬而起。

【评解】 读书的乐趣，不仅体现在读书的过程中，更在于书中的美好传递给了读者，使其触景生情，并因情而赋，因景而歌，用歌赋表达真我。有人说过："从某种意义上说来，书籍所赋予我们的思想比现实生活所赋予我们的更加生动活泼，正如倒影里面反映出来的山石花卉常常要比真实的山石花卉更加多姿迷人一样。"

131 子弟排场①，有举止而谢飞扬，难博缠头之锦②；主宾御席，务廉隅而少蕴藉③，终成泥塑之人。

【译文】 梨园子弟排开场子，举止拘束不能做到神采飞扬，那就难以博取缠头的罗锦；主客入座宴席，言语行为都追求端庄严肃而缺少风流蕴藉，那就终究只是泥塑般的人物。

【注释】 ①子弟：指梨园子弟。 ②缠头之锦：旧时歌舞艺人演毕，客人常以罗锦为赠，置于头上，称为"锦缠头"。白居易《琵琶行》："五陵年少争缠头，一曲红绡不知数。" ③廉隅：棱角。比喻人的言语、行为端正不苟。

【评解】 胶柱鼓瑟，不知变通之道，举止拘束正襟危坐，自然要如泥塑之人。用今天的话说就是不会"搞气氛"，终难免板闷无趣。

132 取凉于箑①，不若清风之徐来；激水于槔②，不若甘雨之时降。

【译文】 用扇子扇凉，不如清风徐徐而吹；用桔槔汲水，不如甘霖及时而降。

【注释】 ①箑(shà)：扇子。 ②槔(gāo)：桔槔，汲水工具，在井旁树上或架子上用绳子挂一杠杆，两端分别系水桶和石块，以便取水。

【评解】 陶渊明诗曰："蔼蔼堂前林，中夏贮清阴。凯风因时来，回飙开我襟。"盛夏的暑热之中，南风也似乎体贴人意，应时而来，撩开人的衣襟送来阵阵凉意。这仲夏的清凉之风因此而常驻人心。杜甫诗曰："好雨知时节，当春乃发生。"好雨应时而降，才会有"花重锦官城"的锦绣美丽。

133 有快捷之才而无所建用，势必乘愤激之处，一逞雄风；有纵横之论而无所发明，势必乘簧鼓之场①，一恣余力。

【译文】 有快捷之才，而无用武之地，就必定要趁着发泄愤激之情时，一逞雄风；有经邦济世的宏论，而无施展才华的机会，就必定要巧言惑众，恣意地搬弄是非。

【注释】 ①簧鼓之场：搬弄是非之地。簧鼓，笙竽等皆有簧，吹之鼓动发声，借喻巧舌惑人。

【评解】 水可疏而不可堵，人才亦可导而不可抑。才不能用，则有火山喷发、洪水决堤之虞，恐不择地而出，不择地而流，其祸患尤其激烈。

134 月榭凭栏，飞凌缥缈；云房启户①，坐看氤氲②。

【译文】 月光下，倚靠着高台的栏杆，心思早已飞向那缥缈虚空之境。推开山居的门扉,坐看山间云烟弥漫变幻。

【注释】 ①云房:僧道或者隐士所居住的房舍。 ②氤氲(yīnyūn):烟气、烟云弥漫的样子。

【评解】 天上明月,照尽无边山河大地,无边的世间梦境。独立高台,瞻望明月,坐看云聚云散,"不知乘月几人归? 落月摇情满江树",到底谁人能乘月归去呢?

135 发端无绪,归结还自支离;入门一差,进步终成恍惚。

【评解】 同见卷一 131。

136 李纳性辨急①,酷尚弈棋,每下子,安详极于宽缓。有时躁怒,家人辈密以棋具陈于前,纳睹便欣然改容,取子布算,都忘其恚②。

【译文】 李纳性情偏激急躁,特别喜欢与人下棋,每当下棋时,却神态安详,极其宽厚舒缓。有时他急躁发怒了,家人们便悄悄地把棋具摆到他的面前,李纳一见棋具就高兴得面带笑容,拈取棋子开始布局盘算,完全忘掉了一切愤怒。

【注释】 ①李纳:唐高丽人,以性急而称。事见《新唐书·兵志》等。 ②恚(huì):怒。

【评解】 此条采自宋·钱易《南郭新书》。该书主要记唐五代轶闻旧事。
古人制怒,有"佩韦以缓气"者,如春秋时西门豹;有写字以息怒者,如唐代张说;如李纳,则以下棋而忘其恚,亦是性痴之人。

137 竹里登楼,远窥韵士,聆其谈名理于坐上,而人我之相可忘;花间扫石,时候棋师,观其应危劫于枰间①,而胜负之机早决。

【译文】 在翠竹林中登上楼台,远远地望着风雅的士人,聆听他们在座间畅谈玄学名理,以致忘记了自己和他人的存在;在花树丛中扫净石板,等候着棋师的到来,观看他们如何在棋盘上应对危劫,而胜负之机早已决出。

【注释】 ①枰(píng):棋盘。

【评解】 高人韵士,云深不知处,而天下事皆了然于心,这是一种超逸的风度。古人下围棋,也完全是一种优雅、从容、淡定的风范,始终作为上流阶层、文人雅士用来修身养性的一种游戏。后来围棋演变为竞技,是在传入日本以后,在武士阶层中的逐渐传播的结果。

138 六经为庖厨①,百家为异馔,三坟为瑚琏②,诸子为鼓吹。自奉得无大奢,请客未必能享。

【译文】 以儒家六经当做厨师,以百家学说当做珍异的菜肴,以三坟经典当做礼仪器皿,以先秦诸子当做器乐合奏。自己享用未免太过奢侈,而以此待客,客人也未必能享用得了。

【注释】　①六经:儒家的六部经典:《诗经》、《尚书》、《礼记》、《易经》、《乐经》、《春秋》。　②三坟:伪孔安国《尚书序》称:"伏羲、神农、黄帝之书,谓之三坟。"瑚琏:古代祭祀时用来盛粟稷的器皿,被视为极珍贵的器物。

【评解】　此条前四句采自梁元帝萧绎《请于州立学校表》:"……泊乎秦焚金篆,周亡玉镜,群言争乱,诸子相腾,《书》则夏侯、欧阳,《易》则神输、道训,《诗》乃齐、鲁、毛、韩,《传》称邹、左、张、夹,《礼》有曲台、王史之异,《乐》有龙德赵定之殊。伏惟陛下,抚五辰而建五长,播九德而导九州。容成为历,兴景云之瑞;伶伦吹律,应黄钟之管。拨乱反正,经武也;制礼作乐,纬文也。若非六经庖厨,百家异馔,三坟为瑚琏,五典为笙簧,岂能暴以秋阳,纤就望之景,濯以江汉,播垂天之泽。"(《全梁文》卷十六)

139　说得一句好言,此怀庶几才好;揽了一分闲事,此身永不得闲。

【译文】　说了一句好话,内心或许才能好一些;揽了一件闲事,自身将永不得安闲。

【评解】　一句玩笑一句好言,有时可以化解一场误会。一句闲言一件小事,有时却惹来终生的遗憾。

140　古人特爱松风,庭院皆植松,每闻其响,欣然往其下,曰:"此可浣尽十年尘胃。"

【译文】　古人特别喜爱松风,庭院之中往往都栽种松树,每当听见松风响起,便欣然来到树下聆听,谓"此可以彻底洗尽十年来为尘俗所污染的脾胃"。

【评解】　此条采自《南史·隐逸传下·陶弘景》:"本便马善射,晚皆不为,唯听吹笙而已。特爱松风,庭院皆植松,每闻其响,欣然为乐。有时独游泉石,望见者以为仙人。"

　　风过枝摇,松涛作响,给人脱俗清新的感觉,听了有洗涤尘俗的作用。难怪陶弘景的诗也清新可爱,如"山中何所有,岭上多白云。只可自怡悦,不堪持与君"(《诏问山中何所有赋诗以答》),何等洒脱。

141　凡名易居,只有清名难居;凡福易享,只有清福难享。

【译文】　世俗的声名容易获取,只有清名难于获取;世俗的幸福容易享用,只有清福难于享用。

【评解】　内心安宁,无忧无虑,俯仰无愧。活得踏实、活得知足、活得潇洒、活得自在、活得精神富有,这大概就是难得的清名、清福吧。如此声名、幸福,要享用自然不易。所谓富贵易求,清福难享。

142　贺兰山外虚兮怨①,无定河边破镜愁②。

【译文】　戍边贺兰山外，往往归期难料生死难卜，空留无限幽怨；征战无定河边，夫妻离别，破镜很难重圆。

【注释】　①贺兰山：主峰在今宁夏贺兰县境内。　②无定河：出自内蒙古鄂尔多斯乌审旗，后入黄河，因其流急渍沙，河水深浅不定得名。与上文"贺兰山"均喻指边疆沙场。破镜：典出唐·孟棨《本事诗·情感》：南朝陈徐德言娶陈后主妹乐昌公主为妻，公主有才貌。陈亡之际，德言料不能夫妻相守，于是破一镜，夫妻各执一半，相约他日，必以正月十五卖于都市，如果他在的话，就在那一天去寻访。后果然因此在流离后复得聚合。

【评解】　唐·陈陶《陇西行》诗："可怜无定河边骨，犹是春闺梦里人。"思妇日夜思念，可哪里知道，思念的人儿却早已战死沙场，写尽千古征人思妇之苦。

143　有书癖而无剪裁，徒号书厨；惟名饮而少蕴藉，终非名饮。

【译文】　有爱读书的癖好，却不知选择舍取，只可算是藏书的书橱罢了。只知道喝酒却不知它的真正内涵，终非是不懂喝酒的人。

【评解】　读书而无选择，便是对知识毫无主见，只是书本的奴才，让自己脑袋成了别人的"跑马场"。就像一个书橱，放上什么书，它便容纳什么书。饮酒的情趣，并不在酒的本身，所谓"醉翁之意不在酒，在乎山水之间也"。《红楼梦》里妙玉论品茶："一杯为品，二杯即是解渴的蠢物，三杯便是饮牛饮骡了。"喝酒饮茶如此，读书亦是如此。

144　飞泉数点雨非雨，空翠几重山又山①。

【译文】　飞流直下，溅起的水雾，似雨非雨；苍松翠柏，翁郁青葱，无边的浓翠笼罩着重重青山。

【注释】　①空翠：苍翠的山色本身是空明的，不像有形的物体那样可以触摸得到，所以说"空翠"。

【评解】　唐·王维《山中》诗："荆溪白石出，天寒红叶稀。山路元无雨，空翠湿人衣。""空翠"自然不会"湿衣"，但它是那样的浓，浓得几乎可以溢出翠色的水分，浓得几乎使整个空气里都充满了翠色的分子，人行空翠之中，就像被笼罩在一片翠雾之中，整个身心都受到它的浸染、滋润，而微微感觉到一种细雨湿衣似的凉意，这是视觉、触觉、感觉的复杂作用所产生的一种似幻似真的感受，一种心灵上的快感。

145　夜者日之余，雨者月之余，冬者岁之余。当此三余①，人事稍疏，正可一意问学。

【译文】　夜晚是一天中的空闲时间，下雨是一月中的空闲时间，冬天是一年中的空闲时间。在这三种空闲时间之中，人情世事的纷扰相对较少，正可以用来专心读书钻研。

【注释】 ①三余:泛指空闲时间。

【评解】 此条采自《三国志·魏书·王肃传》中裴松之注引《魏略》:"(董)遇言:'(读书)当以三余。'或问三余之意。遇言'冬者岁之余,夜者日之余,阴雨者时之余也'。"董遇,研究《老子》《左传》等的学者。

人生在世,忙于生计,读书的时间从何而来?从"三余"中来。鲁迅说过:"世上哪有什么天才,我是把别人喝奶的时间挤出来工作的。"闲暇的时光,好好利用起来,便可以做成有意义的事情。

146 树影横床,诗思平凌枕上;云华满纸,字意隐跃行间。

【译文】 树影横映床上,令人在枕上诗兴大发;满纸都是精妙的奇文,诗情画意充溢于字里行间。

【评解】 透露出来的是享受孤独的无限兴味。虽处身孤独,然而,树影、烟云亦足以令人诗兴大发,激情满怀。

147 耳目宽则天地窄,争务短则日月长。

【译文】 耳目所听所见的事情多了,就会觉得天地变得狭窄;争名逐利的事务减少,时光便会变得清闲而悠长。

【评解】 视野广阔了,天地纳入胸中,小小寰球,只是一个"村"而已。醉后乾坤大,壶中日月长。没有了太多的钩心斗角、争名逐利,日子自然可以清闲自在。

148 秋老洞庭,霜清彭泽。

【译文】 深秋的洞庭湖呈现出一派肃杀衰老的景象,严霜下的鄱阳湖显得格外清澈冰冷。

【评解】 此条采自明·蒋一葵《尧山堂偶隽》卷三·唐:"又赋黄曰:'灵均(屈原)之叹木叶,秋老洞庭;渊明之啜落英,霜清彭泽(陶渊明)。'"分别出自屈原《九歌·湘夫人》:"袅袅兮秋风,洞庭波兮木叶下。"陶渊明《饮酒二十首》诗之七:"秋菊有佳色,挹露啜其英。"面对落叶飘摇,屈原生出无限感慨;面对秋菊的佳美,陶渊明却是饮酒赏菊而啜落英。同是秋天的景象,各人心境感受却如此不一。

149 听静夜之钟声,唤醒梦中之梦;观澄潭之月影,窥见身外之身。

【译文】 聆听寂静深夜远处寺院传来的钟声,可以把人们从人生的大梦中唤醒;观察澄澈潭水中倒映的月影。可以窥见人们肉身以外的真如自性。

【注释】 ①身外之身:指佛家听说的肉身之外的真如自性。

【评解】 此条采自明·洪应明《菜根谭》。
空和静在中国文化语境中具有特殊的禅静意味,主要的还不是指景象之静,更多的是表示心静。苏轼诗曰:"静故了群动,空故纳万静。"强调的即是内心的空静,自我的体悟。

150 事有急之不白者,宽之或自明,毋躁急以速其忿;人有操之不从者,纵之或自化,毋操切以益其顽。

【译文】 有的事情,往往因急躁而弄不明白,宽缓从容一些反而自然就弄明白了,不可太急躁反而加速了对方的愤恨;有的人,你操纵指挥他,他根本不愿服从,如果宽容放纵一些,或许会自我感化,所以不能鲁莽躁切,以免促使他益加顽强对抗。

【评解】 此条采自明·洪应明《菜根谭》。

一时化解不了的误会,时间便是最好的消解方式。时过境迁,很多心结就自然解开了。就像春天来了,再坚硬的冰也会融化。

151 士君子贫不能济物者①,遇人痴迷处,出一言提醒之,遇人急难处,出一言解救之,亦是无量功德。

【译文】 有学问有道德的人,虽然因为贫穷不能用物质金钱去接济他人,但当遇到别人为某件事而执迷不悟时,能说一句话指点提醒他使他顿悟,遇到别人危急困难时,能为他说几句公道话安慰他使他摆脱困境,这也算是无限的大功德了。

【注释】 ①济物:给别人物质上的接济。

【评解】 此条采自明·洪应明《菜根谭》。

君子并不仅仅满足于个人的爱人之举,还应当鼓励、帮助他人行善,做一个"仁者"。荀子说,君子一定要善于言谈。一句话,可退三军;一句话,可抵九鼎;一句话,可救人命。心存济人之善心,一个眼神一个微笑便给人以力量。

152 处父兄骨肉之变,宜从容不宜激烈;遇朋友交游之失,宜剀切不宜优游①。

【译文】 面对父兄或骨肉至亲之间发生意料之外的变故,应当保持镇定从容,绝不可感情用事采取激烈的态度;在与朋友的交往过程中,遇到朋友有过失,应该诚恳委婉地加以规劝,不可犹豫不决让他错下去。

【注释】 ①剀(kǎi)切:切实,恳切。优游:犹豫不决。

【评解】 此条采自明·洪应明《菜根谭》。

人,贵有情感,然情感亦常常误人。处家族之变,若因情感之痛而感情用事,只会把事情变得更坏。见朋友之失,若因情感之亲而模棱两可,只会令其迷途而不知返。所以,要善于用理智以节制之。由此,我们也就不难体会到古人为何会以"齐家"为道德修养的境界,为何会常常感叹"诤友"之难得。

153　问祖宗之德泽,吾身所享者,是当念其积累之难;问子孙之福祉,吾身所贻者,是要思其倾覆之易。

【译文】　要问祖宗先辈的恩德福泽,我们自身所享有的就是,应该感念他们积累的艰难;要问子孙后代的福惠祥祉,我们自身所留下来的就是,要想到子孙的倾覆很容易。

【评解】　此条采自明·洪应明《菜根谭》。

　　"若问前世因,今生受者是;若问来世果,今生作者是。"因果报应,现世我身所受的恩典幸福,可以说是前生所作所为的结果,所以应当感念祖先积德累业之难,同时加紧自己的修身积德。又时时思子孙守业维艰,对其善加训导,方能一代一代积德行善,不致有丧德倾覆之虞。

154　韶光去矣,叹眼前岁月无多,可惜年华如疾马;长啸归与①,知身外功名是假,好将姓字任呼牛②。

【译文】　青春年华一去不复返了,不禁感慨属于自己的时光不多,可惜岁月年华犹如疾马一样飞驰;长啸当歌归去山林田园,方知身外之物的功名富贵原来都是虚假,不妨任凭他人将姓名呼牛唤马,不加计较。

【注释】　①归与:归去。与,助词。《史记·孔子世家》:"是日,孔子有归与之叹。"　②呼牛:语出《庄子·天道》:"昔者子呼我牛也,而谓之牛;呼我马也,而谓之马。"喻指毁誉由人,不加计较。

【评解】　《菜根谭》曰:"饱谙世味,一任覆雨翻云,总慵开眼;会尽人情,随教呼牛唤马,只是点头。"视功名富贵如浮云,归去来兮,一心只好静,万事不关心,一任世情,毁誉随人,如秋水长空,恬淡而高远。

155　意摹古,先存古,未敢反古;心持世,外厌世,未能离世。

【译文】　一心模仿古制,就会首先保存古制,而不敢反对古制;内心希望维持世道人心,外表表现出厌世之意,可终究没能超脱尘世。

【评解】　对古制刻意模仿,对世事亦步亦趋,自然难有创新突破。

156　苦恼世上,度不尽许多痴迷汉,人对之肠热,我对之心冷;嗜欲场中,唤不醒许多伶俐人,人对之心冷,我对之肠热。

【译文】　苦海无边的世上,超度不尽那么多的痴迷不悟的人,别人对此都很热心,我却对之心灰意冷;贪嗜欲望场中,唤不醒那么多精明乖巧之人,别人对此灰心冷漠,我却对之非常热心。

【评解】　对人们痴迷的尘世功名,我冷眼观之;对千千万万唤不醒的欲望中人,我则深深地怜惜——菩萨心肠也。

157　自古及今,山之胜多妙于天成,每坏于人造。

【译文】　从古到今,山川胜景往往妙在其天造地设,而每每为人工的造景所毁坏。

【评解】　古迹按其历史可靠性可以分为三种:一种是真古迹,一种是翻修或重建的古迹,一种是纯粹的假古迹。所谓假古迹,就是现在动手"为将来制造古董"。这种现象,古已如此,于今为烈。如今各地争相造"神像"、扩"宗祠"、搞公祭,后人透过这些"复古产品"所能体验到的,想必不过是一种浮躁的时代精神。

158　画家之妙,皆在运笔之先,运思之际,一经点染,便减神机。

【译文】　画家的灵妙之处,全在下笔前构思之时。此时如果有一点杂念,便无法将神妙之处淋漓尽致地表现出来。

【评解】　画家画的是"意",色彩和形象乃是其达"意"的工具。倘若不能在运笔之先将感觉和心灵提升、纯化至某一境界,守神专一,他所绘出来的画,就会有不协调的杂质出现。

159　长于笔者,文章即如言语;长于舌者,言语即成文章。昔人谓"丹青乃无言之诗,诗句乃有言之画";余则欲丹青似诗,诗句无言,方许各臻妙境。

【译文】　善于写文章的人,他的文章便是最美妙的言语;善于讲话的人,所讲的话便是最美好的篇章。古人说"画乃是无声的诗,诗乃是有声的画";我则以为,最好的画如同诗一般,能无穷地展现而不着一字。如此,诗和画才算达到了神妙的境界。

【评解】　一般言,画是空间的艺术,而诗是时间的艺术。事实上,真正的诗和画是时空兼容,甚至超越时空的。诗和画的神妙处不完全在诗、画的本身,而在它的画面、文字之外,所谓"不着一字,尽得风流"。

160　舞蝶游蜂,忙中之闲,闲中之忙;落花飞絮,景中之情,情中之景。

【译文】　蝴蝶翩翩舞,蜜蜂款款飞,在忙碌中似乎透出闲情,在闲情中又显得十分忙碌。飘落的花朵,纷飞的柳絮,在这样的景色中有着丰富的情意,丰富的情意便隐藏在如此的美景之中。

【评解】　蜂蝶是在翩翩起舞?还是在劳飞忙碌?花落絮飞,是景中情还是情中景?谁能说得清,又何必说清。

161　五夜鸡鸣[①],唤起窗前明月;一觉睡起,看破梦里当年。

【译文】　五更的鸡鸣,唤起了窗前的一轮明月;一觉醒来,看破了梦里的当年往事。

【注释】　①五夜:即五更。《汉旧仪》有甲、乙、丙、丁、戊五夜的说法。

【评解】　一夜梦中,多少欢乐多少伤忧,都被一声声鸡鸣啼破。一生爱恨情仇,到头来,不也恍然如梦?只是红尘能否看破,一如睡梦惊觉般大彻大悟呢?

162　想到非非想①,茫然天际白云;明至无无明②,浑矣台中明月。

【译文】　想到非非想的时候,心灵便茫然无极如天际的白云悠悠;觉悟到了内心澄明的境地,心灵便浑然一体如在楼台中望见一轮明月。

【注释】　①非非想:佛教语。即三界中无色界第四天"非想非非想处天"的略语。此天没有欲望与物质,仅有微妙的思想。后以"想入非非",比喻思想的变幻玄虚。　②无无明:佛教语。指断灭无明。《般若心经》:"无无明,亦无无明尽。""无明",指痴暗之心,体无慧明。又是一切烦恼的异名。

【评解】　此条内容着重讲如何从内心修持上下工夫,以契入佛地,圆成佛果。

163　逃暑深林,南风逗树;脱帽露顶,沉李浮瓜①;火宅炎宫②,莲花忽迸③;较之陶潜卧北窗下,自称羲皇上人④,此乐过半矣。

【译文】　在深山幽林之中避暑,看着南风习习吹拂树梢;脱掉帽子披散头发,凉凉的溪水中冰浸着解暑的桃李瓜果;烈日酷暑之中的烦恼世界,心往莲台佛境顿感清静凉爽。此情此景,比起陶渊明夏日独卧北窗纳凉,欣喜地自称是太古之人,其乐趣更有过之而无不及。

【注释】　①沉李浮瓜:用冷水冰凉瓜果,食以消暑。曹丕《与吴质书》:"浮甘瓜于清泉,沉朱李于寒冰。"　②火宅炎宫:佛教指烦恼的世界。　③莲花:佛境的象征。　④"陶潜"二句:语出陶渊明《与子俨等疏》:"常言:五六月,卧北窗下,遇凉风暂至,自谓羲皇上人。"已见卷四067条注。

【评解】　此条采自明·吴从先《小窗自纪》。
　　读读这样的诗句,想想如此美景美事,也不失为避暑的好法子。只要眼中有诗,心中有景,就不怕驱不走自然的闷热,赶不跑内心的烦躁。

164　霜飞空而浸雾,雁照月而猜弦①。

【译文】　霜露自天而降凝结成漫天大雾,大雁见弯月而疑似弓弦惊飞而起。

【注释】　①猜弦:见弯月而疑似弓弦,喻惊起貌。

【评解】　此条采自隋·江总《山水纳袍赋》。霜雾迷蒙,月照雁惊,写的是皇储赐袍上裁缝图案之生动绚丽。

165 既绵华而稠彩,亦密照而疏明。若春隰之扬花^①,似秋汉之含星^②。

【译文】 不仅色彩浓厚华丽,而且光亮疏密有间。就像春天湿地里生长的花朵,又像是秋夜天空中闪烁的星辰。

【注释】 ①隰(xí):湿地。 ②汉:指天上的银河。

【评解】 此条采自南朝梁·张率《绣赋》。以独具的富于感情色彩的艺术语言,赞美刺绣艺术的高超和所表现的丰富内容。

166 景澄则岩岫开镜,风生则芳树流芬。

【译文】 景色澄明,峰峦像打开的镜子透出光亮;微风吹拂,树木散发出芬芳的馨香。

【评解】 此条采自南朝宋·支昙谛《庐山赋》。描写庐山景色之秀美。

167 类君子之有道,入暗室而不欺;同至人之无迹,怀明义以应时。

【译文】 像君子一样讲求道德,即使在没有人的地方,也不做欺心败德之事;如同道德修养达到最高境界的人那样来去无迹,心怀圣明的道义以顺应时势。

【评解】 此条采自唐·骆宾王《萤火赋》。为骆宾王狱中所作。秋夜透寒,流萤点点,借比兴以抒怀,婉转附物,惆怅切情,是自我宽慰,也是述己志,也是辩诬。

168 一翻一覆兮如掌,一死一生兮如轮。

【译文】 世事无常,变化如手掌之易翻覆;生死交替,一死一生如车轮转动。

【评解】 此条采自唐·卢照邻《悲人生》。"一沉一浮会有时,弃我翻然如脱履。"世态炎凉从来如此。

卷五 素

　　袁石公云①:长安风雪夜,古庙冷铺中,乞儿丐僧,齁齁如雷吼②;而白髭老贵人,拥锦下帷,求一合眼不得。呜呼! 松间明月,槛外青山,未尝拒人,而人人自拒者何哉? 集素第五。

【译文】　袁宏道说:古都长安的风雪之夜,古老的寺庙、清冷的店铺之中,乞讨的小孩和游方的僧人,依然可以睡得很香甜,齁声犹如雷吼;可是那些连胡须都已经斑白的富贵老人,在华丽的豪宅里拥着锦绣被子,放下悬挂的帷帘,想合眼睡上一会儿却做不到。唉! 松间明月高照,门外青山如画,从未曾拒绝过人们去享受它,可为何人人却自拒于这美丽的风景? 于是编纂了第五卷"素"。

【注释】　①袁石公:袁宏道,字中郎,号石公,湖北公安人,晚明文学家、思想家,倡"性灵说"。②齁齁(hōu):打鼾声。

【评解】　风雪夜,古庙铺,讨饭的乞丐,化缘的僧侣,依然可以呼呼大睡。而一个达官贵人,盖着华丽的锦被,却常常长夜难眠。穷人和富人,卑贱者和高贵者,谁拥有真正的幸福? 营营役役,功名富贵,为的是什么? 明月青山常在,又有多少人愿意为之而驻脚停留? 为什么不能在简单纯朴的生活中求得精神的安宁与幸福呢? 这正是编者此卷的意旨所在。

001　田园有真乐,不潇洒终为忙人;诵读有真趣,不玩味终为鄙夫;山水有真赏,不领会终为漫游;吟咏有真得,不解脱终为套语。

【译文】　田园生活有真正的乐趣,但如果不能潇洒悠闲地享受,终究还会是忙碌的人;诵读诗书有真正的趣味,但如果不能玩赏品味,终究会沦为庸俗鄙陋的人;山水林泉有真正值得欣赏的景致,但如果不能心领神会,终究只是漫游而无所得;吟咏诗赋定有真正的收获,但如果不能从中超悟解脱,终究得到的只是俗套之语。

【评解】　不能摆脱尘世杂念,认真地去领会玩味自然,就不可能得田园山水之真意,不可能获得独特的心灵体悟。活得轻松,才能悟得透彻,对"人在职场,身不由己"的现代人,也不失为一种警示。

002　居处寄吾生,但得其地,不在高广;衣服被吾体,但顺其时,不在纨绮①;饮食充吾腹,但适其可,不在膏粱;燕乐修吾好,但致其诚,不在浮

靡。

【译文】 居处是我的生命寄居之地,只求地方合适,不求高大广阔;衣服是用来遮蔽我的身体的,只求顺应时节,不求精美华丽;饮食是为了充腹疗饥,只要适可就行,不求美味佳肴;宴饮宾客是为了修好亲朋,只需能表达诚意就行,不必定要浮华奢靡。

【注释】 ①纨绮(qǐ):精美的丝织品。

【评解】 拥有太多,物质过于丰盛,反而使得生活变得不再利落。如果能够减少持有,人生将以更好的质感呈现。这是日本作家金子由纪子《不持有的生活》的主要观点。

003 披卷有余闲,留客坐残良夜月;褰帷无别务①,呼童耕破远山云②。

【译文】 披卷而读有了余暇之时,就挽留客人坐谈,直至月斜更残;晨起掀开帷帐别无他事,就呼取童子一起出门,耕破远山的白云。

【注释】 ①褰(qiān):掀起。 ②耕破远山云:北宋诗人管师复有名句:"满坞白云耕不破,一潭明月钓无痕。"参见卷四017条注。

【评解】 心有余闲,便可有知交促膝,有云可耕,有月可钓。善于经营"余闲",才是人生无穷的意趣。

004 琴筋自对,鹿豕为群,任彼世态之炎凉,从他人情之反复。

【译文】 独自抚琴把酒,与山中鹿猪为伍,哪管他世态的炎凉冷暖,听任他人情的反复无常。

【评解】 心远地自偏,只要你的心能远离名利场,任他人情冷暖、世态炎凉,一样可以获得心灵的宁静与自由。当然,人之有壮志,胸中须存超然物外之趣致,又岂能与草木而同朽?"岂鹿豕也哉常聚乎?"

005 家居苦事物之扰,惟田舍园亭,别是一番活计;焚香煮茗,把酒吟诗,不许胸中生冰炭。客寓多风雨之怀,独禅林道院,转添几种生机;染翰挥毫,翻经问偈,肯教眼底逐风尘。

【译文】 居处在家,苦于俗事纷扰,只有山间田舍、园中亭台,别有一番情致;焚香烹茶,把酒吟诗,不让胸中滋生出人间世态冷暖炎凉的感觉。客居在外,常常苦于风雨而转生忧念,只有寄居禅林道院之中,反而能平添几分生机。执笔蘸墨,挥毫作文,翻阅经书,探问偈语,怎么能让眼睛追逐世间的风尘险恶。

【评解】 事物之扰,风雨之怀,令人心生烦乱,迷了本性。若能偶尔于田舍园亭中煮茗高坐,禅林道院中翻经问偈,超然于风尘之外,自是别有一番情致。

006 茅斋独坐茶频煮,七碗后①,气爽神清;竹榻斜眠书漫抛,一枕余,心闲梦稳。

【译文】 独坐于茅屋之中,不断烹煮着香茗,品饮七碗过后,顿时觉得神清气爽;斜倚于竹榻之上,不觉间进入睡梦,手中的书卷散乱地抛在一边,一枕春梦之余,心思悠闲,梦境也安稳。

【注释】 ①七碗:语出唐·卢仝《走笔谢孟谏议寄新茶》:"一碗喉吻润,两碗破孤闷。三碗搜枯肠,唯有文字五千卷。四碗发轻汗,平生不平事。尽向毛孔散,五碗肌骨清,六碗通仙灵,七碗吃不得也。唯觉两腋习习清风生。"

【评解】 喝喝茶,读读书,心无旁骛,不仅神清气爽,连睡梦都格外香甜。

007 带雨有时种竹,关门无事锄花;拈笔闲删旧句,汲泉几试新茶。

【译文】 有时间就冒雨栽种竹子,没事情就关门庭院锄花;拈起笔来,悠闲地删改旧日的诗句,汲来甘泉,烹尝新出的香茶。

【评解】 不为人拘,不为事系,便是闲中滋味长。

008 余尝净一室,置一几,陈几种快意书,放一本旧法帖,古鼎焚香,素麈挥尘①。意思小倦,暂休竹榻。饿时而起,则啜苦茗。信手写汉书几行②,随意观古画数幅,心目间觉洒空灵,面上尘当亦扑去三寸。

【译文】 我曾经收拾干净一间屋子,摆上一张桌几,放上几种清心快意的书籍,一本旧的字帖,在古鼎上点燃名香,用素白的麈尾掸去室内的灰尘。精神稍有些困倦,暂且就在竹榻上休息。到了吃饭的时候便起来,啜几口浓茶。信手写上几行汉隶书法,悠然地观赏几幅古画,心目间顿时感觉洒脱空灵,脸上也倍感清爽,仿佛扑去了三寸灰尘一样。

【注释】 ①麈(zhǔ):指鹿一类的动物,其尾可做拂尘,这里即指麈尾做成的拂尘。 ②汉书:汉代书法,汉隶。

【评解】 地不必广,一室而已;物不必奢,一几足矣。随意摆几种快意可心之书,设几件心爱古玩之器,却足以安顿下浮躁的心灵。外面的世界或许非常精彩,可精彩常常和你没有关系。独守此一室一几的清静与高雅,更像是在坚守一座孤岛,一座精神的孤岛。

009 但看花开落,不言人是非。

【译文】 只是静看花开花落,从不妄言人是人非。

【评解】 有人说,天底下总共只有三件事:自己的事、别人的事、老天爷的事。人的烦恼就来自于:忘了自己的事,爱管别人的事,担心老天爷的事。如果人的一辈子只是去打理好"自己的事",那是否可以活得更加轻松、自在? 如果你心情不佳,不妨赶紧问自己,那件事到底是"谁"的事?

010 莫恋浮名,梦幻泡影有限;且寻乐事,风花雪月无穷。

【译文】 不要贪恋虚名,就像梦幻泡影转眼就会破灭;姑且寻些乐事,风花雪月的四时美景便幽趣无穷。

【评解】 柳永词曰:"忍把浮名,换了浅斟低唱。"终归是自嘲。然而,于身旁的风花雪月中寻求乐趣,生活与审美浑然的境界,正乃"琅嬛福地"。

011 白云在天,明月在地,焚香煮茗,阅偈翻经,俗念都捐,尘心顿洗。

【译文】 白云飘浮于蓝天,明月洒照于大地,一边焚香烹茶,一边翻阅经偈,令人感觉一切世俗的杂念都已捐弃,为尘俗所染的心灵也得到清洗。

【评解】 在白云明月中捐弃俗念,于煮茗翻经中洗却尘心。简单的生活,更易于灵魂诗意地栖居。

012 暑中尝嘿坐,澄心闭目,作水观久之①,觉肌发洒洒,几阁间似有爽气。

【译文】 暑热之中静坐,澄心静虑,闭目养神,长时间地像参禅观水那样端坐,便觉肌肤头发自然清爽,好似有凉气从桌几楼阁间四面吹来。

【注释】 ①水观:佛家语,指坐禅时观水而得正定。

【评解】 心定自然凉。推而广之,也总会有那么一些地方,那么一些人,那么一种情怀,会让你的内心沉静下来。

013 胸中只摆脱一恋字,便十分爽净,十分自在;人生最苦处,只是此心,沾泥带水,明是知得,不能割断耳。

【译文】 心胸中只要摆脱掉一个留恋的恋字,便会感到十分地清爽干净,十分地自由自在。人一生最痛苦的地方,只是由于这个心里总是要沾泥带水。谁心里也都明明白白地知道,可就是不能够给痛痛快快地一刀割断啊!

【评解】 此条采自明·吕坤《呻吟语》。
心灵清静自在,才能空灵应物,左右逢源。知道了万法皆空,不能执着,才是悟空,才能够得大自在而成佛。所以,西天路上,只要悟空生起了什么心理,便会有什么妖魔出现。孙悟空害怕师父与师弟遇到危险,便给他们身边画了一个圈子。结果呢? 遇到了一个更为厉害的牛魔王老怪,拿着一个更厉害的圈子——太极圈。可见,心中一有留恋,便会生出烦恼来。而最痛苦的还在于,明知不可能,却偏偏无力战胜情感。人总有其脆弱,又岂是仅凭勇气可以胜之?

014 无事以当贵,早寝以当富,安步以当车,晚食以当肉,此巧于处贫矣。

【译文】 以清闲无事为贵,以早早睡觉为富,把慢步行走当做乘车,以推迟吃饭当做食肉,这些都是巧于安贫处困的方法。

【评解】 此条前四句采自《战国策·齐策四》:"晚食以当肉,安步以当车,无罪以当贵,清净贞正以自虞。"略有改易。

苏轼《东坡志林》曰:"晚食以当肉,安步以当车,是犹有意于肉于车也。晚食自美,安步自适,取其美与适足矣,何以当肉与车为哉!虽然,蠋可谓巧于居贫者也。未饥而食,虽八珍犹草木也;使草木如八珍,惟晚食为然。蠋固巧矣,然非我之久于贫,不能知蠋之巧也。"可谓的评。

015 三月茶笋初肥,梅风未困;九月莼鲈正美,秫酒新香。胜友晴窗,出古人法书名画,焚香评赏,无过此时。

【译文】 三月茶芽新吐,竹笋初肥,未为梅雨所困;九月莼菜方嫩,鲈鱼正美,高粱新酒飘香。与知心好友坐于晴朗的小窗之下,取出古人的名帖名画,焚香品赏,没有比这更惬意的了。

【评解】 古人尤其重视良辰、美景、赏心、乐事之俱美。赏字画便要和胜友、焚香、茶酒相配合,共同营造一种逸脱于尘俗世界的感觉,也就是一种"意境"。刻意追求这个脱俗的意境,来作为感官的延伸、个人情感的寄托,甚至生命的归属,正是文人生活经营的要点,也是文人文化的重要基础。

016 高枕丘中,逃名世外,耕稼以输王税,采樵以奉亲颜。新谷既升,田家大洽,肥羜烹以享神①,枯鱼燔而召友②。襄笠在户,桔槔空悬③,浊酒相命,击缶长歌,野人之乐足矣。

【译文】 高卧于山丘田园之中,逃避名声于尘世之外,靠耕耘稼穑缴纳朝廷赋税,靠采集打柴事奉亲人。新谷入仓,是农家最为快乐的时候,用烹熟的小肥羊祭祀神灵,烧烤干鱼来招待朋友。襄衣斗笠挂在门上,用于汲水灌溉的工具高悬在井上,大家开怀畅饮,击缶放歌,山野之人的快乐足够了。

【注释】 ①羜(zhù):幼羊。 ②燔(fán):焚烧、烤肉。 ③桔槔:古代的一种井上汲水工具。

【评解】 此条采自明·高叔嗣《答袁永之》。全文曰:"金门多暇,持戟自适,勉事圣君,流声当世。使仆夫得高枕丘中,逃名世外,耕稼以输王税,采樵以奉亲颜。于时新谷既升,田家大洽,肥羜烹以享神,枯鱼燔而召友。襄笠在户,桔槔空悬,浊醪相命,击缶长歌,兹亦鄙人之自快,而故人之所与也。言不尽意,努力自爱。"

原文中用"使仆夫得"领起,是假设语气,表达的是作者对田园生活的向往。

本文中掐头去尾后,已是山野之人的真实的快乐生活了。

017 为市井草莽之臣,早输国课①;作泉石烟霞之主,日远俗情。

【译文】 无论居于市井还是草莽山林,既为人臣,便要及时缴纳朝廷的赋税;倘若放迹泉石烟霞之间,则可以日益远离世俗的情感。

【注释】 ①国课:国家的赋税。

【评解】 此条采自明·李鼎《偶谭》。

在古代的文化传统中,向来就有"泉石膏肓,烟霞痼疾"的说法,即山水可以为一己陶胸次,可以疗救性灵。在山林中倾听,在泉石皋壤中驻足,如陶渊明所说,他们"性本爱丘山"——自然就是他们的本真,通过自然来抵御外在俗世的侵蚀。白居易说:"天供闲日月,人借好园林。"山丘园林就是文人们"借"来抚慰生命、表现生命的所在。

018 覆雨翻云何险也,论人情只合杜门;吟风弄月忽颓然,全天真且须对酒。

【译文】 翻云覆雨,反复无常,真是世事险恶呀,若以人情常理论事,那就只能闭门不问世事了;吟风弄月,何等风流,但一想起人世的险恶,也不免忽而颓然而叹,要保全天真自然的本性,也就只有去饮酒了。

【评解】 此条采自明·屠隆《娑罗馆清言》。

老子描绘的理想国是:"甘其食,美其服,安其居,乐其俗。邻国相望,鸡犬之声相闻,民至老死,不相往来。"不相往来,自然也就不会有纷争、险恶,也就可以"吟风弄月",可以"全天真"了。当然,这只是一个乌托邦,一个士人逃避现实苦难的精神乐园。

019 春初玉树参差,冰花错落,琼台倚望,恍坐玄圃罗浮①。若非黄昏月下,携琴吟赏,杯酒流连,则暗香浮动疏影横斜之趣②,何能有实际?

【译文】 初春时分,绽满白梅花的树枝参差不齐,冰雪晶莹的梅花错落有致,倚靠着华美的楼台远望,仿佛坐在玄圃仙居、罗浮仙山一般。如果不是在黄昏时分的月光之下,携琴吟诗赏梅,饮酒流连,那么"疏影横斜水清浅,暗香浮动月黄昏"的雅趣,怎么能够感受到其实际境界呢?

【注释】 ①玄圃:相传昆仑山顶有金台五所,玉楼十二,为神仙所居。玄,通"悬"。罗浮:广东罗浮山。相传罗山之西有浮山,为蓬莱之一阜,浮海而至,与罗山并体。东晋葛洪曾在此炼丹,山上有洞,道教列为第七洞天。 ②"暗香"句:语出宋·林逋《山园小梅》诗:"疏影横斜水清浅,暗香浮动月黄昏。"

【评解】 此条采自明·高濂《遵生八笺·四时幽赏录·孤山月下看梅花》:"孤山

旧址,逋老种梅三百六十已废。继种者今又寥寥尽矣。孙中贵公补种原数。春初玉树参差,冰花错落,琼台倚望,恍坐玄圃罗浮。若非黄昏月下,携尊吟赏,则暗香浮动疏影横斜之趣,何能真见实际。"记述的是宋代文学家林逋曾经隐居过的杭州孤山旧址,黄昏月下赏梅的情景和感受。

020 性不堪虚,天渊亦受鸢鱼之扰;心能会境,风尘还结烟霞之娱。

【译文】 本性如果不能忍受虚灵,即使身处天渊,也会遭受飞鹰和游鱼的纷扰;此心若能契合于自然,即使身处风尘俗世,也能享受吟赏烟霞的宁谧之乐。

【评解】 风尘之所以能结烟霞之娱,就是因为心神能意会其境。将自己置身于松风卧白云的境界,也就不会在意那些名与利的纷争了。

021 身外有身,捉麈尾矢口闲谈,真如画饼;窍中有窍,向蒲团问心究竟①,方是力田②。

【译文】 身外有身,手挥着麈尾一意清谈,就像画饼不能充饥一样;窍中有窍,面对着蒲团追问此心究竟,才是真正的功夫。

【注释】 ①蒲团:僧人坐禅及跪拜时所用,借指佛。 ②力田:努力耕田。此喻指心田。

【评解】 此条采自明·李鼎《偶谭》。
　　捉麈尾、向蒲团,不过都是外在的形式。只有真正沉潜内心,回心静虑,才能探究到禅法之究竟与心之本源。真正的佛性,岂是徒具外表形式所能达到?

022 山中有三乐:薜荔可衣,不美绣裳;蕨薇可食,不贪粱肉;箕踞散发,可以逍遥。

【译文】 山居生活有三大乐趣:薜荔可以做衣服,不必羡慕锦衣绣裳;蕨薇野菜可供食用,不必贪求美味佳肴;伸开两腿、披散头发,坐卧随心,可以逍遥自在。

【评解】 孟子曰:"君子有三乐,而王天下不与存焉。父母俱存,兄弟无故,一乐也;仰不愧于天,俯不怍于人,二乐也;得天下英才而教育之,三乐也。"意思说,君子有三大人生乐趣,这三乐与治理天下没有关系。山中的乐趣,追求的是精神的自在逍遥。

023 终南当户,鸡峰如碧笋左簇,退食时秀色纷纷堕盘,山泉绕窗入厨,孤枕梦回,惊闻雨声也。

【译文】 终南山正对门前,鸡峰就像碧绿的竹笋从左边簇拥着,回来吃饭时也觉得秀色纷纷堕于盘中,山间的泉水绕过窗户流入厨房,孤枕梦醒之时,惊闻雨声潇潇。

【评解】 岂止相看两不厌,碧峰秀色亦可餐,正不知谁为主人谁为客。物我相亲,没有谁是主宰，既是自然的境界，也是心灵的境界。

024 世上有一种痴人，所食闲茶冷饭，何名高致？

【译文】 世上有一种愚蠢的人，吃的都是闲茶冷饭，怎么能称得上格调高雅呢？

【评解】 麈尾鹤氅、独钓寒江雪的隐士，成为很多文人的心灵向往。其实，那种被文人诗化的生活又会有多好过呢？栉风沐雨受冻挨饿恐怕是免不掉的，再超脱也不可能餐风饮露充饥吧。古代隐士多数都过着岩居穴处、绝交息游、孤苦困塞的生活，以这样的精神状态，虽身居于山林丘壑之间，亦实难以有多少悦山乐水之情怀。丰裕的生活与佳山胜水相伴，才使得山水审美意识不断增强，这从古代山水诗的发展历程中便可得知。

025 桑林麦陇，高下竞秀，风摇碧浪层层，雨过绿云绕绕。雊雊春阳①，鸠呼朝雨。竹篱茅舍间以红桃白李，燕紫莺黄，寓目色相②，自多村家闲逸之想，令人便忘艳俗。

【译文】 桑林葱茏，麦田碧绿，竞相争秀，春风吹摇麦苗泛起层层碧浪，春雨沐浴桑林腾起袅袅绿云。野鸡在春天的阳光里鸣叫，斑鸠在清晨的细雨中呢喃。在竹篱茅舍间，点缀着红桃白李，紫燕黄莺在林间穿行，满目春景，不禁使人艳羡悠闲自在的农家生活，世间烦恼转眼抛到九霄云外。

【注释】 ①雊雊(gòu)：雄鸡叫。 ②色相：佛教语。指万物的形状外貌。

【评解】 此条采自明·高濂《遵生八笺·四时调摄笺》之四时幽赏录。这是一部内容广博又切实用的养生专着，也是我国古代养生学的主要文献之一。据说高濂幼时患眼疾等疾病，因多方搜寻奇药秘方，终得以康复，遂博览群书，记录在案，汇成此书。

此条内容写的是杭州春天时的佳景美物，文笔典故信手拈来，闲情逸致跃然纸上。

026 云生满谷，月照长空，洗足收衣，正是宴安时节①。

【译文】 白云笼罩着山谷，明月洒照着长空，洗罢手足，收拾衣裳，正是清闲安逸的时间。

【注释】 ①宴安：清闲安逸。宴，同晏。

【评解】 洗足收衣，山林隐逸，好个世外之人。而现代人的夜生活，大概此时才刚刚开始吧。

027 眉公居山中，有客问山中何景最奇，曰："雨后露前，花朝雪夜。"又问何事最奇，曰："钓因鹤守，果遣猿收。"

【译文】 陈眉公隐居于山中;有人问他山中什么景物最为奇特,他说是雨晴之后,露上之前,花开之日,飞雪之夜。又问他山中什么事情最为奇特,他说是依赖仙鹤看守垂钓,派遣猿猴收获果实。

【评解】 这段问答强调的是生活的满足感与闲雅美感。逍遥和谐,很"天人合一"的境界。有学者将明中期以后陈眉公这种姿态的士人,称之为"山人",成为当时极为凸显的社会文化现象之一。

028 古今我爱陶元亮①,乡里人称马少游②。

【译文】 古今人物,我最喜爱陶渊明;乡里人物,人们都称颂马少游。

【注释】 ①陶元亮:即晋诗人陶渊明,字符亮,被誉为"后世隐逸诗人之宗"。 ②马少游:汉代伏波将军马援的同祖父堂弟,他常劝马援不要为功名所累:"士生一世,但取衣食才足,乘下泽车,御款段马,乡里称'善人',斯可矣。致求赢余,但自苦尔。"刘禹锡《经伏波神祠》诗云:"一以功名累,翻思马少游。"

【评解】 此条采自明·王蒙七律《闲适二首》之一:"绿杨堪系五湖舟,袖拂东风上小楼。晴树远浮青嶂出,春江晓带白云流。古今我爱陶元亮,乡里人称马少游。不负平生一杯酒,相逢花下醉时休。"表达的是淡泊闲适的思想。

029 嗜酒好睡,往往闭门;俯仰进趋,随意所在。

【译文】 嗜酒好睡,往往闭门谢客;俯仰进退,事事恣意随心。

【评解】 生活中的许多束缚都是人为的,更多则是自我造成的。恣意随性,是人们心底永远的梦想与追求。

030 霜水澄定,凡悬崖峭壁,古木垂萝,与片云纤月,一山映在波中,策杖临之,心境俱清绝。

【译文】 秋天的水面澄清而平静,悬崖峭壁,古木参天,藤萝满布,与天空片片白云,一弯新月,全部倒映于水波荡漾之中,拄着手杖身临其境,心与境都清幽至极。

【评解】 此必是神灵所居,身临其境,万欲皆捐,尘心尽洗。一川映月,正是中国人生命中的禅境与诗境。

031 亲不抬饭①,虽大宾不宰牲,匪直戒奢侈而可久,亦将免烦劳以安身。

【译文】 虽然是新来的亲戚,也不安排酒宴;即使是贵客来临,也不宰杀牲口。这不但可戒除奢侈之风,使家计持久,也将会免去烦恼劳累,安然生活。

【注释】 ①抬饭:提高饭菜的档次。

【评解】 此条采自明·龙遵《食色绅言》:张庄简公性素清约,见风俗奢靡,益崇节俭,以率子孙。书屏间曰:"客至留馔,俭约适情,肴随有而设,酒随量而倾。虽新亲不抬饭,虽大宾不宰牲。匪直戒奢侈而可久,亦将免烦劳以安生。"

　　奢侈浮靡,既是无谓的浪费,亦是无谓的烦劳。适度即可,心诚即可。书名"绅言",绅有约束之意,由此可知作者之意图,即"饮食男女"之事,应有所约束节制,不宜过度。

032　饥生阳火炼阴精①,食饱伤神气不升。

【译文】　腹中饥饿能产生阳气之火,锻炼肾阴中的精气;吃得太饱就会损伤精神元气,不能上升。

【注释】　①阴精:指内在的元气。

【评解】　此条采自明·龙遵《食色绅言》:"尹真人曰:'三欲者,食欲、睡欲、色欲。三欲之中,食欲为根。吃得饱则昏睡,多起色心。止可吃三二分饭,气候自然顺畅。饥生阳火炼阴精,食饱伤神气不升。朝打坐,暮打坐,腹中常忍三分饿。'"无论养生还是养性,常忍饥饿都是必要的。

033　心苟无事则息自调,念苟无欲则中自守。

【译文】　内心如果没有杂事烦扰,气息自然调和;意念如果没有欲望,则内心自然坚守专一。

【评解】　此条采自明·冯时可《雨航杂录》卷上,为养生之要。《四库全书》评曰:"是书上卷多论学、论文,下卷多记物产,而间涉杂事。隆万之间,士大夫好为高论,故语录、说部往往滉漾自恣,不轨于正。时可独持论笃实,言多中理。"

034　文章之妙:语快令人舞,语悲令人泣,语幽令人冷,语怜令人惜,语险令人危,语慎令人密,语怒令人按剑,语激令人投笔,语高令人入云,语低令人下石。

【译文】　文章的精妙之处在于:语言畅快时,会令人击节起舞;语言悲愤时,会令人潸然泪下;语言幽静时,会令人感到清冷;语言哀怜时,会令人同情惋惜;语言险恶时,会令人感到恐慌;语言严谨时,会令人感到周密;语言愤怒时,会令人按剑张目;语言激动时,会令人投笔而起;语言高亢慷慨,会令人意气干云;语言低微卑贱,会令人感到投井下石。

【评解】　此条采自明·吴从先《小窗自纪》。其后又曰:"是谓骇目洞心,不在修辞琢句。故曰:鼓天下之动者在乎神。"

　　文字之奇,可以惊天地泣鬼神! 也许原本如此,也许不免有夸张,文人的笔,往往不可尽信。

035　溪响松声,清听自远;竹冠兰佩,物色俱闲。

【译文】 溪水的流响和林中的松涛,使人清净无染的听觉扩散到了很远很远的境界;竹子做的花冠与兰花做的佩带,使人能够对待生活或者自然界中的万物悠闲安逸。

【评解】 此条采自明·吴从先《小窗自纪》:"雅乐所以禁淫,何如溪响、松声,使人清听自远;黼黻所以御暴,何如竹冠、兰佩,使人物色俱闲。"

溪响松声,天籁喁喁,胜过人间雅乐。竹冠兰佩,自然闲适,胜过一切锦绣。这些高洁之物才应该为人所追求,因为能使人的心灵得到升华与洗礼。

036 鄙吝一销,白云亦可赠客①;渣滓尽化,明月自来照人。

【译文】 庸俗吝啬的毛病一旦消除了,那么白云也可以摘下来送赠佳客;胸中的种种杂念完全化解了,那么明月自然会映照到自己身上。

【注释】 ①白云亦可赠客:语出南朝梁·陶弘景《诏问山中何所有赋诗以答》:"山中何所有,岭上多白云。只可自怡悦,不堪持赠君。"

【评解】 此条采自明·吴从先《小窗自纪》。

只要心中庸俗杂念能够消除,白云亦可赠客,明月自来照人。只有高尚的人,才有资格享受明月清风的悠然生活。

037 存心有意无意之妙,微云淡河汉①;应世不即不离之法,疏雨滴梧桐。

【译文】 存心于有意无意之间,就好像浩瀚的银河淡淡地点缀着几抹白云,妙在不着痕迹;为人处世当采取不即不离之法,就好像稀疏的雨点滴在清秋的梧桐叶上,若有若无。

【注释】 ①微云淡河汉:此句和"疏雨滴梧桐"为孟浩然联句诗。王士源《孟浩然集序》:"闲游秘省,秋月新霁,诸英华赋诗作会。浩然句曰:'微云淡河汉,疏雨滴梧桐。'举座嗟其清绝,咸阁笔不复为继。"

【评解】 此条采自明·吴从先《小窗自纪》。

孟浩然这两句诗之所以能够技压群芳,就是因为表现出了他自己的志向和人生境界。为人处世,有意无意,不即不离,心中不起执着,便能无牵无挂,平静心念。

038 肝胆相照,欲与天下共分秋月;意气相许,欲与天下共坐春风。

【译文】 肝胆相照,愿与天下人共同分享秋月之光;意气相许,愿与天下人共同沐浴和暖春风。

【评解】 此条采自明·吴从先《小窗自纪》。

彼此坦诚相见,情投意合,方可共享秋月之光,春风之暖。

039　堂中设木榻四,素屏二,古琴一张,儒道佛书各数卷。乐天既来为主,仰观山,俯听水,傍睨竹树云石,自辰及酉,应接不暇。俄而物诱气和,外适内舒,一宿体宁,再宿心恬,三宿后颓然嗒然①,不知其然而然。

【译文】　屋子里设有木制椅榻四张,素色屏风两座,还有古琴一张,和儒、释、道各家书籍呀,随意摆了几本!乐天我已来到这里当主人,仰观山色,俯听泉流,靠着、看着这里的竹啊!树啊!云哪!石啊!从早到晚,看得简直是应接不暇。看了一会儿,禁不住美景这般的诱惑,整个人的精神就随之而潜移默化了,外在也安适,内心更和乐。只要住一宿,身体就十分安宁,住两夜更感到心情恬适,住三个晚上以后,就完全忘记自我的存在,而跟万物融合无间。也不知道为什么会这样,反正就是这样了!

【注释】　①嗒(tà)然:形容身心俱遣、物我两忘的神态。

【评解】　此条采自白居易《庐山草堂记》:"堂中设木榻四,素屏二,漆琴一张,儒、道、佛书各三两卷。乐天既来为主,仰观山,俯听泉,旁睨竹树云石,自辰及酉,应接不暇。俄而物诱气随,外适内和。一宿体宁,再宿心恬,三宿后颓然嗒然,不知其然而然。"

　　堂内陈设朴素古雅,听其自然,显示作者的爱好和志趣。住进草堂后,从早到晚陶醉于美景,使他产生"外适内和"之感。身体舒适,精神和畅,几乎进入了物我两忘的境界。

040　偶坐蒲团,纸窗上月光渐满,树影参差,所见非色非空,此时虽名衲敲门,山童且勿报也。

【译文】　偶尔独坐于蒲团,纸窗上月光逐渐洒满,树影照映参差,所见非色非空,这时候即使是名僧敲门来访,小童也姑且不要通报打扰了。

【评解】　心中一片空灵,沉浸于非色非空的禅境,物我两忘。虽为名衲,恐亦不过如此。

041　会心处不必在远。翳然林水,便自有濠濮间想也①,觉鸟兽禽鱼,自来亲人。

【译文】　令人心领神会的地方不必在远方。只要有这些郁郁葱葱的树木和潺潺的流水,便自然会涌起庄子在濠梁欣赏鱼之乐和濮上钓鱼的乐趣,更觉得周围的鸟兽禽鱼都像朋友一样与人亲近。

【注释】　①濠濮间想:庄子曾于濠梁之上与惠施论鱼之乐,又于濮水拒楚国使者。此指道遥闲居之思。

【评解】　此条采自《世说新语·言语》:"简文入华林园,顾谓左右曰:'会心处不必在远,翳然林水,便自有濠濮间想也。觉鸟兽禽鱼,自来亲人。'"

　　"采菊东篱下,悠然见南山"是一种大俗能雅、得意忘形的会心;"深林人不知,明月来相照"也是另一种别样的遗世独立的会心。一切只要随缘。这"随缘"就是"会心"。有会心林水之生命感受,则无往不适,随处怡悦,觉万物无不可亲。

042　茶欲白,墨欲黑;茶欲重,墨欲轻;茶欲新,墨欲陈。

【译文】　茶色要白,墨色要黑;茶团要重,墨锭要轻;茶叶要新鲜,墨则要陈旧。

【评解】　据宋代《高斋漫录》载,此语为司马光与苏轼论茶墨俱香之语。东坡对此回答说:"奇茶妙墨俱香,是其德同也;皆坚,是其操同也。譬如贤人君子。"千年茶墨伴随君子,自然亦被赋予种种美德。

043　馥喷五木之香①,色冷冰蚕之锦②。

【译文】　香气馥郁,可比五木之香;色调冷艳,可比冰蚕所织的锦缎。

【注释】　①五木之香:古代香的一种,也称青木香。南朝·梁元帝《金楼子》谓一木五香,根檀香,节沉香,花鸡舌,胶熏陆,叶藿香。　②冰蚕之锦:晋·王嘉《拾遗记·员峤山》载:"有冰蚕长七寸,黑色,有角,有鳞。以霜雪覆之,然后作茧,长一尺,其色五彩。织为文锦,入水不濡,以之投火,经宿不燎。"

【评解】　清香自然,清冷晶莹,如玉石之美。

044　筑凤台以思避①,构仙阁而入圆②。

【译文】　筑起凤台以避尘世,构建仙阁以便升天。

【注释】　①凤台:用萧史弄玉典,见卷二001条注。　②入圆:指升天。古人认为天圆地方,故称。

【评解】　除了神话传说中的"凤台"、"仙阁",现实中更需要这样的"凤台"、"仙阁",当然,其目的不再是为了所谓思避、入圆。

045　客过草堂问:"何感慨而甘栖遁?"余倦于对,但拈古句答曰:"得闲多事外,知足少年中①。"问:"是何功课?"曰:"种花春扫雪,看篆夜焚香②。"问:"是何利养?"曰:"砚田无恶岁,酒国有长春③。"问:"是何还往?"曰:"有客来相访,通名是伏羲④。"

【译文】　有客经过我的草堂问:"有什么感慨而甘愿隐居于这里?"我也懒得费事回答,只是随口拈来一句古诗以对:"世外的生活多么悠闲,少年之时就已知足常乐。"又问:"日常做些什么功课?"答曰:"春天扫雪种花,夜晚焚香阅经。"又问:"用什么方式修身养性?"答曰:"耕作笔砚之田没有歉年,沉醉酒乡之国青春永驻。"又问:"都有些什么朋友往来?"答曰:"有客人来访,通报姓名是伏羲。"

【注释】　①"得闲"二句:语出唐·朱庆余《赠陈逸人》:"乐道辞荣禄,安居桂水东。得闲多事外,知足少年中。药圃无凡草,松庭有素风。朝昏吟步处,琴酒与谁同。"　②"种花"二句:语出唐·许浑《茅山赠梁尊师》:"云屋何年客,青山白日长。种花春扫雪,看箓夜焚香。上象壶中阔,平生梦里忙。幸承仙籍后,乞取大还方。"箓(lù):道教的秘文,记载上天神名。　③"砚田"二句:语出宋·唐庚《次泊头》:"何处不堪老,浮山倾盖亲。砚田无恶岁,酒国有长春。"砚田:旧时读书人以文墨维持生计,因此把砚台叫做砚田。　④"有客"二句:语出宋·邵雍《家国吟》:"瓮头喷液处,盏面起花时。有客来相访,通名曰伏羲。"

【评解】　此条采自陈继儒《岩栖幽事》。

　　看这样的问答,实在是彻头彻尾的一位隐者。可事实未必如此。陈继儒表面上看归隐山林,不问政治,实际上每天都出入于王公大臣官邸,所以时人写诗讥讽他"翩翩一只云间鹤,飞来飞去宰相家"。

046　山居胜于城市,盖有八德:不责苛礼,不见生客,不混酒肉,不竞田产,不闻炎凉,不闹曲直,不征文逋①,不谈士籍②。

【译文】　山居生活胜过城市,大体说来有八种好处:不讲究严苛的繁文缛节,不用见陌生的来访之客,没有酒肉杂陈,也不用争竞田地房产,没有世态人情的炎凉冷暖,不与别人一争是非曲直,不征帖文通税,不谈论士人的出身门第。

【注释】　①逋(bū):逃亡。　②士籍:士人的出身门第。

【评解】　此条采自陈继儒《岩栖幽事》。

　　古代士人乐居于远离城市的山村,当然不仅是因其空气清新,没有喧闹,更是因为这里远离政治是非之地,人际关系简单、纯朴,也没有那些繁缛的礼节应酬。总之,一切世俗的追求与话题,在一位遗世独立的士人心灵中,决没有安放的位置。在这里,他们拥有自己的居住之地,更拥有自己的精神家园。

047　采茶欲精,藏茶欲燥,烹茶欲洁。

【译文】　采摘茶叶要精细,珍藏茶叶要干燥,烹煮茶叶要洁净。

【评解】　此条采自明·张源《茶录》。茶道讲究的是保持天趣,最忌入杂。

048　茶见日而味夺,墨见日而色灰。

【译文】　茶叶经阳光照射,味道就会消淡;黑墨经阳光照射,颜色变得灰暗。

【评解】　此条采自陈继儒《岩栖幽事》。陈继儒即以"茶星"为斋名,常与友人茗战赛茶,对茶、墨的关系颇有心得。清·陆廷灿《续茶经》引《随见录》曰:"凡茶见日则味夺,惟武夷茶喜日晒。"

　　感情便如一杯茶,慢慢流逝的时光就像是不停注入杯中的白开水,记住随时要往杯中添加茶叶,才能让杯中至少还有茶味。

049 磨墨如病儿,把笔如壮夫。

【译文】 磨墨时,动作要雍容舒缓,不疾不徐,仿若一个羸弱无力的病人;一旦握笔写字,就要神气饱满,状若一个勇武之士。

【评解】 非人磨墨墨磨人。有人说磨墨的时候正好构想。《林下偶谈》:"唐王勃属文,初不精思,先磨墨数升。"也许那磨墨正是精思的时刻。听人说,绍兴师爷动笔之前必先磨墨,那也许是在盘算他的刀笔如何在咽喉处着手。

050 园中不能办奇花异石,惟一片树阴,半庭藓迹,差可会心忘形。友来或促膝剧论,或鼓掌欢笑,或彼谈我听,或彼默我喧,而宾主两忘。

【译文】 园中不能置办奇花异石,只要有树阴一片,苔藓半院,便大致可以令人清心悦神。有朋友来了,或促膝阔谈,或鼓掌欢笑,或对方说,自己听,或对方沉默,自己喧嚷,彼此都快乐得物我两忘。

【评解】 所谓会心处不必在远。没有礼节的拘束,没有宾主的区别,率兴而往,足可会心忘形。

051 尘缘割断,烦恼从何处安身;世虑潜消,清虚向此中立脚。

【评解】 同见卷一194条。

052 檐前绿蕉黄葵,老少叶①,鸡冠花,布满阶砌,移榻对之,或枕石高眠,或捉麈清话,门外车马之尘滚滚,了不相关。

【译文】 屋檐前,种满了绿色的芭蕉,黄色的葵花,还有老少年,鸡冠花,布满台阶,移动坐榻面对着它们,或枕着石头高卧而眠,或拿着麈尾清谈度日,门外车马往来尘灰滚滚,也与自己了不相关。

【注释】 ①老少叶:花名。即老少年,又名雁来红。

【评解】 门内蕉绿葵黄,花满阶台;门外嚣尘滚滚,世事纷纷。两个世界,两样心境,但能否做到"了不相关",则要看各人的修为。

053 夜寒,坐小室中,拥炉闲话,渴则敲冰煮茗,饥则拨火煨芋。

【译文】 夜晚寒冷,坐在小屋中,拥着火炉与朋友闲谈,渴了就敲些冰块煮茶,饿了就拨开火炉烤点山芋。

【评解】 围坐红泥小火炉,或敲冰煮茶,或新酿一杯,饿了便煨几个热乎乎的芋头,如此闲淡,如此温暖,对于寒夜中人该有多大的吸引力呀。

054 阿衡五就①,那如莘野躬耕②;诸葛七擒③,争似南阳抱膝④。

【译文】 伊尹被商汤五次聘迎才肯就任,但这哪里比得上他躬耕于有莘之野那样悠闲?诸葛亮七擒孟获尽心竭力,但又怎么能胜过他抱膝长啸于南阳之时安逸?

【注释】 ①阿衡五就:《史记·殷本纪》:"伊尹名阿衡……或曰伊尹处士,汤使人聘迎之,五反然后肯往从汤,言素王及九主事,汤举任以国政。" ②莘野躬耕:《孟子·万章》:"伊尹耕于有莘之野,而乐尧舜之道焉。" ③诸葛七擒:用诸葛亮七擒孟获事,见《汉晋春秋》。蜀汉建立后,诸葛亮为了巩固后方,平定南中(今四川南部及云贵等地),擒其首领孟获,见其不服,又放归再战,凡七次,最终使其心悦诚服,接受了蜀汉统治。 ④南阳抱膝:《三国志·诸葛亮传》注曰:"(亮)每晨夜从容,常抱膝长啸。"

【评解】 鞠躬尽瘁,劳心费神,争如躬耕南亩闲淡安逸?然而,伊尹、诸葛之隐逸长啸,不正是日夜等待着"明主"的到来吗?

055 饭后黑甜①,日中薄醉,别是洞天;茶铛酒白②,轻案绳床,寻常福地。

【译文】 饭后酣睡,白日小醉,别有一番洞天。茶铛酒臼,小案绳床,也是寻常的安乐之地。

【注释】 ①黑甜:酣睡。苏轼《发广州》:"三杯软饱后,一枕黑甜余。"自注:"俗谓睡为黑甜。" ②茶铛:煎茶用的釜。

【评解】 《论语·公冶长》:"宰予昼寝。子曰:'朽木不可雕也,粪土之墙不可圬也!'"学生宰予大白天睡觉,便遭到孔子痛骂。读遍《论语》,这段话大概是温文尔雅的孔圣人最动肝火的一次震怒了。

056 翠竹碧梧,高僧对弈;苍苔红叶,童子煎茶。

【译文】 青翠的竹林,碧绿的梧桐,高僧正在这里对弈;青苔红叶遍布满地,童子正在这里煮水煎茶。

【评解】 中国的文化大多追求一种文雅。比如书法家写字讲究心平气和,不像西方的油画家作画更多是激情。而几乎所有的雅用在围棋上都很合适:常常是清幽的林间,环境幽雅;高僧对弈,棋手沉稳端庄,举手落子姿势优雅;还有对围棋的兴趣是雅趣、下棋是雅玩、观棋是雅赏……总之,围棋是非常文雅的东西。

057 久坐神疲,焚香仰卧;偶得佳句,即令毛颖君就枕掌记①,不则展转失去。

【译文】 坐得久了,精神疲倦,焚香仰卧,偶得灵感吟成佳句,随即用毛笔在床上随手记下,否则辗转睡去,就会忘记。

【注释】 ①毛颖君:指毛笔。唐代韩愈《毛颖传》以笔喻人,后世遂径以之代笔。

【评解】 灵感总是稍纵即逝。李商隐《李长吉小传》:"(李贺)恒从小奚奴,骑距驴,背一古破锦囊,遇有所得,即书投囊中……上灯,与食。长吉从婢取书,研墨叠纸足成之,投他囊中。非大醉及吊丧日,率如此。"

058 和雪嚼梅花,美道人之铁脚①;烧丹染香履,称先生之醉吟②。

【译文】 铁脚道人赤脚行走于雪中,嚼梅花满口,和雪咽之,令人羡慕。白居易在庐山草堂烧丹时,作染以四选香的飞云履,晚号为醉吟先生。

【注释】 ①道人之铁脚:铁脚道人。明·张岱《夜航船·嚼梅咽雪》载:"铁脚道人,尝爱赤脚走雪中,兴发则朗诵《南华·秋水篇》,嚼梅花满口,和雪咽之,曰:'吾欲寒香沁入心骨。'" ②先生之醉吟:醉吟先生,白居易之别称,曾着有《醉吟先生传》。唐·冯贽《云仙杂记·飞云履》:"白乐天烧丹于庐山草堂,作飞云履,玄绫为质,四面以素绡作云朵,染以四选香,振履则如烟雾。乐天着示山中道友曰:'吾足下生云,计不久上升朱府矣。'"元·辛文房《唐才子传》:"公好神仙,自制飞云履,焚香振足,如拨烟雾,冉冉生云。初来九江,居庐阜峰下,作草堂烧丹。"

【评解】 此条以两人的轶事表现其独特的情趣。然而,素心清趣,只在内心修炼,又岂须凭借和雪嚼梅、烧丹染履等狂诞之举? 如此走火入魔,有何值得羡慕称许?

059 灯下玩花,帘内看月,雨后观景,醉里题诗,梦中闻书声,皆有别趣。

【译文】 灯下赏花,帘内看月,雨后观景,醉里题诗,梦中闻听读书声,都有一份别样的情趣。

【评解】 虽是寻常景物,换一个角度看,便又有迥然不同之意趣。

060 王思远扫客坐留①,不若杜门;孙仲益浮白俗谈②,足当洗耳。

【译文】 王思远在客人走后扫其坐处,还不如闭门谢客;孙仲益听人俗谈则满饮一大白,足以当做洗耳。

【注释】 ①王思远:《南齐书》本传:"(王)思远清修,立身简洁。衣服床筵,穷治素净。宾客来通,辄使人先密觇视,衣服垢秽,方便不前,形仪新楚,乃与促膝。虽然,既去之后,犹令二人交帚拂其坐处。" ②孙仲益:孙觌,字仲益。孙觌早年弹劾李纲,附会和议,后又依附秦桧党羽,诋毁岳飞,为人所不齿。然孙氏早有文才,工于俪语。诗多流连山林,酬答友朋之作。

【评解】 要让自己坐无杂尘,耳无俗听,身心一尘不染,大概也就只能是杜门不出了。

061 铁笛吹残,长啸数声,空山答响;胡麻饭罢①,高眠一觉,茂树屯阴。

【译文】 铁笛吹了很久,又长长地啸歌数声,空旷的山野传来一阵阵回响;食罢神仙的胡麻饭,美美地睡上一觉,茂盛的树下已贮起一片浓阴。

【注释】 ①胡麻饭:刘义庆《幽明录》载,东汉永平年间,剡县人刘晨、阮肇入天台山采药,遇二女子邀至家,食以胡麻饭。留半年,迨还乡,子孙已历七世。后因以"胡麻饭"表示仙人的食物,故又称为"神仙饭"。

【评解】　长啸风采,在魏晋士人身上表现最突出。要么是在寂静的山岭,要么是在空旷的平原,要么是在清风徐来的竹林,要么是在流水行舟的江海。总之,即是要有一个远离尘嚣的大自然作舞台,才肯把长啸的万千意态亮相于其间,才肯放清宏的旋律抑杨于其中。仿佛只有大自然,才是他们心曲的知音,才是他们借以塑造自我的背景。

062　编茅为屋,叠石为阶,何处风尘可到;据梧而吟,烹茶而语,此中幽兴偏长。

【译文】　编织茅草盖成房屋,叠起石头砌成台阶,哪里会染上外面的风尘?倚着梧桐吟咏诗词,烹煮香茗慢声细语,此中的幽趣最为深远。

【评解】　编茅、叠石、据梧、烹茶,为的就是构筑起一个放置自己心灵的精神之地。有了这样一处精神之地,便拥有自己的一片纯净的天空。

063　皂囊白简①,被人描尽半生;黄帽青鞋②,任我逍遥一世。

【译文】　黑绸的袋囊中装着弹劾官员的奏章,宦海沉浮中,难免要被人笑骂半生;戴着黄帽脚着青鞋,平民的生活,任由我一世逍遥。

【注释】　①皂囊白简:喻指官宦人生。皂囊:黑绸口袋。汉代群臣上章奏,如事涉秘密,以皂囊封之。白简:古时弹劾官员的奏章。　②黄帽青鞋:平民服饰,喻指平民生活。

【评解】　曲径深林,白简皂囊久谢;蓬扉茅屋,清风明月可邀。身在其位,宦海沉浮,众矢之的,置身于是非的风口浪尖,也只有时刻做好"我不入地狱谁入地狱"的心理准备。

064　清闲之人不可惰其四肢,又须以闲人做闲事:临古人帖,温昔年书,拂几微尘,洗砚宿墨,灌园中花,扫林中叶。觉体少倦,放身匡床上①,暂息半晌可也。

【译文】　清闲的人,不可使自己的四肢变得懒惰,还须以闲人做些闲事:临摹古人的法帖,温习昔日的书籍,拂去几桌上的尘灰,洗去砚台里残存的墨水,浇灌一下园中的花卉,扫扫树林中的落叶。如果觉得身体有了些许疲倦,便倒身于方正安适的床上,稍微休息一会儿便可以了。

【注释】　①匡床:方正安适的床。《商君书·画策》:"是以人主处匡床之上,听丝竹之声,而天下治。"

【评解】　心可闲而事不可闲。

065　待客当洁不当侈,无论不能继,亦非所以惜福。

【译文】　待客之道,应当是讲究洁净而不是讲究奢侈,姑且不说奢侈能否长久,这也并非珍惜福分之举。

【评解】　如今则正好反其道而行,讲究的是奢侈,排场、面子最紧要。

066　葆真莫如少思,寡过莫如省事;善应莫如收心,解谬莫如淡志。

【译文】　保持天性本真,没有比少思虑更好;要减少过失,没有比省事更好。善于应对世事,不如收敛心迹;要减少谬误,不如淡泊志趣。

【评解】　少思、省事、收心、淡志,强调的就是收摄心志,清心寡欲,明哲保身。所谓"世上第一伶俐,莫如忍让为高"。

067　世味浓,不求忙而忙自至;世味淡,不偷闲而闲自来。

【译文】　尘世的情味浓厚,即使不想忙碌,忙碌也会自己到来;尘世的情味淡漠,即使不去偷闲,清闲也会不求自到。

【评解】　所谓"世味",就是尘世生活中大多人追求的舒适物质生活、显赫地位及名声等等。淡漠了这些,也便免却了一生的汲求营役。

068　盘餐一菜,永绝腥膻,饭僧宴客,何烦六甲行厨①;茅屋三楹,仅蔽风雨,扫地焚香,安用数童缚帚。

【译文】　吃饭只要一盘素菜,而且绝不沾荤腥之物,招待僧人宴请宾客,哪里用得着烧火做饭? 茅屋三间,仅仅能遮蔽风雨,自己扫地焚香,哪里用得着几个童子缚着扫帚侍候?

【注释】　①六甲:五行方术之一。晋·葛洪《神仙传·左慈》:"乃学道,尤明六甲,能役使鬼神,坐致行厨。"左慈,三国时庐江人,字元放,有神通。晋·干宝《搜神记》记载了很多他神异变幻的故事。后来被曹操抓住杀掉,杀他时他却变成了一束茅草。

【评解】　此条采自明·屠隆《娑罗馆清言》:"盘餐一菜,永绝腥膻,饭僧宴客,何烦六甲行厨;茆屋三楹,仅蔽风雨,扫地焚香,安用数童缚帚? 未见元放翛然,尚觉右丞多事。"右丞,唐朝诗人王维,官至尚书右丞,故称。

左元放还需要变幻着形体来达到自由自在的境界,王右丞晚年虽然厌倦官场,却依然不愿离去,长期过着半官半隐的生活,也没有达到这样无拘无束的境地。

069　以俭胜贫,贫忘;以施代侈,侈化;以省去累,累消;以逆炼心,心定。

【译文】　以勤俭战胜贫穷,贫穷就会慢慢被忘记;以施舍取代奢侈,奢侈就会慢慢被化解;以省事减少疲累,疲累就会消解;以逆境修炼心志,心志就会变得坚定。

【评解】　不断地修炼磨砺心志,疲累与烦恼就会慢慢化解。

070　净几明窗,一轴画,一囊琴,一只鹤,一瓯茶,一炉香,一部法帖;小

园幽径,几丛花,几群鸟,几区亭,几拳石,几池水,几片闲云。

【译文】 室内窗明几净,置设着一轴古画,一张古琴,一只仙鹤,一瓯香茶,一郭法帖;缓步小园幽径,几丛花,几群鸟,几个亭台,几块奇石,几汪池水,几片闲云。

【评解】 这份闲淡,属于暮年的恬适,看破了世事的沧桑,经历了人世的雨打风霜。徘徊小园幽径,看似闲云无心,事实上,却是:有故事,在皱纹里;一片干净,在眼神里。

071 花前无烛,松叶堪燃;石畔欲眠,琴囊可枕。

【译文】 花前没有蜡烛,松叶也可以用来燃烧照明;石畔如果想睡觉,则琴囊也可用作枕头。

【评解】 此心无可无不可。

072 流年不复记,但见花开为春,花落为秋;终岁无所营,惟知日出而作,日入而息。

【译文】 逝水流年,不必记得清楚,只知道花开即为春天,花落便是秋天;一年到头别无多少营求,只知道日出便开始劳作,日落便归家休息。

【评解】 事实上,又有什么能比花开花谢、日出日落更能准确地传达讯息?当我们迷恋于种种现代科技之时,往往便与自然之心越来越"隔",愈行愈远,甚至于我们无意中便遗忘了身边的花儿、头顶的太阳。

073 脱巾露顶,斑文竹箨之冠①;倚枕焚香,半臂华山之服②。

【译文】 解开头巾,披散头发露出头顶,仿佛戴着斑驳花纹的竹皮帽子;倚枕焚香,香气缭绕,好像穿着半臂的华山仙人之服。

【注释】 ①箨(tuò):笋壳,竹皮。《汉书·高祖记》载:高祖(刘邦)微服私访时戴以竹皮所作之冠,人称"刘氏冠"。此代指平民之服饰。 ②华山之服:指华山仙人之服。

【评解】 汉王制竹箨之冠,威仪自别。脱巾露顶,倚枕焚香,却又别具一段风流。

074 谷雨前后,为和凝汤社①,双井白芽②,湖州紫笋③,扫白涤铛,征泉选火,以王蒙为品司④,卢仝为执权⑤,李赞皇为博士⑥,陆鸿渐为都统⑦。聊消渴吻,敢讳水淫;差取婴汤⑧,以供茗战⑨。

【译文】 时节谷雨前后,举办和凝的茶社,用双井产的白芽,湖州产的紫笋,扫净器皿,洗净茶铛,汲取名泉;选用上等燃料,以王蒙为品司,卢仝为执权,李德裕为博士,陆鸿渐为都统。相聚品茗,聊以解渴,而避免水厄;以婴汤烹煮好茶,以供斗茶。

【注释】 ①和凝:五代著名词人。在五代时期各朝都任高官,嗜茶如命。五代宋初陶谷《舛茗录》:"和凝在朝,率同列递日以茶相饮,味劣者有罚,号为'汤社'。" ②双井白芽:江西修水县双井产的茶叶。五代·毛文锡《茶谱》:"洪州双井白芽,制作极精。" ③湖州紫笋:浙江湖州长兴县顾渚山的上等贡茶,又名"顾渚紫笋"。 ④王蒙:东晋清谈家。《世说新语》载王蒙喜茶,客至辄饮之。士大夫甚以为苦,每欲候蒙,必云今日有"水厄"。品司:贮笋、榄、瓜仁等助茶香物之器。 ⑤卢仝:唐代诗人,一生爱茶成癖,有《茶歌》传世。执权:操秤锤。 ⑥李赞皇:唐宰相李德裕,真定赞皇人。因嗜惠山泉,传令在两地之间设置驿站,从惠山汲泉后,即由驿骑站站传递,停息不得。时人称之为"水递"。博士:此指精于茶道。 ⑦陆鸿渐:唐人陆羽,字鸿渐,有《茶经》一书垂世,后人奉为"茶圣"。都统:都统其众。 ⑧婴汤:煮茶刚沸时的开水。冲茶不可太早,早称婴汤,亦不可太迟,迟则水老,称寿汤。婴汤、寿汤,皆不宜茶。因为汤稚则茶味不出,水老则茶乏。 ⑨茗战:斗茶道。

【评解】 千年"水厄""茗战",可谓富而久矣。饮茶之趣不在茶,在于知己之交的品茗聚叙。

075 窗前落月,户外垂萝,石畔草根,桥头树影,可立可卧,可坐可吟。

【译文】 窗前月已西斜,门外垂萝依依,石畔草根中,桥头树影下,可以站立也可以躺下,可以端坐也可以行吟。

【评解】 窗前、户外、石畔、桥头,可立、可卧、可坐、可吟,一切随心适意,处处兴致益然。

076 亵狎易契,日流于放荡;庄厉难亲,日进于规矩。

【译文】 轻慢随意的人容易接近,但交往久了便逐渐变得放荡轻佻;庄重严厉之人难于亲近,但交往久了却可以使自己日渐趋于本分规矩。

【评解】 子曰:"唯女子与小人为难养也。近之则不逊,远之则怨。"其实,又何止于"女子"与"小人"?

077 甜苦备尝好丢手,世味浑如嚼蜡;生死事大急回头,年光疾于跳丸①。

【译文】 人间的酸甜苦辣都尝过,方知执着无益,尘世的滋味其实就像嚼蜡一般索然。生与死乃是人生大事,回忆往事,更感觉到年岁光阴如同跳动的弹丸一样飞逝。

【注释】 ①跳丸:跳动的弹丸,比喻日月运行,时间过得很快。韩愈《秋怀》诗:"忧愁费晷景,日月如跳丸。"

【评解】 此条采自明·屠隆《娑罗馆清言》。
　　光阴荏苒,岁月无情,总难免令人感慨忧伤。要做到陶渊明那样"纵浪大化中,不喜亦不惧。应尽便须尽,无复独多虑"实在不会是一件容易的事。

078 若富贵由我力取,则造物无权;若毁誉随人脚根,则谗夫得志。

【译文】 如果富贵可以通过自身的努力得到,那么造物主就没有权力了;如果毁谤或赞誉都跟着别人人云亦云,那么谗人就会得志。

【评解】 此条采自明·屠隆《娑罗馆清言》:"若富贵贫穷,由我力取,则造物为无权;若毁誉嗔喜,随人脚跟,则谗夫愈得志。"

富贵难由力取,却也不应在天,但毁誉褒贬应有自己的评价尺度,决不可人云亦云。如果跟随着小人散布谣言,那岂不就成了为虎作伥了?

079 清事不可着迹,若衣冠必求奇古,器用必求精良,饮食必求异巧,此乃清中之浊。吾以为清事之一蠹。

【译文】 清雅之为不可着于痕迹,如果衣冠一定要追求样式奇古,器具一定要追求精良,饮食一定要追求奇异新巧,这就是清雅中的庸俗。我则更以为这是清雅之事的一种败坏。

【评解】 此条前半句采自明·顾起元《客座赘语》:友人周吉甫名晖,有隽才,为诸生,制义多恢奇,久而不售,遂弃去,隐居着书,萧然有林下风。所著金陵琐事,南都文献之遗,多所征信,深为名流所许。乙卯冬,投余山中白云一卷,多见道之言。如云:"清事不可着迹,若衣冠必求奇古,器用必求精良,饮食必求异巧,此乃清中之浊也。"

执着刻意于衣冠、器用、饮食之类的新奇精美,而忽略了精神内在的高洁清雅,这与真正的清雅背道而驰。

080 吾之一身,常有少不同壮,壮不同老;吾之身后,焉有子能肖父,孙能肖祖?如此期必,尽属妄想,所可尽者,惟留好样与儿孙而已。

【译文】 我这一生当中,常常有少年时的想法不同于壮年,壮年时的想法不同于老年;在我死后,又哪里会有儿子完全像父亲,孙辈完全像祖辈的呢?如果一定要做这样的期望,那都只能是痴人梦想,真正能够做到的,只能是留一个好的榜样给儿孙罢了。

【评解】 真正能遗留给儿孙的,也只能是一世的声名,所谓"好样"。倘若一定要儿孙按照自己的意愿,将自己所有的希望都寄托在儿孙之身,其实都是自私的行为,结果往往也只能是一厢情愿而已。

081 若想钱而钱来,何故不想;若愁米而米至,人固当愁。晓起依旧贫穷,夜来徒多烦恼。

【译文】 如果想要有钱,钱就会来,那为什么不去想呢?如果忧愁无米下锅,米就会来,那就确实应当忧愁一番。然而,事实是,早晨起来贫穷依旧,夜晚降临烦恼苦多。

【评解】 此条采自明·屠隆《娑罗馆清言》

空想想不来,发愁也愁不来,那又何必朝思暮想苦苦忧愁? 陶渊明诗曰:"夏日抱长饥,寒夜无被眠。造夕思鸡鸣,及晨愿乌迁。"忧愁亦可谓夜以继日,然而贫穷困窘又何曾因此而有丝毫改变? 既如此,何不干脆放开胸怀,以平常心待之? 晚年的屠隆也生活拮据,这番话大概就是其自解自劝之言了吧。

082 半窗一几,远兴闲思,天地何其寥阔也;清晨端起,亭午高眠,胸襟何其洗涤也。

【译文】 凭倚半窗一几,兴致悠远,清思闲淡,感觉天地宇宙是多么的辽阔! 清晨起来端坐,中午时分酣睡,胸襟是何等的清爽明净!

【评解】 此条采自明·彭汝让《木几冗谈》。

古代文人,大都在官场失意之后,倾向于追求清静、闲适、雅致的文化生活。孔子便曾有"浴乎沂,风乎舞雩,咏而归"的赞叹。远离尘世的喧嚣与沉浮,跟松林做伴,与清泉交谈,汲天地之精华,与大自然合为一体,才是真正的快事。

083 行合道义,不卜自吉;行悖道义,纵卜亦凶。人当自卜,不必问卜。

【译文】 行事符合道义,不用问卜,自会吉祥;行为如果违背道义,即使问卜,也是凶兆。人应当根据自己的行为自卜吉凶,而不必去占卜问卦。

【评解】 此条采自明·范立本辑《明心宝鉴》。

吉凶不是天定,不是无来由无法把握的,而是系于自身行为的善恶,所以说当"自卜"而不必"问卜",当自我反省而不必怨天尤人。

084 奔走于权幸之门,自视不胜其荣,人窃以为辱;经营于利名之场,操心不胜其苦,己反以为乐。

【译文】 奔走于权贵宠幸之门,自以为不胜荣宠,其实他人暗地里却以之为耻辱;钻营于名利场中,费尽心机不胜其苦,自己却反以为其乐无穷。

【评解】 诗人杜甫《奉赠韦左丞丈二十二韵》中,追叙当年在繁华京城的旅客生涯:"骑驴十三载,旅食京华春。朝扣富儿门,暮随肥马尘。残杯与冷炙,到处潜悲辛。"其误身受辱、痛苦不幸达到了极致。只是,这样的反省,有多少人能够自觉? 只待一切都已烟消云散,再追悔已莫及。

085 宇宙以来有治世法,有傲世法,有维世法,有出世法,有垂世法。唐虞垂衣①,商周秉钺②,是谓治世;巢父洗耳,袁公瞑目③,是谓傲世;首阳轻周④,桐江重汉⑤,是谓维世;青牛度关⑥,白鹤翔云⑦,是谓出世;若乃鲁儒一人⑧,邹传七篇⑨,始谓垂世。

【译文】 自宇宙鸿蒙以来,就有治世之法,有傲世之法,有维世之法,有出世之法,有垂世之法。唐尧、虞舜垂衣裳而天下治,商周两代受天命而征讨,这都是治世;巢父、许由洗耳以保持高洁,披裘公怒目而斥延陵季子,不取道中遗金,这都是傲世;伯夷、叔齐不食周粟,严光隐居桐江成就了刘秀礼贤下士之名,这都是维世;老子骑青牛出关,丁令威化仙鹤返归,这都是出世;至于说鲁国的大儒孔子,邹人孟子及其流传的《孟子》七篇,才可以称得上名垂后世。

【注释】 ①唐虞垂衣:《易·系辞》:"黄帝尧(唐尧)舜(虞舜),垂衣裳而天下治,盖取诸乾坤。" ②秉钺(yuè):持斧,商周时为威仪和极高军权的象征。斧钺一类巨型兵器只堪双手持握立于仪仗车上,起到类似于军中纛旗的作用。《诗·商颂·长发》有:"武王(汤)载旆,有虔秉钺。如火烈烈,则莫我敢曷。"是说商汤(武王)在伐桀的鸣条之战中亲自执旗,其臣有虔执钺,以示受天命而征伐。《史记·周本纪》记载殷周牧野之战"(周)武王左杖黄钺,右秉白旄以麾"。 ③裘公瞋目:晋·皇甫谧《高士传·披裘公》载:"延陵季子出游,见道中有遗金,顾披裘公曰:'取彼金。'公投镰瞋目,拂手而言曰:'何子处之高而视人之卑?五月披裘而负薪,岂取金者哉?'" ④首阳轻周:用伯夷、叔齐不食周粟典。伯夷、叔齐本是孤竹国君的两个儿子,古代义行之士,耻为周民,不食周粟,隐于首阳山,采薇而食,终至饿死。 ⑤桐江重汉:严光年轻时与光武帝游学,后光武帝登位,他隐居桐江,屡征召而不就。事见《后汉书·严光传》。 ⑥青牛度关:典出刘向《列仙传》:"老子西游,(函谷)关令尹喜望见有紫气浮关,而老子果乘青牛而过也。" ⑦白鹤翔云:事见《搜神后记》。丁令威,传说为汉辽东人,学道于灵墟山,成仙后化为仙鹤,飞归故里,作人言:"有鸟有鸟丁令威,去家千岁今来归,城郭如故人民非,何不学仙冢累累。" ⑧鲁儒一人:即孔子。 ⑨邹传七篇:指孟子及《孟子》一书。孟子名轲,战国邹人。《孟子》一书共七篇。

【评解】 面对这个世界,各人的对待方式各有其异。有的希望能治理它,让它长治久安;有的则傲然以对,只求保持自身的高洁;有的希望能名垂后世;有的则希望能超凡出世。这是与世之法,亦是人生态度。

086 书室中修行法:心闲手懒,则观法帖,以其可逐字放置也;手闲心懒,则治迂事①,以其可作可止也;心手俱闲,则写字作诗文,以其可以兼济也;心手俱懒,则坐睡,以其不强役于神也;心不甚定,宜看诗及杂短故事,以其易于见意不滞于久也;心闲无事,宜看长篇文字,或经注,或史传,或古人文集,此又甚宜于风雨之际及寒夜也。又曰:"手冗心闲则思,心冗手闲则卧,心手俱闲则著作书字,心手俱冗则思早毕其事,以宁吾神。"

【译文】 书房中的修身养性之法:心闲手懒时,则观看法帖,因为这可以一个一个字地记在心中。手闲心懒时,就去做做不着急的事,因为这些事可以做也可随时放下。心和手都闲,那么写写字,作作诗文,因为这可以都照顾到。心和手都懒时,那就坐坐睡睡,这样不勉强劳累精神。心神不定的时候,宜于看诗和杂短的故事,因为这些容易理解,不需要等很长到最后才能理解。心闲没有事的时候,就宜于看长篇文字,像经书和注,史书传记,古人文集,这些又适宜于在风雨之际或寒冷长夜。又说:"手里忙心里闲时可思考,心里烦手里空则可睡,心手都闲时就着书写字,心里手里都忙着,则设法早些忙完,使自己获得安宁。"

【注释】 ①迁事:不急之事。

【评解】 此条采自明·陈继儒《岩栖幽事》、明·吴应箕《读书止观录》,均注为"吴子彦所述"。

读书讲求心境,依精神状态而权变,正不必苛求于具体某一段时间。随兴而往,张弛有度,方是读书行事之道。

087 片时清畅,即享片时;半景幽雅,即娱半景,不必更起姑待之心。

【译文】 有片刻的清爽舒畅,就充分享受这片刻的时光;有半点幽静雅致的风景,就消遣领略这半点风景,不必再有什么姑且等一等的心思念头。

【评解】 有月之夜,就来到户外让清辉静静洒遍周身;无月之夜,也不妨伫立于夜色中慢慢地欣赏云聚云散。佛曰随缘。荒寺空门四壁都画《西厢记》情节,和尚说是"老僧从此悟禅";问他从何处悟?他说:"老僧悟处在'临去秋波那一转'。"这位老僧端的是悟道了。

088 一室经行①,贤于九衢奔走;六时礼佛②,清于五夜朝天③。

【译文】 在一室之中旋回往返修行,胜过在四通八达的道路上奔走;终日敬佛,胜过每天五更天的时候去朝见天子。

【注释】 ①经行:佛教语。佛教徒因养身散除郁闷,旋回往返于一定之地。《法华经·序品》:"又见佛子,未尝睡眠,经行林中,勤求佛道。" ②六时:佛教分一昼夜为六时:晨朝、日中、日没、初夜、中夜、后夜。唐·玄奘《大唐西域记印·印度总述》:"六时合成一日一夜,昼三夜三。" ③五夜朝天:五更天的时候去朝见天子。古代官员一般五更天上朝。

【评解】 在宁静自然中参悟佛法,不似奔波于世间之劳苦,不似五更即起朝拜天子之拘束不自由。佛家的选择就是,与其人在江湖飘,不如天马行空自由自在。

089 会意不求多,数幅晴光摩诘画①;知心能有几,百篇野趣少陵诗②。

【译文】 令人心领神会的美景不求太多,只要有几幅如晴光下的王维的画景就足矣;令人知心合意的东西能有多少,只要有百篇野趣横生的杜甫的诗景便好。

【注释】 ①摩诘画:唐代王维的画。王维,字摩诘,其山水画有"画中有诗"之美誉。 ②少陵诗:唐代杜甫的诗歌。其《重过何氏》诗之四:"颇怪朝参懒,应耽野趣长。雨抛金锁甲,苔卧绿沈枪。手自移蒲柳,家才足稻粱。看君用幽意,白日到羲皇。"

【评解】 令人知心会意的东西实在不必繁复,王维的画、杜甫的诗,便足够领略无穷的简淡、野趣之美。

090 醇醪百斛,不如一味太和之汤①;良药千包,不如一服清凉之散。

【译文】 百斛味道醇厚的美酒,不如一味白开水;千包治疗百病的良药,不如一剂清凉散。

【注释】 ①太和之汤:明·李时珍《本草纲目》中,把白开水称为"太和汤",说它能"助阳气,行经络",促"发汗",是一味不可多得的清热祛湿良药。据书中记载,太和汤是由水烧至沸腾而成,性甘平,无毒,这种水经火煮沸,得到很多阳气。

【评解】 此条采自明·屠隆《娑罗馆清言》。
　　醇醪、良药只能解一时之忧,心境清宁才能保永远的愉悦。

091 闲暇时,取古人快意文章,朗朗读之,则心神超逸,须眉开张。

【译文】 闲暇的时候,取来古人的令人轻松愉快的文章,大声朗读,就会心神超然物外,须眉为之开张。

【评解】 文化人之快事不外乎两件,一件即此,另一件是灵感来时。"惟作文章,意之所到,则笔力曲折无不尽意,自谓世间乐事,无逾此者。"(苏东坡语)这两件事,简而化之,即读书与写作。

092 修净土者①,自净其心,方寸居然莲界;学禅坐者,达禅之理,大地尽作蒲团。

【译文】 修习佛法的人,须首先洁净自己的心灵,那么内心就是佛国;参禅打坐的人,如果能直达禅机佛理,其实整个大地都是可供坐禅的蒲团。

【注释】 ①净土:净土宗,代指佛教。

【评解】 此条采自明·屠隆《娑罗馆清言》。
　　内心虽是方寸之地,也可以成为佛门道场;无处不具禅理,无处不是佛境,并非一定要在禅房的蒲团上用功才能通达禅理。

093 衡门之下①,有琴有书,载弹载咏,爰得我娱。岂无他好,乐是幽居,朝为灌园,夕偃蓬庐。

【译文】 在简陋的房屋中,既有琴也有书,可以弹琴也可以吟咏,从而自得其乐。难道是没有别的爱好,只是因为喜爱这个幽静的居处,早晨可以浇灌园中的花卉,晚上则偃卧于这个草庐之中。

【注释】 ①衡门:架横木的柴门。《诗·陈风·衡门》:"衡门之下,可以栖迟。"

【评解】 此条采自晋·陶渊明《答庞参军》诗。向往的是恬淡宁静远离喧嚣的读书生活。陶渊明读书会意,蓄琴得趣,其实质都是为了自娱自乐,以消解心中的忧愁。

094 因葺旧庐,疏渠引泉,周以花木,日哦其间,故人过逢,瀹茗弈棋①,杯酒淋浪,殆非尘中有也。

【译文】 于是修葺破旧的房庐,疏通沟渠引来清泉,周边种上花草树木,日日徘徊吟哦其间,有朋友从此经过,便煮茶对弈,饮酒清谈,此中乐趣,不是尘世中所能有的。

【注释】 ①瀹(yuè)茗:煮茶。

【评解】 此条采自明·高濂《遵生八笺·起居安乐笺》转引杨万里语。

095 逢人不说人间事,便是人间无事人。

【译文】 遇到任何人都不说一句人间事,这便是人世间的无事之人。

【评解】 此条采自唐·杜荀鹤《赠质上人》诗:"枿坐云游出世尘,兼无瓶钵可随身。逢人不说人间事,便是人间无事人。"质,人名。上人,是对得道高僧的尊称。枿(niè)坐,枯坐。

　　"世缘终浅道缘深"(苏东坡语),质上人不说一句有关人世间的话,他完全游离于尘世之外。然而,杜荀鹤所生活的正是晚唐战乱不止、民生凋敝的多事之秋。诗人一方面对"质上人"的无限清闲表示了由衷的赞赏,羡慕他是人世间最闲适,最无事的人。另一方面,作为一个有良心、有正义感的诗人,面对如此现实,怎么能口不言一句人间事? 流露出的是作者复杂的心情。

096 闲居之趣,快活有五。不与交接,免拜送之礼,一也;终日可观书鼓琴,二也;睡起随意,无有拘碍,三也;不闻炎凉嚣杂,四也;能课子耕读,五也。

【译文】 闲居的乐趣,有五大快活:不与人交往,免去拜揖送别之礼,此其一;整日都可以自由地看书弹琴,此其二;睡觉或起床可以随心所欲,没有任何拘束阻碍,此其三;感受不到任何世态炎凉或喧嚣尘杂,此其四;可以教子耕种或读书,此其五。

【评解】 人生所谓妙趣无非如此,放在今天都市,则可谓神仙快活!

097 虽无丝竹管弦之盛,一觞一咏,亦足以畅叙幽情。

【译文】 虽然没有丝竹管弦的盛大场面,但一边畅饮一边吟咏,也足以淋漓尽致地抒发自己内心的幽情。

【评解】 此条采自晋·王羲之《兰亭集序》。暮春三月,胜景无限,群贤毕至,其情融融。此时,作者与众人均为自然之美所陶醉,以致感到人为的管弦之音亦属多余。

098 独卧林泉,旷然自适,无利无营,少思寡欲,修身出世法也。

【译文】　独自卧居于林泉之下,悠然自得,不追逐钻营名利,清心寡欲,这是修身出世之法。

【评解】　此条采自宋·陈田夫《南岳总胜集》卷下转引刘元靖语。

　　陈田夫,南宋人,字耕叟,号苍野子,四川阆州人,又称阆中道人。他一生志于清静自然之美,淡泊名利,对南岳名山情有独钟。“溪山之美,林壑之美,人所同好也。而于幽人野士,常独亲焉。必志不拘于利欲,形不胶于城市,养心于清静,养气于澹泊,视听于寂寞,然后山林之观得其真趣。阆中道人陈耕叟有焉。”(《南岳总胜集·隆兴甲申年拙叟序》)《南岳总胜集》内容丰富,史料详实,是陈田夫用30年心血寻觅南岳“真趣”的心血结晶,也是我国宋代方志的上乘之作。

099 茅屋三间,木榻一枕,烧清香,啜苦茗,读数行书,懒倦便高卧松梧之下,或科头行吟①,日常以苦茗代肉食,以松石代珍奇,以琴书代益友,以著述代功业,此亦乐事。

【译文】　有茅屋三间,木床单枕,点燃清香,喝着浓茶,随意阅读几行书,懒散困倦时就高卧于松树梧桐之下,或者脱去冠帽,漫步行吟,日常用浓茶替代肉食,以松石替代珍宝,以琴书替代好友,以著述替代建功立业,这也是快乐之事。

【注释】　①科头:不戴冠帽,裸露发髻。

【评解】　这是古代隐士对自己幸福生活的描述。那份闲适,那份淡泊,那种无拘无束,那种与世无争,令人想起来就感动、羡慕。

100 挟怀朴素,不乐权荣,栖迟僻陋,忽略利名,葆守恬淡,希时安宁,晏然闲居,时抚瑶琴。

【译文】　淡泊自守,不喜功名利禄,隐居于幽谷修道,不计较名誉利益,保持恬淡的志趣,希望时时得到安宁,使我得以悠然自得地隐居,时时抚弄几下瑶琴。

【评解】　此条采自东汉·魏真人《周易参同契·魏真人自序》:“邻国鄙夫,幽谷朽生,挟怀朴素,不乐权荣。栖迟僻陋,忽略利名,执守恬淡,希时安宁。宴然闲居,乃撰斯文。”略有改易。

　　魏真人名伯阳,会稽上虞人(今浙江绍兴市上虞县),自号云牙子。真人得丹道之真旨,传万世性命双修之法。《周易参同契》简称《参同契》,乃指会归《周易》、黄老、炉火三者为一途,此书被誉为“万古丹经王”,后世诸真,皆得明师传授后,通达此书,复修炼成真。

101 人生自古七十少,前除幼年后除老,中间光景不多时,又有阴晴与烦恼。到了中秋月倍明,到了清明花更好,花前月下得高歌,急须漫把金樽倒。世上财多赚不尽,朝里官多做不了,官大钱多身转劳,落得自家头白早。请君细看眼前人,年年一分埋青草,草里多多少少坟,一年一半无人扫。

【译文】 人生自古以来能活到七十岁的都很少,前面要除去幼年,后面要除去老年,中间剩下的时光就不多了,其间还有阴晴不定,烦恼不断。到了中秋之夜,月光格外明亮,到了清明时节,鲜花更加美好,花前月下不妨放声高歌,更要金樽对月,开怀畅饮。世上的钱多得赚不完,朝廷的官多得做不了,官大钱多,反而使得此身劳累,使自己落得早生华发。请君仔细地看看眼前的人们,年年都有一分老死埋葬于黄土青草之下,青草中埋藏着的多少坟墓,一年中有一半都是没有人来扫墓的。

【评解】 此条采自明·唐寅《一世歌》:“人生七十古来稀,前除幼年后除老。中间光景不多时,又有炎霜与烦恼。过了中秋月不明,过了清明花不好。花前月下且高歌,急需满把金樽倒。世上钱多赚不尽,朝里官多做不了。官大钱多心转忧,落得自家头白早。春夏秋冬捻指间,钟送黄昏鸡报晓。请君细点眼前人,一年一度埋荒草。草里高低多少坟,一年一度无人扫。”多有改易。

真实地道出了人生之苦短,人世之无常,意在劝诫世人看淡人世的无常与人生的失意,不要为外境所束缚,尽可能使我们的人生过得洒脱自在。

102 饥乃加餐,菜食美于珍味;倦然后睡,草蓐胜似重裀①。

【译文】 饿了才吃饭,素食也比珍味佳肴鲜美;困了才睡觉,睡在草垫上也比睡锦褥上舒坦。

【注释】 ①重裀(yīn):厚垫子。

【评解】 此条采自明·屠隆《续娑罗馆清言》:“饥乃加餐,菜食美于珍味;倦然后卧,草荐胜似重裀。”可参看卷五014条。

103 流水相忘游鱼,游鱼相忘流水,即此便是天机;太空不碍浮云,浮云不碍太空,何处别有佛性?

【译文】 流水忘却了水中的游鱼,游鱼忘记了身处于流水之中,这便是上天造化的奥妙玄机。茫茫太空不会妨碍浮云,浮云也不会妨碍太空,别的什么地方还会有这样的佛性呢?

【评解】 流水未着意于鱼,鱼亦未有意于流水,两者各自顺应自我的本性罢了。太空之于浮云亦如是,人之于世间亦应如是。这种适性、自然的人生观,或许就是所谓“天机”了。耶稣说:“不妨做个路人。”不为物事拘系,才能知真机之状态。有游鱼之快乐,有浮云之淡然,便是自然之佛性。

104 丹山碧水之乡,月涧云龛之品①,涤烦消渴②,功诚不在芝术下③。

【译文】 丹山碧水之地,明月溪涧、云中石室中所产的佳茶,可以涤去烦恼消除口渴,其功效实不在芝草之下。

【注释】 ①"丹山"二句:语出唐·孙樵《送茶与焦刑部书》:"盖建阳丹山碧水之乡,月涧云龛之品,慎勿贱用之!"丹山碧水,南朝文人江淹贬谪浦城当县令时,写下了《赤虹赋》,以"碧水丹山,珍木灵草"赞美武夷山一带的山水。 ②涤烦消渴:《唐国史补》载:"常鲁公(即常伯熊,唐代煮茶名士)随使西番,烹茶帐中。赞普问:'何物?'曰:'涤烦疗渴,所谓茶也。'因呼茶为涤烦子。" ③芝术:指芝草。

【评解】 武夷名山自古出名茶。孙樵在《送茶与焦刑部书》这封信中,更用拟人化的笔法,封此茶为"晚甘侯"。

105 颇怀古人之风,愧无素屏之赐①,则青山白云,何在非我枕屏?

【译文】 非常怀念古人的风度,可惜没有人赠赐素屏,那么青山白云,何处不能作我的枕屏呢?

【注释】 ①素屏:白色屏风。白居易《素屏谣》曰:"夜如明月入我室,晓如白云围我床。我心久养浩然气,亦欲与尔表里相辉光。"

【评解】 不必怀念古人之风,不必遗憾没有素屏之赐,处处青山白云,处处都是自己的枕屏。

106 江山风月,本无常主,闲者便是主人。

【译文】 大好江山中的风月美景,本来就没有固定的主人,能够悠闲地欣赏风月美景的人,就是其主人。

【评解】 此条采自苏东坡《临皋闲题》。文人们往往在贬谪失意之时,没有办法只好做了"闲人",于是不期然却有了许多发现。也许,生活中缺少的便是这份闲心、闲意。走在路上,我们只顾盯着白晃晃的路面,却忘了去看一看路边芳草青青欲滴翠,身旁古木苍苍还遮阴,其实大自然永远是美丽的,只是我们没有闲暇欣赏罢了。想一想,在漫长的人生旅途上,能够停下来看一看两边的风景已经成为一种奢侈的享受。

107 入室许清风,对饮惟明月。

【译文】 准许清风入室,对饮惟有明月。

【评解】 此条采自《南史·谢弘微传》:"次子(谢)譓,不妄交接,门无杂宾。有时独醉,曰:'入吾室者但有清风,对吾饮者唯当明月。'"表达的是高人雅士不妄交接,悠然自适于清风明月之中的雅致风韵。

108 被衲持钵,作发僧行径,以鸡鸣当檀越①,以枯管当筇杖,以饭颗当祇园②,以岩云野鹤当伴侣,以背锦奚奴当行脚头陀③,往探六六奇峰④,三三曲水⑤。

【译文】 穿着和尚的百衲衣,手持饭钵,像剃发的僧人所做的一样,以早晨的鸡鸣当做施主的号令,用干枯的筇竹做禅杖,把饭颗山当做祇园精舍,以闲云野鹤为旅途伴侣,背负锦囊的书童为行脚僧,去探访嵩山少林三十六奇峰,福建武夷九曲十八湾之水。

【注释】 ①檀越:梵语,施主之意。 ②饭颗:相传为长安名山。李白《戏赠杜甫》:"饭颗山头逢杜甫,头戴笠子日卓午。借问别来太瘦生,总为从前作诗苦。"后人因以饭颗山谓作诗辛苦拘谨。祇园:祇园精舍。释迦牟尼去舍卫国说法时与僧徒居住之地。 ③行脚头陀:行脚僧。④六六奇峰:指嵩山少林三十六峰。 ⑤三三曲水:指武夷山的九曲之水。

【评解】 "山水以形媚道而仁者乐。"自然美是自然之道的外化与显现,在往探六六奇峰,三三曲水中,山水与心灵相互激发、相互体悟,这也许正是文人们"一生好入名山游"的原因所在。

109 山房置一钟,每于清晨良宵之下,用以节歌,令人朝夕清心,动念和平。李秃谓①:有杂想,一击遂忘;有愁思,一撞遂扫。知音哉!

【译文】 在山中的房舍中悬置一口钟,每当清晨、良夜之时,用来伴奏歌唱,足以令人朝夕清净心灵,意念和平安宁。李贽说:有杂念之时,一敲就忘记;有愁思之时,一撞就扫光了。确实是知音呀。

【注释】 ①李秃:即明代思想家李贽。常以"李生"、"李和尚"、"李秃老"自称。

【评解】 李贽语出自《焚书》下·卷四《早晚钟鼓》:"夫山中之钟鼓,即军中之号令,天中之雷霆也,电雷一奋,则百谷草木皆甲坼;号令一宣,则百万齐声,山川震沸。山中钟鼓,亦犹是也。未鸣之前,寂寥无声,万虑俱息;一鸣则蝶梦还周,耳目焕然,改观易听矣。纵有杂念,一击遂忘;纵有愁思,一捶便废;纵有狂志悦色,一闻音声,皆不知何处去矣。不但尔山寺僧众然也,远者近者孰不闻之?闻则自然悲仰,亦且回心易向,知身世之无几,悟劳攘之无由矣。然则山中钟鼓所系匪鲜浅也,可听小沙弥辈任意乱敲乎?轻重疾徐,自有尺度:轻则令人喜,重能令人惧,疾能令人趋,徐能令人息,直与军中号令、天中雷霆等耳,可轻乎哉!虽曰远近之所望而敬者,僧之律行,然声音之道原与心通,未有平素律行僧宝而钟鼓之音不清越而和平也。既以律行起人畏敬于先,又听钟鼓和鸣于清晨良宵之下。时时闻此,则时时熏心;朝朝暮暮闻此,则朝朝暮暮感悦。故有不待入门礼佛见僧而潜修顿改者,此钟鼓之音为之也,所系诚非细也。不然,我之撞钟击鼓,如同儿戏,彼反怒其惊我眠而聒我耳,反令其生噪心矣。"

纵论山中钟鼓所系非浅,直与军中号令、天中雷霆相同。而钟鼓之声亦与心通,时时闻听钟鼓和鸣于清晨良宵之下,可以熏染心灵,尽扫尘氛。

110 潭涧之间,清流注泻,千岩竞秀,万壑争流①,却自胸无宿物②,漱清流,令人濯濯,清虚日来③,非惟使人情开涤④,可谓一往有深情⑤。

【译文】 潭水溪涧之间,清澈的溪水不停地流淌,千座峰峦竞相争秀,万道溪流争相奔腾,胸中没有任何旧物杂念牵挂。用清澈的溪流漱洗,令人胸中清爽,性情平和宁静,不但使人心情舒畅如洗,亦可说是一往而有深情。

【注释】 ①"千岩"二句:语出《世说新语·言语》:"顾长康从会稽还,人问山川之美,顾云:'千岩竞秀,万壑争流。'" ②胸无宿物:语出《世说新语·赏誉》:"庾赤玉胸中无宿物。"胸中没有过夜的东西。比喻心地坦率,没有成见。 ③清虚日来:语出《世说新语·言语》:"庾公造周伯仁,伯仁曰:'君何所欣说而忽肥?'庾曰:'君复何所忧惨而忽瘦?'伯仁曰:'吾无所忧,直是清虚日来,滓秽日去耳。'" ④"非惟"句:语出《世说新语·言语》:"王司州至吴兴印渚中看,叹曰:'非唯使人情开涤,亦觉日月清朗。'" ⑤"可谓"句:语出《世说新语·任诞》:"桓子野每闻清歌,辄唤:'奈何!'谢公闻之,曰:'子野可谓一往有深情。'"

【评解】 此条杂糅《世说新语》而成。在对山水自然的感受观赏中,人们获得的是无比愉悦的审美感受,表现出感受生命和鉴赏自然以至与自然融为一体的高超悟性。

111 林泉之浒①,风飘万点,清露晨流,新桐初引②,萧然无事,闲扫落花,足散人怀。

【译文】 山林清泉的水边,轻风飘起万点花絮,春日的清晨,露珠晶莹欲滴,桐树初展新绿,悠然无事,闲扫满地花落,足以散涤胸怀,心情愉悦。

【注释】 ①浒:水边。 ②"清露"二句:语出《世说新语·赏誉》:"时(王)恭尝行散至京口射堂,于时清露晨流,新桐初引,恭目之曰:'王大(忱)故自濯濯。'"

【评解】 六朝时的王恭和王忱原是好友,却因政治上的芥蒂而分手。只是每次遇见良辰美景,王恭总会想到王忱。那日,看到清露晨流,新桐初引,王恭不禁怅怅地冒出一句:"王大故自濯濯。"翻译过来就是:"那家伙真没话说——实在是出众!"《世说新语》在描写这段微妙的人际关系时,把周围环境也一起写进去了。只是春日的清晨,露珠晶莹欲滴,桐树初展新绿,遂使得人也变得纯洁灵明起来,甚至强烈地怀想那个有过嫌隙的朋友。李清照大约也被这光景迷住了,所以她的《念奴娇》里竟把这两句全搬过去了。"楼上几日春寒,帘垂四面,玉栏杆慵倚。被冷香消新梦觉,不许愁人不起。清露晨流,新桐初引,多少游春意!日高烟敛,更看今日晴未?"一颗露珠,从六朝闪到北宋,一叶新桐,在历史的扉页里晶莹透亮。

112 浮云出岫,绝壁天悬,日月清朗,不无微云点缀,看云飞轩轩霞举①,踞胡床与友人咏谑,不复滓秽太清。

【译文】 浮云从峰峦间飘出,绝壁似从天空垂悬,日月清明爽朗,有几片白云点缀其间,看云起云飞,光彩如朝霞升腾,坐于胡床之上与朋友吟咏戏谑,便不至于给明净的天空染上渣滓杂物。

【注释】 ①轩轩霞举:语出《世说新语·容止》:"海西时,诸公每 7 朝,朝堂犹暗;唯会稽王来,轩轩如朝霞举。"

【评解】 此条话自刘义庆《世说新语·言语》:"司马太傅斋中夜坐,于时天月明净,都无纤翳,太傅叹以为佳。谢景重在坐答曰:'意谓乃不如微云点缀。'太傅因戏谢曰:'卿居心不净,乃复强欲滓秽太清邪!'"以虚灵的胸襟、玄学的意味体会自然,乃表里澄澈、一片空明,一片晶莹的美的意境! 这是一种艺术的优美的自由的心灵。

113 山房之磬,虽非绿玉①,沉明轻清之韵,尽可节清歌、洗俗耳。

【译文】 山居房中的磬器,虽然不是绿玉古琴,但其沉明轻清的韵律,足以伴奏清歌、清洗俗尘污染的耳朵。

【注释】 ①绿玉:古琴名。

【评解】 山房中的钟磬,不在于名贵与否,重要的是它们可以让心灵沉静下来,将俗尘洗尽。可参看卷五109 条。

114 山居之乐,颇惬冷趣,煨落叶为红炉,况负暄于岩户①。土鼓催梅,荻灰暖地,虽潜凛以萧索,见素柯之凌岁。同云不流,舞雪如醉,野因旷而冷舒,山以静而不晦。枯鱼在悬②,浊酒已注,朋徒我从,寒盟可固③,不惊岁暮于天涯,即是挟纩于孤屿④。

【译文】 山居的乐趣,非常惬意于清冷的格调,点燃落叶围炉取暖,或者在岩洞口背对阳光晒暖。土鼓声声催放寒梅,芦苇灰烬温暖着地表,即使寒气逼人,景色萧索,但白雪挂满树枝,也预示着即将度过岁末,迎来春天。积聚的云雾看似静止不动,飞舞的雪花仿佛醉酒一般,田野空旷寒冷,山林寂静昏暗。晒好的鱼干就在那里挂着,一杯浊酒已经注满,朋友相从,哪怕是曾经有所违背的盟友都可以稳固,虽然身处天涯,不觉间一年将尽,然而野处孤屿,因为有了相互的抚慰而倍感温暖。

【注释】 ①负暄:冬天受日光曝晒取暖。 ②枯鱼在悬:典出《后汉书·羊续传》:"时权豪之家多尚奢丽,(羊)续深疾之,常敝衣薄食,车马羸败。府丞尝献其生鱼,续受而悬于庭;丞后又进之,续乃出前所悬者以杜其意。"后喻指为官清廉。 ③寒盟:背盟。人忘誓曰寒盟,又曰反汗。反汗,出来的汗又反回去,是说话不算数的意思。 ④挟纩(kuàng):披着棉衣,喻受人抚慰而感到温暖。

【评解】 山居岩处,云流雪舞,寒梅独放,松柏后凋,复有好友佳酿相从,炉火映壁,虽是天涯岁暮,此心有无穷暖意。

115 步障锦千层①,氍毹紫万叠②,何似编叶成帏,聚茵为褥?绿阴流影清入神,香气氤氲彻人骨,坐来天地一时宽,闲放风流晓清福。

【译文】 千层锦绣做成的步障,万叠紫色毛线织成的地毯,怎么比得上树叶编织而成的帏幕,如茵绿草铺就的天然褥垫?绿阴流影,清心怡神,香气氤氲,沁人肺腑,端坐此中,顿觉天地无比广阔,悠然自得,方知安享清静之福。

【注释】 ①步障:用以遮蔽风尘或视线的一种屏幕。《晋书·石崇传》:"恺作紫丝布步障四十里,崇作锦步障五十里以敌之。" ②氍毹(qú shū):一种织有花纹图案的毛毯,色甚鲜丽,为古代贵族奢侈品。

【评解】 锦屏丝毯千层万叠,却反而隔断了人与自然的亲近,又怎及得上大自然之层峦叠翠?走出去,尽情享受大自然,才有天地之宽,才有心胸开朗。

116 送春而血泪满腮,悲秋而红颜惨目。

【译文】 送别春色令人血泪满面,悲叹秋景令人面目惨白。

【评解】 人在生活中经历各种事情,结成很多情绪感伤,又在心理深处形成一定情结,自然景象一和某种情结相撞,跟随而来的便是整个情绪的抒发泄流。伤春、悲秋,都是伤自己。早在《诗经·七月》之中,便有"春日迟迟……女心伤悲"的佳句。《传》曰:"春,女悲;秋,士悲;感其物化也。"伤春、悲秋,可说是中国古典艺术中一条连绵不断的"文脉"。

117 翠羽欲流,碧云为飐。

【译文】 青翠的羽毛浓郁得欲滴欲流,又好似碧蓝的天空中云彩悠悠飘扬。

【评解】 一"流"一"飐",状出精神的愉悦与飞升。

118 郊中野坐,固可班荆①;径里闲谈,最宜拂石②。侵云烟而独冷,移开清啸胡床③;藉草木以成幽,撤去庄严莲界。况乃枕琴夜奏,逸韵更扬;置局午敲,清声甚远。洵幽栖之胜事,野客之虚位也④。

【译文】 在郊外山野中,固然可以铺荆于地而坐;在幽静的小路上,最适宜拂去石头上的灰尘坐下闲谈。走进云烟缭绕之中独自寻幽,便可以将用来清啸的胡床移开;凭借繁茂草木而得享幽趣,便可以将所谓庄严的佛国从心头撤去。更何况头枕琴瑟,静夜弹奏,飘逸的韵律更加悠扬;摆下棋局,中午时对弈,棋子落盘的清幽之声更加悠远。这确实是隐居者的赏心乐事,虚位以待山人野客了。

【注释】　①班荆:班,铺开。荆,一种黄荆,属落叶灌木。后世以"班荆道故"形容朋友途中相遇,不拘礼节而畅叙旧情。　②拂石:指拂去石头上的灰尘而坐。　③胡床:古时一种可以折叠的轻便坐具。相当于今天的马扎、小板凳。　④虚位:虚位以待。

【评解】　不必莲界成幽,胡床清啸,云烟之中自有真身,草木之中自有仙境。班荆道故,拂石闲谈,随缘是佛,就是山居幽栖之真趣。

119　饮酒不可认真,认真则大醉,大醉则神魂昏乱。在书为沉湎①,在诗为童羖②,在礼为豢豕③,在史为狂药④。何如但取半酣,与风月为侣?

【译文】　饮酒不可过于认真,过于认真就容易大醉,大醉了就会神魂迷乱。这种醉酒的状态,早在《尚书》中就称之为"沉湎";在《诗经》里则说,听信醉后胡话,就像去寻找没角的公羊一样糊涂;在《礼记》则规定了酒礼,养猪置酒,不是用来招致祸害的;在《晋书》中更称之为"狂药"。与其大醉如此,怎么比得上酒饮微醺,与风月为伴侣呢?

【注释】　①在书为沉湎:语本《尚书·周书·泰誓上》:"沉湎冒色,敢行暴虐。"沉湎:指沉湎在酒中。冒色:就是指贪色。　②在诗为童羖:语本《诗经·小雅·宾之初筵》:"由醉之言,俾出童羖"。童羖(gǔ):无角的黑色公羊,指绝不可能的事情。　③在礼为豢豕:《礼记·乐记》:"夫豢豕为酒,非以为祸也。"　④在史为狂药:《晋书·裴楷传》:"长水校尉孙季舒尝与(石)崇酣燕,傲慢过度,崇欲表免之。楷闻之,谓崇曰:'足下饮人狂药,责人正礼,不亦乖乎!'崇乃止。"

【评解】　对文人说,一年四季,风花雪月,自朝至暮,酒是全天候的饮料。但文人饮酒,历来十分讲究环境气氛。所谓酒饮微醺,花看半开,饮出一片风景,品出一段心情。

120　家鸳鸯湖滨,饶蒹葭凫鹥①,水月淡荡之观,客啸渔歌,风帆烟艇,虚无出没,半落几上。呼野衲而泛斜阳,无过此矣!

【译文】　家住于鸳鸯湖边,随处都是芦苇水草和凫鸟鸥鹭,月光映于水中,微波荡漾,一幅恬淡优美的景观。有客长啸,唱起了渔歌,一叶帆艇出没于风雨烟波之中,时隐时现,半落几上。于是乎取游方的和尚一起泛波于斜阳之下,世间的乐趣没有比这更好的了。

【注释】　①蒹葭(jiān jiā):指芦苇一类的水草。鹥(yī):鸥的别名。《诗经》中有《蒹葭》、《凫鹥》之篇。

【评解】　野凫成群,渔歌声声,唤取自在率意之侣泛舟斜阳之下。明朝散发弄扁舟,这样的旷达,无论如何总是令人心向往之。

121　雨后卷帘看霁色,却疑苔影上花来。

【译文】　雨后卷起珠帘,观赏日光映照下的绿牡丹,青翠欲滴,仿佛青苔印上了花朵。

【评解】　此条采自明末吴炳《绿牡丹》传奇,诗曰:"纷纷姚魏敢争开,空向慈恩寺里回。雨后卷帘看霁色,却疑苔影上花来。"又见于明·张岱《快园道古》:"王弇州曾集词人赋绿牡丹,连篇累牍,具未极其风韵。一人忽投一绝曰:'雨后卷帘看霁色,却疑苔影上花来。'众各自失。"

　　绿牡丹,即牡丹四大名品之一的"豆绿"。她初开时青绿色,盛开时颜色渐淡,清爽雅致如古时女子头上的碧玉簪。传说,"豆绿"就是百花仙子头上的玉簪子变的。"苔影上花"四个字,天然秀逸,以虚状实,妙不可言。

122　月夜焚香,古桐三弄[①],便觉万虑都忘,妄想尽绝。试看香是何味?烟是何色?穿窗之白是何影?指下之余是何音?恬然乐之而悠然忘之者,是何趣?不可思量处,是何境?

【译文】　月明之夜,点燃清香,弹奏几曲古琴,顿时感觉所有的思虑全都忘却,所有的妄想都消除。试看香是何种气味?烟是何种颜色?穿过窗户的光线是何种光影?手指下弹奏的是什么音乐?恬然享受而悠然相忘的,是什么意趣?不可思量的是何种意境?

【注释】　①古桐:古琴,制琴以桐材最佳,故称。三弄:同样曲调在不同徽位上重复三次。

【评解】　不思量处的淡然便是无上之境界。茶韵如此,琴韵如此,人情亦如此。东坡曰:"十年生死两茫茫,不思量,自难忘"。不思量,即是最深的思量。

123　贝叶之歌无碍[①],莲花之心不染[②]。

【译文】　贝叶之歌没有阻滞,莲花之心洁净不染。

【注释】　①贝叶:指佛经。古印度佛经多以贝叶写就。　②莲花之心:指佛教的清净之心。

【评解】　修得佛教清净之心,自然尘渣不染,万事无碍。

124　河边共指星为客,花里空瞻月是卿。

【译文】　在河边共同指看星星,当之为客人;在花丛里瞻望天空,把月亮当做你这位友朋。

【评解】　心意相投则天涯咫尺,志趣相悖则咫尺天涯。

125　人之交友,不出趣味两字,有以趣胜者,有以味胜者。然宁饶于味,而无饶于趣。

【译文】　一个人结交朋友,不外乎趣、味两字,有以趣胜的,有以味胜的。然而我宁可多一些味,而不求有多少趣。

【评解】 此条采自陈继儒《安得长者言》："人之交友,不出趣味两字。有以趣胜者,有以味胜者,有趣味俱乏者,有趣味俱全者,然宁饶于味,而无宁饶于趣。"

有味之人,愈久愈觉其趣;无味之人,有趣亦终觉浮泛。

126 守恬淡以养道,处卑下以养德,去嗔怒以养性,薄滋味以养气。

【译文】 安守恬淡以修养道义,自处卑下以修养德行,去除嗔怒以修养性情,淡薄滋味以修养元气。

【评解】 道家以为,只有去除了一切浮躁、嗔怒,一切外在的滋味、诱惑,方可达到修身养性的最高境界。人生如雕塑,把所有的累赘无用之物剔除,留下的才是我们真正想要的。

127 吾本薄福人,宜行惜福事;吾本薄德人,宜行厚德事。

【译文】 我本是寡福之人,应当多做些惜福之事;我本是寡德之人,应当多做些厚德之事。

【评解】 懂得惜福、厚德,就说明不是薄福、薄德之人。

128 知天地皆逆旅①,不必更求顺境;视众生皆眷属,所以转成冤家。

【译文】 知道天地乃万物寄居的客舍,所以不必一定要追求顺境;把芸芸众生都看作自己的眷属,所以反而容易转变为冤家。

【注释】 ①天地皆逆旅:语出李白《春夜宴从弟桃李园序》:"夫天地者,万物之逆旅也;光阴者,百代之过客也。而浮生若梦,为欢几何?"逆旅:客舍。

【评解】 人生匆匆过客,又何必过分执着于所谓逆境顺境,使自己的本心随之而沉浮? 放眼从累生历劫去看,那么一切的众生,谁不曾做过我的父母、兄弟姊妹、亲戚眷属? 谁不曾做过我的仇敌冤家? 如果说有恩,个个与我有恩;如果说有冤,个个与我有冤。超脱于逆境顺境,超脱于恩怨亲疏,存一份从容淡定、一视同仁的平等之心。

129 只宜于着意处写意,不可向真景处点景。

【译文】 只可以在着意处略事点染,不可以向真景处点出实情。

【评解】 对着你喜欢的女孩,可以说你今天很美,衣服很漂亮,这便是在"着意处"写意,却不好说你的"三围"很美,这是"真景处",但不可点出。

130 只愁名字有人知,涧边幽草;若问清盟谁可托,沙上闲鸥。

【译文】 只担心自己的名字为人所知,不妨就学学溪涧旁静悄悄生长的小草;倘若要问清雅之盟誓可以托付给谁,那大概只有沙滩上悠闲自在的鸥鸟。

【评解】　涧边幽草,虽是偏远幽静之境,但春光不会遗忘这里,生机无限,万物各得其适。沙上闲鸥,悠闲自在,亦自有一段自甘寂寞的意趣在。这样的意境,正是文人雅士们心底最深沉的向往。

131　山童率草木之性,与鹤同眠;奚奴领歌咏之情,检韵而至。

【译文】　山童都带着草木之性,与鹤同眠;小奴也能领会歌咏之情,踏着节韵而来。

【评解】　《世说新语》记载有一则故事,谢玄对一位奴婢发怒,使人拽其仆立泥中。过一会儿,又有一奴婢来,问曰:"胡为乎泥中?"答曰:"薄言往诉,逢彼之怒。"(我要去告诉他事情,正好赶上他生气。)问句出自《诗经·邶风·式微》,答句出自《诗经·邶风·柏舟》,连奴婢都如此知书识礼,谢氏华丽家族的文采风流也可见一斑。书童家奴都能率草木之性,领歌咏之情,则其主人之风雅风采更可想而知。

132　闭户读书,绝胜入山修道;逢人说法,全输兀坐扪心。

【译文】　闭门读书,绝对胜过入山求仙问道;逢人便讲经布道,一定不如端坐而扪心自问。

【评解】　扪心自问,用心体悟,反躬以求,乃悟道修行之正宗。

133　砚田登大有①,虽千仓珠粟,不输两税之征②;文锦运机杼,纵万轴龙文③,不犯九重之禁④。

【译文】　笔耕获得了大丰收,虽然拥有了千仓粮食和珠宝财富,也不用向国家缴纳赋税。锦绣一样的文章像用机杼织布,纵然织出了上万卷华丽的辞章,也不违犯朝廷的禁令。

【注释】　①砚田:以砚为田,喻文墨生涯。大有:《易》卦名,意为大获所有,比喻诗文丰收有成就。　②两税之征:唐朝后期的两税法。德宗建中元年杨炎制两税法,合并租庸调为一,分夏秋两次以钱纳税,夏税不过六月,冬税不过十一月,由两税使总其事。　③龙文:龙形花纹,喻指优美的文章。　④九重之禁:朝廷的禁令。

【评解】　其意就是劝人甘于寂寞,多耕"砚田",多织"文锦",既可以免却征税之苦,也不会触犯朝廷之禁。果真如此吗?

134　步明月于天衢①,览锦云于江阁。

【译文】　踏着明月,漫步于京师之地;在江上楼阁,观赏彩云从容飞度。

【注释】　①天衢:天路。衢,四通八达的大路,比喻通显之地。后多指京师。

【评解】　身在天衢、江阁,而心往明月、锦云,不求通达贵显,惟有凌云缥缈之志。

135　幽人清课,讵但啜茗焚香①;雅士高盟,不在题诗挥翰。

【译文】 幽居之人每天的功课,哪里只有饮茶和焚香呢? 文人雅士的缘会,也不仅仅在题诗挥毫。

【注释】 ①讵(jù):难道。

【评解】 幽人雅士的清高,不只在于茶香诗翰,更在于其超然洒脱的精神气质。

136 以养花之情自养,则风情日闲;以调鹤之性自调,则真性自美。

【译文】 以养花的情趣来自我修养,那么精神状态便会日益悠闲;以调养野鹤的性情来自我调适,那么自然天性便会更加美好。

【评解】 此条采自明·郑瑄《昨非庵日纂》卷七《颐真》。

人在赏花调鹤的过程中看到的是自己的影子或者说精神气质,赏花调鹤的过程,也是自身情志、逸趣的实现过程,使人获得高度的精神慰藉,可以回归到心灵之隅,而且上升到哲人之思。

137 热肠如沸,茶不胜酒;幽韵如云,酒不胜茶。茶类隐,酒类侠。酒固道广,茶亦德素。

【译文】 酒入肚肠使人热血沸腾,茶就不如酒;幽韵如闲云散淡,酒却不如茶。茶像隐士,酒像侠客。酒的功用自然很大,茶的品德亦很淡泊。

【评解】 此条采自陈继儒《茶董小序》。以人喻茶酒,酒是人中豪杰,茶是世间隐士。酒壮胆气,茶添风韵。酒入腹中,豪气顿生。而最苦的茶,性也不烈,只让人感到深沉的余味,在舌上萦回。所以茶适合幽窗棋罢,月夜焚香,古桐三弄。适合午醉醒来无一事,孤榻对雨中之山,独自品茗。所谓"茶须静品,酒须狂放"。

138 老去自觉万缘都尽,那管人是人非;春来倘有一事关心,只在花开花谢。

【译文】 年老后自觉所有的尘缘都断绝了,哪里还管什么人世间的是是非非;春来后如果还有一事值得关心,那也只是花开花落。

【评解】 此条采自明·屠隆《娑罗馆清言》。

但看花开落,不言人是非。晚年的屠隆,生活困窘,一改旧日豪放好客、纵情诗酒的生活,转而寻山访道,说空谈玄,如王维诗云:"晚年惟好静,万事不关心。"厌倦了人间的是非得失,只关心自然的花开花落。

139 是非场里,出入逍遥;顺逆境中,纵横自在。竹密何妨水过,山高不碍云飞。

【译文】 在人间的是非场中,出入逍遥;在世间的顺逆境中,纵横自在。竹林再密,何曾妨碍流水穿过,峰峦再高,也不妨碍白云飞渡。

【评解】 此条采自明·屠隆《娑罗馆清言》:"虚空不拒诸相,至人岂畏万缘。是非场里,出入逍遥;逆顺景中,纵横自在。竹密何妨水过,山高不碍云飞。"

这段话说的是"至人"这种理想化的人生。只要心地清静澄明,精神上实现了绝对的自由,那么无论竹林还是高山,任凭外物纷扰,都可以活得洒脱、飘逸,自由往来。精神自由如云似水,无所不至。

140 口中不设雌黄,眉端不挂烦恼,可称烟火神仙;随宜而栽花柳,适性以养禽鱼,此是山林经济。

【译文】 口中不随意议论别人的是非,眉端从不挂忧愁烦恼之色,这可以称为烟火神仙;因时因地制宜栽花种柳,根据自己的情性养鸟养鱼,这可以说是山林隐逸之中的经营。

【评解】 此条采自明·屠隆《娑罗馆清言》。

心中不为世间是非、忧愁烦恼所拘系,寄情于山水禽鸟之间,也就可以自许为人间神仙了。

141 午睡欲来,颓然自废,身世庶几浑忘;晚炊既收,寂然无营,烟火听其更举。

【译文】 午间睡意袭来,便疏慢自放,几乎把身世全都忘却了;晚饭过后,悠然无所事事,不妨听任炊烟再起。

【评解】 欲睡便睡,欲起便起,不为礼法所拘,逍遥自在,便是文人逸士向往的放荡不羁的生活。

142 花开花落春不管,拂意事休对人言①;水暖水寒鱼自知,会心处还期独赏。

【译文】 花开花落,春天并没心思去管,所以自己遇到不顺心的事情不要去对他人述说;水暖水冷鱼儿自己心里最明白,所以心领神会的美景还是要独自欣赏。

【注释】 ①拂意事:违背意愿的事情。

【评解】 此条采自明·洪应明《菜根谭》。

有些事,有些人,终无法对人提起,只需要自己在时光的流逝中慢慢咀嚼回味。

143 心地上无风涛,随在皆青山绿水;性天中有化育①,触处见鱼跃鸢飞。

【译文】 如果心中风平浪静,那么所在之处无不是青山绿水一派美景;如果本性中有化育万物的爱心,那么处处都可以体会到鱼跃鸢飞的生动景象。

【注释】 ①性天:天性。化育:本指自然生成万物,此处指先天善良的德性。《礼记·中庸》:

"能尽物之性,可以赞天地之化育。"

【评解】　此条采自明·洪应明《菜根谭》。

　　心静如止水才能排除杂念,无识无欲,心平气和,所以庄子看到鱼在水里游,很羡慕地说"乐哉鱼也"。用平静的心态去面对生活中的点点滴滴,便会拥有一路的风光、一世的欢乐。

144　宠辱不惊,闲看庭前花开花落;去留无意,漫随天外云卷云舒。

【译文】　爱宠耻辱都不放在心上,悠闲地欣赏庭院中花开花落;是去是留毫不在意,任意随着天上的白云飘来又飘去。

【评解】　此条采自明·洪应明《菜根谭》。

　　花开花落,云卷云舒,纯系一片天机任运。所谓"随寓而安,斯真隐矣"。

145　斗室中万虑都捐,说甚画栋飞云珠帘卷雨①;三杯后一真自得,唯知素弦横月短笛吟风。

【译文】　住在狭窄的小屋里,抛弃所有私欲杂念,哪里还羡慕什么雕梁画栋飞檐入云的华屋;三杯酒下肚后,自觉领悟到天真之趣,于是只管对月弹琴,迎风弄笛。

【注释】　①"画栋"二句:语出唐·王勃《滕王阁》诗:"滕王高阁临江渚,佩玉鸣鸾罢歌舞。画栋朝飞南浦云,珠帘暮卷西山雨。闲云潭影日悠悠,物换星移几度秋。阁中帝子今何在,槛外长江空自流。"

【评解】　唐代刘禹锡《陋室铭》中的描写正可为"斗室中万虑都捐"作注:"山不在高,有仙则句;水不在深,有龙则灵,斯是陋室,惟吾德馨。苔痕上阶绿,草色入帘青;谈笑有鸿儒,往来无白丁。可以调素琴、阅金经,无丝竹之乱耳,无案牍之劳形,南阳诸葛庐,西蜀子云亭,孔子云:'何陋之有?'"自由的精神可以超越一切。

146　得趣不在多,盆池拳石间,烟霞具足;会景不在远,蓬窗竹屋下,风月自赊。

【译文】　能获得趣味的事物不必在多,盆池拳石之间,山水的意境便已具备;可观赏领悟的景色不在远处,草窗竹屋之下,也可感受到清风明月的悠闲情境。

【评解】　"一花一世界,一叶一如来。"能够存有一颗活泼的心,放眼俱是生机,举目都有情趣。陶渊明的"采菊东篱下,悠然见南山"句,可为注脚。

147　会得个中趣,五湖之烟月尽入寸衷;破得眼前机,千古之英雄都归掌握。

【译文】　能够懂得天地之间所蕴含的机趣,那么五湖四海的山川景色都可以容纳进我的心中;能够识破眼前事物发展的机锋、关键,那么千古的英雄豪杰都可以由我掌握。

【评解】 名胜的风景也要因人才生趣。大地默默无言,需要有几分悟性的文人雅士伫立其间,其封存久远的文化内涵才会铺展呈现出来。同样,也只有能了悟眼前之机,存四海之心,才可能与古往今来的豪杰英雄心有灵犀,息息相通。

148 细雨闲开卷,微风独弄琴。

【译文】 蒙蒙细雨中,悠闲地读着书;习习清风中,独自弹琴吟唱。

【评解】 细雨正堪开卷,微风正宜弄琴,人情远离了我,世事远离了我,红尘远离了我,闲而不闲,独而不独。

149 水流任意景常静,花落虽频心自闲。

【译文】 流水任其自然流行,景色总是恬静安逸;落花尽管频繁,此心却自在安闲。

【评解】 水流任意,花落频乱,都是自然万物之本性,明乎此,则此心自不会为外物之表象所纷扰,而可以安闲自在了。这种道家式的虚静无处不在,但妙在有处恰是无,无处恰是有。

150 残曛供白醉,傲他附热之蛾;一枕余黑甜①,输却分香之蝶。

【译文】 残阳夕晖下饮酒至醉,可以傲视那些飞蛾扑火般趋炎附势的小人;酒醉后便高枕而卧,不必像那些拈花惹草的蜂蝶般忙忙碌碌。

【注释】 ①一枕余黑甜:语本苏轼《发广州》诗:"三杯软饱后,一枕黑甜余。"苏轼自注:"俗谓睡为黑甜。"

【评解】 不学飞蛾扑火粉蝶沾花,不学趋炎附势投机钻营,"我醉欲眠卿且去,明朝有意抱琴来"。

151 闲为水竹云山主,静得风花雪月权。

【译文】 闲静时是水竹云山的主人,宁静时得风花雪月的品赏之权。

【评解】 此条采自宋·邵雍《小车吟》诗:"自从三度绝韦编,不读书来十二年。大甃子中消白日,小车儿上看青天。闲为水竹云山主,静得风花雪月权。俯仰之间无所愧,任他人谤似神仙。"

邵雍,自称安乐先生,自名其住处为"安乐窝"(在今洛阳市)。他接人无贵贱,还经常乘牛车行于市,当邵雍乘坐的小车出现,"士大夫家识其车音,争相迎候"。据说当时有十余家为邵雍准备了像"安乐窝"一样的住所,随时接待邵雍的到来,名曰"行窝"。邵雍辞世后,有人写挽词云:"春风秋月嬉游处,冷落行窝十二家。"他过的是人间神仙的日子。

152　半幅花笺入手,剪裁就腊雪春冰;一条竹杖随身,收拾尽燕云楚水。

【译文】　半幅精致的纸笺在手,可以将腊月的白雪、春天的寒冰等自然美景剪裁铺叙成诗行;一根竹杖随身,就可以尽情自由地观临北边的燕山、南边的楚水。

【评解】　此条采自明·乔应甲(1559－1627)《半九亭集》:"一条竹杖随身,收拾尽燕云楚水;半幅花笺入手,剪裁就腊雪春冰。"乔应甲,字汝俊,号儆我,民间尊称乔阁老。山西省临猗县张嵩村人。位至朝廷二品大员,最高监察大臣。据说其作品《半九亭集》的对联有四五千副之多,其语言风格在于"清言小品与对联"之间的整合。

　　半幅花笺,写尽无限胜景;一条竹杖,踏遍青山无数。天地间幸而有了这样一群"闲"人,方显得如此蕴藉风流。

153　心与竹俱空,问是非何处安脚? 貌偕松共瘦,知忧喜无由上眉。

【译文】　心胸像竹子一样清虚,试问是是非非还能在哪里落脚? 貌相如松树一样具有仙风道骨,劲朗清爽,就知道忧伤和喜乐无从爬上他的眉梢。

【评解】　此条采自明·洪应明《菜根谭》。

　　竹空是实写,心空是隐喻;松瘦是实写,貌瘦是隐喻。意思是对世间的事情要能看得开,放得下,是非得失不挂在心头,喜怒哀乐不轻易形之于色。竹之清姿瘦节,松之常青坚挺,以竹和松作映衬,见出作者人格的高洁正直。

154　芳菲林圃看蜂忙,觑破几多尘情世态①;寂寞衡茅观燕寝①,发起一种冷趣幽思。

【译文】　在满目芳菲的山林园圃中,看蜜蜂忙碌地奔忙,由此可以看破多少尘世间的人情世态;在空寂的衡门茅屋中,看燕子安然酣眠,使人生发起一段清冷之趣、幽远之思。

【注释】　①衡茅:衡门茅屋,指陋室。

【评解】　此条采自明·洪应明《菜根谭》:"芳菲园林看蜂忙,觑破几般尘情世态;寂寞衡茅观燕寝,引起一种冷趣幽思。"

　　这段话从忙和闲两种情境体悟人生哲理。万花丛中飞来舞去的是蜂蝶,尘间俗世忙碌奔走的是可怜人;独有飞燕翩翩筑巢而居,从不曾嫌贫爱富,不嫌冷寞凄清,却足以慰寂寞人之幽心。

155　何地非真境? 何物非真机? 芳园半亩,便是旧金谷①;流水一湾,便是小桃源。林中野鸟数声,便是一部清鼓吹;溪上闲云几片,便是一幅真画图。

【译文】 何处不是人间的仙境?何处不体现人生的真谛?芳园半亩,便是昔日的金谷园;一湾流水,便是小小的桃花源。树林中数声野鸟啼叫,便是一部清新的鼓吹曲;溪流上几片悠闲的白云,便是一幅真正的画图。

【注释】 ①金谷:西晋石崇著名的园林"金谷园",在洛阳西北。

【评解】 哪里都可以是人间仙境,哪里都蕴含着人生真谛,只要摒除功利,桃源自在人心。

156 人在病中,百念灰冷,虽有富贵,欲享不可,反美贫贱而健者,是故人能于无事时常作病想,一切名利之心,自然扫去。

【译文】 人在病痛之中,各种欲望都心灰意冷,虽然拥有了富贵,却无法享受,反而羡慕那些虽贫贱却身体健康的人,因此一个人如果能在没事的时候,常常作病中的思考,那么一切名利之心,自然都会一扫而光。

【评解】 失去健康的人,才知道健康的宝贵。所以健康时要常作病时想,盛时要常作衰时想,上场时当念下场时想。否则,便难免有李斯"牵犬东门,可复得乎"之叹。

157 竹影入帘,蕉阴荫槛,故蒲团一卧,不知身在冰壶鲛室①。

【译文】 斑驳的竹影映入帘中,芭蕉的阴影掩遮着门槛,往蒲团上一坐,顿时觉得清爽无比,恍如置身于冰壶鲛室之中。

【注释】 ①冰壶鲛室:盛冰的玉壶和鲛人的居室,比喻清冷洁净之地。鲛室:典出张华《博物志》:"南海水有鲛人,水居如鱼,不废织绩,其眼能泣珠。"又云:"鲛人从水中出,寓人家积日,卖绡将去,从主人索一器,泣而成珠满盘,以与主人。"

【评解】 蒲团一卧,处处都是冰凉清静世界。

158 万壑松涛,乔柯飞颖,风来鼓飓,谡谡有秋江八月声①,迢递幽岩之下,披襟当之,不知是羲皇上人。

【译文】 千山万壑松涛阵阵,高高的树枝舞动着尖尖的松针,风来时鼓荡起强劲的飓风,急急如秋江八月的波涛声涌,一直传到远处幽岩之下,披开衣襟任松风吹拂,逍遥如远古时代人们的生活一般。

【注释】 ①谡(sù)谡:风急貌。明·董其昌题曹知白《山水真迹图册》曰:"萧萧山上枝,谡谡岭上松。"

【评解】 披襟于幽岩之下,任万壑松风劲吹,尽情地感受大自然的天籁之声。松风吹,江涛涌,而此心不为所动,如居北窗下的陶渊明,一阵凉风暂至,便觉如羲皇上人。

159 霜降木落时,入疏林深处,坐树根上,飘飘叶点衣袖,而野鸟从梢飞来窥人。荒凉之地,殊有清旷之致。

【译文】 霜降时节,树木凋零,走进稀疏的树林深处,坐在树根之上,飘飘坠落的树叶点缀于衣袖之上,而野鸟则从树梢上飞下来窥视来人。这荒凉的地方,特别有一种清凉空旷的情致。

【评解】 萧瑟景中有清旷之致,有叶落霜飞,有野鸟窥人,只是需要有走入深林的向往,有坐于树根上的闲雅,有一颗空灵散淡的心。

160 明窗之下,罗列图史琴尊以自娱,有兴则泛小舟,吟啸览古于江山之间;渚茶野酿,足以消忧;莼鲈稻蟹①,足以适口。又多高僧隐士,佛庙绝胜。家有园林,珍花奇石,曲沼高台,鱼鸟流连,不觉日暮。

【译文】 明亮的窗户下,摆列着图画、史书、古琴、酒杯,以供自娱自乐。有兴致时便驾着小舟,吟啸着在江山之间览古探胜。在小洲上煮茶,山野中饮酒,足以消除内心的烦忧;莼菜羹、鲈鱼脍、香稻、河蟹,足以饱享口福。又多高僧隐士,佛庙胜景,家有园林,奇花异石,曲折迂回的池塘,高高的楼台,流连于池鱼飞鸟,不知不觉已近黄昏。

【注释】 ①莼鲈(chún lú):莼菜羹、鲈鱼脍。《晋书·张翰传》:"翰因见秋风起,乃思吴中菰菜、莼羹、鲈鱼脍,曰:'人生贵得适志,何能羁官数千里,以要名爵乎?'遂命驾而归。"

【评解】 此条采自宋·苏舜钦《答韩持国书》:"三商而眠,高春而起,静院明窗之下,罗列图史琴尊以自愉。踰月不迹公门,有兴则泛小舟,出盘闾,吟啸览古于江山之间;渚茶野酿足以消忧;莼鲈稻蟹足以适口;又多高僧隐君子,佛庙胜绝;家有园林,珍花奇石,曲池高台,鱼鸟留连,不觉日暮。"

苏舜钦,字子美,参知政事易简之孙,苏耆次子。为人慷慨有大志。范仲淹荐其才,宰相杜衍以女妻之,成为庆历新政之中坚。后被贬苏州,购地筑园,建造著名沧浪亭。以"沧浪"为号,借用的是屈原在遭贬后所吟咏的《沧浪之歌》:"沧浪之水清兮,可以濯我缨;沧浪之水浊兮,可以濯我足。"此条内容即描写他在苏州与风月相伴的悠闲自在生活,亦表明他已是绝了仕途之念。

161 山中蒔花种草,足以自娱,而地朴人荒,泉石都无,丝竹绝响,奇士雅客,亦不复过,未免寂寞度日。然泉石以水竹代,丝竹以莺舌蛙吹代,奇士雅客以蠹简代①,亦略相当。

【译文】 隐居山中栽花种草,足以自得其乐,而土地荒凉,人烟稀少,没有清泉怪石,没有丝竹雅乐,奇人雅士,也不经过此地,难免寂寞度日。然而,用流水修竹代替泉石,用莺歌蛙鸣代替丝竹,用古籍经典代替奇人雅士,亦大致可以相当。

【注释】　①蠹简:被虫蛀的竹简,指古籍经典。

【评解】　此条采自明·袁宏道《萧允升祭酒》文:"屈指十年之间,故交落落,有若晨星。伯修墓上,白杨几堪作柱,百念哪得不灰冷也? 山中莳花种草,颇足自快。独地朴人荒,泉石都无,丝肉绝响,奇士雅客,亦不复过,未免寂寂度日。然泉石以水竹代,丝肉以莺舌蛙吹代,奇士以蠹简代,亦略相当,舍此无可开怀者也。"

袁宏道因个性张扬,不喜官场习气,傲然辞职,转而去登山临水、访师求学。如此逍遥境界,对于正在翰林院、东宫之间奔忙的萧云举来说,真是遥不可及! 萧云举(1554－1627),字允升,号玄圃,广西宣化县(今南宁市)人,明代公安学派创始人之一。

162　闲中觅伴书为上,身外无求睡最安。

【译文】　闲暇之时寻觅伴侣,只有书籍最好,此身之外无所欲求,只有睡觉最安稳。

【评解】　鲁迅在《读书杂谈》中谈到,读书有二,一是职业的读书,一是嗜好的读书。嗜好的读书"那是出于自愿,全不勉强,离开了利害关系的——我想,嗜好的读书,该如爱打牌的一样,天天打,夜夜打,连续的去打,有时被公安局捉去了,放出来之后还是打。诸君要知道真打牌的人的目的并不在赢钱,而在有趣"。嗜好的读书即是无功利的读书,是一种人生悠闲而又有意义的享受,清人张潮在《幽梦影》中说:"善读书者,无之而非书。山水亦书也,棋酒亦书也,花月亦书也。""有功夫读书谓之福,有力量济人谓之福,有学问著述谓之福,无是非到耳谓之福,有多闻直谅之友谓之福。"

163　栽花种竹,未必果出闲人;对酒当歌,难道便称侠士?

【译文】　栽花种竹,不一定就是悠闲之人;对酒当歌,难道就可以称为豪侠之士?

【评解】　栽花种竹,对酒当歌,只是一种外在的形式。徒具其表,便只是舍本逐末。

164　虚堂留烛,抄书尚存老眼;有客到门,挥麈但说青山。

【译文】　清静高大的厅堂还保留着一支蜡烛,灯下抄书,尚有一对老到深邃的慧眼;有客人来到家里,手持麈尾,谈论的却只是青山绿水。

【评解】　口不臧否人物,不议论国政时事,只将慧识慧眼专注于书籍友情之中。

165　千人亦见,百人亦见①,斯为拔萃出类之英雄;三日不举火,十年不制衣②,殆是乐道安贫之贤士。

【译文】　在千人当中与众不同,在百人当中也与众不同,这才是出类拔萃的英雄豪杰;三天不生火做饭,十年不添制新衣,大概才算得上安贫乐道的贤良之人。

【注释】 ①"千人"二句:语出《世说新语·赏誉》:"刘万安,即道真从子,庾公所谓'灼然玉举',又云:'千人亦见,百人亦见。'" ②"三日"二句:语出《庄子·让王》:"曾子居卫,缊袍无表,颜色肿哙,手足胼胝,三日不举火,十年不制衣。正冠而缨绝,捉衿而肘见,纳屦而踵决。曳纵而歌《商颂》,声满天地,若出金石。天子不得臣,诸侯不得友。故养志者忘形,养形者忘利,致道者忘心矣。"比喻极度贫困。

【评解】 做不到千人亦见百人亦见,就很难真正称得上"出类"、"拔萃"。不能十年如一日地安贫,就说明还没有真正地"乐道",只有乐于道,才能安于贫。逞一时之英雄是容易的,安一时之贫穷,也是容易的,但要出类拔萃、乐道安贫,却着实不易。

166 帝子之望巫阳①,远山过雨;王孙之别南浦②,芳草连天。

【译文】 帝子远眺巫山的南面,但见云雨过后一派青翠;王孙公子送别于南浦,见芳草连天满目萋萋。

【注释】 ①"帝子"二句:用楚怀王与巫山神女欢会典,已见卷一128条注。 ②"王孙"二句:《楚辞·招隐士》:"王孙游兮不归,春草生兮萋萋。"江淹《别赋》:"春草碧色,春水渌波,送君南浦,伤如之何!"

【评解】 此条采自明·蒋一葵《尧山堂偶隽》记唐时旧事:"座中一客赋青曰:'帝子之望巫阳,远山过雨;王孙之别南浦,芳草连天。'"

167 室距桃源,晨夕恒滋兰茝①;门开杜径②,往来惟有羊裘③。

【译文】 居室临近于桃花源,朝夕常常种植兰茝香草;大门开在长满芳杜的小路上,来往的只有羊裘公那样的高人隐士。

【注释】 ①茝(chǎi):古书上说的一种香草。《楚辞·离骚》:"杂申椒与菌桂兮,岂维纫夫蕙茝。" ②"门开"句:与"室距"句同出自唐·卢照邻《三月曲水宴得尊字》诗:"风烟彭泽里,山水仲长园。由来弃铜墨,本自重琴尊。高情邈不嗣,雅道今复存。有美光时彦,养德坐山樊。门开芳杜径,室距桃花源。公子黄金勒,仙人紫气轩……" ③羊裘:汉严光少有高名,与刘秀同游学,后刘秀即帝位,光变名隐身,披羊裘钓泽中。见《后汉书·逸民传·严光传》。后因以"羊裘"指隐者或隐居生活。

【评解】 居住在兰茝、芳杜香草氤氲的桃花源中,谈笑往来的都是羊裘公那样的高人雅士,见出的是作者高洁的情怀品质。

168 枕长林而披史①,松子为餐②;入丰草以投闲,蒲根可服。

【译文】 隐居于深邃的密林,披阅史书,可以用松子作为饭食;来到野草丰茂的清闲境地,蒲根也是可以用来服食的。

【注释】　①枕长林:与下句"入丰草"同出魏·嵇康《与山巨源绝交书》:"此犹禽鹿,少见驯育,则服从教制;长而见羁,则狂顾顿缨,赴汤蹈火。虽饰以金镳,飨以佳肴,愈思长林而志在丰草也。"　②松子为餐:与下句"蒲根可服"同出南朝·梁元帝《与刘智藏书》:"或有百镒可捐,千金非贵,松子为餐,蒲根是服。"松子,松树的果实。蒲根,香蒲的根茎。李时珍《本草纲目·草部·香蒲》:"蒲丛生水际,似莞而褊,有脊而柔,二三月苗,采其嫩根,瀹过作鲊,一宿可食。亦可炸食、蒸食及晒干磨粉作饼食。诗云:其蔌伊何?惟笋及蒲。是矣。"

【评解】　在密林野草之中,生活自然清苦,只能以松子、蒲根为食,但作者却于其间悠闲地阅读史书,淡泊而自在,这是其作为隐逸者的生活态度。

169　一泓溪水柳分开,尽道清虚搅破;三月林光花带去,莫言香分消残。

【译文】　一泓溪水被柳树从中分开,都说这是一片清虚被搅破了;阳春三月的林中风光,随着花落被带走,不要说什么香分消残。

【评解】　虚还是虚,不因垂柳轻拂而搅破;香还是香,何因林花凋落而消残?草长莺飞,花谢花开,是自然之道。

170　荆扉昼掩,闲庭晏然①,行云流水襟怀;隐不违亲,贞不绝俗②,太山乔岳气象③。

【译文】　大白天柴门也常常关着,庭院里一片萧然寂静,这是行云流水般的襟怀;隐居而不违背亲情,品性高洁而不与世俗隔绝,这是泰山高岭般的气象。

【注释】　①"荆扉"二句:语出《世说新语·品藻》:"有人问袁侍中曰:'殷仲堪何如韩康伯?'答曰:'理义所得,优劣乃复未辨;然门庭萧寂,居然有名士风流,殷不及韩。'故殷作诔云:'荆门昼掩,闲庭晏然。'"　②"隐不违亲"二句:语出南朝宋·范晔《后汉书·郭泰传》:"或问汝南范滂:'郭林宗何如人?'滂曰:'隐不违亲,贞不绝俗,天子不得臣,诸侯不得友,吾不知其它。'"唐代李贤等人作注说:"隐不违亲,介推之类。"说的是郭泰,实际上是对介之推孝道品德的推崇。子推偕母归隐绵山,回归自然,是"无违"的生动体现。　③太山乔岳:语出宋·苏洵《上皇帝十事书》:"先王制其天下,尊尊相高,贵贵相承,使天下仰视朝廷之尊,如太山乔岳,非扳援所能及。"

【评解】　郭泰具极高声望,却不屑于为官,朝廷屡次征召,均不赴。但郭泰关心天下大事和百姓利益。他以超脱的身份干预政治,主要是奖掖人才,向朝廷推荐俊彦,故被称为"有道先生"。比起行云流水的襟怀,更有着其独立的人格精神,也就是所谓太山乔岳般的崇高品格。

171　窗前独榻频移,为亲夜月;壁上一琴常挂,时拂天风。

【译文】　窗前频繁地移动独自的床榻,为的是时时能与夜月相亲;壁上常常挂着一张古琴,不时在天风的吹拂下发出清音。

【评解】　虽是"独榻"、"一琴",却可与明月相亲,有天风鼓拂,寂寞而不孤独。

172 萧斋香炉书史①,酒器俱捐②;北窗石枕松风,茶铛将沸。

【译文】 书斋里有了香炉书史,就可以捐酒毁器了;北窗下放着石枕,伴着松风,茶铛里的水就要开沸了。

【注释】 ①萧斋:李肇《唐国史补》:"梁武帝造寺,令萧子云飞白大书一'萧'字,至今一'萧'字存焉;李约竭产自江南买归东洛,匾于小亭以玩之,号为'萧斋'。"后代指书斋。 ②酒器俱捐:典出《世说新语·任诞》:"刘伶病酒,渴甚,从妇求酒。妇捐酒毁器,涕泣谏曰:'君饮太甚,非摄生之道,必宜断之!'"

【评解】 有了香炉书史,石枕松风,那就可以尽情享用,逍遥自在了,不必藉求刘妇之手,自己就可以主动地捐酒毁器。

173 明月可人,清风披坐,班荆问水①,天涯韵士高人,下箸佐觞,品外涧毛溪蕨②,主之荣也;高轩塞户,肥马嘶门,命酒呼茶,声势惊神震鬼,叠筵累几,珍奇罄地穷天,客之辱也。

【译文】 明月皎皎,殊为可爱,清风习习,披衣纳凉,铺荆而坐,谈论的都是与世事毫不相关的事情,来的都是浪迹天涯的高人韵士,用来下酒佐觞的,是不上档次的山涧中的水藻菜蔬,这是作为主人的荣耀。高大华丽的车子挤满门前,肥壮的马儿在门前嘶叫,大呼小叫,斟酒上茶,声势浩大,可以惊动鬼神,几筵叠累奢华,珍奇美味,穷尽人间之所有,这恰恰是客人的耻辱。

【注释】 ①问水:典出《左传·僖公四年》:"昭王南征而不复,寡人是问,对曰:'贡之不入,寡君之罪,敢不共给?昭王之不复,君其问诸水滨。'"这是齐相管仲与楚使的一段对话,意思是说,昭王南巡没有回来,齐侯以这件事责问楚君,楚使回答说:"如果楚国没有朝贡,那是楚国的罪责,楚国敢不朝贡吗?昭王南巡溺于汉水,你们还是去问汉水之滨吧。"这就是成语"问诸水滨"的来历,意思为不承担责任或两不相干。 ②涧毛溪蕨:山涧中的水藻和菜蔬。

【评解】 明月清风,一片冰心在玉壶;珍奇穷尽,不过只是炫富斗奇,绝非待客之道。孰为荣孰为辱,不言自明。

174 贺函伯坐径山竹里①,须眉皆碧;王长公龛杜鹃楼下②,云母都红③。

【译文】 贺函伯隐居于径山,青翠的竹林,仿佛须眉都为之染成碧绿;王长公的住地,满是鲜艳的杜鹃,仿佛连云母屏风都被染成了红色。

【注释】 ①贺函伯:贺世寿,原名烺,字函伯,又字玉伯、中冷、山甫,丹阳人。明诗文家。万历三十四年(1606)举人,三十八年进士,授户部主事。升户部郎中,因语侵太宰赵焕,被降一级外调。光宗即位,起为刑部主事,后调礼部。魏忠贤擅权,辞归。魏忠贤诛,复起用为户部主事,调礼部,擢光禄寺少卿,转太仆少卿。累迁通政使、兵部侍郎兼佥都御史,巡抚天津。崇祯十七年(1644)晋户部尚书,致仕归里。著有《思闻录》、《闲坪杂识》、《清音集》、《净香池稿》等。 ②王长公:明代文史学家王世贞。王世贞(1526—1590),字符美,号凤洲,又号弇州山人。江苏太仓人。与李攀龙同为明代"后七子"首领,曾倡导复古。陈继儒说:"王长公主盟艺坛,李本宁(李攀龙)与之气谊声调甚合,董公方(董其昌)诸生岳岳不肯下,曰:'神仙自能拔宅,何事傍人门户。'"　③云母:矿石名。古人以为此石为云之根,故名。可析为片,薄者透光,可为镜屏。此代指云母做的屏风。

【评解】　此条采自明·张大复《梅花草堂笔谈·红碧》:"贺函伯坐径山竹里须眉皆绿;王长公龟杜鹃楼下云母都红。"

山林之中坐得久了,深了,涤其心肠,去其尘浊,便也成了风景的一分子。

175　坐茂树以终日,濯清流以自洁。采于山,美可茹;钓于水,鲜可食。

【译文】　整日坐在茂密的树林里悠然自得,用清澈的泉水洁净自己。从山上采来的野果,甘美可口;从水中钓到的鱼虾,鲜嫩可食。

【评解】　此条采自唐·韩愈《送李愿归盘谷序》:"坐茂树以终日,濯清泉以自洁。采于山,美可茹;钓于水,鲜可食。"描写山林隐逸之士居处之幽、饮食之便。

176　年年落第,春风徒泣于迁莺①;处处羁游,夜雨空悲于断雁。金壶霏润,瑶管春容②。

【译文】　年年科举落第,徒然于春风中泣哭择高枝而栖的黄莺;四处羁游他乡,空自在夜雨中悲叹声声啼叫的孤雁。慢慢地品尝着金壶里的美酒,从容地欣赏着瑶管声吹。

【注释】　①迁莺:黄莺飞升移居高树,喻登第升官。　②春容:雍容。

【评解】　此条采自宋·钱熙《三酌酸文》。南宋·文莹《玉壶清话》载:"钱熙,泉南才雅之士,进《四夷来王赋》万余言。(宋)太宗爱其才,擢馆职。有司请试,上笑曰:'试官前进士,赵某亲自选中。'尝撰《三酌酸文》,举世称精绝,略曰:'渭川凝碧,早抛钓月之流。商岭排青,不逐眠云之侣。'又曰:'年年落第,春风徒泣于迁莺;处处羁游,夜雨空伤于断雁。'其文千言,率类于此。卒,乡人李庆孙为诗哭之曰:'《四夷》妙赋无人诵,《三酌酸》文举世传。'"

177　菜甲初长,过于酥酪。寒雨之夕,呼童摘取,佐酒夜谈,嗅其清馥之气,可涤胸中柴棘①,何必纯灰三斛。

【译文】　初生的菜芽,美味过于酥酪。寒冷的雨夜,呼取小童去摘取,以备佐酒夜谈,闻着其清香之气,可以洗去胸中尘垢,何必非要三斛纯灰呢?

【注释】　①胸中柴棘:比喻心胸狭窄,充满尘俗之气。《世说新语·轻诋》:"深公云:'人谓庾元规名士,胸中柴棘三斗许。'"

【评解】　明·屠隆《娑罗馆清言》:"菜甲初肥,美于热酪;莼丝既长,润比羊酥。"俭朴清淡的生活历来为人们所称美,只要有安贫乐道的精神追求,即使是粗茶淡饭,照样可以甘之如饴。

178 暖风春座酒,细雨夜窗棋。

【译文】 草暖熏风,闲坐饮酒,细雨霏霏,窗下对棋。

【评解】 春风煦暖,正宜饮开心酒;夜雨敲窗,正堪下悠闲棋。

179 秋冬之交,夜静独坐,每闻风雨潇潇,既凄然可愁,亦复悠然可喜,至酒醒灯昏之际,尤难为怀。

【译文】 秋冬之际,独坐于清静的夜晚,每每听闻风雨潇潇之声,既凄凄然添人忧愁,又悠悠然令人可喜,到了酒醒灯昏之时,尤其令人有难以名状的复杂情感。

【评解】 此条化用《世说新语·言语》:"王子敬云:'从山阴道上行,山川自相映发,使人应接不暇。若秋冬之际,尤难为怀!'"

既是夜间,又在下雨,所有的豪情活力都无法铺展,于是便不能不走向内心,走向情感。这是一种伤感性的美,清冷而萧瑟,却并不显得荒凉与枯索,正与秋冬之际的江南山川给人的印象相似。

180 长亭烟柳,白发犹劳,奔走可怜名利客;野店溪云,红尘不到,逍遥时有牧樵人。天之赋命实同,人之自取则异。

【译文】 十里长亭,拆柳赠别,白发苍苍,犹自辛劳,终年为名利奔忙不休的都是可怜的人;山村野店,清溪白云,红尘滚滚,毫不相干,那些放牧砍柴的人便是真正逍遥自在的。上天赋予各人的命运其实相同,只是各人所索取的不一样罢了。

【评解】 红尘之外避世,才获一份逍遥心,红尘之内入世却被"名缰利锁"所左右,那我们是该为自己取到的二三分而兴奋,还是该为那没取到的七八分而怨天尤人呢?

181 富贵大是能俗人之物,使吾辈当之,自可不俗,然有此不俗胸襟,自可不富贵矣。

【译文】 富贵最是能使人变得庸俗的东西,假使我辈得到它,自然可以不庸俗,然而有这样的不俗胸襟,自然也就可以不去追求富贵了。

【评解】 宋代周敦颐作《爱莲说》,表明了他对莲花"出淤泥而不染,濯青涟而不妖,中通外直,不蔓不枝;香远益清,亭亭净植;可远观而不可亵玩焉"的赞赏,便是慨叹贪慕富贵的俗人太多,暗示作者厌恶争名夺利的世态。

182 风起思莼,张季鹰之胸怀落落[①];春回到柳,陶渊明之兴致翩翩[②]。然此二人,薄宦投簪,吾犹嗟其太晚。

【译文】 见秋风起而思莼鲈,张翰的胸怀何其磊落;见春风起垂柳吐绿,陶渊明的意兴何其翩然。然而他们两个人,还是先做了小官,然后挂冠辞归,我还是嗟叹他们太晚了些。

【注释】 ①"风起思莼"二句:用张翰因秋风起思归典,已见卷五160条注。 ②"春回到柳"二句:陶渊明因其宅旁有五棵柳,故称"五柳先生"。

【评解】 陶渊明说"误落尘网中,一去三十年",这也就是"犹嗟其太晚"之意。不过,朝闻道,夕死可矣,薄宦投簪,大概也更见其心志之决绝吧。

183 黄花红树,春不如秋;白雪青松,冬亦胜夏。春夏园林,秋冬山谷,一心无累,四季良辰。

【译文】 要论黄色的花儿红色的树叶,春天便不如秋天;要说白雪皑皑青松傲立,那么冬天便要胜过夏天。春夏之季赏园林,秋冬之际观山谷,内心若清闲安逸,一年四季便都是良辰美景。

【评解】 一时有一时之风景,一地有一地之风景,学会欣赏眼前的风景,便时时处处皆风景。

184 听牧唱樵歌,洗尽五年尘土肠胃①;奏繁弦急管,何如一派山水清音②。

【译文】 听牧者樵夫一歌,可以洗尽多年为尘土所污染的肠胃;奏响繁复急促的丝竹弦管声,又哪能比得上一派山水中的清美之音。

【注释】 ①"听牧唱"二句:语出明·王思任《游唤序》"病老将至,秉烛犹迟。郄诜(晋代名臣)言,山行一度洗尽五年尘土肠胃。" ②"奏繁弦"二句:语出晋·左思《招隐》诗:"非必丝与竹,山水有清音。"

【评解】 山水有清音,让天地山川来荡涤心灵,放松心情。

185 孑然一身,萧然四壁,有识者当此,虽未免以冷淡成愁,断不以寂寞生悔。

【译文】 孤身一人,家徒四壁,有识之人居于此中,虽然难免冷冷清清以至忧愁,但绝不会因为寂寞而生悔意。

【评解】 "有识者"就是能享受寂寞,与万物相融的人。

186 从五更枕席上参勘心体,心未动,情未萌,才见本来面目;向三时饮食中谙练世味,浓不欣,淡不厌,方为切实功夫。

【译文】 早晨刚刚睡醒,还在枕席之上,就开始审视反省自己,此时心机未动,情思未萌,才能见出其本来面目;向一日三餐的日常饮食中体悟世情,不因滋味浓厚而欣喜,也不因滋味淡薄而厌弃,这才是真功夫。

【评解】 此条采自明·洪应明《菜根谭》。

主张存心养性,追求一种无时无刻不自觉反省体悟的精神。

187 瓦枕石榻,得趣处下界有仙;木食草衣,随缘时西方无佛。

【译文】 陶瓦做枕,青石为床,能得其中真趣,便是人间神仙;以野果充饥,以树草当衣,一切自然随缘,便是此地的佛陀。

【评解】 此条采自明·吴从先《小窗自纪》。

陶渊明说:"少无适俗韵,性本爱丘山。"瓦石草木,本是没有情感之物,但一旦融入了诗人的情感,却会变得无比的意趣盎然。

188 当乐境而不能享者,毕竟是薄福之人;当苦境而反觉甘者,方才是真修之士。

【译文】 处于欢乐的境地却不懂得享用的人,毕竟是福分浅薄之人;处于艰苦的境地反而甘之如饴的人,才是真正有修养的人。

【评解】 乐境不骄奢,苦境不气馁,便是真修行。

189 半轮新月数竿竹,千卷藏书一盏茶。

【译文】 半轮新月照映着数竿修竹,拥着千卷藏书,品尝着一盏清茶。

【评解】 在滚滚红尘中,大家都忙忙碌碌,有时静下心来,享受千卷书一盏茶的生活,看新月初上,听风竹萧萧,其乐无穷。

190 偶向水村江郭,放不系之舟①;还从沙岸草桥,吹无孔之笛②。

【译文】 偶尔到水边的村庄、江边的城郭,放开不系之舟;又到沙岸草桥之上,吹奏无孔之笛。

【注释】 ①不系之舟:没有束缚和缆绳捆绑的船。比喻漂泊不定的生涯,也比喻无拘无束的身躯。语出《庄子·列御寇》:"巧者劳而智者忧,无能者无所求,饱食而遨游,泛若不系之舟,虚而遨游者也。" ②无孔之笛:原谓无法吹鸣的无孔之笛,于禅林中转指禅宗悟境无法以心思或言语来表达,犹如无法吹鸣之无孔笛。

【评解】 不系之舟,无孔之笛,无可无不可。蓄无弦琴的陶渊明说:"但得琴中趣,何劳弦上音?"有一副著名的对联:"花坞春暗,鸟韵吹成无孔笛;树庭日暮,蝉声弹就不弦琴。"将鸟鸣比作"无孔笛"吹,蝉声比成"不弦琴"弹,生动而形象。

191 物情以常无事为欢颜,世态以善托故为巧术。

【译文】 万物之情,以清静无事为快乐;世间百态,以善于托故推辞为巧妙。

【评解】 似乎有些世故,但若把"常无事"理解为万物和谐相处,"善托故"理解为善于拒绝种种诱惑,亦不失为一种智慧。

192 善救时若和风之消酷暑,能脱俗似淡月之映轻云。

【译文】 善于挽救时势,就像是和煦的清风能消除酷暑的炎热;能够超凡脱俗,就像是淡淡的月光映照着薄薄的云彩。

【评解】 此条采自明·洪应明《菜根谭》:"随时之内善救时,若和风之消酷暑;混俗之中能脱俗,似淡月之映轻云。"

在日常的状态中,善于随时发现并抓住重要时机去挽救时势;混迹于红尘之中,却能超凡脱俗拨开迷雾,这些也许没有太多的跌宕起伏,但却极其考验人的内力修养。

193 廉所以惩贪。我果不贪,何必标一廉名,以来贪夫之侧目;让所以息争。我果不争,又何必立一让名,以致暴客之弯弓?①

【译文】 廉洁是用来惩戒贪婪的。我如果不贪婪,那么又何必标榜一个清廉的名声,招致真的贪婪之人侧目而视呢? 谦让是用来平息争抢的。我如果不争抢,那么又何必树立一个谦让的名声,招致真正的暴徒的怨恨,成为众矢之的呢?

【注释】 ①弯弓:喻众矢之的。

【评解】 此条采自明·洪应明《菜根谭》:"廉所以戒贪。我果不贪,又何必标一廉名,以来贪夫之侧目。让所以戒争。我果不争,又何必立一让的,以致暴客之弯弓。"

刻意标"廉"便是贪,有心为"让"亦是争。

194 曲高每生寡和之嫌,歌唱需求同调;眉修多取入宫之妒①,梳洗切莫倾城。

【译文】 曲调高雅,便往往生出能和者少的缺憾,所以歌唱需要求得大家相同的音调;容貌美丽,便往往遭受到后宫佳人的嫉妒,所以梳洗打扮一定不要如倾国倾城之貌。

【注释】 ①眉修:形容美丽。入宫:指宫女。

【评解】 南朝梁·王僧孺《与何炯书》:"盖士无贤不肖,在朝见嫉;女无美恶,入宫见妒。"所以曲不可太高,高则而寡;貌不可倾城,过则招妒,这是典型的中庸之道。无过无不及,不偏不倚,有效地保全自己,这是一种讲究"内敛"的文化。

195 随缘便是遣缘,似舞蝶与飞花共适;顺事自然无事,若满月偕盆水同圆。

【译文】 能够顺应事物的客观规律而动,也就是把握了万事万物,就像飞舞的蝴蝶和飘落的花瓣一样看上去那么的和谐;顺应世情物理去行事,自然就不会出现意外之事,就像看天上的圆月与水盆里的圆月是一样的。

【评解】 此条采自明·洪应明《菜根谭》,"盆"作"盂"。

很多事情我们无从改变它的发生,那就顺从,这就是"随缘"。被贬岭南的苏东坡,词曰:"万里归来颜愈少,微笑,笑时犹带岭梅香。试问岭南应不好,却道,此心安处是吾乡。"无处不是故乡,这便是苏东坡的随缘,正因为有这样的生命态度,故能永葆乐观旷达的心态。随缘,是一种悟透"天命"、洞晓人生事理后的智者的达观。

196 耳根似飙谷投响①,过而不留,则是非俱谢;心境如月池浸色,空而不着,则物我两忘。

【译文】 耳根所听,如果能像狂风吹过山谷,过后就什么也没有留下,那么人间的是是非非都会消失无踪;心境如果像月光照映在水中,空空如也不着痕迹,那么就能做到物我两相忘记。

【注释】 ①耳根:佛家语,佛家以眼、耳、鼻、舌、身、意为六根。

【评解】 此条采自明·洪应明《菜根谭》。

耳根清净,心境澄澈,便可做到是非俱谢、物我两忘,我心融入宇宙。

197 心事无不可对人语,则梦寐俱清;行事无不可使人见,则饮食俱健。

【译文】 为人光明磊落没有什么心事不可以对人说的,那就可以睡得安稳不作噩梦;处事大大方方没有什么事情不可以让人看见的,那么饮食起居都会感到悠闲而安稳。

【评解】 不做亏心事,不怕鬼敲门,内心磊落光明,才能活得舒服坦荡。

卷六 景

　　结庐松竹之间,闲云封户;徙倚青林之下,花瓣沾衣。芳草盈阶,茶烟几缕;春光满眼,黄鸟一声。此时可以诗,可以画,而正恐诗不尽言,画不尽意,而高人韵士,能以片言数语尽之者,则谓之诗可,谓之画可,谓高人韵士之诗画亦无不可。集景第六。

【译文】　构筑茅屋于青松翠竹之间,白云悠闲缭绕于门前;流连徘徊于青翠茂密的森林之下,花瓣片片沾满了衣衫。芳草青青,铺满台阶,几缕烹茶的炊烟,袅袅升起;满目春光,黄鸟娇啼,婉转动听。此情此景,可以出之以诗,可以出之以画,只惟恐诗不能尽言,画不能尽意。而那些超凡脱俗的高人雅士,能够用片言只语充分表达这种意境,那么说是诗也可以,说是画也可以,就是说是高人雅士的诗画,也没有什么不可以的。于是编纂了第六卷"景"。

【评解】　芳草盈阶,花香遍野,青山滴翠,黄鹂鸣啭,隐居流连于如此美妙的春光中,那该是多么惬意的一件事啊!此情此景如诗如画,却又是诗难写画难画。因为"此中有真意,欲辩已忘言"。而于高人韵士,眼前风景直如老朋友一般熟悉可亲,因而能以片言只语传其微妙,尽其真意。彼此相对,已分不清到底是高人韵士在写诗作画,或者他们本身就已经成了一首诗一幅画?回归田园、自然,正是大多文人的心中愿想。

001　花关曲折,云来不认湾头;草径幽深,落叶但敲门扇。

【译文】　遍开鲜花的关山曲曲折折,白云飘来也分辨不出何处是转弯的路径;草木茂盛的小径幽远深长,风吹落叶满地,只是轻轻地敲打着虚掩的柴门。

【评解】　此条采自明·吴从先《小窗自纪》。清·超永编《五灯全书》卷81曰:"天溪八折云来,难认湾头。桑竹林深叶落,但敲门扇。"标点有异。

　　落花无言,人淡如菊,韵味淳厚。"草径"、"花关"淡语白话,却清新淡雅,隽永优美。

002　细草微风,两岸晚山迎短棹;垂杨残月,一江春水送行舟。

【译文】　微风轻吹,细草轻拂,傍晚时分的两岸峰峦,似乎也在静静地迎接着归来的行船;杨柳低垂,晓风残月,一江春水滔滔流逝,似乎在依依地送别着即将远行的舟船。

【评解】 残月尚在而行舟无影,惟见一江春水向东流。萧瑟之景,落寞之情。

003 草色伴河桥,锦缆晓牵三竺雨①;花阴连野寺,布帆晴挂六桥烟②。

【译文】 草色青青伴着河边的小桥,锦绣的船缆在晨晖中牵系着三竺的细雨;花阴满地连着野外的寺院,船上的布帆在晴日下挂悬着六桥的云烟。

【注释】 ①三竺:浙江杭州灵隐山飞来峰东南有天竺山,山中有上天竺、中天竺、下天竺三座寺院,合称"三天竺",简称"三竺"。上天竺的法喜寺、中天竺的法净寺、下天竺的法镜寺,分别创建于五代、隋代、东晋年间,是杭州著名的寺院,也属西湖名胜。 ②六桥:浙江杭州西湖外湖苏堤上的六桥。苏轼于元祐四年(1089)任杭州知府时,开浚西湖,取湖泥葑草筑一长堤(全长2.8公里),横贯南北,将"一湖界而为两,西曰'里湖'东曰'外湖'。"俗称苏堤。堤上造六桥曰:映波、锁澜、望山、压堤、东浦、跨虹。堤旁遍植花木,每当春天来临之际,西湖在晓雾中苏醒,新柳如烟,春风骀荡,飞鸟和鸣,意境动人,故称"苏堤春晓",为"西湖十景"之首。

【评解】 两句写其西湖烟雨迷蒙的景象,意蕴幽深,令人神往。古代诗家常用三竺、六桥属对,来描绘西湖美景。如宋·林景熙《西湖》诗:"断猿三竺晓,残柳六桥春。"现代作家郁达夫,某年秋天到杭州游九溪十八涧,在一茶庄要了一壶茶,四碟糕点,两碗藕粉,边吃边谈。结账时,庄主说:"一茶、四碟、二粉、五千文。"郁达夫笑着对庄主说:"你在对'三竺、六桥、九溪、十八涧'的对子吗?"看来,三竺、六桥的烟雨已经洇入中国文人内心的最深处。

004 闲步畎亩间①,垂柳飘风,新秧翻浪,耕夫荷农器,长歌相应,牧童稚子,倒骑牛背,短笛无腔,吹之不休,大有野趣。

【译文】 漫步田间小道,依依垂柳,随风摇曳,新插的秧苗,翻起层层绿浪,耕作的农夫肩荷农具,唱着悠扬的山歌,彼此呼应,放牧的孩童倒骑在牛背上,将未成腔调的短笛,吹之不停,这一切令人感到农家野趣十足。

【注释】 ①畎(quǎn)亩:田间,田地。畎,田间水沟。

【评解】 此条后半段当化自宋·雷震《村晚》诗:"草满池塘水满陂,山衔落日浸寒漪。牧童归去横牛背,短笛无腔信口吹。"一幅农家野趣图。镜头由远而近,由全景而至特写,农夫、牧童之神情毕肖,活灵活现。

005 夜阑人静,携一童立于清溪之畔,孤鹤忽唳,鱼跃有声,清入肌骨。

【译文】 夜深人静之际,带着一个小童伫立于清溪之畔,忽闻远处孤鹤尖啼,惊起一尾鱼儿跃出水面,一种清幽的感觉透彻肌骨。

【评解】 清静之境瞬时打破,更显出夜之清凉冷寂。寥寥二十余字,有人物,有情节,有写景,仿佛一篇完整的记叙文,清新动人。

006 垂柳小桥,纸窗竹屋,焚香燕坐^①,手握道书一卷,客来则寻常茶具,本色清言,日暮乃归,不知马蹄为何物^②。

【译文】　依依垂柳掩映着小桥,纸糊的窗户竹子搭成的屋,焚香闲坐,手握道家书籍一卷以读,有客来便用平常的茶具接待,谈论一些朴实无华的清言,直到日近黄昏才归去,从不使自己的性情受到束缚。

【注释】　①燕坐:梵语,又作宴坐。闲坐,坐禅。明·文征明《春雨漫兴》诗:"焚香燕坐心如水,一任门多长者车。"　②马蹄:指《庄子·马蹄》篇。该篇以马设喻,谓马属性自然,只知食草饮水,喜则交颈相摩,怒则分背相踢。由于伯乐施以各种约束,以致马死过半。因此马也学会"诡衔窃辔"的盗智,此皆伯乐之罪。由马及人,远推所谓"至德之世"(原始社会),禽兽成群,草木遂长,人与禽兽为伍,与万物并生,无知无欲,居不知所为,行不知所之,没有君子小人之别,处于"常然","是谓素朴"世界。及至儒家圣人,提倡仁义礼乐,以匡正天下,使民自矜好诈,争归于利,真是罪大恶极!作者反对"圣人"以仁义礼乐禁锢人的自由思想,主张个性解放,在当时来说,自然具有很大的进步意义。同时,作者因主张恢复人的自然本性,而向往愚昧无知的原始社会,显然,这种愤激思想又带有严重的消极虚幻性。这里借以比喻性情受到束缚。

【评解】　屋外是垂柳小桥,室内也简朴之至,萧疏散淡,无须苦思参禅,自然就生出超然物外的情致。待客以本色清言,待己以自然随性,这便是《庄子·马蹄》篇中之所谓"真性"。

007 门内有径,径欲曲;径转有屏,屏欲小;屏进有阶,阶欲平;阶畔有花,花欲鲜;花外有墙,墙欲低;墙内有松,松欲古:松底有石,石欲怪;石面有亭,亭欲朴;亭后有竹,竹欲疏;竹尽有室,室欲幽;室旁有路,路欲分;路合有桥,桥欲危;桥边有树,树欲高;树阴有草,草欲青;草上有渠,渠欲细;渠引有泉,泉欲瀑;泉去有山,山欲深;山下有屋,屋欲方;屋角有圃,圃欲宽;圃中有鹤,鹤欲舞;鹤报有客,客不俗;客至有酒,酒欲不却;酒行有醉,醉欲不归。

【译文】　门内有小径,小径要曲折回转;回转处要有屏风,屏风要小巧;过了屏风再行进要有台阶,台阶要平缓;台阶旁边要种植花卉,花卉要鲜艳;鲜花之外要有围墙,围墙要低矮;墙内要有青松,青松要古老;古松下要有石头,石头要怪奇;石头的对面要有亭子,亭子要古朴;亭子后面要有翠竹,翠竹要稀疏;竹林的尽处有一居室,居室要幽雅洁净;居室旁边有路,路要分成多条岔路;岔路的汇合处要有桥,桥要高悬;桥边要有树,树要高大;树阴下要有草地,草地要青翠如茵;草地上有水渠,水渠要细长;水渠引来泉水,泉水要从高处流下,形成飞瀑状;泉水的去处要有一座山,山要幽深;山下面有屋子,屋子要造得方正;屋角落有园圃,园圃要宽大;园圃中养有仙鹤,仙鹤则要翩翩起舞;起舞便是报告有客来访,来访之客不染尘俗;客人来到有美酒相待,把酒言笑毫不推辞;饮酒要到酒酣兴尽,酒醉后便高卧不归。

【评解】 此条采自明·程羽文《清闲供·小蓬莱》。原文开头还有一段话:"蓬莱为仙子都居,限以弱水者,盖隔谢其嚣尘浊土之风。然心远地偏,即尘土亦自有迥绝之场,正不必侈口白云乡也。"程羽文,安徽歙县人。

此段内容运用回环与顶真的修辞手法,读之仿佛跟随着作者的脚步,一步一景,曲径而入,屏、阶、花、墙、松、石、亭、竹、室、路、桥、树、草、渠、泉、山、屋、圃、鹤……在这座艺术的园林中目不暇接,流连叹美。最后登堂入室,终于见到了园林好客的主人,宾主尽欢,大醉犹不思归。这样的一座江南园林,几乎凝聚了中国文化的所有细节,直令人眼花缭乱,流连忘返。

008 清晨林鸟争鸣,唤醒一枕春梦。独黄鹂百舌①,抑扬高下,最可人意。

【译文】 清晨林中百鸟争鸣,唤醒幽居之人的一枕春梦。独有黄鹂、百舌,鸣叫声抑扬顿挫,婉转动听,最是称人心意。

【注释】 ①百舌:鸟名。善鸣,声多变化。

【评解】 林鸟争鸣,啼破春梦,大概是要心生恼意的。南朝乐府诗曰:"打杀长鸣鸡,弹去乌臼鸟。愿得连冥不复曙,一年都一晓。"不过,幸好还有那抑扬高下的黄鹂百舌鸟,最可人意,不由便由恼转喜了。

清·张潮《幽梦影》:"鸟声之最佳者,画眉第一,黄鹂、百舌次之。然黄鹂、百舌,世未有笼而畜之者。其殆高士之俦,可闻而不可屈者耶?"画眉被评为鸟声第一,但正因有此特长,故常常身陷金笼,独黄鹂、百舌鸣声美妙,自在而无忧,最是切合幽居之人的心意。

009 高峰入云,清流见底。两岸石壁,五色交辉,青林翠竹,四时俱备。晓雾将歇,猿鸟乱鸣;日夕欲颓,沉鳞竞跃,实欲界之仙都①。自康乐以来②,未有能与其奇者。

【译文】 巍峨的山峰耸入云端,明净的溪流清澈见底。清溪两岸壁立千仞,五彩斑斓交相辉映,青葱的林木,翠绿的竹丛,一年四季风景常新。清晨的雾霭即将消散,林中的猿鸟竞相乱鸣,傍晚夕阳落山,水中的鱼儿争相跃出水面。这里实在是人间的仙境呀!可惜自谢康乐以来,没有能够真正领略其中的奇异之处的了。

【注释】 ①欲界:佛家语,即人世间。 ②康乐:谢灵运袭封康乐公,世称谢康乐,中国山水诗派的鼻祖。

【评解】 此条采自南朝梁·陶弘景《答谢中书书》。谢中书,即谢徵。

这封短简全文只有寥寥六十六个字(此处摘选五十八字),却能将山川之美描摹尽致。"高峰"二句写江南山林的特征,"两岸"四句写山林四时景色的瑰丽,"晓雾"四句写山林中一日之美。最后文章又以感慨收束,"实欲界之仙都",可惜自从谢灵运以来,没有人能够欣赏它的妙处,而作者却能够从中发现无尽的乐趣,带有自豪之感,期与谢公比肩之意溢于言表。

王国维云:"一切景语皆情语。"本文写景,通过高低、远近、动静的变化,视觉、听觉的立体感受,来传达自己与自然相融合的生命愉悦,体现了作者酷爱自然、归隐林泉的志趣。读来神气飞越,可谓一字千金。

010　曲径烟深,路接杏花酒舍;澄江日落,门通杨柳渔家。

【译文】　弯曲的小径烟雾弥漫,隐现出杏花村中的酒舍;澄静的江面夕阳西下,正对着杨柳掩映下的渔家之门。

【评解】　此条采自明·屠隆《娑罗馆清言》:"水色澄鲜,鱼排荇而径度;林光澹荡,鸟拂阁以低飞。曲径烟深,路接杏花酒舍;澄江日落,门通杨柳渔家。"

一幅宁静淡远的村居图。这杏花酒舍,杨柳渔家,应该就是常常光顾小酌的去处吧。

011　长松怪石,去墟落不下一二十里。鸟径缘崖,涉水于草莽间数四。左右两三家相望,鸡犬之声相闻。竹篱草舍,燕处其间,兰菊艺之,霜月春风,日有余思。临水时种桃梅,儿童婢仆皆布衣短褐,以给薪水,酿村酒而饮之。案有诗书,庄周、《太玄》、《楚词》、《黄庭》、《阴符》、《楞严》、《圆觉》数十卷而已①。杖藜蹑屐,往来穷谷大川,听流水,看激湍,鉴澄潭,步危桥,坐茂树,探幽壑,升高峰,不亦乐乎!

【译文】　青松高耸,怪石林立,距离村落不少于一二十里的地方。小路沿着山崖蜿蜒曲折,屡屡涉过小溪在草莽间前行进。小路左右只有两三家人家遥遥相望,鸡鸣狗吠之声相互可以听见。竹子围成的篱笆,茅草搭成的屋子,闲居其中,种植些兰草、菊花,无论是秋月霜寒,还是春风和煦,每日里都余兴不减。在水边种些桃树、梅花,小童和婢女都穿着短小的粗布衣服,砍柴汲水,酿造米酒自饮。书桌上摆着诗书典籍,也不过如《庄子》、《太玄》、《楚辞》、《黄庭经》、《阴符经》、《楞严经》、《圆觉经》等数十卷而已。拄着藜杖,脚踏木屐,往来于深谷大河之间,听流水潺潺,看激流飞迸,照照澄静的潭水,走过高悬的小桥,坐在茂盛的大树下,探险幽深的山谷,登上高高的山峰,不也快乐吗!

【注释】　①《太玄》:西汉扬雄《太玄经》。《黄庭》:相传老子所著《黄庭经》。《阴符》:相传黄帝所著《阴符经》。《楞严》、《圆觉》:即佛教经典《楞严经》与《圆觉经》。

【评解】　此条采自明·高濂《遵生八笺·起居安乐笺》转引宋·周密辑《澄怀录》语。周氏晚年居住杭州,遇胜日好怀,肆意恣游于山水间,与幽人雅士谈谐吟啸,酒酣之余,浩歌咏志。此书就是其生活意趣的反映,分上下两卷,采撷唐宋登临游胜、流连光景之文字凡七十余条,或片言只语,或长篇纪游,语清隽而意旷达,物外之感见于字里行间,以达"澄怀观道",以示高山景行之意,《四库全书总目录提要》以为明人清谈小品实滥觞于此书。

012 天气晴朗,步出南郊野寺,沽酒饮之。半醉半醒,携僧上雨花台①,看长江一线,风帆摇曳,钟山紫气,掩映黄屋②,景趣满前,应接不暇。

【译文】 天气晴朗的时候,步出南京城南郊的野寺,买来酒畅饮。喝至半醉半醒之际,与高僧一起登上雨花台,但见长江如带,江面船帆往来摇曳,俯瞰钟山之麓旧朝宫阙烟雾缭绕,掩映于宫殿之上,满眼都是美景和幽趣,令人应接不暇。

【注释】 ①雨花台:在今江苏省南京市。该地古时多寺庙,传梁武帝时云光法师在此讲经,落花如雨,故名。 ②黄屋:指帝王宫殿。

【评解】 远观俯瞰,前朝往事,胜败兴衰,人世的短暂、历史的兴亡,万般感受竞涌心头,该也是"应接不暇"吧。

013 净扫一室,用博山炉蒸沉水香①,香烟缕缕,直透心窍,最令人精神凝聚。

【译文】 清扫好一间居室,用名贵的博山炉点燃起沉水香,香烟缕缕升起,幽香直透心窍,最能使人尘心洗尽,凝聚精神。

【注释】 ①博山炉:古香炉名。是中国汉、晋时期常见的焚香所用的器具。因炉盖镂空呈山形,象征传说中的海上仙山——博山而得名(汉代盛传海上有蓬莱、博山、瀛洲三座仙山)。今山东淄博确有之地。蒸(ruò):烧。沉水香:沉香木,由于它的心很坚实,丢到水中会沉到水底,故名。南朝乐府民歌《杨叛儿》:"暂出白门前,杨柳可藏乌。欢作沉水香,侬作博山炉。"

【评解】 炉和香都是名贵之物,可以见出主人的风雅与品位。台湾作家林清玄在《沉水香》一文中说:沉香最动人的部分,是它的"沉",有沉静内敛的品质;也在它的"香",一旦成就,永不散失。沉香不只是木头吧!也是一种启示,启示我们在浮动的、浮华的人世中,也要在内心保持着深沉的、永远不变的馨香。

014 每登高丘,步邃谷,延留燕坐,见悬崖瀑流,寿木垂萝,閟邃岑寂之处①,终日忘返。

【译文】 每次登上高山,进入深谷,逗留闲坐,见悬崖之上瀑布飞泻,千年古木满布藤萝,这样的幽深寂静之所在,足以令人终日流连忘返。

【注释】 ①閟(bì)邃:神秘,幽深。

【评解】 此条采自明·高濂《遵生八笺·起居安乐笺》转引宋·周密辑《澄怀录》语。

柳宗元《至小丘西小石潭记》描写了一个清寂奇丽的小石潭,但作者却认为"竹树环合,寂寥无人,凄神寒骨,悄怆幽邃。以其境过清,不可久居。"含蓄地反映了作者寂寞凄怆的心境。而此条内容却不仅不觉其冷,反而要终日忘返,将自己与景物完全融为一体。

015 每遇胜日有好怀,袖手哦古人诗足矣。青山秀水,到眼即可舒啸,何必居篱落下,然后为己物?

【译文】 每次天气好的时候,心情大悦,只要袖着手吟哦几句古人的诗句,便心满意足了。青山秀水,只要映入眼帘便可尽情地长歌吟啸,为何一定要置于自己的篱落下,才可以成为供自己欣赏的景物呢?

【评解】 此条采自明·高濂《遵生八笺·起居安乐笺》转引宋·周密辑《澄怀录》语。

大千世界财富很多,我们不可能都拥有,也没有必要拥有。不是我的,但我可以欣赏。青青翠竹都是般若,郁郁黄花都是妙谛,对我们来说,都是财富。享有财富比拥有财富更美好。

016 柴门不扃①,筠帘半卷②,梁间紫燕,呢呢喃喃,飞出飞入,山人以啸咏佐之,皆各适其性。

【译文】 柴门不关,竹帘半卷,屋梁上的燕子,呢呢喃喃,飞进飞出,山居之人以长啸、吟咏与之呼应,彼此各适其情性。

【注释】 ①扃(jiōng):关门。 ②筠(yún):竹子的青皮。

【评解】 只有飞出飞入的燕子,不会嫌柴门草屋之破陋,呢呢喃喃不休。隐居于此的山人则以啸咏相应之,各得其乐,一切任其自然。

017 风晨月夕,客去后,蒲团可以双跏①;烟岛云林,兴来时,竹杖何妨独往。

【译文】 在清风习习的早晨,月色皎洁的夜晚,客人走后,可以安坐蒲团,静心澄虑;烟雾迷茫的岛屿,云气弥漫的山林,雅兴来时,何妨拄着竹杖独自前往?

【注释】 ①双跏(jiā):佛教中修禅者的一种坐法,即双足交叠而坐。

【评解】 此条采自明·屠隆《娑罗馆清言》。

风晨月夕,烟岛云林,随兴适性而往。乘兴而去,兴尽而归,无疑是雅致人生的一种境界。

018 三径竹间①,日华澹澹,固野客之良辰;一编窗下,风雨潇潇,亦幽人之好景。

【译文】 在隐居所在的竹林之中,光华清照,固然是隐居者的好时光;手执一卷书在窗下阅读,风雨潇潇,也是隐居者的好光景。

【注释】 ①三径:典出晋·赵岐《三辅决录·逃名》:"蒋诩归乡里,荆棘塞门,舍中有三径,不出,唯求仲、羊仲从之游。"陶渊明《归去来兮辞》:"三径就荒,松菊犹存。"后多喻指退隐所居田园。

【评解】 此条采自明·屠隆《娑罗馆清言》。

听窗外风雨潇潇,心绪却无比超然宁静,了无挂碍,这正是幽人野客的最高境界与体悟。

019 乔松十数株,修竹千余竿;青萝为墙垣,白石为鸟道;流水周于舍下,飞泉落于檐间;绿柳白莲,罗生池砌;时居其中,无不快心。

【译文】 高大的松树十余株,修长的竹子千余竿。青青的藤萝作为围墙,白色的石头铺就弯曲的小径。溪水环绕着屋舍,飞瀑溅落于屋檐。碧绿的杨柳环绕着石砌的池塘,雪白的莲花生长在池塘之中。身居于此中,是如此的快乐。

【评解】 此条采自唐·白居易《与元微之书》:"仆去年秋始游庐山,到东、西二林间香炉峰下,见云水泉石,胜绝第一,爱不能舍,因置草堂。前有乔松十数株,修竹千余竿;青萝为墙垣,白石为桥道;流水周于舍下,飞泉落于檐间;红榴白莲,罗生池砌;大抵若是,不能殚记。每一独往,动弥旬日,平生所好者,尽在其中,不惟忘归,可以终老。此三泰也。"略有改易。元微之,唐代文学家元稹。

用铺排的手法,描绘草堂之环境,既有视觉、听觉之美,复有静态、动态之姿,堪称"云水泉石,胜绝第一"。迁谪之中,竟能觅得山水佳胜之处以为安身之所,与其说这是居住环境的真实写照,不如说它是诗人心灵住所的最好描绘。

020 人冷因花寂,湖虚受雨喧。

【译文】 人感到寒意是因为四周的花木寂寥,湖面平静因而雨点打在上面才显得喧闹。

【评解】 读之大有冷艳落寞之感。人对花的爱怜,人与花微妙的联系,想象奇特又真切入微。一泓湖水如何就"虚"了呢?原来是雨声打破了湖面的平静。

021 有屋数间,有田数亩;用盆为池,以瓮为牖;墙高于肩,室大于斗。布被暖余,藜藿饱后①,气吐胸中,充塞宇宙;笔落人间,辉映琼玖②。人能知止,以退为茂;我自不出,何退之有?心无妄想,足无妄走;人无妄交,物无妄受。炎炎论之③,甘处其陋;绰绰言之,无出其右。羲轩之书④,未尝去手;尧舜之谈,未尝离口。谈中和天,同乐易友;吟自在诗,饮欢喜酒。百年升平,不为不偶;七十康强,不为不寿。

【译文】 有房屋数间,有田地数亩;用瓦盆作水池,用陶瓮作窗户;墙壁只高到超过肩,房间只大于斗尺见方。但只要有衣服被子暖身,有粗茶淡饭填腹,便可以倾吐自己的心声,充塞于天地宇宙之间;笔触指向现实生活,珠玑文字便可与琼玖美玉交相辉映。一个人能知行知止,以隐退为上;而我本就不出仕入世,又谈何隐退呢?没有非分之想,也不随意涉足,不结交无行之人,不接受不义之财。以美好盛大而论,这是甘愿处于简陋的环境之中;以自由旷达而言,则恐怕没有人能超过此。上古时代的书籍,从不离手;尧舜那么的治世之论,从不离口。谈论的是中正平和的境界,结交的是温厚平易的朋友;吟咏的是逍遥自在的诗篇,痛饮的是欢喜醉人的美酒。百年的天下升平,不能说不算命运相济;年已古稀仍然健康强壮,不能说不算长寿。

【注释】　①藜羹:藜藿之羹,指粗劣的饭菜。《史记·太史公自序》:"粝粱之食,藜藿之羹。"②琼玖:美玉,喻贤才。《诗经·木瓜》:"投我以木李,报之以琼玖。"　③炎炎:盛美,有气焰。《庄子·齐物》:"大言炎炎,小言詹詹。"　④羲轩:伏羲氏和轩辕氏。相传伏羲演先天八卦,为《周易》前身;轩辕(即黄帝)有《本草经》传世。

【评解】　此条采自宋·邵雍《瓮牖吟》。原文此前尚有"有客无知,唯知自守。自守无他,唯求寡咎"四句,"谈中和天"为"当中和天"。

　　身居园林,在狭小有限的空间里,"即物穷理",以构建"天人之际"无限广大的宇宙体系。境由心造,拳石勺水、一斋半亭,都能让理学家们感知到生命的韵律,实现对"天理",对"道"的追求。

022　中庭蕙草销雪①,小苑梨花梦云②。

【译文】　庭院之中积雪消融之后蕙草就长出来了,小园里的梨花盛开雪白一片犹如梦中白云。

【注释】　①"中庭"句:语本唐·元稹《莺莺传》载,张生好友杨巨源《崔娘诗》曰:"清润潘郎玉不如,中庭蕙草雪初消。风流才子多春思,肠断萧娘一纸书。"蕙草:香草名。　②"小苑"句:典出宋·张邦基《墨庄漫录》卷六引唐·王建《梦看梨花云歌》:"薄薄落落雾不分,梦中唤作梨花云。瑶池水光蓬莱雪,青叶白花相次发。不从地上生枝柯,今在天头绕宫阙。天风微微吹不破,白艳却愁春浣露。玉房彩女齐来看,错认仙山鹤飞过。落英散纷飘满空,梨花颜色同不同。眼穿臂断取不得,取得亦从梦中。无人为我解此梦,梨花一曲心珍重。"诗写梦中恍惚所见如云似雪的缤纷梨花。后用作状雪景之典。亦作梨花云、梨花梦、梨云、梨云梦等。

【评解】　此条或化自宋·俞国宝《风入松》词:"东风巷陌暮寒骄。灯火闹河桥。胜游忆遍钱塘夜,青鸾远、信断难招。蕙草情随雪尽,梨花梦与云销。客怀先自病无聊。绿酒负金蕉。下帏独拥香篝睡,春城外、玉漏声遥。可惜满街明月,更无人为吹箫。"

　　此句以拟人的笔法,活泼泼地状写出蕙草之香、梨花之白,写出春天冰雪消融、万物复苏的无限生机。

023　以江湖相期,烟霞相许,付同心之雅会,托意气之良游。或闭户读

书，累月不出；或登山玩水，竟日忘归。斯贤达之素交，盖千秋之一遇。

【译文】 以浪迹江湖、烟霞伴侣相期许，把自己托付给志同道合的高雅聚会，以及意气相投的结伴游学。有时闭门读书，数月不出；有时游山玩水，终日流连忘返。这种贤人达士的雅素之交，大概要千年才得遇上一次。

【评解】 南朝梁·刘孝标《广绝交论》曰："寄通灵台之下，遗迹江湖之上，风雨急而不辍其音，霜雪零而不渝其色，斯贤达之素交，历万古而一遇。"君子之交淡如水，心有默契自然不需要任何语言或物质的约定，而可以优游自在，无牵无累。

024 荫映岩流之际，偃息琴书之侧，寄心松竹，取乐鱼鸟，则淡泊之愿，于是毕矣。

【译文】 闲游于山间林泉，歇息于琴书侧畔，寄心于松竹之间，取乐于鱼鸟之中，所谓淡泊的心愿，也就可以如愿以偿了。

【评解】 此条采自晋·戴逵《闲游赞序》。
"物莫不以适为得，以足为至，彼闲游者，奚往而不适，奚待而不足？"山水不再是作为消极避世的借口，而是作为赏心乐事的审美对象，有了这样的心态，他们才能够积极地欣赏山水之美，从中体悟山水的真趣，才有了王右军"我卒当以乐死"的感叹。

025 庭前幽花时发，披览既倦，每啜茗对之，香色撩人，吟思忽起，遂歌一古诗，以适清兴。

【译文】 庭院前幽香的花朵随着时令开放，读书困倦了，常常对花品茶，香气袭人，顿时吟咏的雅兴大发，于是吟唱古诗一首，以表达自己清幽的兴致。

【评解】 一时间，花香、书香、茶香融汇在一起，顿觉神清气爽，余香满口，诗兴大发，乃读书人之至乐也。

026 凡静室，须前栽碧梧，后种翠竹，前檐放步，北用暗窗，春冬闭之，以避风雨，夏秋可开，以通凉爽。然碧梧之趣，春冬落叶，以舒负暄融和之乐；夏秋交荫，以蔽炎烁蒸烈之气，四时得宜，莫此为胜。

【译文】 大凡宁静的居室，都须在屋子的前边栽下碧色的梧桐，房子的后面种下翠绿的竹林，房屋的前檐要宽敞以便散步，北面则要用暗窗，这样春、冬季节可以关闭起来以避风雨，夏、秋季节则可以打开通风纳凉。然而栽种碧梧的意趣，还在于春、冬季节树叶都落尽了，可以使人在太阳下曝背取暖，其乐融融；夏、秋季节树叶繁茂，交相掩映，可以遮挡炎炎烈日，减轻酷暑的威力。这样一年四季都各得其宜，没有比这更好的了。

【评解】 古代文人们其实是把有限的庭园当成胸中之天下来经营的。

027 家有三亩园,花木郁郁,客来煮茗,谈上都贵游①、人间可喜事,或茗寒酒冷,宾主相忘。其居与山谷相望②,暇则步草径相寻。

【译文】 家有几亩园圃,花草树木葱葱郁郁,有客来访则煮茶以待,谈论些京师王公贵族的趣闻轶事,以及人世间可供高兴的事情,有时甚至于茶凉酒冷,宾主也都完全忘记了。他的居处与黄山谷的居处遥遥相望,有闲暇了便走过草径来寻访。

【注释】 ①上都:古代对京都的通称。贵游:指无官职的王公贵族,亦泛指显贵者。 ②山谷:黄庭坚,字鲁直,号山谷道人、涪翁,分宁(今江西省修水县)人。其诗书画号称"三绝",与当时苏东坡齐名,人称"苏黄"。

【评解】 此条采自宋·黄庭坚《四休居士诗序》:"太医孙君昉,字景初,为士大夫发药,多不受谢,自号'四休居士'。山谷问其说,四休笑曰:'粗茶淡饭饱即休,补破遮寒暖即休,三平二满过即休,不贪不妒老即休。'山谷曰:'此安乐法也,夫少欲者不伐之家也,知足者极乐之国也。四休家有三亩园,花木郁郁,客来煮茗传酒,谈上都贵游人间可喜事,或茗寒酒冷,宾主皆忘。其居与予相望,暇则步草径相寻,故作小诗遣家僮歌之,以侑酒茗。'"

028 良辰美景,春暖秋凉,负杖蹑履,逍遥自乐,临池观鱼,披林听鸟,酌酒一杯,弹琴一曲,求数刻之乐,庶几居常以待终。

【译文】 在良辰美景或是春暖秋凉的时候,拄着竹杖,穿着草鞋,逍遥自在,自得其乐,到池塘边观赏鱼儿,或披荆入林听百鸟鸣唱,喝上一杯美酒,弹上一曲清音,不仅可以求得一时的欢乐,差不多也可以此安享天年。

【评解】 此条采自南朝梁·徐勉《为书诫子崧》:"或复冬日之阳,夏日之阴,良辰美景,文案闲隙,负杖蹑屦,逍遥陌馆,临池观鱼,披林听鸟,浊酒一杯,弹琴一曲,求数刻之暂乐,庶居常以待终,不宜复劳家间细务。"

描述作者在自己经营的一方小园里,纯粹闲适逍遥的自然之乐。这种文人情趣和潇洒情愫在当时具有一定的普遍性,如谢灵运的《山居赋》、沈约的《郊居赋》即是最明显的例子。

029 筑室数楹,编槿为篱,结茅为亭,以三亩荫竹树栽花果,二亩种蔬菜,四壁清旷,空诸所有,蓄山童灌园薙草,置二三胡床着亭下,挟书剑以伴孤寂,携琴弈以迟良友,此亦可以娱老。

【译文】 筑起数间房舍,将木槿编作篱笆,编织茅草作亭子,以三亩地栽种竹树花果,二亩地种植蔬菜,家徒四壁,一无所有,蓄养几个山童专门浇水除草,放二三张轻便的坐具在亭下,带着书籍宝剑以消磨孤寂的时光,或者带着古琴围棋以等待好友,这也是可供颐养天年的。

【评解】 此条采自明·陈继儒《岩栖幽事》:"不能卜居名山,即于岗阜回复及林水幽翳处辟地数亩,筑室数楹,插槿作篱,编茅为亭,以一亩荫竹树,一亩栽花果,二亩种瓜菜,四壁清旷空诸所有,畜山童灌园薙草,置二三胡床,着林下,挟书砚以伴孤寂,携琴弈以迟良友,凌晨杖策,抵暮言旋。此亦可以娱老矣。"

在生活中开辟一个非世俗的空间是明清士人生活的重点,这个空间规模的大小不一,但其作为隔离世俗、容纳自我、营造清闲的意义则一。园林的修筑实有经营"另一种人生情境"的意味,对这些士人而言,园林可以说是相对于"世俗世界"之另一"美学世界"的表征与具体化。

030 一径阴开,势隐蛇蟺之致①,云到成迷;半阁孤悬,影回缥缈之观,星临可摘。

【译文】 一条小路,若隐若现地延伸于山间,在云雾之中蜿蜒曲折;半座亭阁,孤悬于群山之中,险峻缥缈似乎可以摘到天上的星辰。

【注释】 ①蟺(shàn):蚯蚓的别名。

【评解】 可以想见身居此中主人的情怀之空灵。

031 几分春色,全凭狂花疏柳安排;一派秋容,总是红蓼白苹妆点①。

【译文】 几分春天的景色,都是凭着烂漫的鲜花、婆娑的杨柳来安排;一派秋天的景象,总是依靠淡红的白色的苹花来装扮。

【注释】 ①红蓼(liǎo):俗名"狗尾巴花"。白苹:一种水草,叶青白色。常用于表示相思离别。南宋·孙锐《平湖秋月》诗曰:"月冷寒泉凝不流,棹歌何处泛归舟。白苹红蓼西风里,一色湖光万顷秋。"

【评解】 不同的植物装点着不同的季节。大自然的春色秋容,靠的就是各种植物的装点安排,这是自然的造化之功。

032 南湖水落①,妆台之明月犹悬;西廊烟销②,绣榻之彩云不散。

【译文】 南边湖上的潮水已经退去,妆台前一轮明月犹悬,无法成眠;西边厢房里香烟已经散尽,而绣榻边相思女子的愁云依然未散。

【注释】 ①水落:潮落,暗示夜色已深。 ②烟销:古人睡时常常点香,早晨香烟散尽,暗示天明。

【评解】 不直接点出相思女子,而其彻夜难眠、辗转反侧之状尽出。点出"妆台",该也有青春空耗为谁容的感慨吧。

033 秋竹沙中淡,寒山寺里深。

【译文】 沙土之中的秋竹显得相对疏淡,古寺周围的寒山显得格外幽深。

【评解】 近似白描的写景,构造出凄清、深远的意境。

034 野旷天低树,江清月近人。

【译文】 旷野无垠,放眼望去,远处的天空显得比近处的树木还要低;明月映在澄清的江水中,和舟中的人是那样的近。

【评解】 此条采自唐·孟浩然《宿建德江》诗:"移舟泊烟渚,日暮客愁新。野旷天低树,江清月近人。"

这是人在舟中才能领略到的奇特景色。孤立舟头,在平原的旷野中,在高悬的明月下,在无尽的时空中。这是盛唐人的愁。

035 潭水寒生月,松风夜带秋。

【译文】 月光下幽深的潭水闪耀着清冷的波光,夜里松林中的凉风吹来了几分秋意。

【评解】 此条采自南宋·岳飞《题鄱阳龙居寺》诗:"巍石山前寺,林泉胜境幽。紫金诸佛相,白雪老僧头。潭水寒生月,松风夜带秋。我来嘱龙语,为雨济民忧。"

明·杨慎《升庵诗话》卷六以为此二句出自岳飞《湖南僧寺》诗,未知何据,并评之曰:"唐之名家,不过如此。""怒发冲冠"的岳武穆王,也能写出如此意境清幽的诗句。

036 春山艳冶如笑,夏山苍翠如滴,秋山明净如妆,冬山惨淡如睡。

【译文】 春天的山野,妩媚如笑;夏天的山野,苍翠欲滴;秋天的山野,明净如装扮一新;冬天的山野,岑寂如沉睡一般。

【评解】 此条采自北宋·郭熙《山水训》。"真山水之烟岚,四时不同。春山淡冶而如笑,夏山苍翠而如滴,秋山明净而如妆,冬山惨淡而如睡。画见其大意而不为刻画之迹,则烟岚之景象正矣。"

用拟人和比喻的手法,赋予四时之山野不同的表情,为我们建构了一个缤纷斑斓的艺术世界。

037 眇眇乎春山①,淡冶而欲笑;翔翔乎空丝②,绰约而自飞。

【译文】 远远的春山,恬静美丽好像在微笑;杨柳婀娜多姿风情绰约,本不待于风的吹动。

【注释】 ①眇眇:辽远、高远貌。 ②空丝:指杨柳枝。

【评解】 前两句写山,是远景,喻其为微笑之女子;后二句写树,是近景,突出其婀娜可喜。作者心情之轻快跃然纸上。

038 盛暑持蒲,榻铺竹下,卧读《骚经》,树影筛风,浓阴蔽日,丛竹蝉声,远远相续,蘧然入梦①。醒来命取椹栉发②,汲石涧流泉,烹云芽一啜,觉两腋生风。徐步草玄亭,芰荷出水,风送清香,鱼戏冷泉,凌波跳掷。因涉东皋之上,四望溪山罨画③,平野苍翠,激气发于林瀑,好风送之水涯。手挥麈尾,清兴洒然,不待法雨凉雪④,使人火宅之念都冷⑤。

【译文】 盛夏酷暑,手持蒲扇,将床榻置于竹林之下,卧读《离骚》,树影间透过清凉微风,浓阴遮蔽了阳光,竹丛中的蝉鸣声,由远而近,连续不断,使人在惊喜中悠然入梦。醒来后让人取来梳子梳理头发,取来石涧流动的清泉,煮上一壶上品佳茶,独自品尝,但觉两腋间清风徐徐。漫步草玄亭,见莲荷出水,微风送来阵阵清香,鱼儿嬉戏于清凉的泉水中,不时跃出水面。于是登上东边的高丘,环顾溪流青山,色彩如画,原野上苍翠欲滴,激越之气发于林间瀑布,习习凉风吹过水滨。手挥拂尘,清幽的兴致油然而生,不需等待佛法之雨或冷雪降临,都可以使人的尘俗欲念心灰意冷。

【注释】 ①蘧(qú)然:惊喜貌。 ②椹(zhèn):梳子。栉:梳。 ③罨(yǎn)画:色彩鲜明的绘画,形容自然景物的艳丽多姿。明杨慎《丹铅总录·订讹·罨画》:"画家有罨画,杂彩色画也。" ④法雨:佛家语。指佛法。佛法普度众生,如雨之滋润万物。 ⑤火宅:佛家语。比喻烦恼的俗界。《法华经》:"三界无安,犹如火宅,众若皆满,甚可怖畏。"

【评解】 此条可参见卷四075条:"箕踞于斑竹林中,徙倚于青矶石上,所有道笈梵书,或校雠四五字,或参讽一两章。茶不甚精,壶亦不燥;香不甚良,灰亦不死。短琴无曲而有弦,长讴无腔而有音。激气发于林樾,好风逆之水涯。若非羲皇以上,定亦嵇阮之间。"

　　树影、蝉声、流泉、芰荷、鱼池、溪山、平野,夏日清闲的生活,间以优美的景物描写,尤其"激气发于林瀑,好风送之水涯"两句,其旷达悠然之情,亦如"好风"扑面而来,使人精神为之一爽。

039 山曲小房,入园窈窕幽径,绿玉万竿①,中汇涧水为曲池,环池竹树云石,其后平冈逶迤,古松鳞鬣②,松下皆灌丛杂木,茑萝骈织,亭榭翼然。夜半鹤唳清远,恍如宿花坞间,闻哀猿啼啸,嘹呖惊霜③,初不辨其为城市为山林也。

【译文】 群山环抱中的一间小房,走进园内有一条蜿蜒曲折的小径,有绿竹万竿,中间汇聚涧水成为一泓弯曲的小池,竹树云石环绕水池周围,其后是逶迤起伏的山冈,古松参天,松下都是灌木丛及杂草,蔓草藤萝交织,亭台楼榭如鸟翼展开。夜半时分,鹤鸣声清厉悠远,恍如宿于花坞间,听猿啼凄厉,惊见清霜,乍听之下,分不清这到底是在城市还是在山林之中。

【注释】 ①绿玉:指竹子。 ②鳞鬣(liè):本义指龙的鳞片和鬣毛。这里以鳞喻松树皮,鬣喻松针。 ③嘹呖(liáolì):形容声音响亮凄清。

【评解】 如此幽雅的小园,不禁让人想起"小园香径独徘徊"的意境。鹤鸣猿啼,这些只能在山野间听到的声音,却在这里听到了,自然难免恍惚起来,不知身在何处了。

040 一抹万家,烟横树色,翠树欲流,浅深间布,心目竞观,神情爽涤。

【译文】 一抹云霞萦绕万家,云烟掩映下的树色翠绿欲滴,远近深浅各不相同,心与目都应不暇接,使人俗虑涤尽,神清气爽。

【评解】 "心目竞观"者,使人如同佛家语谓"开心眼",有豁然开朗之妙悟。

041 万里澄空,千峰开霁,山色如黛,风气如秋,浓阴如幕,烟光如缕,笛响如鹤唳,经呗如咿唔①,温言如春絮,冷语如寒冰,此景不应虚掷。

【译文】 万里晴空无云,千峰云开霁散,山色青翠如黛,风气凉爽如秋,树阴浓密如幕,烟岚光影如缕,笛响如野鹤鸣叫,诵经如咿唔读书,温馨的话语如春天的花絮,冷峻的言语如冬天的寒冰,如此美景,岂可虚度。

【注释】 ①咿唔(yī wū):象声词,多形容吟诵声。

【评解】 此条数语采自明·张大复《梅花草堂全集·济上看月记》:"己亥五月十二日夜舟次济宁,是时月光如昼,风气如秋,浓阴如幕,山色如黛如烟,村犬如豹,橹声滑滑如江南,水味如虎丘。"

042 山房置古琴一张,质虽非紫琼绿玉,响不在焦尾号钟①,置之石床,快作数弄,深山无人,水流花开,清绝冷绝。

【译文】 在山间房舍里放置一张古琴,其质地虽然不是珍贵的美玉,声响也比不上焦尾、号钟,但若把它放在石床上,赶快弹上几曲,于深山无人,水流花开之际,使人感到清幽之极,冷艳之极。

【注释】 ①焦尾号钟:与"绿绮、绕梁"并称为古代四大名琴。焦尾,相传蔡邕在亡命途中,曾于烈火中抢救出一段尚未烧完、声音异常的梧桐木,制成七弦琴,声音不凡。号钟,周代名琴,琴音之洪亮,犹如钟声激荡,号角长鸣,令人震耳欲聋,故名。传说古代杰出的琴家伯牙曾弹奏过此琴。

【评解】 文人的闲情逸趣,殊为风流萧散。

043 密竹轶云,长林蔽日,浅翠娇青,笼烟惹湿。构数橼其间,竹树为篱,不复葺垣。中有一泓流水,清可漱齿,曲可流觞①,放歌其间,离披蓓郁②,神涤意闲。

【译文】 茂密的竹林,高大的树木遮天蔽日,郁郁葱葱,浅翠娇嫩,烟雾笼罩,带着湿润之气。在其中盖几间房屋,以竹树为篱笆,不用再修葺墙垣,中间还有一泓流水,清澈可以漱口,弯曲可供流觞赋诗,放声歌唱,草木茂盛而散乱,神情清爽而悠闲。

【注释】 ①曲可流觞:即流觞曲水。古代风俗,每逢三月上旬的巳日(三国魏以后定为三月三日),于水滨结聚宴饮,以祓除不祥。后发展为在水渠边宴集,于水上置杯,顺水而流,停即取饮赋诗。 ②离披:盛貌;多貌。蒨(qiàn):草盛貌。

【评解】 此条化自明·高濂《遵生八笺·四时幽赏录》:"三月中旬,堤上桃柳新叶,黯黯成阴。浅翠娇青,笼烟惹湿,一望上下,碧云蔽空。寂寂撩人,绿侵衣袂。落花在地,步蹀残红。恍入香霞堆里,不知身外更有人世。知己清欢,持觞觅句,逢桥席赏,移时而前,如诗不成,罚以金谷酒数。"

044 抱影寒窗,霜夜不寐,徘徊松竹下。四山月白,露坠冰柯,相与咏李白《静夜思》,便觉冷然寒风,就寝。复坐蒲团,从松端看月,煮茗佐谈,竟此夜乐。

【译文】 独对寒窗,抱臂月影,霜气连气,夜不成寐,徘徊于松竹之下。环顾四周青山,一片月光皎洁,白露降落到树枝上结成了霜冰,一起吟咏李白《静夜思》诗句,但觉寒风萧索,一片清冷,于是就寝。又独坐于蒲团之上,透过松树顶梢观赏月光,煮茶以助谈兴,通宵达旦,乐此不疲。

【评解】 此条"抱影寒窗,霜夜不寐"两句采自明·钱大复《梅花草堂笔谈·三境》:"抱影寒庐,夜深无寐,漫数乐事,得三境焉。"
　　寒夜难眠不如索性咏诗品茗,古人的夜生活别有一番高雅情趣。

045 云晴叆叇①,石础流滋②,狂飙忽卷,珠雨淋漓。黄昏孤灯明灭,山房清旷,意自悠然。夜半松涛惊飔,蕉园鸣琅窾坎之声③,疏密间发,愁乐交集,足写幽怀。

【译文】 浓云蔽日,柱子下面的石础潮湿欲滴,忽然狂风大作,大雨淋漓。黄昏时孤灯忽明忽灭,身处山中房舍感到清新旷达,意态悠然。夜半时分,松涛阵阵,芭蕉园也在风雨的吹打下发出各种各样的声音,时疏时密,使人忧喜参半,足以抒发内心的幽然情怀。

【注释】 ①叆叇(àidài):浓云蔽日。 ②石础:柱子下面的石础。 ③窾(kuǎn)坎:象声词。

【评解】 从白天到黄昏再到夜半,从石础流滋,天雨之兆,再到珠雨淋漓,松涛惊飔,作者的感知细腻悠然,或为之喜,或为之愁,此为真山林中人。

046 四林皆雪,登眺时见。絮起风中①,千峰堆玉;鸦翻城角,万壑铺

银。无树飘花,片片绘子瞻之壁^②;不妆散粉,点点糁原宪之羹^③。飞霰入林,回风折竹^④,徘徊凝览,以发奇思。画冒雪出云之势^⑤,呼松醪茗饮之景^⑥,拥炉煨芋,欣然一饱,随作雪景一幅,以寄僧赏。

【译文】 雪满林海,登高眺望,但见雪花如柳絮般随风乱舞,连绵不断的山峰好似白玉堆成。寒鸦在城角翻飞,万壑似白银铺地。没有树飘落花朵,却见雪花片片绘就了苏轼所描绘的赤壁景象;没有散粉妆点,却见雪粒点点成为原宪的藜羹之糁。飘散的雪花落入林中,回旋的狂风折断竹子,徘徊其间,凝神观赏,以启发奇特之思。描画冒雪出云的气势,呼唤小童取来松酒、茗茶的情景,围着火炉煨烤山芋,欣然饱食后,于是作雪景一幅,赠给高僧欣赏。

【注释】 ①絮起风中:典出《世说新语·言语》:"谢太傅寒雪日内集,与儿女讲论文义,俄而雪骤,公欣然曰:'白雪纷纷何所似?'兄子胡儿曰:'撒盐空中差可拟。'兄女曰:'未若柳絮因风起。'公大笑乐。" ②子瞻之壁:赤壁。苏轼(字子瞻)《念奴娇·赤壁怀古》有"乱石穿空,惊涛拍岸,卷起千堆雪"句。 ③糁(sǎn):散落。原宪之羹:《庄子·让王》:"子贡乘大马,中绀而表素,轩车不容巷,往见原宪。原宪华冠屣履,杖藜应门。子贡曰:'嘻,先生何病也!'"又"孔子穷于陈、蔡间,七日不食,藜羹不糁,颜色甚惫,而弦歌于室。"两典合用,明安贫乐道之志。 ④折竹:白居易《夜雪》诗:"夜深知雪重,时闻折竹声。" ⑤"画冒"句:北宋山水画家范宽善画雪景,是其一大创造,被誉为"画山画骨更画魂"。宋·刘道醇《圣朝名画评》评范宽:"好画冒雪出云之势,尤有气骨。" ⑥松醪:用松脂或松花酿制的酒。

【评解】 此条前半段连用一串有关雪的典故,后半段写赏雪之意境,可参看明·高濂《遵生八笺·四时幽赏录》"雪夜煨芋谈禅"条载:"雪夜偶宿禅林,从僧拥炉,旋摘山芋煨剥入口,味较市中美甚,欣然一饱。因问僧曰:'有为是禅、无为是禅?有无所有、无非所无是禅乎?'僧曰:'子手执芋是禅,更从何问余?'曰:'何芋是禅?'僧曰:'芋在子手有耶无耶,谓有何有,谓无何无,有无相灭。是为真空非空,非非空空无所空,是名曰禅。执空认禅,又看实相,终不悟禅,此非精尽力到得慧根缘,未能顿觉。子曷观芋乎?芋不得火口不可食,火功不到此,芋犹生,须火到芋熟,方可白齿舌。消灭是从有处归无,芋非火熟,子能生嚼芋乎?芋相终在不灭,手芋嚼尽,谓无非无,无从有来;谓有非有,有从无灭。子手执芋,今看何处?'余时稽首慈尊,禅从言下唤醒。"

047 孤帆落照中,见青山映带,征鸿回渚,争栖竞啄,宿水鸣云,声凄夜月,秋飙萧瑟,听之黯然,遂使一夜西风,寒生露白。

【译文】 孤帆远影,落日映照,但见青山映入水中如带,远飞的鸿雁回到小洲之上,争相寻找栖地食物,或在水中宿息,或鸣叫于云间,其声凄厉,更添月夜悲凉,秋风萧瑟,闻之黯然神伤,于是一夜西风,寒气顿生,早晨草木有了晶莹的露珠。

【评解】 仿佛那一夜西风紧,寒生露白,都是那远征的大雁啼唤而来。归雁,在孤帆远影的游子心中,唤醒的是对故乡深沉的思念。

048 万山深处,一泓涧水,四周削壁,石磴巉岩,丛木蓊郁,老猿穴其中,古松屈曲,高拂云颠,鹤来时栖其顶。每晴初霜旦,林寒涧肃,高猿长啸,属引凄异,风声鹤唳,嘹呖惊霜,闻之令人凄绝。

【译文】 万山深处,一泓涧水,四周都是悬崖峭壁,有石磴蜿蜒绝壁之间,丛林蓊郁青葱,有老猿穴居其中,古松盘曲虬劲,高耸云端,仙鹤不时停栖于树端。每当到了初晴或结霜的早晨,树林和山涧显出一片清凉和寂静,高处的猿猴放声长叫,声音持续不断,异常凄凉,风声鹤唳,惊彻霜天,听来令人感到凄凉至极。

【评解】 此条后半段采自北齐·郦道元《水经注·三峡》:"每至晴初霜旦,林寒涧肃,常有高猿长啸,属引凄异,空谷传响,哀转久绝。故渔者歌曰:'巴东三峡巫峡长,猿鸣三声泪沾裳。'"

049 春雨初霁,园林如洗,开扉闲望,见绿畴麦浪层层,与湖头烟水相映带,一派苍翠之色,或从树杪流来,或自溪边吐出。支筇散步,觉数十年尘土肺肠,俱为洗净。

【译文】 春雨过后,天刚放晴,园林如洗过一般,打开房门悠闲地放眼望去,但见碧绿的田野间麦浪滚滚,与湖边烟水相映衬,一派苍翠之色,或从树梢上流来,或从溪水边吐出。手拄竹杖,随意散步,顿时觉得数十年间为尘俗污染的肺肠,一时间都被洗得干干净净。

【评解】 这是雨后山间散步的感受。闷了一冬的心情,或者竟是数十年的郁闷,终于可以在美妙的春光中,放飞心情,净面素身,背手出门,去寻找春天的诗句。

050 四月有新笋、新茶、新寒豆、新含桃①,绿阴一片,黄鸟数声②,乍晴乍雨,不暖不寒,坐间非雅非俗,半醉半醒,尔时如从鹤背飞下耳。

【译文】 农历四月,有新鲜的竹笋、茶叶、豌豆、樱桃,到处是绿阴,黄鸟在鸣叫,时晴时雨,不冷不热,座间的宾客也是不雅不俗,半醉半醒,此时的感觉就像是坐在仙鹤背上从天上飞下来一样。

【注释】 ①寒豆:豌豆的别名。含桃:樱桃的别名。 ②"绿阴"二句:语出明任澄《萧山八景》之《柳塘春晓》:"钱塘江头天欲旦,杨柳万株排两岸。绿阴一片未全分,黄鸟数声看不见。"

【评解】 农历四月正是春天最美的时候。万物生长,有各式的新鲜蔬菜水果,有不冷不热的宜人气候,再加上不雅不俗半醉半醒的率真之人,自然要无比陶醉而忘情,飘飘而欲仙了。

051 名从刻竹,源分渭亩之云①;倦以据梧②,清梦郁林之石③。

【译文】 名字借刻写于竹简而传扬,其源头在于渭川千亩竹园;疲倦了便靠着梧桐小睡,清梦之中惟有郁林太守的石头。

【注释】 ①渭亩:指竹。《史记·货殖列传》:"渭川千亩竹"。 ②据梧:依梧树而安息。《庄子·齐物论》:"昭文之鼓琴也,师旷之枝策也,惠子之据梧也,三子之知几乎。"晋郭象注:"夫三子者,皆欲辩非己所明以明之,故知尽虑穷形劳神倦,或枝策假寐,或据梧而瞑。" ③郁林之石:比喻清廉。汉末郁林太守陆绩,清正廉洁,罢归时两袖清风,以至于舟轻不能越海,取石头装船方得渡。

【评解】 竹、梧在文人心中是一种精神的象征,所以名从刻竹,倦以据梧。所谓君子不立危墙之下恶草之丛。

052 夕阳林际,蕉叶堕地而鹿眠①;点雪炉头,茶烟飘而鹤避②。

【译文】 夕阳下的森林里,恍惚中飘落的芭蕉叶覆盖了睡眠中的麋鹿;煮雪烹茶于炉头,茶烟飘散,仙鹤受惊而躲避。

【注释】 ①"蕉叶"句:典出《列子·周穆王》:"郑人有薪于野者,遇骇鹿,御而击之,毙之,恐人见之也,遽而藏诸隍中,覆之以蕉,不胜其喜。俄而遗其所藏之处,遂以为梦焉。"喻人世变幻莫测。 ②"茶烟"句:语出北宋·魏野《书友人壁》:"烹茶鹤避烟。"南宋·刘克庄《烹茶鹤避烟》:"吾鹤尤驯扰,俄如引避然。何曾厌茅舍,多是为茶烟。"

【评解】 古代隐士多隐于深山野水,而深山野水必多云岚雾影,云岚雾影自然又使山境更为幽深,更宜于隐逸,更显得纤尘不染、与世隔绝,所谓"烟波钓徒"、"白首卧松云"一类,都是来源于此。因此,青睐烟云,标榜云林烟霞之志,就成为文人的美学追求。这就是为何古人对"茶烟"有着如此浓厚的兴趣。而将鹤与茶烟放在一起相互映衬,写出了隐逸情趣的极致。

053 高堂客散,虚户风来,门设不关,帘钩欲下。横轩有狻猊之鼎①,隐几皆龙马之文②,流览霄端,寓观濠上③。

【译文】 高堂之上,宾客散去,虚掩的门户,清风徐来,房门不上关钥,帘钩将要放下。门口放着刻有狮兽的炉鼎,伏身的几案上都是龙马形象的文饰,浏览云端的景色,寓目濠上的风光。

【注释】 ①狻猊(suānní):传说中似狮子的猛兽。相传龙生九子,老五,形如狮,喜烟好坐,佛主见它有耐心,便收在胯下当了坐骑。所以形象一般出现在香炉上,随之吞烟吐雾。 ②龙马之文:《尚书·顾命》孔氏传曰:"伏羲氏王天下,龙马出河,遂则其文,以画八卦,谓之河图。" ③濠上:《庄子·秋水》记庄子与惠施游于濠梁之上论鱼之乐。后以濠上指逍遥闲游之所,寄情玄言为濠上之风。

【评解】 客去人散,隐几而歇,一己之世界,俯仰天地间,可以得濠上之风。

054 山经秋而转淡,秋入山而倍清。

【译文】 山中的风景,经过秋天而变得淡雅;秋天降临山中,也会倍加清爽。

【评解】 秋天的山是寂寥的,但也是丰盈的。它比春天的色彩更绚烂更斑驳,更多了一份清雅,一份萧索,多了一点遥望冬天的淡然。

055 山居有四法:树无行次,石无位置,屋无宏肆,心无机事。

【译文】 隐居于山中有四条法则:树木不要纵横有序,石头不要有固定位置,房屋不要高大张扬,内心不要机巧世故。

【评解】 此山居四法,就是讲要自然随意,以平淡、自然、天真为理想境界,不要钩心斗角处处机心,才能与自然融为一体。

056 花有喜怒、寤寐、晓夕,浴花者得其候,乃为膏雨。淡云薄日,夕阳佳月,花之晓也;狂号连雨,烈焰浓寒,花之夕也;檀唇烘日,媚体藏风,花之喜也;晕酣神敛,烟色迷离,花之愁也;欹枝困槛,如不胜风,花之梦也;嫣然流盼,光华溢目,花之醒也。

【译文】 花有喜怒、寤寐、晓夕的情绪,浇花的人如果能选择适宜的时机,就能成为滋润甘霖。淡云薄日天,夕阳佳月时,就是所谓花之晓;狂风连天,暑热酷寒时,是所谓花之夕。如淡红的嘴唇烘托着阳光,妖媚的身姿弱柳扶风,是所谓花之喜;花晕浓重神采收敛,烟色迷离朦胧模糊,是所谓花之愁。花枝欹斜,倦倚栏杆,似弱不禁风样,是所谓花之梦;似少女嫣然一笑流盼生辉,光彩照人,鲜艳夺目,是所谓花之醒。

【评解】 此条采自明·袁宏道《瓶史·洗沐》。《瓶史》为一部著名的插花专着。

花有不同的情绪,故要有不同的对应方式。花在清晨时则置于庭院大堂,花在黄昏时则置于内室幽房,花在愁苦时则要屏气安静正坐,花在喜悦时则可欢呼说笑,花在梦境时则要放下帘幔,花在清醒状态则施肥浇灌,此乃"悦其性情,时其起居也。"在花的清晨时为其沐浴最好,在花休息时为其沐浴次之,在共花的喜悦时为其沐浴最不好,如果在花处于夜梦时和愁苦时为其沐浴,那简直就是为其上刑,没有一点好处。

057 海山微茫而隐见,江山严厉而峭卓①,溪山窈窕而幽深,塞山童赪而堆阜②,桂林之山绵衍庞博③,江南之山峻峭巧丽。山之形色,不同如此。

【译文】 大海之中的山屿,渺渺茫茫时隐时现;大江两岸的群山,壁立千仞高峻陡直;溪河两边的山脉,窈窕妖媚而幽静深远;边塞的山,不见草木只见堆起的红色高丘;桂林的山,绵延起伏气势磅礴;江南的山,山势峻峭而奇巧秀丽。山的形态与景色,就是如此地不一样。

【注释】　①峭卓:高峻陡直。　②童赪(chēng):无草木的红土地。堆阜:小丘。　③庞博:犹磅礴。

【评解】　此条采自明·杨慎《艺林伐山》。其卷三转引北宋学者巩丰《巩氏耳目志》:"海山微茫而隐见,江山严厉而峭卓,溪山窈窕而幽深,塞山童赪而堆阜。"卷四则分别评述:"玲珑剔透,桂林之山也。才差㾕窆(yǔbiǎn),巴蜀之山也。绵衍庞魄,河北之山也。峻峭巧丽,江南之山也。"寥寥数语,从艺术的角度对中国各地的名山予以形象而生动的评价。千姿百态,如诗如画,神韵动人。

058　杜门避影,出山一事,不到梦寐间。春昼花阴,猿鹤饱卧,亦五云之余荫①。

【译文】　杜门谢客,避开尘世,出山入世这件事,从来不会进入梦中。春光明媚,花丛树阴,猿猴、野鹤饱食而卧,这也是五色祥云遗留的荫泽。

【注释】　①五云:青白赤黑黄五色彩云。

【评解】　到底是春山明媚悠闲所在,让作者不想出山,还是世间"行不得也",让作者无奈处之呢? 只有作者自己明白。

059　白云徘徊,终日不去,岩泉一支,潺湲斋中。春之昼,秋之夕,既清且幽,大得隐者之乐,惟恐一日移去。

【译文】　天空白云悠悠,终日不散,山岩中的一支清泉,潺潺湲湲地一直流过屋前。春天的白日,秋天的傍晚,既清静又幽雅,颇得隐居者的欢乐,惟恐哪一天会离开这里。

【评解】　那一支清泉,潺湲斋中,亦潺湲心中,正是作者内心世界澄明的真实呈现。

060　与衲子辈坐林石上①,谈因果,说公案②,久之,松际月来,振衣而起,踏树影而归,此日便是虚度。

【译文】　与僧侣们坐在林间的石头之上,谈着因果报应,说着禅宗公案,时间过去很久,不觉间月亮已悄悄地从松树间升起来了,抖抖衣服,站起身来,踏着树影归去,这一天算是在清虚之中度过了。

【注释】　①衲子:本指佛教徒所穿的百衲衣,后成为僧人的别称。　②公案:佛教禅宗认为用教理来解决疑难问题,如官府判案,故称公案。公案的灵魂是机锋。

【评解】　无所系于心,无所系于事,便是"虚度"。这样的虚度,不是光阴虚掷,而有如凭虚而行。

061　结庐人境,植杖山阿,林壑地之所丰,烟霞性之所适,荫丹桂,藉白茅,浊酒一杯,清琴数弄,诚足乐也。

【译文】　把草房子盖在尘俗世间,拄着手杖遍行于山阿之中。森林沟壑,这是大地的丰饶;烟霞泉石,这是性情所所适宜的。坐在丹桂的树阴之下,靠着白色的茅草,品饮浊酒一杯,弹奏几曲清雅的琴曲,确实是足够快乐的。

【评解】　此条采自唐·杜之松《答王绩书》。描写山中高士的闲逸生活与情怀。

062　辋水沦涟①,与月上下。寒山远火,明灭林外。深巷小犬,吠声如豹,村虚夜舂②,复与疏钟相间。此时独坐,童仆静默。

【译文】　辋水泛起涟漪,映照着月光上下波动。那寒山中远处的几点灯火,在树林之外忽明忽暗。深巷寂静,狗吠之声显得格外响亮,犹如豹吼一般,还有村子里不时传来的舂米声,与间或响起的钟声相互呼应。这时独自静坐,跟来的僮仆也都静默无语。

【注释】　①辋水:即辋川。水名。诸水会合如车辋环辏,故名。在今陕西省蓝田县南。唐诗人王维曾于此造别业。　②虚:通"墟"。

【评解】　此条采自王维《山中与裴迪秀才书》。唐天宝三载(744 年),王维在蓝田购买了辋川别业,过着半官半隐的生活,时与裴迪来往,两人志趣相映,赋诗唱和,共山水之娱,品自然之静。

　　此段内容为作者夜登华子冈上所见所闻。于此寂静之境中,诗人不禁回想起往日与好友裴迪携手赋诗唱和的情景,对好友的相思之情也更加浓烈。

063　东风开柳眼①,黄鸟骂桃奴②。

【译文】　东风吹拂,杨柳吐绿,仿佛春风吹开了杨柳的眼睛;黄鸟鸣叫,啄食干桃,仿佛是在责骂这无法食用的桃奴。

【注释】　①柳眼:初生柳叶,细长如睡眼初展,故名。　②桃奴:即桃枭,经冬不落的干桃子,以其干悬,状如枭首磔木,故名。

【评解】　把柳枝吐绿比作春风吹开了柳树的眼睛,把黄鸟啄食干桃比作是在责骂它的经冬不落,妨碍了春天的到来。写春天的万物复苏百鸟争鸣,想象奇特,妙趣横生。

064　晴雪长松,开窗独坐,恍如身在冰壶①;斜阳芳草,携杖闲吟,信是人行图画②。

【译文】　雪后初晴,高大的松树上还覆盖着积雪,此时推开窗户,独自静坐,一时恍惚置身于冰壶之中;夕阳斜照,芳草连天,拄着手杖,且行且吟,确实就像是人行于图画之中。

【注释】 ①身在冰壶:语出宋·杨万里《中秋前二夕钓雪舟中静坐》:"月到南窗小半扉,无灯始觉室生辉。人间何处冰壶是,身在冰壶却道非。" ②人行图画:语出宋·陈师道《雪后黄楼寄负山居士》:"林庐烟不起,城郭岁将穷。云日明松雪,溪山进晚风。人行图画里,鸟度醉吟中。不尽山阴兴,天留忆戴公。"

【评解】 有此情景,亦须独坐、闲吟,品出一段心情,方有此一片冰心在玉壶的清新,有人在画中行的悠然自得。

065 小窗下修篁萧瑟,野鸟悲啼;峭壁间醉墨淋漓,山灵呵护。

【译文】 小窗下修竹萧瑟,仿佛野鸟亦为之悲鸣;题诗峭壁酣畅淋漓,仿佛有山神为之佑护。

【评解】 宋·王安中《灵岩》诗曰:"停桡峭壁题名姓,醉墨淋漓记此游。"亦所谓一切景语皆情语也。

066 霜林之红树,秋水之白苹①。

【译文】 霜染层林,树叶变得更加红艳艳;秋水寒澈,白苹显得更加白茫茫。

【注释】 ①白苹:一种水草,开白花,因名。长于江河湖泽的岸边或洲渚之中,枝蔓尽量向水面延伸。

【评解】 枫叶与白苹,是古人诗词文章中常见的秋天意象。秋愈深而枫愈红,水中之白苹亦愈有凋残飘零之感。

067 云收便悠然共游,雨滴便泠然俱清,鸟啼便欣然有会,花落便洒然有得。

【译文】 云收雾散,便悠闲地一起游赏;雨点滴落,使觉寒凉清爽;鸟儿啼叫,便觉欣然欢喜,有会于心;花儿飘落,便觉内心洒然,似有所得。

【评解】 自然万物之变化,自有其无穷意趣在。此心能与之融为一体,则时时处处有欣然之会,何事伤春复悲秋?一片自然风景就是一种心情,清代袁枚《随园诗话》说:"鸟啼花落,皆与神通。"

068 千竿修竹,周遭半亩方塘;一片白云,遮蔽五株柳垂①。

【译文】 千竿修竹,围绕着半亩方塘生长;一片白云,遮蔽着五棵垂柳柳依依。

【注释】 ①五株柳垂:暗用陶渊明《五柳先生传》典。

【评解】 房屋周围是修竹方塘,是垂柳依依,天空中飘着的是白云片片,半亩方塘一鉴开,波光云影共徘徊,景色恬淡,清新中有闲适。

069 山馆秋深,野鹤唳残清夜月;江园春暮,杜鹃啼断落花风。

【译文】　山中馆舍,深秋时节,野鹤无休止地哀鸣,以至清寂寒夜里的残月也渐渐退去;江边园林,暮春时分,杜鹃鸟声声悲啼,花絮在风中纷纷飘落,令人肝肠寸断。

【评解】　野鹤哀鸣、杜鹃啼血,在深秋暮春时节,意境凄清,哀婉动人。

070　青山非僧不致,绿水无舟更幽;朱门有客方尊,缁衣绝粮益韵①。

【译文】　青山如果没有僧侣,就没有了情致;绿水如果没有小舟,显得格外幽静;豪门只有宾客不断,才显得尊贵;僧人不食人间烟火,才更加富有幽韵。

【注释】　①缁衣:僧尼的衣服,借指僧人。

【评解】　风景与人相互映衬,相互烘托,所以,宾客盈门才能显出豪门的气派,不食人间烟火更见出僧人的幽韵。

071　杏花疏雨,杨柳轻风,兴到欣然独往;村落烟横,沙滩月印,歌残倏尔言旋。

【译文】　稀疏的雨点打着杏花,和煦的微风吹拂着杨柳,不免引起兴致欣然前往;村落的上空炊烟袅袅,明月映照在沙滩的上面,歌曲唱罢,马上就回去。

【评解】　此条采自明·李鼎《偶谭》。

作者用一种自然随和的口吻加以描绘,目的就是衬托出自己的"兴",兴至便欣然独往,兴尽便倏尔言旋。

072　赏花酤酒,酒浮园菊方三盏;睡醒问月,月到庭梧第二枝。此时此兴,亦复不浅。

【译文】　赏花之时畅快地饮酒,三杯酒中都浮着园菊的花瓣儿;睡醒后问月到几时,月亮已经到了庭院梧树的第二枝。这时的兴致,也真是不浅。

【评解】　此条采自明·李开先《中麓山人拙对》:"诗成有客闲评,酒浮园菊凡三盏;睡醒顽童走报,月过庭梧第二枝。"李开先,明代著名戏曲家。

三盏即酣,可见是酒不醉人人自醉。酒酣则睡,睡醒问月,颇有李白"青天有月来几时,我今停杯一问之"的飘逸浪漫。

073　几点飞鸦,归来绿树;一行征雁,界破春天①。

【译文】　几只高飞的乌鸦,归来落在碧绿的树梢;一行远征的大雁,划破了春日的长空。

【注释】　①界破:划破。唐·徐凝《庐山瀑布》诗:"今古长如白练飞,一条界破青山色。"

【评解】　碧绿的树梢,春日的长空,几只翻飞的乌鸦,一行远征的大雁,活泼泼的春天景象。

074　看山雨后,霁色一新,便觉青山倍秀;玩月江中,波光千顷,顿令明月增辉。

【译文】　雨后观赏山景,天色晴明,焕然一新,顿时觉得青山更加秀美;江中玩赏月色,波光粼粼,碧波千顷,顿时让明月更加增添了光辉。

【评解】　山与雨、江与月,都是相互衬托的。雨后之山,更添妩媚;江中之月,尤觉摇曳。

075　楼台落日,山川出云①。玉树之长廊半阴,金陵之倒景犹赤。

【译文】　夕阳从楼台之上缓缓落下,云烟从山川之中升腾而出。排列着珠宝妆饰之树的长廊半阴半明,金陵城的河中倒影呈现出赤红色。

【注释】　①山川出云:语出宋·杨万里《长句寄周舍人子充》:"青原两公复双起,山川出云不在此。"

【评解】　此条采自明·汤显祖《秦淮河游赋》:"楼台落日,山川出云,木怀阴而靡景,草含清而向曛。首英寮其荐酒,指兰舟而命群。命群兮何适,望秦淮兮今夕。掬文石之倾阑,背学宫之广陌。玉树之长廊半阴,金陵之倒影犹赤。有所期兮未来,借弹棋而迟客。减人从以轻舟,弛冠裳而露帻。俨佳宾其已齐,放宽波而试剧。"诸本分此为二条。

据赋序所云,本赋作于万历十八年(1590 年)夏末,作者时任南京礼部祠祭司主事任,农历六月十五晚上,"风月朗清,人气萧爽",礼部郎中伍大仪命人泛舟载酒,邀集诸人共游秦淮河,途中觥筹交错,丝竹并奏,直至天明。其后,诸人离舟归家,作者与同部一中客郎共话于正阳门下,此中客郎"醉言有清人之许,离思多久客之怀",向作者吐诉思乡之情。作者归后,怀想此夜经历种种,将之记成此赋。

"楼台"二句形容出游前日没西沉景致。"玉树"二句记叙众人聚集等待出游之地。记事细腻,使人读之仿佛游其中。

076　小窗偃卧,月影到床。或逗留于梧桐,或摇乱于杨柳;翠华扑被,神骨俱仙,及从竹里流来,如自苍云吐出。清送素蛾之环佩①,逸移幽士之羽裳②。想思足慰于故人,清啸自纡于良夜。

【译文】　偃卧于小窗之下,月影一直照到床边,有时逗留于梧桐之上,有时飘摇于杨柳之间。青翠的树影在月光的映照下仿佛迎面扑向床被,令人身神都有飘飘欲仙之感,这如水的月光,就像是从竹林间流泻而出,又像是从苍云中倾泻下来。它携带着嫦娥清脆的环佩之声,映照于隐士的羽裳之上。此时此刻,对老朋友的想念情不自禁,化作一声长啸,在幽深的夜空中久久回荡。

【注释】　①素蛾:当做"素娥",即月神嫦娥,月色白,故称素娥。　②羽裳:羽衣。道士的衣服。

【评解】 此条采自明·吴从先《小窗自纪》:"小窗偃卧,月影到床。或逗遛于梧桐,或摇乱于杨柳。翠叶扑被,神骨俱仙。及从竹里流来,如自苍云吐出。清送素娥之环佩,逸移幽士之羽裳。相思足慰于故人,清啸自纡于长夜。"诸本自"清送"起分此为二条。

明月皎洁逸雅,清辉万里,令人逸兴遄飞,不禁欲抒"月照高楼歌一曲"的激情。此条可与卷六 049 条对看:"春雨初霁,园林如洗,开扉闲望,见绿畴麦浪层层,与湖头烟水相映带,一派苍翠之色,或从树杪流来,或自溪边吐出。支筇散步,觉数十年尘土肺肠,俱为洗净",只是一重在写月光之流泻,一重在写青翠之流泻,皆足以清人肺腑,不禁"清啸自纡"。

077 绘雪者,不能绘其清;绘月者,不能绘其明;绘花者,不能绘其香;绘风者,不能绘其声;绘人者,不能绘其情。

【译文】 画雪者,不能画出雪之清寒;画月者,不能画出月之明洁;画花者,不能画出花之香气;画风者,不能画出风之声响;画人者,不能画出人之情感。

【评解】 此条采自宋·罗大经《鹤林玉露》卷六丙编"绘事"条云:"绘雪者不能绘其清,绘月者不能绘其明,绘花者不能绘其馨,绘泉者不能绘其声,绘人者不能绘其情,然则言语文字,固不足以尽道也。"

这是遗憾绘画之不足以尽道。其实又何止绘画,任何艺术皆为如此。艺术只能描摹事物之万一,对于事物之"神",之"道",对于内心最深处的情感,再高超的艺术也无能为力。故庄子曰,得意忘言,得鱼忘筌。艺术之"不能"处,或曰"留白"之处,正有赖于接受者去自由地想象、发挥,这就是艺术的辩证法。

明·吴从先《小窗自纪》转引曰:"《鹤林》云:'绘雪者不能绘其清;绘月者不能绘其明;绘花者不能绘其馨;绘泉者不能绘其声;绘人者不能绘其情。'夫丹青图画,元依形似,而文字模拟,足传神情。即情之最隐最微,一经笔舌,描写殆尽。吾且试描之以笔舌。"则是重文字而轻绘画。

078 读书宜楼,其快有五:无剥啄之惊①,一快也;可远眺,二快也;无湿气浸床,三快也;木末竹颠,与鸟交语,四快也;云霞宿高檐,五快也。

【译文】 读书适宜在高楼之上,其中有五种快乐:没有叩门声的惊扰,这是一快;可以远眺,这是二快;没有潮湿之气侵袭床榻,这是三快;可以与竹木梢上的鸟儿说话,这是四快;云霞常常飘浮停留在高高的屋檐下,这是五快。

【注释】 ①剥啄:象声词。指敲门声。

【评解】 此条采自明·吴从先《小窗自纪》:"仙人好楼居,余亦好楼居。读书宜楼,其快有五;无剥啄之惊,一快也;可远眺,二快也;无湿气侵床,三快也;木末竹颠与鸟交语,四快也;云霞高瞻,五快也。"

　　读书人尚雅,特看重读书环境。读书需要有一个好的环境,尤其是安详宁静的心理环境。有了好的内在环境,那外在的物质上的贫寒也就不足为道了。

079 山径幽深,十里长松引路,不倩金张①;俗态纠缠,一编残卷疗人,何须卢扁②。

【译文】 山中小路幽静深远,自有十里长松为我引路,根本不需要借助金日磾、张安世这样的显贵身份;身心受尘世俗态纠缠,一卷残破的书卷便能治疗,又何须求助于扁鹊那样的神医?

【注释】 ①倩:借助。金张:汉代显宦金日磾、张汤。金氏家族,自武帝至平帝,七世为内侍;张汤后世,自宣帝、元帝以来为侍中、中常侍者十余人,故后世以金张为功臣世族的代称。《汉书·盖宽饶传》:"上无许史之属,下无金张之托。"　②卢扁:春秋战国时名医扁鹊。因家于卢国,故名,又名卢医。

【评解】 十里长松引路,情意缠绵;一编残卷疗人,其乐悠悠。世态炎凉只存在于人世间,所谓山水花鸟,只属于那些娴静、淡然的人。

080 喜方外之浩荡,叹人间之窘束。逢阆苑之逸客,值蓬莱之故人①。

【译文】 欣喜于尘世外的逍遥自由,感叹着人世间的窘迫拘束。偶逢阆苑仙境的飘逸仙客,又遇蓬莱仙山的朋友至交。

【注释】 ①阆苑、蓬莱:均指仙人所居之境。

【评解】 此条采自唐·王绩《游北山赋》:"喜方外之浩荡,叹人间之窘束……逢阆风之逸客,值蓬莱之故人。"

　　王绩此赋写因官场失意而弃官归田于南渚,时游北山,任性放旷,享受山水之乐。这篇骈赋在六朝绮丽中自成一格。王绩《薛记室收过庄见寻率题古意以赠》诗曰:"赖有北山僧,教我以真知。"北山,位于今山西河津县东北。王绩兄文中子王通曾隐居此山讲学,王绩亦常来往此山。

081 忽据梧而策杖①,亦披裘而负薪②。

【译文】 忽而倚着梧桐,拄着手杖,有时则披着皮衣,背着柴薪。

【注释】 ①据梧而策杖:语本《庄子·齐物论》:"昭文之鼓琴也,师旷之枝策也,惠子之据梧也,三子之知,几乎皆其盛者也,故载之末年。"形容用心劳神。　②披裘而负薪:典出汉·王充《论衡·书虚》:"传言延陵季子出游,见路有遗金。有夏五月,有披裘而薪者。季子呼薪者曰:'取彼地金来!'薪者投镰于地,瞋目拂手而言曰:'何子居之高,视之下,仪貌之壮,语言之野也?吾当夏五月,披裘而薪,岂取金者哉!'"后遂以"披裘负薪"喻高士孤高清廉,隐逸贫居。参见卷五085条注。

【评解】 此条亦采自唐·王绩《游北山赋》。

原文中这两句紧接着上条"值蓬莱之故人"句,这里却将其分出为两条。

082 出芝田而计亩①,入桃源而问津②。菊花两岸,松声一丘。叶动猿来,花惊鸟去。阅丘壑之新趣,纵江湖之旧心。

【译文】 走出仙人的芝田而计算亩数,进入世外桃源而询问渡口。菊花遍开两岸,松涛响彻山丘。树叶动而猿猴来,花枝惊而鸟儿去。观赏山川丘壑间的新奇趣事,放纵自己浪迹江湖的夙昔心愿。

【注释】 ①芝田:仙人种植芝草的地方。 ②"入桃源"句:事见陶渊明《桃花源记》。

【评解】 此条亦采自唐·王绩《游北山赋》:"出芝田而计亩,入桃源而问津……菊花两岸,松声一丘……叶动猿来,花惊鸟去……阅丘壑之新趣,纵江湖之旧心。"

虽为摘录,而浑然一体,写山之胜景、生机无限,读之令人感动。

083 篱边杖履送僧,花须列于巾角;石上壶觞坐客,松子落我衣裾。

【译文】 竹篱边,拄杖着履,送别僧人,花须沾在头上的巾角;盘石上,摆上酒肴,与客人对饮清谈,松子落在我的衣衫之上。

【评解】 此条采自明·屠隆《娑罗馆清言》:"篱边杖履送僧,花须冒于巾角;石上壶觞坐客,松子落我衣裾。"

花挂巾角,似若有情;松落衣衫,亦似凑兴。然而,挂花又不为送客,松落亦不为客来,佛有道,花与松子亦各有道,浑然而为一体。

084 远山宜秋,近山宜春,高山宜雪,平山宜月。

【译文】 观赏描绘远山之景适宜在秋天,而近山之景则适宜在春天,高山之景适宜于雪时,平山之景适宜于月下。

【评解】 秋山层林尽染,远眺可以得其清淡;春山郁茂青葱,近观可以得其生气;雪山更显其高峻,月光更添平山之清幽。观赏、描绘山水,皆应得其道。宜春、宜秋、宜雪、宜月,须得其时而行,方可见山之本色、雪月风情。

085 珠帘蔽月,翻窥窈窕之花;绮幔藏云,恐碍扶疏之柳。

【评解】 同卷二048条。

086 松子为餐,蒲根可服。

【评解】 同卷五168条。

087 烟霞润色,荃荑结芳①,出涧幽而泉冽,入山户而松凉。

【译文】 烟霞滋润着秀色,荃荑凝结着芳香,从幽深的山涧中流出的泉水清冽甘甜,进入山门就感到松风清凉。

【注释】 ①荃荑:即指荃的嫩芽。荃(quán),古书上说的一种香草,即菖蒲,多喻君主。荑(tí),茅草的嫩芽。

【评解】 此条采自齐·谢朓《拟风赋奉司徒教作》:"若夫子云寂寞,叔夜高张,烟霞润色,荃荑结芳,出幽涧而泉冽,入山户而松凉,眇神王于丘壑,独起远于孤筋。斯则幽人之风也。"

谢朓此赋拟宋玉《风赋》,分为大王之盛风与幽人之风。能结庐于此,享有松风清泉,烟霞香草,正是幽居之人的风采。

088 旭日始暖,蕙草可织;园桃红点,流水碧色。

【译文】 太阳开始有了暖意,长势茂盛的蕙草可以用来编织了;园中的桃树已经展露了几星红点,春水也呈现出碧绿的颜色。

【评解】 此条采自梁·江淹《四时赋》:"若乃旭日始暖,蕙草可织;园桃红点,流水碧色。思旧都兮心断,怜故人兮无极。"该赋写作者在寂寞凄楚中对故国乡关的四季思念之情。

钱钟书在《管锥篇》中谈到,对于一年四季的看法,有认为四季皆悲的,如江淹《四时赋》"知四时之足伤",如白居易"秋思冬愁春怅望,大都不称意时多",如诗"'士悲秋色女怀春',此语由来未是真;倘若有情相眷恋,四时天气总愁人"。当然也有认为四季都乐的,引《西游记》中贾寡妇说"在家人好处"就是"春裁方胜着新罗,夏换轻纱赏绿荷。秋有新菊香糯酒,冬来暖阁醪颜酡",更有认为四时都不用读书的,"春天不是读书天,夏日初长正好眠。秋又凄凉冬又冷,收书又待过新年"。因此,钱钟书总结说,"四时足懒,四时足乐,与江淹所叹'四时足伤',理一而事殊也"。关键在于人的感受而已。

089 玩飞花之度窗,看春风之入柳;命丽人于玉席,陈宝器于纨罗。忽翔飞而暂隐,时凌空而更扬;竹依窗而度影,兰因风而送香。风暂下而将飘,烟才高而不暝。

【译文】 观赏飘落的花絮飞入小窗,看和煦的春风轻拂杨柳;吩咐美人坐于竹席之上,将宝器置放在穿着绫罗衣服的身上。忽而飞翔而一时隐藏,忽而凌空而愈飞愈高;依着窗边的竹树翻飞弄影,凭借清风送来兰花的馨香。风儿刚刚吹下又即将飘起,烟雾刚刚升腾而不再停息。

【评解】 此条"玩飞花"四句采自梁·简文帝萧纲《筝赋》。描写美女抚筝奏乐。

"忽翔飞"四句采自梁·萧和《萤火赋》:"聊披书以娱性,悦草萤之夜翔,乍依栏而回亮,或傍牖而舒光,或翔飞而暂隐。时凌空而更扬,竹依窗而度影,兰因风而送香。此时逸趣方遒,良夜淹留。"写萤火虫飞翔于竹兰之间轻盈上下之状。

"风暂下"二句采自唐·太宗李世民《小山赋》。以风烟衬托山之小。

090 悠扬绿水,讶合浦之同归①;缭绕青霄,环五星之一气②。

【译文】 悠扬飘荡于绿水之上,迎接从合浦同归的珠玉;余音缭绕于霄汉,环绕着五大行星而成一气。

【注释】 ①讶合浦之同归:用"合浦珠还"之典,典出《后汉书·孟尝传》载,传说汉合浦郡不产谷实,而海出珠宝,其先郡守多贪秽,极力搜刮,致使珍珠移往别处。后孟尝为太守,革易前弊,珍珠复还。合浦:汉代郡名,治徐闻。 ②五星:金木水火土五星。

【评解】 此条采自唐·元稹《善歌如贯珠赋》。赋写善于歌唱如连贯珠玉一般,这里形容歌声之如行云流水。

091 褥绣起于缇纺①,烟霞生于灌莽。

【译文】 锦褥绣被也是用普通的纺织品织成的,美丽的烟霞也是从灌木林莽丛中生起的。

【注释】 ①褥绣:锦褥绣被。缇(tí):橘红色。

【评解】 此条采自唐·卢照邻《同崔少监作双槿树赋》。写槿树虽为平常之物,而自具有逍遥之致。

卷七　韵

　　人生斯世，不能读尽天下秘书灵笈，有目而昧，有口而哑，有耳而聋，而面上三斗俗尘，何时扫去？则韵之一字，其世人对症之药乎？虽然，今世且有焚香啜茗，清凉在口，尘俗在心，俨然自附于韵，亦何异三家村老姬①，动口念阿弥，便云升天成佛也。集韵第七。

【译文】　人生于这个世界，不能读尽天下的奇书秘籍，有眼睛也不能赏遍天下美景，有嘴巴也不能道出精言妙语，有耳朵也不能聆听清音雅乐，而脸上覆盖的三斗世俗尘埃，又何时才能一扫而尽？然则，"韵"这一个字，大概就是世人的对症良药吧！虽然如此，如今世上还有这样一些人，他们也焚香品茗，清凉在口，其实内心却布满尘俗，但俨然自视为风雅之士，却与那些三家村的老太太有什么区别呢？以为动动口念几声阿弥陀佛，就可以升天成佛了。于是编纂了第七卷"韵"。

【注释】　①三家村：乡间人居寥落的地方。

【评解】　韵，是相对于声而言的"余音"。犹如撞钟，那"大声已去，余音复来，悠扬宛转"的"声外之音"即为"韵"。再加以引申，就是"行于简易闲淡之中，而有深远无穷之味"。在古代文论中，谈"韵"较多的是明·陆时雍《诗镜总论》，其最末一段颇带有总论性质："有韵则生，无韵则死；有韵则雅，无韵则俗；有韵则响，无韵则沈；有韵则远，无韵则局。物色在于点染，意态在于转折，情事在于犹夷，风致在于绰约，语气在于吞吐，体势在于游行，此则韵之所由生也。"这些"韵"的创造，简单说来就是含蕴委婉。

　　"韵"是中国传统文化中的最高精神境界。人有韵则风流儒雅，文有韵则含蕴蕴藉。潇洒闲逸，胸无尘俗，自然意趣清远。反之，如果心系尘俗世务，即使吞灰百斛、洗胃涤肠，恐怕也不容易求得一语一事之近于韵。俗话说，人有百病，惟俗难医。只有真正透悟人生，才能扫去面上、心头的三斗俗尘。

001　陈恺家蓄数姬①，每日晚藏花一枝，使诸姬射覆②，中者留宿，时号"花媒"。

【译文】　陈恺家养了很多位姬妾，每天晚上他都要在器皿下藏一枝花，让姬妾们猜其所在，猜中的当晚便可以留宿，当时人称之为"花媒"。

【注释】　①陈慥(zào):北宋人,字季常。　②射覆:古代的一种猜射游戏。把东西覆于器物下让人猜。

【评解】　所谓"河东狮吼"之典,即出自陈慥之妻。据载陈慥娶了悍妇柳氏为妻,好友苏轼为他写诗一首:"龙邱居士亦可怜,谈空说有夜不眠。忽闻河东狮子吼,拄杖落手心茫然。"不过,如果"花媒"之号称为实,则其妻似乎也算不得太"悍"呀。也不知道,所谓"花媒",算得上哪种"韵"呢?

002　雪后寻梅,霜前访菊,雨际护兰,风外听竹。

【评解】　同卷四049条。

003　清斋幽闭,时时暮雨打梨花:冷句忽来,字字秋风吹木叶①。

【译文】　清幽的书斋闭着门窗,傍晚的风雨不停地吹打着梨花,散落满地;冷峻的字句忽然袭来,字字像秋风吹落叶一样纷纷而下。

【注释】　①秋风吹木叶:语出西汉·王褒《渡河北》;"秋风吹木叶,还似洞庭波。"

【评解】　此条采自明·吴从先《小窗自纪》:"清斋幽闭,时时暮雨掩梨花;冷句忽来,字字秋风吹木叶。"

　　梨花春雨,木叶秋风,这春与秋的时序更替之叹,其实是情由景生,景随情移的一种体验和感悟而已。

004　多方分别,是非之窦易开;一味圆融,人我之见不立。

【译文】　多方面地分辨计较,就很容易开是非之口;一味地灵活变通,那么万物与我已经为一,不再有人我之别。

【评解】　此条采自明·吴从先《小窗自纪》:"多方分别,是非之窦易开;一味圆融,人我之见不立。上可以陪玉皇大帝,下可以陪卑田院乞儿。"

　　说东道西,评头论足,那么飞短流长也就越来越多,就好像捅了那个是非窝子。相反,有个圆融的角度,看得开,想得通,那么万物便可与我为一。没有了所谓的"分别念",自然可以作逍遥游。

005　春云宜山,夏云宜树,秋云宜水,冬云宜野。

【译文】　春天最妙的是山中之云,夏天最妙的是树林之云,秋天最妙的是水上之云,冬天最妙的是旷野之云。

【评解】　此条采自明·吴从先《小窗自纪》:"春云宜山,夏云宜树,秋云宜水,冬云宜野。着眼总是浮游,观化颇领幻趣。"

　　风流云动,四时皆有,着实看不过都是浮游之物,若以化眼观之,却有着无穷变幻的意趣韵味,需要用心细细体味揣摩。

006 清疏畅快,月色最称风光;潇洒风流,花情何如柳态。

【译文】 月色清幽疏朗,令人畅快,可以称得上最好的风光;柳态婀娜多姿,潇洒风流,花的情态哪里比得上!

【评解】 此条采自明·吴从先《小窗自纪》。

月色朦胧之下,万物都显得如此清淡雅静,令人遐想,所以千古以来,文人们对月情有独钟。花儿虽然美丽,却没有柳条的婀娜、含情脉脉。若论潇洒风流,花儿终比不上那扶风弱柳。人能兼有月之疏淡、柳之韵态,那便是最潇洒风流的人物。

007 春夜小窗兀坐,月上木兰,有骨凌冰,怀人如玉。因想“雪满山中高士卧,月明林下美人来”语①,此际光景颇似。

【译文】 春天的夜晚,独自坐在小窗边,看月儿爬上木兰花树,花月相映,更显出木兰花的骨气凌冰,洁净无瑕,仿佛一个如玉的美人,正如自己心中深深怀念的女子。于是自然想起了“雪满山中高士卧,月明林下美人来”的诗句,与此际的光景颇为相似。

【注释】 ①“雪满”二句:语出明·高启《梅花》诗:“琼枝只合在瑶台,谁向江南处处栽。雪满山中高士卧,月明林下美人来。寒依疏影萧萧竹,春掩残香漠漠苔。自去何郎无好咏,东风愁绝几回开。”雪满山中高士卧:用东汉袁安典。袁安有节操,洛阳大雪,人多出门乞食,只有他高卧家中。月明林下美人来:用隋代赵师雄典。赵迁罗浮,日暮憩车松林间,见一美女淡妆素服出迎,芳香袭人,又在酒肆与之欢饮,酒后醉寝,天明醒来时则发现自己在梅花树下。

【评解】 此条采自明·吴从先《小窗自纪》:“春夜小窗兀坐,月上木兰,有骨凌冰,怀人如玉。因想高季迪‘雪满山中高士卧,月明林下美人来’二语,此际光景颇似,不独咏在梅花。”

一边是高士,一边是美人,一边想念着,一边吟诵着,如玉的美人亦仿佛踏月而至,此际光景情何以堪!

008 文房供具,借以快目适玩,铺叠如市,颇损雅趣。其点缀之法,罗罗清疏,方能得致。

【译文】 书房中的陈设用具,是用来赏心悦目、幽雅适意的,如果铺叠得像街市店铺里的摆设,那就很伤书房的雅趣了。其点缀布置的方法,以分列得清雅疏松,才能得其韵致。

【评解】 此条采自明·吴从先《小窗自纪》:“文房供具,借以快目适玩。铺叠如市,颇损雅趣。其妆点之法,要如袁石公瓶花,罗罗清疏,方能得致。”

袁宏道(石公)《瓶史》专门讨论折花插瓶的艺术,书中关于瓶花的学问写道:“插花不可太繁,亦不可太瘦。多不过二种三种,高低疏密,如画苑布置方妙。”插花如此,书房如此,一切事莫不如此。所谓增之一分则太长,减之一分则太短,着粉则太白,施朱则太赤。《红楼梦》里的刘姥姥被王熙凤在头上横七竖八地插满了各式花朵,便被众人笑作打扮成了老妖精。雅俗美丑只在这个"度"与"分寸",

009 香令人幽,酒令人远,茶令人爽,琴令人寂,棋令人闲,剑令人侠,杖令人轻,尘令人雅,月令人清,竹令人冷,花令人韵,石令人隽,雪令人旷,僧令人淡,蒲团令人野,美人令人怜,山水令人奇,书史令人博,金石鼎彝令人古。

【译文】 焚香使人感到清幽,饮酒使人感到高远,品茶使人感到清爽,弹琴使人感到寂静,下棋使人感到悠闲,击剑使人感到有侠气,策杖使人感到轻快,挥尘使人感到高雅,月色使人感到清净,翠竹使人感到冷峻,花使人感到有风韵,石使人感到隽永,雪使人感到旷达,高僧使人感到淡泊,蒲团使人感到天然素朴,美人使人感到怜惜,山水使人感到新奇,书籍使人渊博,金石鼎彝使人古雅。

【评解】 此条采自陈继儒《岩栖幽事》,文略有异,如"剑令人侠"作"剑令人悲","月令人清"作"月令人孤","蒲团令人野"作"蒲团令人枯"。

香、酒、茶、琴……文人或以为寄托,或以为赏玩,终日流连,沉迷酗溺,这是中国文人典型的艺术趣味。

010 吾斋之中,不尚虚礼。凡入此斋,均为知己;随分款留,忘形笑语;不言是非,不侈荣利;闲谈古今,静玩山水;清茶好酒,以适幽趣。臭味之交,如斯而已。

【译文】 在我的书斋中,不崇尚虚礼俗套。凡是进入此中的,都是知己好友,随便款待去留,欢声笑语得意忘形。不谈论是非得失,不奢求荣华富贵。闲谈古往今来,静赏山水清音。清茶一杯好酒一盏,用来契合幽雅的情趣。声气相投的交情,也就是这样的了。

【评解】 此条采自北宋·司马光《真率铭》:"吾斋之中,不尚虚礼。不迎客来,不送客去。宾主无间,坐列无序。真率为约,简素为具。有酒且酌,无酒且止。清琴一曲,好香一炷。闲谈古今,静玩山水。不言是非,不论官事。行立坐卧,忘形适意。冷淡家风,林泉高致。道义之交,如斯而已。罗列腥膻,周旋布置,俯仰奔趋,揖让拜跪,内非真诚,外徒矫伪。一关利害,反目相视。此世俗交,吾斯屏弃。"司马光罢政在洛阳,常与王不疑、楚王书叔诸故老游集,相约酒不过五巡,食不过五味,号"真率会",并作《真率铭》以自警。

这里取司马光《真率铭》之"真率"二字立意,却更加简洁。有友情,有亲睦,有闲暇,有自由自在敞开心扉的忘形和任意。现代作家林语堂也描绘过这种同类相引的气氛:"谈话的适当格调就是亲切和漫不经心的格调……开畅胸怀,有一人俩脚高置桌上,一人坐在窗台上,又一人则坐在地板上。"这里的乐趣,主要来自无拘无束,形态的无拘无束,话题的无拘无束。

011 窗宜竹雨声,亭宜松风声,几宜洗砚声,榻宜翻书声,月宜琴声,雪宜茶声,春宜筝声,秋宜笛声,夜宜砧声。

【译文】 小窗中适宜于听竹雨声,亭台旁适宜于听松风声,几案上适宜听洗砚声,床榻上适宜听翻书声,月下适宜于听琴声,雪中适宜于烹茶声,春天适宜于听筝声,秋天适宜于听笛声,夜晚适宜于听砧声。

【评解】 声之宜,是说声与情境的谐调。细细品味,窗外竹滴细雨,淅淅沥沥;亭外劲风吹松,涛声阵阵;书案上轻轻地洗着石砚,短榻上轻轻翻着书卷,何等的悠闲雅致! 器物无心,而人有闲情,没有生命的器物却因人而生出无限雅趣。

012 鸡坛可以益学①,鹤阵可以善兵②。

【译文】 朋友聚会切磋可以增益学问,观摩飞鹤阵法可以改善用兵的战法。

【注释】 ①鸡坛:《说郛》卷六十引晋周处《风土记》:"越俗性率朴,初与人交,有礼,封土坛,祭以犬鸡,祝曰:'卿虽乘车我戴笠,后日相逢下车揖。我步行,君乘马,他日相逢卿当下。'"后遂以"鸡坛"为交友拜盟之典。 ②鹤阵:古代战争的一种阵术。据称,道教全真派自"北斗七星阵"后,又创出"鹤阵"。

【评解】 三人行必有我师,其实,观自然万物变化,同样有无穷的受益,包括今天的种种科技发明创新,莫不反复地证明了这一点,自然是人类最好的老师。苏俄歌曲《鹤翔》中也唱到,"我常常想着,大地上空的鹤阵就是牺牲的士兵,鹤阵中有一个空档,那就是我的位置。"

013 翻经如壁观僧,饮酒如醉道士,横琴如黄葛野人①,肃客如碧桃渔父②。

【译文】 翻阅经书就像面壁而坐的僧人,饮酒又像醉酒的道士,横琴而奏就像黄葛山人,迎接宾客就像桃花源里的渔父。

【注释】 ①黄葛野人:葛洪的弟子著名的有葛望、葛世、滕升、黄野人等,至今罗浮山又叫黄葛山。 ②肃客:迎进客人。碧桃渔父:典出陶渊明《陶花源记》:"武陵人捕鱼为业,缘溪行,忘路之远近。忽逢桃花林,夹岸数百步,中无杂树,芳草鲜美,落英缤纷……余人各复延至其家,皆出酒食。"

【评解】 清初文言笔记小说集章有谟《景船斋杂记》,其间所记"松郡之事,出自明代者,十居其八,近事及异方人物,则附见"(章德启序)。明代之事,以关于当时文人者为最多,如陈眉公、陆树声、徐文长等,其中又以陈眉公为最多,达十三则,其一记眉公生活曰:

吾郡孙雁洲先生,曾手栽紫藤,仅如寸许,为邻儿摘去,几无萌焉。郎君侍洲公复引之而上,今将八十余年,遂为荫及半亩。乃孙世声构一室于藤下,大可围四掌,其根如瘿钵,其枝如悬殊锤,其花如绛雪红霞。其客踞而坐者如飞猿宿鸟,其主人翻经如壁观僧,饮酒如醉道士,横琴如黄葛野人,啸客如桃源渔父,往往皆倚藤为胜。眉公每造藤下,弥日忘返。倚徙凉阴,花香欲寒,而眉公不去,直以主人真堪冥坐,是藤又借主人为胜也。野寒山幕,苍藤满床,触辖回车,夫岂在物。

014 竹径款扉①,柳阴班席,每当雄才之处,明月停辉,浮云驻影,退而与诸俊髦。西湖靓媚,赖此英雄,一洗粉泽。

【译文】 沿着竹林小径前去叩门,在柳阴下依序而坐,每当有英雄俊才来到时,明月为之停止光辉,浮云为之驻影留步,然后与各位英雄俊才一起饮酒赋诗。西湖的靓媚之气,也正有赖于这些英雄俊才,才一洗其脂粉之气。

【注释】 ①款:敲打,叩。

【评解】 西湖历来都是被比作女子的,既为女子,淡妆浓抹,总是有脂粉气的,那里的湖光山色,流连忘返,也往往消磨人的意志。好在终于还是有了白居易、苏东坡等雄才俊髦,有了白堤、苏堤这些历史的存在,让我们感受到其英雄伟岸的一面。

015 云林性嗜茶①,在惠山中②,用核桃、松子肉和白糖成小块如石子,置茶中,出以啖客,名曰清泉白石。

【译文】 倪云林生性喜爱喝茶,在惠山的时候,用核桃、松子肉和白糖调在一起,做成像石头一样的小块,放入茶中,用来招待客人饮,美其名曰清泉白石。

【注释】 ①云林:元代著名画家倪瓒(1301－1374),字元镇,号云林子。无锡(今江苏)人。性好洁而迂僻,人称"迂倪"。家富厚,筑"清閟阁",庋藏书画文物。擅画山水,为"元四家"之一。

②惠山:无锡惠泉山。惠山多清泉,历史上有"九龙十三泉"之说。唐朝陆羽在他著的《茶经》中排列名泉 20 处,无锡惠山泉位居第二。另一位评水大家刘伯刍认为:"适宜于煮茶的泉水有七眼,惠山泉是第二。"此后"天下第二泉"之名为历代公认。宋代诗人苏轼曾两次游无锡品惠山泉,留下了"独携天上小团月,来试人间第二泉"的吟唱,更使惠山泉生辉。倪瓒曾在无锡惠山天下第二泉畔寓居过,天天用惠泉水泡茶。

【评解】 此条采自明·顾元庆《云林遗事》:"倪元镇性好饮茶,在惠山中,用核桃、松子肉和真粉成小块如石状,置于茶中饮之,名曰清泉白石。"这里将原文中的"真粉"改为"白糖",而依然置之于云林名下,却实在不知还是不是这一味佳品了。唐朝韦应物《寄全椒山中道士》诗:"涧底束荆薪,归来煮白石。"又不知云林此味是不是得之于韦氏此味?

016 有花皆刺眼,无月便攒眉,当场得无妒我;花归三寸管,月代五更灯,此事何可语人?

【译文】　有花都能吸引人的眼光,没有月光便要皱眉不高兴,当场不会妒忌我吧。花事归三寸不烂之舌去品评,月光可以代替五更的灯火,这样的幽事怎么可以对人说起呢?

【评解】　流连于花前月下,已至凌晨五更时分,心中的幽怨恐怕实在是难以对人说起的。

017　求校书于女史①,论慷慨于青楼。

【译文】　求才妓于善文墨的女子之中,论慷慨节义于青楼楚馆之中。

【注释】　①校书:唐·胡曾《赠薛涛》:"万里桥边女校书,枇杷花下闭门居。"薛涛为蜀中名妓。后以"女校书"为妓女的雅称。女史:女官名,《周礼》中有女史官,或属天官,掌王后礼仪,或属春官,掌管文书。后用作对知识女性的美称。

【评解】　青楼女子到底有没有贞节,她们的贞节又是如何表现的,这是人们一直津津乐道的话题。

　　其实,在青楼妓馆之中,并不乏节烈慷慨之女子。青楼女子比一般的女子更渴望拥有一个幸福美满的家庭,她们知道虽然自己年轻时花容月貌,血色罗裙翻酒污,然而总有一天会年老色衰,门前冷落车马稀,因此她们就不断地寻觅,大胆地追求自己的所爱,一旦选定就忠贞不二,就想最终获得解脱。她们对所爱的男子的痴情专一,比封建礼教下的贞女烈妇有过之而无不及。她们也没有因为身处青楼和出身寒微,就成为唯利是图的功利者,相反,她们表现出比那些高门闺秀更真挚、纯洁的感情追求。看看霍小玉、李娃、李师师、杜十娘、李香君等一系列的青楼女子的命运就可以知道了。闻一多先生论述宫体诗诗风转变的一段话,其实亦可以移用到这些青楼女子的身上:"诚然这不是一场美丽的热闹。但这癫狂中有战栗,堕落中有灵性。'得成比目何辞死,愿作鸳鸯不羡仙。'比起以前那种病态的无耻……如今这是什么气魄! 对于时人那虚弱的感情,这真有起死回生的力量。"(《宫体诗的自赎》)

018　填不满贪海,攻不破疑城。

【译文】　贪欲如海洋,是填不满的;猜疑如城池,是攻不破的。

【评解】　人一旦有了贪念,则欲壑难填,一旦有了猜忌,便总是疑神疑鬼,要填满、攻破它,实在不是容易的事,这是永远纠缠着我们的人性之恶。

019　机息便有月到风来,不必苦海人世;心远自无车尘马迹,何须痼疾丘山①?

【译文】　机巧功利之心止息的时候,就会有明月清风到来,没必要沉沦苦海艰难人生;心志淡泊高远的地方,自然无车马喧嚣尘迹,何必要眷恋山林隐居生活?

【注释】 ①痼疾丘山:酷爱山水成癖。《旧唐书·隐逸传·田游岩》:"高宗幸嵩山……谓曰:'先生养道山中,比得佳否?'游岩曰:'臣泉石膏肓,烟霞痼疾,既逢圣代,幸得逍遥。'"

【评解】 这是人的心灵对外物的一种过滤,对烦嚣尘俗的一种阻隔,对生活环境中丑恶部分的一种鄙弃。

020 郊中野坐,固可班荆;径里闲谈,最宜拂石。侵云烟而独冷,移开清笑胡床,借竹木以成幽,撤去庄严莲坐。

【评解】 同见卷五118条。

021 幽心人似梅花①,韵心士同杨柳。

【译文】 内心幽静安逸的人像梅花一样高洁,内心风雅的人如同杨柳一样潇洒飘逸。

【注释】 ①"幽心"句:语出南宋·白玉蟾《赏梅感兴》诗:"千树梅花明如月,一天月华皎如雪。幽人心似梅花清,梅花亦作如是说。银色世界生梅花,水晶宫中明月华。醉卧月华嚼梅花,满身清影乱交加。今夕幽人换诗骨,花月即是诗衣钵。明朝花作雪片飞,花下鹤雏啄苔发。"这是白玉蟾道人的自况。

【评解】 或以为此句应为"幽人心似梅花,韵士心同杨柳"。

022 情因年少,酒因境多。

【译文】 多情是因为青春年少,饮酒是因为情境复杂。

【评解】 此条采自唐·段成式《酉阳杂俎》卷十二《语资》中数人的一段讨论:"梁徐君房劝魏使瑾酒,一翕即尽,笑曰:'奇快!'瑾曰:'卿在邺饮酒,未尝倾卮,武州已来,举无遗滴。'君房曰:'我饮实少,亦是习惯。微学其进,非有由然。'庾信曰:'庶子年之高卑,酒之多少,与时升降,便不可得度。'魏肇师曰:'徐君年随情少,酒因境多,未知方十复作,若为轻重?'"

这里将"年随情少"改为"情因年少",其义相同。大意是说,年龄与情爱成反比,而与酒量成正比。

023 看书筑得村楼,空山曲抱;跌坐扫来花径①,乱水斜穿。

【译文】 看书要在修筑的山村小楼上,周围空旷的青山曲折环抱;盘坐要在打扫过的花间小径上,四处清澈的溪水纵横交错。

【注释】 ①跌(fū)坐:佛教徒的盘腿端坐。

【评解】 明·周晖《金陵琐事》专记明初以来金陵掌故,上涉国朝典故、名人佳话,下及街谈巷议、民风琐闻。其卷二·佳句条曰:"临淮侯李言恭,字惟寅,'小桃源'云:'山折路疑尽,花深鸟自藏。''暮投伏城驿'云:'乱水斜穿径,空山曲抱村。'

'送安茂卿南还'云:'梦回芳草远,人去落花多。'"李言恭,字惟寅,号青莲居士,盱眙人。明开国功臣李文忠之子,万历三年袭爵临淮侯,守备南京。撰有《青莲阁集》、《贝叶斋集》。

024 倦时呼鹤舞①,醉后倩僧扶。

【译文】 疲倦时就呼来仙鹤为之起舞,酒醉后让僧人前来挽扶。

【注释】 ①呼鹤舞:语见宋·郑若冲《纪梦》:"草亭临流倚梦溪,观罢鱼游呼鹤舞。"

【评解】 与鹤同玩,与僧同游,过的是潇洒随意的山中神仙日子。

025 笔床茶灶,不巾栉闭户潜夫①;宝轴牙签,少须眉下帷董子②。鸟衔幽梦远,只在数尺窗纱;蛩递秋声悄,无言一龛灯火。

【译文】 笔架茶灶,相伴着一个整日不梳洗的闭门读书的隐士;装帧精美的书画卷轴和象牙做的图书标签俱在,却少了一个下帷讲诵的董仲舒式的人物。鸟儿衔着幽梦远去,梦境只在数尺窗纱之外;蟋蟀的叫声悄然传达着秋天的消息,独坐无言,只有一龛灯火在闪烁。

【注释】 ① "不巾栉"句:用东汉隐士王符典。王符(85 – 163)终生隐居,闭门潜心读书,连盥洗都顾不上,终于写成名著《潜夫论》。 ②下帷董子:指西汉大儒董仲舒曾经放下室内悬挂的帷幕教书。典出《史记·儒林列传》:"(董仲舒)下帷讲诵,弟子传以久,次相受业,或未见其面,盖三年董仲舒不观于舍园,其精如此。"后引申为闭门苦读之典。

【评解】 此条采自陈继儒《玉鸳阁诗集序》,文字略有改易,写作者终日闭门苦读之况。
　　陈继儒此文是为姚青蛾《玉鸳阁诗集》所作之序。姚青蛾,自号青蛾居士,明秀州(今浙江嘉兴)人。姚元瑞女,范应官妻。遍览魏晋以来诸集,摹晋诸家书法。《明史·艺文志》载:"姚青蛾《玉鸳阁诗》二卷。"

026 藉草班荆,安稳林泉之岁①;披裘拾穗②,逍遥草泽之曜。

【译文】 借草铺荆,畅叙情怀,在山林泉石间度过一个安稳的夜晚;披着裘衣拾穗于田间,自在逍遥于草泽的阳光照耀之下。

【注释】 ①岁(xì):通"夕",指晚上。 ②披裘拾穗:典出晋·皇甫谧《高士传·披裘公》。已见卷五085条注。

【评解】 隐逸者的闲适生活,也只有安心于山林泉石者方可得之。

027 万绿阴中,小亭避暑;八阔洞开①,几簟皆绿。雨过蝉声来,花气令人醉。

【译文】 万绿丛中,小亭纳凉避暑;亭中八面门户洞开,几案和竹席似乎都染成了绿色。雨过天晴,蝉开始鸣叫,花香也芬芳馥郁,阵阵袭来,令人心醉。

【注释】 ①闼(tà):门。

【评解】 可以令人领悟"六月清凉绿树荫,小亭高卧涤烦襟"的情趣。

028 剸犀截雁之舌锋①,逐日追风之脚力②。

【译文】 言辞犀利锋芒如利剑飞箭,脚力劲捷迅疾如夸父追风。

【注释】 ①剸犀截雁:比喻言辞犀利。剸(tuán)犀,剑锋利至可割开犀牛的皮。《说文·女部》:"嫥,壹也。"段玉裁引《汉书·王褒传》之"剸犀革"即《苏秦传》之"断牛马"以证之。剸,后来借为"专擅"字。截雁,箭锋利至可以截住飞雁。 ②逐日追风:形容马跑得极快。逐日,用夸父追日典。追风,古良马名。语本《梁书·元帝纪》:"骑则逐日追风,弓则吟猿落雁。"

【评解】 南朝梁·王筠《为第六叔让重除吏部尚书表》:"臣闻剸犀截雁,必俟昆吾之锋,逐日追风,信资伯乐之骏,未有骎驽骞足,而方骋遥涂,采蓺铅刀,而求其断割。"此条应化自于此,称颂人之英才俊杰。

029 瘦影疏而漏月,香阴气而堕风。

【译文】 竹瘦影疏,透漏过来点点月光;林花香气,随微风丝丝飘散。

【评解】 一"漏"一"堕",别出心裁。透过树影疏漏过来的月色,更加的温润明净,现出淡淡的温柔神色,唯有月影花香徘徊,始知岑寂境,尘世少人过,意态悠闲,景致疏淡,更添其清旷色彩。

030 修竹到门云里寺,流泉入袖水中人。

【译文】 阴云笼罩着修竹及门的寺院,人被大雨淋漓仿佛流泉入袖一般。

【评解】 此条采自明·王稚登《雨中同诸君游东钱湖》诗:"乱崖层壑水粼粼,一见渔舟一问津。修竹到门云里寺,流泉入袖雨中人。地从南渡多遗恨,湖比西家亦效颦。酒似鹅黄人似玉,不须深叹客途贫。"王稚登(1535－1612),字伯谷,明代文学家。东钱湖,在浙江鄞县东。

031 诗题半作逃禅偈,酒价都为买药钱。

【译文】 作诗的题目多半是遁世参禅的偈语,往日买酒的钱现在都用来买药了。

【评解】 此条采自王稚登《答袁相公问病》诗:"形骸土木佛灯前,黄阁情深有梦牵。喘似黄牛初见月,瘦如辽鹤不冲天。诗题半作逃禅偈,酒价都为买药钱。知己未酬徒骨立,一生孤负佩龙泉。"买酒的钱全都拿去买药了,叙写病况之深亦不失幽默风趣。

032 扫石月盈帚,滤泉花满筛。

【译文】　月下打扫石径,扫帚上洒满月影;花前过滤泉水,花瓣儿飘满筛子。

【评解】　此条采自唐·李洞《喜鸾公自蜀归》诗:"禁院对生台,寻师到绿槐。寺高猿看讲,钟动鸟知斋。扫石月盈帚,滤泉花满筛。归来逢圣节,吟步上尧阶。"此联成为写月石花泉之名句,后人将此联镌刻于无锡二泉之枝峰阁,"滤泉"之名由此而来。

033　流水有方能出世,名山如药可轻身。

【译文】　流水有奇特的处方,能令人超脱尘世;名山有如灵丹妙药,可以令人身轻体健。

【评解】　中国文人对大自然情有独钟,重视从山水美中获得情感的满足。登山临水,俯仰天地,便自有超然于世外之概。

034　与梅同瘦,与竹同清,与柳同眠,与桃李同笑,居然花里神仙;与莺同声,与燕同语,与鹤同唳,与鹦鹉同言,如此话中知己。

【译文】　与梅花一样清瘦,与翠竹一样清雅,与杨柳同眠,与桃李同笑,俨然花国中的神仙;与黄莺一同歌唱,与燕子一同细语,与野鹤一同啼啸,与鹦鹉一同言语,如此便是鸟语中的知己。

【评解】　艺术家乐道"梅兰竹菊",都是藉自然之物的特征表现人之傲骨有节、卓立高洁的生命精神。"与梅同瘦"、"与竹同清"是一种重品的思想。日本学者岩山三朗说:"西方人和中国人的美学思想有一个根本不同的地方,那就是西方人看重美,中国人看重品。例如,西方人喜欢玫瑰,因为它看起来美;中国人喜欢兰花、竹子,并不是因为它们看起来美,而是因为它们有品。它们是人格的象征,是某种精神的表现。"

　　万物不仅是我们的同类,在本质上与我们也是同等的,而且更与我们有一种亲密的关系,是朋友与知己。就像《诗经·关雎》里的君子,由自己的求偶不得,推己及物想到关关雎鸠的求偶不得一样自然,但其呈现出来的恰是文化传统中最根本的"仁"的思想,由自身推于他人,推及于自然万物,人类的爱心与希望由此而生。

035　栽花种竹,全凭诗格取裁;听鸟观鱼,要在酒情打点。

【译文】　栽花种竹,完全按照诗词平仄格律来取舍;听鸟观鱼,关键是要借着酒兴加以观赏。

【评解】　栽花种竹、听鸟观鱼,无疑都是亲近自然的一种悠闲。然而,在文人们的心目中,悠闲的味道并不仅在悠闲上,在情感阅历的浇灌下,即使如庭院的一株树木,一片叶子,同样可以感受到生命的根本含义,可以视之为彼此欣赏的莫逆与知己。即使在最平凡的风景之中,人们也应当找到与自己的心灵息息相关的地方来,相看两不厌,这是属于智者的交流。

036 登山遇厉瘴,放艇遇腥风,抹竹遇缪丝①,修花遇醒雾,欢场遇害马,吟席遇伧夫,若斯不遇,甚于泥涂;偶集逢好花,动歌逢明月,席地逢软草,攀磴逢疏藤,展卷逢静云,战茗逢新雨,如此相逢,逾于知己。

【译文】 登山遇上瘴疠之气,泛舟遇上腥臭之风,抹竹遇上蛛丝缠绕,修花遇上弥天大雾,欢乐场所遇上害群之马,吟诗雅席遇上粗俗汉子,这样的遭遇,比陷于泥涂还要糟糕。偶然的聚会适逢好花盛开,放声歌唱适逢明月当空,席地而坐适逢柔软草地,攀登山磴适逢稀疏藤条,展卷读书适逢幽静的云彩,品茗斗茶适逢新雨过后,这样的相逢,胜过与知己之友的相逢。

【注释】 ①缪丝:缠绕的蛛丝。

【评解】 日本画家东山魁夷在其短文《一片树叶》里说道:"无论何时,偶遇美景只会有一次……如果樱花常开,我们的生命常在,那么两相邂逅就不会动人情怀了。花用自己的凋落闪现出生的光辉,花是美的,人类在心灵的深处珍惜自己的生命,也热爱自己的生命。人和花的生存,在世界上都是短暂的,可他们萍水相逢了,不知不觉中我们会感到一种欣喜。"作者是这样看待事物,是这样来观照人的心灵的。

037 草色遍溪桥,醉得蜻蜓春翅软;花风通驿路,迷来蝴蝶晓魂香。

【译文】 草色绿遍了小溪桥头,初春的蜻蜓仿佛也陶醉于此,翅膀软绵无力再飞;花香随风飘散到驿路上,连蝴蝶也迷住了,早晨起来依然香满魂魄。

【评解】 愿为蜻蜓,醉游溪桥春色;愿为蝴蝶,迷恋驿路花风。尽情享受,不辜负这大好春光,不辜负这美丽人生。

038 田舍儿强作馨语①,博得俗因;风月场插入伧父,便成恶趣②。

【译文】 乡巴佬勉强说几句清雅的话语,博得的只是一团俗气。风月场中插进来粗野之人,顿时便成了一种恶趣。

【注释】 ①田舍儿强作馨语:典出《世说新语·文学》:"殷(浩)理小屈,游辞不已,刘(惔)亦不复答。殷去后,乃云:'田舍儿强学人作尔馨(意为"这样",此指清言)语。'"田舍儿:语含轻蔑之称呼。 ②恶趣:佛教语,也称恶道。指地狱、饿鬼、畜生三道。

【评解】 到什么山唱什么歌,人贵有自知之明,亦难有自知之明。

039 诗瘦到门邻病鹤,清影颇嘉;书贫经座并寒蝉,雄风顿挫。

【译文】 因苦吟而消瘦的诗人,倚门与病鹤相邻而立,彼此清朗的身影非常美妙;

腹无诗书之人经过座前,与寒风中的知了同病相怜,雄风顿时遭受挫折。

【评解】 李清照在《醉花阴》词里写道:"薄雾浓云愁永昼,瑞脑销金兽。佳节又重阳,玉枕纱厨,半夜凉初透。东篱把酒黄昏后,有暗香盈袖。莫道不消魂,帘卷西风,人比黄花瘦。"如果说"人比黄花瘦"更多是指女子,那"诗瘦到门邻病鹤",就可谓男性的最好写照了。

040 梅花入夜影萧疏,顿令月瘦;柳絮当空晴恍忽,偏惹风狂。

【译文】 寒夜里的梅花,树影萧疏冷清,顿时让月光也感到消瘦;当空飘舞的柳絮,使得晴朗的天空变得恍惚起来,偏偏又惹得狂风吹来。

【评解】 一"令"一"惹",变被动为主动,平添一份妩媚多情。

041 花阴流影,散为半院舞衣;水响飞音,听来一溪歌板。

【译文】 流动的花阴树影,散落于半个庭院,摇曳如飘飘舞衣;潺潺的流水欢快地流淌,听起来好像是一溪的音乐节拍声。

【评解】 今天,我们欣赏到的大多只是电视电影里的五彩缤纷、光彩炫目,何处去领略此花影之舞,听此水响歌板之天籁?

042 萍花香里风清,几度渔歌;杨柳影中月冷,数声牛笛。

【译文】 清风徐徐,萍花阵阵飘香,送来几度渔歌唱晚;月色清冷,杨柳树影婆娑处,传来数声牧童的笛声。

【评解】 渔歌唱晚,牛笛声响,这是属于乡间的闲情逸趣,是一种清淡的心灵享受。

043 谢将缥缈无归处,断浦沉云;行到纷纭不系时,空山挂雨。

【译文】 辞别亲友,浪迹天涯,缥缈不知归处,但见送别处水断云沉;行到杂乱纷纭,不再心有所系之时,便如雨滴静挂于幽深的山间。

【评解】 此条语出南宋·史达祖《齐天乐》词:"阑干只在鸥飞处,年年怕吟秋兴。断浦沈云,空山挂雨,中有诗愁千顷。波声未定。望舟尾拖凉,渡头笼暝。正好登临,有人歌罢翠帘冷……"词写的是作者怅望故国,思念悠悠。

这里借用其语,而作了引申改造。烟雨遥深,斯人已渺,墨色深处,隐去了谁的思恋? 不得而知。

044 浑如花醉,潦倒何妨;绝胜柳狂,风流自赏。

【译文】 浑然似醉卧花丛,即使穷困潦倒又何妨;绝对胜过狂浪的垂柳,风流倜傥,孤芳自赏。

【评解】 贫不倒志,虽贫而雅趣不减,人生超脱豁达于此处最能体现。

045 春光浓似酒,花故醉人;夜色澄如水,月来洗俗。

【译文】 春光浓烈如酒,所以花香可以醉人;夜色澄静如水,所以月光可以洗俗。

【评解】 醉花之人,自是性情中人;浴月之人,应有超俗心胸。

046 雨打梨花深闭门,怎生消遣;分付梅花自主张,着甚牢骚?

【译文】 深院闭门,雨打梨花落,此景如何消遣? 任由梅花自开自落,发什么牢骚?

【评解】 宋·陈郁《苦吟》诗曰:"水驿荒寒天正霜,夜深吟苦未成章。闭门不管庭前月,分付梅花自主张。"此条应为此句改造而成。一副惜花怜枝心肠。

047 对酒当歌,四座好风随月到;脱巾露顶,一楼新雨带云来。

【译文】 面对美酒,放声高歌,满座清风徐徐,月光如水。脱去头巾,露出头顶,且看楼外新雨淅沥,云随雨来。

【评解】 如此纵酒欢歌之时,风来也好,雨来也罢,都足以助兴。

048 浣花溪内①,洗十年游子衣尘;修竹林中②,定四海良朋交籍③。

【译文】 浣花溪里,洗去游子衣上十年的风尘;修竹林中,写定四海良朋的交游名册。

【注释】 ①浣花溪:在四川成都市西五里。又名百花潭。唐朝诗人杜甫晚年居此。"十年游子",当指杜甫。唐朝名妓薛涛也家于潭旁,以潭水造十色笺。 ②修竹林:用竹林七贤典。晋·孙盛《魏氏春秋》记:"(嵇)康寓居河内之山阳县,与之游者,未尝见其喜愠之色。与陈留阮籍、河内山涛、河南向秀、籍兄子咸、琅邪王戎、沛人刘伶相与友善,游于竹林,号为七贤。" ③交籍:指交游的名册。

【评解】 文人游名胜古迹,欣赏风景倒在其次,想慕古人遗风则成首要。

049 人语亦语,诋其昧于钳口;人默亦默,訾其短于雌黄。

【译文】 别人说什么也跟着说什么,便会被诋毁口无遮拦;别人沉默他也沉默,又会被讥讽不善于评论品鉴。

【评解】 墙上芦苇,头重脚轻根底浅。内心没有坚定的信念与独立的想法,也就只能是像墙头草一样随风摇摆,人云亦云。

050 艳阳天气,是花皆堪酿酒;绿阴深处,凡叶尽可题诗。

【译文】 艳阳高照的好天气,只要是花,都可以用来酿酒;绿阴丛林深处,凡是树叶,都可以用来题诗。

【评解】　兴致来时，则天下一切景皆美景，令人目不暇接。

051　曲沼荇香侵月，未许鱼窥；幽关松冷巢云，不劳鹤伴。

【译文】　曲折的池沼里，荇菜的芳香浸染着月色，不许鱼儿来窥探；幽静的关塞上，青松冷翠聚集着云霞，不劳野鹤来作伴。

【评解】　不许鱼窥，不劳鹤伴，以细腻体贴笔法，写清幽至绝之情景。

052　篇诗斗酒，何殊太白之丹丘①；扣舷吹箫，好继东坡之赤壁②。

【译文】　畅饮斗酒吟诵诗篇，这与李太白的好友丹丘生有什么区别？扣打船舷吹奏洞箫，可以仿效苏东坡续写《赤壁赋》。

【注释】　①太白之丹丘：指李白的好友元丹丘。李白《将进酒》诗："岑夫子，丹丘生，将进酒，杯莫停。"　②东坡之赤壁：指苏东坡前后《赤壁赋》。《序》称："于是饮酒乐甚，扣舷而歌之。歌曰：……客有吹洞箫者，依歌而和之。"

【评解】　能为诗斗酒扣舷吹箫者，不计其数，但能作太白之诗、东坡之文者何其寥寥！亦可谓得其形易，得其神难。

053　获佳文易，获文友难；获文友易，获文姬难。

【译文】　得好文章容易，得一个文友很难；得文友容易，得一个有文采的红颜知己很难。

【评解】　红袖添香对于读书人所以极具诱惑力，因为除了能找到一个可人的陪读伴儿，以消除漫长读书生涯的寂寞与疲劳之外，更重要的还是红袖添香所营造的那种温馨的情调和令人心醉的氛围。

054　茶中着料，碗中着果，譬如玉貌加脂，蛾眉着黛，翻累本色。

【译文】　茶中加入配料，碗中加入果品，就好比如玉般美貌再涂上脂膏，修长的蛾眉着上了青黛色彩，反而累赘了本色。

【评解】　此条采自明·邢士襄《茶说》。茶是有真香的，不可混合吃。不过，生活却正如混合茶，五味杂陈。

055　煎茶非漫浪，要须人品与茶相得，故其法往往传于高流隐逸，有烟霞泉石磊落胸次者。

【译文】　煮茶品饮并不可以放纵而无拘束，关键是要人品与茶品相适宜，因此，煮茶之法往往流传在高人隐士，以及泉石膏肓烟霞痼疾，有磊落胸怀的人。

【评解】　此条采自明·陆树声《茶寮记》。品茗艺术，不仅包括茶品、水品、器皿等要素，还要讲与人品、环境的协调，要领略清风、明月、松吟、竹韵、梅开、雪霁等种种妙趣和意境。

056 楼前桐叶,散为一院清阴;枕上鸟声,唤起半窗红日。

【译文】 楼前高大的梧桐树枝叶繁茂,散落为一院的清凉;枕边传来鸟儿的鸣啼声,唤起旭日映红了半个窗子。

【评解】 此条采自明·屠隆《娑罗馆清言》。

陶渊明《和郭主簿》:"蔼蔼堂前林,中夏贮清阴"。凉意本是无形无状的,而着一"贮"字,使得这凉意似乎也有了形状,仿佛是贮积在浓荫中的一汪清潭,伸手可掬。此处着一"散"字,字义相反,而妙趣全同。

主人是在睡梦中被可爱的鸟鸣声唤醒的,而初生的红日似乎也是在睡梦中被鸟声唤醒的,瞧,窗户外刚可见它探出了半个身影。一个"半"字,形象生动,情景交融。

057 天然文锦,浪吹花港之鱼①;自在笙簧,风戛园林之竹②。

【译文】 风吹西湖花港之鱼,掀起层层细浪,好似天然的花纹锦绣;风吹园林之竹,萧萧索索,仿如自然的笙簧吹奏。

【注释】 ①"浪吹"句:写花港观鱼之景。西湖十景之一。花港观鱼地处西湖西南,三面临水,一面倚山。西山大麦岭后的花家山麓,有一条清溪流经此处注入西湖,故称花港。南宋时,内侍卢允升在花家山下建造别墅——"卢园",园内栽花养鱼,池水清洌、景物奇秀。清康熙南巡时,于此勒石立碑,题有"花港观鱼"四字。花港观鱼历来就有"花落鱼身鱼嘬花"的意境之美。②戛:敲打。

【评解】 明代吴从先有诗云:"余红水面惜残春,不辨桃花与锦鳞。莫向东风吹细浪,鸳鸯惊起冷香茵。"可见,花港应是桃花之港。落红与水中锦鱼相映,织就这一幅天然的花纹锦绣。

058 高士流连,花木添清疏之致;幽人剥啄,莓苔生黯淡之光①。

【译文】 高士流连其间,花草树木更添其清疏的韵致;隐士前来叩门,路上的莓苔更生发出黯淡的光景。

【注释】 ①莓苔:古人对青苔的雅称,特指青苔中具有细小叶子的苔藓。

【评解】 花木、莓苔与高士、幽人相互生发,相映成趣。苔藓,以撩拨人心的翠绿,以与世无争的低调,在中国人的审美意识里,形成别具一格的幽况。今人难以想象的是,在古代文人那里,种植青苔,甚至成了一种审美追求。典型人物,当推明代的屠隆,此公官拜礼部主事,后遭人构陷丢官归隐,董桥说他:"家境虽然贫寒,居然念念不忘经营书斋情调,种兰养鳞之外,洗砚池边更沃以饭渖,引出绿褥似的青苔。"

059　松涧边携杖独往,立处云生破衲;竹窗下枕书高卧,觉时月浸寒毡。

【译文】　松树溪涧旁,拄着手杖独自去寻幽探奇,站立处不觉白云从破旧的衲衣中飘绕升腾;竹窗下头枕经书安然高卧,醒来时但觉清凉的月光浸染着身下的寒毡。

【评解】　此条采自明·洪应明《菜根谭》。

以安闲的笔调,淡泊的心境,写出了隐居者的自得其乐。云生破衲,月浸寒毡,清苦中亦别有禅意情趣。

060　撒履闲行,野鸟忘机时作伴;披襟兀坐,白云无语谩相留。

【译文】　脱下鞋履悠然漫步,野鸟似乎也忘了被捕捉的危险飞到身旁来作伴;披着衣裳独自静坐,白云默默无语,似乎在留人观赏。

【评解】　此条采自明·洪应明《菜根谭》:"兴逐时来,芳草中撒履闲行,野鸟忘机时作伴;景与心会,落花下披襟兀坐,白云无语谩相留。"

提倡在大自然中追求生活的情趣,感应天人合一的境界。欲得野鸟为伴,白云留人,也只有将自身化作"天地一沙鸥"。

061　客到茶烟起竹下,何嫌屐破苍苔;诗成笔影弄花间,且喜歌飞《白雪》。

【译文】　客来便汲水煮茶,茶烟袅袅从竹林间升起,木屐踏破了青翠的苔藓又何妨? 诗词吟就,笔墨在花丛中飞舞,书写成篇,欢喜地高声哼唱着《白雪》雅曲。

【评解】　如此幽雅之境,客必是清客,诗必是雅曲。

062　月有意而入窗,云无心而出岫①。

【译文】　月光似乎有意而从窗户中进入,云朵似乎无心再从峰峦间飘出。

【注释】　①"云无心"句:语出陶渊明《归去来兮辞》:"云无心以出岫,鸟倦飞而知还。"表明自己无意出仕,厌倦官场而隐。

【评解】　道是无心还有意,表露的是自己高洁的志趣和找到归宿的愉悦。

063　屏绝外慕,偃息长林,置理乱于不闻,托清闲而自佚。松轩竹坞,酒瓮茶铛,山月溪云,农蓑渔罟①。

【译文】　摒弃断绝对尘世的向慕,隐居安处于山林之中,将世间的治乱兴衰置之不理,只是托身于清闲安逸,自由自在。(尽情地享受)松林间的台轩,竹林间的屏坞,盛酒的陶瓮、烹茶的茶皿,山间的明月,溪涧的云雾,农家的蓑笠,渔家的钓网。

【注释】　①罟(gǔ):渔网。

【评解】 "屏绝外慕"，"置理乱于不闻"，似乎终不如"谈上都贵游、人间可喜事"者来得自然随性。

064 怪石为实友，名琴为和友，好书为益友，奇画为观友，法帖为范友，良砚为砺友，宝镜为明友，净几为方友，古磁为虚友，旧炉为熏友，纸帐为素友，拂尘为静友。

【译文】 怪石是朴实的朋友，名琴是和洽的朋友，好书是有益的朋友，奇画是观赏的朋友，法帖是临摹的朋友，良砚是砥砺的朋友，宝镜是明亮的朋友，净几是方方正正的朋友，古瓷是清虚的朋友，旧炉是熏香的朋友，纸帐是素淡的朋友，拂尘是幽静的朋友。

【评解】 作者将书房中的各种小摆设视为形形色色的朋友，可见其欣赏玩摩之情。君子"日三省吾身"，亦是以身边易见之物，常思观省、砥砺自我。

065 扫径迎清风，登台邀明月，琴觞之余，间以歌咏，止许鸟语花香，来吾几榻耳。

【译文】 打扫小径迎接清风，登上高台邀请明月，弹琴饮酒之余，间杂以吟咏歌唱，只许鸟语花香来到我的几案和床榻旁边。

【评解】 迎清风，邀明月，唤飞鸟，留花香，天地间一切美好之物，都请来为我助兴。或琴觞，或歌咏，清雅闲适的居所，可令主人忘掉所有的尘俗之气。

066 风波尘俗，不到意中；云水淡情，常来想外。

【译文】 是非风波，尘俗之事，从不放在心中；风山云水，淡泊闲情，常伴思想之间。

【评解】 品人生之"韵"，仿佛天地间只他一人，隔绝了尘世所有的吵嚷喧嚣。作为人生的境界，恐怕并不易得，作为艺术的境界，则正可"寂然凝虑，思接千载；悄然动容，视通万里"。

067 纸帐梅花①，休惊他三春清梦；笔床茶灶，可了我半日浮生。

【译文】 梅花纸帐里，不要惊扰他的三春清梦；笔架烹茶灶，可伴我度过这半日浮生。

【注释】 ①纸帐梅花：即"梅花纸帐"。一种由多样物件组合、装饰而成的卧具。宋·林洪《山家清事·梅花纸帐》："法用独床。旁置四黑漆柱，各挂以半锡瓶，插梅数枝，后设黑漆板约二尺，自地及顶，欲靠以清坐。左右设横木一，可挂衣，角安斑竹书贮一，藏书三四，挂白麈一。上作大方目顶，用细白楮衾作帐罩之。前安小踏床，于左植绿漆小荷叶一，置香鼎，燃紫藤香。中只用布单、楮衾、菊枕、蒲褥。"亦省称"梅花帐"、"梅帐"。如宋·辛弃疾《满江红》词："纸帐梅花归梦觉，莼羹鲈脍秋风起。"

【评解】 毕竟还只是"偷得浮生半日闲",还没有能够一如《富翁与渔夫》的故事里那个"渔夫"躺在海边的沙滩上悠然自得地晒太阳。"偷得浮生半日闲"是"境由心造",比起那个渔夫自然的心态来,还有相当大的距离。

068 酒浇清苦月,诗慰寂寥花。

【译文】 以酒浇愁,安慰清苦的明月;吟诗作赋,宽慰寂寥的花朵。

【评解】 此条与李白诗"花间一壶酒,独酌无相亲。举杯邀明月,对影成三人"意味颇似,却不及其清旷。月无所谓清苦,花无所谓寂寞,需要宽慰与浇愁的,其实只是诗人自己而已。

069 好梦乍回,沉心未烬,风雨如晦,竹响入床,此时兴复不浅①。

【译文】 好梦刚刚醒来,沉湎其中的心神还没完全清醒过来,此时风雨将至,天色昏暗,竹林的呼啸声传到了床前,令人兴致益然。

【注释】 ①兴复不浅:兴致高。《世说新语·容止》:"俄而(庾亮)率左右十许人步来,诸贤欲起避之,公徐云:'诸君少住,老子于此处兴复不浅。'"

【评解】 此时的好兴致,是因为眼前之景,还是依稀之美梦,作者似乎没有明说,也似乎不必说。

070 山非高峻不佳,不远城市不佳,不近林木不佳,无流泉不佳,无寺观不佳,无云雾不佳,无樵牧不佳。

【译文】 山不崇高峻峭不好,不远离城市不好,不邻近森林不好,没有溪流清泉不好,没有寺庙道观不好,没有云雾缭绕不好,没有樵薪放牧不好。

【评解】 此条采自明·李绍文撰《皇明世说新语·栖逸》引莫是龙语:"廷韩曰:山非高峻不佳,不远城市不佳,不近林木不佳,无流泉不佳,无寺观不佳,无云雾不佳,无樵牧不佳,古之真隐旷士多托迹于名岳。要之,山无隐士则林虚,故世有巢居于山林道尊矣。"莫是龙(1537-1587)字廷韩,华亭(今上海松江)人。明代文学家、书画家。著有诗集《石秀斋集》十卷及《画说》,传于世。

071 一室十圭①,寒蛩声暗,折脚铛边,敲石无火。水月在轩,灯魂未灭②,揽衣独坐,如游皇古③。

【译文】 一间小室,长宽只有十圭,寒秋昆虫的悲鸣发不出声音,折了脚的茶铛旁边,敲打着火石却生不出火来。水中明月映照在高台之上,烛光已熄但灯花还在闪亮,披起衣服独自静坐,仿佛神游上古世界。

【注释】 ①一室十圭(guī):极言其小。圭,古时长度单位,六十四黍为一圭。 ②灯魂:灯花。 ③皇古:上古时代。

【评解】　此条采自明·张大复《梅花草堂笔谈·三境》："抱影寒庐,夜深无寐,漫数乐事,得三境焉。其一曰禅喜,一室十圭,寒蛩声暗,折脚铛边,敲石无火,冰月在轩,灯魂未灭,揽衣独坐,如游皇古,意思虚闲,世界清净,我身我心,了不可取。此一境界,名最第一。"

　　潦倒中还有一轮明月在,作者便依然可以有禅思妙悟,可以兴发出皇古之叹。斯是陋室,惟吾德馨。

072　意思虚闲,世界清净,我身我心,了不可取。此一境界,名最第一。

【译文】　思想清虚闲适,外界也自然清净,身心无所欲求,什么也不用索取,这一境界可以说是最高境界。

【评解】　此条同采自明·张大复《梅花草堂笔谈·三境》,已见上条。

073　花枝送客蛙催鼓,竹籁喧林鸟报更,谓山史实录。

【译文】　摇曳的花枝仿佛在送着客人,蛙声阵阵便是催人畅饮的节鼓,竹林间发出的天籁之音,喧闹阵阵中鸟儿的鸣叫好像是报更声,这可以说是山中岁月的真实记录。

【评解】　此条采自明·陈继儒《岩栖幽事》："山鸟每至五更,喧起五次,谓之报更。盖山中真率漏声也。余忆曩居小昆山下,时梅雨初霁,座客飞觞,适闻庭蛙,请以节饮。因题联云:'花枝送客蛙催鼓,竹籁喧林鸟报更。'可谓山史实录。"这是山中真率静幽之声。

074　遇月夜,露坐中庭,必爇香一炷,可号伴月香。

【译文】　遇到明月之夜,冒着露水坐于庭院当中,必点燃一炷香,可以叫做伴月香。

【评解】　此条采自宋·陶谷《清异录》记徐铉事:"徐铉每遇月夜,露坐中庭,但爇佳香一炷,其所亲,名之曰'伴月香'。"可号伴月香,也可号伴月人,伴人月。

075　襟韵洒落,如晴云秋月,尘埃不可犯。

【译文】　襟怀和韵致潇洒磊落,犹如晴空下淡淡的白云和秋天皎洁的明月,是世间的尘埃侵犯不到的。

【评解】　此条采自北宋·文彦博评论文同《新晴山月》诗之赞语:"襟韵洒落,如晴云秋月,尘埃不到。"

　　文同(1018－1079),字与可,世称石室先生,自号笑笑居士,梓州永泰(今属四川)人。北宋著名画家、文学家。其诗《新晴山月》曰:"高松漏疏月,落影如画地。徘徊爱其下,夜久不能寐。怯风池荷卷,病雨山果坠。谁伴予苦吟?满林啼络纬."完全是以画家的心神在捕捉境界,故文彦博在写给文同的信中有此评语。这不仅是对其诗画的赞誉,也是对其为人高雅超脱情怀的欣赏。

076 峰峦窈窕,一拳便是名山;花竹扶疏,半亩如同金谷。

【译文】 峰峦窈窕秀美,拳头般大小也是一座名山;花竹扶疏繁茂,半亩之地也可以比得上晋代石崇的金谷园。

【评解】 一拳可包囊起伏峰峦,半亩可抵金谷名园。这种与文人画息息相通的意趣和艺术境界,正是明清文人思想最本质精髓的表达。小品文即应作如是观。

077 观山水亦如读书,随其见趣高下。

【译文】 观览山水也像读书一样,因各人的见识、趣味的不同而区分高下。

【评解】 此条采自宋·罗大经《鹤林玉露》丙编·卷三:"赵季仁谓余(即罗大经)曰:'某平生有三愿:一愿识尽世间好人,二愿读尽世间好书,三愿看尽世间好山水。'余曰:'尽则安能,但身到处莫放过耳。'季仁因言朱文公每经行处,闻有佳山水,虽迂途数十里,必往游焉。携樽酒,一古银杯,大几容半升,时引一杯。登览竟日,未尝厌倦。又尝欲以木作《华夷图》,刻山水凹凸之势,合木八片为之,以雌雄笋相入,可以折,度一人之力,足以负之,每出则以自随。后竟未能成。余因言夫子亦嗜山水,如'知者乐水,仁者乐山',固自可见。如'子在川上',与夫'登东山而小鲁,登泰山而小天下',尤可见。大抵登山临水,足以触发道机,开豁心志,为益不少。季仁曰:'观山水亦如读书,随其见趣之高下。'"赵师恕,字季仁,南宋人。

可见,所谓读书并不仅仅指那些白纸黑字的书卷。好书读尽交好人,好山好水悠悠看。

078 名利场中羽客,人人输蔡泽一筹[①];烟花队里仙流,个个让焕之独步[②]。

【译文】 名利场中的羽人仙客,人人都要比蔡泽稍逊一筹;烟花队里的仙人逸流,个个都要让自愧不如,而让焕之独步一时。

【注释】 ①蔡泽:战国燕人。曾游说列国,入秦说范雎。得见秦昭王,用为客卿。后范雎退,蔡泽即任,助昭王灭西周,不久辞去相位。曾代秦使燕,说燕太子丹入质于秦。 ②焕之:不确。唐·孙逖《唐齐州刺史裴公德政颂》:"公名耀卿,字焕之,河东闻喜人……公之昆友,故冀州刺史子余等六人,俱以儒行达,天下之人谓之'六龙';公之自出,今屯田员外郎韦述等七人,俱以才名进,天下之人谓之'七子',其族姻有如此者。"

【评解】 此条采自明·李鼎《偶谭》。南唐道士谭紫霄、宋徽宗时道士林灵素皆有金门羽客之称号。有金门中的羽客,有羽客而入于金门者。

079 深山高居,炉香不可缺,取老松柏之根枝实叶共捣治之,研枫肪麝

和之,每焚一丸,亦足助清苦。

【译文】 在深山中隐居,炉中焚香不可缺少,取老松柏树的根、枝、果实和叶子一起捣烂制成,研碎枫树油脂加以调和,每焚完一丸香,也足以助人清苦之气。

【评解】 此条采自元·虞集《赠朱万初四首》之一:"颇爱烧香是鼻尘,不应缘麝又劳人。方床石鼎过清昼,一缕山灵伴老身。"自注曰:"深山高居,炉香不可阙。退休之久,佳品乏绝,野人为取老松柏之根枝叶实捣治,研枫肪和之,每焚一丸,亦足以稍助清苦。久亦不复为。今年大雨时行,土润溽暑特甚,万初袖致土速数片,空斋萧寒,遂得为一日之供,亦可喜也。"朱万初,元代人,善制墨。

明·项元汴《蕉窗九录》"墨录"之六:"邵庵(虞集)又与朱万初帖云:'深山高居,炉香不可缺。退休之久,佳品乏绝。野人为取老松柏之根枝叶实,共捣治之,研枫肪群和之。每焚一丸,亦足助清。若今年大雨时行,土润溽暑特甚,万初致石鼎清昼香,空斋萧寒,遂为一日之借,良可喜也。'万初本墨妙,又兼香癖,盖墨之与香,同一关纽,亦犹书之与画,谜之与禅也。"项元汴(1525-1590),字子京,号墨林,别号墨林山人,浙江嘉兴人。明代著名鉴藏家。

080 白日羲皇世,青山绮皓心①。

【译文】 日光明媚,犹如上古伏羲时的清闲世界;青山寂寞,犹如商山四皓的超脱尘俗之心。

【注释】 ①绮皓:指汉初的隐士商山四皓:东园公、绮里季、夏黄公、甪里先生。

【评解】 此条采自明·蓝智《秋日游石堂奉呈卢金宪》:"荒郊通径僻,野竹闭门深。白日羲皇世,青山绮皓心。潜蛟多在壑,宿鸟独归林。知尔荷锄倦,时为《梁甫吟》。"明·王世贞《艺苑卮言》引"白日"二句,称之为"清雅"。

081 松声,涧声,山禽声,夜虫声,鹤声,琴声,棋子落声,雨滴阶声,雪洒窗声,煎茶声,皆声之至清,而读书声为最。

【译文】 松林风涛声,山涧溪流声,山禽鸣叫声,夜晚虫吟声,鹤唳声,弹琴声,棋子落盘声,雨滴石阶声,雪洒窗台声,煎茶水沸声,都是至为清雅的声音,而又以读书声为第一。

【评解】 此条采自陈继儒《读书止观录》:"倪文节公云:'松声,涧声,山禽声,夜虫声,鹤声,琴声,棋子落声,雨滴阶声,雪洒窗声,煎茶声,皆声之至清者也。而读书声为最。闻他人读书声,已极可喜;更闻子弟读书声,则喜不可胜言矣。'又云:'天下之事,利害常相半,有全利而无少害者,惟书。不问贵贱,贫富,老少,观书一卷则有一卷之益;观书一日,则有一日之益。故有全利无少害也。'读书者当做此观。吴生曰:此谓读书者不以利为利,以书为利也。"倪文节,倪思(1174-1220),

字正甫,南宋人,卒谥文节。

082 晓起入山,新流没岸,棋声未尽,石盘依然。

【译文】 早晨起来步入山林,溪涧中新涨的水流淹没了堤岸,而棋子的落盘声尚未消失,石盘的情景依然如昨。

【评解】 新涨的溪流,淹没了堤岸,却淹没不了棋声与石盘,淹没不了那满山满夜的情致!

083 松声竹韵,不浓不淡。

【译文】 风吹过松树响起的声音,吹过竹林荡起的余韵,不浓不淡,恰到好处。

【评解】 松风竹韵,指的是松树傲寒不屈和竹子清高有节的品质。

084 何必丝与竹,山水有清音。

【译文】 何必要那些丝竹管弦来演奏,山水中自有其清雅之音乐。

【评解】 此条采自晋·左思《招隐二首》之一:"杖策招隐士,荒涂横古今。岩穴无结构,丘中有鸣琴。白雪停阴冈,丹葩曜阳林。石泉漱琼瑶,纤鳞亦浮沉。非必丝与竹,山水有清音。何事待啸歌,灌木自悲吟。秋菊兼糇粮,幽兰间重襟。"

丝竹笙歌与山水之音相比,前者代表的是富贵和庸俗,后者代表的却是高情雅趣。史载梁昭明太子萧统(尝)泛舟后池,番禺侯轨盛称此中宜奏女乐。太子不答,咏左思《招隐诗》云:"何必丝与竹,山水有清音",轨惭而止。

085 世路中人,或图功名,或治生产,尽自正经,争奈天地间好风月、好山水、好书籍,了不相涉,岂非枉却一生?

【译文】 尘世间的人,有的追求功名,有的从事经济,尽管都是在做正经的事情,却对天地间的好风月、好山水、好书籍一点儿也不关心,好像都与己无关,难道不是枉过了一生?

【评解】 人生的目的究竟是什么?难道功名、财富就是人生的全部?让我们把目光从"图功名""治生产"上稍稍挪开,去关心一下路边正在吐绿的树木,窗台上正在吐蕊的花朵。夜里,不妨暂时推开繁重的事务,去沐浴一下璀璨的星光;假日,同三五知己一起走进郊外的风光,在风月、山水、书籍中找到生活的无穷乐趣。法国著名思想家蒙田认为,这不是要使精神松懈,而是使之增强,因为要让激烈的活动、艰苦的思索服从于日常生活的习惯,那是需要有极大的勇气的。

086 李岩老好睡[①],众人食罢下棋,岩老辄就枕,阅数局乃一展转,云:"我始一局,君几局矣?"

【译文】 李岩老喜欢睡觉，众人吃完饭后下棋，李岩老就去睡觉。众人经过了几局棋的功夫，他才翻了一下身，说道："我才睡了一局，你们下了几局了?"

【注释】 ①李岩老:宋人，疑为衡山道士，与苏轼善。

【评解】 此条采自苏轼《东坡志林·题李岩老》。东坡论曰:"岩老常用四脚棋盘，只着一色黑子。昔与边韶(后汉人，嗜睡)敌手，今被陈博(宋人，寝则多百余日不起)饶先。着时自有输赢，着了并无一物。"说他张开四肢一睡，就好像摆开了一只四脚棋盘，两眼一闭，就好像棋盘上只有黑子。这个棋盘梦里或者有输赢，醒了以后什么也没有。

有一则笑话，二人谈生活愿望。一人说:"我平生不足的就是吃饭睡觉。有一天得志了，我就吃饱了便睡，睡足了又吃。"另一人说:"我和你不同——我要吃了又吃，哪有工夫睡觉呀?"果真如此，到底是享受还是折磨?

087 晚登秀江亭①，澄波古木，使人得意于尘埃之外，盖人闲景幽，两相奇绝耳。

【译文】 傍晚登上秀江亭，清波荡漾，古木参天，使人在尘俗之外得到清幽之趣，这是因为人悠闲景幽静，两相奇绝相得益彰。

【注释】 ①秀江亭:是北宋隐者吴仁(字淑元，号浩然)建造的私人别墅。他是江西新余人，博学工诗，爱山林之乐，隐居不仕，为时人所敬重。后为新余虎瞰山的胜景所迷，在此山头建浩然堂、秀江亭。

【评解】 北宋崇宁元年(1102)，黄庭坚探望伯兄黄大临(萍乡县令)，返回途中，于四月间，路经新余县城，再次走访阔别多年的好友吴淑元，"晚登秀江亭，澄波古木，使人得意于尘埃之外"，因而诗兴来了，便挥毫作诗"纪其幽闲之胜"。诗曰:"因循不到此山头，匹马黄尘三十秋。旧社只今人共老，清波常与月分流。羡君潇洒成佳趣，感此凄凉念昔游。沽酒买鱼终不负，斯时相与访扁舟。"

088 笔砚精良，人生一乐，徒设只觉村妆;琴瑟在御，莫不静好①，才陈便得天趣。

【译文】 精良的笔砚，是人生的一大乐趣，但若仅仅作为摆设而不使用，只会让人觉得像是村姑却浓妆艳抹一般;你弹琴来我鼓瑟，和谐悠扬心欢畅，刚一陈列便让人感觉得其自然之趣。

【注释】 ①"琴瑟"二句:语出《诗·郑风·女曰鸡鸣》:"女曰鸡鸣，士曰昧旦，子兴视夜，明星有烂。将翱将翔，弋凫与雁，弋言加之，与子宜之。宜言饮酒，与子偕老，琴瑟在御，莫不静好。知子之来之，杂佩以赠之! 知子之顺之，杂佩以问之! 知子之好之，杂佩以报之!"

【评解】 东坡先生有《琴诗》:"若言琴上有琴声，放在匣中何不鸣? 若言声在指头上,何不请君指上听。"琴声既不在"琴上",又不在"指上",那么发自何处呢?只能说,它发自于"在御"的状态中。琴瑟如此,笔砚亦是如此,只有处在被使用的状态中,才会有所谓天趣、静好。

089 《蔡中郎传》①,情思逶迤;北《西厢记》②,兴致流丽。学他描神写景,必先细味沉吟,如日寄趣本头③,空博风流种子。

【译文】 高明的《琵琶记》,写得情思曲折婉转;王实甫的《西厢记》,写得情兴流转艳丽。要学习其描绘神情、状写风景的手法,必须先细细地吟味品赏,如果仅仅寄托情趣于文本之间,那只能是空得一个风流种子的名声。

【注释】 ①《蔡中郎传》:即元末南戏代表作《蔡伯喈琵琶记》。作者高明,温州人。蔡中郎,蔡邕(132 - 192),东汉著名文学家、书法家。字伯喈。官至左中郎将。后世称蔡中郎。他是汉代著名女诗人蔡琰(文姬)之父。 ②北《西厢记》:指元代杂剧《西厢记》。作者王实甫,大都人。 ③本头:文本。

【评解】 王弼《周易略例·明象》:"故言者所以明象,得象而忘言;象者所以存意,得意而忘象。犹蹄者所以在兔,得兔而忘蹄;筌者所以在鱼,得鱼而忘筌也。"即使是品赏佳作如《琵琶记》《西厢记》,也要学会遗貌取神,得其风韵,否则也只能得其末流。

090 夜长无赖,徘徊蕉雨半窗;日永多闲,打叠桐阴一院。

【译文】 长夜漫漫,百无聊赖,心思徘徊于蕉雨半窗;白日天长,多有余闲,打扫那满是桐阴散落的庭院。

【评解】 以"徘徊"状夜之"无赖","打叠"状日之"多闲",闲适写来动人。

091 雨穿寒砌,夜来滴破愁心;雪洒虚窗,晓去散开清影。

【译文】 雨点一滴滴打在寒冷的石阶上,静夜中仿佛滴破了忧愁的心境;雪花飘洒在虚掩的窗前,在清晨散落开一片清影。

【评解】 雨滴寒阶,一滴一滴,竟夜没有间断,仿佛要将那愁心滴穿,读来令人寒彻心骨。

092 春夜宜苦吟,宜焚香读书,宜与老僧说法,以销艳思;夏夜宜闲谈,宜临水枯坐,宜听松声冷韵,以涤烦襟;秋夜宜豪游,宜访快士,宜谈兵说剑,以除萧瑟;冬夜宜茗战,宜酌酒说《三国》、《水浒》、《金瓶梅》诸集,宜箸竹肉,以破孤岑。

【译文】 春天的夜晚,适宜于苦吟,宜于焚香读书,宜于与年老博学僧人谈论佛法,以消除内心美艳的情思;夏天的夜晚,适宜于闲谈,宜于临水静坐,宜于听松涛声清冷韵,以涤除内心的烦闷;秋天的夜晚,适宜于纵情游玩,宜于拜访爽快之士,宜于谈论兵法、剑术,以消除内心的萧瑟之感;冬天的夜晚,适宜于斗茶,宜于一边饮酒一边谈论着《三国演义》、《水浒传》和《金瓶梅》等书籍,宜于啜食竹笋大快朵颐,以打破内心的孤寂之感。

【评解】 四时风景不同,消夜妙方各异,书中之趣亦各异。将四时之风景、人生之忧喜巧妙地融于一纸风月中,读书也能读得山水生色、情意缠绵。

093 玉之在璞,追琢则珪璋;水之发源,疏浚则川沼。

【译文】 美玉藏于璞石之中,只要加以雕琢则必成珪成璋;流水发自源头,只要加以疏浚则必成为江河湖沼。

【评解】 此条采自《禅林宝训》:"如玉之在璞,抵掷则瓦石,琢磨则珪璋。如水之发源,壅阏则淤泥,疏浚则川泽。乃知像季非独遗贤而不用,其于养育劝奖之道,亦有所未至矣。"

《禅林宝训》为宋代妙喜普觉,竹庵士珪二禅师于江西云门寺所辑录,收录禅宗南狱下十一世黄龙惠南至十六世佛照拙庵等宋代诸禅师之遗语教训,以警戒学人潜心修道,凡三百篇,所选均属我国佛教著作中精简警世上乘作品,宋、元、明、清历代丛林,皆采用为佛门语文学习兼培育良好人格的范本,可谓佛僧教育的难得之教材,在宋以后的佛门丛林中影响甚大。明末清初智祥着《禅林宝训笔说》流通最广,影响至大。

智祥大师注此条曰:此节喻明要贤人劝奖。譬如美玉在璞石之中,若抵掷之则终成瓦石。抵掷,抛弃也。设若一遇良工琢磨之,则必成珪成璋矣。琢磨,治玉石者,既琢之而复磨之,言其已精而益求其精也。珪,上圆下方,瑞玉所成,公执桓圭九寸,侯执信圭,伯执躬圭,皆七寸。半圭曰璋。又如水之发源,若壅塞之则成淤泥,使有人为之疏浚,则必成川成泽矣。阏,塞也。浚,深也。以此观之,在像季之人,非独遗其贤者而不用,其奈师家抚养恩育之情,劝发奖导之道,有所未到耳。

094 山以虚而受,水以实而流,读书当作如是观。

【译文】 山因为清虚,从而接受了山林泉石置身其间;水因为充实,从而积多则畅流而去,读书便当如此。

【评解】 读书也应如此,虚心而接受,自满则无得。

095 古之君子,行无友,则友松竹,居无友,则友云山。余无友,则友古之友松竹、友云山者。

【译文】 古时候的君子,出行在外没有朋友,就以松竹为友,居住在家没有朋友,就以云山为友。我在没有朋友的时候,就以古代以松竹、云山为友的君子作为自己的朋友。

【评解】 此条采自唐·元结《丐论》："元子游长安,与丐者为友,或曰:'君友丐者,不太下乎?'对曰:'古人乡无君子,则与云山为友;里无君子,则与松柏为友;坐无君子,则与琴酒为友。出游于国,见君子则友之。丐者,今之君子,吾恐不得与之友也。'"

因村野没有君子,就与白云青山做朋友;里巷中没有君子,就与青松翠竹做朋友;坐席上没有君子,就与古琴美酒做朋友。自己在茫茫人海中寻求志同道合的君子朋友,这种寻找自然比较辛苦,所以辛弃疾索性说"一松一竹真朋友",当然这只是诗词艺术的一种表达方式。人的一生,就是用自己的全部来寻找志同道合的朋友的过程。

096 买舟载书,作无名钓徒。每当草蓑月冷①,铁笛霜清,觉张志和、陆天随去人未远②。

【译文】 买一叶扁舟用来装载书籍,做一个浪迹江湖的无名钓徒。每当深秋草木凋零,月光清冷之夜,铁笛声穿过霜露的清寒,便觉得张志和、陆龟蒙等隐逸先贤离人并不遥远。

【注释】 ①草蓑:草上积霜,像披上一层蓑衣。 ②张志和:自称"烟波钓徒"。唐代著名诗人、词人,其作品多描写隐逸生活。陆天随:陆龟蒙,自号江湖散人、甫里先生,又号天随子,唐代著名诗人,其诗多反映农民生活。

【评解】 此条采自明《张三丰先生全集·隐鉴篇》"陈仲醇"条:"逸士陈仲醇先生继儒,号眉公,华亭人也。年甫壮,即弃名习隐。结庐于小昆山之阳,买舟载书,称无名钓徒。每当草蓑月冷,铁笛霜清,觉张志和陆天随去人未远。"记叙陈继儒的隐居生活。

097 "今日鬓丝禅榻畔,茶烟轻飏落花风①。"此趣惟白香山得之②。

【译文】 今日鬓发苍苍坐在禅床旁边,茶灶上袅袅的轻烟飘荡在落花时节的风中。此中的意趣,只有香山居士白居易得到了。

【注释】 ①"今日"二句:语出唐·杜牧《题禅院》:"觥船一棹百分空,十岁青春不负公。今日鬓丝禅榻畔,茶烟轻扬落花风。" ②白香山:白居易,号香山居士。

【评解】 杜牧《题禅院》诗首二句写往昔漫游醋饮之豪兴,后二句写如今参禅品茶之悠闲,对比鲜明而出语平淡,对于消逝的年华不露惋惜之情,对于如今的寂寞不露辛酸之意。白居易《听夜筝有感》:"江州去日听筝夜,白发新生不忍闻。如今格是头成雪,弹到天明一任君。"写自己中年与暮年的对于挫折的不同感受。暮年饱经忧患,霜雪满头,相比之下,先前的挫折简直算不了什么,所以能够对幽怨的筝声无动于衷,听之任之。看似旷达超脱,含蕴的是极为悲凉沉痛的心情。如果说《题禅院》传达的是无可奈何转平淡,那么《听夜筝有感》则揭示了久经悲痛不觉悲的情感特征。

098 清姿如卧云餐雪,天地尽愧其尘污;雅致如蕴玉含珠,日月转嫌其泄露。

【译文】 清逸的风姿犹如卧于白云之上,或以白雪为餐,令天地都要因沾染了尘污而感到惭愧;优雅的韵致犹如蕴藏着的宝玉,或者含而不露的珍珠,连日月犹嫌其泄露了宇宙的精光。

【评解】 山蕴玉而生辉,水含珠而川媚,光而不耀,更具内在的优雅风韵。

099 焚香啜茗,自是吴中习气①,雨窗却不可少。

【译文】 焚香品茶,本是吴中地区的风俗习惯,雨中窗下的清闲安逸却是不可少的。

【注释】 ①吴中:今江苏苏州一带,泛指吴地。宋代以来经济发达,文化繁荣,才子辈出,焚香品茗是其一大雅趣。

【评解】 此条采自明·张大复《梅花草堂笔谈·雨窗》。

饮茶的情趣,既要有韵主佳客,还要在细雨蒙蒙的时候。清末书法家梅调鼎有紫砂壶铭云:"茶已熟,雨正蒙;戴笠来,苏长公。"便是对此情趣的生动再现。

100 茶取色臭俱佳①,行家偏嫌味苦;香须冲淡为雅,幽人最忌烟浓。

【译文】 品茶要求其色泽、气味都好的,精通此道的行家里手偏偏嫌其味道苦涩;焚香要以冲淡为雅,隐士最忌讳香烟太浓。

【注释】 ①臭(xiù):同"嗅",气味。

【评解】 味苦则失茶之幽香,烟浓便无香之悠淡。

101 朱明之候①,绿阴满林,科头散发,箕踞白眼,坐长松下,萧骚流觞②,正是宜人疏散之场。

【译文】 盛夏时节,绿阴满林,不戴帽子,披头散发,两腿伸直叉开分坐于松树之下,但将冷眼看时事,清风徐来,曲水流觞,正是适宜人自由自在疏散神情的场所。

【注释】 ①朱明:夏天。《尔雅·释天》:"夏为朱明。" ②萧骚:形容风吹落叶之声,有景色冷落之意。

【评解】 此条或化自唐·王维《与卢员外象过崔处士兴宗林亭》诗:"绿树重阴盖四邻,青苔日厚自无尘。科头箕踞长松下,白眼看他世上人。"用的是阮籍作青白眼之典(已见卷一155条注)。崔兴宗是王维的内弟,品格高洁,是位超凡脱俗的隐士。

102 读书夜坐,钟声远闻,梵响相和,从林端来,洒洒窗几上,化作天籁虚无矣。

【译文】 读书坐到夜阑更深之时,听到远处的钟声,与佛僧晨课的诵经之声相和,从森林的另一端幽幽传来,清寒之气铺洒于窗户和几案之上,化作大自然的天籁之音,归于清静虚无。

【评解】 寺钟声、诵经声,交织着风过树林之声,仿佛天际传来天籁之音,令人犹入幻境。

103 夏日蝉声太烦,则弄箫随其韵转;秋冬夜声寥飒,则操琴一曲咻之①。

【译文】 夏天蝉的叫声太过烦躁,就吹箫随其声韵婉转;秋冬的夜晚声息寂寥萧飒,就弹琴一曲喧闹一下。

【注释】 ①咻(xiū):象声词,形容喘气的声音或某些动物的叫声。这里指喧闹。

【评解】 洞箫轻吹,琴声温润,皆足以清心怡情,"随其韵转"、"一曲咻之",其玩赏之意趣,亦跃然纸上。

104 心清鉴底潇湘月,骨冷禅中太华秋。

【译文】 潇湘的月光之下,令人心中清澈见底;华山的秋色之中,令人在禅坐之中感到清冷之气透入肌骨。

【评解】 此条采自唐·齐乙《忆旧山》诗:"谁请衰羸住北州,七年魂梦旧山丘。心清槛底潇湘月,骨冷禅中太华秋。高节未闻驯虎豹,片言何以傲王侯。应须脱洒孤峰去,始是分明个剃头。"

齐己(863－937),俗名胡得生,唐潭州益阳(今湖南宁乡)人。虽皈依佛门,却钟情吟咏,诗风古雅,格调清和,为唐末著名诗僧。尝以《早梅》诗谒郑谷,谷改其"昨夜数枝开"为"昨夜一枝开",遂拜谷为"一字师"。时人以其诗作高产且多佳作,又因他颈上有一痈瘤,戏谓之"此诗囊是也"。《全唐诗》收录了其诗作800余首,数量仅次于白居易、杜甫、李白、元稹而居第五。门人辑印行世《白莲集》。此条将"槛"改为"鉴",读之令人神清气爽,干净而且空灵,亦可谓"一字师"。

105 语鸟名花,供四时之啸咏;清泉白石,成一世之幽怀。

【译文】 鸟语花香,可供一年四季啸歌吟咏;清泉白石,可成人生一世的幽雅情怀。

【评解】 白居易《答崔十八》诗:"老将白叟比黄公,今古由来事不同。我有商山君未见,清泉白石在胸中。"商山为历史上著名的商山四皓隐居之地,在白居易看来,清泉白石即代表着商山,"在胸中"又意味着这是一种"心隐",身虽居官而心隐山水。在诗人的心目中,自然万物,可以为人所啸咏欣赏,也可以砥人情怀。

106　扫石烹泉,舌底朝朝茶味;开窗染翰,眼前处处诗题。

【译文】　打扫石阶,烹泉煮茶,舌底天天都回味着茶香;开窗而望,饱蘸浓墨,眼前处处都是作诗的题材。

【评解】　这是属于隐者的生活与情怀。

107　权轻势去,何妨张雀罗于门前①;位高金多,自当效蛇行于郊外②。盖炎凉世态,本是常情,故人所浩叹,惟宜付之冷笑耳。

【译文】　权柄轻了,势力没了,何妨像翟公那样可在门前张设网罗捕捉鸟雀;职位显要了,钱财多了,自然应当像苏秦之嫂那样在郊迎中如蛇那样伏地爬行。因为世态炎凉,本是人之常情,所以若有人要为之长吁短叹,只当付之以冷笑罢了。

【注释】　①张雀罗于门前:典出《史记·汲郑列传》:"太史公曰:夫以汲、郑之贤,有势则宾客十倍,无势则否,况众人乎!下邽翟公有言,始翟公为廷尉,宾客阗门;及废,门外可设雀罗。翟公复为廷尉,宾客欲往,翟公乃大署其门曰:'一死一生,乃知交情。一贫一富,乃知交态。一贵一贱,交情乃见。'汲、郑亦云,悲夫!"　②效蛇行于郊外:典出《战国策·苏秦以连横说秦》:苏秦为六国相后,"将说楚王,路过洛阳,父母闻之,清宫除道,张乐设饮,郊迎三十里。妻侧目而视,倾耳而听;嫂蛇行匍伏,四拜自跪而谢。苏秦曰:'嫂何前倨而后卑也?'嫂曰:'以季子之位尊而多金。'苏秦曰:'嗟乎!贫穷则父母不子,富贵则亲戚畏惧,人生世上,势位富贵,盖可忽乎哉!'"委蛇,谓面掩地而进,若蛇行也。

【评解】　人们总是抱怨"人一走,茶就凉",但事实上,人走茶凉却是人之常情,世之常理。再说凉与热,也是一对不断发展变化的矛盾。在老地方凉了,到新地方可能又热了。人生就是一个冷冷热热的旅程。胸怀开阔了,轻松了,解脱了,就不至于整日长吁短叹。

108　溪畔轻风,沙汀印月,独往闲行,尝喜见渔家笑傲;松花酿酒,春水煎茶①,甘心藏拙,不复问人世兴衰。

【译文】　小溪水旁,轻风微拂,小沙洲上,洒满月光,独自前往,悠闲而行,曾经欣喜地看到渔家笑傲江湖;用松花酿酒,用春水煮茶,甘心情愿地藏拙于山中,不再过问人世间的兴衰得失。

【注释】　①"松花"二句:语出元·张可久小令《人月圆》:"兴亡千古繁华梦,诗眼卷天涯。孔林乔木,吴宫蔓草,楚庙寒鸦。数间茅舍,藏书万卷,投老村家。山中何事,松花酿酒,春水煎茶。"松花酿酒,即松树物料所造的酒,通称"松醪酒"。

【评解】　一派退隐江湖的散淡心情。

109 手抚长松,仰视白云,庭空鸟语,悠然自欣。

【译文】 双手抚摩着长松,抬头仰望着白云,鸟儿在庭院的上空鸣叫,悠悠然而颇感欣慰。

【评解】 大有"手挥五弦,目送归鸿"之意趣。

110 或夕阳篱落,或明月帘栊,或雨夜联榻,或竹下传觞,或青山当户,或白云可庭,于斯时也,把臂促膝,相知几人,谑语雄谈,快心千古。

【译文】 或者夕阳洒落于竹篱之上,或者明月悄悄爬上帘栊,或者雨夜连床卧谈,或者竹下杯酒相传,或者青山对着门户,或者白云绕着庭院,每当这个时候,几个知心好友,相握手腕,促膝而谈,笑语嬉戏,高谈阔论,真是千古快意之事。

【评解】 有相知之友促膝叙谈,则无时无地不有佳景快意,即使只是粗茶淡酒,那份谑语雄谈的快意却是什么也比不上的。

111 疏帘清簟,销白昼惟有棋声;幽径柴门,印苍苔只容展齿。

【译文】 稀疏的竹帘,清凉的竹席,打发白日时光的,惟有棋子落盘之声;幽深的小径,简陋的柴门,烙印在苍苔之上的,只有木屐齿痕。

【评解】 宋·苏轼《观棋》诗序曰:"尝独游庐山白鹤观,观中人皆阖户昼寝,独闻棋声于古松流水之间,意欣然喜之。"诗句有云:"不闻人声,时闻落子。纹枰坐对,谁究此味?"都是以棋声烘托环境的幽静。清·张潮《幽梦影》:"春听鸟声,夏听蝉声,秋听虫声,冬听雪声,白昼听棋声,月下听箫声,山中听松风声,水际听欸乃声,方不虚生此耳。"也认为白昼听棋声乃人间美好事。

112 落花慵扫,留衬苍苔①;村酿新篘,取烧红叶②。

【译文】 落花满地也懒得清扫,就留着为苍苔衬托点缀吧;乡村中新酿的米酒,不妨取烧红叶来暖焙。

【注释】 ①"落花"二句:典出《诗人玉屑》卷三《蒋道士诗句》:"衢州蒋道士云:'石压笋斜出,岸悬花倒生。'后因太守怒不扫地,辱之,守见诗,爱而招之。乃上诗曰:'春来不是人慵扫,为惜莓苔衬落花。'守悔焉。欣招之饮,蒋有诗谢曰:'敲开败篘露新竹,拾上落花妆新枝。'复为湘人所重。"为自己不扫地向太守作了艺术的辩白。 ②"村酿"二句:语出白居易《送王十八归山寄题仙游寺》诗:"林间暖酒烧红叶,石上题诗扫绿苔。"

【评解】 此条内容对落花、红叶作了艺术的再造,悠然恬淡的生活情怀毕现,对仗精工,惹人喜爱。

113 幽径苍苔,杜门谢客;绿阴清昼,脱帽观诗。

【译文】 幽僻的小径,清冷的苍苔,闭掩门户谢绝来访;绿阴满地,白昼清凉,脱帽露顶,独自观赏诗词。

【评解】 宋·黄庭坚《东园》诗:"雨后月前天欲冷,身闲心远地偏幽。杜门谢客恐生谤,且作人间鹏鷃游。"似乎尚心有顾忌,而这里已全然逍遥放浪之怀。

114 烟萝挂月,静听猿啼;瀑布飞虹,闲观鹤浴。

【译文】 空悬的明月下,烟雾笼罩着藤萝,静静地倾听着清厉的猿啼声;飞流直下的瀑布,仿佛纵贯天空的长虹,悠闲地观赏着鹤鸟沐浴。

【评解】 藤萝下静静地倾听猿猴的啼叫,瀑布下悠闲地观赏鹤鸟的沐浴,身心俱已入仙境。

115 帘卷八窗,面面云峰送碧;塘开半亩,潇潇烟水涵清。

【译文】 卷起八面窗户的帘子,面面都是云峰送来的碧绿山色;半亩方塘像一面镜子被打开,潇潇烟水蕴涵着阵阵清凉。

【评解】 虽极小处,而天地之景排闼而来,令人心境顿开,目不暇接。

116 云衲高僧①,泛水登山,或可藉以点缀;如必莲座说法,则诗酒之间,自有禅趣,不敢学苦行头陀②,以作死灰③。

【译文】 四处云游的高僧,泛舟水上或攀爬高山,以此名山大川来作为自己道法的点缀。如果一定要坐在莲花宝座上讲经说法,那么诗酒流连之间,亦自有禅趣,不敢学那些清苦修行的头陀,简直像死灰一般沉寂。

【注释】 ①云衲:云水之衲僧。云水者,喻行脚而言。佛祖通载(云峰高禅师传)曰:"云衲四来,三堂皆溢。" ②头陀:佛教苦行之一。僧人行头陀时,应持守十二项苦行,分衣、食、住三类,即穿粪扫衣(百衲衣)、常乞食、住空闲处等。依此修行的称"修头陀行者"。后也用以称呼行脚乞食的和尚。 ③死灰:语出《庄子·齐物论》:"身固可以如槁木,而心固可以如死灰乎?"原意指达到物我合一的境界,此处喻指心念不起,寂寞无情。

【评解】 此条采自明·吴从先《小窗自纪》:"云衲高僧,泛水登山,或可借以点缀。如必莲座说法,则诗酒之间,自有禅趣。不敢学苦行头陀,以作死灰槁木。"

晚明之后,儒家独尊的正统被动摇,取而代之的是儒道佛禅的并立之势。相应地,士人的思想世界也日趋多元与包容。尤其是当佛禅戒律遭遇到洒脱士人,仿佛统统失效,而只能开通,这似乎也预示着整个帝国体制面对士人内心的失控局面。毫无疑问,时人也有意借此表达对传统体制的不满与挑战。如吴从先,便将诗酒当作了禅趣。

不论什么理,只要是有利于人生者,便不应该成为某些人的专利,更不应该被穿上一件刻板、神秘的外衣。每个人都有理解生活、理解人生的权利。

117 遨游仙子,寒云几片束行妆;高卧幽人,明月半床供枕簟。

【译文】　遨游四方的仙子,只需束几片寒云就可以成行;深山高卧的隐士,铺半床明月就可以当枕席。

【评解】　此条采自明·吴从先《小窗自纪》。

南朝隐士陶弘景诗曰:"山中何所有? 岭上多白云。只可自怡悦,不堪持赠君。"白云成为隐士最亲密的伴侣。明月当空,冰清玉洁,"万里浮云卷碧山,青天中道流孤月",超凡脱俗,是隐者高洁情怀的写照。

118　落落者难合,一合便不可分;欣欣者易亲,乍亲忽然成怨。故君子之处世也,宁风霜自挟,无鱼鸟亲人。

【译文】　落落寡合的人难以结交,但是一旦结成朋友便不可分离;快乐自得的人容易亲近,但往往刚成为朋友突然就结下怨仇。所以君子为人处世,宁愿严峻而疏远他人,也不要像鱼鸟那样迎合他人。

【评解】　此条采自明·吴从先《小窗自纪》。

"天下诸友易结,独有野性寡谐。"寡谐难合是因为他们坚守着自己的为人原则,宁缺毋滥,而一旦遇到了知己,便可以将自己全部交托给对方,声气相求,像爱护自己的眼睛一样爱惜朋友。反之,没有原则的结交,往往便只是相互的利用,易亲亦易成怨。

119　海内殷勤,但读《停云》之赋[1];目中寥廓,徒歌《明月》之诗[2]。

【译文】　对海内亲友情深意切,只可诵读陶渊明的《停云》诗;眼中视野寥廓,只可吟咏曹操的《短歌行》等咏月之诗。

【注释】　[1]停云之赋:即陶渊明《停云》诗序云:"停云,思亲友也"。　[2]明月之诗:或曰指曹操《短歌行》:"明明如月,何时可掇",渴望如明月高悬般的贤者。或曰指《诗经·陈风·月出》诗,写男子月下怀念美人。

【评解】　此条采自明·吴从先《小窗自纪》。

此条内容或化自元·黄庚《夜后谢友人顾问》诗:"索居坐孤陋,却扫甘隐沦……谁念相如病,岂堪原宪贫。友人隔河梁,怀思赋停云。柴车忽过我,问劳何殷勤。促膝话契阔,道合情更亲……"

120　生平愿无恙者四:一曰青山,一曰故人,一曰藏书,一曰名草。

【译文】　生平希望安然无恙的东西有四:一是青山,二是故人,三是藏书,四是名草。

【评解】　此条采自明·吴从先《小窗自纪》。

愿青山无恙,因为仁者乐山,智者乐水,青山是可以朝夕厮守的朋友。愿故人无恙,因为人生难得知己,故人是人生的另一个港湾。愿藏书无恙,因为"诗书传世久"，可以陶冶人的情操。愿名花名草无恙，因为花草赏心悦目，可以怡人心智。古人在与自然接触时，常常能够将心比心，以同情的态度为它着想，总是考虑到它的天性、它的要求、它的愿望。殷殷地希望自然不要遭到任何的伤害，他们"为月忧云"，"为花忧风雨"，对自然万物细心呵护。

121 闻暖语如挟纩^①，闻冷语如饮冰^②，闻重语如负山，闻危语如压卵，闻温语如佩玉，闻益语如赠金。

【译文】 听暖心的话语如同披上绵衣，听冷酷的话语如同喝下冰块，听沉重的话语如同身负泰山，听危急的话语如同压迫鸡蛋，听温馨的话语如同佩带宝玉，听有益的话语如同获赠黄金。

【注释】 ①挟纩：披着绵衣，喻受人抚慰而感到温暖。《左传》宣公十二年："楚庄王围萧。申公巫臣曰：'师人多寒，王巡三军拊而勉之，三军之士，皆如挟纩。'"杜预注："纩，绵也。言说（悦）以忘寒。" ②饮冰：形容内心惶恐焦虑。《庄子·人间世》："今吾朝受命而夕饮冰，我其内热与？"成玄英疏："诸梁晨朝受诏，暮夕饮冰，足明怖惧忧愁，内心熏灼。"

【评解】 此条采自明·吴从先《小窗自纪》："闻暖语如挟纩，闻冷语如饮冰，闻重语如负山，闻危语如压卵，闻温语如佩玉，闻益语如赠金，口耳之际，倍为亲切。"

一言可以暖人心，伤人心，寒人心，口耳之际，最为直接亲切；一言亦可以兴邦，可以毁邦，又不可不倍加谨慎斟酌。

122 旦起理花，午窗剪叶，或截草作字，夜卧忏罪，令一日风流萧散之过，不致堕落。

【译文】 早晨起来收拾花草，中午窗前修剪枝叶，或截取草茎随便写写字，或夜卧于床忏悔反省，让一天风流潇洒的过失，不至于堕落。

【评解】 中国文学有托物言志的传统，美人香草常常寄托了诗人高尚的情操。理花、剪叶，寄寓的是君子的自我修养。

123 快欲之事，无如饥餐；适情之时，莫过甘寝。求多于情欲，即侈汰亦茫然也。

【译文】 快意嗜欲的事情，不如饥饿时的一顿饱餐。顺适性情的时候，莫过于甜甜的梦寝之时。如果贪求过多的欲望和欲念，那就是奢侈无度，也会茫然自失的。

【评解】 此条采自明·吴从先《小窗自纪》。

有个禅宗公案，小和尚向禅师问禅，禅师只说，吃得下，睡得着。什么意思呢？心中没有贪欲，才可能吃得下睡得着，这不就是禅的道理吗？食山珍而无味，日夜欢而不乐，空虚无聊，正是今人之苦处难与人说。

124 客来花外茗烟低，共销白昼；酒到梁间歌雪绕^①，不负清尊。

【译文】 客人来访,花丛之外茶烟低回,共同品茶清谈消遣白日时光;芳香的酒气氤氲满屋,高雅的歌曲动听绕梁,从不辜负美酒清尊。

【注释】 ①梁间歌雪绕:暗用"阳春白雪"和"余音绕梁"典。

【评解】 此条采自明·吴从先《小窗自纪》。有香茗,有美酒,有贵客雅曲,这样的日子就没有辜负。

125 云随羽客,在琼台双阙之间①;鹤唳芝田,正桐阴灵虚之上②。

【译文】 云彩尾随着隐士,遨游在琼台双阙之间;仙鹤在芝田鸣叫,正处在仙境之上。

【注释】 ①琼台双阙:晋·孙绰《游天台山赋》:"双阙云耸以夹路,琼台中天而悬居。"琼台,山峰名。在今浙江省天台县天台山西北,其侧两峰壁立万仞,屹然相向,犹如双阙。 ②桐阴灵虚:仙境。桐阴,凤凰止息处。灵虚,即太虚,宇宙,道教谓神仙居处。

【评解】 此条采自南宋道士白玉蟾《天台山赋》,状写天台山之云烟缭绕,高峻神秘。

卷八　奇

　　我辈寂处窗下,视一切人世,俱若蠛蠓婴丑^①,不堪寓目。而有一奇文怪说,目数行下,便狂呼叫绝,令人喜,令人怒,更令人悲。低徊数过,床头短剑亦呜呜作龙虎吟,便觉人世一切不平,俱付烟水。集奇第八。

【译文】 我辈孤寂地坐于窗下,冷眼观看一切人间世事,都仿佛争食血肉的蠛蠓一样,不堪入目。而有一段奇谈怪论,一目数行而下,读罢便狂呼叫绝,令人欢喜,令人愤怒,更令人悲伤。再低回吟咏数遍,连床头的短剑似乎也随之呜呜作响,如龙吟虎啸,顿时觉得人世间的一切不平之事,都如同云烟流水一样一去不返。于是编纂了第八卷"奇"。

【注释】 ①蠛蠓(mièméng):虫名。体微细,将雨,群飞塞路。

【评解】 宋代黄庭坚说"文章最忌随人后",陆游也说过"文章最忌百家衣",无论是洋洋万言或是精短之篇,也不论出之以平淡或行之以奇崛,都要有语不惊人死不休的气概。"狂呼叫绝",或喜或怒或悲,正是奇文异说的魔力。作者出于对其时正统、陈旧的封建说教的抵抗和蔑视,对新思想、新观点表示出近乎痴迷的热爱,无疑有着积极的时代意义。但在今天看来,我们对于种种异端怪说又不能不保持足够的清醒。子曰:狷者有所不为。而今不少奇文怪说,出于种种目的,妄发怪论、尽其诋言、訾议无状、信口雌黄,是不是亦足以"令人怒,更令人悲"呢?

001 吕圣公之不问朝士名^①,张师高之不发窃器奴^②,韩稚圭之不易持烛兵^③,不独雅量过人,正是用世高手。

【译文】 吕蒙正不追问那个讥笑自己的朝士的名字,张齐贤不揭发那个偷藏银器的家奴,韩琦不更换那个持蜡烛烧了自己胡须的兵卒。这几人不但雅量过人,恰恰是用世的高手。

【注释】 ①吕圣公:吕蒙正,字圣公,北宋河南人。居高位,有众望。因其很年轻时就出任参知政事,曾被一朝士讥笑,同僚要追查,吕制止说:"若知其名,必记于心,不如不知。" ②张师高:张齐贤,字师高,北宋曹州人。据《东轩笔记》载:张齐贤以左拾遗为江南转运使,一次家宴,一奴窃数银器于怀,他熟视不语。后为相,门下皆得班行,惟窃器奴不沾禄。奴乘间再拜曰:"某事相公最久,凡后于某者皆得官矣,相公独遗某,何也?"因泣下不止。张齐贤悯然语曰:"我欲不言,尔乃怨我,尔忆江南日盗吾银器数事乎?"奴震骇,泣拜而去。 ③韩稚圭:韩琦,字稚圭,北宋安阳人,官至枢密使、宰相,封魏国公。据《厚德录》载:"韩魏公帅武定时,夜作书,令一侍兵持烛于旁,兵他顾,烛燃公须,公以袖挥之,而作书如故,少顷回视,则已易其人矣。公恐主吏鞭卒,急呼曰:'勿易之,渠方解持烛。'军府为之感服。"

【评解】 三件小事反映出三个人在为人处事上不同于常人的独特之处,所谓"宰相肚里能撑船",这种雅量不仅表现了他们自身的品德修养,更能在对方的心理上产生莫大的触动。

002 花看水影,竹看月影,美人看帘影。

【译文】 欣赏花儿要看其水中的倒影,观赏竹子要看其月下的光影,品赏美人要看其帘后的倩影。

【评解】 此条采自明·吴从先《小窗自纪》。

花、竹、美人,本是世上美好的事物,无论如何欣赏,总能见出其美态,然而,水中摇曳的花影、月下徘徊的竹影、帘中朦胧的美人倩影,更添几分迷人的韵致。换个角度欣赏品味,生活会给你呈现更加美妙的意境。

003 佞佛若可忏罪,则刑官无权;寻仙可以延年,则上帝无主。达士尽其在我,至诚贵于自然。

【译文】 沉迷于吃斋念佛如果可以忏悔罪过,那么执掌刑罚的官员就无权可言;寻仙问道如果可以延年益寿,那么上帝也就不能成为主宰了。通达之士一切言行都出于自己内心的真诚,而至诚之心贵在顺从自然。

【评解】 此条采自明·吴从先《小窗自纪》。

犯了罪的人,如果不予惩罚,以为佛前一忏悔,就万事皆了,那岂不乱套?人的生老病死,也不可能逆自然规律而行。顺应自然,就是要活得平心静气,无欲无求。

004 以货财害子孙,不必操戈入室①;以学校杀后世,有如按剑伏兵。

【译文】 利用钱货财产贻害后代子孙,自然不必别人再操着戈矛进入自己的家室;通过学校教育来扼杀后辈,就像按剑不出伏兵不动一般。

【注释】 ①操戈入室:明·李贽《续焚书·何心隐论》:"吾故援孔子以为法,则可免入室而操戈。"

【评解】 此条采自明·吴从先《小窗自纪》。

钱财利用不当,教育如果不慎,就成了祸害子孙的武器。用今天流行的两句话说就是,再富不能富孩子,再穷不能穷教育。

005 君子不傲人以不如①,不疑人以不肖。

【译文】 君子不会因为别人不如自己而骄傲自大,不会常常怀疑别人的品行有欠缺。

【注释】 ①君子不傲:语出《荀子·劝学》:"故未可与言而言谓之傲,可与言而不言谓之隐,不观气色而言谓之瞽。故君子不傲,不隐,不瞽,谨顺其身。诗曰:'匪交匪舒,天子所予。'此之谓也。"

【评解】 此条采自明·高道淳语:"不辱人以不堪,不愧人以不知,不傲人以不如,不疑人以不肖;故曰:君子不欲多上人,是亦寡怨之道也。"

又有言曰:傲人不如者必浅人,疑人不肖者必小人。总之,为人必须谦卑,修炼自己谦恭礼让之德。

006 读诸葛武侯《出师表》而不堕泪者,其人必不忠;读韩退之《祭十二郎文》而不堕泪者①,其人必不友。

【译文】 读诸葛亮的《出师表》而不落泪的,这个人一定是没有尽忠之心的;读韩愈的《祭十二郎文》而不落泪的,这个人一定是没有朋友之情的。

【注释】 ①韩退之:韩愈。其《祭十二郎文》被称为祭文中的"千年绝唱"。十二郎是韩愈的侄子。

【评解】 此条采自南宋学者赵与时《宾退录》:"读诸葛孔明《出师表》而不堕泪者,其人必不忠。读李令伯《陈情表》而不堕泪者,其人必不孝。读韩退之《祭十二郎文》而不堕泪者,其人必不友。"又见于明·吴从先《小窗自纪》:"前辈有云:'读诸葛武侯《出师表》而不堕泪者,其人必不忠。读李令伯《陈情表》而不堕泪者,其人必不孝。读韩退之《祭十二郎文》而不堕泪者,其人必不友。'夫如此才为真读书。今人非不日读可涕可泪之书,且看何人堕泪,固知忠孝友道之难。"

这几篇文章都是光耀千秋的名篇佳作,分别表现了古代君臣、祖孙、叔侄之间的关系,感人至深处乃是文章中展现的最贴心暖心的人情味,令人产生强烈的共鸣。

007 世味非不浓艳,可以淡然处之。独天下之伟人与奇物,幸一见之,自不觉魄动心惊。

【译文】 人情世味不能说不浓烈艳丽,但还可以以淡然之心处之。只是在侥幸见到天下的伟人和奇物,不自觉就要惊心动魄。

【评解】 这大概也就是偶像的力量吧。

008 道上红尘,江中白浪,饶他南面百城①;花间明月,松下凉风,输我北窗一枕②。

【译文】 在喧闹纷杂的人间追逐滚滚红尘,又如江中翻飞滔天的浪花,那即使君临天下、坐拥百城又如何？花间明月高照，松下凉风习习，也不如我北窗之下伏枕安眠，逍遥自在。

【注释】 ①南面百城：比喻尊贵至极，也比喻藏书很多。南面，指君临天下。《魏书·李谧传》："（李谧）每曰：丈夫拥书万卷，何假南面百城。遂绝迹下帷，杜门却扫，弃产营书，手自删削，卷无重复者四千有余矣。"意思是说有书万卷，胜似管理百座城池的大官。　②北窗一枕：典出陶渊明《与子俨等疏》："常言五六月中，北窗下卧，遇凉风暂至，自谓是羲皇上人。"喻指高卧林泉，自在逍遥。

【评解】 此条采自明·屠隆《娑罗馆清言》。

　　明月易去，凉风无信，世间的红尘名利最终都将烟消云散，又怎如北窗高卧，坐拥书城，悠闲自得？如此逍遥，胜却人间无数尔虞我诈。

009 立言亦何容易，必有包天、包地、包千古、包来今之识，必有惊天、惊地、惊千古、惊来今之才，必有破天、破地、破千古、破来今之胆。

【译文】 著书立说谈何容易，必须有包天、包地、包千古、包未来的非凡见识，必须有惊天、惊地、惊千古、惊未来的超凡才华，必须有破天、破地、破千古、破未来的过人胆略。

【评解】 著书立说便须兼具识、才、胆三者，且三者之顺序亦不可颠倒，有识方可谓之有才，有识有才方可谓之有胆。

010 圣贤为骨，英雄为胆，日月为目，霹雳为舌。

【译文】 以圣贤的智慧作为骨骼，英雄的气概作为肝胆，日月的精华作为眼睛，霹雳的闪电作为口舌。

【评解】 如此之人，便是民族之"脊梁"。

011 瀑布天落，其喷也珠，其泻也练，其响也琴。

【译文】 瀑布从天而降，其喷溅犹如晶莹的珠玉，其倾泻犹如白色的绸缎，其声响犹如动听的琴曲。

【评解】 这是对明代赵宧光的寒山别墅的描述。赵宧光的寒山别墅石壁峭立，凿山引泉，泉流缘石壁而下，飞瀑如雪，名"千尺雪"。十六个字，字字珠玑，从形、势、声三方面揭橥了瀑布之美。

012 平易近人，会见神仙济度；瞒心昧己，便有邪祟出来。

【译文】 如果平易近人，便会有神仙前来超度；如果瞒心昧己，就会有妖邪鬼魅来祸害。

【评解】 对人须多一分宽容，多一点体谅，以诚相待，对己则应严格要求，这就是

"礼义廉耻,可以律己,不可以绳人,律己则寡过,绳人则寡合。"

013 佳人飞去还奔月[1],骚客狂来欲上天[2]。

【译文】 美人飞升还要奔向月宫,诗人狂放还要登上青天。

【注释】 [1]"佳人"句:神话传说嫦娥为后羿妻,后盗其不死之药升天奔月,为月神。 [2]"骚客"句:典出李白《宣州谢朓楼饯别校书叔云》诗:"俱怀逸兴壮思飞,欲上青天揽明月。"

【评解】 嫦娥奔月是美丽的幻想,欲上青天是诗人的浪漫,精神的绝对自由是人类永恒的追求。

014 涯如沙聚,响若潮吞。

【译文】 水边的陆地好像沙子聚集而成,声响则仿佛潮水吞吐一般。

【评解】 沙聚潮吞之气象,可以是海啸浪突之景。而元代画家吴镇《秋江渔隐图》自题诗曰:"沙涯如有约,相伴钓船归。"亦可以如此温情脉脉。

015 诗书乃圣贤之供案,妻妾乃屋漏之史官[1]。

【译文】 诗书典籍是圣贤面前供祭祀用的桌案,妻妾则是记录暗室行为的史官。

【注释】 [1]屋漏:指房子的西北角。古人把床放在房间的北边,在西北角开有天窗,阳光由此洒漏室内,因此称屋漏。即指幽暗隐蔽之所。

【评解】 圣贤之人靠的是渊博的学问、不朽的著作成为后人景仰之楷模,而妻妾则无时无刻不在记录着你的一举一动,所以君子不可不慎独。

016 强项者未必为穷之路,屈膝者未必为通之媒。故铜头铁面[1],君子落得做个君子;奴颜婢膝,小人枉自做了小人。

【译文】 刚正不阿不一定就会穷途末路,屈膝求荣不一定就会官运亨通。所以,铜头强项、铁面无私,君子终究得到了君子的声名;奴颜婢膝、卖身求荣,小人最终可能枉自做了小人。

【注释】 [1]铜头铁面:《宋史·赵抃传》:"为殿中侍御史,弹劾不避权幸,声称凛然,京师目为铁面御史。"喻刚直不阿之士。

【评解】 "天生一副清高骨,哪愿奴颜婢膝生","安能摧眉折腰事权贵,使我不得开心颜"……然而,现实生活似乎往往相反,君子难为,小人易做,刚正不阿、耿介清高者,往往满腔悲愤无人可诉。不过,沉者自沉,浮者自浮,清·王永彬《围炉夜话》也说:"君子存心但凭忠信,而妇孺皆敬之如神,所以君子落得为君子。小人处世尽设机关,而乡党皆避之若鬼,所以小人枉做了小人。"

017 有仙骨者,月亦能飞;无真气者,形终如槁。

【译文】　有仙风道骨的人,借助月光也能飞升;无自然真气的人,形容终究如同枯槁。

【评解】　有佛缘者,然后能见佛界,有仙骨者,然后能见仙境。腹有诗书气自华,故修身养性,重在内心真气风骨的自我修炼。

018　一世穷根,种在一捻傲骨;千古笑端,伏于几个残牙。

【译文】　一生的穷困潦倒,其根源就在那一把傲骨之中;千古的荒唐笑柄,其源头就潜藏在那几颗老牙之上。

【评解】　此条可与前条比读,铜头强项往往便是一世穷根。历史并不永远呈现出邪不压正的大义凛然,不少时候似乎就像一个庸俗的小妇人,由着几个尖嘴残牙之人涂抹搬弄。

019　石怪常疑虎①,云闲却类僧。

【译文】　石头奇形怪状,令人疑为老虎伏眠;白云悠然,多像是僧人游方。

【注释】　①石怪常疑虎:事见《史记·李将军列传》:"广出猎,见草中石,以为虎而射之,中石没镞,视之石也。因复更射之,终不能复入石矣。"

【评解】　石与虎的相似在形,云与僧的相似在神。

020　大豪杰,舍己为人;小丈夫,因人利己。

【译文】　大豪杰往往是舍己为人,小丈夫则常常是损人利己。

【评解】　尽管"利己"的命题可能同时是"排他"的,但反过来的命题则是:"利他"的同时也是"利己"的。正确处理个人与他人、个人与群体、个人与社会共处的问题,在不排斥"有我"的情况下,倡导"利他"的思想和行为,应该是今天道德教育发展的方向。

021　一段世情,全凭冷眼觑破;几番幽趣,半从热肠换来。

【译文】　一段世态人情,全仗着一对冷眼看破;几番幽雅情趣,多半以热心肠换来。

【评解】　对待世态人情,须持冷眼看破,而要于平淡中体会幽韵雅趣,又须具一副热心肠。一冷一热,正是人生必备的两种生活态度。

022　识尽世间好人,读尽世间好书,看尽世间好山水。

【译文】　人生有三大愿望:一是识尽世间好人,二是读尽世间好书,三是看尽世间的好山好水。

【评解】　此条采自宋·罗大经《鹤林玉露》丙编·卷三:"赵季仁谓余(即罗大经)

曰：'某平生有三愿：一愿识尽世间好人，二愿读尽世间好书，三愿看尽世间好山水。'余曰：'尽则安能，但身到处莫放过耳。'"参见卷七077条。

023　舌头无骨，得言句之总持；眼里有筋，具游戏之三昧。

【译文】　舌头柔软无骨，却是言语的总管；眼里有血管筋脉，却足以看破人间游戏的真谛。

【评解】　所以，就不能不时时把握好自己那一段舌头，同时又练就一双火眼金睛。

024　群居闭口，独坐防心。

【译文】　群居时切记要闭口少言，独坐时不要胡思乱想。

【评解】　子曰："乱之所生也，则言语为阶。"所谓祸从口出。儒家也极为重视"慎独"，不胡思乱想，才无隙可乘。

025　当场傀儡①，还我为之；大地众生，任渠笑骂。

【译文】　逢场作戏的傀儡，还是自己尽力而为；至于世间的芸芸众生，则任他嬉笑怒骂好了。

【注释】　①当场傀儡：指木偶戏或影戏。金·赵元《薛鼎臣罢登峰》诗："弄人鼓笛不相疑，便看当场傀儡衣。"

【评解】　人生的舞台远比戏台丰富精彩。

026　三徙成名①，笑范蠡碌碌浮生，纵扁舟忘却五湖风月；一朝解绶，羡渊明飘飘遗世，命巾车归来满室琴书②。

【译文】　三次迁徙而成名天下，可笑范蠡一生忙碌奔波，乘一叶扁舟而去，却忘记了欣赏五湖的美好风月；一朝挂印解职，羡慕陶渊明飘然忘世归隐，吩咐轻车简从归去来兮，携带的只有满屋的琴与书。

【注释】　①三徙成名：典出《史记·越王勾践世家》："范蠡三徙，成名于天下。"范蠡佐越王勾践发愤图强，终灭吴国，施展了其军政谋略；又以勾践可共患难不可共安乐，去越之齐，改名鸱夷子皮，显示了其人生智慧；后又迁至陶，经商致富，称朱公，十九年中，治产三致千金，一再分散与贫交及疏远兄弟，体现了其经营才华。　②"一朝解绶"三句：指陶渊明为彭泽令时，不愿"为五斗米折腰"弃官而去。巾车：有帷的车。陶渊明《归去来兮辞》："或命巾车，或棹孤舟。"

【评解】　范蠡一生忙碌奔波，终得三徙成名。而陶渊明一朝解职，不过是喝喝酒、读读书、种种庄稼、写了百多篇关于南山、菊花的诗文，便轻易地成就了诗苑的"千古一人"。两相比较，就好像一架天平（人类价值的天平），一端放的功名利禄，一端则是清风白云，而那天平竟然没有显示出太多的偏斜。陶渊明，就是人间的"清风白云"。

027 人生不得行胸怀,虽寿百岁,犹夭也。

【译文】 人生不能实现自己的抱负,即使长寿百岁,也好像英年早逝一样。

【评解】 此条采自《宋书·萧惠开传》:"(惠开)每谓人曰:人生不得行胸怀,虽寿百岁,犹为夭也。"

史载,不得志的萧惠开,将寺斋前的美丽的花草全部割除,种上了一排排的白杨树。人生不得志,也就很难体会到自然、人生的真正乐趣。

028 棋能避世,睡能忘世。棋类耦耕之沮溺^①,去一不可;睡同御风之列子^②,独往独来^③。

【译文】 下棋能使人逃避尘世,睡觉能使人忘却尘世。对弈就像长沮、桀溺二人并耕一样,缺一不可;睡觉如同御风而行的列子,可以独来独往。

【注释】 ①耦耕之沮溺:《论语·微子》:"长沮、桀溺耦而耕,孔子过之,使子路问津焉。"耦耕:二人并耕。 ②御风之列子:《庄子·逍遥游》:"列子御风而行,泠然善也,旬有五日而后反。"列子:列御寇,战国人,今有《列子》一书,乃后人整理而成,思想与庄子相近。 ③独往独来:《列子·力命》:"至人居若死,动若械……独往独来,独出独入,孰能碍之。"

【评解】 曹操云:"何以解忧,唯有杜康。"在这里就变成了"何以解忧,唯有一睡"。如列子御风"无足而行,无翼而飞"般的自由,也只有在睡梦中才有获得的可能。

029 以一石一树与人者,非佳子弟。

【译文】 即使以一石、一树之类的小东西给予别人的,也不是好子孙。

【评解】 此条采自唐·李德裕《平泉山居诫子孙记》:"鬻吾平泉者,非吾子孙也!以平泉一树一石与人者,非佳子弟也!吾百年后,为权势所夺,则以先人所命泣而告之,此吾志也。"

李德裕,字文饶,赵郡人。唐武宗时为宰相,以功兼封太尉、卫国公。他出将入相三十多年,无论在政治、军事、文学上,都是很有才干的。后为谗言所害,流放到南方,大中二年(848 年)卒于珠崖郡(今海南),死年 63 岁。

李德裕平泉别墅在今河南洛阳市南,为唐代著名园林名胜,与晋代石崇的金谷园并称豪华。据《洛阳志》载:平泉有醒酒石。据说醉酒的人卧在上边,凉沁脾胃,酒气顿消,故名醒酒石。李德裕有慨于园囿之兴废,虽一木石犹珍重爱护之若此,故作《平泉记》训诫子孙。然而,到五代时,醒酒石即被人弄走。到宋朝时,平泉的怪石奇卉,大都被人夺去。

030 一勺水便具四海水味,世法不必尽尝^①;千江月总是一轮月光,心珠宜当独朗^②。

【译文】　一小勺水,就具有了五湖四海所有的水的味道,所以世间的法则不必一一体验;千江之月,都是同一轮月光,所以人的心地应当纯洁如珠玉,光明朗照。

【注释】　①世法:佛家语,谓世间生灭无常的事物。　②心珠:佛家语,比喻人心性纯洁如珠。

【评解】　此条采自明·洪应明《菜根谭》。

　　有一次,释迦牟尼和他的学生对话。老师问:“恒河里的沙是不是很多?”学生说:“是的,很多。”老师说:“如果恒河里的每一粒沙都变成一条恒河,所有恒河里的沙加在一起,是不是很多?”学生说:“是的,很多。”老师说:“如果每一粒沙都变成一尊佛……”这段经文其意在于说明一切有为的功德,一切有为的善,它总是受着局限性的。如果一个人在修行的时候,在世上处世为人的时候,心中能达到无为的状态,他所得的功德,那就用恒河沙也无法计算了。一粒小沙微不足道,可这每一粒小沙都有个了不起之处,有一个永恒在,靠这个,人类在整个宇宙里面非常短的一段过程,居然可以过得有声有色。

031　面上扫开十层甲,眉目才无可憎;胸中涤去数斗尘,语言方觉有味。

【译文】　脸面上扫开层层掩盖真我的假面具,眉目才不至于让人觉得可憎;心胸中涤除了种种尘俗杂念,说出的话语才会让人觉得有味。

【评解】　此条采自明·洪应明《菜根谭》。

　　十层甲、数斗尘,如何夸张惊人!可见人的外表多么具有隐蔽性与欺骗性,可见要做一个真实的人有多艰难。

032　愁非一种,春愁则天愁地愁;怨有千般,闺怨则人怨鬼怨。

【译文】　忧愁不止一种,如果是春愁,那么天也愁地也愁;怨恨有千般万种,如果是闺中之怨,那么人也怨恨鬼也怨恨。

【评解】　伤春、闺怨,正是中国文学的两大传统主题。

033　天懒云沉,雨昏花蹙,法界岂少愁云;石颓山瘦,水枯木落,大地觉多窘况。

【译文】　天色慵懒,浮云低沉,阴雨昏暗,花儿蹙眉,整个宇宙哪里少得了忧愁的现象;岩石剥落,青山瘦削,河水干枯,树木凋落,整个大地都让人觉得多了窘迫的境况。

【评解】　人有悲欢离合,天有阴晴雨雪,此事古难全。从天地自然中体会到的往往就是人生复杂的况味。

034　笋含禅味,喜坡仙玉版之参①;石结清盟,受米颠袍笏之辱②。

【译文】　竹笋蕴含着禅悦之味,很高兴苏东坡参拜玉版和尚时的戏言;石头可以结成清雅的同盟,反而受到米芾锦袍象笏参拜的羞辱。

【注释】 ①"笋含"二句:释惠洪《冷斋夜话》载:苏东坡与刘安世同去参拜玉版和尚,至廉泉寺,烧笋而食。刘安世觉此笋味奇,问:"此笋何名?"东坡曰:"即玉版也。此老师喜说法,更令人得禅悦之味。"刘安世悟东坡之语,乃大笑。 ②受米颠袍笏之辱:米颠即宋代大书法家米芾。有一次,米芾见巨石,状奇丑,曰:"此足以当吾拜。"具衣冠拜之,呼之为兄。袍笏:锦袍象笏,指官员装束。

【评解】 笋本身并无禅味,禅味只在食笋之人;石亦无所谓受辱,受辱的只是人。

035 文如临画,曾致诮于昔人;诗类书抄,竟沿流于今日。

【译文】 文章如果像临摹古画,就会被古人耻笑;诗歌好似抄录古书,竟然流传于今日。

【评解】 这是对明代中期文学复古派的批判。

036 缃绨递满而改头换面①,兹律既湮;缥帙动盈而活剥生吞②,斯风亦坠。先读经,后可读史;非作文,未可作诗。

【译文】 浅黄色的丝绸书套堆满书架,而内容却是改头换面,其中的真义已经湮没无闻;淡青色的丝绸书套动辄盈尺,而内容却活剥生吞,传统读书的风气也已堕落。只有先读经书,而后才能读史书;如果不会作文章,也就无法作诗。

【注释】 ①缃绨:古代书卷外浅黄色的丝绸封套。与下文"缥帙"(淡青色的丝绸外套),均代指书籍。递满:与下文"动盈"同义,均指堆满书架。 ②活剥生吞:北宋·计有功《唐诗纪事》中载,唐代张怀庆,好偷名士文章。有一次,他看到李义府的"镂月成歌扇,裁云作舞衣。自怜回雪影,好取洛川归",觉得很好,就在每句前面加上两个字,变成了自己的作品:"生情镂月成歌扇,出意裁云作舞衣。照镜自怜回雪影,时来好取洛川归。"时人讥之为"活剥张昌龄,生吞郭正一"。

【评解】 古人说:先读经,后读史,则论事不悖于圣贤;既读史,复读经,则观书不徒为章句。可谓深得读经、读史之三昧!

037 俗气入骨,即吞刀刮肠,饮灰洗胃①,觉俗态之益呈;正气效灵,即刀锯在前,鼎镬具后②,见英风之益露。

【译文】 俗气深入骨髓,那么即使吞刀刮肠、饮灰洗胃,仍然会觉得俗态更加显现;正气作用于心灵,那么即使刀锯在前,鼎镬在后,反而更见其英雄本色。

【注释】 ①"吞刀"二句:《南史·荀伯玉传》:"(齐)高帝有故吏东莞竺景秀尝以过系作部。高帝谓伯玉:'卿比看景秀不?'答曰:'数往候之,备加责诮,云:许某自新,必吞刀刮肠,饮灰洗胃。'"比喻彻底改过自新。 ②"刀锯"二句:南宋文天祥面对元朝廷的劝降说:"所欠一死报国耳,宋存与存,宋亡与亡,刀锯在前,鼎镬在后,非所惧也,何怖我。"又,朱熹《朱子语类》卷一百七："今人开口亦解一饮一啄自有定分,及遇小小利害,便生趋避计较之心。古人刀锯在前,鼎镬在后,视之如无物者,赐录作'如履平地'。盖缘只见得这道理,都不见那刀锯鼎镬!"

【评解】 人的内在气质各不相同。俗气之人即使吞刀刮肠,饮灰洗胃,也无法摆脱一段俗肠;正气之人,则越是艰难困苦,越能显露出其真心。

038 于琴得道机,于棋得兵机,于卦得神机,于药得仙机。

【译文】 从弹琴中可以悟得自然的玄机,从弈棋中可以得到用兵的玄机,从占卦中可以悟得莫测的玄机,从丹药中可以悟得仙道的玄机。

【评解】 佛曰:一叶一菩提,一花一世界。说的是以小见大,从微观的层面也可以悟出宏观的要旨。如凡善弈者,每于棋危劫急之时,一面自救,一面破敌,往往转败为功。善用兵者亦然。古人又说过:一经通,一切经通。说的是学习方法,通过仔细研读众多经典书籍中具有代表意义的一种,从而能于日后透彻地领悟其它经略的要义,一通而百通。

039 相禅遐思唐虞①,战争大笑楚汉②。梦中蕉鹿犹真③,觉后莼鲈亦幻④。

【译文】 递相禅让,令人遥想上古唐尧、虞舜时代;征战争霸,令人耻笑西楚霸王项羽和汉王刘邦。用蕉叶把死鹿隐藏起来却忘其所在,仿佛是梦,又仿佛是真;即使醒觉后见秋风而思莼菜、鲈鱼,命驾而归,其实亦是虚幻。

【注释】 ①相禅:彼此禅让。古代传说陶唐氏(尧)和有虞氏(舜)都将帝位传让给贤能者。②楚汉:秦末西楚霸王项羽和汉王刘邦。二人灭秦后相争天下,刘邦在垓下逼项羽于四面楚歌中自杀,建立汉朝。 ③梦中蕉鹿:典出《列子·周穆王》:"郑人有薪于野者,遇骇鹿,御而击之,毙之,恐人见之也,遽而藏诸隍中,覆之以蕉,不胜其喜。俄而遗其所藏之处,遂以为梦焉。"喻人世变幻莫测。 ④觉后莼鲈:用晋朝张翰辞官归乡典。《晋书·张翰传》:"翰因见秋风起,乃思吴中菰菜、莼羹、鲈鱼脍,曰:'人生贵得适志,何能羁官数千里,以要名爵乎?'遂命驾而归。"

【评解】 假作真时真亦假,到头来都只觉幻梦一场。

040 世界极于大千,不知大千之外更有何物;天宫极于非想①,不知非想之上毕竟何穷。

【译文】 世界穷极于大千世界,不知大千世界之外还有何物?天宫极胜于非想天处,不知非想天之上还有多少无穷胜景。

【注释】 ①非想:佛家语,即非想天,指天的最胜处。

【评解】 古人也许根本无法想象,月亮上面除了嫦娥、吴刚、玉兔、桂树,还有什么? 今天,科学的进步让我们的认知可以不断地向大千之外、非想之上延伸,而人类的想象更可以向更远更高处延伸。

041 千载奇逢,无如好书良友;一生清福,只在茗碗炉烟。

【译文】 千年的奇遇,也比不上好书和良友;一生的清福,只在烹茶品茗中。

【评解】 此条采自明·洪应明《菜根谭》。

几本好书,几位挚友,一杯清茶,便足以让人获得心境的清宁与人生的快慰。幸福不在奇逢外求,它只在你的心中。

042 作梦则天地亦不醒,何论文章;为客则洪蒙无主人①,何有章句?

【译文】 进入梦境,天地也处在沉睡状态,哪里谈得上文章的清醒?人如果作为世上的匆匆过客,那么自天地开辟以来就没有主人,哪里有什么诗文章句?

【注释】 ①洪蒙:即鸿蒙,古时指宇宙形成前的混沌状态。

【评解】 天地如梦,鸿蒙无主,人在其中,亦未免栖栖惶惶。

043 艳出浦之轻莲,丽穿波之半月。

【译文】 笑脸娇艳如出水的芙蓉,娥眉清丽如穿透波光的半月。

【评解】 此条采自唐·骆宾王《扬州看竞渡序》:"是以临波笑脸,艳出浦之轻莲;映渚蛾眉,丽穿波之半月。"形容看竞渡之人的美艳与欢乐。

044 云气恍堆窗里岫,绝胜看山;泉声疑泻竹间樽,贤于对酒。

【译文】 云蒸霞蔚的景象,仿佛堆积窗前的山峦,其绝妙处胜过观赏山景;泉水叮咚的声音,好似倾泻于竹间的酒樽,其意境胜过对酒当歌。

【评解】 遥看山影朦胧胜过看山,山泉清冽香醇胜过与人对饮,云气、泉声中更有无穷意境。

045 杖底唯云,囊中唯月,不劳关市之讥①;石笥藏书,池塘洗墨②,岂供山泽之税。

【译文】 手杖之下只有云烟,行囊之中只有月光,不劳关市的稽查;石室中贮藏书籍,池塘中清洗笔墨,哪里用缴纳山泽的税收?

【注释】 ①关市之讥:指关市的稽查。关市即关下所设的交易场所。《孟子·梁惠王篇》:"文王之治岐也,耕者九一,仕者世禄,关市讥而不征,泽梁无禁,罪人不孥。"讥,察也。关市之吏,察异服异言之人,而不征商贾之税也。泽,水所汇之处也。梁,堰水为关孔以捕鱼之处也。无禁,不设禁令,与民同利也。 ②池塘洗墨:用晋王羲之洗砚致池黑典。宋苏易简《文房四谱》记:"越州戒珠寺,即羲之宅,有洗砚池,至今水常黑色。"

【评解】 李白《襄阳歌》曰:"清风明月不用一钱买,玉山自倒非人推。"苏轼《赤壁赋》也说:"惟江上之清风,与山间之明月,耳得之而为声,目遇之而成色。取之无禁,用之不竭,是造物之无尽藏也。"古人畅游于山水间,满目尽是清风明月,诗意而浪漫。

046 有此世界,必不可无此传奇;有此传奇,乃可维此世界。则传奇所关非小,正可借《西厢》一卷,以为风流谈资。

【译文】 只要还有这个世界,就必定不可缺少这样的戏曲;正是有了这样的戏曲,方可以维系这个世界。由此看来,戏曲所关乎者非同小可,正可借此一部《西厢记》,作为风流谈资。

【评解】 此条改写自明・李贽《焚书・拜月》:"此记关目极好,说得好,曲亦好,真元人手笔也。首似散漫,终致奇绝,以配《西厢》,不妨相追逐也,自当与天地相终始,有此世界,即离不得此传奇。"这是李贽对元关汉卿杂剧《闺怨佳人拜月记》的评论,将之与《西厢记》作比较,谓"以配《西厢》,不妨相追逐也"。

历史上,"愿普天下有情人都成眷属"这一美好的愿望,不知成为多少文学作品的主题,《西厢记》便是演绎这一主题的最成功之作。

047 非穷愁不能著书①,当孤愤不宜说剑。

【译文】 不是身处于穷困潦倒,就很难著书立说;正当孤傲愤激之时,不应当谈刀论剑。

【注释】 ①"非穷愁"句:语出《史记・平原君虞卿列传论》:"然虞卿非穷愁,亦不能着书以自见于后世云。"

【评解】 所谓"诗穷而后工","文章憎命达",不少有成就的诗人,大抵身世坎坷,命运多舛。然而,明末清初文学家归庄在《历代遗民录序》中讲:"太史公言:'虞卿非穷愁不能着书。'……余谓此一身之遭遇,愁愤之小者;岂知天下之事,愁愤有十此者乎!"所谓愁愤之大者,即国家、民族的悲剧,也就是所谓"大不幸",文学创作不仅表现个人遭际,更关切着国家民族之运。

048 湖山之佳,无如清晓春时。当乘月至馆,景生残夜,水映岑楼,而翠黛临阶,吹流衣袂,莺声鸟韵,催起哄然。披衣步林中,则曙光薄户,明霞射几,轻风微散,海旭乍来,见沿堤春草霏霏,明媚如织,远岫朗润出沐,长江浩渺无涯,岚光晴气,舒展不一,大是奇绝。

【译文】 湖光山色的美景,没有比春天的清晨更好的了。当乘着月色来到馆舍,将残的夜色生出另一番景致,平静的水面倒映着小山上的楼阁,淡青色的晨曦照上台阶,清凉的晨风吹拂着衣襟,黄莺的叫声和着鸟鸣的韵律,催得梦中之人蓦然而起。披起衣衫步入林中,熙微的曙光照到门户上,明亮的朝霞映射到几案之上,轻风微微吹拂,旭日初升,但见沿着堤岸芳草霏霏,明媚如织出的锦缎,远处的山峦晴朗温润好似刚刚出浴,辽阔的江面浩渺无边,薄雾在晴朗的晨光中舒展起伏不定,多么的奇特绝妙!

【评解】 此条采自明·郑瑄《昨非庵日纂》。"昨非庵"是郑瑄官署中的书室,郑瑄《自序》曰:"使余而知昨之非也。"

049 心无机事,案有好书,饱食晏眠,时清体健,此是上界真人。

【译文】 内心没有机巧之事,桌案常有好读之书,饱食终日,安然而睡,心清体健,这称得上是天上的神仙了。

【评解】 这样的神仙日子,似乎并非奢侈不可及。

050 读《春秋》,在人事上见天理;读《周易》,在天理上见人事。

【译文】 研读《春秋》,要在人事上悟见天理;研读《周易》,要在天理上悟见人事。

【评解】 天理与人事,本就是相通合一的。

051 则何益矣①,茗战有如酒兵②;试妄言之,谈空不若说鬼③。

【译文】 如果品茗斗茶犹如划拳斗酒,又有何益处? 终日空谈还不如谈狐说鬼,姑妄言之而已。

【注释】 ①则何益矣:语见《大学·诚意》:"人之视己,如见其肺肝然,则何益矣! 此谓诚于中,形于外,故君子必慎其独也。"意为别人都能看得清,掩盖又有何用。 ②茗战:斗茶。旧署唐·冯贽编《云仙杂记》卷十:"建人谓斗茶为茗战。"宋江休复《嘉祐杂志》:"苏才翁尝与蔡君谟斗茶。蔡茶水用惠山泉,苏茶少劣,改用竹沥水煎,遂能取胜。"酒兵:《南史·陈暄传》:"故江谘议有言:'酒犹兵也,兵可千日而不用,不可一日而不备,酒可千日而不饮,不可一饮而不醉。'"后因谓酒为酒兵。 ③"试妄言之"二句:宋·叶梦得《避暑录话》载,苏东坡被贬黄州及岭南时,每旦起,不招客与语,必出访客。所与游亦不尽择,谈谐放荡,各尽其意。有不能谈者,则强之使说鬼。或辞无者,则曰:"姑妄言之。"东坡晚年还著有笑话集《艾子》。

【评解】 此条采自明·吴从先《小窗自纪》。

品茶本是优雅的艺术享受,如果弄得像喝酒猜拳一样喧哗吵闹,那就失去了其高雅的情趣;与其终日空谈,还不如就说说鬼神故事,姑妄言之,姑妄听之,也能给朋友带来快乐。

052 镜花水月,若使慧眼看透;笔彩剑光,肯教壮志销磨。

【译文】 镜中花,水中月,如果使慧眼便可看透。笔中彩,剑上光,肯教人壮志为之消磨。

【评解】 此条采自明·吴从先《小窗自纪》。

镜花水月,终为虚幻,需要慧眼来看透;笔彩剑光,才是值得用一生的壮志去努力追求。什么是虚幻的,什么是值得一生去追求的,蕴含的是人生的大智慧。

053 烈士须一剑,则芙蓉赤精①,不惜千金购之。士人唯寸管②,映日干云之器③,那得不重价相索。

【译文】 豪侠志士救世报国必须要一把宝剑,那么即使芙蓉、赤精这样的宝剑,也不惜千金购买。文人雅士指点江山只用一支毛笔,写出浩然之气宏文的工具,哪里会不重金相求呢?

【注释】 ①芙蓉赤精:意谓名贵的宝剑。芙蓉,即芙蓉剑。汉·袁康《越绝书·外传·记宝剑》载越王勾践有宝剑名"纯钧",相剑者薛烛"手振拂,扬其华,捽如芙蓉始出"。后因以指利剑。唐卢照邻《长安古意》:"相邀侠客芙蓉剑。"赤精,即赤堇山,在今浙江绍兴东南,相传为春秋时欧冶子铸剑之处。晋·张协《七命》:"楚之阳剑,欧冶所营,耶溪之铤,赤山之精。" ②寸管:指毛笔。 ③映日干云:比喻文章的气势可以映照日月,高入云天。

【评解】 此条采自明·吴从先《小窗自纪》:"烈士须一剑,则芙蓉赤精,不惜千金购之。士人唯寸管,映日干云之气,那得不重值相索。"

常言道,好马配好鞍。工欲善其事,必先利其器。剑与笔,便成了英雄文士的形象代言、立身之本。

054 委形无寄①,但教鹿豕为群②;壮志有怀,莫遣草木同朽。

【译文】 放浪形骸,无所奢求,只教与鹿猪为伍;胸怀壮志,超然物外,不要与草木一同腐朽。

【注释】 ①委形:谓自然或人为所赋予的形体。《庄子·知北游》:"舜曰:'吾身非吾有也,孰有之哉?'曰:'是天地之委形也。'" ②鹿豕为群:与鹿、猪为伍。《孔丛子·儒服》:"人生则有四方之志,岂鹿豕也哉常聚乎!"

【评解】 此条采自明·吴从先《小窗自纪》。

身体都是天地赋予的形体,自然应该同寄于天地之间,以麋鹿猪狗为伍。然而,肉体可以与万物同类,但我们的精神却是超越万类的,对这身臭皮囊的执念可以放下,但对精神的执着却不能松懈。人之所以为人,就在于这一点点的精神,在于心中还有"四方之志"。

055 哄日吐霞,吞河漱月;气开地震,声动天发。

【译文】 烘托日出,喷吐朝霞,容纳百川,漱洗月光;气势一开,大地为之震动,声势一动,高天为之轰鸣。

【评解】 此条采自南齐·张融《海赋》。写海之包容日月川河,气势磅礴,惊心动魄。

056 议论先辈,毕竟没学问之人;奖借后生①,定然关世道之寄。

【译文】 议论前辈的是非短长,毕竟是学问浅薄之人的行为;奖励推许后辈,必定承担着社会的寄托。

【注释】 ①奖借:勉励推许。宋·司马光《答彭寂朝议书》:"辱书奖借太过,期待太厚,且愧且惧!"

【评解】 此条采自明·吴从先《小窗自纪》。

所谓不议论前辈,并非是要唯前辈马首是瞻,言听计从,而是针对那些总想着对先辈指手画脚,藉此哗众取宠贪求虚名的人。议论先辈,应该更多地总结他们身上对后人有用的经验。奖掖后生,则从来都是关乎世道人心的责任。宋代欧阳修喜欢奖掖后进,曾巩、王安石、"三苏"都受他的提携或称誉。"元曲四大家"之一的白朴,幼年在战乱中与父母失散,被元好问收养,视若己出。玉不琢不成器,长辈的提携,对后辈的成长都起着至关重要的作用。

057 贫富之交,可以情谅,鲍子所以让金①;贵贱之间,易以势移,管宁所以割席②。

【译文】 贫贱富贵之交的朋友,可以根据情势的不同从情感上相互谅解,这就是鲍叔牙让金于管仲的原因;高贵卑贱之间的交情,容易因为地位的不同而发生变化,这就是管宁与华歆割席绝交的原因。

【注释】 ①鲍子所以让金:春秋时齐人管仲与鲍叔牙相交甚厚,因管仲家贫,有老母在堂,鲍叔牙常将两人经商所得,让管仲多得而不以为贪,并向齐桓公推荐管仲,助成霸业,故管仲说:"生我者父母,知我者鲍子也。"参见卷二067条注。 ②管宁所以割席:事见《世说新语·德行》。三国魏人管宁,尝与华歆同席读书,有高官乘车过门,管宁读书如故,歆废书出看,宁割席分坐曰:"子非吾友也。"

【评解】 此条采自明·吴从先《小窗自纪》。

可以情谅,就是理解万岁,在金钱上,多拿一些少拿一些不要太计较。然而,内心品质的贵贱差别,却是无法调和不容让步的。

058 论名节,则缓急之事小;较生死,则名节之论微。但知为饿夫以采南山之薇①,不必为枯鱼以需西江之水②。

【译文】 比起名誉节操,即使是急迫困难的事也要小得多;比起生与死,那么名誉节操也微不足道。名节高尚的伯夷、叔齐因不食周粟而死,如果给予他们南山之薇,他们的生命将得到拯救。车辙中的鲋鱼只需要给予斗升之水便能活命,没有必要远引西江之水。

【注释】 ①"但知"句:用伯夷、叔齐不食周粟,采薇南山终至饿死典。 ②"不必"句:《庄子·外物》载:庄周遇车辙中鲋鱼向他求救,允之,说要激西江之水来迎之。鲋鱼怒:"我得斗升之水然活耳,子乃言此,曾不如早索我于枯鱼之肆。"

【评解】 此条采自明·吴从先《小窗自纪》。

一直以来,宣扬饿死事小,失节事大。至于明代,终于破天荒地提出了,失节事小,饿死事大。名节是一种道德,生存是一种权利,生存压倒一切。

059 儒有一亩之宫①,自不妨草茅下贱;士无三寸之舌②,何用此土木形骸③。

【译文】 儒生拥有一亩大小的屋宅即可,自然不妨甘居茅舍,身处贫贱;士人没有三寸不烂之舌,要这土木一般的形骸又有何用?

【注释】 ①儒有一亩之宫:语本《礼记·儒行》:"儒有一亩之宫,环堵之室,筚门圭窬,蓬户瓮牖,易衣而出,并日而食。"比喻寒士简陋的居处。 ②三寸之舌:形容能说会道的本领。《史记·留侯世家》:"今以三寸舌,为帝者师,封万户,位列侯,此布衣之极,于良足矣。" ③土木形骸:形骸,指人的形体。形体象土木一样,比喻人的本来面目,不加修饰。《世说新语·容止》:"刘伶身长六尺,貌甚丑悴,而悠悠忽忽,土木形骸。"

【评解】 此条见于明·周顺昌书联。周顺昌,字蓼州,江苏吴县人。明万历四十一年进士。为福州推官,擢文选郎。以忤魏忠贤死狱中,年四十三。崇祯元年,得昭雪,谥忠介。工画墨兰,间写山水,神韵天成。著有《烬余集》。

战国时期的士人谋臣,都是以三寸之舌作为他们的武器的,张扬自我,干预现实,争取人主,所以有"一言之辩,重于九鼎之宝;三寸之舌,强于百万之师。"而且,随之还产生了一种生动活泼的口头文体形式——"说"。其文体寓说理于叙事之中,因为特别注重对人的"感动",故所叙之事亦具有形象性、传奇性和虚构性等的特点。它是我国后世小说创作的重要来源之一。后来陆机在《文赋》中明确把"说"定为一种文体,并作了准备概括:"说炜烨而谲诳。"所谓"炜烨",即生动性和形象性;"谲诳",即传奇性和虚构性。

060 鹏为羽杰,鲲称介豪①,翼遮半天,背负重霄。

【译文】 鹏是飞禽中的豪杰,鲲是介虫中的豪杰,其羽翼遮去半边天,其背承负九霄云。

【注释】 ①"鹏为羽杰"二句:语本《庄子·逍遥游》:"北冥有鱼,其名为鲲。鲲之大,不知其几千里也。化而为鸟,其名为鹏。鹏之背,不知其几千里也;怒而飞,其翼若垂天之云。"

【评解】 此条采自晋·孙绰《望海赋》。鹏与鲲,象征的是人的远大志向。

061 怜之一字,吾不乐受,盖有才而徒受人怜,无用可知;傲之一字,吾不敢矜,盖有才而徒以资傲,无用可知。

【译文】 "怜"这一个字,我不乐意接受,因为有才能而徒然受人可怜,此人之无用可以想知。"傲"这一个字,我不敢骄傲自矜,因为有才能而徒然作为骄傲的资本,此人之无用,亦可以想知。

【评解】　此条采自明·吴从先《小窗自纪》。

文人的所谓怀才不遇,实际上往往是被虚构出来的状态。一个有才能的人,不管在任何环境下,只要他愿意释放才能去创造条件适应环境,才能肯定会被显现出来的。而如果一味埋怨,以怀才不遇自居,沉湎在自命清高的自我麻醉之中玩味痛苦,久而久之,就对生活失去了信心。必须解开这个魔咒,放开心胸把自己融入到社会中去。

062　问近日讲章孰佳,坐一块蒲团自佳;问吾侪严师孰尊,对一枝红烛自尊。

【译文】　有人问:近日讲经哪个最好? 坐一个蒲团打坐自然最好。有人问:我辈严师之中谁地位最尊? 独对一枝红烛念经自然地位最尊。

【评解】　南宋·吕本中《紫微诗话》中说,东莱公崇宁中闲居符离,尝步至村寺,作诗赠僧云:"柳外阴中檐铎鸣,老僧拄杖出门行。自言老病难看读,只坐蒲团到五更。"蒲团打坐,独自念经,心无旁骛,便是最好的讲章与严师,正所谓师傅领进门,修行在个人。

063　点破无稽不根之论,只须冷语半言;看透阴阳颠倒之行,惟此冷眼一只。

【译文】　点破无稽无根的谬论,只须用半句冷语;看透是非颠倒的行为,只要此一只冷眼。

【评解】　此条采自明·吴从先《小窗自纪》。

对待无稽之谈、流言蜚语,只须冷眼冷语以对,何必介怀在意? 所谓谣言止于智者。

064　古之钓也,以圣贤为竿,道德为纶,仁义为钩,利禄为饵,四海为池,万民为鱼。钓道微矣[①],非圣人其孰能之。

【译文】　古代的所谓钓道,以圣贤为钓竿,以道德为钓线,以仁义为钓钩,以利禄为钓饵,以四海为钓池,以万民作为所钓之鱼。后来这一钓道逐渐衰微了,不是圣人谁能掌握并运用这一钓道呢?

【注释】　①微:深奥精微。

【评解】　此条采自战国时宋玉《钓赋》。以钓鱼之道喻治民之术,称得上形象生动。姜太公钓鱼,其实是在等着别人来把自己钓走。

065 既梢云于清汉①,亦倒景于华池②。

【译文】 既可以树梢直指霄汉,也可以树影倒映于华池。

【注释】 ①清汉:指银河,泛指天空。 ②华池:传说中昆仑山上的仙池,泛指池水。

【评解】 此条采自南朝梁·沈约《高松赋》。写松树之高耸入云,水中倒映。

066 浮云回度,开月影而弯环;骤雨横飞,挟星精而摇动。

【译文】 如浮云飞度一般骑马奔驰,似月影弯曲回环拉开弓箭;如骤雨横飞一般万箭齐发,携着星宿之灵气而摇动。

【评解】 此条采自唐·元稹《观兵部马射赋》:"岂比乎浮云回度,开月影而弯环;骤雨横飞,挟星精而摇动。"该赋写兵部尚书以驰射以选才,皇帝率众官员在城楼上检阅观看。

此条内容用比喻的手法,形象地描绘了兵士们英勇驰射的场面。

067 天台杰起①,绕之以赤霞;削成孤峙,覆之以莲花。

【译文】 天台山陡起挺拔,有赤霞峰紧紧环绕;峭壁如刀削一般高耸孤立,有莲花峰覆盖其上。

【注释】 ①天台:天台山,在今浙江天台县北。佛教天台宗的发源地。《陶弘景真诰》:"山有八重,四面如一,当斗牛之分,上应台宿,故曰天台。"山为仙霞岭脉之东支,形势高大,西南接括苍、雁荡,西北接四明、金华,蜿蜒东海之滨。下文中赤霞、莲花,乃其二峰名。杰起:高耸挺拔。晋·潘岳《闲居赋》:"浮梁黝以径度,灵台杰其高峙。"

【评解】 此条采自唐·杨炯《盂兰盆赋》:"夫其远也,天台杰起,绕之以赤霞;夫其近者,削成孤峙,覆之以莲花,晃兮瑶台之帝室,㶑兮金阙之仙家。"

梁宗懔《荆楚岁时记》说,七月十五日,僧尼道俗都设置盂兰盆会供养众佛。武则天出于政治需要,力倡佛教。如意元年(692)七月,她在洛阳城南大会僧众,陈法供,饰盂兰,杨炯所撰《盂兰盆赋》反映了其盛况。《旧唐书》本传盛赞此赋"词甚雅丽"。该赋的真正目的还不仅仅是唱赞歌,他通过赋的形式表达了士人对武则天能成为帝王楷模的希冀。

068 金河别雁①,铜柱辞鸢②;关山天骨③,霜露凋年。

【译文】 苏武羁留匈奴,终于辞别金川的大雁南归;马援平定交趾,立铜柱辞飞鸢凯旋北上。关山悬隔,使人由壮渐老,须发尽白;霜露侵凌,光阴荏苒,青春不再。

【注释】 ①金河:即今大黑河。别雁:用苏武出使匈奴、翰海雁书的典故。 ②铜柱辞鸢:东汉名将马援征交趾,立铜柱为界。《后汉书》本传:"当吾在浪泊、西里间,虏未灭之时,上潦下雾,毒气重蒸,仰视飞鸢跕跕坠水中,卧念少游平生时语,何可得也!" ③关山天骨:《汉书·苏武传》:"武留匈奴凡十九岁,始以强壮出,及还,须发尽白。"

【评解】 此条采自唐·卢照邻《秋霖赋》:"嗟乎!子卿北海,伏波南川,金河别雁,铜柱辞鸢。关山夭骨,霜露凋年。"作者并非一味悲叹秋雨之苦寒,亦蕴含着处圣明之世对事功的热望之情。

069 翻光倒影,擢菡萏于湖中①;舒艳腾辉,攒螮蝀于天畔②。照万象于晴初,散寥天于日余。

【译文】 馀霞的光影倒映在水中,湖中的荷花亭亭玉立;舒展其艳丽闪耀着光辉,在天边积聚成彩虹。初晴的阳光洒照着宇宙万象,夕阳的馀霞在寥廓的天空中弥散。

【注释】 ①菡萏(hàn dàn):荷花的别称。 ②螮蝀(dì dōng):彩虹。

【评解】 此条采自唐·韦充《馀霞散成绮赋》,诸本均作两条,这里为方便根据原文合作一条。写作者看到的馀霞绚丽景象。

卷九 绮

朱楼绿幕,笑语勾别座之春;越舞吴歌,巧舌吐莲花之艳。此身如在怨脸愁眉、红妆翠袖之间,若远若近,为之黯然。嗟乎! 又何怪乎身当其际者,拥玉床之翠而心迷,听伶人之奏而陨涕乎? 集绮第九。

【译文】 华丽的红楼中,翠绿的帷幕下,欢声笑语引来别座的香气;越地的舞蹈,吴地的歌谣,婉转的歌喉发出莲花般的清艳。置身其中,仿佛一会儿看到她们是那样满脸愁怨,一会儿又看到她们身着红妆翠袖的盛装,若远若近,令人不禁黯然神伤。唉! 对于身处此中者,又何必奇怪于他们拥睡着翠绿的玉床而心迷,聆听着伶人的演奏而落泪呢? 于是编纂了第九卷"绮"。

【评解】 "绮"的本意是指有花纹的丝织品,引申为有文采,色彩鲜艳而透着一股富贵气。青楼楚馆,美女娇娃,流媚生姿,诗酒沉醉,这是青春的美好。恨只恨世事无常,韶华易往,红妆翠袖最终落得个怨脸愁眉,一场欢喜一场梦,怎不令人黯然神伤? 明乎此,就不难理解身临此境者,何以神魂颠倒于怀抱中的美人,又何以闻伶人之唱而潸然泪下。"同是天涯沦落人,相逢何必曾相识!"这份绮丽阴柔却具有非同寻常的感动人心,令人喜,令人悲,令人迷醉,令人感慨。天下多少绮丽文章何尝不是如此。

001 天台花好,阮郎却无计再来[1];巫峡云深,宋玉只有情空赋[2]。瞻碧云之黯黯,觅神女其何踪;睹明月之娟娟,问嫦娥而不应。

【译文】 天台山上花儿依然鲜艳,阮肇却无法再来;巫峡上空云雾依然苍茫,宋玉只有空赋《高唐》。遥望黯淡的碧云,到哪里去寻觅神女的踪迹? 仰视皎洁明亮的月亮,痴痴地问询嫦娥却得不到回答。

【注释】 [1]"天台"二句:用刘晨、阮肇天台遇仙典。刘义庆《幽明录》载,天台人刘晨、阮肇入山采药,误入桃源,遇二仙女,被邀居半年,归后发现子孙已过七代。俟再寻往迹,已不可得。
[2]"巫峡"二句:用楚怀王遇巫山神女典,已见卷一128条注。

【评解】 年年岁岁花相似,岁岁年年人不同,多少风情曼妙,终不过只是过眼烟云,如镜中花,如水中月,风流总被雨打风吹去。

002 妆台正对书楼,隔池有影;绣户相通绮户,望眼多情。

【译文】　梳妆台正对着读书楼,隔着池塘,佳人与才子形影相望;绣房之门连通着文房之门,才子与佳人望眼而多情。

【评解】　在这个世界上,有着太多美好的东西和人都是我们想据为己有的,可往往得到后却又觉得并没有想象中的美好。所以,宁可拉开一些距离来,隔池有影,望眼多情,学会欣赏、学会心存美念。

003　莲开并蒂,影怜池上鸳鸯;缕结同心,日丽屏间孔雀。

【译文】　花开并蒂莲,倩影惹得池上成双结伴的鸳鸯怜爱;丝缕结同心,金色的阳光映照着屏风上炫丽的孔雀。

【评解】　世间所有成双成对的东西,都被人们作为美好的爱情来歌咏。千年的心愿如一,千年的祝福如一。

004　堂上鸣琴操①,久弹乎孤凤②;邑中制锦纹,重织于双鸾③。

【译文】　厅堂上弹奏琴曲,久久弹奏的都是《孤凤》之曲;邑中绣制着织锦,重重编织的是鸾凤齐飞共鸣。

【注释】　①琴操:《后汉书·曹褒传》:"歌诗曲操,以俟君子。"李贤注:"操犹曲也。刘向《别录》曰:'君子因雅琴之适,故从容而以致思焉。其道闭塞悲愁而作者名其曲曰操,言遇灾害不失其操也。"　②孤凤:古琴曲名,又名《孤鸾》、《离鸾》。西汉庆安世作。《西京杂记》:"庆安世年十五,为成帝侍郎,善鼓瑟,能为《双凤》、《离鸾》之曲。"　③"邑中"二句:用苏蕙织锦回文典。《晋书·列女传·窦滔妻苏氏》:"滔,苻坚时为秦州刺史,被徙流沙。苏氏思之,织锦为回文旋图诗以赠滔。宛转循环读之,词甚凄惋。"参见卷二036条注。

【评解】　状闺中之人思之深、悲之切。

005　镜想分鸾①,琴悲别鹤②。

【译文】　临镜悲想分飞的双鸾,弹琴悲叹离别的仙鹤。

【注释】　①镜想分鸾:用鸾镜典。据《异苑》载:"罽宾王养一鸾,三年不鸣。后悬镜照之。鸾睹影悲鸣,一奋而绝。"后人多以鸾镜表示临镜而生悲。　②别鹤:《别鹤操》,古琴曲名。传说为商陵牧子所作。牧子娶妻五年无子,父兄准备为其改娶,牧子妻闻此,半夜临窗哭泣。牧子闻声怆然而歌。

【评解】　此条采自南朝梁·何逊《为衡山侯与妇书》:"镜想分鸾,琴悲别鹤。心如膏火,独夜自煎。"表达的是对远别妻子的深情思念。

006　春透水波明,寒峭花枝瘦。极目烟中百尺楼,人在楼中否?

【译文】　春光明媚,波光潋滟,春寒料峭,花枝俏丽。极目远望烟雾缭绕中的百尺高楼,思念的伊人可在楼中否?

【评解】　此条采自宋代秦观之子秦湛词《卜算子·春情》:"春透水波明,寒峭花枝瘦。极目烟中百尺楼,人在楼中否? 四和袅金凫,双陆思纤手。拟倩东风浣此情,情更浓于酒。"

全词写春日对所恋之人的拳拳思慕之情。头两句写春水、春花,以景托情,表现了对春天降临的欣喜。后两句写词人所见所感,意象朦胧中隐含着一丝惆怅与失望,展示了思念伊人之情深。

007　明月当楼,高眠如避,惜哉夜光暗投;芳树交窗,把玩无主,嗟矣红颜薄命。

【译文】　明亮的月光照着高楼,却躲进高楼睡眠,可惜了这夜光暗投;繁茂的树枝交织在窗前,却没有主人欣赏把玩,可叹这薄命的红颜。

【评解】　明月、芳树都是美好的事物,可惜却无人能赏,空辜负这青春的年华,只能叹红颜自古多薄命。

008　鸟语听其涩时,怜娇情之未啭;蝉声听已断处,愁孤节之渐消。

【译文】　鸟语要听其生涩之时,娇情滴滴而未及婉转圆润,惹人怜爱;蝉声要听其已中断之处,孤直的节操已渐渐消衰,令人忧愁。

【评解】　节候的变化,最容易触动诗人敏感的神经。最有名的诗例"池塘生春草,园柳变鸣禽",诗人谢灵运以其久病初愈者特有的细腻,敏锐感受到的是春天万物扑面而来的勃勃生机。

009　断雨断云,惊魄三春蝶梦;花开花落,悲歌一夜鹃啼。

【译文】　断雨断云,让春天的鸳鸯蝴蝶梦惊魄动;花开花落,一夜的杜鹃啼鸣悲歌不已。

【评解】　为每一声鸟啼的变换动情,为每一片花儿的凋谢落泪,文人的心总是春江水暖独先知。

010　衲子飞觞历乱,解脱于樽斝之间①;钗行挥翰淋漓,风神在笔墨之外。

【译文】　僧侣推杯换盏,放浪形骸,在醉乡之中寻求解脱;女子挥毫泼墨,淋漓尽致,风采神韵犹在笔墨之外。

【注释】　①斝(jiǎ):古代青铜制贮酒器,盛酒或温酒用。

【评解】　僧人修行求的是一世的工夫,觥筹交错换来的却只是一时的解脱,两者的差别是显然的。美女挥毫泼墨,淋漓尽致,风采神韵却犹在笔墨之外。这是一种别样的人生境界。

011 养纸芙蓉粉①，熏衣豆蔻香②。

【译文】 用芙蓉粉来保养纸张，用豆蔻香来熏香衣物。

【注释】 ①芙蓉粉：保养纸的一种色粉。冯贽《云仙杂记》卷一《养砚墨笔纸》："养笔以硫黄酒舒其毫，养纸以芙蓉借其色，养砚以文绫盖贵乎隔尘，养墨以豹皮囊贵乎远湿。" ②豆蔻香：豆蔻为多年生常绿草本植物，有肉豆蔻、红豆蔻、白豆蔻等，均可入药，也可制成香料。

【评解】 对生活的精致讲究，就是对心灵的精心呵护。生活态度就是人生态度。

012 流苏帐底①，披之而夜月窥人；玉镜台前②，讽之而朝烟萦树。

【译文】 卷起流苏帏帐，皎洁的夜月也来窥人；吟诗玉镜台前，朦胧的朝雾萦绕树梢。

【注释】 ①流苏帐：用五彩羽毛或丝线制成穗子的帏帐。 ②玉镜台：《世说新语·假谲》："温公(峤)丧妇，从姑刘氏，家值乱离散，唯有一女，甚有姿慧，姑以属公觅婚。公密有自婚意，答云：'佳婿难得，但如峤比云何？'姑云：'丧败之余，乞粗存活，便足慰吾余年，何敢希汝比？'却后少日，公报姑云：'已觅得婚处，门地粗可，婿身名宦，尽不减峤。'因下玉镜台一枚。姑大喜。既婚，交礼，女以手披纱扇，抚掌大笑曰：'我固疑是老奴，果如所卜！'玉镜台，是公为刘越石长史，北征刘聪所得。"

【评解】 从明月窥人，写出美人的娇媚。又有苏轼《洞仙歌》词曰："冰肌玉骨，自清凉无汗。水殿风来暗香满。绣帘开、一点明月窥人，人未寝、欹枕钗横鬓乱。"

013 风流夸坠髻①，时世闻啼眉②。

【译文】 夸耀坠马髻的风流潇洒，以啼眉作时世妆争奇斗艳。

【注释】 ①坠髻：即坠马髻，亦作堕马髻。古代妇女发式的一种，已见卷二036条注。 ②啼眉：即啼妆、啼眉妆。东汉时，妇女以粉薄拭目下，有似啼痕，故名。参见卷二036条注。

【评解】 此条采自唐·白居易《代书诗一百韵寄微之》："征伶皆绝艺，选妓悉名姬。铅黛凝春态，金钿耀水嬉。风流夸坠髻，时世斗啼眉。"形容所选妓伶的风流娇媚。

014 新垒桃花红粉薄，隔楼芳草雪衣凉①。

【译文】 新垒边的桃花娇艳，连美人也觉相形见绌；隔楼的芳草萋萋，使鹦鹉也感到孤单凄凉。

【注释】 ①雪衣：雪衣娘，白鹦鹉。《明皇杂录》载，唐天宝中，岭南献白鹦鹉，养之宫中，颇为聪慧，洞晓言辞，玄宗及贵妃呼之雪衣女，左右呼之雪衣娘。

【评解】 桃花独自灿烂，芳草犹自萋萋，并与佳人、鹦鹉无涉，但佳人、鹦鹉却触物伤心，有薄命、凄凉之叹，其实正是作者心底之叹。

015 李后主宫人秋水喜簪异花①,芳香拂髻鬟,尝有粉蝶聚其间,扑之不去。

【译文】 李后主的宫女秋水,喜爱在头上簪上奇异的花枝,发髻和鬟角间散发着芬芳花香,曾有粉蝶聚飞其间,赶也赶不走。

【注释】 ①李后主:南唐后主李煜。秋水:宫女名。

【评解】 清·吴任臣撰《十国春秋》,写十国君主之事迹,采自五代、两宋时的各种杂史、野史、地志、笔记等文献资料。其中有曰:"宫人秋水喜簪异花,芳香拂鬟,常有蝶绕其上,扑之不去。"清·孟彬撰《十国宫词》赋词曰:"异卉奇葩绕院开,侍儿春晓折花回。风流输与双飞蝶,恣傍玉人云鬓来。"

016 濯足清流,芹香飞涧①;浣花新水,蝶粉迷波。

【译文】 在清清的溪流中洗足,水芹的芳香溢满山涧;在洁净的水中浣洗鲜花,蝴蝶的芳粉弥漫于清波之中。

【注释】 ①芹:水芹,一种植物。

【评解】 清清的溪流,幽深的山涧,流泻的飞泉,花香遍野,粉蝶翩翩起舞,令人迷醉。

017 昔人有花中十友:桂为仙友,莲为净友,梅为清友,菊为逸友,海棠名友,荼蘼韵友①,瑞香殊友,芝兰芳友,腊梅奇友,栀子禅友。昔人有禽中五客:鸥为闲客,鹤为仙客,鹭为雪客,孔雀南客,鹦鹉陇客②。会花鸟之情,真是天趣活泼。

【译文】 古人有花中十友的说法:桂花为仙友,莲花为净友,梅花为清友,菊花为逸友,海棠为名友,荼蘼为韵友,瑞香为殊友,芝兰为芳友,腊梅为奇友,栀子为禅友。古人又有禽中五客的说法:鸥为闲客,鹤为仙客,鹭为雪客,孔雀为南客,鹦鹉为陇客。这两种说法都能够领会和切合花鸟的性情,真可谓天然的情趣活泼可爱。

【注释】 ①荼蘼(túmí):一种蔷薇科的草本植物。往往直到盛夏才会开花,因此人们常常认为荼蘼花开是一年花季的终结。故曰"开到荼蘼花事了"。 ②陇客:祢衡《鹦鹉赋》:"惟西域之灵鸟兮。"《文选》李善注曰:"西域,谓陇坻,出此鸟也。"古代鹦鹉出于陇坻(在今甘肃东部),故称陇客。

【评解】 明都卬《三馀赘笔》:"宋曾端伯以十花为十友,各为之词:荼蘼,韵友;茉莉,雅友;瑞香,殊友;荷花,浮友;岩桂,仙友;海棠,名友;菊花,佳友;芍药,艳友;梅花,清友;栀子,禅友。"古人从花木中看到自己所推崇向往的品格,进而有意倾心交结,待之如友宾,于是便有所谓"岁寒三友"、花中"六友"、"十友"以及花中"十二客"、"三十客"、"五十客"等种种说法,花木间充满了人伦的风雅之情。

018 凤笙龙管①,蜀锦齐纨②。

【译文】 凤笙龙管,音律动人;蜀锦齐纨,精美绝伦。

【注释】 ①凤笙龙管:古代乐器。李白《襄阳歌》:"车旁侧挂一壶酒,凤笙龙管行相催。" ②蜀锦:四川产的织锦。齐纨:山东产的细绢。

【评解】 吹的是凤笙、龙管,穿的是蜀锦、齐纨,高档次就意味着高品位。

019 木香盛开,把杯独坐其下,遥令青奴吹笛①,止留一小奚侍酒,才少斟酌,便退立迎春架后。花看半开,酒饮微醉。

【译文】 木香花正盛开,把杯自饮独坐其下,让青衣女奴远远地吹起笛声,只留下一个小童在旁伺候,斟上酒后便马上退回迎春花架的后面侍立。花须看其半开的状态,饮酒只饮到微有醉意的状态。

【注释】 ①青奴:青衣女仆。

【评解】 其意妙在开与不开之间、醉与不醉之间、似与不似之间。

020 夜来月下卧醒,花影零乱,满人襟袖,疑如濯魄于冰壶。

【译文】 在无人的深夜醒来,只见月光下花木婆娑,花影零乱,洒满襟袖,令人觉得仿佛整个魂魄都在盛冰的玉壶里洗过一般。

【评解】 此条采自明·杨慎《升庵诗话》卷五:"眉州象耳山有李白留题云:'夜来月下卧醒,花影零乱,满人襟袖,疑如濯魄于冰壶也。李白书。'今有石刻存,又见《甲秀堂帖》。"不过,古体不像古体,乐府不似乐府,是不是李白所作,恐怕谁也说不清楚。

021 看花步,男子当作女人;寻花步,女子当作男人。

【译文】 赏花时,步履当如女子般轻缓;寻花时,女子当如男子般迅疾。

【评解】 走马寻花,缓马观花。可见,"一日看尽长安花",不过是新科进士志得意满的宣示,其意并不在赏,当然也就不必在乎缓步赏花的雍容自在。

022 窗前俊石泠然①,可代高人把臂;槛外名花绰约,无烦美女分香。

【译文】 窗前有美石泠然傲立,可以取代与高人的把臂交游;门外有名花风姿绰约,就不用烦劳美女来相伴分香。

【注释】 ①泠然:俊石挺立貌。

【评解】 与高人交游,有美女相伴,自是人生幸事。但没有高人与美女,只要有美石、名花相伴,文人们似乎也可以找寻到别样的乐趣。

023 新调初裁,歌儿持板待的^①;阄题方启^②,佳人捧砚濡毫。绝世风流,当场豪举。

【译文】 新曲刚刚谱就,歌童就手持牙板等待点唱;抓阄的诗题刚刚开启,美人就已经手捧砚台濡好笔墨伺候在旁了。真可谓绝世风流,当场豪举。

【注释】 ①板:牙板,古人唱曲时打拍子的工具。的:指被人点唱。 ②阄题:古代斗诗赛文的一种游戏,采取抓阄的方式拈取诗题。

【评解】 文人总是在逞才斗诗中见其风流。

024 野花艳目,不必牡丹;村酒醉人,何须绿蚁。

【评解】 同见卷二022条。

025 石鼓池边,小草无名可斗^①;板桥柳外,飞花有阵堪题^②。

【译文】 在石鼓和水池旁边,小草虽然叫不出名字,也可以用来进行斗草游戏;在板桥和柳树之外,飞扬的花絮结成阵势,也可以作为吟咏的诗题。

【注释】 ①斗:斗草,古代一种游戏。竞采花草,比赛多寡优劣。 ②飞花有阵:飞扬的花絮结成阵势。题:吟咏。

【评解】 竞长的小草可斗,纷飞的柳絮堪题,处处都有无穷的生机与乐趣。

026 桃红李白,疏篱细雨初来;燕紫莺黄,老树斜风乍透。

【译文】 桃花儿红,李花儿白,蒙蒙细雨透过稀疏的篱笆飘洒而来;紫色燕子,黄色莺儿,阵阵斜风穿过苍老的古树吹拂而去。

【评解】 好一幅桃红柳绿、烟雨如织的春光图。唐·杜甫《风雨看舟前落花,戏为新句》诗曰:"江上人家桃树枝,春寒细雨入疏篱。影遭碧水潜勾引,风妒红花却倒吹。"

027 窗外梅开,喜有骚人弄笛;石边雪积,还须小妓烹茶。

【译文】 窗外梅花盛开,喜有诗人吹笛歌唱;石边白雪堆积,还须有小妓烹茶助兴。

【评解】 小妓烹茶,骚人弄笛,平添一段温暖情意。

028 高楼对月,邻女秋砧;古寺闻钟,山僧晓梵^①。

【译文】 高楼上面对明月,不时传来邻家女子秋夜的捣衣声;古寺中飘来的钟声,原来是山僧在做早课。

【注释】 ①晓梵:僧人的早课。

【评解】　砧声与钟声,都是最能牵扯人情思的声音。从月上高楼,到夜砧、夜钟声,再到僧人的早课声,彻夜对月究竟为何,有哪般不能排遣的情思?

029　佳人病怯,不耐春寒;豪客多情,尤怜夜饮。李太白之宝花宜障[①],光孟祖之狗窦堪呼[②]。

【译文】　美人病后虚弱,耐不得春寒料峭;豪客侠义多情,尤其喜爱夜间痛饮。所以李太白欲见宠姐,应当设七宝花障相隔;光孟祖狗窦窥友大叫,值得急急呼入相见痛饮。

【注释】　①"李太白"句:典出《开元天宝遗事》:"宁王宫有乐妓宠姐者,美姿色,善讴唱。每宴外客,其诸妓女尽在目前,惟宠姐,客莫能见。饮欲半酣,词客李太白恃醉戏曰:'白久闻王有宠姐善歌,今酒酣看醉饱,群公宴倦,王何吝此女示于众。'王笑谓左右曰:'设七宝花障,召宠姐于障后歌之。'白起谢曰:'虽不许见面,闻其声亦幸矣。'"　②"光孟祖"句:晋人光逸,字孟祖,《晋书·光逸传》载:"(光逸)初至,属辅之与谢鲲、阮放、毕卓、羊曼、桓彝、阮孚散发裸裎,闭室酣饮已累日。逸将排户入,守者不听,逸便于户外脱衣露头于狗窦中窥之而大叫。辅之惊曰:'他人决不能尔,必我孟祖也。'遽呼入,遂与饮,不舍昼夜。时人谓之八达。"

【评解】　佳人娇怯,英雄多情,幽雅与豪爽,是两种不同风格的美,所以也要有不同的对待。

030　古人养笔以硫黄酒,养纸以芙蓉粉,养砚以文绫盖,养墨以豹皮囊。小斋何暇及此!惟有时书以养笔,时磨以养墨,时洗以养砚,时舒卷以养纸。

【译文】　古人用硫黄酒保养笔,用芙蓉粉保养纸,用文绫盖保养砚,用豹皮囊保养墨。我这小小的书斋哪有条件做到这些,只有时常写字以保养笔,时常磨墨以保养墨,时常清洗以保养砚,时常开合以保养纸。

【评解】　此条前半段采自冯贽《云仙杂记》卷一《养砚墨笔纸》:"养笔以硫黄酒舒其毫,养纸以芙蓉粉借其色,养砚以文绫盖贵乎隔尘,养墨以豹皮囊贵乎远湿。"
　　对于纸墨笔砚文房四宝,古人以用为养,是为真养。今天,各种高档、名贵的文房四宝随处可见,可最宝贵的笔墨精神,却荡然无存。养之何益?

031　芭蕉近日则易枯,迎风则易破。小院背阴,半掩竹窗,分外青翠。

【译文】　芭蕉处于炎炎烈日下就容易枯萎,处于迎风的地方就容易被吹破。处于小院背阴的地方,芭蕉叶半掩着竹窗,显得分外青翠。

【评解】　正因为芭蕉多生于屋后掩映之下,才在诗词中常见那雨滴芭蕉之意境。

032　欧公香饼[①],吾其熟火无烟;颜氏隐囊[②],我则斗花以布。

【译文】　欧阳修使用的是香饼石炭,我用的则是无烟的深红火炭;颜之推使用的是斑丝隐囊,我用的则是拼凑碎花布做成的靠枕。

【注释】 ①欧公香饼:宋·欧阳修《归田录》卷二:"香饼,石炭也,用以焚香,一饼之火,可终日不灭。" ②颜氏隐囊:北齐·颜之推《颜氏家训》曰:"梁朝全盛之时,贵游子弟……跟高齿屐,坐棋子方褥,凭斑丝隐囊,列器玩于左右。"隐囊,古时供人倚凭的软囊,相当于现在的靠枕之类。

【评解】 不需与欧公、颜氏斗奇,生活的情调在于自我的营造。正如爱情的质量在于日复一日的经营,而与主人公是才子佳人还是村夫野老无关。

033 梅额生香①,已堪饮爵;草堂飞雪,更可题诗。七种之羹②,呼起袁生之卧③;六花之饼④,敢迎王子之舟⑤。豪饮竟日,赋诗而散。

【译文】 梅额生香,已足以作为饮酒的谈资;草堂飞雪,更可以作为吟咏的诗题。七宝的菜羹,可以唤起僵卧的袁安;六瓣的雪花,敢迎王子猷的小舟。豪饮终日,赋诗而散。

【注释】 ①梅额生香:相传南朝宋武帝女寿阳公主,一日卧含章檐下,梅花落其额上,成五出之花,拂之不去,世称梅花妆。 ②七种之羹:即七宝羹,古人农历正月初七用七种蔬菜拌和米粉所作的羹。 ③袁生之卧:袁生,东汉袁安,为人严谨。《后汉书》本传载:"时大雪积地丈余,洛阳令身出案行,见人家皆除雪出,有乞食者,至袁安门,无有行路。谓安已死,令人除雪入户,见安僵卧。问何以不出。安曰:'大雪人皆饿,不宜干人'。令以为贤。"举为孝廉,后官至郡太守。
 ④六花:雪花的别称。雪花结晶六瓣,故名。唐贾岛《寄令狐绹相公》诗:"自着衣偏暖,谁忧雪六花。"宋楼钥《谢林景思和韵》:"黄昏门外六花飞,因倚胡床醉不知。"六花亦称"六出"、"六出花"、"六出公"等。"六花之饼",喻指雪花。 ⑤王子之舟:典出《世说新语·任诞》:"王子猷居山阴,夜大雪,眠觉,开室命酌酒,四望皎然。因起彷徨。咏左思《招隐诗》,忽忆戴安道。时戴在剡,即便夜乘小舟就之。经宿方至,造门不前而返。人问其故,王曰:'吾本乘兴而行,兴尽而返。何必见戴!'"

【评解】 奇闻逸事可供谈资,良辰美景足堪题咏,雪中的终日豪饮,足以兴尽而返。

034 佳人半醉,美女新妆。月下弹琴,石边侍酒。烹雪之茶,果然剩有寒香;争春之馆,自是堪来花叹。

【译文】 佳人微有醉意,美女刚刚梳妆,或月下弹起琴曲,或石边奉酒侍立。用雪水烹煮而成的茶,果然还剩有寒冽的清香;百花争春的馆舍,自然是要为落花流水而叹惋的。

【评解】 《红楼梦》里妙玉招待黛玉、宝钗的体己茶就是雪水煮出来的,茶具是更为稀罕的古玩奇珍,宝玉用的便是妙玉平时喝茶的绿玉斗。只是这三位并不识得妙玉冷漠外表下的如火热情和那一杯清香茶饮,连冰雪聪明的黛玉亦天真地问:"这水也是旧年的雨水?"而遭了妙玉的冷笑,道:"你这么个人,竟是大俗人,连水也尝不出来。这是五年前我在玄墓蟠香寺住着,收的梅花上的雪,共得了那鬼脸青的花磁瓮一瓮,总舍不得吃,埋在地下……隔年蠲的雨水哪有这样轻淳,如何吃得?"

035 黄鸟让其声歌,青山学其眉黛。

【译文】 佳人歌喉婉转,连黄鸟也要让其三分;美女画眉如黛,青山也要跟着仿效。

【评解】 赋予黄鸟、青山以情感生命,极尽对美人声歌、眉黛渲染之能事。又如唐·万楚《五日观伎》诗:"西施谩道浣春纱,碧玉今时斗丽华。眉黛夺将萱草色,红裙妒杀石榴花。新歌一曲令人艳,醉舞双眸敛鬓斜。谁道五丝能续命,却知今日死君家。"随手拈来,为美人写照,既见巧思,又极自然。

036 浅翠娇青,笼烟惹湿。清可漱齿,曲可流觞。

【评解】 同见卷六043条。

037 风开柳眼,露泡桃腮,黄鹂呼春,青鸟送雨①,海棠嫩紫,芍药嫣红,宜其春也。碧荷铸钱②,绿柳缫丝,龙孙脱壳③,鸠妇唤晴④,雨骤黄梅,日蒸绿李,宜其夏也。槐阴未断,雁信初来,秋英无言,晓露欲结,蓐收避席⑤,青女办妆⑥,宜其秋也。桂子风高,芦花月老,溪毛碧瘦⑦,山骨苍寒,千岩见梅,一雪欲腊,宜其冬也。

【译文】 春风吹开柳眼,露水打湿桃腮,黄鹂呼唤春天,青鸟送来细雨,海棠花娇嫩泛紫,芍药花娇艳透红,这应是春天的景象。碧绿的荷叶初生如铜钱,绿色的柳条纤柔如丝,竹笋刚刚脱壳,鸠妇在晴日里叫唤,雨骤梅熟,日晒李绿,这应是夏天的景象。槐树的阴影还很浓密,大雁南飞的迁徙刚刚开始,秋天的落花悄悄凋零,清晨的露水开始凝结,司秋之神即将离去,霜雪之神粉墨登场,这应是秋天的景象。寒风中桂树摇曳,月光下芦花渐白,溪中水草碧绿凋残,山上岩石苍茫寒凉,千峰间梅花怒放,一场雪过已是腊月时节,这应是冬天的景象。

【注释】 ①青鸟:传说中西王母的使者。 ②碧荷铸钱:指荷叶刚长出,形小似钱。 ③龙孙:竹笋的别称。 ④鸠妇:鸟名,即鹁鸠。相传天将雨,雄鸠逐雌鸠出巢,晴则呼之归。俗语曰:"天将雨,鸠逐妇。" ⑤蓐收:传说中的西方之神,主管秋天。 ⑥青女:传说中的霜雪之神。 ⑦溪毛:指溪水中的水藻。

【评解】 此条采自南宋·白玉蟾《涌翠亭记》。其中"雨骤黄梅"原作为"雨酿黄梅","千岩见梅"原作为"千崖见梅"。

作者的文辞都是描述性的,但由于作者是以一个道士的眼光来观赏记述涌翠亭的,故而景色描述的字里行间又寄托着"效法自然"的思想情趣。

038 风翻贝叶①,绝胜北阙除书②;水滴莲花,何似华清宫漏③。

【译文】 风翻动着佛经,绝对胜过皇宫授官的诏书;水滴在莲花上,多么像华清宫的滴漏。

【注释】 ①贝叶:佛经 ②北阙:指宫殿北门,大臣等候朝见和上书奏事的地方。也作皇宫、朝廷的代称。除书:授官的诏书。 ③宫漏:古代宫中计时器,用铜壶滴漏,故称宫漏。

【评解】 此条采自明·屠隆《娑罗馆清言》。

潜心于佛经之中,官场除授、华丽宫漏之类的事,就是多余的了。这可以看做是作者在参禅悟道后对过去生活的一种反思。

039 画屋曲房,拥炉列坐,鞭车行酒,分队征歌,一笑千金,樗蒲百万①,名妓持笺,玉儿捧砚,淋漓挥洒,水月流虹,我醉欲眠,鼠奔鸟窜,罗襦轻解,鼻息如雷。此一境界,亦足赏心。

【译文】 在雕梁画栋、曲折回廊的房屋中,围着火炉排列而坐,转圈行酒令,分队比歌声,一笑可掷千金,一赌可博百万,一旁有名妓持笺,小童捧砚,淋漓尽致地尽情挥洒,犹如水中明月天上彩虹,等到酒醉欲睡,便纷纷如鼠鸟奔突般散去,丝绸的短衣刚刚解开,就已经鼾声如雷,进入了梦乡。这样一种境界,也足以使人心情舒畅。

【注释】 ①樗蒲:古代的一种博戏。

【评解】 此条采自明·张大复《梅花草堂笔谈·三境》:"抱影寒庐,夜深无寐,漫数乐事,得三境焉……其一曰豪举,画屋曲房,拥炉列坐,鞭车行酒,分队征歌,一笑千金,樗蒲百万,名妓持笺,玉儿捧砚,淋漓挥洒,水月流虹,我醉欲眠,鼠奔鸟窜,罗襦轻解,鼻息如雷。此一境界,亦足赏心。"

一笑可掷千金,一赌可博百万,花天酒地,纵歌竟日,这样的欢乐自然可以称得上"豪举"了。

040 柳花燕子,贴地欲飞,画扇练裙①,避人欲进,此春游第一风光也。

【译文】 柳絮飞时,燕子来了,贴着地面争相飞舞。拿着画扇、身着白裙的佳人,既要躲避人群,又想继续游玩,这是春游的第一等风光。

【注释】 ①练裙:代指穿着白裙之佳人。

【评解】 燕子与柳絮交相飞舞,与欲走还羞的少女相映成趣。仿佛美的瞬间定格,瞬间获得了永恒。令人联想起女词人李清照的传神之笔:"和羞走,倚门回首,却把青梅嗅。"(《点绛唇》)

041 花颜缥缈,欺树里之春风①;银焰荧煌②,却城头之晓色。

【译文】 歌舞中美人如花的容颜恍惚缥缈,胜过了树间骀荡的春风;银色的焰火明灭闪烁,遮去了城头露出的晨曦。

【注释】　①欺:与下文之"却",都是胜过之意。　②荧煌:忽明忽暗貌。

【评解】　此条采自唐·黄滔《馆娃宫赋》:"吴王乃波伍相,辇西施,珠翠族来,居玉堂而颒洞。笙簧拥出,登绮席以逶迤。触物穷奢,含情愈惑。欲移楚峡于云际,拟凿殷池于槛侧。花颜缥缈,欺树里之春光;银焰荧煌,却城头之曙色。殊不知敌国来攻,攒戈耀空。"

　　写吴王为西施的花颜美色所惑,日日宴歌达旦。既写尽吴歌楚舞醉人之态,又笼罩着一层缥缈阴晦的不祥色彩。

042　乌纱帽挟红袖登山,前人自多风致。

【译文】　身居官位却挟美女登山冶游,前人自多风流情致。

【评解】　此条采自明·袁宏道《折花录》:"袁中郎作吴令,常同方子公登虎丘,见红裙皆避去,因语方曰:乌纱帽挟红袖登山,前人自多风致,今时不能并,便觉乌纱碍人。"此"前人"或指东晋谢安,《晋书》本传称其:"虽放情丘壑,然每游赏,必以妓女从。"

043　笔阵生云,词锋卷雾。

【译文】　挥笔成阵,顿生云气;言词有锋,卷起霭雾。

【评解】　晋代著名书法家卫夫人有书法论文《笔阵图》,将书法比为战阵,作书如同作战。军事活动的指挥由于带有很大的不确定性,和艺术创造活动确有相通之处。

044　楚江巫峡半云雨,清簟疏帘看弈棋。

【译文】　半阴半晴,仿佛是长江巫峡之上的云雨欲来,坐在清凉的竹席之上,透过稀疏的帘子观看弈棋。

【评解】　此条采自杜甫《七月一日题终明府水楼》:"宓子弹琴邑宰日,终军弃繻英妙时。承家节操尚不泯,为政风流今在兹。可怜宾客尽倾盖,何处老翁来赋诗。楚江巫峡半云雨,清簟疏帘看弈棋。"这是杜甫在夔州观人下棋写下的著名诗篇。

　　此二句描摹入微,境界清远,意趣幽深,后人称"此句可画,但恐画不就耳",被视为观棋的画境。

045　美丰仪人,如三春新柳,濯濯风前。

【译文】　俊美丰仪之人,恰如三春的新柳,玉树临风,更显清爽飘逸。

【评解】　美人如新柳,新柳若美人,最是那一低头的娇柔。

046 涧险无平石,山深足细泉;短松犹百尺,少鹤已千年。

【译文】 溪涧险峻,就没有平坦的岩石;山峦幽深,到处都是涓涓细流。即使低矮的松树也有百尺之高,年少的仙鹤也有千年之龄。

【评解】 此条采自北周·庾信《奉和赵王隐士诗》:"洛阳征五隐,东都别二贤。云气浮函谷,星光集颍川。霸陵采樵路,成都卖卜钱。鹿裘披稍裂,藜床坐欲穿。阮籍唯长啸,嵇康讶一弦。涧险无平石,山深足细泉。短松犹百尺,少鹤已千年。野鸟繁弦啭,山花焰火然。洞风吹户里,石乳滴窗前。虽无亭长识,终见野人传。"

深居于此中的隐士,可想而知该具有怎样高洁的品行。

047 清文满箧,非惟芍药之花;新制连篇,宁止葡萄之树。

【评解】 同见卷二 077 条。

048 梅花舒两岁之装①,柏叶泛三光之酒②。飘摇余雪,入箫管以成歌;皎洁轻冰,对蟾光而写镜。

【译文】 梅花舒展着新年旧岁两年的装扮,柏叶浸酒,泛着日月星的精华。飘摇的飞雪,落入箫管化作歌吹;皎洁的薄冰,对着月光仿佛明镜一般。

【注释】 ①两岁:指新年和旧岁。 ②柏叶泛三光之酒:古俗,因柏叶后凋,集日月星三光之精,取以浸酒,元日共饮以祝长寿。

【评解】 此条采自南朝梁·萧统《锦带书十二月启·太簇正月》。写正月之风景,恰是"海日生残夜,江春入旧年"之意境。

049 鹤有累心犹被斥①,梅无高韵也遭删。

【译文】 仙鹤若为凡心所累,也会受到训斥;梅花若无高洁之韵,也会遭到删削。

【注释】 ①累心:为凡心所累。

【评解】 此条采自明·袁宏道《柳浪馆》诗:"一春博得几开颜,欲买湖居先买闲。鹤有累心犹被斥,梅无高韵也遭删。凿窗每欲当流水,咏物长如画远山。客雾屯烟青个里,不知僧在那溪湾。"

"欲买湖居先买闲",买湖居别墅容易,买闲却难。而没有这份闲情,便如鹤无仙心,梅无高韵,只会遭受困扰尴尬。这对于当代人是多好的鉴戒。

050 分果车中①,毕竟借他人面孔;捉刀床侧②,终须露自己心胸。

【译文】 潘岳乘车被掷满果实,毕竟还是假借于他人的好恶爱憎;曹操捉刀侍立床侧,终究还要表露出自己的心胸气度。

【注释】 ①分果车中:用"潘岳果车"典。《世说新语·容止》注引《语林》:"安仁(潘岳)至美,每行,老妪以果掷之,满车。张孟阳(载)至丑,小儿以瓦石投之,亦满车。"一说用《韩非子·说难》中"分桃"之典:"(弥子瑕有宠于卫君)与君游于果园,食桃甘,不尽,以其半啖君。君曰:'爱我哉,忘其口味,以啖寡人。'及弥子瑕色衰爱弛,得罪于君,君曰:'是固尝矫驾吾车,又尝啖我以馀桃。'故弥子瑕之行未变于初也,而以前之所见贤,而后获罪者,爱憎之变也。" ②捉刀床侧:《世说新语·容止》:"魏武帝(曹操)见匈奴使,自以行陋,不足雄远国,使崔季圭代,帝自捉刀立床侧。既毕,令间谍问曰:'魏王如何?'匈奴使答曰:'魏王雅望非常,然床头捉刀人,此乃英雄也。'"

【评解】 此条采自明·李鼎《偶谈》之二十:"心声者酷似其貌,貌言者无关于心。故分果车中,毕竟借他人面孔;捉刀床侧,终须露自己精神。"

论述的是心与貌的关系。徒有其表者,终难掩内心之空虚;内心独具英雄气概者,必然外溢其表。

051 雪滚花飞,缭绕歌楼,飘扑僧舍,点点共酒旆悠扬,阵阵追燕莺飞舞。沾泥逐水,岂特可入诗料,要知色身幻影,是即风里杨花、浮生燕垒①。

【译文】 花谢花飞如雪翻滚,缭绕于歌楼之外,飘落扑打着僧舍之门,杨花点点与酒旗一同飘扬,落花阵阵追逐着燕莺飞舞。沾泥逐水,难道仅仅可以作为入诗的素材,要知道色即是空,此身即是幻影,就好似这风中的杨花,浮生如燕垒。

【注释】 ①燕垒:燕巢,脆弱易碎之物,喻生命不永。

【评解】 此条采自明·高濂《遵生八笺·四时幽赏录》之"山满楼观柳":"苏堤跨虹桥下东数步,为余小筑数椽,当湖南面,颜曰'山满楼'。余每出游,巢居于上,倚栏玩堤,若与檐接。堤上柳色,自正月上旬,柔弄鹅黄,二月,娇拖鸭绿,依依一望,色最撩人,故诗有'忽见陌头杨柳'之想。又若截雾横烟,隐约万树;欹风障雨,潇洒长堤。爱其分绿影红,终为牵愁惹恨。风流意态,尽入楼中;春色萧骚,授我衣袂间矣。三眠舞足,雪滚花飞,上下随风,若絮浮万顷,缭绕歌楼,飘扑僧舍,点点共酒旆悠扬,阵阵追燕莺飞舞。沾泥逐水,岂特可入诗料,要知色身幻影,即是风里杨花。故余墅额题曰'浮生燕垒'。"写春时幽赏之景。

052 水绿霞红处,仙犬忽惊人,吠入桃花去。

【译文】 在绿水环绕、红霞笼罩的仙境,仙犬忽然惊人一跳,吠叫着跑到桃花深处。

【评解】 此条采自明·屠隆《冥寥子游》。这本小书描绘了一个道家圣人的旅途,他是个吐"匿情之谈"的"吏",谦逊地认为自己是尚未得"道"之人,但他爱"道",还游历了五岳,最终却知足地"归而葺一茆四明山中,终身不出"。林语堂在他的《生活的艺术》一书里将之翻译成现代汉语,并将之作为中国看待世界的方式之典范,那是一种"对生活的快乐的、无忧无虑之哲学,它的特点是热爱真理、自由和流浪"。此三句为冥寥子所作之诗。

053 九重仙诏,休教丹凤衔来;一片野心,已被白云留住。

【译文】 九重天上玉皇大帝的诏书,不要让丹凤衔来;一片放荡不羁的野心,已经被悠悠白云留住。

【评解】 据《唐才子传》卷十记载,唐末陈抟举试不第,隐居华山云台观。入宋后,屡召不出,作谢表云:"数行丹诏,徒教彩凤衔来;一片野心,已被白云留住。"

《庄子·天地》:"乘彼白云,至于帝乡。"唐宋以降,诗人词家以"白云"入诗词,以喻方外人、隐居者洁身自好,悠然自得,犹如白云悠悠。

054 香吹梅渚千峰雪,清映冰壶百尺帘。

【译文】 香风从梅渚吹过,但见千峰雪浪堆;清光从月宫映照,犹如百尺巨帘。

【评解】 香味是画不出的,正如前人所说"曲终人不见,化作彩云飞,非笔墨之可求也"。然而,作者却通过这梅渚之风,传达出这幽幽的神韵。

055 避客偶然抛竹屦,邀僧时一上花船。

【译文】 躲避客人,偶然抛弃了竹鞋;邀请僧人,偶尔也上了回花船。

【评解】 躲避尘俗,放浪行迹,自在逍遥的生活情态。

056 到来都是泪,过去即成尘。秋色生鸿雁,江声冷白苹。

【译文】 到来的都是泪水,过去的即成烟尘。秋风萧瑟,鸿雁悲鸣,江水滔滔,白苹清冷。

【评解】 "惆怅旧人如梦,觉来无处追寻",很多时候,因为我们的执念与痴迷,很难悟透"到来都是泪,过去即成尘"的道理。

057 斗草春风①,才子愁销书带翠②;采菱秋水,佳人疑动镜花香。

【译文】 在春风中斗草嬉戏,用那束书的书带草写字作诗,士子们自然也要愁怀大开;在秋水中采摘菱角,荡起层层涟漪,仿佛是谁动了佳人们梳妆的镜台。

【注释】 ①斗草:亦作"斗百草"。一种古代游戏。竞采花草,比赛多寡优劣。南朝梁·宗懔《荆楚岁时记》:"五月五日,四民并踏百草,又有斗百草之戏。" ②书带:书带草,亦称麦冬、麦门冬、沿阶草。叶丛生,线形,革质。据说汉郑玄门下用之束书,故名书带草。李渔《闲情偶寄》里则说:"书带草其名极佳,苦不得见。"

【评解】 此条采自明·吴从先《小窗自纪》。

歌德有诗曰:"哪个男子不善钟情,哪个女子不善怀春。"大好风光中,才子佳人们更不知演绎了多少的浪漫情怀!

058 竹粉映琅玕之碧①,胜新妆流媚,曾无掩面于花宫②;花珠凝翡翠之盘,虽什袭非珍③,可免探颔于龙藏④。

【译文】 在竹粉的映衬下,竹子显得非常青翠,胜过佳人的新妆流媚,不曾逊色于佛界花宫;花珠凝结在翡翠盘中,即使所珍藏的并非什么贵重之物,却可免于龙宫探颔取珠。

【注释】 ①竹粉:指笋壳脱落时附着在竹节旁的白色粉末。琅玕(láng gān):指竹子。 ②花宫:相传佛说法处天雨众花,故以佛寺为花宫。 ③什袭:把物品层层叠叠包裹起来,比喻珍藏。 ④探颔于龙藏:《庄子·列御寇》:"夫千金之珠,必在九重之渊而骊龙颔下。子能得珠者,必遭其睡也。使骊龙而寤,子尚奚微之有哉?"

【评解】 别具一段风华景象。

059 因花整帽,借柳维船。

【译文】 因为花整整帽子,借用岸柳将船儿系住。

【评解】 此条采自宋·张炎《声声慢·中吴感旧》词:"因风整帽,借柳维舟,休登故苑荒台。去岁何年,游处半入苍苔。白鸥旧盟未冷,但寒沙、空与愁堆。谩叹息,问西门洒泪,不忍徘徊。眼底江山犹在,把冰弦弹断,苦忆颜回。一点归心,分付布袜青鞋。相寻已期到老,那知人、如此情怀。怅望久,海棠开、依旧燕来。"

060 绕梦落花消雨色,一尊芳草送晴曛。

【译文】 魂牵梦绕的是雨色消却落花缤纷的美妙,如今,一尊美酒,芳草连天,送别友人在晴天的落日下。

【评解】 此条采自明·汤显祖《永嘉送客游金陵便谒王恒叔参政济南》诗:"江上移舟汝亦闻,能来几日思离分。高歌欲下龙翔雪,远势如飞雁荡云。绕梦落花消雨色,一尊芳草送晴曛。游人自说江南好,直是东方有使君。"

诗写与客泛舟长江之上,从浙江永嘉至江苏金陵(南京)一路上的江上胜景幽情。上句是说江岸的景色给诗人留下的美妙印象,下句则写客舟中饮酒观景的情形。

061 争春开宴,罢来花有叹声①;水国谈经,听去鱼多乐意。

【译文】 在竞相开放的花丛中开宴,宴席散去听见花儿也有叹息之声;在水国中谈经讲法,仔细听来鱼儿也充满融融乐意。

【注释】 ①"争春"句:据《扬州府志》载,开元中,扬州太平园里栽有杏树数十株,每逢盛开时,太守大张筵席,召妓数十人,站在每一株杏树旁,立一馆,名曰"争春"。宴罢夜阑,有人听得杏花有叹息之声。

【评解】 唐代南卓《羯鼓录》讲述了一则"羯鼓催花"的故事,说唐玄宗好羯鼓,曾游别殿,见柳杏含苞欲吐,叹息道:"对此景物,不可不与判断。"因命高力士取来羯鼓,临轩敲击,并自制《春光好》一曲,当轩演奏,回头一看,殿中的柳杏繁花竞放,似有报答之意。玄宗见后,笑着对宫人说:"就这一桩奇事,难道还不应当唤我作老天爷吗?"又宋祁咏杏,有"红杏枝头春意闹"之句,一"闹"字下得好,传诵一时,人们便称之为红杏尚书。

　　在福建三平寺有一副楹联:"秉烛夜谈经时有玄猿来献果,梵香晨耕法闲看白鹿为衔花",歌颂三平祖师的法大无边。

062 无端泪下,三更山月老猿啼;蓦地娇来,一月泥香新燕语。

【译文】 无端落泪,原来是夜半三更月光下山中老猿在哀啼;忽然间有娇声传来,原来是春天的燕子在衔泥筑巢低语呢喃。

【评解】 "一切景语皆情语也"。夜月下老猿的啼叫,开春里新燕的呢喃,或悲或喜,透露的是作者内心敏感的情思。

063 燕子刚来,春光惹恨;雁臣甫聚,秋思惨人。

【译文】 燕子刚刚飞来,春光明媚已经惹人忌恨;大雁的队伍刚刚集结南飞,秋风萧瑟已经使人思绪凄惨。

【评解】 燕子、大雁来来去去,诗人们也便年复一年周期性地兴发着伤春悲秋之叹。

064 韩嫣金弹①,误了饥寒人多少奔驰;潘岳果车②,增了少年人多少颜色。

【译文】 韩嫣弹射金丸,耽误了多少饥寒的长安少年人奔驰拾取;潘岳被果掷满车,增添了多少洛阳少年的风光颜色。

【注释】 ①韩嫣金弹:韩嫣字王孙,西汉人。好弹,常以金为丸,所失者日十有余,长安为之语曰:"苦饥寒,逐金丸。"少年每闻韩嫣出弹,辄随之,望丸之所落,辄拾之。　②潘岳果车:潘岳美姿容,每次登车出行,妇人皆以果掷之满车。已见卷九050条注。

【评解】 韩嫣金弹,也许还有一点"损有余以补不足"吧。可疯狂追星、追金的少年人,又空掷了多少光阴?疯狂的粉丝们,不能不存一分清醒。

065 微风醒酒①,好雨催诗②,生韵生情,怀颇不恶。

【译文】 微风可以使人醒酒,好雨可以催发诗情,从而生发韵味与情趣,使人胸怀美好风致。

【注释】 ①微风醒酒:语见杜甫《陪郑广文游何将军山林十首》之九:"醒酒微风入,听诗静夜分。"是赞何将军乃风雅之人,颇具诗酒情怀,亦见其闲逸之致。明·吴维岳《西圩道中》诗:"何处微风醒酒,溪南红杏新花。" ②好雨催诗:语见杜甫《陪诸贵公子丈八沟携妓纳凉,晚际遇雨二首》之一:"片云头上黑,应是雨催诗。"《千家诗》王相注云:"而片云忽覆于上,渐黑而欲雨矣,想为催吾辈之诗而来乎?"

【评解】 微风好雨最易催发诗情,杜甫诗句"细雨鱼儿出,微风燕子斜"即是佳例,更何况还是酒醒时分,难怪要激发诗人佳思灵感忽来。

066 苎罗村里①,对娇歌艳舞之山;若耶溪边②,拂浓抹淡妆之水。

【译文】 走进苎罗村里,面对的是昔日西施娇歌艳舞的青山;来到若耶溪边,轻拂的是昔日西施浓抹淡妆的溪水。

【注释】 ①苎罗村:在今浙江诸暨南。相传为西施出生地。 ②若耶溪:又名五云溪,在若耶山下,相传西施曾浣纱于此,故又名浣纱溪。

【评解】 现代诗人吴奔星有首著名的《别》诗:"你走了,没有留下地址,只留下一串笑容在夕阳里;你走了,没有和谁说起,只留下一双眼睛在露珠里;你走了,没有说去哪里,只留下一排影子在小河里;你走了,笑容融化在夕阳里,双眼动荡在露珠里,影子摇晃在河水里。哪里都有夕阳,哪里都有露珠,哪里都有河水;你走了,留下了整个的你。"与此条内容所表达的都是内心的遥想思念。

067 春归何处,街头愁杀卖花;客落他乡,河畔生憎折柳。

【译文】 春天归向了何处?愁杀了街头的卖花人;旅客流落他乡,最是憎恨河畔折柳相送。

【评解】 此条采自明·吴从先《小窗自纪》。
　　"青青一树伤心色,曾入几人离恨中。为近都门多送别,长条折尽减春风。"春自有归处,杨柳年年自绿,从不因人而异。爱恨憎愁只因人心而起。

068 论到高华,但说黄金能结客;看来薄命,非关红袖懒撩人。

【译文】 论到高贵奢华,只说黄金能够聚结宾客;看来命运多舛,不是因为美女们懒得去引诱他人。

【评解】 此条采自明·吴从先《小窗自纪》。
　　黄金岂能结客,红颜自古薄命,所谓造化弄人。

069 同气之求,惟刺平原于锦绣①;同声之应,徒铸子期以黄金②。

【译文】 同气相求,只有在锦缎上绣上平原君的肖像;同声相应,也只有以黄金浇铸钟子期的肖像。

【注释】 ①刺:刺像。平原:战国平原君赵胜,曾三任赵相,有食客三千。李贺《浩歌》:"买丝绣作平原君,有酒唯浇赵州土。" ②子期:钟子期,与伯牙号为知音。

【评解】 此条采自明·吴从先《小窗自纪》。

高山流水,目送归鸿,岂必铸像刺画于俗物?"相知无远近,万里尚为邻",这就是知音。一座冰冷的塑像,大概并不能体会"巍巍乎若高山,汤汤乎若流水"的千古绝调。

070 胸中不平之气,说倩山禽;世上巨测之心,藏之烟柳。

【译文】 胸中的不平之气,就向山中的飞禽倾诉;世上不可测的机巧,就埋藏在烟雨柳林之中。

【评解】 此条采自明·吴从先《小窗自纪》。

天地有大美而不言。以山禽为友,以烟柳为家,去消释心中的愤懑抑郁。

071 祛长夜之恶魔,女郎说剑;销千秋之热血,学士谈禅。

【译文】 要祛除漫漫长夜中的恶魔,就请美女来说剑;要消解千秋沸腾的热血,就与学士谈禅。

【评解】 此条采自明·吴从先《小窗自纪》。

杜甫观看公孙大娘舞剑,有诗曰:"先帝侍女八千人,公孙剑器初第一。"美女舞剑,别有情味,足以消磨长夜。而那些热血酬壮志的志士们在年华将销的时候,听禅宗公案的时候,浑似醍醐灌顶,宛如饮下一碗冰水,让迷狂的心灵平静下来,此时才真正体会到天地大义。

072 论声之韵者,曰:"溪声、涧声、竹声、松声、山禽声、幽壑声、芭蕉雨声、落花声,皆天地之清籁,诗坛之鼓吹也。"然销魂之听,当以卖花声为第一。

【译文】 讲到声音的韵味,有溪水声、涧流声、风竹声、松涛声、山鸟的鸣啼声、幽壑的清泉声、雨打芭蕉声、落花声,所有这些都是天地间清悠的自然声响,诗坛的鼓吹乐曲。然而听来最为销魂的声音,当以小巷的卖花声为第一。

【评解】 此条采自明·吴从先《小窗自纪》。

陆游《临安春雨初霁》:"世味年来薄似纱,谁令骑马客京华。小楼一夜听春雨,深巷明朝卖杏花。"凄凄风声,潇潇雨声,都敌不过清晨深巷中一声随意而清脆的卖花声。清代顾禄说姑苏深巷卖花女的叫卖声"紫韵红腔",动人心弦。现代作家周瘦鹃也写有《浣溪沙》歌赞苏州卖花女的叫卖声。为何古今之人惟对此"卖花声"情有独钟呢?因为卖花声"一声声唤最圆匀",悦耳动听,自然纯真,是少女情怀的吐露,是温暖春天的脚步。

可惜,这一番情趣,今人再无缘消受,充耳而闻的仅存嘈杂的市声。市声的变化,见证了人类历史的演化,体现出城市的文化变迁。那一声声圆匀的卖花声,只能留给我们去慢慢回味、体悟、追寻了。

073 石上酒花,几片湿云凝夜色;松间人语,数声宿鸟动朝喧。

【译文】 石上饮酒赏花,几片湿云仿佛凝住了夜色;松间人语传来,惊动数声鸟鸣搅动了清晨的喧闹。

【评解】 一静一动,描写山中清晨的情景。寂静中蕴藏着无限生机。

074 "媚"字极韵。但出以清致,则窈窕具见风神,附以妖娆,则做作毕露丑态。如芙蓉媚秋水①,绿筱媚清涟②,方不着迹。

【译文】 "媚"字极具风韵,只要是以清丽雅致表现出来,就显得文静美好,具见神采;如果加上妖娆娇艳,就会显得矫揉造作,丑态毕露。只有像芙蓉妩媚于秋水,绿竹妩媚于清涟,才不着一点俗迹。

【注释】 ①芙蓉媚秋水:或出自宋·邓深《漕司君子堂把酒侍吴司封坐怀月湖》:"拥岸芙蓉媚晚秋,败荷颠倒雨初收。" ②绿筱媚清涟:语见谢灵运《过始宁墅》:"白云抱幽石,绿筱媚清涟。"筱(xiǎo),小竹。

【评解】 此条采自明·吴从先《小窗自纪》。
　　正如"西施捧心",愈显其楚楚可人的美态,"东施效颦"则丑态毕露不堪忍睹,总须以羚羊挂角无迹可求为要。

075 武士无刀兵气,书生无寒酸气,女郎无脂粉气,山人无烟霞气,僧家无香火气。换出一番世界,便为世上不可少之人。

【译文】 武士没有刀兵之气,书生没有寒酸之气,女郎没有脂粉之气,隐士没有烟霞之气,僧侣没有香火之气。换出一番新的境界,便可成为世上不可缺少之人。

【评解】 此条采自明·吴从先《小窗自纪》。
　　所以,中国有所谓泛儒主义,儒商、儒将、儒医,贴上一个标签,马上显得有了品位,有了道德。

076 情词之娴美,《西厢》以后,无如《玉合》、《紫钗》、《牡丹亭》三传①,置之案头,可以挽文思之枯涩,收神情之懒散。

【译文】 若论情词的娴静优美,《西厢记》以后,没有能比《玉合记》、《紫钗记》、《牡丹亭》三部传奇更好的了,放在案头,可以挽救文思的枯涩,收束懒散的神情。

【注释】 ①《玉合》:即明·梅鼎祚《玉合记》,写韩翃与柳氏离合之故事。《紫钗》:即明·汤显祖《紫钗记》,写李益与霍小玉的传奇。《牡丹亭》:汤显祖著,写杜丽娘与柳梦梅的生死相恋故事。

【评解】　"挽文思之枯涩,收神情之懒散",正是读一切好书之妙趣。

077　俊石贵有画意,老树贵有禅意,韵士贵有酒意,美人贵有诗意。

【译文】　美石贵在有画意,老树贵在有禅意,诗人贵在有酒意,美人贵在有诗意。

【评解】　此条采自明·吴从先《小窗自纪》。

自然万物与人一样,都必须具有丰富的内涵、内在的气质,才能与众不同,独放异彩。

078　红颜未老,早随桃李嫁春风;黄卷将残,莫向桑榆怜暮景。

【译文】　红颜尚未老去,就要及早像桃李嫁给春风一样嫁人;书生饱读诗书,要及早仕进,不要到晚年落得晚景凄凉。

【评解】　此条采自明·吴从先《小窗自纪》。

"有花堪折直须折,莫待无花空折枝",年华岁月不可空抛掷,免得老大徒伤悲后悔莫及。

079　销魂之音,丝竹不如著肉。然而风月山水间,别有清魂销于清响,即子晋之笙①,湘灵之瑟②,董双成之云璈③,犹属下乘。娇歌艳曲,不尽混乱耳根。

【译文】　若论令人销魂的音乐,丝竹管弦所奏也不如人们的喉舌所发出的歌唱。然而在大自然的风月山水间,又别有一段清幽令人销魂于自然的天籁之音。即便是王子乔的吹笙、湘水女神的鼓瑟、董双成的云璈,都属于下乘,至于那些庸俗的娇歌艳曲,就更不应该混乱人们的耳根了。

【注释】　①子晋:即王子乔,神话中人物,相传为周灵王太子,喜欢吹笙作凤凰鸣,后在嵩山修炼,升仙而去。　②湘灵:传说中湘水之神,善鼓瑟。　③董双成:神话传说中西王母的侍女,本住浙江杭州西湖妙庭观,炼丹宅中,丹成得道,自吹玉笙,驾鹤升仙。云璈(áo):乐器名。《云笈七签·太微玄清左夫人歌》:"西庭命长歌,云璈乘虚弹。"

【评解】　此条采自明·吴从先《小窗自纪》。

何必丝与竹,山水有清音。山水间自有其天籁之音,较之于此,子晋湘灵董双成都属下乘,至于娇歌艳曲,则徒令人耳根添烦。

080　风惊蟋蟀①,闻织妇之鸣机;月满蟾蜍②,见天河之弄杼。

【译文】　秋风惊动了蟋蟀的鸣叫,仿佛听到了织妇织机的声响;月光洒满天穹,仿佛看见天河中织女在摆弄机杼。

【注释】　①蟋蟀:《汉书·王褒传》有"蟋蟀俟秋吟",颜师古注:"蟋蟀,今之促织也。"《太平御览》卷九四九引陆机《毛诗疏义》:"蟋蟀……幽州人谓之促织,督促之意也。俚语曰:促织鸣,懒妇惊。"晋·崔豹《古今注·鱼虫》:"促织,一名投机,谓其声如急织也。" ②蟾蜍:传说月宫有三条腿的蟾蜍,故以蟾蜍指代月亮。"蟾蜍"为月之精,"兔魄"即日之光,故曰:"蟾蜍与兔魄,日月气双明。"

【评解】 蟋蟀本无甚可写,着力刻画的其实是蟋蟀鸣声和听其鸣声的人。秋天来了,天气凉了,该织寒衣了,特别是当亲人远离自己时,织布缝衣就更寄托无限情意。如李白《子夜吴歌》:"长安一片月,万户捣衣声。何时平胡虏,良人罢远征。"所以"促织"之名使蟋蟀与别离又多了一层联系。征人思妇相思之苦,千载之下,令人叹息。

081 高僧筒里送诗,突地天花坠落;韵妓扇头寄画,隔江山雨飞来。

【译文】 得道的高僧用竹筒送来诗作,突然间仿佛天女散花般坠落;风韵的美姬用扇子作画寄情,仿佛巫山云雨暮地隔江飞来。

【评解】 此条采自明·吴从先《小窗自纪》。
形容艺术的感染力非同凡响,形象生动。

082 酒有难悬之色,花有独蕴之香,以此想红颜媚骨,便可得之格外。

【译文】 美酒有其无法悬赏的色泽,鲜花有其独蕴的芳香,由此推想到红颜媚女,便可有格外的心得。

【评解】 此条采自明·吴从先《小窗自纪》:"酒有难比之色,茶有独蕴之香。以此想红颜媚骨,便可得之格外。"
格物致知,物格而后知至,对于红颜媚骨,也应持此种态度。

083 客斋使令①,翔七宝妆②,理茶具,响松风于蟹眼③,浮雪花于兔毫④。

【译文】 客斋中使令的侍者,梳洗好七宝莲花妆,整理好茶具,烹茶之时,待水面如松风声响,泛起似蟹眼的气泡,就开始分茶品饮,顿时兔毫盏中浮起雪花似的水沫。

【注释】 ①客斋:客栈,客房。使令:侍者。 ②七宝妆:多饰珠宝的莲花妆。 ③响松风于蟹眼:烹茶有三沸之法,第一沸即如松风响起,水面浮起如蟹眼似的小气泡。苏轼《试院煎茶》:"蟹眼已过鱼眼生,飕飕欲作松风鸣。" ④兔毫:即兔毫盏,又称建盏,宋代建安出产的一种黑釉瓷茶盏,因纹理细密状如兔毫,故称。此盏专供宫廷斗茶、品茗之用。

【评解】 此条末两句采自宋·苏轼《老饕赋》:"美人告去已而云散,先生方兀然而逃禅。响松风于蟹眼,浮雪花于兔毫。先生一笑而起,渺海阔而天高。""饕餮"本是为人所不齿的"好吃鬼",但苏轼却以此怪兽自喻,并作《老饕赋》:"盖聚物之夭美,以养吾之老饕。"从此,"老饕"遂成为追逐饮食而又不失其雅的文士的代称。

虽然饮食是一种很个性化的爱好,但是那些前人吃出来的经验,总是让我们如此迷恋,作为一种沉淀下来的快乐哲学,它教我们去吃,去爱,去生活。

084 每到日中重掠鬓,袄衣骑马绕宫廊①。

【译文】 每到近午时分,便重新整理一下鬓角,身穿袄衣在宫中廊下试马。

【注释】 ①袄衣:一种适合骑马的衣服。

【评解】 此条采自唐·王建《宫词》:"药童食后送云浆,高殿无风扇少凉。每到日中重掠鬓,袄衣骑马绕宫廊。"

王建因百首七绝《宫词》有"宫词之祖"之誉。其前二十首宫词对帝王生活作了多角度与多侧面的展示,多具庙堂之气,后八十首宫词着眼于宫廷妇女的集体形象,将其生活百态与幽微隐秘的内心世界予以全真全景式展现,有清新情貌之妙。此条所选即是写宫女们的日常生活。

085 绝世风流,当场豪举。世路既如此,但有肝胆向人;清议可奈何,曾无口舌造业①。

【译文】 人间的世故既然如此,只有肝胆相照地对待他人;别人的清议又能如何,未曾有因口舌而造下恶业。

【注释】 ①造业:即造孽。造下恶业,惹祸。

【评解】 此条"绝世"二句与前卷九023条同出,而与下文并不相涉,疑为误植。"世路"四句采自明·吴从先《小窗自纪》。

人情如何浇薄,他人如何议论,都无需在意,而自己,则只需肝胆相照以诚相待。自魏晋以来,人们常说清谈误国,可也有人说,清谈何曾误国,倒是国家误了清谈,羽檄交驰,狼烟蔽日的天空下,哪里找得到让读书人静静清谈的一片天空呢?

086 花抽珠渐落,珠悬花更生。风来香转散,风度焰还轻。

【译文】 燃烧后的烛烬如花般抽长了,熔化的蜡烛如珠般慢慢滴落;熔化的蜡烛越悬越高,燃烧的烛烬也越来越长。微风轻来,燃烧的蜡烛之香慢慢散开,火焰也随之轻轻跳动。

【评解】 此条采自南朝·梁元帝萧绎《对烛赋》:"花抽珠渐落,珠悬花更生。风来香转散,风度焰还轻。本知龙烛应无偶,复讶鱼灯有旧名。烛火灯光一只炷,讵照谁人两处情。"久久地呆对着燃烧的蜡烛,叙写的是对伊人的深深思念。

087 莹以玉琇,饰以金英;绿荚悬插,红蕖倒生。

【译文】 用晶莹的美玉点缀,用金黄的鲜花装饰;如绿色的菱角悬空摇曳,又像是红包的荷花倒着生长。

【评解】 此条采自南朝陈·江总《云堂赋》。极写云堂装饰之华美。

088 浮沧海兮气浑,映青山兮色乱。

【译文】 漂浮于苍茫的大海之上,气象雄浑;青山映照其间,色彩斑斓。

【评解】 此条采自唐·翟楚贤《碧落赋》:"尔其动也,风雨如晦,雷电共作。尔其静也,体象皎镜,是开碧落。其色清莹,其状冥寞,虽离娄明目兮未能穷其形;其体浩瀚,其势渺漫,纵夸父逐日兮不能穷其畔。浮沧海兮气浑,映青山兮色乱,为万物之羣首,作众材之壮观。至妙至极,至神至虚,莫能测其末,莫能定其初。"极写天空的动静势状。

089 纷黄庭之霍霏①,隐重廊之窈窕;青陆至而莺啼②,朱阳升而花笑;紫蒂红蕤,玉蕊苍枝。

【译文】 纷繁交错于黄庭之上随风飘荡,浓阴遮隐着曲折回旋的重重走廊;月光映照下莺儿啼鸣,太阳升起时花儿含笑;紫色的花蒂上红色的花瓣,青翠的树枝上绿玉般的花蕊。

【注释】 ①霍(huò)霏:指草木柔弱,随风披靡的样子。 ②青陆:即青道,月亮运行的轨道。

【评解】 此条采自唐·卢照邻《双槿树赋》。状写双槿树之美艳无比。

090 视莲潭之变彩,见松院之生凉;引惊蝉于宝瑟,宿兰燕于瑶筐。

【译文】 看莲花潭水变幻色彩,见松树庭院已生凉意;鼓动宝瑟诱引惊蝉,瑶筐之中栖宿着懒燕。

【评解】 此条采自唐·王勃《七夕赋》:"于时玉绳湛色,金汉余光。烟凄碧树,露湿银塘。视莲潭之变彩,睨松院之生凉。引惊蝉于宝瑟,宿懒燕于瑶筐。绿台兮千仞,艳楼兮百常。拂花筵而惨恻,披叶序而徜徉。结遥情于汉陌,飞永睇于霞庄。想佳人兮如在,怨灵欢兮不扬;促遥悲于四运,咏遗歌于七襄。于是虬檐晚静,鱼扃夜饬。忘帝子之光华,下君王之颜色。"《七夕赋》是王勃最不著名的一篇文章,却是中国历史上唯一的一篇专门写七夕的文章。

莲潭变彩,松院生凉,惊蝉懒燕,无不兆示着秋天的到来,季节的变换。

091 蒲团布衲,难于少时存老去之禅心;玉剑角弓①,贵于老时任少年之侠气。

【译文】 打坐蒲团,身着僧衣,少年时很难就存有老来时的参禅之心;身佩玉剑,手执角弓,难能可贵的是年老时仍保持着少年的侠气。

【注释】 ①角弓:以兽角为饰的硬弓。《诗·小雅·角弓》:"骍骍角弓,翩其反矣。"

【评解】 此条采自明·屠隆《娑罗馆清言》:"角弓玉剑,桃花马上春衫,犹忆少年侠气;瘿瓢胆瓶,贝叶斋中夜衲,独存老去禅心。"

屠隆老来好禅,所言乃以少年时的朝气活力与老来时的参禅打坐对比,让人读出几分落寞。而这里经过改造后,将其落寞之气一扫而去,多了几分人生的深沉哲理。少年而有老成之心,与老来而有率性之真,都难能可贵。

卷十　豪

　　今世矩视尺步之辈，与夫守株待兔之流，是不束缚而阱者也。宇宙寥寥，求一豪者，安得哉？家徒四壁，一掷千金①，豪之胆；兴酣落笔，泼墨千言②，豪之才；我才必用，黄金复来③，豪之识。夫豪既不可得，而后世偬傥之士，或以一言一字写其不平，又安与沉沉故纸同为销没乎！集豪第十。

【译文】　当今之世，那些墨守成规、故步自封的人，以及守株待兔之流，乃是不用别人束缚而自落陷阱。寥廓的宇宙之间，要寻求一个无拘无束的豪放之人，哪里能够得到呢？家徒四壁，一掷千金，这是豪放之人的胆略；兴酣落笔，泼墨千言，这是豪放之人的才气；我才必用，黄金复来，这是豪放之人的识见。豪放既然不可得，那么后世风流偬傥之士，有的以一言一字抒写心中的不平之气，又怎么能让其与沉闷的故纸堆一同消磨而湮没无闻呢？于是编纂了第十卷"豪"。

【注释】　①家徒四壁，一掷千金：前一句用司马相如"家居徒四壁立"典，后一句本指豪赌，引申为豪兴。唐·吴象之《少年行》："一掷千金浑是胆，家无四壁不知贫。"　②兴酣落笔，泼墨千言：化用李白《江上吟》："兴酣落笔摇五岳，诗成笑傲凌沧洲。"　③我才必用，黄金复来：化用李白《将进酒》："天生我材必有用，千金散尽还复来。"

【评解】　豪放是一种自由的心态，纵横捭阖，豪迈奔放，如万里长风席卷大地，又如江河奔腾到海不回！胆指的是魄力，才指的是智慧，识指的是识见，三者缺一不可，才能成其豪放之品格。循规蹈矩，不免作茧自缚，要冲破茧壳的束缚，就需要有虽千万人吾往矣的豪情，需要有横下一条心杀出一条血路的决心。不妨就来领略感受这些"偬傥之士"的跌宕不平之词吧。

001　桃花马上春衫①，少年侠气；贝叶斋中夜衲②，老去禅心。

【译文】　桃花马上春衫飘逸，这是少年的豪侠之气；佛寺之中深夜诵经，一副老态龙钟淡泊禅心。

【注释】　①桃花马：白毛红点的马。唐·杜审言《戏赠赵使君美人诗》："红粉青娥映楚云，桃花马上石榴裙。"　②贝叶斋：佛寺。贝叶，古代印度人用以写经的树叶，后借指佛经。衲：僧人。

【评解】　此条与卷九091条同采自明·屠隆《娑罗馆清言》："角弓玉剑，桃花马上春衫,犹忆少年侠气;瘿瓢胆瓶,贝叶斋中夜衲,独存老去禅心。"作者将其一分为二。

002 岳色江声,富煞胸中丘壑[1];松阴花影,争残局上山河[2]。

【译文】 山色苍茫,江声滔滔,皆可入画,胸中自有丘壑,无限开阔;松阴清凉,花影斑驳,正可对弈,残局之上争夺山河。

【注释】 [1]"岳色"二句:宋·蔡京《宣和画谱》中说"岳镇川灵,海函地负,至于造化之神秀,阴阳之明晦,万里之远,可得咫尺之间,其非胸中自有丘壑而能见之形容者,未必能如此。" [2]"松阴"二句:明·曾棨《观弈》诗:"两军对敌立双营,坐运神机决死生。千里封疆弛铁马,一川波浪动金兵。虞姬歌舞悲垓下,汉将旌旗通楚城。兴尽计穷征战罢,松荫花影满棋枰。"

【评解】 古人对弈,口口声声说闲逸,其实却往往着意山河。而今棋盘上还有楚河汉界,却实实在在已在游戏笑语间。

003 骥虽伏枥,足能千里[1];鹄即垂翅,志在九霄。

【译文】 好马虽然伏卧槽下,足能致远千里;鸿鹄即使垂下羽翅,志在九霄之外。

【注释】 [1]"骥虽伏枥"二句:语见曹操《步出夏门行》诗:"老骥伏枥,志在千里。"

【评解】 虽然屈居枥下,或垂翅铩羽,胸中却依然激荡着驰骋千里翱翔九天的豪情。只要勃勃雄心永不消沉,追求就永不会停息。

004 个个题诗,写不尽千秋花月;人人作画,描不完大地江山。

【译文】 个个题诗,也抒写不尽千秋的风花雪月;人人作画,也描画不完大地的江河山川。

【评解】 人人胸中,自具一幅花月江山。

005 慷慨之气,龙泉知我[1];忧煎之思,毛颖解人[2]。

【译文】 慷慨激昂的气概,只有龙泉宝剑知晓我;忧愁煎熬的思绪,只有毛笔可以作为解人。

【注释】 [1]龙泉:古宝剑名。据晋《太康地记》:西平县有龙泉水,可以砥砺刀剑,特坚利,故有坚白之论,是以龙泉之剑为楚宝。 [2]毛颖:毛笔。唐·韩愈著有《毛颖传》。

【评解】 将慷慨激昂的气概舞弄于利剑之上,将忧愁煎熬的思绪倾注于笔端之下。舞剑与题诗,在古人的世界里,颇具象征意义。

006 不能用世而故为玩世,只恐遇着真英雄;不能经世而故为欺世,只好对着假豪杰。

【译文】 不能发挥自己的才能,就故意玩世不恭,这样的人就怕遇到真正的英雄;

不能经邦济世,就故意欺世盗名,那就只有面对着假豪杰了。

【评解】 吴从先《小窗自纪》中说:"真英雄练性摄心,假豪杰任才使气。"清·章学诚《文史通义》中谈到学术、文章堕落为欺世盗名的工具时也说:"古人之言,欲以喻世;而后人之言,欲以欺世。古人之言,欲以淑人;后人之言,欲以炫己。"

007 绿酒但倾,何妨易醉;黄金既散,何论复来。

【译文】 美酒只管倾尽,一下子就醉倒又有何妨? 黄金既然散去,又何必管它是否复来?

【评解】 大醉又何妨,黄金散尽又何妨,但求尽情尽性、开我心颜。

008 诗酒兴将残,剩却楼头几明月;登临情不已,平分江上半青山。

【译文】 诗兴酒兴将残且尽,只剩却楼头几许明月;登山临水倾情未已,竟欲平分江上青山。

【评解】 依依难舍,如何话别? 只有平分江上青山明月。宋·释珵《偈颂九首》之一:"垦土诛茅作佛宫,栽田博饭与君同。梦中十载因缘尽,又挂乌藤过别峰。临岐一句如何说,此去平分江上月。千里同风事宛然,云山虽别何曾别。别不别,鹭鸶飞入寒江雪。"

009 闲行消白日,悬李贺呕字之囊①;搔首问青天,携谢朓惊人之句②。

【译文】 闲暇漫步而行消磨时日,随身悬挂的是李贺呕心苦吟的锦囊;仰面搔首问询青天,随身携带的是谢朓的惊人诗句。

【注释】 ①李贺呕字之囊:唐·李商隐《李长吉小传》:"李贺字长吉……每旦日出,骑弱马,从小奚奴,背古锦囊,遇所得,书投囊中。未始先立题然后为诗,如他人牵合课程者。及暮归,足成之。非大醉、吊丧日率如此,过亦不甚省。母使婢探囊中,见所书多,即怒曰:'是儿要呕出心乃已耳!'" ②"搔首"二句:旧署唐·冯贽编《云仙杂记》卷一:"李白登华山雁落峰,曰:'此山最高,呼吸之气想通天帝座矣。恨不携谢朓惊人诗来,搔首问青天耳!'"

【评解】 "闲行"、"搔首",看似率性、不经意,实则却是语不惊人死不休。

010 假英雄专映不鸣之剑①,若尔锋芒,遇真人而落胆;穷豪杰惯作无米之炊,此等作用,当大计而扬眉。

【译文】 假英雄专爱小声轻吹不鸣的剑,像这样的所谓锋芒,一旦遇到真英雄就会丧胆落魄;穷豪杰习惯作无米之炊,像这等作用,一旦遇到大计关键时刻就能扬眉吐气。

【注释】 ①映(xuè):小声轻吹。

【评解】 佩一把吹不响的剑,也只能是唬唬人而已。真正的英雄,即使在失意之时也能为他人所不能为,也许还要被讥为异想天开,但因其如此,危难时刻他们才能扬剑出鞘,顿放光彩。

011 深居远俗,尚愁移山有文①;纵饮达旦,犹笑醉乡无记②。

【译文】 深居山中,远离尘俗,尚且担忧有《北山移文》加以讽刺;通宵达旦,纵情醉饮,犹自嘲笑着奇妙的醉乡无人作记。

【注释】 ①移山有文:指南齐·孔稚珪《北山移文》。孔稚珪与周颙同隐钟山,后周应诏出仕,再过钟山,孔撰此文,假托山神,讥其热衷名利,实非真隐。 ②醉乡无记:唐·王绩《醉乡记》,虚拟醉乡,而为之记,曲尽其妙。

【评解】 表达的是要真正深居远俗的志愿,是对纵饮达旦尽情开怀的生活向往。

012 风会日靡,试具宋广平之石肠①;世道莫容,请收姜伯约之大胆②。

【译文】 风俗日益颓靡,不妨试着具有宋璟那样的铁石心肠;世道不能见容,就请收拾起姜维那样的斗大之胆。

【注释】 ①宋广平之石肠:宋广平,即宋璟,唐开元名相,封广平王。唐·皮日休《桃花赋序》:"余慕宋广平之为相,贞姿劲质,刚态毅状,疑其铁肠石心,不能吐婉媚辞。" ②姜伯约之大胆:三国蜀汉名将姜维,字伯约,史载其"死时见剖,胆如斗大"。

【评解】 大丈夫能屈能伸。匡时扶世,须具铁肠石心、刚毅品格;世道若不我容,则潜藏于世,善自保存自我。

013 藜床半穿,管宁真吾师乎①;轩冕必顾,华歆洵非友也②。

【译文】 藜制的床榻半边已经坐穿,管宁真是我辈的老师呀;官宦的车服过门必定停止读书去观看,华歆的确不是我的朋友。

【注释】 ①"藜床半穿"二句:《高士传》:"管宁自越海而归,常坐一木榻,积五十余年,未尝箕股,其榻上当膝处皆穿。"庾信《小园赋》:"管宁藜床,虽穿而可坐。" ②"轩冕必顾"二句:《世说新语·德行》载:管宁与华歆同席读书,"有乘轩冕过门者,宁读如故,歆废书出看。宁割席分座曰:'子非吾友也。'"

【评解】 在伦敦大英图书馆里,据说有一位伟人磨破了座位下的地板,他因此写出了《资本论》。而一千多年前中国的管宁,"其榻上当膝处皆穿",只是他又坐来了什么? 他为了什么? 是真"吾师"吗?

014 车尘马足之下,露出丑形;深山穷谷之中,剩些真影。

【译文】 追逐于富贵荣华,不免就要丑态毕露;深山穷谷之中,还能剩下一些真诚的身影。

【评解】 岑参有诗曰:"何不为人之所赏兮,深山穷谷委严霜?"为什么要躲进深山穷谷之中,在严霜中一点点枯萎呢? 这是盛唐人迥然不同的精神风采。

015 吐虹霓之气者,贵挟风霜之色;依日月之光者,毋怀雨露之私。

【译文】 有着虹霓般气势的英雄,贵在挟有风霜沧桑之色;有赖于日月之光者,就不要怀有承接雨露的私心。

【评解】 宋・陆游《次韵和杨伯子主簿见赠》诗曰:"谁能养气塞天地,吐出自足成虹蜺。"英雄豪杰,必须不惧风霜的磨砺,更不可有丝毫雨露之私心贪念。

016 清襟凝远,卷秋江万顷之波;妙笔纵横,挽昆仑一峰之秀。

【译文】 清净的胸襟凝神悠远,可以卷起秋江万顷的波涛;生花的妙笔纵横描画,可以挽起昆仑一峰的秀色。

【评解】 读此可以遣烦郁之怀,润枯涩之笔。

017 闻鸡起舞,刘琨其壮士之雄心乎①;闻筝起舞,迦叶其开士之素心乎②!

【译文】 刘琨闻鸡起舞,表现出一个壮士的雄心;迦叶闻筝起舞,显示的是一个菩萨的素心。

【注释】 ①"闻鸡"二句:典出《晋书・祖逖传》:"(祖逖)与司空刘琨俱为司州主簿,情好绸缪,共被同寝。半夜闻荒鸡鸣,蹴琨曰:'此非恶声也。'因起舞(练剑)。" ②"闻筝"二句:佛教歌舞之神能妙音鼓琴,迦叶闻之,不堪于坐,起而舞。开士:菩萨的别称,以能自开觉,又能开悟他人,故名。

【评解】 雄心不可灭,佛心不可扰,一张一敛,一出一入,令人向往。

018 友遍天下英杰之士,读尽人间未见之书。

【译文】 结交普天下的英雄豪杰,读尽人世间的未见之书。

【评解】 交友亦是读"书",读书亦是交"友"。

019 读书倦时须看剑,英发之气不磨;作文苦际可歌诗,郁结之怀随畅。

【译文】 读书困倦之时,就需要舞舞剑,这样勃发的英气不会消磨;作文愁苦之际,就不妨吟吟诗,这样郁结的情怀随之畅适。

【评解】 心思郁闷之时,可以吟诗作赋,聊以抒怀;"醉里挑灯看剑,梦回吹角连营",便能重新鼓荡起驰骋沙场、向往建功立业的壮志豪情。

020 交友须带三分侠气,作人要存一点素心。

【译文】 交朋友须带三分豪侠之气,做人需要存一份纯朴心地。

【评解】　何谓"素心"？陶渊明《移居》诗曰："昔欲居南村，非为卜其宅。闻多素心人，乐与数晨夕。怀此颇有年，今日从兹役。弊庐何必广，取足蔽床席。邻曲时时来，抗言谈在昔。奇文共欣赏，疑义相与析。"交朋友要交"素心人"，季羡林也说过，他的为数不多的朋友，都是"一些素心人"。与"素心"相对的便是"机心"。做学问也要存一点"素心"。钱钟书说："大抵学问是荒江野老屋中二三素心人商量培养之事。"

021　栖守道德者，寂寞一时；依阿权变者，凄凉万古。

【译文】　恪守道德节操的人，只是寂寞一时；依附迎合权势的人，必将凄凉万古。

【评解】　此条采自明·洪应明《菜根谭》："栖守道德者，寂寞一时；依阿权势者，凄凉万古。达人观物外之物，思身后之身，宁受一时之寂寞，毋取万古之凄凉。"
　　一世的落魄千古的荣誉，和一世的荣华千古的骂名，这两种生活，你会选择哪一种？达人是圣人，当然选择第一种。对于大多数人来说，他们也栖守道德，也不想依阿权变，但却未必是为了死后的千古名誉，他们忍受寂寞，也不是害怕万古的凄凉，只是不愿同流合污，独善其身而已。

022　深山穷谷，能老经济才猷；绝壑断崖，难隐灵文奇字。

【译文】　深山穷谷之中，能使经邦济世的才华消磨无用；但绝壑断崖之间，却难以隐藏住灵感之思、奇绝之文。

【评解】　在深山穷谷、绝壑断崖之中，经济才猷只能空自老去，无用武之地，然而，思想的灵气、光芒，却可以穿越山谷，穿透千古。思想是无法被磨灭的。

023　王门之杂吹非竽①，梦连魏阙；郢路之飞声无调②，羞向楚囚③。

【译文】　南郭先生在齐王宫中与三百人合奏，其实并不会吹竽，最终只能溜之大吉，梦断朝堂；楚国郢都人们善歌，如果路上的飞歌不合音律，甚至面对囚徒也要颇感羞耻了。

【注释】　①王门之杂吹非竽：《韩非子·内储说上》："齐宣王使人吹竽，必三百人。南郭处士请为王吹竽，宣王说之，廪食以数百人。宣王死，湣王立，好一一听之，处士逃。"　②郢路之飞声无调：宋玉《对楚王问》："客有歌于郢中者，其始曰《下里巴人》，国中属而和者数千人。"　③楚囚：《左传·成公传九年》："晋侯观于军府，见钟仪，问之曰：'南冠而絷者，谁也？'有司对曰：'郑人所献楚囚也。'"

【评解】　滥竽终无法充数，没有相当的歌唱之技也最好不要前往楚地自取其辱，没有金刚钻，就别揽瓷器活。

024　肝胆煦若春风，虽囊乏一文，还怜茕独；气骨清如秋水，纵家徒四壁，终傲王公。

【译文】　如果内心肝胆犹如春风一般煦暖,即使囊中不名一文,也会怜悯鳏寡茕独之人;如果气节风骨犹如秋水一般澄澈,纵然是家徒四壁,终究可傲视王公贵族。

【评解】　此条采出明·洪应明《菜根谭》,惟"肝胆"原作"肝肠"。

　　这是一个傲然挺立于天地间的君子形象,不仅有"气骨",更有"仁"的精神品德。

025　献策金门苦未收①,归心日夜水东流。扁舟载得愁千斛,闻说君王不税愁。

【译文】　向皇帝进言献策苦于没有收获,归去之心犹如这日夜奔流不息的江水。这一叶扁舟上载的是千斛的愁绪,听说君王是不征收忧愁的赋税的。

【注释】　①献策金门:指向皇帝进言。金门,金马门,汉代宫门,士人献策待诏之处。

【评解】　此条采自明·冯梦龙《古今谭概》。谓长洲孝廉陆世明,一次参加科考未中,回乡途经临清,关吏误以为他是商人,令其缴税。他便写下了这首诗。关吏阅诗后不仅好好地招待、安慰了这位颓丧的落第者,而且临行时还有不少馈赠。故事亦见于明·陆粲《说听》。

026　世事不堪评,披卷神游千古上;尘氛应可却,闭门心在万山中。

【译文】　世间之事不堪评说,不妨披阅书卷,精神遨游于千古之上;尘俗的风气应该可以避却,闭门谢客,心往于万山之中。

【评解】　达则兼济天下,穷则独善其身。对世局时事失望了,不想随波逐流了,就远离世俗,远离纷繁复杂,神游于书卷,和大自然融为一体,构建属于自己的精神家园。闭门心在万山中,好一个躲进小楼成一统。

027　负心满天地,辜他一片热肠;恋态自古今,悬此两只冷眼。

【译文】　负心之人遍满天下,辜负了他一片热心肠;眷恋之情常存古今,要悬起两只旁观的冷眼。

【评解】　固当悬两只旁观的冷眼,亦须存一片不变的热心肠。

028　龙津一剑,尚作合于风雷①;胸中数万甲兵②,宁终老于牗下。此中空洞原无物,何止容卿数百人③。

【译文】　一把龙津宝剑,还可以在风雷中遇合相并;胸中藏有数万甲兵文韬武略,难道能终老于草窗之下?胸中原本空洞无物,何止能容纳你数百人?

【注释】　①龙津一剑,尚作合于风雷:典出《晋书·张华传》。晋平吴之后,张华与雷焕见吴地剑气冲牛斗,遂掘旧狱基,得二宝剑分佩之。后张华被诛,失宝剑。雷焕死后,其子持其剑,过平津,剑从腰间跃出坠水,使人投水找剑,不得。只见两龙长数尺,光彩照水,波浪惊腾,于是失剑。

②胸中数万甲兵：典出《魏书·崔浩传》："世祖指浩以示之，曰：'汝曹视此人，尪纤懦弱，手不能弯弓持矛，其胸中所怀，乃逾于甲兵。'"比喻胸中富于韬略。　③此中空洞原无物，何止容卿数百人：语见《世说新语·排调》："王丞相枕周伯仁膝，指其腹曰：'卿此中何所有？'答曰：'此中空洞无物，然容卿辈数百人。'"

【评解】　此条前四句采自明·吴从先《小窗自纪》，后二句采自《世说新语》，却似乎找不出二者间的联系，疑为误植。

029　英雄未转之雄图，假糟邱为霸业①；风流不尽之余韵，托花谷为深山。

【译文】　英雄的雄图壮志未能实现，就沉湎于酒乡；风流才子的才智无法施展，就流连于声色花谷。

【注释】　①糟邱：酿酒所余的酒糟堆积如山，比喻沉湎于酒。

【评解】　壮志未酬，沉湎于酒乡，流连于声色，终是人生的辛酸无奈。

030　红润口脂，花蕊乍过微雨；翠匀眉黛，柳条徐拂轻风。

【译文】　鲜艳滋润的口红，仿佛刚刚经过细雨的花蕊；青翠均匀的眉黛，恰似那微风吹拂着的柳条。

【评解】　这是女子的柔媚娇美。在古人的心目中，"豪"只是对男子而言。

031　满腹有文难骂鬼，措身无地反忧天。

【译文】　满腹的文才却无法斥骂当道的恶人，自己无地容身却仍然心怀天下。

【评解】　此条采自唐寅《漫兴之五》："落魄迂疏自可怜，棋为日月酒为年。苏秦抖颊犹存舌，赵壹探事囊没钱。满腹有文难骂鬼，措身无地反忧天。多愁多感多伤寿，且酌深怀看月圆。"

　　明·吴从先《小窗自纪》："唐伯虎云：'满腹有文难骂鬼，措身无地反忧天。'英雄无己之怀，言言哽咽。昔谓悲歌可以当泣，此则读之堪泣不堪歌耳。"像这样毫无私己之心的英雄情怀，读来可谓饱含血泪。

032　大丈夫居世，生当封侯，死当庙食。不然，闲居可以养志，诗书足以自娱。

【译文】　大丈夫立身世间，生时应当封侯拜相，死后可让人们立庙供奉。做不到这样，也要闲居以颐养志趣，读诗书以自娱情志。

【评解】　此条采自《后汉书·梁竦传》。西汉时的中国乃少年中国，充满了强悍英锐之气，人人不甘平庸，人人想建功立业。朝气蓬勃而英雄辈出，豪情汹涌而一往无前。自汉武而后，专制独裁真正形成，张扬的个性便渐渐泯灭，"人"的时代结束,"奴才们"的时代便来了。

033 不恨我不见古人,惟恨古人不见我。

【译文】 不遗憾我不能见到古人,只遗憾古人不能见到我。

【评解】 此条采自《南史·张融传》。辛弃疾亦有词曰:"不恨古人吾不见,恨古人不见吾狂耳!"此等狂妄之气又岂是常人能有?

034 荣枯得丧,天意安排,浮云过太虚也;用舍行藏①,吾心镇定,砥柱在中流乎!

【译文】 荣枯得失,都是天意的安排,就如同浮云飘过天空;为世所用或不用,入世或出世,我的心中都镇定自若,仿佛中流的砥柱坚如盘石。

【注释】 ①用舍行藏:《论语·述而》:"用之则行,舍之则藏。"指被任用就行其道,不被任用就退隐。

【评解】 《庄子》说过:"举世誉之而不加劝,举世毁之而不加沮。"后来,清朝曾国藩有诗赠其弟曰:"左列钟铭右谤书,人间随处有乘除。低头一拜屠羊说,万事浮云过太虚。"你只要翻开《庄子》中那段有关屠羊说的故事一看(典出庄子的《让王篇》。屠羊说,本来是楚昭王时,市井中一个卖羊肉的屠夫,楚国亡,他跟随楚昭王逃难,后楚国复国,昭王三番五次请他出来做官,均婉拒),人生处世的态度,就应该有屠羊说的胸襟才对,所谓"万事浮云过太虚"。毁誉不惊,这是圣人境界、大丈夫气概。

035 曹曾积石为仓以藏书,名曹氏石仓。

【译文】 曹曾堆积石头建成仓库来藏书,称为曹氏石仓。

【评解】 据晋·王嘉《拾遗记》载,东汉人曹曾积书万卷,"及世乱,家家焚庐,曾虑其先文湮没,乃积石为仓以藏书,故谓曹氏石仓"。

036 丈夫须有远图,眼孔如轮,可怪处堂燕雀①;豪杰宁无壮志,风棱似铁,不忧当道豺狼②。

【译文】 大丈夫应该要有长远的打算,眼孔犹如车轮一般,对燕雀处于屋檐不知祸患将至感到奇怪;真豪杰怎能没有雄心壮志,铁骨铮铮,威风凛凛,不惧豺狼当道奸佞当权。

【注释】 ①处堂燕雀:《孔丛子·论势》:"燕雀处屋,子母相哺,煦煦焉其相乐也,自以为安矣,灶突炎上,栋宇将焚,燕雀颜色不变,不知祸之将及也。" ②当道豺狼:语见《汉书·孙宝传》:"豺狼横道,不宜复问狐狸。"比喻奸邪之人当权。

【评解】 既有壮志,又有远虑,则庶几无忧矣。

037 云长香火^①，千载遍于华夷；坡老姓名^②，至今口于妇孺。意气精神，不可磨灭。

【译文】 关公的香火，千百年来遍布华夷；东坡的姓名，至今口耳相传于妇孺之中。可见意气与精神，是不可磨灭的。

【注释】 ①云长：关羽，字云长，三国蜀汉名将。后世代有封谥，尊为武圣人、武财神、忠义神武关圣大帝，庙宇遍天下，香火甚盛。 ②坡老：北宋文人苏东坡。

【评解】 此条采自明·屠隆《娑罗馆清言》，惟末句作"意气精神，不可消灭如此"。

关羽和苏轼，一个武将，一个文臣，在中国历史上都是极富传奇色彩的大人物。关羽在民间被赋予忠义勇的人格特征，被尊奉为"关帝"。苏轼在诗文书画等多方面具备的杰出才华，也罕有比其肩者。林语堂说过："一提到苏东坡，中国人总是会心一笑。"因为苏东坡太"中国人"了。尤其是，中国的文人，都可以在自己的灵魂中找到苏东坡投射过来的影子。

038 据床嗒尔^①，听豪士之谈锋；把盏惺然，看酒人之醉态。

【译文】 坐在榻上聚精会神，倾听豪士的高谈阔论；把盏依然清醒，但看人各不同的酒醉之态。

【注释】 ①嗒（tà）尔：聚精会神的样子。

【评解】 此条采自明·屠隆《娑罗馆清言》，"惺然"作"醒然"

如果连续放映出酒人谈酒、沽酒、斟酒、品酒、敬酒、劝酒、斗酒、醉酒、醒酒等一幕幕画面，是极富观赏性的。无论定格在哪一幅上，耐心地加以琢磨或品评，都意味悠长。这些或许并非是酒文化的全部，但却是全豹之一斑。

039 登高远眺，吊古寻幽。广胸中之丘壑，游物外之文章。

【译文】 登高眺远，凭吊古迹，寻访幽境。胸中之丘壑自然宽广，物外之文章更加酣畅。

【评解】 文人笔下的丘壑，往往既不是客观存在的丘壑，也不是眼底看到的丘壑，而是"胸中丘壑"。"函绵邈于尺素，吐滂沛乎寸心"，也只有画出"胸中丘壑"，方见其意蕴境界。

040 雪霁清境，发于梦想。此间但有荒山大江，修竹古木。每饮村酒后，曳杖放脚，不知远近，亦旷然天真。

【译文】 雪后初晴，环境清雅，梦想油然而生。此间只有空旷的荒山，奔流的大江，修长的翠竹，苍天的古树。每次品饮过山村的佳酿之后，拄着竹杖信步而行，不管远近,也堪称旷然天真。

【评解】 此条采自宋·苏轼《与言上人》:"此间但有荒山大江,修竹古木,每饮村酒,醉后曳杖放脚,不知远近,亦旷然天真,与武林(杭州)旧游,未易议优劣也。"首二句与下文毫无关联,疑为误植。

苏轼虽然被贬于黄州,虽然也言及黄州等贬地的"僻陋多雨"、"穷陋"等,但远不及对它们的欣赏,他甚至认为贬所与杭州的山水难论优劣。此语虽然包含几分无奈,些许言不由衷,但他积极主动地欣赏这些山水,其游记在人与山水的亲和中审美,后人能从中体会出旷然天真的心境。

041 须眉之士在世,宁使乡里小儿怒骂,不当使乡里小儿见怜。

【译文】 男子汉大丈夫在世上,宁可使乡里小儿怒骂,也不能让乡里小儿可怜。

【评解】 此条采自明·张岱《快园道古》卷四"言语部":"吴燕礼曰:'须眉之士在世,宁使乡里小儿怒骂,不可使乡里小儿见怜。'"

042 胡宗宪读《汉书》①,至终军请缨事②,乃起拍案曰:"男儿双脚当从此处插入,其它皆狼藉耳!"

【译文】 胡宗宪读《汉书》,读到终军请缨之事时,便拍案而起,说道:"好男儿双脚应当从此处插入,其它都是胡扯!"

【注释】 ①胡宗宪:字汝贞,明朝绩溪人,嘉靖十七年进士,历知益都、余姚二县,擢升御史,巡按浙江。以平倭有功,官至太子太保。为人多权谋,尝依严嵩,嵩败下狱死。 ②终军请缨:终军字子云,西汉济州人,武帝时官谏议大夫,南越王反,终军请缨曰:"愿受长缨,必羁南越王而致之阙下。"既至,南越王举国内属。

【评解】 此条采自明·曹臣《舌华录》。

王勃在《滕王阁序》中便为自己不能如终军请缨做一番事业而叹惋:"三尺微命,一介书生。无路请缨,等终军之弱冠。"

043 宋海翁才高嗜酒①,睥睨当世,忽乘醉泛舟海上,仰天大笑曰:"吾七尺之躯,岂世间凡士所能贮? 合以大海葬之耳!"遂按波而入。

【译文】 宋海翁才华横溢,嗜酒如命,傲视当世。有一天,忽然乘着醉意泛舟于海上,仰天大笑说:"我这七尺之躯,哪里是尘世间凡俗的土地能够容纳得下的呢? 应当让一望无际的大海来埋葬它。"说罢就纵身跳入汹涌的波涛之中。

【注释】 ①宋海翁:宋登春字应元,号海翁、鹅池生,明新河(今属河北)人。性格多奇,里中呼为狂生。后游钱塘,跳入江而死。有《鹅池集》等。

【评解】 此条采自明·曹臣《舌华录》。

很是怀疑宋海翁原本不叫这个名字,是不是他死于海之后,后人称他为"海翁"?

044 王仲祖有好形仪①,每览镜自照,曰:"王文开那生宁馨儿②。"

【译文】 王仲祖生就一副漂亮容貌,每每对镜自照,说:"我父亲王文开怎么生了个这么漂亮的儿子!"

【注释】 ①王仲祖:王濛字仲祖,东晋人,官中书郎、司徒长史。 ②王文开:仲祖之父王讷。宁馨:如此,这样。晋宋时流行语。

【评解】 此条采自明·曹臣《舌华录》。最早见于晋·裴启《语林》。

王仲祖究竟美不美,倒在其次,重要的是他"自以形美"的心态,可不是一般人所具备的,这是一个时代的风流自视。

045 毛澄七岁善属对①,诸喜之者赠以金钱,归掷之曰:"吾犹薄苏秦斗大②,安事此邓通靡靡③!"

【译文】 毛澄七岁就善于对对子,那些喜欢他的人都赠给他金钱。毛澄回来后就随手扔下,说:"苏秦斗大的金印我犹且看不上,怎么会在意这区区几个铜钱呢?"

【注释】 ①毛澄:字宪清,号百斋,晚号三江,明朝昆山人。弘治元年状元,官至礼部尚书。有《毛文简公集》。 ②苏秦:战国时洛阳人,纵横家,说山东六国并力抗秦,为合纵长,配六国印。纵约失败,入燕,因争宠被杀。《世说新语·尤悔》记周侯语:"今年杀诸贼奴,当取金印如斗大,系肘后。" ③邓通:西汉南安人,因善濯船为黄头郎,尝为汉文帝吮痈而得宠,赐蜀铜山,得自铸钱。邓氏侈靡,邓氏之钱遂满天下。

【评解】 此条采自明·曹臣《舌华录》。

对金钱的轻视,一奇也;鄙视之而犹能做到"归掷",二奇也。

046 梁公实荐一士于李于麟①,士欲以谢梁,曰:"吾有长生术,不惜为公授。"梁曰:"吾名在天地间,只恐盛着不了,安用长生!"

【译文】 梁公实向李于麟推荐一个士子,这位士子想向他表示感谢,就说:"我有长生不老的法术,不惜传授给您。"梁公实说:"我的声名在天地间,只怕都盛装不下,哪里还用得着长生?"

【注释】 ①梁公实:梁有誉,字公实,明广东顺德人,嘉靖进士,官刑部主事,"后七子"之一。李于麟:李攀龙字于麟,号沧溟,明历城人,嘉靖进士,官河南按察使,"后七子"之一。

【评解】 此条采自明·曹臣《舌华录》。

回绝可谓大义凛然。只是不明白,梁公究竟是看中了这位士子的哪一点而向李公推荐呢?

047 吴正子穷居一室①,门环流水,跨木而渡,渡毕即抽之。人问故,笑曰:"土舟浅小,恐不胜富贵人来踏耳!"

【译文】 吴正子居住在一间简陋的屋子里,门外流水环绕,他便架起木板跨过去,过去后便抽掉木板,有人说其原因,他笑答:"这块土气小舟般的木板又窄又小,恐怕经不住富贵之人来践踏罢了。"

【注释】 ①吴正子:南宋人,为唐代李贺自编诗《李长吉歌诗》最早注家。

【评解】 此条采自明·曹臣《舌华录》。

有这样的情怀,实在也算得上李贺的异代知音了,难怪可以为李诗作注。陶渊明诗曰:"穷巷隔深辙,颇回故人车。"意谓居于僻巷,常使故人回车而去,也是一对异代知音。

048 吾有目有足,山川风月,吾所能到,我便是山川风月主人。

【译文】 我有目可观,有足可行,山川风月,都可以到,我便是这山川风月的主人。

【评解】 苏东坡也说过:"临皋亭下八十数步,便是大江,其半是峨嵋雪水,吾饮食沐浴皆取焉,何必归乡哉!江山风月,本无常主,闲者便是主人。"(《东坡志林·临皋闲题》)这是苏轼居湖北黄冈县南大江滨临皋亭时,有感于虽在湖北,而饮食沐浴之水都是由家乡峨嵋山下流过来的,仿佛自己回到了故乡,照样感受到生活的乐趣。

049 大丈夫当雄飞,安能雌伏?

【译文】 大丈夫应当奋发进取,怎么能不思进取无所作为呢?

【评解】 此条采自《后汉书·赵典传》:"兄弟(赵)温初为京兆郡丞,叹曰:'大丈夫当雄飞,安能雌伏?'遂弃官去。"

050 青莲登华山落雁峰,曰:"呼吸之气,想通帝座。恨不携谢朓惊人之句来,搔首问青天耳!"

【译文】 李白登上华山的落雁峰,说道:"呼吸的气息,想来可以直通天帝的宝座。遗憾的是没有带来谢朓的惊人诗句,只能搔首仰问青天了。"

【评解】 此条采自冯贽《云仙杂记》卷一:"李白登华山雁落峰,曰:'此山最高,呼吸之气想通天帝座矣。恨不携谢朓惊人诗来,搔首问青天耳!'"可参见卷十009条。

面对黄鹤楼的题诗,李白感叹:"眼前有景道不得,崔颢题诗在上头。"面对华山的险峻,李白遗憾不能写出谢朓那样的惊人诗句,"一生低首谢宣城",是他们提前将诗仙的心思想尽了,还是诗仙自觉也有才拙之时?

051 志欲枭逆虏,枕戈待旦,常恐祖生①,先我着鞭。

【译文】 立志要将叛逆枭首,枕着戈矛睡觉等待天亮,常常恐怕祖逖先我出马。

【注释】 ①祖生:祖逖,晋范阳人。晋室南迁,祖逖率部曲百余家渡江,"中流击楫而誓:'祖逖不能清中原而复济者,有如大江!'"元帝时为豫州刺史,自募军,收复黄河以南为晋土。其死,豫州士女如丧父母。

【评解】 此条采自《晋书·刘琨传》:"琨少负志气,有纵横之才,善交胜己,而颇浮夸。与范阳祖逖为友,闻逖被用,与亲故书曰:'吾枕戈待旦,志枭逆虏,常恐祖生先吾着鞭。'"

052 旨言不显,经济多托之工瞽刍荛①;高踪不落,英雄常混之渔樵耕牧。

【译文】 深刻的言论往往不事张扬,经邦济世之才大多托身于乐官柴夫;高逸的行踪不落入俗套,英雄豪杰常常混迹于渔樵耕牧之中。

【注释】 ①工瞽刍荛:普通百姓。工瞽:乐人,掌管音乐的官。刍:割草。荛:打柴。

【评解】 英雄常处于草莽,所以古代君王贤主便要不断地上演"三顾茅庐",往山林草莽中拜谒。明末清初大理学家孙奇逢说:"君子不独畏大人,而匹夫匹妇不敢忽;不独畏圣言,而刍荛工瞽皆可采! 皆所以畏此天命耳! 天命在日用常行中。成汤顾天之明命,亦只在此处顾。"(《夏峰集》)单单畏大人,而不把匹夫匹妇放到眼里,那是反天命的;单单畏圣言,而把刍荛工瞽的话当成耳旁风,也是反天命的。他说,天理、天命就在人们的日用常行中见。

053 高言成啸虎之风,豪举破涌山之浪。

【译文】 高妙之言可有啸虎之威,豪侠之举可破拍山之浪。

【评解】 其言其行有笔扫千军、剑雄万夫之气概。

054 立言者,未必即成千古之业,吾取其有千古之心;好客者,未必即尽四海之交,吾取其有四海之愿。

【译文】 著书立说的人,不一定就能成就千古不朽的伟业,我取其有着千古不朽的思想;热情好客的人,不一定就能结交五湖四海的朋友,我取其有着五湖四海的心愿。

【评解】 谋事在人,成事在天。有成事之心,也尽心努力过,便可以无憾于心。

055 管城子无食肉相①,世人皮相何为? 孔方兄有绝交书②,今日盟交安在?

【译文】 毛笔没有势利的庸俗相,对世人的皮相之论何必在乎? 铜钱有绝交的文章,今日的盟交又有何意义?

【注释】 ①管城子:毛笔的别称。食肉相:荣华富贵的面相。 ②孔方兄:铜钱的谑称。语出晋·鲁褒《钱神论》。

【评解】 宋朝大诗人黄庭坚因得罪朝廷被降职,亲友们渐渐与他疏远,他便写了《戏呈孔毅父》,诗中有此两句:"管城子无食肉相,孔方兄有绝交书。"意思是我被降职后,只有笔墨相随,只有笔墨无庸俗相,不像有些人都不愿和我来往;而钱,更与我绝交了。明代袁宏道《读〈钱神论〉》写得尤为深刻:"闲来偶读《钱神论》,始识人情今益古;古时孔方比阿兄,今日阿兄胜阿父。"视金钱胜过自己的生身父亲。

056 襟怀贵疏朗,不宜太逞豪华;文字要雄奇,不宜故求寂寞。

【译文】 胸襟贵在开阔明朗,不应当过于卖弄豪华;为文需要气势雄奇,不应当故意追求寂寞。

【评解】 曾国藩在致其弟书中,反复阐述与人相处宜疏疏落落,在不远不近、不冷不热之间。到了晚年,曾氏在欣赏刘墉的书法上悟到了一个新境界:"看刘文清公《清爱堂帖》,略得其冲淡自然之趣,方悟文人技艺佳境有二:曰雄奇,曰淡远。作文然,作诗然,作字亦然,若能含雄奇于淡远之中,尤为可贵。"

057 悬榻待贤士①,岂曰交情已乎;投辖留好宾②,不过酒兴而已。

【译文】 悬起坐榻等待贤士到来,难道说仅仅是交情而已?投车辖于井留住好宾,不过是为饮酒尽兴罢了。

【注释】 ①悬榻:典出《后汉书·徐稚传》:"(陈)蕃在郡,不接宾客,惟稚来,特设一榻,去则悬之。" ②投辖:典出《汉书·陈遵传》:"遵嗜酒,每大饮,宾客满堂,辄关门,取宾客车辖投井中,虽有急,终不得去。"辖,车厢两端的键,去之则车不能行。

【评解】 同为怪诞之举,而品格高下立见,一是对贤士的由衷敬仰,一则为满足己心之私。豪放非粗嚣狂肆、浮华潦草之人所能致。

058 才以气雄,品由心定。

【译文】 人的才华因气而称雄,人的品格由心来决定。

【评解】 品由心定,相由心生,所以要养心养气。

059 为文而欲一世之人好,吾悲其为文;为人而欲一世之人好,吾悲其为人。

【译文】 做文章而想一世之人都称好,我为其为文感到悲哀;做人而想让一世之人都称好,我为其为人感到悲哀。

【评解】 投一世之好而不得,悲者一;反失了心中本我,悲者二。

060 济笔海则为舟航,骋文囿则为羽翼。

【译文】 横渡文海,你是航行的舟船;驰骋文苑,你是飞翔的羽翼。

【评解】 此条采自唐·杨炯《卧读书架赋》:"因谓之曰:'尔有卷兮尔有舒,为道可以集虚;尔有方兮尔有直,为行可以立德。济笔海兮尔为舟航,骋文囿兮尔为羽翼,故吾不知夫不可,聊逍遥以宴息。'"此赋回忆了作者少年时喜爱在卧榻上读书架上各种藏书的情景,这段话是模拟对读书架所说的话。

061 胸中无三万卷书,眼中无天下奇山川,未必能文。纵能,亦无豪杰语耳。

【译文】 胸中如果没有熟读三万卷书,眼中如果没有遍观天下奇山异水,不一定能够写文章,即使能写文章,也不会有豪杰之语。

【评解】 此条采自明·张岱《夜航船》:"吴莱好游,尝东出齐鲁,北抵燕赵,每遇胜迹名山,必盘桓许久。尝语人曰:'胸中无三万卷书,眼中无天下奇山水,未必能文章;纵能,亦儿女语耳。'"

在古人看来,一个读书人倘若缺乏足够的"在路上"的生活经历,则连动笔写文章的资格都已丧失。

062 山厨失斧,断之以剑;客至无枕,解琴自供;盥盆溃散,磬为注洗;盖不暖足,覆之以蓑。

【译文】 山居的厨房丢失了斧头,就用剑来劈柴;客人来了,没有枕头,就解下琴囊供其安睡;洗漱的盆子坏了,就用石磬注水洗漱;被盖不够暖足,就盖上蓑衣。

【评解】 山居的生活虽然简陋,亦可以自得其乐。

063 孟宗少游学^①,其母制十二幅被,以招贤士共卧,庶得闻君子之言。

【译文】 孟宗少年时外出游学,他母亲为他缝制了十二幅大被子,以便招来贫穷的贤士同床共眠,希望能聆听到君子的良言。

【注释】 ①孟宗:字恭武,三国时江夏人。少从南阳李肃学,其母曾制厚褥大被,人问其故,母答曰:小儿无德致客,客多贫,故为广被,庶可气味相接矣。

【评解】 以最温暖人心的细节,求最大之利益,又一个孟母择邻的故事。

064 张烟雾于海际,耀光景于河渚;乘天梁而浩荡,叫帝阍而延伫。

【译文】 烟雾弥漫于海天之际,光影闪耀于河边沙洲;乘着银河浩荡而行于天穹,叫响天门而徘徊等待。

【评解】 此条采自南朝梁·江淹《丽色赋》。该赋借巫史之口夸说女性丽色之美,用以自况。何焯谓："文通之赋,自为绝作杰思。"当非过誉。此句用《离骚》文意,指上天入地追寻美女。

065 声誉可尽,江天不可尽;丹青可穷,山色不可穷。

【译文】 声誉可以穷尽,而江天不可穷尽;丹青可以穷尽,而山色不可穷尽。

【评解】 名声再盛,也不能永传千古;丹青再妙,也有调不出的微妙色彩。只有江天山色可以不朽。

066 闻秋空鹤唳,令人逸骨仙仙;看海上龙腾,觉我壮心勃勃。

【译文】 闻听秋空中声声鹤鸣,顿使人身逸骨轻,飘飘欲仙;看到海上波涛汹涌,顿觉精神振奋,雄心勃勃。

【评解】 秋空鹤唳,乍远乍近,或抑或扬,初微渐著,直令人飘飘欲仙;海上龙腾,神出鬼没,波翻浪涌,令人心旌摇动,雄心勃发。

067 明月在天,秋声在树,珠箔卷啸倚高楼;苍苔在地,春酒在壶,玉山颓醉眠芳草①。

【译文】 明月高挂天空,秋风吹响树枝,卷起珍珠帘箔,狂啸高歌倚于高楼之上;青苔铺满大地,春天的美酒盛满壶中,开怀畅饮如玉山般颓然而醉,醉眠于芳草丛中。

【注释】 ①玉山颓醉:《世说新语·容止》载山涛评嵇康语:"嵇叔夜之为人也,岩岩若孤松之独立;其醉也,傀俄若玉山之将崩。"

【评解】 高楼倚望,天清气爽,玉山自倒,醉眠芳草,分不清是酒醉人还是景色醉人。

068 胸中自是奇,乘风破浪,平吞万顷苍茫;脚底由来阔,历险穷幽,飞度千寻香霭。

【译文】 胸中自然清奇,乘风破浪,可以平吞万顷苍茫大地;脚底从来宽阔,历尽艰险,探尽幽境,可以飞度千里香雾烟霭。

【评解】 "暮色苍茫看劲松,乱云飞度仍从容。天生一个仙人洞,无限风光在险峰。"意境即与此颇为类似。

069 松风涧雨,九霄外声闻环佩,清我吟魂;海市蜃楼,万水中一幅画图,供吾醉眼。

【译文】 松风涧雨,仿佛九霄外传来环佩声响,诗心顿觉清爽;海市蜃楼,万水之中的一幅画图,让人大饱眼福。

【评解】　如此令人陶醉,已分不清是真景抑或幻梦。

070　每从白门归①,见江山逶迤,草木苍郁,人常言佳,我觉是别离人肠中一段酸楚气耳。

【译文】　每次从白门归来,但见江山连绵逶迤,草木葱郁茂盛,人们经常予以赞美,我却觉得这是离别的人们愁肠之中的一段酸楚之气罢了。

【注释】　①白门:南朝宋都城建康的西门,以西方属金,金色白,故称。

【评解】　则"我"亦千古伤心人也。

071　人每诮余腕中有鬼,余谓:鬼自无端入吾腕中,吾腕中未尝有鬼也。人每责余目中无人,余谓:人自不屑入吾目中,吾目中未尝无人也。

【译文】　人们每每奉承我,说我腕中有鬼神相助,下笔千言,我说:鬼神没有理由进入我的手腕之中,我的手腕中并不曾有什么鬼神。人们每每责怪我,说我目中无人,我说:别人自不屑于进入我的眼中,我的眼中并不曾没有他人。

【评解】　俏皮处令人失笑喷饭,不禁想起一句诗"盛开于你眼瞳之外的天空"。

072　天下无不虚之山,惟虚故高而易峻;天下无不实之水,惟实故流而不竭。

【译文】　天下没有不虚己纳物的山,只有虚,所以才高耸而挺拔;天下没有断续不实的水,只有实,所以才流动而不竭。

【评解】　谷以虚故应,鉴以虚故照,耳以虚故能听,目以虚故能视,鼻以虚故能嗅。有实其中,则有碍于此。山虚故能寸积铢累堆积高峻,水实方能泪泪不息流而不腐,万物各有其性,各具其妙。

073　放不出憎人面孔,落在酒杯;丢不下怜世心肠,寄之诗句。

【译文】　脸上从来不会显出憎人的面孔,只好落在酒杯之中;心中从来丢不下怜世的心肠,只好寄托在诗句之中。

【评解】　让酒来消释所有的愤懑忧愁,让诗来抒发怜世济时之衷肠。诗酒风流,千古文人的不变生活。

074　春到十千美酒①,为花洗妆②;夜来一片名香,与月熏魄。

【译文】　春天到了,携带美酒痛饮花下,为花儿洗妆;夜幕降临,燃一片名香,为明月熏魄。

【注释】　①十千美酒:谓每斗酒价钱十千文,言其名贵。王维《少年行》:"新丰美酒斗十千,咸阳游侠多少年。"　②为花洗妆:旧署唐·冯贽编《云仙杂记》:"洛阳梨花时,人多携酒其下,曰:

为梨花洗妆。"

【评解】　清·冒辟疆《影梅庵忆语》里记述了种种闺房乐趣,其中一件就是"闻香":"姬每与余静坐香阁,细品名香……非姬细心秀致,不能领略到此……我两人如在蕊珠众香深处。今人与香气俱散矣,安得返魂一粒,起于幽房局室中也!"令人悠然神往,"蕊珠众香深处"今人是无缘领会了。中国除了青铜文化,玉文化,食文化等等,也一定有过"香文化",如今全都"香消玉殒"了,着实令人叹惋。

075　忍到熟处则忧患消,淡到真时则天地赘。

【译文】　忍耐到了时机成熟时,忧患自然就消除了;淡泊到了真诚的时候,那么天地也觉多余。

【评解】　杜牧《题乌江亭》诗曰:"胜败兵家事不期,包羞忍耻是男儿。江东子弟多才俊,卷土重来未可知。"忍,就是不诉苦,是一种不示人以弱不求人怜恤的男儿精神,是一种化悲痛为力量跌倒后爬起来再干的倔强性格。

076　醺醺熟读《离骚》,孝伯处敢曰并皆名士①;碌碌常承色笑,阿奴辈果然尽是佳儿②。

【译文】　醉酒醺醺,熟读《离骚》,王孝伯处可以说都是名士;庸庸碌碌,常承欢笑,阿奴之辈果然尽是乖儿孙。

【注释】　①"醺醺"二句:《世说新语·任诞》:"王孝伯(恭)言:'名士不必须奇才,但使常得无事,痛饮酒,熟读《离骚》,便可称名士。'"　②"碌碌"二句:《世说新语·识鉴》:"周伯仁母冬至举酒赐三子曰:'吾本谓度江托足无所,尔家有相,尔等并罗列吾前,复何忧?'周嵩起,长跪而泣曰:'不如阿母言。伯仁为人志大而才短,名重而识暗,好乘人之弊,此非自全之道。嵩性狠抗,亦不容于世。唯阿奴碌碌,当在阿母目下耳!'"

【评解】　此条采自明·李鼎《偶谈》。
苏东坡有诗曰:"人皆生子望聪明,我被聪明误一生。惟愿孩儿愚且鲁,无灾无难到公卿。"看来还是做一个庸人好。不过,做父母的大概没有人真希望孩儿"愚且鲁",苏氏借以抒发的是自己的满腔激愤。

077　剑雄万敌,笔扫千军。

【译文】　一把剑称雄万敌,一支笔横扫千军。

【评解】　文至酣处,恰如宝剑出匣,凌厉刚猛,慷慨之气,唯我天下。

078　飞禽铩翮,犹爱惜乎羽毛;志士捐生,终不忘乎老骥。

【译文】　飞禽伤残了翅膀,犹且爱惜其羽毛;壮士牺牲了生命,始终不忘其老马。

【评解】　羽毛助飞禽翱翔,老马助壮士奋战,彼此的生命一起飞扬,惺惺相惜。

079 敢于世上放开眼,不向人间浪皱眉。

【译文】 敢于向世上放眼观望,决不无用地向人间皱眉。

【评解】 "放开眼"和"浪皱眉"就是对人生两面的选择。"放开眼",你就会乐观自信地舒展眉头,迎对一切;"浪皱眉",你就只能眉头紧锁,一辈子郁郁寡欢。

080 缥缈孤鸿,影来窗际,开户从之,明月入怀,花枝零乱,朗吟"枫落吴江"之句①,令人凄绝。

【译文】 缥缈高飞的孤鸿,影子掠过窗际,打开房门追随飞影,明月照入怀中,花影参差零乱,高声吟诵着唐朝诗人崔信明"枫落吴江冷"的诗句,令人感到异常凄绝。

【注释】 ①"枫落吴江":即唐人崔信明的诗句"枫落吴江冷"。载《全唐诗》卷38。崔信明的诗作流传下来的,只见于新旧《唐书》和《全唐诗》等所载的一首诗和一句诗。"枫落吴江冷"即为此名句。明吴从先评云:"千秋之赏,不过五字。"

【评解】 此条采白明·张大复《梅花草堂笔谈·孤鸿》。

"以实为虚,化景物为情思。"两岸枫叶凋落,江上冷烟渐起,自具萧索冷漠之气氛。

081 云破月窥花好处,夜深花睡月明中。

【译文】 冲破云彩,月光前来偷窥花儿的美丽;夜深时分,花儿在皎洁的月光下睡去。

【评解】 此条采自唐伯虎《花月吟》:"云破月窥花好处,夜深花睡月明中;人生几度花和月?月色花香处处同。"唐伯虎为人放浪不羁,有轻世傲物之志。做秀才时,曾效连珠体,作《花月吟》十余首,句句中有花有月,为人称颂。

082 三春花鸟犹堪赏,千古文章只自知。文章自是堪千古,花鸟三春只几时。

【译文】 春天的鸟语花香还值得欣赏,千古流传的文章只有自己知晓。可文章是可以流传千古的,春天的花香鸟语又能有几时?

【注释】 ①"千古"句:语出杜甫《偶题》诗:"文章千古事,得失寸心知。"

【评解】 此条前两句采自明·李贽《南池》诗:"济漯相将日暮时,此间乃有杜陵池。三春花鸟犹堪赏,千古文章只自知。"

083 士大夫胸中无三斗墨,何以运管城①? 然恐蕴酿宿陈,出之无光泽耳。

【译文】　文人士大夫胸中没有三斗墨水,用什么来运笔为文呢? 然而又恐怕酝酿过度,经宿难以成就,表达出来没有光泽文采。

【注释】　①管城:管城子,即毛笔。

【评解】　此条采自明·陆树声《清暑笔谈》:"士大夫胸中无三斗墨,何以运管城? 然恐蕴酿宿陈,出之无光泽耳。如书画家不善使墨,谓之墨痴。"

墨是文人才华的象征,故称"墨客"。一个人有学问,人们说他"肚子里有墨水",否则便是"胸无点墨",不善用墨谓之墨痴,笔画丰肥而无骨力谓之墨猪(晋·卫铄《笔阵图》:"善笔力者多骨,不善笔力者多肉。多骨微肉者,谓之筋书;多肉微骨者,谓之墨猪。")文人终究要以墨水的多寡论高低。

084　攫金于市者,见金而不见人①;剖身藏珠者,爱珠而忘自爱②。与夫决性命以饕富贵,纵嗜欲以损生者何异?

【译文】　在闹市之中抢劫金子的人,眼中只看见金子而看不见人;剖开身体藏匿珠宝的人,爱惜了珠宝却忘记了爱惜身体。这与那些拼上性命追求荣华富贵,放纵嗜欲而残害生灵的人又有什么区别呢?

【注释】　①"攫金"二句:《列子·说符》:"昔齐人有欲金者,清旦衣冠而之市,适鬻金者之所,因攫其金而去。吏捕得之,问曰:'人皆在焉,子攫人之金何?'对曰:'取金时,不见人,徒见金。'"　②剖身藏珠:《资治通鉴》唐太宗贞观元年:"上谓侍臣曰:'吾闻西域贾胡得美珠,剖身以藏之。'侍臣曰:'有之。'上曰:'人皆知彼之爱珠而不爱其身也。'"比喻为了爱情物品而自伤身体,轻重倒置。

【评解】　所谓财迷心窍,利令智昏,这便是佐证。如齐人攫金之患有金子迷之症者,人人以为荒唐,而现实中其实多少荒唐中人! 那些无视道德、舆论,千方百计攫他人之利为己有者;那些无视党纪、政纪,窃居官位受人贿赂者,不都是"不见人,徒见金"吗?

085　说不尽山水好景,但付沉吟;当不起世态炎凉,惟有闭户。

【译文】　说不尽的山水美景,只有托之于沉吟;禁不住的世态炎凉,只有闭紧门户。

【评解】　此条采自明·吴从先《小窗自纪》:"说不尽山水好景,但付沉吟;当不起世态炎凉;唯有哭泣。"将"哭泣"改为"闭户",少了一份长歌当哭,多了一份理智反省。

086　杀得人者,方能生人。有恩者,必然有怨。若使不阴不阳,随世披靡,肉菩萨出世①,于世何补? 此生何用?

【译文】　杀得了人的人,才能救得了人。对人有恩惠,也必然会与人有仇怨。倘若一个人不阴不阳,随波逐流,做一个好好先生,那对人间世道又有何益处? 此生又有何用处呢?

【注释】 ①肉菩萨:肉身菩萨。原意指以父母所生之身而至菩萨深位之人。此指随波逐流之人,犹俗语所称"好好先生"。

【评解】 此条采自明·吴从先《小窗自纪》。"引刀成一快,不负少年头",是轰轰烈烈的人生。

087 李太白云:"天生我才必有用,黄金散尽还复来。"杜少陵云:"一生性僻耽佳句,语不惊人死不休。"豪杰不可不解此语。

【译文】 李白说:"天生我才必有用,黄金散尽还复来。"杜甫说:"一生性僻耽佳句,语不惊人死不休。"英雄豪杰不可不理解这样的诗句。

【评解】 此条采自明·吴从先《小窗自纪》。

一为豪迈率真的自信,一为沉潜苦思的努力,英雄豪杰缺一不可。

088 天下固有父兄不能圉之豪杰,必无师友不可化之愚蒙。

【译文】 天下固然有父母兄弟不能约束教育的豪杰,但一定没有老师朋友不能教化开导的愚蒙之人。

【评解】 此条采自明·吴从先《小窗自纪》。

俗曰:没有教不会的学生,只有不会教的老师。

089 谐友于天伦之外,元章呼石为兄①;奔走于世途之中,庄生喻尘以马②。

【译文】 在天伦之外与朋友诙谐谈笑,米芾所以称呼石头为兄;在世途之中为名利奔走忙碌,庄子所以喻尘埃为野马。

【注释】 ①元章:米芾,字元章。其冠带拜石、呼石为兄之事,见《宋史》本传,已详卷八 034 条注。 ②喻尘以马:庄子《逍遥游》:"野马也,尘埃也,生物之以息相吹也。""野马",宋人沈括《梦溪笔谈·辩证》云:"野马乃田野间浮气耳。"

【评解】 此条采自明·吴从先《小窗自纪》。

只要心中有情,石头也可如兄如友。日日奔忙于世途功名,不过只是过眼烟云。

090 词人半肩行李,收拾秋水春云;深宫一世梳妆,恼乱晚花新柳。

【译文】 词人肩挎行李,逍遥自在,收拾尽秋水春云;一生深居宫中,梳妆度日,徒自烦恼于花残柳绿。

【评解】 此条采自明·吴从先《小窗自纪》。

词人与宫女,大抵都是对自然景物之变化最为敏感者。

091 得意不必人知,兴来书自圣^①;纵口何关世议,醉后语犹颠^②。

【译文】 意兴来时不必他人知晓,只管泼墨挥毫,书法自可称圣;信口开河哪里管它什么世俗非议,酒醉之后依然出语癫狂。

【注释】 ①"兴来"句:张旭精楷书,尤善草书,逸势奇状,连绵回绕,自创新风,人称"草圣"。杜甫《饮中八仙歌》中,就有"张旭三杯草圣传"的诗句。 ②"醉后"句:《新唐书·文艺传》:张旭"嗜酒,每大醉呼叫狂走乃下笔,或以头濡墨而书,既醒自视以为神,不可复得也,世呼'张颠'"。

【评解】 此条采自明·吴从先《小窗自纪》。

唐·高适《醉后赠张九旭》诗曰:"世上谩相识,此翁殊不然。兴来书自圣,醉后语尤颠。白发老闲事,青云在目前。床头一壶酒,能更几回眠?"此条语句、内容即采自此诗。既是对"草圣"、"张颠"书法性格的由衷赞美,同时表达了艺术重在性灵的自然流露。

092 英雄尚不肯以一身受天公之颠倒,吾辈奈何以一身受世人之提掇?是堪指发,未可低眉。

【译文】 英雄尚且不肯以一身清名接受天公的颠倒黑白,我辈为何要以一己声名接受世人的指责呢?因此,可以怒发冲冠,不可低眉屈节。

【评解】 诗人李白说得更直白:"安能摧眉折腰事权贵,使我不得开心颜。"

093 能为世必不可少之人,能为人必不可及之事,则庶几此生不虚。

【译文】 能够做世上必不可少的人,能够做他人必不可及的事情,那么此生大概就没有虚度了。

【评解】 清·王永彬《围炉夜话》中亦云:"但作里中不可少之人,便为于世有济。必使身后有可传之事,方为此生不虚。"追求的是儒家三不朽,立德、立言、立功。于绝大多数人而言,凡事能尽心尽力便可谓之"不虚"也。

094 儿女情,英雄气,并行不悖;或柔肠,或侠骨,总是吾徒。

【译文】 儿女私情,英雄气概,可以同时拥有而不悖逆;柔肠百结,侠骨铮铮,都可以是我的门徒。

【评解】 鲁迅《答客诮》诗云:"无情未必真豪杰,怜子如何不丈夫。"侠骨而柔肠,人中之龙也。

095 上马横槊,下马作赋,自是英雄本色;熟读《离骚》,痛饮浊酒,果然名士风流。

【译文】 上马可横槊,下马能赋诗,自然是英雄本色;熟读《离骚》,痛饮浊酒,果然是名士风流。

【注释】 ①"上马"三句:《南齐书·垣荣祖传》:"若曹操、曹丕上马横槊,下马谈论,此于天下可不负饮食矣。"唐·元稹《唐故检校工部员外郎杜君墓系铭》:"曹氏父子鞍马间为文,往往横槊赋诗。"宋·苏轼《前赤壁赋》:"酾酒临江,横槊赋诗,固一世之雄也。"所以一说到"横槊赋诗",人们便自然会想到曹操。 ②"熟读"三句:《世说新语·任诞》:"王孝伯(恭)言:'名士不必须奇才,但使常得无事,痛饮酒,熟读《离骚》,便可称名士。'"

【评解】 "惟大英雄能本色,是真名士自风流。""英雄本色"是一种处事气概,"名士风流"是一种逍遥心境。为人处事,当如大丈夫光明磊落;对待生活,则不妨学名士般逍遥优雅。

096 诗狂空古今,酒狂空天地。

【译文】 诗人狂放,目空古今;醉酒狂傲,目空天地。

【评解】 如阮籍般的"酒狂",以似醉的清醒苦守节操,抱着已是无望的志向,苦苦不肯向世俗低头。

097 处世当于热地思冷,出世当于冷地求热。

【译文】 身处尘世,应当于热闹的名利场中冷静反思,洁身自好;隐逸世外,应当于冷寂之中保持热心肠。

【评解】 参见卷一 122 条:"能于热地思冷,则一世不受凄凉;能于淡处求浓,则终身不落枯槁。"

098 我辈腹中之气,亦不可少,要不必用耳;若蜜口,真妇人事哉。

【译文】 我辈腹中的豪气,亦不可缺少,关键是不要轻易动用罢了;至若口蜜腹剑,真是妇人所为之事。

【评解】 若英雄辈,自有一般豪气在心头,何至于搬弄口蜜腹剑之伎俩。

099 办大事者,匪独以意气胜,盖亦其智略绝也。故负气雄行,力足以折公侯;出奇制算,事足以骇耳目。如此人者,俱千古矣。嗟嗟!今世徒虚语耳。

【译文】 成就大事业的人,不仅仅是凭着意气取胜,大概也由于其智慧谋略高人一等。所以凭着意气勇往直前,力量足以征服公侯贵族;出奇制胜,算无遗策,行事足以骇人耳目。像这样的英雄豪杰,都已经一去不复返了。唉!当今世间则徒有虚语而已。

【评解】 "世无英雄,使竖子成名",成为千古而下怀才不遇者永远的感慨。然而,一代有一代的英雄,一代总比一代强,这也是毫无疑问的。

100 说剑谈兵,今生恨少封侯骨;登高对酒,此日休吟烈士歌。

【译文】 说剑谈兵,今生今世却遗憾没有封侯的骨相;登高对酒,此时此刻不要再吟诵豪杰之歌。

【注释】 ①少封侯骨:典出《史记·李将军列传》:"广尝与望气王朔燕语,曰:'自汉击匈奴,而广未尝不在其中,而诸部校尉以下,才能不及中人,然以击胡军功取侯者数十人,而广不为后人,然无尺寸之功以得封邑者,何也? 岂吾相不尝侯邪? 且固命也?'"

【评解】 宋·吴英父《思刘改之》诗曰:"生来不带封侯骨,老去徒深活国谋。"令人体味到的是满腹的幽怨、不得志。

101 身许为知己死,一剑夷门①,到今侠骨香仍古;腰不为督邮折,五斗彭泽②,从古高风清至今。

【译文】 此身许诺为知己而死,侯生一剑自刎,血洒夷门,至今侠骨之香依然如故;不为五斗米向督邮折腰,陶渊明的高风亮节,从古流传至今。

【注释】 ①夷门:指夷门侯嬴,即侯生,战国时魏国隐士,年七十尚为大梁夷门(魏国都东门)守门小吏,信陵君迎为上宾。后秦国围赵,侯生献计解赵国之危。危解而信守与信陵君诺,自刎。 ②五斗彭泽:彭泽令陶渊明。指陶渊明为彭泽令时,不愿"为五斗米折腰"弃官而去。

【评解】 重然诺,轻钱财,侯嬴之义气侠骨,陶渊明之清高气节,代代相传到如今,又还剩得几许?

102 剑击秋风,四壁如闻鬼啸;琴弹夜月,空山引动猿号。

【译文】 秋风中舞剑,四壁如同闻听鬼神呼啸;夜月下弹琴,空山仿佛引动猿猴哀号。

【评解】 此条采自元·张可久《红绣鞋·次韵》:"剑击西风鬼啸,琴弹夜月猿号,半醉渊明可人招。南来山隐隐,东去浪淘淘,浙江归路杳。"

满腹苍茫悲凄之意绪,又何人可知,何人可解?

103 壮士愤懑难消,高人情深一往。

【译文】 壮士遇到不平之事胸中愤懑难消;高人对人和事物则怀着一往情深。

【评解】 愤懑难消空自悲,一往情深或许山高水长。

104 先达笑弹冠①,休向侯门轻曳裾;相知犹按剑,莫从世路暗投珠②。

【译文】 一旦先发迹便笑侮后来弹冠出仕的人,所以千万不要轻易向王侯权贵之门奔走谋食;即使相知的朋友关键的时候还都按剑相眄,反目成仇,所以千万不要在世路上明珠暗投。

【注释】 ①先达笑弹冠：与下文"相知犹按剑"同出自唐·王维《酌酒与裴迪》诗："酌酒与君君自宽，人情翻覆似波澜。白首相知犹按剑，朱门先达笑弹冠。草色全经细雨湿，花枝欲动春风寒。世事浮云何足问，不如高卧且加餐。"弹冠：典出《汉书·王吉传》载，西汉王吉（字子阳）和贡禹很要好，王吉在位，贡禹就准备出去做官。世称"王阳在位，贡公弹冠"。援手荐引乃同契之义，此处则反用其意，一旦"先达"即笑侮后来弹冠出仕者。 ②"相知"二句：典出《史记·鲁仲连邹阳列传》："臣闻明月之珠，夜光之璧，以暗投入于道路，人无不按剑相眄者，何则？无因而至前也。"按剑：以手抚剑，预备击剑之势，显露杀机。

【评解】 此条采自明·洪应明《菜根谭》。

金圣叹曾评点王维《酌酒与裴迪》诗"自是千古至今绝妙地狱变相"，写尽反目成仇，世态炎凉。这里将讽刺改为劝谕，劝谕人们不要自取其辱，明珠暗投。

卷十一　法

　　自方袍幅巾之态①,遍满天下,而超脱颖绝之士,遂以同污合流矫之,而世道不古矣。夫迂腐者,既泥于法,而超脱者,又越于法,然则士君子亦不偏不倚,期无所泥越则已矣,何必方袍幅巾,作此迂态耶? 集法第十一。

【译文】　自从方袍幅巾的道学先生打扮遍满天下,而那些超凡脱俗、聪颖过人的士人,于是就以同流合污来加以矫正,而世道日渐衰微、人心已经不古了。那些迂腐的人,拘泥于礼法,而那些超脱的人,又逾越于礼法,既然这样,那么真正的士君子只要做到不偏不倚,期望无所拘泥、无所逾越也就可以了,为何一定要方袍幅巾打扮,作出这样的迂腐丑态呢? 于是编纂了第十一卷"法"。

【注释】　①方袍:本指僧袍;幅巾:古代男子用整幅的绢做成的束发方巾。宋明以来道学先生的打扮。

【评解】　法度是社会秩序的保证。明代之世,承续的法度便是宋代程朱理学的"方袍幅巾",泥于此,而致整个社会死气沉沉。乃有李贽等颖绝之士,奋起矫之,却又彻底违反了法度,有过正之嫌。法之度,亦可谓难矣。于今之时,拘泥之迂也处处可见。饮食是否适量,不以饱腹为度,而以量度杯的刻度为准;睡眠是否足够,不是以睡眠质量论,而是以钟表的刻度为准;穿戴是否得体,不是以时节的冷暖感受为度,而是以温度计的刻度为准……标准在细化,感觉却日益钝化。

001　世无乏才之世,以通天达地之精神,而辅之以拔十得五之法眼①。

【译文】　世上从来没有缺乏人才的时代,只要能以通彻天地的精神,再辅之以拔十得五的法眼,大概就可以了。

【注释】　①拔十得五:指选拔人才的方法。

【评解】　此条采自明·张燧《千百年眼》卷十二《天生人才为世用》:"我朝土木之变,则生于忠愍;宁藩之变,则生于文成。有是病,才有是药;有是乱,才有是人才。世无乏才之世,以通天达地之精神,而辅之以拔十得五之法眼,其庶几乎!"张燧,字和仲,湖南零陵县人。生于明万历初期,卒于清初康熙年间。《千百年眼》是张燧前期写的作品,这是一部以历代史事为研究对象,亦考亦论的史著。

002 一心可以交万友,二心不可以交一友。

【译文】 一心一意,可以结交成千上万的朋友;三心二意,一个朋友也结交不成。

【评解】 待友之道,惟诚而已。正如西方谚语所云:"真正的朋友是一个灵魂分居在两个躯体。"

003 凡事,留不尽之意则机圆;凡物,留不尽之意则用裕;凡情,留不尽之意则味深;凡言,留不尽之意则致远;凡兴,留不尽之意则趣多;凡才,留不尽之意则神满。

【译文】 大凡做事,留有不尽之意,就会机巧圆满;大凡物用,留有不尽之意,就会用度宽裕;大凡情感,留有不尽之意,就会回味深长;大凡言语,留有不尽之意,就会情致深远;大凡兴致,留有不尽之意,就会趣味无穷;大凡才智,留有不尽之意,就会精神饱满。

【评解】 凡事不走极端,多为别人和自己留一分空间,适可而止,便有腾挪之空间。智者深谙"持虚"的妙处。于艺术犹然,宋代梅尧臣评诗要"状难写之景如在目前,含不尽之意见于言外",前者是技巧,后者是境界。技巧差而意境远,还能超于象外,得其环中;意境差而技巧熟,则只是浮面的描写、匠气的表现。

004 有世法,有世缘,有世情。缘非情,则易断;情非法,则易流。

【译文】 有世俗的法则,有世事因缘,有世态人情。因缘不符合世态人情,就容易断绝;世态人情不符合世俗法则,就容易流于放纵。

【评解】 有法,有缘,有感情。缘分离开了感情不会长久,感情缺少了法则便会失控。处世之道,就是妥当地处理好法、缘、情三者之关系。

005 世多理所难必之事,莫执宋人道学;世多情所难通之事,莫说晋人风流。

【译文】 世上有很多按照道理却难以做到的事情,所以不要偏执于宋人理学规范;世上有很多按照性情难以行得通的事情,所以不要效法晋人的狂放不羁。

【评解】 吴从先《小窗自纪》中说得更明确:"以晋人之风流,维以宋人之道学,人品才情,总合世格。"晋人风流的本质是追求艺术化的人生,而宋人道学乃指宋代朱熹、二程提倡的性理之学,主张人必须心存诚敬,行为合乎礼制规范。只有将晋人的狂放和宋人的克制结合起来,相辅相成,方为美好之生活方式。

006 与其以衣冠误国,不若以布衣关世;与其以林下而矜冠裳,不若以廊庙而标泉石。

【译文】 与其身居官位而清谈误国,不如以布衣的身份关怀世事;与其处山林而夸耀身份功名,不若身居廊庙而标举泉石之志。

【评解】　标举泉石之志,又不清谈误国,这是东晋谢安式的风流宰相;以布衣关世而非矜赏山林,可知"终南捷径"之为人不齿。

007　眼界愈大,心肠愈小;地位愈高,举止愈卑。

【译文】　眼界越大,考虑问题越要细致;地位越高,举止言谈越要平和卑下。

【评解】　志大切忌才疏,位高越要谦卑。西谚曰:"教养胜过本性。"关键是要有一种对人生自我的颖悟和超越。

008　少年人要心忙,忙则摄浮气;老年人要心闲,闲则乐余年。

【译文】　少年人心中要忙,心忙就可以收摄浮躁之气;老年人心中要闲,心闲就可以乐享晚年。

【评解】　年轻人应该干一番事业,所以要心忙,要多想事,多做事,这样能去掉身上的浮躁之气,把心沉下来,踏踏实实地做事;而老年人调养身心的关键是心闲,切忌浮躁,使老有所安。

009　晋人清谈,宋人理学,以晋人遣俗,以宋人禔躬①,合之双美,分之两伤也。

【译文】　晋人喜欢清谈,宋人崇尚理学,用晋人的清谈排遣世俗,用宋人的理学安身立命,二者兼而合之则双美,分而散之则两伤。

【注释】　①禔(tí)躬:安身。

【评解】　"以晋人之风流,维以宋人之道学,人品才情,总合世格。"两者相互补充,才能保持动态的平衡,达致双美。参见卷十一005条。

010　莫行心上过不去事,莫存事上行不去心。

【译文】　不要做内心过意不去的事情,不要存事理上行不通的想法。

【评解】　《太上感应篇》中记载了一个故事:山东人邓善心开酒米店,虽是普通平民,但一生忠厚正直,从不欺人,也不自欺,大家都尊称他为长者。他曾经告诉子弟说:"我没读过诗书,不知圣贤的道理,但幼年时,曾看过格言,其中有'不可存事上行不去的心,不可行心上过不去的事',我就奉持这两句话,时时警戒,因此能不犯罪过。"但同时有位姓冯的人,也开酒米店,听人讲《三国演义》,谈到曹操的作风是:"宁可我负天下人,不可天下人负我。"冯听了欣然大喜说:"为人处世正应当这样。"于是逢人就宣扬这两句话。有一天,冯睡熟被小鬼带到阴司,见一衙门,东西两廊挂有榜文,东边榜上写着"行善之报"首列邓善心,下面注有"不存事上行不去的心,不行心上过不去的事,子孙显贵"。西边榜上写着"作恶之报"首列冯名,下面注有"宁可我负天下人,不可天下人负我,子孙绝灭"。一会儿,冥官升座,冯辩白说:"我和邓善心以相同的职业谋生,彼此都是口头说说,何以报应如此悬殊?"冥官说:"他不存事上行不去的心,这正符合'是佛则进',不行心上过不去的事,正符合'非佛则退',怎不获得子孙昌盛呢?你则完全相反,便是大自私的恶人,怎不遭受恶报呢?"

011 忙处事为,常向闲中先检点;动时念想,预从静里密操持。

【译文】 忙乱中的处事,要常常于闲暇时清点整理;行动时的想法,要预先在安静时缜密安排。

【评解】 此条采自明·洪应明《菜根谭》:"忙处事为,常向闲中先检点,过举自稀;动时念想,预从静里密操持,非心自息。"

"闲"中的检点,"静"时的操持,可以减少错误和过失,使不正确的念想慢慢平息,这就是心灵的体操。

012 青天白日处节义,自暗室屋漏处培来①;旋转乾坤的经纶,自临深履薄处操出②。

【译文】 青天白日中表现的节操义气,是从身处暗室屋漏而恒存畏惧之心培养出来的;旋转乾坤经天纬地的宏伟策略,是从如临深渊,如履薄冰而怵惕不安中磨炼出来的。

【注释】 ①暗室屋漏:形容处无人之地,恒存畏惧之心。屋漏,房子的西北角,日光从天窗照射入室,称屋漏。 ②临深履薄:形容危惕不安。《诗经·小雅·小旻》:"人知其一,莫知其它。战战兢兢,如临深渊,如履薄冰。"

【评解】 此条采自明·洪应明《菜根谭》:"青天白日的节义,自暗室屋漏中培来;旋干转坤的经纶,从临深履薄中操出。"

贫寒,是一种磨炼。经历过艰辛困苦,才能够积累经验,锻炼心智。

013 以积货财之心积学问,以求功名之念求道德,以爱子女之心爱父母,以保爵位之策保国家。

【译文】 以积累货财之心积累学问,以追求功名之念追求道德,以关爱子女之心敬爱父母,以保全爵位之策保全国家。

【评解】 此条采自明·洪应明《菜根谭》:"以积货财之心积学问,以求功名之念求道德,以爱妻子之心爱父母,以保爵位之策保国家,出此入彼,念虑只差毫末,而超凡入圣,人品且判星渊矣。人胡猛然转念哉!"

最重要的是要有责任心,如果把所有的事情都视作与自己性命、利益攸关的事情,那就没有什么是做不成的。

014 才智英敏者,宜以学问摄其躁;气节激昂者,当以德性融其偏。

【评解】 同见卷三031条。

015 何以下达,惟有饰非;何以上达,无如改过。

【译文】 小人如何向下求得通达,只有掩饰过错;君子如何向上求得通达,无如改正过失。

【评解】 《论语·宪问》:"君子上达,小人下达。"君子何以能成就大事? 因为他能不断地改正自己的过错;小人何以也能"成功"小事呢? 因为他不断地掩饰自己的过错,善于做表面文章。

016 一点不忍的念头,是生民生物之根芽;一段不为的气象,是撑天撑地之柱石。

【译文】 一点不忍之心的念头,是使万民得到教化、万物得到生长的根芽;一段清净无为的气象,是顶天立地、经邦济世的柱石。

【评解】 此条采自明·洪应明《菜根谭》:"一点不忍的念头,是生民生物之根芽;一段不为的气节,是撑天撑地之柱石。故君子于一虫一蚁不忍伤残,一缕一丝勿容贪冒,便可为万物立命、天地立心矣。"

仁民爱物,是儒家文化的核心;独立的气节,是"做人"德性的重要内容。不忍之慈心、不为之清心,是为做人德性的本质要求。

017 君子对青天而惧,闻雷霆而不惊;履平地而恐,涉风波而不疑。

【译文】 君子面对青天心存畏惧,所以闻听雷霆之声而不惊恐;践履平地而心存忧患,所以遇到风波而不疑惑。

【评解】 此条采自明·高濂《遵生八笺·清修妙论笺》:"君子对青天而惧,闻雷霆而不惊;履平地而恐,涉风波而不惧。以责人之心责己则寡过,以恕己之心恕人则全交。"

这里反映的是君子的做人原则。只要日常生活当中不做亏心事,心地永远清净光明,就可以做到心安理得。孔子说:"内省不疚,夫何忧何惧?"只要问心无愧,还担忧、惧怕什么呢? 不过,君子所不担忧、不惧怕的是自己的名利安危,却又为天下而担忧、惧怕,担忧自己是否尽到了该尽的责任和义务,惧怕自己的言行是否会给天下带来危害。

018 不可乘喜而轻诺,不可因醉而生嗔,不可乘快而多事,不可因倦而鲜终。

【译文】 不能因为一时高兴就轻易许诺,不能借着酒醉而心生怒气,不能贪图一时痛快而滋生事端,不能因为疲倦而有始无终。

【评解】　此条采自明·洪应明《菜根谭》。

　　《诗经》曰:"靡不有初,鲜克有终。"皆在告诫世人,切勿乘快做事,而半途生厌中止。凡事应有节度,且有始有终。"三思而后行"便是要人多加考虑,以免半途厌倦而不能贯彻始终。

019　意防虑如拨,口防言如遏,身防染如夺,行防过如割。

【译文】　意念防止乱想如同拨动山脉一样,口头防止乱说如同阻遏流水一样,身体防止污染如同夺命一样,行为防止过错如同割肉一样。

【评解】　意易乱,口易祸,身易染,行易过,故需以拨山、遏流、夺命、割肉之非凡魄力,或可去之。可见,战胜自我何其艰难!

020　白沙在泥,与之俱黑,渐染之习久矣;他山之石,可以攻玉,切磋之力大焉。

【译文】　白沙混于泥淖之中,和泥巴一起变黑,这是因为逐渐浸染为时过久的缘故;他山之石,可以用来雕琢美玉石,可见切磋琢磨的威力实在是大呀。

【评解】　陶渊明诗曰:"奇文共欣赏,疑义相与析。"前者是渐染,后来是切磋。清·戴望《颜氏学记》:每夜默祷上帝并前圣之灵,惠我一友,渐染切磋,以左右末路,得无大谬戾,以终区区求道本志,是所望也。"

021　后生辈胸中落"意气"两字,有以趣胜者,有以味胜者。然宁饶于味,而无饶于趣。

【评解】　此条文义多有不通,疑为误植。首句出自陈继儒《安得长者言》:"后生辈胸中落'意气'两字,则交游定不得力;落'骚雅'二字,则读书定不深心。"(参见本书卷十一071条)后数句出自陈继儒《安得长者言》:"人之交友,不出趣味两字。有以趣胜者,有以味胜者,有趣味俱乏者,有趣味俱全者,然宁饶于味,而无宁饶于趣。"(参见本书卷五125条)

022　芳树不用买,韶光贫可支。

【译文】　芬芳的花草树木,不用购买即可随处拥有;美好的青春韶华,即使贫穷也可随时享用。

【评解】　芳树、韶光之美好,不因贫富贵贱而有差异,差异只在于内心是否愿意拥有。那个著名的故事说,富翁劝海滩上晒太阳的乞丐出去找工作挣钱,乞丐问富翁挣钱干什么,富翁告诉乞丐,挣了钱就可以拥有一切,就可以像他一样到海滩上晒太阳。乞丐回答说,我这不是正在海滩上晒太阳吗?

023 寡思虑以养神,剪欲色以养精,靖言语以养气。

【译文】 少思虑以养精神,除情欲以养精力,静言语以养精气。

【评解】 神贵凝而恶乱,思贵敛而恶散,凝神敛思是保持内心清静的良方。反之,正如孙思邈在《千金要方·道林养性》里所云:"多思则神殆,多念则志散,多欲则志昏,多事则形劳。"

024 立身高一步方超达,处世退一步方安乐。

【译文】 安身立命高人一步才能超凡脱俗,为人处世退让一步才得平安快乐。

【评解】 此条采自明·洪应明《菜根谭》:"立身不高一步立,如尘里振衣、泥中濯足,如何超达?处世不退一步处,如飞蛾投烛、羝羊触藩,如何安乐?"

子曰:"己欲立而立人,己欲达而达人。"站得高方能看得远,不立身高处,就如同在飞扬的尘土中拍打衣服,在泥水中洗脚一样,怎么能做到超凡脱俗呢?处世遇事不能退一步想,就像飞蛾扑火,如何求得安乐的生活呢?

025 士君子贫不能济物者,遇人痴迷处,出一言提醒之,遇人急难处,出一言解救之,亦是无量功德。

【评解】 同见卷四 151 条。

026 救既败之事者,如驭临崖之马,休轻策一鞭;图垂成之功者,如挽上滩之舟,莫少停一棹。

【译文】 挽救已成败局的事情,就像驾驭一匹面临悬崖的骏马,千万不能轻易地加上一鞭;谋取即将成功的胜利,如同划着一只逆流而上的小船,千万不能稍停一桨。

【评解】 此条采自明·洪应明《菜根谭》。

凡事须区别不同情况而分别对待。形势急难之时不可有丝毫急躁,大功将成之日不可有稍微懈怠。

027 是非邪正之交,少迁就则失从违之正①;利害得失之会,太分明则起趋避之私。

【译文】 是非邪正纠合在一起的时候,稍微迁就就会失去正确的选择;利害得失聚集在一起的时候,过于计较分明就会滑入个人私利之中。

【注释】 ①从违之正:遵从或违反的原则。

【评解】 此条采自明·洪应明《菜根谭》:"当是非邪正之交,不可少迁就,少迁就则失从违之正;值利害得失之会,不可太分明,太分明则起趋避之私。"

告诫人们在原则问题上不可有稍微迁就纵容,在个人名利得失上切不可锱铢必较。

028 事系幽隐,要思回护他,着不得一点攻讦的念头^①;人属寒微,要思矜礼他,着不得一毫傲睨的气象。

【译文】 属于人家的隐私,要想着如何加以回护,不能有一点攻击揭发的念头;对于出身贫寒低微的人,要想着如何加以礼遇,不能有一丝傲慢轻视的态度。

【注释】 ①攻讦(jié):攻击或揭发他人的短处。

【评解】 重要的就是有体贴之心,有恻隐同情之心,能时时处处站在他人的角度上想问题。

029 毋以小嫌而疏至戚,勿以新怨而忘旧恩。

【译文】 不要因为小的嫌隙而疏远至亲的亲戚,不要因为新的怨恨而忘记昔日的恩惠。

【评解】 学会宽容,懂得珍惜自己拥有的缘分与情谊。

030 礼义廉耻,可以律己,不可以绳人。律己则寡过,绳人则寡合。

【译文】 礼义廉耻,可以用来要求自己,不可用来要求别人。要求自己则能少犯过失,要求别人则难以与人和睦相处。

【评解】 所以君子责己,小人责人。

031 凡事韬晦,不独益己,抑且益人;凡事表暴,不独损人,抑且损己。

【译文】 凡事韬光养晦,不但对自己有益处,而且对别人也有益处;凡事张狂外露,不但对别人有损害,而且对自己也有损害。

【评解】 目标的实现既要有利于自己,也要能使他人从中获益,这也算与现代社会"双赢"法则暗合了。

032 觉人之诈,不形于言;受人之侮,不动于色。此中有无穷意味,亦有无穷受用。

【译文】 觉察出他人的欺诈而不说出来,遭受到他人的欺侮而不动声色,这中间不仅意味无穷,而且将会受用无穷。

【评解】 大量能容,不动声色,就是当你遇到欺骗或羞辱的时候,能够忍辱负重,明哲保身。我们还有无数类似的格言:出头的椽子先烂,退一步海阔天空,爱叫的狗不咬人。这些,也并不意味着消极地对待人生和缺乏上进心,而可以视为中国人在表现与隐蔽之间找到最佳平衡点的一种生活智慧。

033　爵位不宜太盛,太盛则危;能事不宜尽毕,尽毕则衰。

【译文】　官爵不可以太高,否则就会危险;事情不可以做到完美,否则就会衰败。

【评解】　孙叔敖为楚相时,狐丘地区一老人对他说:"你位高,会遭大夫的妒嫉;你权重,会招君王的嫌疑;你禄多,会使百姓生怨。"孙叔敖笑曰:"我位高,更加谦逊;我权重,更加谨慎;我禄多,广施于人。这样是不是可以呢?"事实证明,孙叔敖的修德之举化解了可能遭遇的种种危机,得以安享天年。近世的曾国藩也深明此盈亏消息之理。他认为,正因为世人都有这样那样的缺陷,也正因为世人都追求圆满完美,从而难免存在怨愤之心、忌妒之心。若看到身边有人什么都得到的话,便会认为天道不公平,怨愤、忌妒便会向他发泄。故而,他有意"求阙"。这种"求阙"的观念一直支配着曾氏的后半生,他在面对诸如名利地位财物这些世人渴求的东西时,常会以"求阙"的态度来处置。

034　遇故旧之交,意气要愈新;处隐微之事,心迹宜愈显;待衰朽之人,恩礼要愈隆。

【译文】　遇到多年不见的老朋友,情意要更加热烈真诚;处理隐秘细微的事情,态度要更加光明磊落;对待年老体衰的人,礼节应当更加恭敬周到。

【评解】　"衣莫如新,人莫如故。"越是艰难中人,越要待之以非常礼遇。

035　用人不宜刻,刻则思效者去;交友不宜滥,滥则贡谀者来。

【译文】　用人不应当刻薄,如果太刻薄,那么想为你效力的人也会离去;交友不应当太滥,如果太滥,那么喜欢阿谀奉承的人就会前来。

【评解】　孟尝君广交天下客。一次他被软禁,只得趁夜逃走。但没有令牌无法出城,他的门客中有一个人是小偷,就去为他偷来令牌。到城门时天还没亮,城门不开。他的一个门客就学鸡叫,守门人以为天亮了,就打开城门。一般人认为这证明孟尝君的广交天下很成功,没有鸡鸣狗盗之徒就难以逃脱。王安石却不这样看,他在《读孟尝君传》文中说:"世皆称孟尝君能得士,士以故归之,而卒赖其力以脱于虎豹之秦。呜呼!孟尝君特鸡鸣狗盗之雄耳,岂足以言得士!不然,擅齐之强,得一士焉,宜可以南面而制秦,尚何取鸡鸣狗盗徒哉?鸡鸣狗盗之徒出其门,此士之所以不至也。"他认为,如果孟尝君手下真有人才,他大概也就不致有被软禁之祸。而没有人才,正是因为孟尝君没有原则的滥交,"鸡鸣狗盗之徒出其门,此士之所以不至也"。

036　忧勤是美德,太苦则无以适性怡情;淡泊是高风,太枯则无以济人利物。

【译文】　尽心尽力去做好事情本来是一种美德,但太过辛苦就无助于调适怡悦自己的性情;淡泊寡欲是一种高尚的情操,但如果过分逃避社会,就无法对他人有所帮助。

【评解】 此条采自明·洪应明《菜根谭》。

勤于事业是美德,但过分辛劳以至心力憔悴,使得人生毫无乐趣,那也就失去了勤奋的意义。过于高蹈虚空,则难有济人利物之心,此所谓高风亮节,又有多少可取之处呢?

037 作人要脱俗,不可存一矫俗之心;应世要随时,不可起一趋时之念。

【译文】 做人要超脱世俗,但不可有一点矫正世俗风气的想法;处世要顺应时宜,但不可有一点趋奉时尚的念头。

【评解】 此条采自明·洪应明《菜根谭》。

《增广贤文》里将此句浓缩为:"随时莫起趋时念,脱俗休存矫俗心。"超脱世俗者,往往难免"矫俗"之嫌,顺应时宜者,往往沦于"趋时"之弊。关键是为人处世不要沽名钓誉,而要按照一定的道德准则行事。

038 富贵之家,常有穷亲戚往来,便是忠厚。

【评解】 同见卷一 167 条。

039 从师延名士,鲜垂教之实益;为徒攀高第,少受诲之真心。

【译文】 拜师一味延请名士,很少能得到其亲自教诲的实际益处;习徒一味攀扯高第,少了几分接受教育的真诚用心。

【评解】 孔子说:"古之学者为己,今之学者为人。"为满足虚荣心而急功近利的学习,忘记了求知的真正目的在于充实自身,而非为了装饰自己。

040 男子有德便是才,女子无才便是德。

【译文】 男子具有优秀的品德便是才能,女子没有才能便是优秀的品德。

【评解】 此条采自明·陈继儒《安得长者言》。

细想来也未必是要女子真的无才,不过是宣传德之重要而已,"德重于才"本来就是中国人的信念,不分男女。古代的女子,似乎还真不能说"无才",你想,要相夫教子,没有才行吗?更不消说那些文采风流的女子,如班昭、薛涛、秦淮八艳等。《红楼梦》里的薛宝钗,才华明明与林妹妹不相上下,却偏偏要把"女子无才便是德"挂在嘴边,这样就取悦了家长,获得了欢心,可在内心她断然是不肯自己琴棋书画输了林妹妹的。所以,对于这句话,与其单单用现代的眼光,将"女子无才便是德"一说看成是对女性智力的低估和扼杀,不如从文化意义和社会背景去研读取舍。

041 病中之趣味，不可不尝；穷途之景界，不可不历。

【译文】 病魔缠身的趣味，不可不亲自体验；穷途末路的境界，不可不亲身经历。

【评解】 在我们的传统中，有着太多的挫折教育，譬如知耻后勇，穷而后工，绝处逢生，不吃苦中苦，难为人上人等等。逆境体验、挫折教育有助于培育人们沉着应对困难挫折的成熟心理。

042 才人国士，既负不群之才，定负不羁之行，是以才稍压众则忌心生，行稍违时则侧目至。

【译文】 才人国士，有着超凡不群的才华，一定也有着放浪不羁的行为，因此才华稍稍超越众人，猜忌之心就自然而生，行为稍稍有违常规，就惹得众人侧目而视。

【评解】 人有几分才，便有几分脾气，于是"蛾眉总惹人妒"。枪打出头鸟，才华出众者，自然也容易招致更多的嫉恨。

043 死后声名，空誉墓中之骸骨；穷途潦倒，谁怜宫外之蛾眉。

【译文】 死后得享声名，不过空自称誉墓中已经腐朽的骸骨；穷途末路潦倒，有谁还会怜爱年老色衰被遣的宫女。

【评解】 珠玉在前却难辨识，盖棺之后才能论定，可恨声名往往在死后。斯人已逝，生前身后判若天壤的际遇，固然让人慨叹。然而，面对人生与理想那份坚不可摧的信念和耐得住寂寞的伟大品质，无疑更是令人敬仰。也因此，刻在法国作家司汤达墓碑上"卑微"的题词"写作过、恋爱过、生活过"，或许更值得回味。

044 贵人之交贫士也，骄色易露；贫士之交贵人也，傲骨当存。

【译文】 高贵之人与贫寒之士交往，容易显露骄矜之色；贫寒之士与高贵之人交往，应当存有傲骨。

【评解】 子曰："君子泰而不骄，小人骄而不泰。"（《论语·子路》）君子安详舒泰，却不骄傲凌人；小人骄傲凌人，却不安详舒泰。人不可有傲气，但不可无傲骨。傲气是一种气焰，傲骨则是一种气概。气焰会伤人误己，气概则来自操守和胸襟。傲骨铮铮，必有所为；心地坦荡，自然安详舒泰。如梅花，苦寒之中仍绽放出一缕清香，怡人性情，却无肃杀之气，虽与苦寒对抗，花瓣却粉嫩鲜红，散发出醉人的芳香。

045 君子处身，宁人负己，己无负人；小人处事，宁己负人，无人负己。

【译文】 君子立身处世，宁可别人辜负自己，自己决不辜负别人；小人立身处事，宁可自己辜负别人，没有别人辜负自己。

【评解】 此条采自宋·邵雍《处身吟》。君子大度不负人，小人小气不负己。

046 砚神曰淬妃,墨神曰回氏,纸神曰尚卿,笔神昌化,又曰佩阿。

【译文】 砚神叫做淬妃,墨神叫做回氏,纸神叫做尚卿,笔神叫做昌化,又叫做佩阿。

【评解】 此语又见元·伊世珍《琅嬛记》引《致虚阁杂俎》:"笔神曰佩阿,砚神曰淬妃,墨神曰回氏,纸神曰尚卿,笔神又曰昌化。"

047 要治世,半部《论语》①;要出世,一卷《南华》②。

【译文】 要治理国家,半部《论语》即可;要出世修道,一部《庄子》足矣。

【注释】 ①半部《论语》:即所谓"半部《论语》治天下"。典出宋初名相赵普,其回答宋太宗问曰:"臣平生所知,诚不出此(指《论语》)。昔以其半辅太祖定天下,今欲以其半辅陛下致太平。"事见罗大经《鹤林玉露》。 ②《南华》:《南华真经》,即《庄子》。

【评解】 宋代理学家程颐说:"读《论语》,未读时是此等人,读了后又只是此等人,便是不曾读。"意思是说,读《论语》应使人"变化气质",不只是获得知识而已。读《庄子》又何尝不如是?

048 祸莫大于纵己之欲,恶莫大于言人之非。

【译文】 祸害没有比放纵自己的欲望更大的了,罪恶没有比议论他人的是非更大的了。

【评解】 《老子》中劝人节俭欲望:"祸莫大于不知足,咎莫大于欲得。"欲望要节制,倘若放纵必然带来毁灭的后果;搬弄是非,祸从口出,必然害人害己。

049 求见知于人世易,求真知于自己难;求粉饰于耳目易,求无愧于隐微难。

【译文】 求得为世人所知容易,求得真正了解自己却很难;求得文过饰非遮人耳目容易,求得无愧于幽微内心却很难。

【评解】 美国的通讯卫星之父约翰·皮尔斯说:"知识使人明目,技术使人高效,而意识到无知才使我们充满活力。"

050 圣人之言,须常将来眼头过,口头转,心头运。

【译文】 对圣人的言论,必须经常拿来用眼睛看一看,用口说一说,用心想一想。

【评解】 此条采自朱熹《朱子读书法》。
　　对于圣贤之言,须要思量究竟是说个什么,要将何用? 若只读过便休,又何必读!

051 与其巧持于末,不若拙戒于初。

【译文】 与其在事情发展的结尾再去逞巧卖能弥补缺憾,不如在事情开始时就尽可能地愚拙戒勉避免失误。

【评解】 宋·吕本中《官箴》曰:"故设心处事,戒之在初,不可不察。借使役用权智,百端补治,幸而得免,所损已多,不若初不为之为愈也。司马子徽《坐忘论》云:'与其巧持于末,孰若拙戒于初?'此天下之要言。当官处事之大法,用力简而见功多,无如此言者。人能思之,岂复有悔吝耶?"常思此言,便可以防患于未然,不致后悔莫及。

052 君子有三惜:此生不学,一可惜;此日闲过,二可惜;此身一败,三可惜。

【译文】 君子有三件事情值得可惜:一可惜此生不学无术;二可惜此日闲中虚度;三可惜此身一败涂地。

【评解】 此条采自《明史·周新列传》。
　　一个学生曾向苏格拉底请教,世界上什么东西最宝贵。苏格拉底没有直接回答,而是领着他访问了许多人。众人回答各不相同,但有一点相似:那些最宝贵的东西,都是已经失去或即将失去的东西。对此,苏格拉底说:"我们应该学会珍惜,珍惜我们的拥有。"懂得珍惜是一种宝贵的品格,它源于热爱的情怀,来自至善的心态。

053 昼观诸妻子,夜卜诸梦寐,两者无愧,始可言学。

【译文】 白天通过观察妻子儿女的举止,晚上通过对照梦中的情形,来检验省察自己,两者都无愧于心,才可以谈得上修身学习。

【评解】 此条采自《宋史·沈焕列传》:"焕人品高明,而其中未安,不苟自恕,常曰昼观诸妻子,夜卜诸梦寐,两者无愧,始可以言学。"

054 士大夫三日不读书,则礼义不交,便觉面目可憎,语言无味。

【译文】 士大夫如果三天不读书,礼义规范就不能在心中相互贯通,就会觉得面目可憎,语言无味。

【评解】 此条采自明·何良俊《世说新语补·言语篇》:"黄太史(黄庭坚)云:'士大夫三日不读书,则礼义不交于胸中,便觉面目可憎,言语无味。'"陈继儒《岩栖幽事》亦曰:"黄山谷常云:士大夫三日不读书,自觉语言无味,对镜亦面目可憎。米元章亦云:一日不读书,便觉思涩。想古人未尝片时废书也。"讲的都是读书与修养的关系。

055 与其密面交,不若亲谅友①;与其施新恩,不若还旧债。

【译文】 与其亲密泛泛之交,不如亲密诚实正直的朋友;与其施与别人新的恩惠,不如偿还旧欠的人情。

【注释】 ①谅友:诚实正直的朋友。《论语·季氏》:"益者三友:友直友谅友多闻。"

【评解】 此条采自明·曹臣《舌华录》:"顾司马益卿(明代顾养斋,字益卿)云:'与其结新知,不若敦旧好;与其施新恩,不若还旧债。'"

与其滥交随意不若"先择而后交",对那些志趣相投的朋友做到以诚相待,方可受益匪浅。

056 土人当使王公闻名多而识面少,宁使王公讶其不来,毋使王公厌其不去。

【译文】 读书人应当使王公贵人经常闻名而很少见面,宁可使王公贵人惊讶其不来,不要使王公贵人讨厌其不去。

【评解】 此条采自北宋·李廌《师友谈记》:"廌少时有好名急进之弊,献书公车者三,多触闻罢,然其志不已,复多游巨公之门。自丙寅年,东坡尝诲之,曰:'如子之才,自当不没,要当循分,不可躁求,王公之门何必时曳裾也。'尔后常以为戒。自昔二三名卿已相知外,八年中未尝一谒贵人。中间有贵人使人谕殷勤,欲相见,又其人之贤可亲,然廌所守匹夫之志,亦未敢自变也。尝为太史公言之。公曰:'士人正当尔耳。士未为臣,进退裕如也。他日子仕于朝,欲如今日足以自如,未易得之矣。李文正尝曰:"士人当使王公闻名多而识面少。"此最名言。盖宁使王公讶其不来,无使王公厌其不去。如子尚何求名,惟在养其高致尔。廌以此言如佩韦弦也。"

看似告诫读书人恪守气节,不求闻达于诸侯,骨子里看重的其实仍是王公如何见待,太存机心而似伪,作秀而已。

057 见人有得意事,便当生忻喜心;见人有失意事,便当生怜悯心:皆自己真实受用处。忌成乐败,徒自坏心术耳。

【译文】 看见别人有得意之事,则应当生欣喜之心;看见别人有失意之事,则应当生怜悯之心;这都是自己能实实在在受用之处。忌人之成,乐人之败,只是白白败坏了自己的心术而已。

【评解】 《礼记》曰:"民之所好好之,民之所恶恶之,此之谓民之父母。好民之所恶,恶民之所好,是拂人之性,灾必逮乎身。"人家以为好的,他偏以为不好,人家以为对的,他偏以为不对,处处拂人好意,令人难堪,也便是败坏了自己的心术。

058 恩重难酬,名高难称。

【译文】 恩惠太重,难以报答;名声太高,难副其实。

【评解】　有道是"久恩必成仇"，又道是"声闻过情，君子耻之"，"名满天下者，其次难副"。真正地足以能承受满天下之名的实，是很难做到的，无实而享大名者，必有奇祸。作家张爱玲的祖父张佩纶就是一例。他的议兵疏写得极为出色，遂有"知兵"美名。可真把他派到前线去，不仅不能指挥战斗，反而临阵弃逃，致使福建水师全军覆没，自己也被革职戍边。

059　待客之礼当存古意，止一鸡一黍，酒数行，食饭而罢，以此为法。

【译文】　接待客人的礼节，应当保有古人之风，只用一鸡一黍，酒饮数巡，然后吃饭结束，以此作为法式。

【评解】　此条采自明·章懋《枫山语录·政治》："先生谓董遵曰:待客之礼当存古意。今人多以酒食相尚，非也。闻薛文清公在家，官客往来只一鸡一黍，以瓦器盛之，酒三行，就食饭而罢。又魏尚书骥在家，官客相望必留饭，食止一肉一菜而已。年虽高矣，必就舟次回访，不之公府。有所相遗，必有报礼，不肯虚受人惠。此二公者，亦可以为法矣!"薛文清公，即明代著名理学家薛瑄，字德温，号敬轩，谥文清。山西河津县平原村(今属万荣县)人。

060　处心不可着，着则偏;作事不可尽，尽则穷。

【译文】　居心不可以执着，执着便容易偏执;做事不可以做绝，做绝就没有退路。

【评解】　此条采自南宋·王应麟《困学纪闻》载张文饶(张行成)之语说:"处心不可着，着则偏;作事不可尽，尽则穷。先天之学，止是此二语，天之道也。愚谓邵子诗，夏去休言暑，冬来始讲寒，则心不着矣;美酒饮教微醉后，好花看到半开时。则事不尽矣。"说的便是适可而止的思想。

061　士人所贵，节行为大。轩冕失之，有时而复来;节行失之，终身不可得矣。

【译文】　读书人所可贵的，以气节操守为最大。官爵禄位丢失了，还有可能失而复得;气节操守丢失了，就终身不可能再得到了。

【评解】　此条采自元·张光祖《言行龟鉴》:"贾文元公戒子文云:'古人重厚朴直，乃能立功立事，享悠久之福。士人所贵，节行为大。轩冕失之，有时而复来;节行失之，终身不可复得矣。'"贾文元公，即宋代宰相贾昌朝。在节行与轩冕的天平上，身为宰相能重前者轻后者，颇为可贵。

062　势不可倚尽，言不可道尽，福不可享尽，事不可处尽，意味偏长。

【译文】　权势不可以依仗尽，言语不可以说尽，福气不可以享尽，事情不可以做绝。

【评解】 明·冯梦龙《警世通言·王安石三难苏学士》:"俗谚又有四不可尽的话。那四不可尽?——势不可使尽,福不可享尽,便宜不可占尽,聪明不可用尽。——你看如今有势力的,不做好事,往往任性使气,损人害人,如毒蛇猛兽,人不敢近。他见别人惧怕,没奈他何,意气扬扬,自以为得计。却不知八月潮头,也有平下来的时节。"这四句诗,奉劝世人虚已下人,勿得自满。古人说得好,满招损,谦受益。福宜常自惜,势宜常自恭。人生骄与奢,有始多无终。

063 静坐然后知平日之气浮,守默然后知平日之言躁,省事然后知平日之费闲,闭户然后知平日之交滥,寡欲然后知平日之病多,近情然后知平日之念刻。

【译文】 安然静坐,然后才知道平日的心浮气躁;缄默不语,然后才知道平日的言语急躁;省心省事,然后才知道平日的费心费事;闭门谢客,然后才知道平日的交往过滥;清心寡欲,然后才知道平日的毛病太多;近乎人情,然后才知道平日的念头刻薄。

【评解】 此条采自陈继儒《安得长者言》。

这里说的就是反省的益处。一个人要想自己进德,就必须日三省吾身,一点一点戒除掉身之毛病。反省,就像镜子,可以看清自己的真实面目;反省,就像清水,可以洗净内心的烦恼污垢。

064 喜时之言多失信,怒时之言多失体。

【译文】 欢喜之时说的话大多不可信,愤怒之时说的话大多不得体。

【评解】 此条采自明·钱琦《钱公良测语·规世》。喜怒过甚之时说出的话,往往不是大话、空话,便是偏激之话,因此要时时澄心定气,如此方能"一言而服人,一言而明道。"

065 泛交则多费,多费则多营,多营则多求,多求则多辱。

【译文】 交往广泛,就会花费过多;花费过多,就会多方经营;多方经营,就会索求过多;索求过多,就会多受屈辱。

【评解】 泛交、多费、多营、多求、多辱,这正是对所有贪官堕落史的完整写照。

066 一字不可轻与人,一言不可轻许人,一笑不可轻假人。

【译文】 即使一个字,也不可轻易赠与别人;即使一句话,也不可轻易许诺别人;即使一个微笑,也不可轻易给予别人。

【评解】 此条采自明·薛瑄《薛文清公读书录·从政》。

所谓"字"与"言",包括书面符号与口说符号,都属于"语文传播符号",而

"笑"即面部表情,则属"非语文传播符号",薛瑄对"言貌"的规范,流露出理学家的气质。

067　正以处心,廉以律己,忠以事君,恭以事长,信以接物,宽以待下,敬以治事,此居官之七要也。

【译文】　以公正居心,以廉洁律己,以忠诚事君主,以恭敬事长辈,以诚信待人接物,以宽厚对待下属,以敬业从事政务,这是做官的七条重要准则。

【评解】　此条采自明·薛瑄《薛文清公读书录·从政》。

　　鲁国的执政大臣向孔子求教从政治国之道,孔子回答说:"政者,正也。子帅以正,孰敢不正?"以上"七要",便可说是对"立身惟正"的具体说明。做好人,做好事,做好官。做人的最高境界是宽容,做官的最高境界是把持,做事的最高境界是借力。

068　圣人成大事业者,从战战兢兢之小心来。

【译文】　圣明的人成就伟大的事业,都是从战战兢兢、谦虚谨慎开始的。

【评解】　此条采自明·薛瑄《薛文清公读书录·从政》。

　　《尚书·旅獒》:"不矜细行,终累大德。"小事情上不知检点,终有一天会损害你的大德。临事而栗,往往可以避免灾祸。居官不慎,则可以酿成大祸。

069　酒入舌出,舌出言失,言失身弃,余以为弃身不如弃酒。

【译文】　喝了酒就话多,话多就容易失言,失言就会丧身,我认为,与其丧身,不如不喝酒。

【评解】　此条采自刘向《说苑·敬慎》:"齐桓公为大臣具酒,期以日中,管仲后至,桓公举觞以饮之,管仲半弃酒。桓公曰:'期而后至,饮而弃酒,于礼可乎?'管仲对曰:'臣闻酒入舌出,舌出者言失,言失者身弃,臣计弃身不如弃酒。'"言多必失,语快必败,可不慎哉!

070　青天白日,和风庆云,不特人多喜色,即鸟鹊且有好音。若暴风怒雨,疾雷幽电,鸟亦投林,人皆闭户。故君子以太和元气为主①。

【译文】　天气晴朗,和风霁月,不仅是人多喜色,就是鸟鹊也叫得悦耳。如果是暴风骤雨,电闪雷鸣,那么鸟儿也投林,人们也都闭户关门。所以君子应当以冲和之气为王。

【注释】　①太和元气:古代指阴阳冲和的元气。

【评解】　所以君子应该从天气的变化无常中得到启示,培养自己快乐的情绪,去掉心中的恶念杀机。

071 胸中落"意气"两字,则交游定不得力;落"骚雅"二字①,则读书定不深心。

【译文】 胸中没有了"意气"两字,那么交游必定不得力;没有了"骚雅"二字,那么读书必定不深入内心。

【注释】 ①骚雅:《离骚》与《诗经》中的大、小雅,代指诗赋文学。

【评解】 此条采自陈继儒《安得长者言》:"后生辈胸中落'意气'两字,则交游定不得力;落'骚雅'二字,则读书定不深心。"就是说不要因为"意气"而失去更多的朋友,不要因为"骚雅"而局限了阅读的思考。

072 交友之先宜察,交友之后宜信。

【译文】 结交朋友之前,应当仔细考察;结交朋友之后,则应当充分信任。

【评解】 疑而不交,交而不疑;君子先择而后交,小人先交而后择。

073 惟俭可以助廉,惟恕可以成德。

【评解】 同见卷四021条。

074 惟书不问贵贱贫富老少,观书一卷,则增一卷之益;观书一日,则有一日之益。

【译文】 只有读书,无论对富贵贫贱老老少少,都有益处。能读一卷书,就会有一卷书的获益;能读一天书,就会有一天的获益。所以说,读书对人全是好处没有一点害处。

【评解】 此条采自明·陈继儒《观书十六感》所引南宋倪思语:"天下之事,利害常相半,有全利而无少害者,唯书。不问贵贱贫富老少,观书一卷,则有一卷之益;观书一日,则有一日之益。故曰:有全利无少害者也。"

鲁迅先生说过,一说起读书,就觉得是高尚的事情,其实读书和木匠磨斧头,裁缝理针线并没有什么分别,并不见得高尚,有时还很苦痛,很可怜。由此可见,求知和求生是同样的道理。你付出得多,便收获得多,所谓"开卷有益"。

075 坦易其心胸,率真其笑语,疏野其礼数,简少其交游。

【译文】 使心胸坦荡无私,使笑语纯洁天真,使礼数淳朴自然,使交游简单稀少。

【评解】 如此可谓居轩冕之中,而有山林气味也。

076 好丑不可太明,议论不可务尽,情势不可殚竭,好恶不可骤施。

【译文】 美丑之心不可以太过分明,议论不可以一定说绝,情势不可以竭尽无余,好恶不可以骤然表现出来。

【评解】　此条采自明·范立本辑《明心宝鉴·正己篇》。

持身不可太皎洁,一切污辱垢秽要茹纳得;处世不可太分明,一切贤愚好丑要包容得。都是说为人处世要善于为他人着想,彼此留有余地。可参见卷一019条:"好丑心太明,则物不契;贤愚心太明,则人不亲。须是内精明而外浑厚,使好丑两得其平,贤愚共受其益,才是生成的德量。"

077　不风之波,开眼之梦,皆能增进道心。

【译文】　没有风吹的波纹,白日睁眼的梦境,都能够增进人们的悟道之心。

【评解】　只要细心地捕捉与感受,便可以领略其中蕴涵的无尽旨趣,因此增进悟道之心。

078　开口讥诮人,是轻薄第一件,不惟丧德,亦足丧身。

【译文】　开口便讽刺嘲笑别人,这是世上第一件轻薄的事,不仅丧失道德,也足以导致丧身亡家。

【评解】　慎言与自省,是儒家修身的本质要求。

079　人之恩可念不可忘,人之仇可忘不可念。

【译文】　别人的恩惠,要时刻在念而不可忘记;别人的仇恨,要及早忘掉而不可时时耿耿于怀。

【评解】　记住别人对你的点点恩惠,至于仇怨,则尽可能忘却而非耿耿于怀,是可谓仁厚宽恕之人。

080　不能受言者,不可轻与一言,此是善交法。

【译文】　对那些不能接受别人意见的人,不可以轻易地向他进言,这是一种好的交往方法。

【评解】　知无不言,言无不尽,其实是很难行得通的。还是《老子》中所言为是:"知者不言,言者不知。"明智的人是不轻易多言的。

081　君子于人,当于有过中求无过,不当于无过中求有过。

【译文】　君子对待别人,应当在他人的过错之中寻求没有过错之处,不应当在没有过错之处寻求其中的过错。

【评解】　对于他人的过错,得饶人处且饶人,不可反而吹毛求疵,这是与人为善。

082　我能容人,人在我范围,报之在我,不报在我;人若容我,我在人范围,不报不知,报之不知。自重者然后人重,人轻者由我自轻。

【译文】　我能宽容别人,那么别人就在我的范围之中,报答在于我,不报答也在于我;如果是别人宽容了我,那么我就在别人的范围之中,不报答别人不知道,报答了也可能不知道。自重的人,别人也都尊重他;别人之所以看轻我,是由于我看轻了自己。

【评解】　首先是要能以全部的身心对自己忠诚,忠诚于内心,然后才忠诚于他人。背叛自我,迁就他人,就是看轻自己,就只能自取其辱。

083　高明性多疏脱,须学精严;狷介常苦迁拘,当思圆转。

【译文】　识见高明的人大多性情疏阔、放浪不羁,应当学会精细严谨;狷介耿直的人常常苦于迁腐拘泥,应当学会灵活变通。

【评解】　此条采自明·屠隆《续娑罗馆清言》。

　　然而,人终有属于自己的缺点,有人性多疏脱,有人常苦迁拘,正如万紫千红总是春,如此成就的便是人性的丰富多彩。

084　欲做精金美玉的人品,定从烈火锻来;思立揭地掀天的事功,须向薄冰履过。

【译文】　希望练就精金美玉般的人格品行,一定要从烈火中锻炼而来;想要建立惊天动地似的事业功劳,必须从如履薄冰的艰险中走过来。

【评解】　此条采自明·洪应明《菜根谭》。

　　每一个成功的人走过的都不会是坦途,只有能经受住各种艰难险阻的考验和历练,才能练就非凡的意志、品质与能力。

085　性不可纵,怒不可留,语不可激,饮不可过。

【译文】　性情不可以放纵,怨怒不可以保留,言语不可以偏激,饮酒不可以太过。

【评解】　我们不可能改变左右一切,但应该控制把握自己。努力培养自己树立达观洒脱的人生态度,严于律己,宽以待人。

086　能轻富贵,不能轻一轻富贵之心;能重名义,又复重一重名义之念。是事境之尘氛未扫,而心境之芥蒂未忘。此处拔除不净,恐石去而草复生矣。

【译文】　能做到轻视富贵,却很难做到轻一轻富贵之心;声称自己重视名节,其实自己看重的只是名节的追求。这都是因为外界事物环境中的世俗气息未能扫除,而自己心中追求名利富贵的芥蒂没有忘掉。这些地方如果不彻底根除,恐怕正如石头搬去之后杂草又要滋长出来。

【评解】　此条采自明·洪应明《菜根谭》。

刻意隐藏、压制自己内心的欲望,其实是自己的本心还存在需要涤除的欲念。世事就是如此微妙,你越是重视一个东西,往往越难得到;越是"无所谓",没准却来得越快。"尘氛"虽轻微,心境的"芥蒂"虽细小,却必须细致除尽,并且随时警惕不要为之提供适宜再生长的温床,可知道德修行殊为不易。

087　纷扰固溺志之场,而枯寂亦槁心之地。故学者当栖心玄默①,以宁吾真体;亦当适志恬愉,以养吾圆机②。

【译文】　纷扰喧嚣固然是沉溺消磨意志的场所,而静寂枯燥的生活也会使人变得心情冷漠。所以有识之士应当潜心静默,以保持自我。也应当顺应志趣、恬然愉悦,以便修养自己圆融的机趣。

【注释】　①玄默:这里是深沉不露的意思。玄,不显露,幽暗。　②圆机:空灵超脱,不为外物所拘牵。

【评解】　此条采自明·洪应明《菜根谭》。

不必选择逃离尘世的喧嚣,同样可以坚守自己人格的节操,既不牺牲某种物质利益,又可以对现实采取一种巧妙的不合作方式,或亦不失为积极的人生态度。

088　昨日之非不可留,留之则根烬复萌,而尘情终累乎理趣;今日之是不可执,执之则渣滓未化,而理趣反转为欲根。

【评解】　同见卷一217条。

089　待小人不难于严,而难于不恶;待君子不难于恭,而难于有礼。

【译文】　对待小人,不难做到严厉,难的是内心不憎恶他们;对待君子,不难做到谦恭,难的是内心真正的敬重。

【评解】　此条采自明·洪应明《菜根谭》。

有曰:上帝因为爱人,所以才惩罚他。如果只有惩罚严责,没有体谅爱心,就等于是抛弃了他,这不是君子之所为。

090　市私恩,不如扶公议;结新知,不如敦旧好;立荣名,不如种隐德;尚奇节,不如谨庸行。

【译文】　收买个人的感情,不如扶持公众的舆论;结交新的朋友,不如加深旧交的情谊;树立荣誉名声,不如广积阴德;崇尚奇特的气节,不如严谨自己平常的行为。

【评解】　此条采自明·洪应明《菜根谭》。

这里说的就是要以儒家道德自律。想要获得生前身后名,就必须真心真意修德行善,不求富贵与荣华。

091　有一念而犯鬼神之忌,一言而伤天地之和,一事而酿子孙之祸者,

最宜切戒。

【译文】 如果因为一个邪恶的念头而触犯鬼神的禁忌,因为一句话而伤害人间的祥和之气,因为一件事而造成子孙后代的祸患,那么这些言行便是我们最应该引以为戒的。

【评解】 参见卷一 073 条:"有一言而伤天地之和,一事而折终身之福者,切须检点。能受善言,如市人求利,寸积铢累,自成富翁。"立身处世,以小心谨慎为上。"勿以善小而不为,勿以恶小而为之"、"一言不慎身败名裂,一语不慎全军覆没",这些箴言都是教育人应该谨言慎行明辨善恶,绝对不可以胡作非为招致祸患。

092 不实心,不成事;不虚心,不知事。

【译文】 不踏踏实实就做不成事情,不虚心学习就不会明白事理。

【评解】 脚踏实地做人,认认真真做事。

093 老成人受病,在作意步趋;少年人受病,在假意超脱。

【译文】 老成人受到的诟病,在于有意地亦步亦趋;少年人受到的诟病,在于假装着超脱世俗。

【评解】 人生成熟的过程就是"看破红尘"的过程,即看破一切色相的过程。把物色、财色、美色都看透,从色中看到空,从身外之物中看到无价值,便是大彻大悟。由少年人至老成人,一步步不为色相所隔,最后才能直面真情真理。

094 为善有表里始终之异,不过假好人;为恶无表里始终之异,倒是硬汉子。

【译文】 做善事却有表里始终的差异,不过只是个假好人;做恶事却没有表里始终的差异,反而算得上一条硬汉子。

【评解】 伪君子比真流氓更可恶,可见虚伪不诚实之为人所憎恶之程度。

095 入心处咫尺玄门①,得意时千古快事。

【译文】 进入心灵深处,那么距离高深的境界也就近在咫尺;得意会心之时,就是千古未有的快事。

【注释】 ①入心处咫尺玄门:语见《世说新语·言语》:"刘尹与桓宣武共听讲《礼记》,桓云:'时有入心处,便觉咫尺玄门。'"意谓进入心灵深处,那么距离高深的境界也就近在咫尺。

【评解】 佛祖拈花,迦叶含笑,正所谓会心处不必在远,得意时孰乐于斯。

096 《水浒传》无所不有,却无破老一事①,非关缺陷,恰是酒肉汉本色如此,益知作者之妙。

【译文】 《水浒传》中无所不有,却没有破老一事,这并不是本书的缺陷,恰恰是酒肉好汉的本色应该如此,因而更可以理解作者的用心之妙。

【注释】 ①破老:语出商代伊尹《逸周书》:"美男破老,美女破舌。"意思说,如果有美男美女在皇帝的身边,那些德高望重的老人,所有的良言善谏都要被冲破,被排挤。

【评解】 此条采自明·张大复《梅花草堂笔谈·破老》:"《水浒传》何所不有,却无破老一事,非关缺陷,恰是酒肉汉本色如此,以此益知作者之妙。"《四库全书总目提要》评此言曰:"轻佻尤甚,是何言欤?"可谓的评。

097 世间会讨便宜人,必是吃过亏者。

【译文】 世上会讨便宜的人,一定是吃过亏的人。

【评解】 吃一堑,长一智也。只是,"会讨便宜"之智,多又何益?

098 书是同人,每读一篇,自觉寝食有味;佛为老友,但窥半偈,转思前境真空。

【译文】 书是同人,每读过一篇,便自觉吃饭睡觉原汁原味;佛为老友,只看半句偈语,便转觉生前境界一切皆空。

【评解】 书是同路中人,佛为知心老友,只要多用几分心,便可于读书参佛中品出真味,悟得真理。

099 衣垢不湔①,器缺不补,对人犹有惭色;行垢不湔,德缺不补,对天岂无愧心?

【译文】 衣服脏了不洗,器皿破了不补,面对他人尚且会有惭愧之色;行为污垢而不洗,品德残缺而不补,面对上天难道就没有惭愧之心?

【注释】 ①湔(jiān):清洗。

【评解】 若能以清洗衣垢之勤,时时拭洗行为之垢,则此心何患沾惹尘埃? 只是,人们常常可以日洗衣垢,却未必能年洗行垢。

100 天地俱不醒,落得昏沉醉梦;洪蒙率是客,枉寻寥廓主人。

【译文】 天地之间混沌不醒,落得一个昏昏沉沉,醉生梦死;宇宙之间都是客人,枉自寻找宇宙的主人。

【评解】 "问苍茫大地,谁主沉浮?"便见当仁不让之豪迈。

101 老成人必典必则,半步可规;气闷人不吐不茹①,一时难对。

【译文】 老成持重的人遵守典章法则循规蹈矩,哪怕半步也要中规中矩;爱生闷气的人不吞不吐,软硬不吃,一时间让人难以应对。

【注释】 ①不吐不茹:形容人正直不阿,不欺软怕硬。语出《诗·大雅·烝民》:"人亦有言,柔则茹之,刚则吐之。维仲山甫,柔亦不茹,刚亦不吐,不侮矜寡,不畏强御。"

【评解】 老成人的缺点在于过分循规蹈矩;气闷人的可取处在于轻易不吐露心声。

102 重友者,交时极难,看得难,以故转重;轻友者,交时极易,看得易,以故转轻。

【译文】 重视友情的人,结交时非常困难,正因为把交友看得非常难,所以转而重视友情;轻视友情的人,结交时非常容易,正因为把交友看得非常容易,所以转而轻视友情。

【评解】 轻易得到的东西,往往不被珍重,世上事莫不如此。

103 近以静事而约己,远以惜福而延生。

【译文】 眼前能以平静少事的原则约束自己,长远又能珍惜幸福来延长生命。

【评解】 既有眼前的原则,又有长远的目标,可保一生平淡安稳。

104 掩户焚香,清福已具。如无福者,定生他想。更有福者,辅以读书。

【译文】 掩闭门户,点燃清香,清福便已具备。如果没有福气的人,必定产生其他的想法。想更有福气的人,再辅之以读书。

【评解】 这个"掩户",就把喧嚣的尘俗拒之门外。陶渊明说"园日涉以成趣,门虽设而常关",这个门其实是心灵之门,是通往闲境的一道机关,虚掩即可,所谓"心远地自偏"。若想心闲,心中必须有这么一扇隔离烦恼的门不可。

105 国家用人,犹农家积粟。粟积于丰年,乃可济饥;才储于平时,乃可济用。

【译文】 国家储备使用人才,正如农家储积粮食。粮食储积于丰收之年,才可以救济饥馑荒年;人才储备于平常之时,才可以在需要的时候派上用场。

【评解】 明·焦竑《玉堂丛语》:"黄孔昭历文选郎中十五年,持选法最慎,汲汲以人才为虑。尝曰:'国朝用人才,犹农家之积粟。粟积于丰年,乃可以济饥;才储于平时,乃可以济事。自顷人矫激沽名,以闭门谢客为高,天下人才何由知之?'故公退,客至辄延见,询访有所得,必书于册,而一参之舆论,荐于天官卿,用之必当其才,虽小官亦不敢忽。……十有五年,始终一节不少变。"黄孔昭(1428—1491),初名曜,字世显,号定轩,原洞山(今温岭峰环)人,明天顺四年(1460)进士,任屯田主事,都水员外郎,吏部文选郎中,职掌升调。

106 考人品,要在五伦上见。此处得,则小过不足疵;此处失,则众长不足录。

【译文】 考察一个人的人品,要从君臣、父子、兄弟、夫妻、朋友这五种自然关系中加以观察。如果在五伦上做得得体,那么小的过错便不足为病了;如果在五伦上失当,那么有其他再多的长处也不足为取了。

【评解】 君惠臣忠,父慈子孝,夫唱妇随,兄友弟恭,朋友有信。儒家思想重人伦,处在什么样的位置,应该如何做人,此是安身立命之本分。

107 国家尊名节,奖恬退,虽一时未见其效,然当患难仓卒之际,终赖其用。如禄山之乱①,河北二十四郡皆望风奔溃,而抗节不挠者,止一颜真卿②,明皇初不识其人。则所谓名节者,亦未尝不自恬退中得来也,故奖恬退者,乃所以励名节。

【译文】 国家尊崇名节操守,奖掖淡泊退隐,虽然一时不能见到成效,但是当危难存亡的仓促之际,终究还是要依靠这些人起作用。譬如唐朝的安史之乱时,河北二十四郡都望风披靡,溃散奔逃,能不屈不挠誓死抵抗的,只有一个颜真卿,而唐明皇最初还并不认识这个人。可见所谓名节,也未尝不是从淡泊退隐的人中得来。因此奖掖淡泊退隐的人,也就是在激励坚守名节操守的人。

【注释】 ①禄山之乱:即唐代安史之乱。天宝十四载(755 年),平卢、范阳、河东三镇节度使安禄山起兵作乱,后其部将史思明等相继为乱,历时八年,才得平复,序幕由盛转衰。 ②颜真卿:字清臣,京兆万年人,祖籍唐琅琊临沂(今山东临沂)。开元间中进士。历任吏部尚书,太子太师,封鲁郡开国公,故又称颜鲁公,著名书法家。安史之乱起,河北诸郡望风披靡,唐玄宗(明皇)曾叹:"河北二十四郡,岂无一忠臣乎?"只有他坚守平原抗战,玄宗闻之大喜:"朕不识颜真卿形态何如,所为得如此!"德宗时,李希烈叛乱,他持节亲赴敌营,晓以大义,终为李希烈缢杀,终年 77 岁。德宗诏文曰:"器质天资,公忠杰出,出入四朝,坚贞一志。"

【评解】 此条采自明·陆树声《耄余杂识》。真隐士中有真气节真才智者,而日日奉承左右的,亦可能是最早见风使舵者。

108 志不可一日坠,心不可一日放。

【译文】 意志不可一日消沉,心思不可一日放纵。

【评解】 此条采自明·胡居仁《居业录·学问》。学问需要日积月累,奋发进取,永不懈怠。

109 辩不如讷,语不如默,动不如静,忙不如闲。

【译文】 善辩不如讷言,多言不如沉默,行动不如安静,忙碌不如清闲。

【评解】 人们过于依赖语言的功能,却忘了沉默的力量;过于沉溺忙碌的事务之中,却忘了清闲的可贵。

110　以无累之神,合有道之器,宫商暂离,不可得已。

【译文】　以无所牵累的精神,合之于蕴涵形而上之道的乐器,欲使宫商乐阶不谐调,那是不可能的事情。

【评解】　此条采自《南史》卷二十八《褚裕之传》:"尝聚袁粲舍,初秋凉夕,风月甚美,(褚)彦回援琴奏别鹄之曲,宫商既调,风神谐畅。王彧、谢庄并在粲坐,抚节而叹曰:'以无累之神,合有道之器,宫商暂离,不可得已。'"

以无累之神合有道之器,非有逸致者则不能也。得之心而应之手,听其音而得其人。

111　精神清旺,境境都有会心;志气昏愚,处处俱成梦幻。

【译文】　精神清爽旺盛,什么境地都会有会于心;志气昏沉愚钝,到处都会仿佛梦幻一般。

【评解】　人心清爽,处处景物都能有会于心;人心昏沉,世间万物都浑浊无趣。

112　酒能乱性,佛家戒之;酒能养气,仙家饮之。余于无酒时学佛,有酒时学仙。

【译文】　酒能迷乱人的本性,所以佛家要戒掉它;酒能颐养人的气血,所以仙家要饮用它。我则在无酒时学佛家,有酒时学仙家。

【评解】　不拘泥便是最大的潇洒。佛家说乱性,盖因其洞达了人性经不起诱惑的弱点;仙家说养气,因为它参透了美食享乐的特性,这或许也是道家人本思想的一个体现。

113　烈士不馁,正气以饱其腹;清士不寒,青史以暖其躬;义士不死,天君以生其骸[①]。总之手悬胸中之日月,以任世上之风波。

【译文】　忠烈之士不会感到饥饿,浩然正气可以充实其肚腹;清贫之士不会感到寒冷,有浩瀚青史可以温暖其身体;忠义之士不会死去,公道人心使其永垂不朽。总之,用手悬起胸中的日月,以经受世上风波的考验。

【注释】　①天君:即心。《荀子·天论》:"心居中虚,以治五官,夫是之谓天君。"

【评解】　吾善养吾胸中浩然之正气,便可领略也无风雨也无晴的人生境界。

114　孟郊有句云:"青山碾为尘,白日无闲人[①]。"于邺云:"白日若不落,红尘应更深[②]。"又云:"如逢幽隐处,似遇独醒人[③]。"王维云:"行到水穷处,坐看云起时[④]。"又云:"明月松间照,清泉石上流[⑤]。"皎然云:"少时不见山,便觉无奇趣[⑥]。"每一吟讽,逸思翩翩。

【译文】 孟郊有诗说:"青山碾为尘,白日无闲人。"于邺有诗说:"白日若不落,红尘应更深。"又说:"如逢幽隐处,似遇独醒人。"王维有诗说:"行到水穷处,坐看云起时。"又说:"明月松间照,清泉石上流。"皎然有诗说:"少时不见山,便觉无奇趣。"每每吟诵这些佳句,总会令人思绪飘然,浮想联翩。

【注释】 ①唐·孟郊《大梁送柳浑先入关》:"青山碾为尘,白日无闲人。自古推高车,争利入西秦。王门与侯门,待富不待贫。空携一束书,去去谁相亲。" ②唐·于邺《东门路》:"东门车马路,此路在浮沉。白日若不落,红尘应更深。从来名利地,皆起是非心。所以青青草,年年生汉阴。" ③于邺《山上树》:"日暖上山路,鸟啼知已春。忽逢幽隐处,如见独醒人。石冷开常晚,风多落亦频。樵夫应不识,岁久伐为薪。" ④唐·王维《终南别业》:"中岁颇好道,晚家南山陲。兴来每独往,胜事空自知。行到水穷处,坐看云起时。偶然值林叟,谈笑无还期。" ⑤王维《山居秋暝》:"空山新雨后,天气晚来秋。明月松间照,清泉石上流。竹喧归浣女,莲动下渔舟。随意春芳歇,王孙自可留。" ⑥唐·皎然《出游》:"少时不见山,便觉无奇趣。狂发从乱歌,情来任闲步。此心谁共证,笑向风吹树。"

【评解】 茫茫诗海中,读到会心之语,欣喜亦如"蓦然回首,那人却在灯火阑珊处"。

卷十二　倩

　　倩不可多得,美人有其韵,名花有其致,青山绿水有其丰标。外则山臞韵士①,当情景相会之时,偶出一语,亦莫不尽其韵,极其致,领略其丰标,可以启名花之笑,可以佐美人之歌,可以发山水之清音,而又何可多得! 集情第十二。

【译文】　倩之美不可多得,美人有其风韵,名花有其情致,青山绿水有其仪态。此外,还有隐逸山林的高雅之士,每当情景相会之时,突然吟出一句妙语,莫不尽其风韵、极其情致、领略其仪态的,可以让名花绽开笑颜,可以伴美人轻歌曼舞,可以生发出悦耳动听的山水清音,这又怎么可能多得呢? 于是编纂了第十二卷“倩”。

【注释】　①山臞(qú):形容隐逸之士萧疏清癯的姿容。

【评解】　“倩”是女子含笑的样子,传达出女子瞬间灵动的美感,生动传神,动人心魂。它的美,不在于匀称、合乎比例的美丽,不在于灿烂炫目的漂亮,而是情景猝然相遇,是不期而至的心灵震撼,并由此产生的一种只可意会不可言传的妙悟。

　　它流动在美人的眉目间。袁宏道说:“大约如东阿王梦中初遇洛神也。才一举头,已不觉目酣神醉了。”

　　它摇曳在名花的笑容里。著名现代日本画家东山魁夷在《一片树叶》中曾说:“无论何时,偶遇美景只会有一次……如果樱花常开,我们的生命常在,那么两相邂逅就不会动人情怀了。人和花的生存,在世界上都是短暂的,可他们萍水相逢了,不知不觉中我们会感到一种欣喜。”

　　它荡漾在青山绿水的情意中。东晋袁山松说:“既欣得此奇观,山水有灵,亦当惊知己于千古矣。”当一个个长衫飘髯的文人闯进这一片风景,顿时便有了萍水相逢的生命的欣喜。心随物宛转,物与心徘徊,“倩”之美,便流淌在高人韵士的吟哦间。

001　会心处,自有濠濮间想,无可亲人鱼鸟①;偃卧时,便是羲皇上人,何必夏月凉风②。

【译文】　会心之处,自然会生发出对天地人生的玄想,不必有什么鱼鸟亲人;闲卧之时,便是上古时代恬静闲适之人,为何一定要夏日的凉风暂至呢?

【注释】　①"会心"句:《世说新语·言语》:"会心处不必在远,翳然临水,便自有濠濮间想,觉鸟兽禽鱼,自来亲人。"　②"偃卧"句:陶渊明《与子俨等疏》:"常言五六月中,北窗下卧,遇凉风暂至,自谓羲皇上人。"

【评解】　只要身闲心逸,即使身居闹市,也自有鱼鸟亲人之乐,有恬静闲适之致。

002　一轩明月,花影参差,席地偏宜小酌;十里青山,鸟声断续,寻春几度长吟。

【译文】　一轮明月当楼,满庭花影参差,席地而坐,最宜小酌;十里青山,鸟鸣断续,踏青寻春,引人几度长吟。

【评解】　院中月光溶溶,花影参差;深山鸟鸣断续,葱茏十里。如此景致并不少见,而能做到悠然闲赏、诗兴勃发者却并不多见。

003　入山采药,临水捕鱼,绿树阴中鸟道;扫石弹琴,卷帘看鹤,白云深处人家。

【译文】　入山采药,临水捕鱼,绿树掩映的山路蜿蜒犹如鸟道;扫石弹琴,卷帘看鹤,白云深处的人家幽雅闲适。

【评解】　采药、捕鱼、弹琴、看鹤,令人顿生悠然世外之想。

004　沙村竹色,明月如霜,携幽人杖藜散步;石屋松阴,白云似雪,对孤鹤扫榻高眠。

【译文】　苍翠竹色掩映下的沙村之夜,一轮明月如霜清凉,与隐士一起拄着藜杖,相携散步;松树掩映下的石屋之上,悠悠白云似雪飘散,伴着孤鹤扫榻高卧,酣然入梦。

【评解】　白日松阴覆凉,白云如雪;夜晚竹影婆娑,明月如霜,顺应自然之气,感受别样乐趣。

005　焚香看书,人事都尽。隔帘花落,松梢月上。钟声忽度,推窗仰视,河汉流云,大胜昼时。非有洗心涤虑,得意爻象之表者①,不可独契此语。

【译文】　焚香看书,人间之事尽悉摒弃。隔帘花落,月上松梢。远处传来钟声,推窗仰望天穹,但见银河寂静,流云飞度,其中幽趣远胜白日。倘若不能澄心静虑,通达天地之象、人生之意,也就无法体悟此中幽韵。

【注释】　①意爻象:《周易》中的一组范畴。意为本义,爻为组成卦的符号,阴阳爻含有交错和变化之意;象为卦象和卦位,也指阴阳爻所象征的事物。

【评解】　有闲适之心,才可见花落月上、河汉流云之景致,才会有钟声入耳之悠扬。没有了人世尘俗的烦扰,才能契心会意于天地之象。

006 纸窗竹屋,夏葛冬裘,饭后黑甜,日中白醉,足矣!

【译文】 居住于远离尘嚣的纸窗竹屋之中,夏穿葛衣冬有皮裘,饭后酣睡,中午酒醉,如此便满足了。

【评解】 此条采自明·陈继儒《岩栖幽事》:"古云鹤笠鹭蓑,鹿裘鹊冠,鱼枕杯,猿臂笛,与画图之屋庐,诗意之山水,皆可遇而不可求,即可求而不可常。余唯纸窗竹屋,夏葛冬裘,饭后黑甜,日中白醉。"整天想着的似乎就是如何消闲日子,享受生活,这是古人的诗意人生。

007 收碣石之宿雾,敛苍梧之夕云。八月灵槎①,泛寒光而静去;三山神阙②,湛清影以遥连。

【译文】 收起碣石山的夜雾,敛起苍梧山的夕云。八月海上有灵性的木筏,泛着寒光静静地向天河划去;三座神山的海市蜃楼,映着清影遥遥相连。

【注释】 ①八月灵槎:《博物志》:"年年八月有浮槎,去来不失期。"传说八月乘有灵性的木筏入海,可通天河,见牛郎织女。 ②三山神阙:传说中海中方丈、蓬莱、瀛洲三神山的海市蜃楼。

【评解】 此条采自阮昌龄《海不扬波赋》。《宋诗话辑佚·唐宋名贤诗话》载:"阮昌龄丑陋吃讷,聪敏绝人。年十七八,海州试《海不扬波赋》,即席一笔而成,文不加点,其警句云:'收碣石之宿雾,敛苍梧之夕云。八月灵槎,泛寒光而静去;三山神阙,湛清影以遥连。'"

008 空三楚之暮天①,楼中历历;满六朝之故地,草际悠悠。

【译文】 暮色中的三楚大地,苍茫空旷,黄鹤楼中的景象历历在目;六朝的故地金陵,草色连天,白云悠悠。

【注释】 ①三楚:战国时楚地分为西楚、东楚、南楚,合称三楚。

【评解】 此条采自晚唐·黄滔《赋秋色》。秋色满目,草木依旧,风流飘散,人事已休。以古事为题,寓悲伤之旨。

009 秋水岸移新钓舫,藕花洲拂旧荷裳。心深不灭三年字①,病浅难销十步香②。

【译文】 新制的钓船在秋水中慢慢游荡,藕花洲畔荷叶轻拂着身上旧日的隐逸服装。隐逸之心思深沉,忘不掉是多年的夙愿,身染小恙,难以消受的是十步香的香气。

【注释】 ①三年字:《古诗十九首·孟冬寒气至》:"置书怀袖中,三年字不灭。"一书之微,藏之三年,时刻思念不能去怀。 ②十步香:香的一种。汉刘向《说苑·谈丛》:"十步之泽,必有香草。"南朝陈刘删《咏青草》诗云:"雨沐三春叶,风传十步香。"

【评解】 此条采自明·汤显祖七律诗《虞淡然在告》:"璁珑浮阙定星光,河汉风清有报章。秋水岸移新钓舫,藕花洲拂旧荷裳。心深不灭三年字,病浅难销十步香。剩有闲情堪弄月,西湖竹色未应凉。"诗写告假还乡之淡泊生活。在告,即指古代官吏在告假休息期间。

010 赵飞燕歌舞自赏①,仙风留于绉裙②;韩昭侯颦笑不轻③,俭德昭于弊裤④。皆以一物著名,局面相去甚远。

【译文】 赵飞燕轻歌曼舞,风流自赏,仙女们效仿其穿上绉裙的风姿;韩昭侯喜怒不形于色,节俭的美德体现在藏旧裤而厚赏。二人都是因为一件衣物而闻名,但其境界局面却相差甚远。

【注释】 ①赵飞燕:汉成帝皇后,长裾善舞,体态轻盈,号曰飞燕。 ②绉(zhòu)裙:有褶皱的裙子。《赵飞燕外传》:"(赵飞燕)衣南越所贡云英紫裙,碧琼轻绉……他日,宫姝幸者,或襞裙为绉,号曰留仙裙。"引领了有汉一代的服饰风潮。 ③韩昭侯:战国时韩国国君,任用申不害为相,国内大治。 ④弊裤:破裤子。《韩非子·内储说上》记韩昭侯厉行节俭,明于赏罚之理:"故藏弊裤,厚赏之使人为贲、诸也,妇人之拾蚕,渔者之握鳝,是以效之。"

【评解】 "青山有幸埋忠骨,白铁无辜铸佞臣。"裙裤本无善恶之别,但却可能因人而留芳,因人而遭唾。

011 翠微僧至,衲衣皆染松云;斗室残经,石磬半沉蕉雨。

【译文】 来自青山深处的僧人,百衲衣上都浸染着松风云霞;闲坐斗室,手执未看完的经卷,石磬声音沉郁仿佛雨打芭蕉。

【评解】 此条采自明·屠隆《娑罗馆清言》:"翠微僧至,衲衣全染松云;斗室经残,石磬半沉蕉雨。"

韦应物《长安遇冯着》诗:"客从东方来,衣上灞陵雨。"不着一字,而尽得一派名士兼隐士的风度。有经卷做伴,无俗事闹心,如闲云野鹤,岂不悠哉。

012 黄鸟情多,常向梦中呼醉客;白云意懒,偏来僻处媚幽人。

【译文】 黄鹂多情,总是想要把沉醉的人从梦中唤醒;白云慵懒,偏偏要到僻静的山林去取媚于隐士。

【评解】 此条采自明·洪应明《菜根谭》。

黄鸟并不多情,多情的是人;白云并不媚人,而是超然世外的隐士觉得白云可亲。如果你是白云,谁是你心中的幽人值得一媚? 如果你是幽人,那来去自如,却又常驻心中的白云又在何方?

013 "乐意相关禽对语,生香不断树交花①",是无彼无此真机;"野色更

无山隔断,天光常与水相连^②",此彻上彻下真境。

【译文】 "乐意相关禽对语,生香不断树交花",这是万物一体、无分彼此的天然乐趣;"野色更无山隔断,天光常与水相连",这是天地交融、上下协同的美好境界。

【注释】 ①"乐意"二句:语出宋·石曼卿《金乡张氏园亭》:"亭馆连城敌谢家,四时园色斗明霞。窗迎西渭封侯竹,地接东陵隐士瓜。乐意相关禽对语,生香不断树交花。纵游会约无留事,醉待参横月落斜。" ②"野色"二句:收入《杜诗详注》七言逸句,《全唐诗》、《杜工部集》均未收,见张子韶《传心录》。朱彝尊认为:"此乃宋人郑獬诗,张氏误引杜句。"

【评解】 此条采自明·洪应明《菜根谭》:"乐意相关禽对语,生香不断树交花",此是无彼无此得真机。"野色更无山隔断,天光常与水相连",此是彻上彻下得真意。吾人时时以此景象注之心目,何患心思不活泼,气象不宽平!

从"禽对语"里悟出"乐意相关",从"树交花"里悟出"生香不断",结合景物以说明情趣。"野色"二句,则"非特为山光野色,凡悟一道理透彻处,往往境界皆如此"。人与自然要达到圆融和谐的关系,均需内在心灵生生不息的创进,才能圆满完成。

014 美女不尚铅华,似疏云之映淡月;禅师不落空寂,若碧沼之吐青莲。

【译文】 美女不施粉黛,好似稀疏的白云映衬着淡淡的月光;禅师不落空寂,就像碧波荡漾的水面上的青莲。

【评解】 此条采自明·洪应明《菜根谭》。"疏云"原作"疏梅"。

疏云淡月,美在疏朗优雅;碧沼青莲,美在自然洒脱。都是令人神往的淡雅境界。简单是最成熟的美丽,单纯是最丰富的高雅。

015 书者喜谈画,定能以画法作书;酒人好论茶,定能以茶法饮酒。

【译文】 书法家喜欢谈论绘画,必定能够以绘画的方式来写书法;喝酒的人喜欢谈论茶道,必定能够以品茶之法来饮酒。

【评解】 世间万物事隔理不隔,又何止书与画、茶与酒。共通共融,互为借鉴,是为自然之道。

016 诗用方言,岂是采风之子;谈邻俳语,恐贻拂麈之羞。

【译文】 作诗运用方言,难道是采风之人吗?谈话喜欢俳优戏谑之语,恐怕遭受清谈高士的羞辱。

【评解】 如《诗经》、乐府民歌,皆为乡间里巷之俚言俳语。诗贵于意境,而非一味以语言之雅俗区分高下。

017 肥壤植梅,茂而其韵不古;沃土种竹,盛而其质不坚。

【译文】 肥沃的土壤中种植梅花,虽然茂盛但其韵味不古朴;肥沃的土壤中栽种翠竹,虽然茂盛但其质地不坚实。

【评解】 梅之韵,在其清淡素雅;竹之美,在其清姿瘦节,丧此,则无自然之性,亦无天真之趣。

018 竹径松篱,尽堪娱目,何非一段清闲;园亭池榭,仅可容身,便是半生受用。

【译文】 竹林中的小径,松枝做的篱笆,尽可以清心娱目,怎么不是一段清闲景象;园林中的亭子,池台中的亭榭,仅仅可以容身,便可供半生享用。

【评解】 这便是孔子赞扬颜回的安贫乐道之境:"一箪食,一瓢饮,在陋巷,人不堪其忧,回也不改其乐。"

019 南涧科头,可任半帘明月;北窗坦腹①,还须一榻清风。

【译文】 披头散发于南涧,可任半帘明月相照;北窗下坦腹而卧,还须一榻清风吹拂。

【注释】 ①坦腹:用王羲之"坦腹东床"典。刘义庆《世说新语·雅量》:"郗太傅在京口,遣门生与王丞相书,求女婿。丞相语郗信:'君往东厢,任意选之。'门生归,白郗曰:'王家诸郎亦皆可嘉,闻来觅婿,咸自矜持,唯有一郎在东床上坦腹卧,如不闻。'郗公云:'正此好!'访之,乃是逸少,因嫁女与焉。"

【评解】 清风明月,科头坦腹,率性随意,无所拘束,与天地万物合一的自由境界。

020 披帙横风榻,邀棋坐雨窗。

【译文】 横卧在风中的床榻之上披卷读书,对坐在雨中的窗前邀人下棋。

【评解】 潇潇风雨之中披卷对棋,可以感受到一份不理会世事喧嚣的恬淡悠远。

021 洛阳每遇梨花时,人多携酒树下,曰:为梨花洗妆。

【译文】 洛阳城每到梨花盛开的时候,人们往往携带着美酒来到树下,说是为梨花洗妆。

【评解】 此条采自冯贽《云仙杂记》:"洛阳梨花时,人多携酒其下,曰:为梨花洗妆。"

天下的花中,要说白,当数梨花。春风荡漾,梨树花开,千朵万朵,压枝欲低,白清如雪,玉骨冰肌,素洁淡雅,靓艳含香,风姿绰约,真有"占断天下白,压尽人间花"的气势。"梨花风起正清明,游子寻春半出城",古时候,每逢梨花盛开时节,人们最爱在花阴下欢聚,雅称"洗妆"。唐朝时,这一风俗十分盛行。人们最爱用梨花作头饰,当时,汝阳侯穆清叔赏梨花曾赋诗云:"共饮梨树下,梨花插满头。清香来玉树,白蚁泛金瓯……"

022 绿染林皋,红销溪水。几声好鸟斜阳外,一簇春风小院中。

【译文】 绿色染遍了山林及水边高地,落花飘逝于山涧的溪水。几声动听的鸟鸣声回响在斜阳之外,一簇春风回荡在山居小院中。

【评解】 绿染红销,山明水秀,小院中的"一簇春风",亦如鼓荡在诗人的心头吧,天地为之一新!

023 有客到柴门,清尊开江上之月;无人剪蒿径,孤榻对雨中之山。

【译文】 有客人来到寒舍,清樽斟满,对饮于江上明月;没有人来拜访荒路小径,孤零零地躺在床榻上,面对着远处雨中的山峰。

【评解】 客来则举杯邀月,无人则独对青山,既能独享自然之宁静,亦能共享天地之多情,交通而无碍。

024 恨留山鸟,啼百卉之春红;愁寄陇云,锁四天之暮碧。

【译文】 怨恨遗留于山鸟,悲啼使百花在春天吐艳盛开;忧愁托寄于陇上行云,凝聚锁住了天空中的暮色苍茫。

【评解】 此条采自晚唐·黄滔《馆娃宫赋》。昔日歌台舞榭,已是芳草萋萋,令人生千古兴亡之叹。

025 涧口有泉常饮鹤,山头无地不栽花。

【译文】 溪涧口有一泓泉水仙鹤常常来饮水,山头没有地方不栽种有各色各样的花朵。

【评解】 古诗曰:天上神仙府,人间宰相家;有田俱种玉,无地不栽花。

026 双杵茶烟,具载陆君之灶①;半床松月,且窥扬子之书②。

【译文】 一对杵臼茶烟笼罩,全部陈列着陆羽所创的茶具二十四器;半床松间明月映照,且看扬雄住所堆满的书籍。

【注释】 ①陆君之灶:茶圣陆羽的茶灶,指陆羽所创造的茶具二十四器。 ②扬子之书:西汉扬雄家素贫,人希至其门,乃模拟《易经》作《太玄》,模拟《论语》作《法言》。

【评解】 半床明月半床书,是读书人对书的情感。唐·卢照邻《长安古意》:"寂寂寥寥扬子居,年年岁岁一床书。独有南山桂花发,飞来飞去袭人裾。"清心寡欲、不慕荣利,却以文名流芳百世。

027 寻雪后之梅,几忙骚客;访霜前之菊,颇惬幽人。

【译文】　寻访雪后的梅花,几乎忙坏了文人骚客;探访霜前的菊花,非常契合隐士的情趣。

【评解】　本书卷四049条:"雪后寻梅,霜前访菊,雨际护兰,风外听竹。固野客之闲情,实文人之深趣。"卷七002条:"雪后寻梅,霜前访菊,雨际护兰,风外听竹。"文字略有改易,而文义相近,可以参看。

028　帐中苏合①,全消雀尾之炉;槛外游丝,半织龙须之席。

【译文】　帏帐中的苏合香气,完全消失在雕刻成雀尾形状的香炉中;门槛外的游丝,多半已编织成龙须般的罗网。

【注释】　①苏合:一种香料。江总《闺怨篇》:"池上鸳鸯不独自,帐中苏合还空然。"

【评解】　帐内余香已散,槛外游丝半结,闲散之人仍然高卧不起。

029　瘦竹如幽人,幽花如处女。

【译文】　瘦削的翠竹如同清瘦的隐士,清幽的花卉仿如羞涩的处女。

【评解】　此条采自苏轼《书王主薄所画折枝》。状写画中景物情状。自然界的一切物象在诗人眼中无不具有独特的情调,以这种满怀诗意的心境来创作欣赏,自然而然会流露出作者的情意。

030　晨起推窗,红雨乱飞,闲花笑也;绿树有声,闲鸟啼也;烟岚灭没,闲云度也;藻荇可数,闲池静也;风细帘清,林空月印,闲庭悄也;山扉昼扃,而剥啄每多闲侣;帖括困人①,而几案每多闲编;绣佛长斋,禅心释谛,而念多闲想,语多闲辞。闲中滋味,洵足乐也。

【译文】　早晨起来推开窗户,红花点点如雨纷飞,那是花儿悠闲含笑;翠绿的树丛中传来声音,那是鸟儿悠闲鸣啼;烟雾云岚湮没了山峦,那是云彩悠闲地飘荡;水草荇菜清晰可数,那是池水闲静无波。微风吹拂,帘响清细,稀疏的树林,月光映照,那是闲庭静悄悄;山居的门白天也关着,前来敲门的往往多是悠闲的朋友;应试的科举文章使人困倦,而书桌上往往多是风雅的闲书;绣着佛像,长期吃斋,禅心释虑,而念头多是闲想,言语多是闲辞。悠闲生活的滋味,实在是称得上快乐的。

【注释】　①帖括:唐朝科举制度,把经文贴去若干字,令应试者对答。后考生因帖经难记,乃总括经文编成歌诀,便于记诵应试,称"帖括"。这里泛指应试文章。明清时称"八股文"。

【评解】　此条采自晚明·华淑《题闲情小品序》。这是一篇妙趣横生的"闲"赋。作者离开喧闹的尘世,幽栖于友人的山居中,本来是为了应试科举,但沐浴于山间清景,入世之心不禁越来越淡。写得如此闲情逸致,仿佛整个人都消融在大自然中,唯有心满意足的人才得如此吧。而太多的现代人整日忙碌,难得轻松,悠闲似乎成为现代人的敌人。林语堂说:"尘世乃唯一的天堂。什么时候我们也能让自己的心灵偶尔下下岗?"

031 鄙吝一销,白云亦可赠客;渣滓尽化,明月亦来照人。

【评解】 同见卷五036条。

032 水流云在①,想子美千载高标;月到风来②,忆尧夫一时雅致。

【译文】 水流心不竞,云在意俱迟,遥想杜甫树立的千古高标;月到天心处,风来水面时,追忆邵雍一时的风雅韵致。

【注释】 ①水流云在:语出杜甫《江亭》:"坦腹江亭暖,长吟野望时。水流心不竞,云在意俱迟。寂寂春将晚,欣欣物自私。故林归未得,排闷强裁诗。"杜甫,字子美。 ②月到风来:语出宋·邵雍《清夜吟》:"月到天心处,风来水面时。一般清意味,料得少人知。"邵雍,字尧夫,北宋理学家,居洛阳近三十年,名其居曰安乐窝,号安乐先生。

【评解】 只要把那个"竞"的心放下,心湖即平静无波、涟漪不起;把那个心头的"意"抛开,就能像天上舒卷的白云一般,自在而无烦忧。月到天心,风来水面,都有着清凉明净的意味,只有微细的心情才能体会领悟。只要在这颗心上下工夫,摒弃过多的尘世贪欲,回归自然纯朴的本性,便足以想忆千载高标、一时雅致。

033 何以消天下之清风朗月,酒盏诗筒;何以谢人间之覆雨翻云,闭门高卧。

【译文】 用什么方法来消受天下的清风明月美景?只有酒杯和诗筒;用什么方法来谢绝人间的覆雨翻云险恶?只有闭门高卧。

【评解】 诗筒酒盏,添清风朗月多少风姿;闭门高卧,却并不能杜绝人世间的纷扰。也许这就是一种姿态,一种淡然以对的姿态。

034 高客留连,花木添清疏之致;幽人剥啄,莓苔生淡冶之容。

【评解】 同见卷七058条。

035 雨中连榻,花下飞觞,进艇长波,散发弄月。紫箫玉笛,飒起中流,白露可餐,天河在袖。

【译文】 雨中连榻而坐,花下飞觞而饮,驾艇长波而戏水,披发吟诗而赏月。紫箫玉笛的旋律,忽然从中流响起,白色的露珠仿佛可以餐饮,顿觉心旷神怡,天上的银河似乎已在自己的袖中。

【评解】 江上良辰夜月,令人感怀流连!

036 午夜箕踞松下,依依皎月,时来亲人,亦复快然自适。

【译文】　午夜时闲坐于松树之下,多情的皎洁明月,不时来和人亲近,也足以令人感到快乐惬意。

【评解】　我见明月多妩媚,料明月见我应如是。

037　香宜远焚,茶宜旋煮,山宜秋登。

【译文】　香适宜在相距较远的地方焚燃,茶适宜随时烹煮品饮,山适宜在秋天登临。

【评解】　这里的"宜",与其说是一种得法,不如说是一种生活态度。

038　中郎赏花云:茗赏上也,谈赏次也,酒赏下也。若夫内酒越茶及一切庸秽凡俗之语,此花神之深恶痛斥者。宁闭口枯坐,勿遭花恼可也。

【译文】　袁中郎赏花说:品茗赏花为上,清谈赏花为次,饮酒赏花为下。至于说到宫廷的御酒、越地的茶叶以及其他一切庸秽凡俗的语言,都是花神所深恶痛斥的。因此宁可闭口干坐着,也不要遭惹花神恼怒。

【评解】　此条采自明·袁宏道(字中郎)《瓶史·清赏》。这部专门讨论插瓶的书,在日本获得很高的评价,因此日本有所谓"袁派"的插花。袁氏认为一个人如在某方面有特殊的成就,一定会爱之成癖,沉湎酣溺而不能自拔;对于爱花的癖好,他也表现同样的见解:"余观世上语言无味面目可憎之人,皆无癖之人耳。"

039　赏花有地有时,不得其时而漫然命客,皆为唐突。寒花宜初雪,宜雨霁,宜新月,宜暖房;温花宜晴日,宜轻寒,宜华堂;暑花宜雨后,宜快风,宜佳木浓阴,宜竹下,宜水阁;凉花宜爽月,宜夕阳,宜空阶,宜苔径,宜古藤巉石边。若不论风日,不择佳地,神气散缓,了不相属,比于妓舍酒馆中花,何异哉!

【译文】　赏花要讲究一定的地点、时间,如果不讲究时间而随意地邀客观赏,都是唐突之举。寒冷季节(冬季)开的花,适宜在瑞雪初降、雨后初晴、新月初上、温暖的屋子里观赏;温暖季节(春季)开的花,适宜在晴朗之日、轻寒之时、华堂之上观赏;暑天(夏季)开的花,适宜在雨后、凉快之风中、绿树浓阴下、翠竹林下、水边阁楼观赏;凉爽季节(秋季)开的花,适宜在凉爽月夜、夕阳西下、空旷阶前、苔藓小径、古藤怪石旁边观赏。如果不论时间和气候变化,不选择最佳的观赏地点,神气散缓,全然不相关,这和在青楼、酒馆中赏花,又有什么差别呢!

【评解】　此条采自明·袁宏道《瓶史·清赏》。提出寒花、温花、暑花、凉花,应有不同的赏花时间和地点。赏花须与时、地、人心相契合。

040　云霞争变,风雨横天,终日静坐,清风洒然。

【译文】 云霞尽相变幻,风雨横天而降,终日静坐,但觉清风洒然,心旷神怡。

【评解】 现代人却整日忙于俗务,感官日益迟钝,大概很少能觉察到云霞风雨的变幻了吧。

041 妙笛至山水佳处,马上临风快作数弄。

【译文】 妙善长笛者,偶至山水佳处,便在马上欣快地吹奏几曲。

【评解】 此条采自北宋·张邦基《墨庄漫录》:喻陟明仲陆州人,持节数部,政积蔼著,雅善散隶,尤妙长笛。每行按至山水佳处,马上临风快作数弄,殊风流萧散也。曾有马上吹笛诗寄张艺叟和寄云:"越客思归黯不平,闻数长笛写秦声。羡君气海如斯庄,博我诗锋孰敢争?江上梅花开又落,陇头流水咽还惊,岂知不寐鳏鱼眼,独坐山堂对月明。"山水笛韵一相逢,便胜却人间无数。

042 心中事,眼中景,意中人。

【译文】 心中的情事,眼中的物景,意中的佳人。

【评解】 此条采自宋·张先《行香子》词:"舞榭歌云,闲淡妆匀。蓝溪水,深染轻裙。酒香醺脸,粉色生春。更巧谈话,美性情,好精神。江空无畔,凌波何处。月桥边,青柳朱门。断钟残角,又送黄昏。奈心中事,眼中泪,意中人。"将"泪"改为"景"。

据《苕溪渔隐丛话》、《古今词话》等书记载,因为宋代词人张先《行香子》中有此佳句,故当时人们曾送给他一个"张三中"的美称。但张先却不以为然地说:"那倒不如叫我'张三影'吧!"客人不解其意,张解释道:"'云破月来花弄影'、'娇柔懒起,帘压卷花影'、'柳径无人,堕飞絮无影',这三个'影'字是我平生最得意。"于是,"张三影"的美名便传开了。

简简单单的几个字,却好像说中了全部。仿佛整个世界,就在这几个字中,慢慢地像画纸上的墨水般一点点洇染开去。

043 园花按时开放,因即其佳称,待之以客:梅花索笑客,桃花销恨客,杏花倚云客,水仙凌波客,牡丹酣酒客,芍药占春客,萱草忘忧客,莲花禅社客,葵花丹心客,海棠昌州客,桂花青云客,菊花招隐客,兰花幽谷客,酴醾清叙客,腊梅远寄客。须是身闲,方可称为主人。

【译文】 园中之花依照时令开放,于是根据其美称,招待不同的客人分别观赏:梅花叫做索笑客,桃花叫做销恨客,杏花叫做倚云客,水仙叫做凌波客,牡丹叫做酣酒客,芍药叫做占春客,萱草叫做忘忧客,莲花叫做禅社客,葵花叫做丹心客,海棠叫做昌州客,桂花叫做青云客,菊花叫做招隐客,兰花叫做幽谷客,酴醾叫做清叙客,腊梅叫做远寄客。必须是身闲心静,方可成为这些花卉的主人。

【评解】　有"花中十友"、"花中十三客"之类的种种雅称,然而,归根结底,只有身闲心闲,方可为花之主人。

044　马蹄入树鸟梦坠,月色满桥人影来。

【译文】　一阵马蹄,惊起树上沉睡的鸟儿,散落了一地落花;月光满地,但见隐约中,有人骑马踏月而来。

【评解】　未见其人,先闻其声,由声而及月下来人,写来缥缈有致。

045　无事当看韵书,有酒当邀韵友。

【译文】　无事看看风雅的诗书,有酒邀请高雅的诗友。

【评解】　过多的欲望,会使人看不清这个世界,少欲的人才能得闲,是为"无欲则刚"。

046　红蓼滩头,青林古岸,西风扑面,风雪打头,披蓑顶笠,执竿烟水,俨在米芾《寒江独钓图》中。

【译文】　在盛开红蓼花的滩头,在青翠树木掩映下的古岸边,在西风呼啸扑面而来,风雪骤起迎头打来之时,披为蓑衣顶着斗笠,手执渔竿钓于烟波渺茫的寒江之中,俨然置身于宋代米芾《寒江独钓图》的意境之中。

【评解】　此条采自宋·沈括《洞天游录》:"江上一蓑,钓为乐事。钓用轮竿,竿用紫竹,轮不欲大,竿不宜长,但丝长则可钓耳。豫章有丛竹,其节长又直,为竿最佳。竿长七八尺,敲针作钩。所谓'一勾掣动沧浪月,钓出千秋万古心',是乐志也。意不在鱼。或于红蓼滩头,或在青林古岸,或值西风扑面,或教飞雪打头,于是披蓑顶笠,执竿烟水,俨在米芾《寒江独钓图》中,比之严陵渭水,不亦高哉。"

047　冯惟一以杯酒自娱①,酒酣即弹琵琶,弹罢赋诗,诗成起舞。时人爱其俊逸。

【译文】　冯惟一以饮酒自娱,酒酣耳热之际便弹起琵琶,弹完琵琶就赋诗,赋诗成后便起舞。时人非常喜爱他的俊逸潇洒。

【注释】　①冯惟一:冯吉,字惟一,五代时仕晋、周,官太常少卿,善属文,工草隶,尤工琵琶,无操行,每朝士宴集,虽不召亦常自至。酒酣即弹琵琶,继之以诗、舞,时人称为"三绝"。

【评解】　不拘礼数,率性而往,真洒脱者。

048　风下松而含曲,泉潆石而生文。

【译文】　山风从松树上吹下,松涛声声仿佛含着曲调;泉水萦绕着石头而流,生出粼粼的波纹。

【评解】 此条采自南朝梁·陶弘景《寻山志》:"日负障以共隐,月披云而出山,风下松而含曲,泉漱石而生文,草藿藿以拂露,鹿飙飙而来群。"听自然之合奏,观万物之共生,此心如洗。

049 秋风解缆,极目芦苇,白露横江,情景凄绝。孤雁惊飞,秋色远近,泊舟卧听,沽酒呼卢①,一切尘事,都付秋水芦花。

【译文】 秋风萧瑟,解缆船行,极目而望,芦苇连天,白露横江,情景极其凄凉。孤零的大雁惊飞而去,远近一派肃杀秋色,泊舟岸边,卧听万籁,饮酒博戏,所有的尘俗尘事,都付与秋水芦花。

【注释】 ①呼卢:古代的一种赌博游戏,削木为子,分别黑白,称为黑牛白雉,五子全黑称卢,呼卢即叫喊着求卢。

【评解】 古人对秋的描述总是令人伤感的,这里的描写更是让人感到一片秋色偏唤愁人的凄凉景象。然而,作者却能淡然以对,泊舟高卧,但将满怀尘事,都付与这秋水芦花中。

050 设禅榻二,一自适,一待朋。朋若未至,则悬之。敢曰陈蕃之榻,悬待孺子①,长史之榻,专设休源②。亦惟禅榻之侧,不容着俗人膝耳。诗魔酒颠,赖此榻祛醒。

【译文】 设置两张禅榻,一张自己使用,一张接待朋友。朋友如果没有来到,就悬挂起来。正可谓陈蕃之榻,专门悬待徐孺;长史之榻,专门为孔休源而设。而且我这禅榻的旁边,是容不得俗人坐卧的。只有那些诗魔酒颠,依赖此榻去魔醒酒。

【注释】 ①"陈蕃之榻"二句:《后汉书·徐稚传》:"(陈)蕃在郡,不接宾客,惟稚(字孺子)来,特设一榻,去则悬之。" ②"长史之榻"二句:南朝梁·孔休源为晋安王长史,深得信任,王于斋中特设一榻,曰"此是孔长史坐"。

【评解】 自适之榻,用以静心;待友之榻,亦以祛俗。然今日之榻,主客皆不屑于此。多的是一群面目模糊之人觥筹交错杯盘狼藉。

051 留连野水之烟,淡荡寒山之月。

【译文】 留连于野外流水之上的烟霭,淡荡于清寒山峰之上的明月。

【评解】 此条采自明·徐渭《梅赋》。写烟月笼罩下的梅花之高洁。

052 春夏之交,散行麦野;秋冬之际,微醉稻场。欣看麦浪之翻银,积翠直侵衣带;快睹稻香之覆地,新醅欲溢尊罍①。每来得趣于庄村,宁去置身于草野。

【译文】 春夏之交,漫步于麦田之野;秋冬之际,微醉于打谷之场。欣看微风吹过翻起麦田银浪层层,积聚的青翠之气浸染衣带;高兴地看到稻谷的芳香氤氲谷场,新酿的米酒溢满杯盏。每次来到都从乡村得到无穷的乐趣,宁愿离开喧嚣的城市置身于草莽山野。

【注释】　①尊罍(léi):古代盛酒器。

【评解】　春夏之交、秋冬之际,农村中的两个收获时节。"开轩面场圃,把酒话桑麻",可以闻到稻麦泥土的香味,甚至可以为四月的麦野所迷,竟动了弃官不做、"置身草野"的念想,欣快之情可以想见。

053　羁客在云村,蕉雨点点,如奏笙竽,声极可爱。山人读《易》、《礼》,斗后骑鹤以至^①,不减闻《韶》也^②。

【译文】　羁旅他乡的客人身在云村,听雨打芭蕉点点滴滴,就像笙竽的吹奏一般,声音极其动听可爱。山居之人读罢《周易》、《礼记》,从方外骑着野鹤飘然而至,不亚于闻听《韶》乐。

【注释】　①斗后:犹言方外。　②《韶》:传说中舜所作乐曲名。《论语·述而》:"子在齐闻《韶》,三月不知肉味。"

【评解】　羁旅他乡,雨滴芭蕉,本亦寂寞难耐,而能有喜爱之情者,当是读《易》、《礼》之乐也。晚明小品家多嗜谈读《易》之趣,作品中屡屡道及。

054　阴茂树,濯寒泉,溯冷风,宁不爽然洒然?

【译文】　遮阴于茂树之下,濯足于寒泉之中,沐浴于冷风之中,能不令人清爽洒脱吗?

【评解】　还有什么比夏日里的浓阴、寒泉与冷风更令人倍觉清爽呢?

055　韵言一展卷间^①,恍坐冰壶而观龙藏^②。

【译文】　展读这本诗集,恍如坐在月光之下诵读佛经一般。

【注释】　①韵言:有韵的文辞,这里指诗集。　②龙藏:佛经。相传大乘经典藏在龙宫,故名。

【评解】　表述的是读书人展读诗书后的新鲜感受。

056　春来新笋,细可供茶;雨后奇花,肥堪待客。

【译文】　初春的新笋,非常细嫩,可以用来烹饮煮茶;雨后的奇花,肥嫩鲜艳,足可以用来供客人观赏。

【评解】　生活之欣喜,不在荣华富贵,而就在日常的茶烟袅袅中,言语欢笑间。

057　赏花须结豪友,观妓须结淡友,登山须结逸友,泛舟须结旷友,对月须结冷友,待雪须结艳友,捉酒须结韵友。

【译文】 赏花需要与豪放不羁的朋友结伴,观妓听曲需要与恬淡平和的朋友结伴,登山需要和超凡脱俗的朋友结伴,泛舟需要与旷达的朋友结伴,对月需要与冷峻的朋友结伴,踏雪需要与文辞华丽的朋友结伴,饮酒需要与雅致的朋友结伴。

【评解】 此条采自明·吴从先《小窗自纪》。

朋友的种类不同,情趣各异,因此在不同的情境中需要不同类型的朋友。清·张潮《幽梦影》中也说:"上元须酌豪友;端午须酌丽友;七夕须酌韵友;中秋须酌淡友;重九须酌逸友。"

058 问客写药方,非关多病;闭门听野史,只为偷闲。

【译文】 询问客人开写药方,并非因为多病;闭门听讲野史故事,只是为了偷闲。

【评解】 闭门即是深山,还有野史相闻,闲而有趣。

059 岁行尽矣,风雨凄然,纸窗竹屋,灯火青荧,时于此间得小趣。

【译文】 岁末将尽,风雨交加,情境凄然,但纸窗竹屋之下,一盏微弱的青灯,不时可于此间得到小小的乐趣。

【评解】 此条采自宋·苏轼《与毛维瞻》:"岁行尽矣,风雨凄然,纸窗竹屋,灯火青荧,时于此间,得少佳趣,无由持献,独享为愧,想当一笑也。"

夜深人静之际,纸窗青灯之下,摊开书卷,读几行自己喜爱的文字,心情渐渐清朗起来。青灯映照着书卷,也映照出一份寂寞。大约总须在领悟人生的苦辛风波之后,才能够领略此种情境,才能从寂寞中寻得佳趣,但寂寞还是寂寞的,因为这佳趣只能独享。

060 山鸟每夜五更喧起五次,谓之报更,盖山间率真漏声也。

【译文】 山鸟每夜五个更次要鸣叫五次,可以称之为报更,这大概是山间自然天真的报时声。

【评解】 此条采自明·陈继儒《岩栖幽事》。山间自有更漏声,自有真趣在,只是凡尘中谁人能聆听体悟?

061 分韵题诗,花前酒后;闭门放鹤,主去客来①。

【注释】 ①"闭门"二句:宋代诗人林逋隐居杭州西湖,结庐孤山。常驾小舟遍游西湖诸寺庙,与高僧诗友相往还。每逢客至,叫门童子纵鹤放飞,林逋见鹤必棹舟归来。

【译文】 分韵题诗联句,适宜在花前酒后;门户紧闭童子放鹤,是在主人离家客人到来之时。

【评解】 花前月下,诗酒流连;主去客来,仙鹤传信。可谓任性率真,放怀天地。

062　插花着瓶中,令俯仰高下,斜正疏密,皆存意态,得画家写生之趣方佳。

【译文】　瓶中插花的方法,要使其高下俯仰错落,斜正疏密有致,都各得其意态情韵,以得画家写生的意趣为最佳。

【评解】　此条采自明·高濂《遵生八笺·燕闲清赏》之《瓶花三说》:"或挺露一干中出、上簇下蕃、铺盖瓶口,令俯仰高下,疏密斜正,各具意态,得画家写生折枝之妙,方有天趣。"俯仰高下,斜正疏密,随意点染,便自得一段意态情趣。

063　法饮宜舒,放饮宜雅,病饮宜小,愁饮宜醉,春饮宜郊,夏饮宜庭,秋饮宜舟,冬饮宜室,夜饮宜月。

【译文】　正规的饮酒适宜放松一些,豪放的饮酒适宜优雅一些,病中的饮酒适宜少量节制,愁中的饮酒适宜一醉方休,春天饮酒适宜在野郊,夏天饮酒适宜在庭院,秋天饮酒适宜在舟船,冬天饮酒适宜在屋室,夜晚饮酒适宜在月下。

【评解】　这些都是文人雅士的饮法。文人之饮,时、地、量、景,惟以酒趣为要。

064　甘酒以待病客,辣酒以待饮客,苦酒以待豪客,淡酒以待清客,浊酒以待俗客。

【译文】　甘甜的酒用来招待有病的客人,辛辣的酒用来招待善饮的客人,苦涩的酒用来招待豪爽的客人,清淡的酒用来招待清雅的客人,浑浊的酒用来招待世俗的客人。

【评解】　酒品即是人品,酒之品性各有不同,适宜招待的客人类型自有区别。

065　仙人好楼居,须岩峣轩敞①,八面玲珑,舒目披襟,有物外之观,霞表之胜。宜对山,宜临水;宜待月,宜观霞;宜夕阳,宜雪月。宜岸帻观书②,宜倚槛吹笛;宜焚香静坐,宜挥麈清谈。江干宜帆影,山郁宜烟岚;院落宜杨柳,寺观宜松篁;溪边宜渔樵、宜鹭鸶,花前宜娉婷、宜鹦鹉。宜翠雾霏微,宜银河清浅;宜万里无云,长空如洗;宜千林雨过,叠障如新;宜高插江天,宜斜连城郭;宜开窗眺海日,宜露顶卧天风;宜啸,宜咏,宜终日敲棋;宜酒,宜诗,宜清宵对榻。

【译文】　仙人喜好居住在高楼,山势高峻敞亮,八面玲珑,放眼远望,开阔胸襟,有世外的景观,云外的胜迹。适宜门对青山,面临溪流;适宜待月升空,观赏霞云;适宜沐浴夕阳,欣赏雪月。适宜衣着无拘地读书,倚着栏杆吹笛;适宜焚香静坐,挥麈清谈。远望江面适宜有点点帆影,山间适宜有烟云缭绕;院落适宜有依依杨柳,寺观适宜有松竹长青;溪边适宜有渔樵啸咏、鹭鸶翔飞,花前适宜有美女娉婷、鹦鹉学舌。适宜苍翠的晨雾飘忽弥漫,夜晚天上的银河清浅明亮;适宜万里无云,长空如洗;适宜雨过千林,峰峦叠嶂清新如洗;适宜高插江天,斜连城郭;适宜开窗眺望海上日出,脱帽露顶卧听天风;适宜长啸,适宜吟咏,适宜终日对弈手谈;适宜饮酒,适宜赋诗,适宜清夜对榻长谈。

【注释】 ①岧峣(tiáo yáo):山势高峻貌。 ②岸帻:推起头巾,露出前额,形容衣着简率不拘。

【评解】 道教尊崇神灵、神仙,《史记·封禅书》曾记载,公孙卿说:"仙人好楼居。"所以道教尚筑楼崇仙,希望建造高楼,引仙人下凡,这样的神仙所在,自然是要极尽其所好了。

066 良夜风清,石床独坐,花香暗度,松影参差。黄鹤楼可以不登①,张怀民可以不访②,《满庭芳》可以不歌③。

【译文】 良宵美景,月白风清,独坐于石榻之上,花香暗送,松影参差。有此美景,黄鹤楼那样的名胜可以不登,张怀民那样的朋友可以不访,《满庭芳》那样的名词可以不歌。

【注释】 ①黄鹤楼可以不登:典出《世说新语·容止》:"庾太尉(亮)在武昌,秋夜气佳景清,使吏殷浩、王胡之之徒登南楼理咏……公徐云:'诸君少住,老子于此处兴复不浅。'" ②张怀民:张梦得,北宋清河人。苏轼《记承天寺夜游》:"解衣欲睡,月色入户,欣然起行,念无与为乐者,遂至承天寺寻张怀民。怀民亦未寝,相与步于中庭。" ③《满庭芳》可以不歌:指南宋·张镃咏月名词《满庭芳·促织儿》,被誉为"咏物之入神者"。词曰:"月洗高梧,露漙幽草,宝钗楼外秋深。土花沿翠,萤火坠墙阴。静听寒声断续,微韵转、凄咽悲沉。争求侣、殷勤劝织,促破晓机心。 儿时,曾记得,呼灯灌穴,敛步随音。任满身花影,独自追寻。携向华堂戏斗,亭台小、笼巧妆金。今休说、问渠床下,凉夜伴孤吟。"

【评解】 不必刻意登楼,不必特意邀友,不必有意咏歌,但凭慢慢消此良夜,夫复何求!

067 茅屋竹窗,一榻清风邀客;茶炉药灶,半帘明月窥人。

【译文】 茅屋竹窗,一榻清风习习,仿佛在邀客共坐;烹茶炼丹的炉灶,半帘明月皎洁,仿佛入室窥人。

【评解】 一榻清风、半帘明月,一"邀"一"窥",活泼动人。

068 娟娟花露,晓湿芒鞋;瑟瑟松风,凉生枕簟。

【译文】 美丽的花间露珠,清晨打湿了芒草编织的鞋子;瑟瑟的松间清风,凉爽之气浸透了枕席。

【评解】 尘嚣绝迹,凉生枕簟,实在是难得的自在逍遥。一双芒鞋,不着痕迹地透露出其踏遍名山胜水的志意与决心。

069　绿叶斜披,桃叶渡头①,一片弄残秋月;青帘高挂,杏花村里②,几回典却春衣。

【译文】　绿叶斜披树枝,桃叶渡口,透过叶丛洒下一片残碎的秋月;青帘高挂门楣,杏花村里,几回典当了春日的衣衫。

【注释】　①桃叶渡:古渡口。在南京秦淮河畔。相传东晋王献之曾于此作歌送妾桃叶曰:"桃叶复桃叶,渡江不用楫。但渡无所苦,我自迎接汝。"又曰:"桃叶复桃叶,桃叶连桃根。相连两乐事,独使我殷勤。"桃叶、桃根姊妹二人都是王献之妾。　②杏花村:杜牧《清明》诗:"借问酒家何处有? 牧童遥指杏花村。"后代指沽酒处。

【评解】　几件薄薄的春衫也要拿去典当了换酒喝。身无余物,心无牵挂,洒落不羁。

070　杨花飞入珠帘,脱巾洗砚;诗草吟成锦字①,烧竹煎茶。良友相聚,或解衣盘礴②,或分韵角险③,顷之貌出青山,吟成丽句,从旁品题之,大是开心事。

【译文】　飘舞的杨花飞入珠帘,脱下头巾清洗砚台;诗草吟成锦字回文,燃起竹子煎茶待客。知心的朋友相聚,有的解衣箕踞而坐,有的分韵比赛赋诗,不一会儿描摹出青山,吟成了佳句,然后在一旁品评题款,实在是非常开心的事情。

【注释】　①锦字:用锦字回文诗典。《晋书·列女传》记载,苏蕙织锦为回文旋图诗以赠其夫窦滔,宛转循环可读。已见卷二036条注。　②盘礴:箕踞而坐,不拘形迹。《庄子·田子方》:"有一吏后至者,儃儃然不趋,受揖不立,因之舍。公使人视之,则解衣般礴赢。君曰:'可矣,是真画者也。'"　③角险:指文人采取联句、分题、分韵、禁体、唱和等形式赋诗,进行争奇斗险较量诗才。

【评解】　这是文人雅集的情景。濡墨为画,分韵题诗,这是文人的生活方式。

071　木枕傲,石枕冷,瓦枕粗,竹枕鸣,以藤为骨,以漆为肤,其背圆而滑,其额方而通,此蒙庄之蝶庵①,华阳之睡几②。

【译文】　木枕孤傲,石枕清冷,瓦枕粗砺,竹枕响鸣,用藤条做骨架,油漆做外肤,背部圆而滑,额部方而通,这就是蒙人庄周梦蝶的去处,华阳隐居陶弘景的睡榻。

【注释】　①蒙庄:庄子,战国时期宋国蒙(今安徽蒙城县)人,故称。　②华阳:南朝梁·陶弘景,隐居于句容句曲山,自号华阳隐居。

【评解】　写的是隐居之士的睡榻。亦是平常之物,然而"回也不改其乐",安贫而乐道。

072 小桥月上,仰盼星光,浮云往来,掩映于牛渚之间[1],别是一种晚眺。

【译文】 小桥流水,新月初上,仰望满天星光闪烁,浮云往来,掩映于牛渚山和长江之间,别是一段月夜远眺的意境。

【注释】 [1]牛渚:指牛渚山,在今安徽当涂,其山脚突入长江部分为采石矶。

【评解】 主人公站在月光下的小桥之上,从远处眺望牛渚山所看到的景象。"别是一种晚眺",别具一番清幽韵致。

073 医俗病莫如书,赠酒狂莫如月。

【译文】 医治俗病,最好的方法是读书;馈赠酒徒,最好的东西是月光。

【评解】 读书使人脱俗,月光添人酒兴。

074 明窗净几,好香苦茗,有时与高衲谈禅;豆棚菜圃,暖日和风,无事听友人说鬼。

【译文】 明窗净几,好香苦茶,有时间就与高僧谈禅;豆棚菜圃,暖日和风,无事时就听友人说鬼。

【评解】 此条采自明·屠隆《娑罗馆清言》。

　　禅理的玄妙,更为文人雅士所喜爱;而花妖狐鬼之类,则非在豆棚菜圃不可,乡谈俚语,更易为一般的俗众所接受。

075 花事乍开乍落,月色乍阴乍晴,兴未阑,踟蹰搔首[1];诗篇半拙半工,酒态半醒半醉,身方健,潦倒放怀。

【译文】 花事忽开忽落,月色忽阴忽晴,余兴未尽,搔首徘徊;诗篇半工半拙,酒态半醉半醒,身体正好,就潦倒开怀。

【注释】 [1]踟蹰搔首:《诗经·邶风·静女》:"爱而不得,搔首踟蹰。"

【评解】 踟蹰搔首,状其爱而不得、兴犹未尽之情缘;潦倒放怀,则是半醒半醉之受用无穷。

076 湾月宜寒潭,宜绝壁,宜高阁,宜平台,宜窗纱,宜帘钩,宜苔阶,宜花砌,宜小酌,宜清谈,宜长啸,宜独往,宜搔首,宜促膝。春月宜尊罍,夏月宜枕簟,秋月宜砧杵,冬月宜图书。楼月宜箫,江月宜笛,寺院月宜笙,书斋月宜琴。闺闱月宜纱橱,勾栏月宜弦索[1],关山月宜帆樯,沙场月宜刁斗[2]。花月宜佳人,松月宜道者,萝月宜隐逸,桂月宜俊英,山月宜老衲,湖月宜良朋,风月宜杨柳,雪月宜梅花。片月宜花梢,宜楼头,宜浅

水,宜杖藜,宜幽人,宜孤鸿。满月宜江边,宜苑内,宜绮筵,宜华灯,宜醉客,宜妙妓。

【译文】 水湾的月亮适宜寒潭,适宜绝壁,适宜高阁,适宜平台,适宜窗纱,适宜帘钩,适宜苔藓的台阶,适宜鲜花满坛,适宜小酌,适宜清谈,适宜长啸,适宜独往,适宜搔首,适宜促膝。春天的月亮适宜举杯对饮,夏天的月亮适宜枕席卧看,秋天的月亮适宜洗衣砧杵,冬天的月亮适宜图画书籍。楼上的月亮适宜箫声,江上的月亮适宜笛声,寺院的月亮适宜笙声,书斋的月亮适宜琴声。闺闱中的月亮适宜纱帐,勾栏的月亮适宜弦索,关山的月亮适宜帆樯,沙场的月亮适宜刁斗。花前的月亮适宜佳人,松下的月亮适宜道者,藤萝的月亮适宜隐士,桂树下的月亮适宜俊杰,山中的月亮适宜高僧,湖上的月亮适宜好友,风中的月亮适宜杨柳,雪中的月亮适宜梅花。弦月适宜花梢,适宜楼头,适宜浅水,适宜杖藜,适宜幽人,适宜孤鸿。满月适宜江边,适宜园内,适宜豪华的筵席,适宜华灯初上,适宜醉客,适宜美艳的歌妓。

【注释】 ①弦索:以弦乐器为主的管弦乐合奏的通称,流行于明代时的北方。　②刁斗:古代行军用具。白天做炊具,晚上打更。

【评解】 着实令人眼花缭乱。一轮明月,寄托了千古文人多少情思!

077 佛经云:细烧沉水①,毋令见火。此烧香三昧语。

【译文】 佛经上说:细烧沉水香,不要见明火。这是深得烧香奥妙的话。

【注释】 ①沉水:沉水香。由于它的心很坚实,丢到水中会沉到水底,故名。南朝乐府民歌《杨叛儿》:"暂出白门前,杨柳可藏乌。欢作沉水香,侬作博山炉。"

【评解】 此条采自《楞严经》云:"所谓纯烧沉水,无令见火。"此佛烧香法也。在袅袅烟雾中,于青山秀水间,很自然地便会生出无限虔诚来。

078 石上藤萝,墙头薜荔,小窗幽致,绝胜深山,加以明月清风,物外之情,尽堪闲适。

【译文】 青石上缠绕着绿色的藤萝,墙头上爬满了薜荔绿草,小窗前的幽雅别致,绝对胜过深山,加上明月高照,清风徐徐,超然世外的景致,尽可以供人悠闲安适。

【评解】 此条采自明·吴从先《小窗自纪》:"石上藤萝,墙头薜荔,小窗幽致,绝胜深山。加以明月照映,秋色相侵,物外之情,尽堪闲适。"

　　会心处不必在远。古代文人常常把内心的自然与宁静作为第一位的追求,追求所谓的小窗幽致,而物质生活的丰裕与否则在其次。

079 出世之法,无如闭关,计一园手掌大,草木蒙茸,禽鱼往来,矮屋临水,展书匡坐,几于避秦①,与人世隔。

【译文】 摆脱世事束缚的方法,没有比闭门谢客更好的了,开辟一个小小的园圃,草木萧疏,飞鸟禽鱼往来不断,低矮的茅屋门临溪水,展开书卷兀自独坐,几乎像桃花源中人一样躲避开秦朝的动乱,与人世完全隔绝。

【注释】 ①避秦:用陶渊明《桃花源记》桃花源中人避秦祸典故。

【评解】 不营俗务,不理尘事,自可营造方寸"桃源"。

080 山上须泉,径中须竹。读史不可无酒,谈禅不可无美人。

【译文】 山上要有清泉,小径上要有翠竹。读史不能没有酒,谈禅不能没有美人。

【评解】 山中无泉就少了灵性,径中无竹则少了清爽,读史无酒则少几分率真,谈禅无美人则悟性尽失。孤独的心境,却不可无情趣无思想无灵魂。

081 幽居虽非绝世,而一切使令供具交游晤对之事,似出世外。花为婢仆,鸟为笑谈,溪漱涧流代酒肴烹炼,书史作师保①,竹石质友朋,雨声云影,松风萝月,为一时豪兴之歌舞,情景固浓,然亦清趣。

【译文】 隐居虽然不是与世隔绝,但所有使令、用具、交游、会面之事,似乎都出之于世外。花作为奴仆,鸟以为笑谈,溪水涧流代替酒肴烹炸,书史作为导师,竹石作为友朋,雨声云影,松风萝月,作为一时豪兴的歌舞,情景固然浓郁,然而也颇有清雅之趣。

【注释】 ①师保:古代辅助帝王或储君的官员,有太师、少师、太保、少保等,统称师保。

【评解】 幽居中,以花鸟为使令,溪水涧流为供具,以书史竹石为交游,松月云雨为晤对,与尘世之功名礼数迥然不同,迥异其趣。

082 蓬窗夜启,月白于霜;渔火沙汀,寒星如聚。忘却客子作楚①,但欣烟水留人。

【译文】 夜晚打开船舱,明月清朗如同白霜;渔火映照着沙洲,满天的星光格外明亮。此时早已忘却了羁旅他乡的忧愁,只迷恋这烟水美景,乐而忘返。

【注释】 ①客子作楚:即楚客,指客居他乡的游子。

【评解】 此条采自明·吴从先《小窗自纪》。
　　"露从今夜白,月是故乡明",乡愁,是文学永恒的主题。然而,朗朗明月,熠熠渔火,灿烂星汉,又何尝不足以带给旅客安慰与快乐?不妨就放下忧伤的包袱,尽情地享受这美好的时光。"海上生明月,天涯共此时",仰望同一片星空,虽山水阻隔却心手相牵,这难道不是幸福的光景吗?

083 无欲者其言清,无累者其言达。口耳巽入①,灵窍忽启。故曰不为俗情所染,方能说法度人。

【译文】 没有私欲的人,其言清雅;没有牵累的人,其言通达。说话恭顺才能使人入口入耳,慧心开启。所以说只有自己的心胸开朗,无牵无挂,不为世俗之情污染,才有可能教化天下众生。

【注释】 ①口耳巽(xùn)人:用委婉的言辞卑顺谦逊地对人说话,使人入口入耳。巽,卦名。八卦之一。《说卦传》:"巽,入也。"通"逊",卑顺,谦让。

【评解】 此条采自明·吴从先《小窗自纪》。

荀子《劝学篇》曰:"古之学者为己,今之学者为人。"真正的学者学习的目的在于修养完善自己,而不是为了某种目的刻意装饰自己给别人看。若为世俗之情牵累,哪里会有一颗纯正的心来思考人生与未来? 无论为人为学,都要做一个无欲无累者才能悠闲自在。

084 临流晓坐,欸乃忽闻①;山川之情,勃然不禁。

【译文】 清晨临江而坐,忽然传来一阵摇橹的声音;此时此刻,发自心底的登山临水之情勃然而发。

【注释】 ①欸乃:摇橹声。

【评解】 此条采自明·吴从先《小窗自纪》。

柳宗元《渔翁》诗:"烟销日出不见人,欸乃一声山水绿。"于青山绿水间闻橹桨欸乃之声,尤为悦耳怡情,山水似乎也为之绿得更可爱了,隐隐中也传达出作者既孤高又不免孤寂的心境。

085 舞罢缠头何所赠,折得松钗①;饮余酒债莫能偿,拾来榆荚。

【译文】 歌舞罢后用什么作为缠头相赠? 就折几片松叶吧;酣饮之余没有钱还酒债,那就拾几片榆钱叶作酒钱吧。

【注释】 ①松钗:即松叶,因其双股如钗,故称。

【评解】 白居易《琵琶行》"五陵年少争缠头,一曲红绡不知数"、杜牧《赠妓诗》"笑时花近眼,舞罢锦缠头",这是属于风流浪子。没有了锦缠头,没有了沽酒钱,那就松钗、榆荚以代吧。岑参《戏问花门酒家翁》:"老人七十仍沽酒,千壶万瓮花门口;道傍榆荚仍似钱,摘来沽酒君肯否?"这是乐观、诙谐、开朗的胸襟,一片真情在其中。

086 午夜无人知处,明月催诗;三春有客来时,香风散酒。

【译文】 夜半无人知晓的地方,明月催人诗兴;春天客人到来之时,就借香风来行散酒意。

【评解】　明月催诗,香风散酒,道是无情却有情,此间闲中真情,几人得知?

087　如何清色界①,一泓碧水含空;那可断游踪,半砌青苔殢雨②。

【译文】　如何能清净色界,一泓碧水映照着天空;怎么能断绝游踪,半阶青苔引逗着细雨。

【注释】　①色界:佛教有所谓欲、色、空三界。色界诸天,但有色相,而无男女诸欲。　②殢(tì):引逗。

【评解】　一泓碧水映照天空,一幅清净的色界! 雨后长满游路的青苔,亦妩媚得让人留连。一片清静幽冷的心境。

088　村花路柳,游子衣上之尘;山雾江云,行李担头之色。

【译文】　山村的野花,路边的柳絮,就是游子衣上的仆仆风尘;山间的雾霭,江上的风云,便是游子行李担头的颜色。

【评解】　风尘游子,收拾起大地山河一担挑,说不尽的悲喜愁乐。

089　何处得真情,买笑不如买愁;谁人效死力,使功不如使过。

【译文】　哪里能得到真实的感情,买人欢笑时不如买人忧愁时;什么人能够死力报效,任用有功之人不如任用有过之人。

【评解】　患难见真情,救人于困苦之时,最能见出真情所在。任用有功之人不如任用有过错的人。因为有功的人容易得意骄傲,导致失败,倘若侥幸取胜,则更有骄矜之色,乃至功高盖主,尾大不掉。而有过错的人一旦领命,畏威衔恩,必甘愿效死。所以帝王将相选人用人,往往既用功臣,也用罪臣,甚至把重大使命交给有过之人。齐桓公用罪臣管仲称霸诸侯,用功臣竖刁、易牙亡身乱国是一例;诸葛亮用功臣马谡失了街亭,用罪将关羽取了荆州又是一例。

090　芒鞋甫挂,忽想翠微之色,两足复绕山云;兰棹方停,忽闻新涨之波,一叶仍飘烟水。

【译文】　出游的草鞋刚刚收挂起来,忽然又想起苍翠的山色,但重新穿上草鞋,奔走徜徉于山间的云彩;小船刚刚泊岸,忽然又听到新涨的波涛声,一叶扁舟又重新飘荡在烟水之中。

【评解】　谢灵运诗云:“怀新道转迥,寻异景不延。”转向远方去寻新探奇,时间要抓紧,表现出急不可待的心情。万事万物都能使自己观之不厌,览之不倦,观览中于自然之眷恋弥重,这急迫、眷重,亦是对生命的珍视。

091　旨愈浓而情愈淡者,霜林之红树;臭愈近而神愈远者,秋水之白苹。

【译文】 旨趣越浓而情意越淡泊者,正如经霜后的红色树木一样;香味越近而神韵越远者,正如秋天水面上白色的苹花。

【评解】 枫叶流丹,层林尽染,它比二月的春花还要火红,让人在草木萧瑟摇落变衰之际,也看到了春天一样的生命力。香味越近而神韵越远者,就像秋水上的白苹。唐·刘长卿《饯别王十一南游》:"谁见汀洲上,相思愁白苹。"便是写诗人想象友人站在汀洲之上对着秋水、白苹出神,久久不忍离去,愁思无限。

092 龙女濯冰绡,一带水痕寒不耐;姮娥携宝药,半囊月魄影犹香。

【译文】 龙女洗濯洁白的丝绢,一带水痕不胜清寒;嫦娥携带飞升的灵药,半囊月光的影子还带着香气。

【评解】 "嫦娥应悔偷灵药,碧海青天夜夜心。"天上人间都一样,孤独无侣,寂寞清寒谁能耐得住。

093 山馆秋深,野鹤唳残清夜月;江园春暮,杜鹃啼断落花风。

【译文】 深秋的山间馆舍,野鹤不停地悲鸣,直到叫残了清夜的月光;春日傍晚江岸的园林之中,杜鹃不断地哀啼,叫断了吹落花朵的清风。

【评解】 鹤唳秋月,杜鹃啼血,声声牵扯游子的愁肠。

094 石洞寻真,绿玉嵌乌藤之杖①;苔矶垂钓,红翎间白鹭之蓑②。

【译文】 到石洞中去寻访仙人的遗迹,手挂着仙人用的绿玉杖;在江边长满青苔的石矶上垂钓,头戴间或插有红翎毛的以白鹭蓑羽为饰的帽子。

【注释】 ①绿玉嵌乌藤之杖:指绿玉杖。传说中仙人所用的手杖。李白《庐山遥寄卢侍御虚舟》诗:"我本楚狂人,《凤歌》笑孔丘。手持绿玉杖,朝别黄鹤楼。" ②红翎间白鹭之蓑:白鹭蓑上间或插着几根红色翎毛。白鹭蓑:指以白鹭翎羽为饰的帽子。

【评解】 寻真、绿玉杖、苔矶、白鹭蓑,状写的是道人隐士的生活。

095 晚村人语,远归白社之烟①;晓市花声,惊破红楼之梦。

【译文】 傍晚村人的话语喧闹,远远归去白社的烟火缭绕处;清晨的卖花声声,惊破了红楼美人的绮情之梦。

【注释】 ①白社:《抱朴子·杂应》:"洛阳有道士董威辇常止白社中,了不食,陈子叙共守事之,从学道。"后泛指隐士居住处。

【评解】 此条采自明·王稚登《重修白公堤疏》:"若夫白公堤者,据采云之名里,实吴会之通逵。山郭近而轮鞅喧,水村深而帆樯集。西接金阊之绣陌,日出而万井莺花,北连海涌之翠微,风清而半空钟梵。买鱼沽酒,行旅如云;走马呼鹰,飞尘蔽日。晚村人语,远归白社之烟;晓市花声,惊破红楼之梦。"

写的是有"姑苏第一名街"之称的苏州山塘街的繁华景象。山塘街,因唐代任苏州刺史的白居易于此沿河筑堤,又称白公堤。明清时期,这里店肆林立,园墅遍布,河中绿波画舫,堤上红栏碧树,一派花团锦簇,引得许多名士在附近卜居筑园。《红楼梦》开卷第一回便写道:"那石上书云:当日地陷东南,这东南有个姑苏城,城中阊门最是红尘中一二等富贵风流之地,这阊门外有个十里街,街内有个仁清巷,巷内有个古庙。"由此演绎出一部怀金悼玉的《红楼梦》。

096 案头峰石,四壁冷浸烟云,何与胸中丘壑;枕边溪涧,半榻寒生瀑布,争如舌底鸣泉①。

【译文】 案头有山峰奇石,四壁清冷,浸染着烟雾云霞,如何比得上胸中自有丘壑;枕边有山涧溪流,瀑布生寒,浸透了半边睡榻,怎么比得上佳茗的舌底鸣泉。

【注释】 ①舌底鸣泉:品茶时茶汤经过口腔接触到舌头底部,舌头底面会缓缓生津,不断涌出细小泡泡的感受。这种舌下生津现象,就称为舌底鸣泉。

【评解】 再好的峰石,也比不过胸中自有丘壑;再好的溪泉,也比不过好茶的舌底鸣泉。

097 扁舟空载,赢却关津不税愁①;孤杖深穿,揽得烟云闲入梦。

【译文】 空不载物的一叶扁舟,经过关卡渡口,不用为忧愁交纳关税;独自挂杖探险深山幽谷,揽怀烟霭云霞悠闲入梦来。

【注释】 ①"扁舟"二句:长洲孝廉陆世明,科考未中,回乡途经临清,关吏误以为他是商人,令其缴税。他写诗曰:"扁舟载得愁千斛,闻说君王不税愁。"关吏阅诗后不仅好好地招待他,临行时还有不少馈赠。已见卷十025条注。

【评解】 人生有得有失,就看你以何者为得何者为失。

098 幽堂昼密,清风忽来好伴;虚窗夜朗,明月不减故人。

【评解】 同见卷二049条。

099 晓入梁王之苑①,雪满群山;夜登庾亮之楼②,月明千里。

【译文】 清晨来到梁王之苑,但见雪满群山;夜晚登上庾亮之楼,可见明月千里。

【注释】 ①梁王之苑:即梁苑,在今河南开封,汉梁孝王游赏与宴宾之所。 ②庾亮之楼:即庾公楼,在今湖北武昌,其登楼赏月事,已见前引《世说新语·容止》。

【评解】 此条采自唐·谢观《白赋》。"雪满群山"犹为着迹,"月明千里"可谓得白之神。

100 名妓翻经,老僧酿酒,书生借箸谈兵①,介胄登高作赋②,美他雅致偏增;屠门食素,狙侩论文③,厮养盛服领缘④,方外束修怀刺⑤,令我风流

顿减。

【译文】 名妓翻阅经卷,老僧酿造美酒,书生谈兵论战,武士登高赋诗,羡慕他们增添了不少雅致;屠户吃素,商人论文,仆役身着盛装,隐士拜谒权贵,令人感觉其风流顿时减色。

【注释】 ①借箸谈兵:指谈兵论战。箸,筷子,古代战前用来占卜算卦。《史记·留侯世家》:"张良从外来谒,汉王方食……张良对曰:'臣请借前箸为大王筹之。'" ②介胄:盔甲,此代指武士。 ③狙侩:狡猾、无赖,此代指商贾。 ④厮养:奴仆。盛服领缘:穿着衣领有边饰的高档礼服。 ⑤束修怀刺:带着礼品、怀揣名刺拜谒权贵。

【评解】 明·陈眉公《岩栖幽事》云:"名妓翻经,老僧酿酒,将军翔文章之府,书生践戎马之场,虽乏本色,故自有致。"名妓、老僧、将军、书生,并于客串中有雅致,都是不矜持的缘故。不矜持,所以可亲。至于屠户吃素、隐士拜谒之类,则正是装腔作势,煞有介事,虚伪几近作呕。

101 高卧酒楼,红日不催诗梦醒;漫书花榭,白云恒带墨痕香。

【译文】 高卧于酒楼之上,初升的红日不会催醒诗人的睡梦;漫笔品题于花榭之中,悠悠白云似乎也常带着墨迹的香味。

【评解】 红日有情,白云有意,何等风流痛快的日子。

102 相美人如相花,贵清艳而有若远若近之思;看高人如看竹,贵潇洒而有不密不疏之致。

【译文】 欣赏美人就像观花一样,贵在清雅艳丽,而有若远若近的意味;观赏隐士就像赏竹一样,贵在潇洒飘逸,而有不密不疏的韵致。

【评解】 美人如花,可远观而不可近亵;高人如竹,贵其坚贞不屈操守高洁。若远若近,不密不疏,自具一段风流韵致。

103 梅称清绝,多却罗浮一段妖魂①;竹本萧疏,不耐湘妃数点愁泪。

【译文】 梅花以清绝著称,所以罗浮一段妖魂的故事便显得多余累赘;竹子本来清疏孤傲,耐不得湘妃数点忧愁的眼泪。

【注释】 ①罗浮一段妖魂:用赵师雄醉卧梅花下典。隋代赵师雄迁罗浮山,日暮憩车松林间,见一美女淡妆素服出迎,翌日酒醒,竟卧梅花树下。已见卷七007条注。

【评解】 梅、竹自有其清疏品格,却附会有种种多情之传说于其身,载不动,许多愁。

104 穷秀才生活,整日荒年;老山人出游,一派熟路。

【译文】 穷秀才的生活,终日里都是饥荒的岁月;老山人出游,到处都是熟悉的路径。

【评解】　资历、经验多寡之别也。

105　眉端扬未得，庶几在山月吐时；眼界放开来，只好向水云深处。

【译文】　眉梢不能飞扬起来，大概要到山月升起的时候；眼界要放得开来，只好向那溪水尽头、白云深处。

【评解】　山月初升，令人眉飞色舞；水云深处，才可放开眼界，这是属于隐士山人的自在生活。

106　刘伯伦携壶荷锸①，死便埋我，真酒人哉；王武仲闭关护花②，不许踏破，直花奴耳。

【译文】　刘伶每次外出，身携酒壶，让人荷锸相随，说"死了就随地埋了我"，称得上真正的酒人！王武仲闭门谢客，为的是保护落花不为人踏碎，可谓是真正的花奴。

【注释】　①刘伯伦：刘伶字伯伦，其事已见卷一 195 条注。。②王武仲：晋宋间人。《永乐大典》录宋代周密《续澄怀录》曰："王武仲隐居，羊欣相访。武仲曰：君子宜去，吾不可启关，恐踏碎满迳落花。欣嗟赏。久之而去。"

【评解】　在这世上，总有一些人会为疯魔所障，疯画，疯花，魔茶酒，魔歌诗。说不尽的疏狂迷醉，道不得的酒洗愁肠，假若上天眷顾，让它们在无数次交错而过后相互遇见，他们也许该叹一声吾道不孤吧。

107　一声秋雨，一行秋雁，消不得一室清灯；一月春花，一池春草，绕乱却一生春梦。

【译文】　一声秋雨，一行秋雁，消受不了一室清灯；一月春花，一池春草，扰乱了一生的春梦。

【评解】　南宋末年词人王沂孙《醉蓬莱·归故山》词中云："一室秋灯，一庭秋雨，更一声秋雁。试引芳樽，不知消得，几多依黯。"一声秋雨，一行秋雁，都比不过一室清灯的凄苦。一月春花，一池春草，却足以扰乱一生的春梦。秋风秋雨愁煞人，春水春花惹人醉。时序之更替逗引着心绪之沉浮变化。

108　天桃红杏，一时分付东风；翠竹黄花，从此永为闲伴。

【译文】　艳丽的桃花杏花，都全部托付给春风去打理吧；翠竹与黄花，从此就甘为悠闲的伴侣永相厮守。

【评解】　此条采自明·释如惺《明高僧传·释鼎需传》："（鼎需）幼业儒举进士，莅政有声。年二十五因阅遗教经忽省曰：几为儒冠误也。即欲舍俗，母氏难以亲迎在期,需笑绝之曰:夭桃红杏,一时分付春风;翠竹黄花,此去永为道侣。遂依保寿乐公为大僧遍参名宿。"将对方女子比作夭桃红杏,自己是不能娶她为妻了,此去只盼与翠竹黄花永为道侣。志不同道不合不相与谋,其意已决。

109　花影零乱,香魂夜发,辗然而喜①。烛既尽,不能寐也。

【译文】　月光下花影零乱,散发出阵阵的花香,令人心生欢喜。直到蜡烛已经燃尽,仍然无法安然入睡。

【注释】　①辗(chǎn)然:欣喜微笑的样子。《庄子·达生》:"桓公辗然而笑。"

【评解】　此条采自明·张大复《梅花草堂笔谈》卷一"坐息庵":"舟行两日,百事凄感。深夜坐息庵下,悒悒尔。小妇为置茗笋藜橘,而侑之以兰。尽图书所前后,花影凌乱,香魂夜发,予亦辗然而喜。烛既烬,而不能寐也。昔李端叔一生坎坷,晚景更牢落,正赖鱼轩贤德,能委曲相顺,适以忘百忧。苏子瞻闻之曰:此岂细事不尔,人生岂复有佳味乎?"

110　花阴流影,散为半院舞衣;水响飞音,听来一溪歌板。

【评解】　同见卷七 041 条。

111　一片秋色,能疗客病;半声春鸟,偏唤愁人。

【评解】　同见卷二 055 条。

112　会心之语,当以不解解之;无稽之言,是在不听听耳。

【评解】　同见卷一 123 条。

113　云落寒潭,涤尘容于水镜;月流深谷,拭淡黛于山妆。

【译文】　白云映照在清凉的潭水中,仿佛在清澈如镜的水面洗涤扑满尘俗的面容;月光流淌于深山幽谷中,仿佛为山谷的妆容擦拭上了淡淡的粉黛。

【评解】　这是云与水的相逢,月与山的交互。现代诗人徐志摩《偶然》诗云:"我是天空里的一片云,偶尔投影在你的波心——你不必讶异,更无须欢喜——在转瞬间消灭了踪影,你我相逢在黑夜的海上,你有你的,我有我的,方向;你记得也好,最好你忘掉,在这交会时互放的光亮!"人生,必然会有这样一些"偶然"的"相逢"和"交会"。而这"交会时互放的光亮",必将成为永难忘怀的记忆。

114　寻芳者追深径之兰,识韵者穷深山之竹。

【译文】　寻访芳草的人,追寻到深山幽径旁的兰花;懂得韵致的人,观遍了深山穷谷的翠竹。

【评解】　宋·王安石《游褒禅山记》说:"世之奇伟、瑰怪、非常之观,常在于险远,而人之所罕至焉,故非有志者不能至也。"不追寻深径之兰、深山之竹,就难言寻芳识韵者。

115 花间雨过,蜂粘几片蔷薇;柳下童归,香散数茎簷蔔①。

【译文】 雨后的花丛间,飞舞的蜂蝶身上还粘着几片蔷薇;柳下归来的童子,手中的数茎簷蔔还在散发着清香。

【注释】 ①簷蔔:古植物名,产西域,花甚香。一说即栀子花,见唐·段成式《酉阳杂俎·木篇》。

【评解】 几片蔷薇、数茎簷蔔,令人想象无限闲趣。有故事说,宋朝时候,有一次画院招考,题目是一句古诗:"踏花归去马蹄香。"多数考生都将重点放在了"马"上。只有一位画得很特别:马在奔腾着,马蹄高高扬起,一群蝴蝶紧紧地追逐着,在马蹄的周围飞舞。考官评此为最佳。这"香"不是直接画出来的,而是观画者很自然能想到的,感受到的。

116 幽人到处烟霞冷,仙子来时云雨香。

【译文】 幽人所到之处,烟霞也变得清冷;仙子到来之时,云雨也散发着芳香。

【评解】 此条采自明·吴从先《小窗自纪》:"和冷香韵:幽人到处烟霞冷,仙子来时云雨香;霜封夜瓦鸳鸯冷,花拂春帘翡翠香;妆临水镜花俱冷,曲奏霓裳月亦香;雪穗层峦山骨冷,花随飞浪水痕香。"这是吴从先以冷、香为韵作的和诗。

117 落红点苔,可当锦褥;草香花媚,可当娇姬。莫逆则山鹿溪鸥,鼓吹则水声鸟哢。毛褐为纨绮,山云作主宾;和根野菜,不让侯鲭①;带叶柴门,奚输甲第。

【译文】 片片落红,点点青苔,可以当做锦被床褥;清草芳香鲜花妩媚,可以当做娇美的姬妾。山鹿溪鸥是为莫逆之交,水声鸟哢则为鼓吹演奏。兽毛或粗麻短衣当做华丽盛服,山间的云霞作为贵宾;带根的野菜,不逊色于侯鲭美味;带叶枝条编成的柴门,哪里会输过甲门高第。

【注释】 ①侯鲭:即五侯鲭。五侯,汉武帝同日所封母舅王谭、王商、王立、王根、王逢五人。《西京杂记》:"五侯不相能,宾客不得来往。娄护丰辩传食五侯间,各得其欢心,竞致奇膳,护乃合以为鲭,世称五侯鲭,以为奇味焉。"鲭,鱼和肉合烹成的食物。"五侯鲭"因此成为一典故,后世泛指为美味佳肴。

【评解】 果能甘此山居生活,又何必时时处处着意于锦褥娇姬之想、豪门攀附之心?

118 野筑郊居,绰有规制。茅亭草舍,棘垣竹篱,构列无方,淡宕如画。花间红白,树无行款①,倘佯洒落,何异仙居?

【译文】　野筑茅舍,就有余地好好做一番规划了。茅草盖的亭子,杂草盖的房舍,荆棘做的围墙,竹子编的篱笆,随意地规划排列,错落有致,淡雅如画。红花白花间杂而种,树木杂乱无序,倘徉其中,无拘无束,何异于神仙的居所?

【注释】　①行款:古代雕版刻书或文字书写的行列格式。此指树木的排列。

【评解】　所谓"仙居",除了自然的景物外,大概更重要的就是可以随心所欲无拘无束吧。

119　墨池寒欲结,冰分笔上之花;炉篆气初浮①,不散帘前之雾。

【译文】　墨池冷寒欲结,冰凌分开笔下生花的文字;香炉上烟气缭绕初升,冲不散竹帘前的雾霭。

【注释】　①炉篆:指香炉中的烟缕。因其缭绕如篆书,故称。

【评解】　炉烟才刚刚升起,还来不及冲散帘前一夜的雾霭,砚台的墨水也因冷凝欲结,然而,诗人的生花妙笔却无法冻结,已经破冰而行了,恰如一股暖流油然而生。

120　青山在门,白云当户,明月到窗,凉风拂座,胜地皆仙,五城十二楼①,转觉多设。

【译文】　青山在门前,白云正当户,明月照窗棂,凉风拂面来,美景胜地真可以称得上是仙境,五城十二楼的设置,反觉得是多余的了。

【注释】　①五城十二楼:传说中的神仙居处。《史记·孝武本纪》:"方士有言:'黄帝时为五城十二楼,以候神人于执期,命曰迎年。'"

【评解】　此条采自明·吴从先《小窗自纪》,惟末句"转觉多设"原作"转觉拣择"。
　　能享有清风明月的生活,自然会有胜地皆仙的感慨。《西游记》第九回里,渔翁张梢对樵子李定得意地抒情道:"李兄,我想那争名的,因名丧体,夺利的,为利亡身,受爵的,抱虎而眠,承恩的,袖蛇而走,人人晓此,人人不晓此。算起来,还不如我们水秀山青,逍遥自在,甘淡薄,随缘而过。"

121　何为声色俱清?曰松风水月,未足比其清华;何为神情俱彻?曰仙露明珠,讵能方其朗润。

【译文】　什么是声色都清朗明洁?回答是:松间清风,水中明月,都不足以比其清秀美丽;什么是神情都透彻畅达?回答是:晶莹露珠,圆润明珠,哪里比得上他的明亮润泽。

【评解】　此条采自唐太宗李世民《大唐三藏圣教序》:"有玄奘法师者,法门之领袖也,幼怀贞敏,早悟三空之心;长契神情,先包四忍之行。松风水月,未足比其清华;

仙露明珠,讵能方其朗润。"明·吴从先《小窗自纪》中略作改易而成。

原文借以赞美高僧玄奘法师之仪态万方与人品高洁。

122 逸字是山林关目[①]。用于情趣,则清远多致;用于事务,则散漫无功。

【译文】 "逸"字是隐逸山林最重要的特征。用于情趣,则清雅悠远富于情致;用于具体事务,则散漫自由不能成就功业。

【注释】 ①关目:戏曲术语。泛指情节的安排和构思。

【评解】 此条采自明·吴从先《小窗自纪》

任何事情都有正反两面。何为"逸"? 逸是情趣。故须得其神而不为其表面所迷惑,更不可徒具其空壳而作飘然欲仙之态。

123 宇宙虽宽,世途眇于鸟道;征逐日甚,人情浮比鱼蛮[①]。

【译文】 宇宙虽然宽广无垠,但人生之路却险绝如同山间的羊肠小道;追名逐利日甚一日,人心就像渔民驾的小舟一样漂浮不定。

【注释】 ①鱼蛮:渔夫。苏轼《鱼蛮子》诗:"人间行路难,踏地出赋租;不如鱼蛮子,驾浪浮空虚。"

【评解】 此条采自明·吴从先《小窗自纪》。

世途凶险,更该在喧嚣扰攘之中把持住自己的内心。争名逐利、欺世盗名,终究只是幻梦一场。

124 柳下舣舟[①],花间走马。观者之趣,倍过个中。

【译文】 柳荫下停泊船只,花丛间跑马驰骋,而旁观者的情趣,可能更比当事者高出一倍。

【注释】 ①舣(yǐ)舟:船泊岸边。

【评解】 此条采自明·吴从先《小窗自纪》。

当局者意兴豪爽,旁观者情趣悠远。

125 问人情何似? 曰:野水多于地,春山半是云[①]。问世事何似? 曰:马上悬壶浆,刀头分顿肉[②]。

【译文】 有人问人情像什么? 回答是:"野水多于地,春山半是云。"有人问世事像什么? 回答是:"马上悬壶浆,刀头分顿肉。"

【注释】 ①"野水"二句:语出宋·赵师秀《薛氏瓜庐》:"不作封侯念,悠然远世纷。惟应种瓜事,犹被读书分。野水多于地,春山半是云。吾生嫌已老,学圃未如君。" ②"马上"二句:语出唐·王建《从军行》:"汉军逐单于,日没处河曲。浮云道傍起,行子车下宿。枪城围鼓角,毡帐依山谷。马上悬壶浆,刀头分顿肉。来时高堂上,父母亲结束。回首不见家,风吹破衣服。金创生肢节,相与拔箭镞。闻道西凉州,家家妇人哭。"顿肉:住宿或外出时所带的肉食。

【评解】　人情当何似?要像水随地而流,云绕山而起,盈盈多情。世事当何如?要像同袍悬壶分肉,同舟共济。

126　尘情一破,便同鸡犬为仙;世法相拘,何异鹤鹅作阵①。

【译文】　尘世的情缘一破,可以与鸡犬一同升仙;世俗礼法相缚,又何异于鹤鹅般拘束做作。

【注释】　①鹤鹅作阵:像鹤鹅列阵那样拘束做作。鹤飞以"人"字,鹅行呈"一"字。

【评解】　此条采自明·吴从先《小窗自纪》。

身处于尘世之中,精神却不为尘情礼法所拘束,便可以少却很多的邯郸学步、鹦鹉学舌。

127　清恐人知,奇足自赏。

【译文】　清慎之气节惟恐被人知晓,风流奇异足供自我欣赏。

【评解】　《三国志·魏书·徐胡二王传》记晋武帝赐见胡威,叹其父清,谓威曰:"卿清孰与父清?"威对曰:"臣不如也。"帝曰:"以何为不如?"对曰:"臣父清恐人知,臣清恐人不知,是臣不如者远也。"说的是自我道德的修养。

128　与客倒金樽,醉来一榻,岂独客去为佳;有人知玉律,回车三调,何必相识乃再。笑元亮之逐客何迂①,美子猷之高情可赏②。

【译文】　与客人推杯换盏,醉后共卧一榻,怎么可能只以让客人醉归才算好呢?有人通晓音律,就调转车头下来,为他弹奏几曲,何必一定要等到再次相识以后呢?可笑陶渊明醉后逐客是何等的迂腐,羡慕王徽之情调高雅值得赞赏。

【注释】　①元亮:陶渊明,字符亮。归隐后,诗酒自娱,贵贱造之者,有酒辄设,若己先醉,便语客:"我醉欲眠卿可去。"　②子猷:即王羲之之子王徽之。《世说新语·任诞》:"王子猷出都,尚在渚下。旧闻桓子野善吹笛,而不相识。遇桓于岸上过,王在船中,客有识之者,云是桓子野,王便令人与相闻,云:'闻君善吹笛,试为我一奏。'桓时已贵显,素闻王名,即便回下车,踞胡床,为作三调。弄毕,便上车去。客主不交一言。"

【评解】　若是知己,对饮无言亦是交谈,但听音律即是清赏。酒醉之后,"交谈"已尽,但去何妨?似不必笑人之迂。回车三调,便是高山流水慰知音,正不必俗言交耳。

129　高士岂尽无染,莲为君子,亦自出于污泥;丈夫但论操持,竹作正人,何妨犯以霜雪。

【译文】 高雅之士怎么可能完全脱离世俗,莲花号称花中君子,也是出自于污泥;大丈夫只要讲求节操,竹子号称直节正人,凌霜傲雪又有何妨?

【评解】 世间如污泥,勉自己如莲花。俗情涤尽,烦恼皆除,人生的价值才真正展现。

130 东郭先生之履①,一贫从万古之清;山阴道士之经②,片字收千金之重。

【译文】 东郭先生的鞋履,成为万古清贫的象征;山阴道士的经书,字字如千金般贵重。

【注释】 ①东郭先生之履:《史记·滑稽列传》:"汉武帝时有东郭先生,久待诏公车,贫困饥寒,在雪中行走,鞋有上无下,脚踏在地上。路人笑之,却逍遥自如。" ②山阴道士之经:指王羲之为山阴道士所写的《黄庭经》,换取道士之鹅。《晋书·王羲之传》:"(羲之)性爱鹅……山阴有一道士养好鹅,羲之往观焉,意甚悦,固求市之。道士云:'为写《道德经》当举群相赠耳。羲之欣然写毕,笼鹅而归,甚以为乐。"宋代洪迈《容斋随笔·黄庭换鹅》曾做考证,《王羲之传》中所说《道德经》,当是《黄庭经》。

【评解】 "山阴道士之经"是王羲之的真迹,在后人看来该是何等珍贵!谓之"片字收千金之重"实不为过。然而,王羲之为了几只鹅便可以欣然命笔,未有丝毫权衡介怀,率真之乐贵于千金也。东郭先生之履,人皆以为窘迫可笑,而先生自逍遥而乐也。

131 管辂请饮后言①,名为酒胆;休文以吟致瘦②,要是诗魔。

【译文】 管辂请求饮酒之后再说话,说是以酒壮胆;沈约因为吟诗作赋而消瘦,可以称为诗魔。

【注释】 ①管辂(lù):字公明,三国魏人,善占卜。琅琊太守单子春邀宴,他见座中有能言之士,就说:"府君名士,加有雄贵之姿,辂既年少,胆未坚刚,若欲相观,惧失精神,请先饮三升清酒,然后言之。" ②休文:南朝梁沈约,字休文。其《与徐勉书》言己病态云:"百日数句,革带常应移孔;以手握臂,率计月小半分。"已见卷二076条注。

【评解】 所以以酒壮胆,在于内心的牵挂羁绊过多;所以因诗成魔,在于内心的沉溺迷恋过深。

132 因花索句,胜他牍奏三千;为鹤谋粮,赢我田耕二顷。

【译文】 因鲜花向人索题诗句,胜过繁琐的三千书牍奏章;为给野鹤谋取口粮,使我辛勤耕作土地二顷。

【评解】 总以天下为己任,又希望"无案牍之劳形",这是传统文人无法自解的心结。所以清谈往往误国,文人难有担当。美妙的诗句可以滋养人心,而劳形的案牍也实实在在地安顿着整个社会。

133 至奇无惊，至美无艳。

【译文】 奇到极致者，并无什么惊人之处；美到极致者，并无什么艳丽之态。

【评解】 往往平常处更见神奇，淡极处方显艳丽。

134 瓶中插花，盆中养石，虽是寻常供具，实关幽人性情。若非得趣个中，布置何能生致！

【译文】 瓶中插花，盆中养石，虽然都是寻常的器具，其实却关系到隐士的性情。如果不是深得其中的情趣，又怎么能布置得如此雅致？

【评解】 寻常之物，稍用心思，即处处趣致！严羽《沧浪诗话》："故其妙处透彻玲珑，不可凑泊，如空中之音，相中之色，水中之月、镜中之像。"游园赏景，品玩的便是景中之趣、园中之意。

135 舌头无骨，得言语之总持；眼里有筋，具游戏之三昧。

【评解】 同见卷八 023 条。

136 湖海上浮家泛宅①，烟霞五色足资粮；乾坤内狂客逸人，花鸟四时供啸咏。

【译文】 泛舟湖海之上、四海为家的高人韵士，五色烟霞足以作为充饥的食粮；浪迹天地之间、放浪不羁的狂客隐士，四时的花鸟足以供其长啸低吟。

【注释】 ①浮家泛宅：《新唐书·张志和传》："颜真卿为湖州刺史，志和来谒，真卿以舟敝漏，请更之。志和曰：'愿为浮家泛宅，往来苕霅间。'"

【评解】 此条采自明·李鼎《偶谭》。

　　以湖海为家，以烟霞为资粮，以花鸟为友伴，优游天地自在逍遥，无尘世之累，这正是狂客逸人的梦想。

137 养花，瓶亦须精良，譬如玉环、飞燕不可置之茅茨①，嵇阮贺李不可请之店中②。

【译文】 养护鲜花，花瓶也必须精良，就像杨玉环、赵飞燕那样的美女不能置身于茅屋之中，嵇康、阮籍、贺知章、李白那样的狂士不能邀请到店中拘礼品饮一样。

【注释】 ①玉环、飞燕：即古代著名美女杨玉环、赵飞燕。 ②嵇阮贺李：魏晋名士嵇康、阮籍和唐代诗人贺知章、李白，皆以不拘礼法着称。

【评解】 好花，就必须养在好瓶里；狂士，就不可以俗礼相拘。

138 才有力以胜蝶，本无心而引莺；半叶舒而岩暗，一花散而峰明。

【译文】 枝叶娇柔仅胜蝴蝶之扑腾,更无心无力于招引燕莺。半片树叶舒展开来而使得山岩暗淡,一瓣落花飘散而令峰峦明亮。

【评解】 此条采自唐太宗李世民《小山赋》。状写园中新植之松桂。半叶、一花之舒散,便可令山岩或暗或明,足以见园林小山之小。

139 玉槛连彩,粉壁迷明。动鲍照之诗兴[①],销王粲之忧情[②]。

【译文】 玉石栏杆彩绘连绵,粉饰墙壁迷离晶莹。足以触动鲍照的诗兴,消解王粲的忧情。

【注释】 ①鲍照:字明远,南朝宋人。工诗文,文辞赡逸遒丽,以七言歌行为长。 ②王粲:字仲宣,"建安七子"之一。代表作《登楼赋》为抒写忧怀之作。

【评解】 此条采自唐·郑遥《明月照高楼赋》。写秋夜月明光洒槛壁,足以发诗人之兴,销万古之忧。

140 急不急之辨,不如养默;处不切之事,不如养静;助不直之举,不如养正;恣不禁之费,不如养福;好不情之察,不如养度;走不实之名,不如养晦;近不祥之人,不如养愚。

【译文】 急于辩白并不紧要的事情,不如保持沉默;办理不切实可行的事情,不如保持安静;帮助不正当的举止,不如修养正气;挥霍不必要的花费,不如修养福祉;喜好不合情义的检察,不如修养度量;流传不副其实的名声,不如韬光养晦;接近不祥不善之人,不如修养大智若愚。

【评解】 辩不如讷,语不如默,动不如静,忙不如闲。在匆忙的时代,尽量不读匆忙的书,不写匆忙的文章,不做匆忙的事。人生难得从容。淡泊可以明志,宁静方能致远。

141 诚实以启人之信我,乐易以使人之亲我,虚己以听人之教我,恭己以取人之敬我,奋发以破人之量我,洞彻以解人之疑我,尽心以报人之托我,坚持以杜人之鄙我。

【译文】 为人诚实,以使别人信任我;平易近人,以使别人亲近我;谦虚谨慎,以使别人教诲我;谦恭对人,以使别人尊重我;奋发有为,以打破别人衡量我;坦率透彻,以消解别人怀疑我;尽心尽力,以报答别人托付我;坚持不懈,以杜绝别人鄙视我。

【评解】 此条采自宋·司马光《我箴》:"诚实以启人之信我,乐易以使人之亲我,虚己以听人之教我,恭己以取人之敬我,自检以杜人之议我,自反以免人之罪我,容忍以受人之欺我,勤俭以补人之侵我,警戒以脱人之陷我,奋发以破人之量我,逊言以息人之詈我,危行以销人之鄙我,宁静以处人之扰我,从容以待人之迎我,游艺以备人之弃我,励操以去人之污我,直道以伸人之屈我,洞彻以解人之疑我,量力以济人之求我,尽心以报人之任我,弊端切勿创始于我,凡事不可但私于我,圣贤每存心于我,天下之事尽其在我。"有删削改易。

　　司马光著有《我箴》、《他箴》等私箴,其性质几与座右铭无别。人我之关系极是难处。能不伤害别人,又不太难为自己,庶几可矣。

附录：

叙

　　太上立德，其次立言。言者，心声，而人品学术，恒由此见焉。无论词躁、词憸，词烦、词支，徒蹈尚口之戒。倘语大而夸，谈理而腐，亦岂可以为训乎？然则欲求传世行远，名山不朽，必贵有以居其要矣。眉公先生负一代盛名，立志高尚，著述等身，曾集《小窗幽记》以自娱，泄天地之秘笈，撷经史之菁华，语带烟霞，韵谐金石。醒世持世，一字不落言筌；挥尘风生，直夺清谈之席；解颐语妙，常发斑管之花。所谓端庄杂流漓，尔雅兼温文，有美斯臻，无奇不备。夫岂卮言无当，徒以资覆瓿之用乎？

　　许昌崔维东，博学好古，欲付剞劂，以公同好，问序于余，因不辞谫陋，特为之弁言简端。

　　乾隆三十五年岁次庚寅春月，昌平陈本敬仲思氏书于聚星书院之谢青堂。